TÜFEK, MİKROP VE ÇELİK

Pegasus Yayınları: 1895

TÜFEK, MİKROP VE ÇELİK
JARED DIAMOND
Özgün Adı: Guns, Germs and Steel

Yayın Koordinatörü: Yusuf Tan
Editör: Kemal Küçükgedik

Baskı-Cilt: Alioğlu Matbaacılık
Sertifika No: 45121
Orta Mah. Fatin Rüştü Sok. No: 1/3-A
Bayrampaşa/İstanbul
Tel: 0212 612 95 59

2. Baskı: İstanbul, Mart 2022 - CİLTLİ
ISBN: 978-605-299-458-0

Yayıncı Sertifika No: 45118

Pegasus Yayıncılık Tic. San. Ltd. Şti.
Gümüşsuyu Mah. Osmanlı Sk. Alara Han
No: 11/9 Taksim / İSTANBUL
Tel: 0212 244 23 50 (pbx) Faks: 0212 244 23 46
www.pegasusyayinlari.com / info@pegasusyayinlari.com

pegasusyayinlari pegasusyayinevi pegasusyayinlari Pegasus Yayınları

JARED DIAMOND

TÜFEK, MİKROP VE ÇELİK

İnsan Topluluklarının Yazgıları

İngilizceden çeviren:
Ülker İnce

Önsöz çevirisi:
Kemal Küçükgedik

PEGASUS YAYINLARI

İçindekiler

Esa, Kariniga, Omwai, Paran, Sauakari,
Wiwor ile Yeni Gineli bütün öteki arkadaş ve
öğretmenlerime yani zorlu bir çevreyle
başa çıkabilen insanlara...

Önsöz

Dünyanın Türkiye'ye Borcu

Selamlar!

Ben Jared Diamond. Amerikalıyım. ABD'nin doğu kıyısında, Boston'da doğdum ve büyüdüm. Son elli iki yıldır ABD'nin batı kıyısında Los Angeles'ta yaşıyorum.

Anadilim İngilizce. Neden böyle oldu? Coğrafi olarak baktığımızda dilimin İngilizce olması saçma. Uzayın derinliklerinden gelen bir uzaylı, anadilimin ABD'nin doğu kıyısında yaşayan yerlilerin dili olan Algonquin olmasını bekleyebilirdi. Hayır, anadilim Algonquin değil. Aynı ziyaretçi o zaman anadilimin Los Angeles bölgesinde yaşayan yerlilerin dili olan Chumash olduğunu tahmin edebilirdi. Ancak ana dilim Chumash da değil.

Büyükbaba ve büyükannelerimin hepsi ve ebeveynlerimden biri Avrupa'da doğmuştu. Bu anadilimin İngilizce olmasını açıklar mı? Hayır, aslında değil: Orijinal Avrupa dillerinden sadece Pireneler'de konuşulan Bask dili hayatta kalmıştır ve ben Baskça konuşmuyorum.

Bunun yerine İngilizce konuşuyorum. Çünkü İngilizce'nin atası, günümüz Türkiye'sinde yaşamış ve Avrupa'yı istila etmiş çiftçilerin dilidir! Sadece İngilizce de değil, Bask ve diğer dört dil haricinde modern Avrupa'daki dillerin tamamı Anadolu'da yaşamış antik çiftçilerin dillerinden gelir. Aynı zamanda İran, Pakistan, Hindistan, Bangladeş ve Sri Lanka'da konuşulan diller de. Nasıl oldu da Anadolu'da yaşayan çiftçiler dillerini modern dünyanın bu kadar büyük bir kısmına yayabildiler? Sadece dillerini değil, zamanla metal aletler, yazı, merkezi yönetim gibi medeniyetin elzem gereksinimlerini de yaydılar. Neden modern dünyanın Türkiye'ye bu kadar büyük bir borcu var?

Bu soru, bu kitabın ana konusu. Eşim ve ben ülkenizi üç kez ziyaret ettik. Ülkenize bayılıyoruz. Evimiz Türk çinileri ve dokumalarıyla dolu. Eşimin ve benim Türkiye'ye borcumuz kişisel; diğer Amerikalıların Türkiye'ye borcu dilsel, kültürel, teknolojik ve politik. Şimdi bakalım bu borç nasıl oluştu?

En uygun başlangıç noktası olarak son Buzul Çağı'nın sonu olan 11.000 yıl öncesi düşünülebilir. O zamanlarda Anadolu'da yaşayan herkes, aynı zamanda dünyadaki bütün insanlar, beş milyon yıldır olduğu gibi hâlâ avcı/toplayıcı kabileler olarak yaşıyorlardı. Avcı/toplayıcı topluluklar tüm yiyeceklerini yabani hayvanları avlayarak ve yabani bitkileri toplayarak elde eder. Geçmişteki ve modern dünyada hâlâ kalan az sayıdaki avcı/toplayıcı toplulukların çoğu göçebedir, yani birkaç günde veya haftada bir yaşadıkları yeri değiştirerek yiyecek tedariklerinin mevsimsel döngülerini, hayvanların göçünü ve yenebilir bitkilerin büyüme ve hasat zamanlarını, takip ederler. (Elbette bu durum, bazı avcı/toplayıcı topluluklarının Türkiye'nin bazı bölgeleri dâhil olmak üzere dünyanın özellikle verimli bazı bölgelerinde kalıcı köyler kurduğu gerçeğini değiştirmez.)

Bütün avcı/toplayıcı topluluklar temelde benzeşirler. Günümüz topluluklarındaki binlerce, milyonlarca veya milyarlarca insan yerine birkaç düzine veya birkaç yüz insandan oluşurlar. Aletleri taştan, ağaçtan veya kemiktendir, asla metalden değil. Hiçbir avcı/toplayıcı kabile yazıyı keşfetmemiştir veya buna ihtiyaç duymamıştır, hiçbiri merkezî yönetim geliştirmemiştir. Bunun yerine, birkaç düzine veya birkaç yüz kişilik bu topluluklarda bir lidere, sosyal statüye veya zenginliğe ihtiyaç duymaksızın herkes yüz yüze oturup tartışarak karar vermişlerdir.

11.000 yıl önce dünyanın bazı bölgelerinde avcı/toplayıcı toplumların bu özellikleri değişmeye başladı. Değişimin en önemli sebebi yiyecek üretimine veya tarım ve hayvancılıktan oluşan çiftçiliğe başlanmasıydı. Yiyecek üretimi artık her yerde yabani hayvan avlamaya ve bitki toplamaya gerek olmadığı anlamına geliyordu. Bunun yerine (buğday ve koyun gibi) değerli hayvan ve bitkiler, bahçeler, buğday tarlaları, meralar ve bostanlar gibi kalıcı bölgelerde yetiştirilebilirdi. Sadece belirli yabani bitki ve hayvanların yetiştirilmesi o türlerin evcilleşmesine sebep oldu: Böylece yabani atalarından farklılaşıp insanlar için daha faydalı hale geldiler. Örneğin, evcil sığırlar yabani atalarına göre daha küçük ve daha az saldırgandır, daha fazla süt üretirler. Evcil buğdayın ise başaklarında daha iri taneler bulunur.

Yiyecek üretiminin en doğrudan sonucu insan nüfusunda bir patlama yaratmasıydı çünkü bir elma bahçesinde, buğday tarlasında veya koyun merasında, içinde yüzlerce türde hayvan ve bitki barındıran bir ormana göre çok daha fazla yenilebilir yiyecek vardır. Çiftçilik yapan toplumların nüfus yoğunlukları aynı yerde geçmişte yaşayan avcı/toplayıcı toplumlardan yüz ila bin kat daha fazladır.

Çiftçiliğin bir diğer sonucu da kuyularda ve depolarda saklanan buğday, kurutulmuş et ve peynir gibi yiyecek fazlalığıdır. Avcı/toplayıcıların nerdeyse hiçbir zaman yiyecek fazlalığı olmaz ve o gün topladıkları veya avladıkları yiyecekleri hemen yerler. Ancak bu yiyecek fazlalıkları, yiyecek üretmek için zaman harcamaya gerek duymayan uzmanları beslemek için kullanılabilindi. Uzmanlar çiftçilerin ürettiği yiyecekleri yediler ve topluma yararlı işler yapmak için onlara bolca vakit kaldı. Tarım sayesinde oluşan yiyecek fazlalığının önde gelen sonuçlarından biri de metal aletlerin yapımı, şef ve krallar, hemen sonrasında da yazının icadıydı. Hiçbir avcı/toplayıcı toplum metal alet, merkezî yönetim ve yazıyı bulamamıştı, ancak tarımın icadıyla birkaç bin yıl içinde dünyanın birçok noktasında bu sonuçlar ortaya çıktı.

11.000 yıl önce yiyecek üretimine başlanmasının insanlık tarihi açısından sonuçları inanılmazdı. Artan nüfus, metal aletler (tahta mızraklar yerine metal kılıçlar), yazı, düzenli orduları komuta eden krallar ve generaller tarihi olarak gücün muhteviyatını belirlediler.

Ne kadar cesur veya zeki olursa olsun bir avcı, ellerinde metal kılıçlar, yazı, haritalar ve düzenli ordu olan bin çiftçiye rakip olamazdı. Zamanla tarım sayesinde güç öğesi olan kılıçlar, tüfek, mikrop ve çeliğe evrildi: modern dünyada gücün sembolleri.

Kısacası, tarım, çiftçilerin dünyanın neredeyse her yerinde avcı/toplayıcıların yerine geçmesini sağlayan güç öğelerini üretti. Bu yerine geçme süreci yaklaşık olarak 11.000 yıl önce tarımın icadıyla başladı. Sonraki binyılda gittikçe daha fazla insan çiftçi oldukça ilerledi. Nerede ve ne zaman avcı/toplayıcılar çiftçilerle çatışma yaşasa kaybeden onlar oldu: avcı/toplayıcılar asimile oldu, fethedildiler, sürüldüler veya çiftçiler tarafından yok edildiler. Sonuç olarak halen avcı/toplayıcı hayatı sürdüren insanlar kutuplar, çöller ve tropik ormanlar gibi tarım yapılamayacak yerlerde bu hayatı sürdürüyorlar.

Neden dünyanın her yerinde tarıma geçerek güç kazanan, böylece komşu avcı/toplayıcıları fetheden avcı/toplayıcılar çıkmadı? Doğrusu, tarım dünyada sadece dokuz bölgede birden gelişti: Güneybatı Asya'daki Bereketli Hilal, Çin, Meksika, Peru, Yeni Gine ve birkaç yer daha. Bağımsız bir biçimde tarıma başlayan bu dokuz bölgeyi diğerlerinden ayıran özellik evcilleştirilebilir yabani bitki ve hayvanlara sahip olmalarıydı. Her ne kadar yenilebilir olsalar da yabani hayvan ve bitkilerin ezici çoğunluğu evcilleştirilebilir değildir. Örneğin halen meşe ağaçlarını ve geyikleri evcilleştirebilmiş değiliz, her ne kadar meşe palamudu ve geyik eti yiyebiliyor olsak da. Diğer birçok yabani bitki yenilebilir bile değildir. Tarımın anavatanı olan bu dokuz bölgedeki avcı/toplayıcılar evcilleştirilebilir yabani bitki ve hayvanların arasında bulundukları için şanslıydı. Bunun sonucunda da tarımı geliştirdiler, komşu avcı/toplayıcı insanları fethettiler ve tüfek, mikrop ve çeliği geliştiren ilk insanlar oldular. Göreceğiniz gibi bu kitabın çoğu neden sadece belirli bitki ve hayvanların evcilleştirilebileceğini ve tarımın teknoloji, yazı ve imparatorluklar için önkoşul olduğunu anlatmaktadır.

Ancak şimdiden bu önsöze başlarken sorduğum sorunun cevabına yaklaştık: Neden geçmişte Anadolu'da yaşayan çiftçilerin dilinden türeyen bir dil konuşuyorum? Dünya üzerinde evcilleştirilmeye müsait, en fazla ve en değerli yabani bitki ve hayvan türünün ana vatanı, günümüzde Türkiye, Irak, İran, Suriye, Lübnan, Ürdün ve İsrail'i kapsayan Güneybatı Asya coğrafyasıdır. Bu bölge eğimli, hilal ay şekline benzediği için, her ne kadar inanılmaz bereketli tarım alanlarına sahip olmasa da Bereketli Hilal olarak bilinir. Ancak bu evcilleştirilebilir yabani türler dünyada tarımın ilk başladığı yer olmasını sağlamıştır, bu yüzden özellikle verimli olmasa da bu bölgeye Bereketli Hilal diyoruz. Bereketli Hilal, modern buğdayın, bezelyenin, fasulyenin, nohutun (Güneydoğu Türkiye'ye özgüdür) ve diğer birçok bitkinin yabani atalarının ana yurdudur. Buğday (aslında evcilleştirilmiş dört farklı yabani buğday çeşidi vardır) halen dünyanın en değerli bitkisidir. Bereketli Hilal aynı zamanda evcilleştirilmiş "Büyük Beşli"nin –inek, koyun, keçi, domuz ve at– atalarının da ana yurdudur, bunlar da halen dünyanın en değerli evcil hayvanlardır.

Sonuç olarak 11.000 yıl önce Buzul Çağı'nın sona ermesiyle Türkiye ve etrafındaki ülkelerde yaşayan avcı/toplayıcılar köylerde yerleşik hayata geçip tarım ve hayvancılıkla uğraşmaya başladı. 7.000 yıl kadar önce dünyadaki ilk metal aletleri (bakır), 5.000 yıl kadar önce bronz aletleri ve 3.500 yıl kadar önce demir aletleri geliştirdiler. 5.500 yıl kadar önce dünyadaki ilk yazı sistemini geliştirdiler, ilk imparatorlukları ve düzenli orduları oluşturdular.

Yabani koyun ve buğdayın arasında yaşamayan komşu avcı/toplayıcı topluluklarla kıyaslandığında Anadolulu ilk çiftçiler güç öğelerini ele geçirmişlerdi. Kaçınılmaz bir şekilde yayıldılar, hızlıca batıya ve doğuya, yavaşça kuzeye ve güneye. Bunun sebebini de bu kitabın sayfaları arasında bulacaksınız. Yaklaşık 9.000 yıl önce Anadolulu çiftçiler İstanbul Boğazı'nı geçip Yunanistan'daki yerel avcı/toplayıcılarla evlendiler. Evlatları Avrupa'da İrlanda'nın batı kıyıları ve güney İsveç'e kadar tarıma müsait her yere yayıldılar. Diğer Bereketli Hilal çiftçileri güneybatıya yönelip Kuzey Afrika'ya yayıldılar ve piramitleri ve hiyeroglif yazılarıyla ünlü Mısır Medeniyeti'ni kurdular veya tetiklediler. Yine başka bir grup Bereketli Hilal çiftçisi doğuya, İndus Vadisi'ne yayılarak ve Hindistan'ın en eski medeniyetlerini kurdular. Daha yavaş bir biçimde Bereketli Hilal çiftçileri veya onların ürünleri güneyde Etiyopya'ya, Doğu Afrika Boynuzu'na ve sonunda (bitkileriyle değil ama hayvanlarıyla) Güney Afrika'ya kadar yayıldılar.

Anadolulu o çiftçiler boğazı geçip Avrupa'yı istila etmeye başladıklarında kendi dillerinden vazgeçip Baskça veya Avrupa'nın başka bir antik dilini konuşmaya başlamadılar. Bunun yerine, yayılan tüm çiftçilerde olduğu gibi dillerini de batıda Avrupa'ya ve doğuda Hindistan'a taşıdılar: Hint-Avrupa dilleri bu şekilde oluştu. Bu yüzden İrlanda'dan Hindistan'a tüm Avrasya'nın baskın dil ailesi Hint-Avrupa dil ailesidir. Bunun sebebi Hint-Avrupa dillerinin kulağa daha iyi gelmesi veya diğer dillere nazaran daha kolay öğrenilebilir olması değildir. Bunun tek sebebi o ilk güç öğelerini taşıyan çiftçilerin dili olmasıdır.

Elbette 9.000 yıl önceki o Anadolulu çiftçilerin dillerini yazamayız. Çünkü MÖ 3.500 yılına dek yazı yoktu. Anadolu'daki bilinen ilk yazılı dil 4.000 yıl önce ortaya çıkmıştı: Hitit İmparatorluğu'nun artık ölü olan dili Hititçe. Hititçe bir Hint-Avrupa dilidir, Hint-Avrupa dil ailesinin en eski yazılı dili ve en farklısıdır. Ancak dilbilimciler, Hititçeyi halen konuşulan veya ölü Hint-Avrupa dilleriyle kıyaslayarak boğazı geçip Yunanistan'a giden ilk Anadolulu çiftçilerin dilleri hakkında bir şeyler öğrenebildiler. Dilbilimciler bu yeniden oluşturulmuş eski Anadolu dilinde hikâyeler bile yazdılar. Anadolulu bu çiftçilerin ve Bereketli Hilal'deki diğer çiftçilerin dilleri bilinen antik ve modern tüm Hint-Avrupa dillerine dönüştüler: Sizin antik Hititçeniz, benim İngilizcem ve İtalyan, Alman, Rus, Litvanyalı, Arnavut, Yunan, Ermeni, İranlı ve Hintli arkadaşlarımın dilleri.

Antik Avrupa'nın Türkiye'ye olan borcu sadece antik Anadolu dilleri değildir, aynı zamanda çiftçilerin güç öğeleridir. Metal aletler, yazı ve imparatorluklar orijinal olarak Türkiye ve Bereketli Hilal kökenlidir. Tüm bunlar sonrasında çiftçiler tarafından Avrupa'ya, Mısır'a ve Hindistan'a taşınmışlardır. İnsan yaratıcılığının yönü neredeyse

10.000 yıl boyunca Bereketli Hilal'den Avrupa'ya doğrudur. Orta Çağ'da Avrupa'da su değirmenlerinin icadına dek Avrupa dünyadaki teknolojik gelişime esaslı olarak yeni bir katkıda bulunmamıştır.

Şu an kafanızda üç önemli soru bulunabilir ve bu kitaba devam edip dünyanın Anadolu'ya olan borcunu öğrenmeden önce bu soruların cevabını merak edebilirsiniz.

İlk soru: Türkler olarak antik Hint-Avrupa dilinizi Avrupa'ya vermişken ve Avrupa'nın neredeyse her yerinde (ve Hindistan'a kadar Asya'da) bu eski dilin türleri konuşulurken siz Türkler neden Orta Asya kökenli bir dil olan Türkçe konuşuyorsunuz? Neden antik Hint-Avrupa dilinizin devamı bir dil konuşmuyorsunuz?

Bu soru tek kelimeyle açıklanabilir: Türkler! Avrupa'nın toprakları ve yağmurları yerleşik tarım için uygundur, tıpkı Anadolu gibi. Sizin atalarınız geldiğinden beri Avrupa daima çiftçilerin egemenliği altında kalmıştır. Ancak doğuda, Orta Asya'nın geniş bozkırları yerleşik tarımdan ziyade göçebe hayvancılık için uygundu. Hint-Avrupalı çiftçiler Avrupa'ya yerleştikten hemen sonra veya aynı zamanda, yine kimisi Anadolu'dan çıkan diğer Hint-Avrupalılar sadece Avrupa'ya değil, Orta Asya'ya da yayıldılar. Orta Asya'ya geldiklerinde hayat tarzlarını değiştirip göçebe çobanlar oldular.

İki yaşından itibaren gününüzün büyük bir bölümünü koyun ve sığır peşinde at sırtında geçirirseniz, çok tehlikeli bir süvari olmak için temel eğitimi almış olursunuz. Binlerce ve binlerce yıl boyunca Orta Asya'nın göçebe çobanları her yöne saldırıp zayıf şehirlileri yağmaladılar. Çin'e, Hindistan'a, Türkiye'ye, Bereketli Hilal'in diğer bölgelerine ve Avrupa'ya saldırdılar. Birçok isimle tanındılar: İskitler, Sarmatlar, Hunlar, Avarlar, Macarlar, Türkler ve Moğollar. İskitler gibi bazıları Hint-Avrupa dilleri konuşmaya başladılar; Türkler, Macarlar ve Moğollar gibi diğerleri atları ve koyunları aldılar ama Hint-Avrupa dillerine geçmediler; ve Roma İmparatorluğu'nu mahvettikten sonra tarihten silinen Hunlar gibi bazılarının dilleri hakkında hiçbir şey bilmiyoruz. Asyalı bu süvarilerin bir kısmı,

Asya'da, Hindistan'da ve Çin'de imparatorluklar kurmayı başardı. Özellikle Hunlar ve Moğollar olmak üzere bazıları yıllar boyunca Avrupa'ya korku saldılar. Ancak Asyalı bu süvariler Avrupa'yı fethetmeyi başaramadı çünkü Avrupa'nın sık ormanları Orta Asya'nın açık topraklarında engellenemez olan süvarilerin askerî avantajlarını yok ediyordu.

Orta Asya'dan gelen bu fetih akınlarının sonuncularından biri de Türklerdi. Dilleri Hint-Avrupa ailesine ait değildi, daha çok bir diğer Asyalı süvari halkı olan Moğolların diline yakındı. Yaklaşık bin yıl önce Orta Asya'dan gelen Türk süvariler Anadolu'ya ve Hindistan'a saldırmaya başladılar. Bildiğiniz gibi Anadolu'yu fethettiler ve tarihin en ünlü kuşatmasından sonra Doğu Roma İmparatorluğu'nun başkenti İstanbul'u da alarak bunu taçlandırdılar. Anadolu'yu fetheden Türklerin evlatları o yıllardan beri Türkiye'ye hâkimdir ve Türkçeyi Anadolu'da yaymışlardır.

Ancak bu, modern Türklerin İstanbul'u fetheden Türklerin katışıksız torunları olduğu anlamına gelmez. Anadolu'da Türklerin hâkimiyeti altına giren milyonlarca Hint-Avrupalı vardı: Onlar yok edilmemişlerdi. Genetik araştırmalar, modern Türklerin genlerinin üçte birinin Orta Asya'dan gelen süvarilerden olduğunu gösteriyor; ama hâlâ üçte ikisi Anadolu'nun yerlisi olan Hint-Avrupa kökenli. Anadolu'nun yerli halkı dilini kaybetti ama genlerini korudu. Böylece, siz Türkler de, dünyanın geri kalanı gibi, bir mozaiksiniz: Dil olarak tek bir halksınız (Türkler) ama genetik olarak çoğunlukla başka bir halk (Hint-Avrupalı). Aynı şey Macaristan'da da yaşandı. Başka bir grup Asyalı süvari olan Macarlar Macaristan'ı fethettiler ve modern Macaristan'a dillerini yaydılar. Ancak modern Macarlar her ne kadar 1200 yıl öncesinin fatih süvarilerinin dillerini konuşuyor olsalar da genetik olarak hâlâ çoğunlukla Hint-Avrupalıdır. Tezat bir şekilde, yüzyıllar önce Türk süvariler Hindistan'ın çoğunu ele geçirip Babür İmparatorluğu'nu kurduklarında hâkimiyeti ele geçirmişlerdi ama sayıları o kadar azdı ki fethettikleri Hintlilerin Hint-Avrupa dilini kullanmaya başladılar.

Bin sene önceki fatih Türk süvari atalarınız, Orta Asya'nın bozkırlarından çıkıp komşu toprakları kalıcı olarak fetheden, at üstünde yaşayan halkların sonuncularındandı. En sonuncusu ise Cengiz Han ve varislerinin komutasındaki Moğollardı. Moğollar bir süre yiğitçe başarılı oldular ve Batı Rusya'dan Çin'e kadar dünya tarihindeki en geniş topraklara hükmettiler. Ancak Moğollar baskın gelebilmek için tarihin çok geç bir döneminde ortaya çıkmışlardı. Cengiz Han'ın dönemine gelindiğinde, Çin'de ve sonrasında Avrupa'da, Asyalı süvarilerin uzun süren askerî avantajlarını sonlandıracak tüfekler ve diğer modern silahlar geliştirilmekteydi. Sonrasında Rus çarlarının orduları, Moğolca Moğolistan ve çevresine sıkışıp kalana dek Moğollar tarafından ele geçirilen toprakları yeniden kazanmayı başardılar. Moğolların aksine siz Türkler hiçbir zaman yerinizden edilmediniz, Türkiye'ye hükmettiniz ve diliniz Rusça veya İngilizce gibi bir Hint-Avrupa diline dönüşmeyip muhteşem bir dil olan Türkçe olarak kaldı.

Şimdi gelelim ikinci soruya. Bereketli Hilal'de tarımın başlaması dünyada veya en azından batı Avrasya'da binlerce yıl boyunca medeniyetin oluşmasını sağladı. Elbette bu süre boyunca her bölgenin inişli çıkışlı zamanları oldu: Anadolu bölgesi Hitit İmparatorluğu zamanında güçlüydü, sonra Roma İmparatorluğu tarafından fethedildi ve sonra da Romalıların varisleri olan Bizanslılar yenildi. Orta Çağ'da Türkiye'den yönetilen Osmanlı İmparatorluğu, teknoloji, bilim ve askerî güç konularında Avrupa kadar hatta daha da fazla ileriydi. Türk orduları Güneydoğu Avrupa'nın çoğunu ele geçirecek kadar kudretliydi. İki kere Viyana kapılarına dayandılar ve Avrupa'nın merkezini fethetmeye yaklaştılar. Yüzyıllar boyunca Osmanlı İmparatorluğu ile Hristiyan Avrupa'nın kral ve imparatorları arasında bir güç dengesi vardı. Her iki taraf da birbirlerine karşı ordu ve donanmalarla sefere çıktı ve politik hamlelerle birbirinin kuyusunu kazmaya uğraştı. Ancak sonuçta 1918 yılında İngiliz ve Fransız imparatorlukları Osmanlı İmparatorluğu'nu yendi, tersi olmadı.

Yaklaşık 10.000 yıl boyunca Anadolu medeniyetlerinin Avrupa'ya karşı üstün olmasına rağmen neden sonunda Avrupa kazandı? Neden Kuzey Amerika, Avustralya ve Güney Afrika Osmanlı İmparatorluğu tarafından değil de İngiltere, Hollanda, Fransa, İspanya ve Portekiz tarafından fethedildi? Neden bir Amerikalı olarak ben modern Türkçe değil de İngilizce konuşuyorum?

Bu soru halen tarihçiler tarafından tartışılmaktadır. Bu soru benim kitabımın odak noktası değil. Benim kitabım neden Avrasya'nın belirli bir bölgesinin diğer bölgelere baskın çıktığıyla değil, neden Avrasya'nın bir bütün olarak daha baskın olduğuyla ilgilenmektedir. Bu son soruya ancak kitabın son kısmında, kimseyi ikna edebilecek bir sonuca varmadan değiniyorum.

Yine de cevabın bazı parçalarına ulaşabiliriz. İngiltere, Hollanda, Fransa, İspanya ve Portekiz'in Atlas Okyanusu'na kıyıları vardır ve batıya, Yeni Dünya'ya dönüklerdir. Bunun aksine Türkiye Akdeniz'in doğu kıyısına bakmaktadır. Türk gemileri Cebelitarık Boğazı'ndan ve Atlas Okyanusu'ndan binlerce kilometre uzaktadır. Bunun bariz bir sonucu olarak Türk donanmaları değil de İngiltere, Hollanda, Fransa, İspanya ve Portekiz donanmaları okyanuslara açılıp diğer kıtaları fethettiler.

Ancak sorunun cevabının tamamı bu da değil. Avrasya'nın içinde bile, bilim, teknoloji ve askerî güç konusunda Anadolu ve Avrupa başa baş gitmesine rağmen Avrupa öne geçti. Avrupa'nın öne geçmesinin en büyük sebebi İngiltere'de başlayıp Hollanda'ya, sonra da dünyanın diğer ülkelerine ve yüzyıllar sonra Osmanlı İmparatorluğu'na sıçrayan Sanayi ve Bilim devrimleriydi. Tarihçiler Sanayi ve Bilim devrimlerinin neden İstanbul'da değil de Londra'da başladığını tartışırlar. Bunun sebebi coğrafi keşiflerin etkilerinin Türkiye'de değil de İngiltere'de mi yaşanmasıydı? Yoksa İngiltere'nin bir ada olması ve bu yüzden komşularından korunmak için otokratik bir yönetime ve güçlü bir orduya ihtiyaç duymaması, aynı şekilde askerî dikkatini çekebilecek ve ele geçirmek isteyecek komşularının olmaması mıydı? İngiltere'de kömür madenlerinin nehirlere yakın olması, böylece buharlı makineler ve su değirmenleri için gereken enerji ve motivasyona sahip olmaları yüzünden mi Sanayi Devrimi tetiklenmişti?

Bunlar sıklıkla duyulan teorilerdir ve tarihçiler bunları tartışmaya devam eder. Ancak, coğrafi keşifler, Sanayi ve Bilim devrimleri sonucunda Avrupa imparatorluklarının Osmanlı İmparatorluğu'nu yendiği bir gerçektir.

Cevaplanmamış son sorum, çok bariz: Türkiye'nin geleceğinde neler var? Konu açılmışken, ABD ve hatta tüm dünyanın geleceğinde neler var?

Türkiye için güç öğelerinin bir kısmı değişti, bir kısmı ise aynı kaldı. Andolu'nun orijinal güç kaynağı, nohut, buğday, koyun ve keçiler üzerinde tekel sahibi olmanız, böylelikle inanılmaz bir nüfuz patlaması yaşamanız, teknoloji ve siyasi yönetimlerde gelişmenizdi. Ancak nohut, buğday, koyun ve keçiler tüm dünyaya yayıldı, artık Anadolu'nun tekelinde değiller. Bunun yanı sıra Anadolu'yla ilgili başka şeyler değişmedi: özellikle coğrafyanız. Hâlâ ve daima Avrupa ile Asya arasındaki köprü olarak kalacaksınız. Geçmişinizde olduğu gibi bugün de jeopolitik konumunuz size bir avantaj sağladığı gibi kimlik bunalımları ve sorunlar da yarattı.

Nohut üzerindeki tekelinizi kaybetmeniz ve bir köprü gibi olan konumunuzun avantaj ve sorunları konusunda siz Türklerin yapabileceği bir şey yok. Bunun yerine siz Türklerin, biz Amerikalıların ve dünyanın diğer insanlarının elinde olan bir şey var: modern dünyanın güç öğeleri üzerindeki hâkimiyetimiz. Genel olarak, tarih, siyaset ve ekonomi sosyal bilimleri de dâhil, bilim ve teknoloji üzerindeki hâkimiyet. Günümüzde benim ülkem olan ABD bilim ve teknolojide dünyanın önünde. Ancak ABD bu liderliği sonsuza dek devam ettirecek diye bir kaide yok. Özellikle, üzücü olarak benim ülkemin liderleri bilim ve teknolojideki liderliğimizin kuyusunu kazmaya çalışıyor gibi gözüküyor, öte yandan Çin ve Hindistan gibi ülkeler bilim ve teknolojide dünyanın liderliğini ele geçirmeye çalışıyor.

Bilim ve teknoloji, 9.000 yıl önce Avrupalıların Anadolu'nun nohutlarını alması kadar kolay bir biçimde Amerikalı olmayanlar tarafından elde edilebilir. Bilim insanları ve mühendisler doğdukları ülkelerden başka ülkelere taşınabilir. Bir ülkede doğan öğrenciler bilim ve teknoloji öğrenmek için başka bir ülkeye giderler ve sonra çoğunlukla kendi ülkelerine dönerler. Kitaplardan ve internetten de bilim ve teknoloji öğrenilebilir.

Türkiye'nin yüksek nüfus, yüksek bir okur-yazarlık oranı, eşsiz bir coğrafi konum ve 11.000 yıllık tarihî bir miras gibi avantajları var. Benim ülkem olan ABD'nin de nüfus, okur-yazarlık, coğrafya ve tarih gibi avantajları var. ABD ve Türkiye'nin elinde olan şey, devletin modern dünyanın motoru olan bilim ve teknolojiye vereceği destektir. Günümüzde benim ülkem iyi bir örnek teşkil etmiyor. Türkiye daha iyi bir örnek oluşturup modern dünyanın güç merkezlerinden birine dönüşebilecek mi? Bu sizin kararınız!

Öndeyiş

Yali'nin Sorusu

Dünyanın farklı bölgelerindeki farklı halklar için tarihin çok farklı biçimde geliştiğini hepimiz biliyoruz. Sonuncu Buzul Çağı'nı izleyen 13.000 yılda dünyanın bazı bölgelerinde metal aletlere sahip olan okuryazar sanayi toplumları ortaya çıktı, buna karşılık başka bölgelerinde okuryazar olmayan, çiftçilikle uğraşan toplumlar, daha başka bölgelerindeyse taş aletler kullanan, avcılık yaparak ve yaban yiyecekler toplayarak geçinen toplumlar vardı. Bu tarihsel eşitsizliklerin uzun gölgelerini bugünkü dünyamızda da gözlemliyoruz çünkü metal aletleri olan okuryazar toplumlar öteki toplumlar üzerinde üstünlük kurdu ya da onları yok etti. Bu farklılıklar dünya tarihinin en temel olgusudur ama bunların nedenleri belirsiz ve tartışmalıdır. Bana bu farklılıkların nedeniyle ilgili düşündürücü soru yirmi beş yıl önce çok basit ve kişisel bir soru olarak sorulmuştu.

1972 yılının Temmuz ayında tropik bir ada olan Yeni Gine'de deniz kıyısında yürüyordum. Bir biyolog olarak kuşların evrimini incelediğim yerdir Yeni Gine. Yali adında müthiş bir yerli siyasetçiden söz edildiğini duymuştum, o günlerde o bölgede dolaşıyormuş. Bir rastlantı sonucu o gün Yali ile ikimiz aynı yöne doğru yürümekteymişiz. Yali arkamdan yetişti. Bir saat birlikte yürüdük ve bir saat boyunca konuştuk.

Yali insanları etkileme gücü olan, enerji saçan biriydi. Gözlerinin parlaklığı gözlerinizi kamaştırırdı. Büyük bir öz güvenle kendinden söz etti ama aynı zamanda derin bir merakı yansıtan pek çok soru sordu, büyük bir dikkatle dinledi. Sohbete o günlerde Yeni Gine'de herkesin zihnini meşgul eden bir konuyla başladık – çok hızlı gelişen siyasal olaylar. O günlerde, Yali'nin ülkesinin bugünkü adını kullanırsak, Papua Yeni Gine, Birleşmiş Milletler'in bir kararı uyarınca hâlâ Avustralya yönetimi altındaydı ama bağımsızlık rüzgârları esmeye başlamıştı. Yali bana yerli halkı kendi kendilerini yönetmeye hazırlamaktaki rolünü anlattı.

Bir süre sonra Yali konuyu değiştirdi ve beni sorguya çekmeye başladı. Yeni Gine'den dışarı adım atmamıştı, liseden sonra eğitimine devam edememişti ama doymak bilmez bir merakı vardı. Önce benim Yeni Gine kuşları üzerinde nasıl bir çalışma yaptığımı öğrenmek istedi (bu iş için kaç para aldığımı sormayı da ihmal etmemişti). Farklı kuş topluluklarının milyonlarca yıllık bir süre içinde Yeni Gine'yi kendilerine nasıl yurt edindiklerini anlattım. Sonra o bana, kendi halkının atalarının son on binlerce yıl içinde Yeni Gine'ye nasıl geldiklerini ve son iki yüz yıl içinde beyaz Avrupalıların Yeni Gine'yi nasıl sömürgeleştirdiklerini sordu.

Yali ile benim temsil ettiğim toplumlar arasındaki gerilimi ikimiz de biliyorduk ama aramızdaki dostluk havası bozulmadan devam ediyordu. İki yüzyıl önce bütün Yeni Gineliler "hâlâ Yontma Taş Çağı'nda yaşıyorlardı". Yani Avrupa'da binlerce yıl önce yerlerini metalden yapılma aletlere bırakmış olan taştan yapılma aletleri hâlâ kullanıyorlardı, merkezî bir siyasal gücün çevresinde örgütlenmemiş olan köylerde yaşıyorlardı. Beyazlar geldiler, merkezî yönetimi getirdiler, çelik baltalardan, kibritten, ilaçtan giyim kuşama, meşrubata, şemsiyeye kadar çeşitli mallar getirdiler; Yeni Gineliler bu malların değerini hemen anladı. Yeni Gine'de bütün bu malların hepsinin toplu adı "kargo" idi.

Beyaz sömürgecilerin pek çoğu Yeni Ginelileri "ilkel" diye açıkça küçümsedi. Yeni Gine'deki beyaz "efendilerin" –1972'de hâlâ onlara "efendi" deniyordu– en işe yaramazı bile Yeni Ginelilerden, hatta Yali gibi etkili siyasetçilerden daha iyi bir hayat yaşıyordu. Ama Yali bana sorduğu gibi pek çok beyaza da sormuştu, ben de pek çok Yeni Gineliye sordum. Ben de Yali de çok iyi biliyorduk Yeni Gineliler ortalama olarak en az Avrupalılar kadar zekiydi. Herhalde Yali o parlak gözlerini dikip sorgular gibi bana baktığında kafasından bunlar geçiyordu. "Neden siz beyazların bu kadar çok kargosu var, bunları Yeni Gine'ye neden getirdiniz ve biz siyahların kendi kargosu neden bu kadar az?" diye sordu.

Bu basit bir soruydu ama Yali'nin tanıdığı şekliyle hayatın en can alıcı sorusuydu. Evet, ortalama bir Yeni Ginelinin hayat tarzıyla ortalama bir Avrupalının ya da Amerikalının hayat tarzı arasında hâlâ büyük farklılıklar var. Bunların dışında kalan halkların hayat tarzları da benzer farklılıklar gösteriyor. Bu büyük farklılıkların gerisinde önemli nedenler yatsa gerekir ve insan bunların çok açıkça görülebilecek nedenler olduğunu sanabilir.

Oysa Yali'nin basit gibi görünen sorusu yanıtlanması güç bir soru. O zamanlar bu sorunun yanıtını bilmiyordum. Tarih uzmanları yanıt konusunda anlaşamıyorlar; çoğu artık böyle bir soru sormuyor bile. Yali ile aramızda bu konuşmanın geçtiği günden bu yana insanlığın, tarihin ve dillerin evriminin başka yönleri üzerinde araştırmalar yaptım, yazılar yazdım. Yirmi beş yıl sonra yazılmış bu kitapla Yali'nin sorusunu yanıtlamaya çalışacağım.

Yali'nin sorusu yalnızca Yeni Gineliler ile Avrupalı beyazların hayat tarzları arasındaki farkla ilgiliydi ama çağdaş dünyadaki daha pek çok karşıtlığı kapsayacak şekilde genişletilebilir. Avrasya kökenli, özellikle şu an hâlâ Avrupa'da ve Doğu Asya'da yaşayan halklar ile Kuzey Amerika'ya göç etmiş olanlar, zenginlik ve güç bakımından dünyaya egemen olmuş durumdalar. Afrikalıların çoğu da içinde olmak üzere öteki halklar Avrupa'nın sömürgesi olmaktan kurtuldular ama zenginlik ve güç bakımından çok gerilerde kaldılar. Dahası Avustralya'nın, Kuzey, Orta ve Güney Amerika'nın, Güney Afrika'nın yerli halkları artık kendi topraklarının efendisi bile değiller, Avrupalı sömürgeciler tarafından katledildiler, boyunduruk altına alındılar, hatta bazı durumlarda tamamıyla yok edildiler.

O bakımdan çağdaş dünyada görülen eşitsizliklerle ilgili soruyu şöyle sormak gerekir: Neden şu anda Avrupalı ve Asyalı halklar zenginlik ve güç sahibi de başkaları değil? Örneğin neden Amerika, Afrika ve Avustralya yerlileri gidip Avrupalıları ve Asyalıları öldüremedi, egemenlikleri altına alamadı, onların köklerini kazıyamadı?

Bu sorunun kolayca bir adım gerisine gidebiliriz. MS 1500 yılında Avrupalı sömürgeciler dünyaya yayılmaya başlarken farklı kıtalardaki halklar teknoloji ve siyasal örgütlenme bakımından büyük farklılıklar gösteriyordu. Avrupa'da, Asya'da, Kuzey Afrika'nın büyük bir bölümünde metal aletler kullanan devletler ya da imparatorluklar vardı, bunların bazıları sanayileşmenin eşiğine gelmişti. Amerika'nın iki yerli halkı, Aztekler ve İnkalar taştan yapılma aletlerle imparatorluklar yönetiyordu. Afrika'da Sahra'nın güneyinin bir bölümü demir aletler kullanan küçük devletler ya da şefliklere bölünmüştü. Başka halkların çoğu çiftçilikle uğraşan kabileler ya da taştan yapılmış aletler kullanan avcı/yiyecek toplayıcı insan sürüleri halinde yaşıyorlardı – bunların arasında Avustralya ve Yeni Gine'de yaşayan halklar, Büyük Okyanus adalarının ve Kuzey, Orta ve Güney Amerika kıtalarının büyük bölümünde, Sahra'nın güneyindeyse küçük bir bölümde yaşayan halklar da vardı. Kuşkusuz MS 1500 yılında görülen bu teknolojik ve siyasal farklar çağdaş dünyadaki eşitsizliklerin en yakın nedenidir. Ama dünya 1500 yılındaki durumuna nasıl geldi?

Yine yazılı tarihlere ve arkeolojik bulgulara dayanarak bu sorunun da kolayca bir adım gerisine gidebiliriz. Son Buzul Çağı'nın sonuna, yani MÖ 11.000 yılına kadar bütün kıtalardaki bütün halklar hâlâ avcılık ve yiyecek toplayıcılığıyla geçiniyordu. MS 1500 yılında görülen teknolojik ve siyasal farklılıkların gerisinde, MÖ 11.000 yılıyla MS 1500 yılı arasında farklı anakaralardaki farklı halkların farklı hızda gelişim göstermiş olması gerçeği yatıyordu. Avustralya ve Amerika yerlileri avcı/yiyecek toplayıcı olarak kalırken Avrasya halklarının büyük bölümü, Amerika'da ve Sahra'nın güneyinde yaşayan halkların epeycesi tarım, hayvancılık, metal işleme teknolojisi, karmaşık siyasal örgütlenme evrelerine geçmişti. Avrasya'nın bazı bölgeleriyle Amerika'nın bir bölgesinde yaşayan halklar birbirinden bağımsız olarak yazıyı da bulmuşlardı. Ama bu yeni gelişmelerin hepsi Avrasya'da başka yerlere oranla daha erken bir tarihte oldu. Örneğin Güney Amerika And Dağları'nda bronz aletlerin seri üretimi 1500 yılından önceki yüzyıllarda ancak başlarken Avrasya'nın bazı bölgelerinde dört bin yıl önce başlamıştı. Tazmanya'nın Avrupalı kâşiflerce MS 1642 yılında ilk keşfedildiği zamanki taş teknolojisi, Yukarı Avrupa'nın on binlerce yıl önce Yontma Taş Çağı'ndaki teknolojisinden daha basitti.

O halde çağdaş dünyadaki eşitsizliklerle ilgili sorumuzu şöyle sorabiliriz: İnsanlar neden farklı kıtalarda farklı hızda gelişti? Tarihin seyrini oluşturan şey bu hız farklılıklarıdır ve benim kitabımın konusu da işte budur.

Dolayısıyla bu kitap sonuçta tarihle ve tarih öncesiyle ilgili ama konusu yalnızca bilimi ilgilendiren bir konu değil, aynı zamanda uygulama ve siyaset açısından son derece önemli. Çağdaş dünyayı fetihler, salgın hastalıklar ve soykırımlar yoluyla biçimlendiren şey eşit olmayan halklar arasındaki karşılıklı ilişkilerin tarihidir. Bu farklılıkların yarattığı yankılanmalar, aradan pek çok yüzyıl geçmesine karşın hâlâ sona ermemiştir ve bugün dünyanın en sorunlu bölgelerinin bazılarında hâlâ sürmektedir.

Örneğin Afrika'nın pek çok yerinde hâlâ son sömürge döneminin mirasıyla boğuşuluyor. Daha başka bölgelerdeyse iç karışıklıklar ya da gerilla savaşları sürüyor, hâlâ sayıları çok olan yerli nüfuslar ülkelerini ele geçirmiş fatihlerin torunlarının yönetimleriyle kapışıyor – örneğin Orta Amerika'nın, Meksika'nın, Peru'nun, Yeni Kaledonya'nın, eski Sovyetler Birliği'nin büyük bir bölümü ile Endonezya'nın bazı bölgelerinde. Yerli nüfusların pek çoğu –örneğin Hawaii'nin, Avustralya'nın, Sibirya'nın yerli halkı, Amerika Birleşik Devletleri'nde, Kanada'da, Brezilya'da, Arjantin ve Şili'de bulunan yerliler– soykırımlar ve hastalıklar dolayısıyla sayıca öylesine azalmıştır ki istilacıların torunlarının sayısı onlarınkini kat kat aşmıştır. Bu yüzden bir iç savaşa kalkışamayacak durumda olmalarına karşın haklarını arama konusunda her gün biraz daha bilinçleniyorlar.

Halklar arasında geçmişten gelen farklılıkların günümüzdeki ekonomik ve siyasal yansımalarının yanı sıra dilsel yansımaları da var – özellikle şu anda dünyada yaşayan altı bin dilden çoğu yok olma, yerini İngilizce, Çince ve Rusça ile son yüzyıllarda çok fazla sayıda insanın konuşur hale geldiği başka birkaç dile bırakma tehlikesiyle karşı karşıya. Çağdaş dünyadaki bütün bu sorunların kökeninde Yali'nin sorusunda gizli olan tarihsel yörüngelerin farklılığı gerçeği yatıyor.

Yali'nin sorusuna yanıt aramadan önce biraz ara verip böyle bir sorunun tartışılmasına karşı çıkanların görüşlerini ele almak iyi olur. Bazıları böyle bir sorunun sorulmasına bile çeşitli nedenlerden dolayı karşı çıkıyor.

Karşı görüşlerden biri şu: Bir halkın başka bir halk üzerinde nasıl üstünlük kurduğunu açıklamayı başarırsak bu, o üstünlüğü haklı göstermek gibi olmaz mı? Bu sonucun kaçınılmaz olduğunu, bugün bu sonucu değiştirmeye çalışmanın boşuna bir çaba olacağını söylemek anlamına gelmez mi? Bu itiraz, nedenleri açıklamakla sonuçları kabul etmeyi birbirine karıştırmak gibi genel bir eğilime dayanıyor. Tarihsel açıklamanın ne işe yarayacağı konusu açıklamanın kendisinden apayrı bir konudur. Anlamak çoğu kez sonuçları tekrarlamak ya da ebedileştirmek amacına değil, o sonuçları değiştirmeye çalışma amacına hizmet eder. İşte bu yüzden psikologlar katillerin ve tecavüzcülerin ruhlarını, toplumsal tarihçiler soykırımları, doktorlar hastalıkların nedenlerini anlamaya çalışır. Bu araştırmacıların amacı cinayeti, tecavüzü, soykırımı, hastalıkları haklı göstermek değildir. Tam tersine onlar, zincirleme nedenleri anlayarak bu zinciri kırmak isterler.

İkinci itiraz şu: Yali'nin sorusunu ele almakla Avrupa merkezli bir tarih yaklaşımını kendiliğinden benimsemiş, Batı Avrupa'yı yüceltmiş olmuyor muyuz, çağdaş dünyada Batı Avrupa'nın ve Avrupalılaşmış

Amerika'nın üstünlüğünü kabul etme saplantısına takılıp kalmış olmuyor muyuz? Bu üstünlük yalnızca son birkaç yüzyılın geçici bir olgusu değil mi, günümüzde Japonya'nın, Güneydoğu Asya'nın üstünlüğüyle zaten geride kalmak üzere değil mi? Aslında bu kitap çoğunlukla Avrupalılar dışında kalan halkları konu edinecek. Avrupalılar ile Avrupalı olmayanlar arasındaki karşılıklı ilişkiler üzerinde durmaktan çok Avrupalı olmayan farklı halklar arasındaki karşılıklı ilişkileri inceleyeceğiz – özellikle Afrika'da Sahra'nın güneyindeki, Güneydoğu Asya'daki, Endonezya'daki, Yeni Gine'deki halkları ve bu bölgelerin yerli halkları arasındaki ilişkileri. Batı Avrupa kökenli halkları yüceltmek şöyle dursun onların kültürlerinin temel ögelerinin çoğunun başka yerlerde yaşayan insanlar tarafından geliştirilmiş, daha sonra Batı Avrupa'ya taşınmış şeyler olduğunu göreceğiz.

Ve üçüncü itiraz: "Uygarlık" gibi, "uygarlığın doğuşu" gibi sözlerden, sanki uygarlık iyi bir şeymiş, kabile avcı/yiyecek toplayıcıları mutsuzmuş, son 13.000 yıldır tarihin gelişimi insanın mutluluğuna büyük katkılarda bulunmuş, anlamı çıkmıyor mu? Aslında ben sanayileşmiş toplumların avcı/yiyecek toplayıcı kabilelerden "daha iyi" olduğu ya da avcı/yiyecek toplayıcı toplumlara özgü hayat tarzını bırakıp demire dayalı devlet olma aşamasına geçmenin "gelişme"yi temsil ettiği ya da insanların mutluluğuna katkıda bulunduğu gibi bir varsayımda bulunmuyorum. Hayatını Amerika Birleşik Devletleri kentleriyle Yeni Gine köyleri arasında geçirmiş biri olarak benim izlenimime göre uygarlığın sözüm ona nimetleri var da, yok da. Örneğin, avcı/yiyecek toplayıcı toplumların üyeleriyle karşılaştırıldığında günümüz sanayi ülkelerinin vatandaşları daha iyi sağlık hizmeti alıyorlar, onlar için cinayetten ölme tehlikesi daha az, daha uzun yaşama şansları var ama öte yandan eş dost ve büyük aile dayanışması gibi toplumsal desteklerden çok az yararlanıyorlar. İnsan topluluklarındaki bu coğrafi farklılıkları incelememin nedeni belirli bir insan topluluğunu bir başkasıyla karşılaştırıp onu göklere çıkarmak değil, yalnızca tarihte nelerin olup bittiğini anlamak.

Yali'nin sorusuna yanıt vermek için yeni bir kitap yazmaya gerek var mı? Biz yanıtı zaten bilmiyor muyuz? Öyleyse bu kitap da neyin nesi?

Belki de en çok bilinen açıklama, halklar arasında biyolojik farkların bulunduğu varsayımını açık ya da üstü kapalı olarak kabul etmeye dayanıyor. MS 1500 yılını izleyen yüzyıllarda Avrupalı kâşifler, dünyadaki halklar arasında teknoloji ve siyasal örgütlenme bakımından büyük farklılıklar olduğu gerçeğinin farkına vardıkça bu farklılıkların doğuştan gelme yeteneklerle ilgili olduğunu düşündüler. Darwin kuramının ortaya çıkışından sonra açıklamalar doğal seçilim ve evrimsel soyağacı terimleriyle birlikte yeni bir şekil aldı. Teknolojik açıdan ilkel halkların, maymunsu atalardan gelen insan soyunun evrimine ait kalıntılar olduğu düşünüldü. Sanayileşmiş toplumlardan gelen sömürgecilerin bu halkları yurtlarından kovması, en uygun olanların hayatta kalması ilkesinin örneğiydi. Daha sonra genetik biliminin doğuşuyla açıklamalar bu kez genetik terimleriyle yeniden dile getirildi. Genetik olarak Avrupalıların Afrikalılardan, hele hele Avustralya yerlilerinden daha zeki oldukları kabul edildi.

Bugün Batı toplumunda ırkçılığa karşı olduklarını açıkça dile getiren kesimler var. Ama pek çok Batılı (belki de büyük çoğunluk) kendi kendilerine kaldıklarında ya da bilinçaltlarında ırkçı açıklamaları kabul etmeyi sürdürüyor. Japonya'da ve pek çok başka ülkede bu tür açıklamalar hâlâ açık açık, hiç özür dilemeden ileri sürülüyor. Hatta eğitimli beyaz Amerikalılar, Avrupalılar ve Avustralyalılar, Avustralya yerlileri söz konusu olduğunda yerlilerin kendisinde bir ilkellik olduğu düşüncesindeler. Kuşkusuz beyazlardan farklı görünüyorlar. Avrupa sömürgeciliği döneminde hayatta kalabilmiş yerlilerin bugün yaşayan torunlarının pek çoğu, beyaz Avustralya toplumunda ekonomik açıdan başarılı olmakta güçlük çekiyor.

İnandırıcı gibi görünen bir başka sav da şu: Avustralya'ya gelen beyaz göçmenler burada okuryazar, sanayileşmiş, siyasal olarak merkezileşmiş, demokratik, metal alet kullanan, yiyecek üretimine dayanan bir toplum yarattılar; bütün bunları topu topu bir yüzyıl içinde başardılar, oysa yerli halk burada en az kırk bin yıldır metal kullanmadan avcı/yiyecek toplayıcı kabileler halinde yaşıyordu. İnsan topluluklarının gelişimi konusunda iki örnek vardı karşımızda, çevre koşulları ikisi için de aynıydı, tek değişiklik bu çevrede yaşayan halktaydı. Avustralya'nın yerli halkıyla Avrupa toplumları arasındaki farkın, halkların kendilerindeki farktan kaynaklandığını söylemek için bundan daha iyi bir kanıt aramaya gerek var mıydı?

Bu tür ırkçı açıklamalara karşı çıkıyorsak bunları yalnızca iğrenç bulduğumuzdan değil, aynı zamanda yanlış olduklarındandır. İnsanlar arasındaki teknolojik farklılıklarla paralellik gösteren zekâ farklılıklarının varlığına dair elimizde sağlam kanıt yok. Aslında biraz sonra açıklayacağım gibi çağımızda "Yontma Taş Çağı'nı" yaşayan halklar ortalama olarak belki de sanayileşmiş halklardan zekâ bakımından geri olmak şöyle dursun daha ileri. Size tuhaf gelecek ama, Avustralya'ya gelen beyaz göçmenlerin yukarıda sözü edilen öteki üstünlüklere sahip okuryazar bir sanayi toplumu kurmuş olma onurunun kendilerine verilmesini hak etmediklerini XV. Bölüm'de göreceğiz. Ayrıca yakın zamanlara kadar –Avustralya ve Yeni Gine yerlileri gibi– teknolojik açıdan ilkel kalmış halklar, kendilerine fırsat tanındığında sanayi teknolojilerini genellikle çok iyi öğreniyorlar.

Bilişsel psikologlar farklı coğrafi bölgelerden gelen ama bugün aynı ülkede yaşayan halklar arasındaki zekâ farklılıklarını ortaya koymak için pek çok çaba harcadılar. Özellikle çok sayıda beyaz Amerikalı psikolog Afrika kökenli Amerikan zencilerinin Avrupa kökenli beyaz Amerikalılara göre zekâ bakımından doğuştan geri olduklarını on yıllardır göstermeye çalışıyor. Oysa çok iyi bilindiği gibi birbiriyle karşılaştırılan halklar arasında toplumsal çevre ve eğitim olanakları bakımından büyük farklılıklar var. Bu olgu teknolojik farklılıkların zekâ farklılıklarından doğduğu varsayımını sınamayı iki kat zorlaştırıyor. Birincisi, yetişkin insanlar olarak bile bizim bilişsel yeteneğimiz çocuklukta yaşadığımız toplumsal çevreden öylesine etkileniyor ki önceden var olan genetik farkların etkilerini saptamak güçleşiyor. İkincisi, bilişsel yeteneğimizi ölçen testler (örneğin zekâ testleri) daha çok kültürel bilgilerimizi ölçer, doğuştan gelen saf zekâ, ne demekse, onu değil. Çocukluktaki çevrenin ve öğrenilmiş bilgilerin zekâ testi sonuçları üzerindeki tartışmasız etkileri yüzünden, bugüne kadar psikologlar bütün çabalarına karşın beyaz olmayan halkların zekâlarında varsayılan genetik bozukluğu inandırıcı biçimde saptamayı başaramamıştır.

Bu tartışmalı konuyu otuz üç yıl Yeni Ginelilerle birlikte, onların kendi bozulmamış toplumlarında çalışmış olmanın bana kazandırdığı bakış açısıyla değerlendiriyorum. Yeni Ginelilerle çalışmaya başladığım ilk günden beri onların ortalama olarak, ortalama bir Avrupalı ya da Amerikalıya göre daha zeki, daha uyanık, daha dışavurumcu, çevrelerindeki nesneler ve insanlarla daha ilgili olmaları beni hep etkiledi. Örneğin tanımadıkları bir çevrenin haritasını zihinlerinde canlandırmak gibi, zihnin işleyişinin bazı yönlerini yansıttığı düşünülebilecek işleri Batılılardan çok daha iyi beceriyorlar. Elbette Batılıların çocukluktan başlayarak eğitimini aldıkları işlerde, kendileri bu eğitimi görmedikleri için başarılı olamıyorlar. Bu yüzden de uzak köylerden kentlere gelen, okul yüzü görmemiş Yeni Gineliler Batılılara aptal görünüyor. Bunun tam tersine, ben de sık ormanlarda Yeni Ginelilerle birlikteyken onlara ne kadar aptal göründüğümün hep farkındayım; Yeni Ginelilerin çocukluktan beri yaptıkları (örneğin sık ormanlarda geçitler bulmak ya da bir kulübe yapmak gibi) basit işleri hiç beceremiyorum.

Yeni Ginelilerin Avrupalılardan daha zeki olduğu yolundaki izlenimimin neden doğru olabileceğine ilişkin iki şey söyleyebilirim. Birincisi, Avrupalılar binlerce yıldır merkezî hükümeti, polisi, hukuk sistemi olan kalabalık nüfuslu toplumlarda yaşıyorlardı. Bu tür toplumlarda, kalabalık nüfuslu yerlere özgü (çiçek gibi) bulaşıcı salgın hastalıklar başlıca ölüm nedeniydi, cinayet o kadar yaygın değildi ve savaş hali sık değil ender görülen bir haldi. Bulaşıcı ve öldürücü hastalıklardan kurtulan Avrupalıların çoğu için aynı zamanda öteki ölüm nedenleri bir tehlike olmaktan çıkıyor ve onlar genlerini yeni kuşaklara aktarmaya devam ediyorlardı. Bugün canlı olarak doğan

Batılı bebeklerin çoğu bulaşıcı ve öldürücü hastalıkları atlatıyor, zekâları ve taşıdıkları genler bakımından nasıl olurlarsa olsunlar ürüyorlar. Oysa Yeni Gineliler kalabalık nüfuslu toplumlarda gelişen bulaşıcı hastalıkların görülemeyeceği kadar seyrek nüfuslu toplumlarda yaşadılar hep. Buna karşılık cinayet, bitmek bilmez kabile savaşları, kaza, yiyecek bulma sorunları gibi nedenlerden dolayı geleneksel Yeni Gineliler arasında ölüm oranı çok yüksekti.

Geleneksel Yeni Gine toplumlarında zeki insanların bu ölüm tehlikelerinden kendilerini koruma olasılığı, daha az zeki olanlarınkine göre daha yüksekti. Oysa geleneksel Avrupa toplumlarında salgın hastalıkların yol açtığı, farklılıklar gösteren can kayıplarının zekâ ile hiçbir ilgisi yoktu, vücut kimyasının ayrıntılarına bağlı genetik dirençle ilgisi vardı. Örneğin, kan grubu B ve 0 olanlar kan grubu A olanlara göre çiçeğe daha dayanıklıdır. Yani Yeni Gine'de zekâ genleri doğal seçilimde çok daha katı bir biçimde etkili olmuştu, oysa kalabalık nüfuslu, siyasal açıdan karmaşık toplumlarda doğal seçilimde vücut kimyası daha etkiliydi.

Bu genetik nedenin yanı sıra Yeni Ginelilerin Batılılardan daha zeki olma olasılığının bir ikinci nedeni daha var. Günümüzde Avrupalı ve Amerikalı çocuklar zamanlarının çoğunu edilgen bir şekilde televizyon, radyo ve sinemayla oyalanarak geçiriyorlar. Ortalama bir Amerikan evinde televizyon günde yedi saat açık durur. Bunun tersine geleneksel Yeni Gineli çocukların edilgen eğlence olanakları gerçekten de yoktur, onun yerine uyanık kaldıkları zamanın hemen hemen hepsini etken olarak başka çocuklarla ya da büyüklerle konuşmak ya da oynamak gibi bir şeyler yaparak geçirirler. Çocuk gelişimiyle ilgili neredeyse bütün araştırmalarda zihinsel gelişim için çocukluktaki uyarı ve etkinliklerin ne kadar önemli olduğu vurgulanır ve çocuklukta az uyarılmışlığın zihinsel gelişimi değiştirilemez bir biçimde yavaşlattığı gerçeğinin altı çizilir. Bu etkiyle elbette Yeni Ginelilerde görülen üstün düzeydeki ortalama zihinsel işleve genetik olmayan bir öge eklenmektedir.

Yani zihinsel yetenek bakımından Yeni Gineliler belki de Batılılara göre genetik olarak daha üstünler ve kuşkusuz bugün sanayi toplumlarında yetişen çocuklar için söz konusu olan gelişmişliğin kötü etkilerinden kurtulmuş olmak gibi bir şansa da sahipler. Hiç kuşkunuz olmasın, Yeni Ginelilerin Yali'nin sorusuna yanıt olabilecek herhangi bir zekâ özürleri olduğuna dair hiçbir ipucu yok. Bu iki etken, yani genetik etken ile çocukluktaki gelişim etkeni Yeni Ginelileri Batılılardan ayıran etkenler olduğu gibi aynı zamanda avcı/ yiyecek toplayıcı toplumların ve teknolojik bakımdan ilkel kalmış öteki toplumların üyelerini genel olarak teknolojik açıdan gelişmiş toplumların üyelerinden ayıran etkenler de olabilir. Dolayısıyla baş aşağı duran alışılagelmiş ırkçı varsayımı ters çevirip düzeltmek gerekiyor. Acaba niçin Avrupalılar genetik şanssızlıklara ve (çağımızda) gelişmişliğin kuşkuya yer bırakmayan zararlarına karşın sonunda daha çok kargoya sahipler? Acaba Yeni Gineliler niçin benim üstün olduğuna inandığım zekâlarına karşın sonunda teknolojik bakımdan ilkel kaldılar?

Genetik açıklama Yali'nin sorusunun tek yanıtı değildir. Kuzey Avrupa'da yaşayanlar arasında yaygın bir kanıya göre onların yaşadıkları toprakların soğuk ikliminin sözde uyarıcı etkileri vardır, oysa sıcak, nemli, tropik iklimler insanın yaratıcılığını ve enerjisini azaltır. Belki de kutuplara yakın yerlerde mevsimsel olarak değişen iklim, mevsimsel olarak değişmeyen tropik iklimlere göre çok daha farklı sorunlarla boğuşmayı gerektirir. Belki de soğuk iklimler insanı hayatta kalabilmek için teknolojik açıdan daha yaratıcı olmaya zorlar çünkü kendisine sıcak bir ev yapması, sıcak giysiler bulması gerekir, oysa tropiklerde yaşayan insan çok daha basit bir barınakla ve giysisiz idare edebilir. Ya da bu savı tersine çevirerek aynı sonuca varabiliriz: Kutuplara yakın yerlerde insanlar uzun kışlardan dolayı evlerinde oturmak zorunda oldukları için onların yaratıcılığa ayıracak çok zamanları vardır.

Eskiden yaygın olarak benimsenmiş olmasına karşın bu tür bir açıklamanın da dikkatle incelendiğinde yetersizliği ortaya çıkar. İleride göreceğimiz gibi, Kuzey Avrupa'da yaşayan halkların son bin yıla kadar Avrasya uygarlığına önemli hiçbir katkıları olmadı; onların tek şansı Avrasya'nın daha sıcak bölgelerinde ortaya çıkan gelişmeleri (tarım, tekerlek, yazı, metal sanayisi gibi) ödünç alabilmelerine elveren coğrafi bir bölgede yaşıyor olmalarıydı. Yeni Dünya'da kutba yakın soğuk bölgeler insanlık denizinin durgun suları gibiydi. Amerikan yerlileri arasında yazıyı bulanlar yalnızca Meksika'da, Yengeç Dönencesi'nin güneyinde yaşayan topluluklar oldu; Yeni Dünya'da en eski çömlekçilik merkezi Güney Amerika'nın tropik bölgesi olan ekvator yakınlarında bir yerdeydi; Yeni Dünya'nın MS birinci binyılda sanat ve gökbilim bakımından olsun, başka bakımlardan olsun, genel olarak en gelişmiş toplumu kabul edilen klasik Maya toplumu tropik Yucatán bölgesinde ve Guatemala'da yaşıyordu.

Yine Yali'ye verilebilecek üçüncü bir yanıt da iklimin kuru olduğu bölgelerde düzlüklerdeki ırmak yataklarının önemli olduğu, buralarda verimli bir tarımın geniş çaplı sulama sistemi gerektirdiği, sulama sisteminin de merkezileşmiş bir bürokrasi olmadan kurulamayacağıdır. Bu açıklamanın başlıca dayanağı ise, bilinen ilk imparatorlukların ve yazı sistemlerinin, Fırat ve Dicle vadilerini içine alan Bereketli Hilal ile Mısır daki Nil Vadisi'nde ortaya çıkmış olması gerçeğidir. Su yönetim sistemleri dünyanın bazı başka bölgelerindeki merkezileşmiş siyasal örgütlenmeyle de ilişkiliymiş gibi görünüyor; bu yerlerin arasında Hindistan'ın en güney ucundaki İndus Vadisi, Çin'deki Yangtze Vadisi ile Sarı Vadi, Orta Amerika'daki Maya düzlükleri, Peru kıyısının çölleri var.

Oysa ayrıntılı arkeolojik incelemeler karmaşık sulama sistemlerinin merkezileşmiş bürokrasilerin ortaya çıkışıyla birlikte değil, çıkışından çok sonra geliştiğini gösteriyor. Yani bu demektir ki siyasal merkezileşme herhangi başka bir nedenden ortaya çıkmış, daha sonra karmaşık sulama sistemlerinin kurulmasına olanak sağlamıştır. Dünyanın bu bölgelerindeki siyasal merkezileşmeden önceki önemli gelişmelerin hiçbirinin vadilerle ya da karmaşık sulama sistemleriyle bir ilgisi saptanamamıştır. Örneğin, Bereketli Hilal'de yiyecek üretimi ve köy hayatı düzlüklerdeki ırmak yataklarında değil dağlarda ve tepelerde başlamıştı. Bereketli Hilal'in dağlarındaki köylerde yiyecek üretimi başladıktan aşağı yukarı üç bin yıl sonrasına kadar Nil Vadisi'nde kültürel bir duraklama dönemi yaşanmıştı. Amerika Birleşik Devletleri'nin güneybatısındaki ırmak yatakları sonunda sulu tarıma ve karmaşık toplumlara beşiklik etmeye başladı ama bu tür toplumların temelini oluşturan gelişmelerin çoğu Meksika'dan ithal edildi. Avustralya'nın güneydoğusundaki ırmak yataklarında tarım yapmayan kabile toplumları yaşıyordu.

Yine de başka türlü bir açıklama daha vardır, buna göre Avrupalıların başka halkları öldürmelerine ya da onları egemenlikleri altına almalarına olanak sağlayan dolaysız etkenler sıralanır – özellikle Avrupa'nın silahları, bulaşıcı hastalıkları, çelik aletleri, mamul ürünleri anılır. Bu tür bir açıklama doğru çizgi izleyen bir açıklamadır çünkü bunlar Avrupalıların fetihlerinde gerçekten de doğrudan etkili olduğu açıkça görülen etkenlerdir. Bununla birlikte bu varsayım eksiktir çünkü yalnızca sonucu doğrudan etkileyen en yakın nedenleri tanımlar, fazla gerilere gitmeyen (başlangıç düzeyinde) bir açıklama sunar. Nedenler zincirinin ilk halkasını araştırmaya çağırır bizi: Peki, niçin Afrikalıların ya da Amerikan yerlilerinin değil de sonunda silahlar, o iğrenç mikroplar ve çelik Avrupalıların payına düştü?

Avrupa'nın Yeni Dünya'yı fethinde rol oynayan nedenler zincirinin ilk halkasını saptama konusunda yol alındıysa da Afrika büyük bir bilmece olarak kalmaktadır. Afrika öninsanların en uzun sürede evrimleştiği kıtadır, anatomik olarak çağdaş insan belki de ilk kez orada ortaya çıkmıştır, sıtma ve sarı humma gibi yerlilere özgü hastalıkların Avrupalı kâşiflerin ölümüne yol açtığı yer orasıdır. Uzun sürede kazanılmış bir ilk olma üstünlüğünün herhangi bir önemi varsa niçin silahlar ve çelik ilkin Afrika'da bulunmadı da Avrupa'yı fethetmek böylece Afrikalılara ve Afrikalıların mikroplarına nasip olmadı? Peki, Avustralya yerlilerinin taştan yapılmış aletler kullanma dönemini geride bırakmamış, avcılık/yiyecek toplayıcılığı evresini aşamamış olmalarını neyle açıklayacağız?

Dünya yüzüne dağılmış insan topluluklarının karşılaştırılmasından doğan sorular başlangıçta tarihçileri ve coğrafyacıları çok meşgul etti. Bu tür çalışmaların çağdaş örneklerinden en ünlüsü Arnold Toynbee'nin on iki ciltlik *A Study of History* (Tarih Araştırması) adlı yapıtıdır. Toynbee özellikle yirmi ikisi okuryazar, on dokuzu Avrasyalı olan gelişmiş yirmi üç uygarlığın iç dinamikleriyle ilgilenmişti. Tarihöncesiyle ve daha basit, okuryazar olmayan toplumlarla pek ilgilenmemişti. Oysa çağdaş dünyadaki eşitsizliklerin kökeni ta tarihöncesine dayanıyor. Bu yüzden de Toynbee, Yali'nin sorusu gibi bir soru sormadı ya da benim tarihin genel seyri olarak gördüğüm şeyle uğraşmadı. Dünya tarihi üzerine yazılmış mevcut öteki kitaplarda Avrasya'nın son beş bin yıldaki okuryazar ve ileri uygarlıkları üzerinde duruldu daha çok; Kolomb öncesi Amerika'nın yerli halklarının uygarlıklarına az yer verildi, dünyanın geri kalanı da Avrasyalı uygarlıklarla son zamanlardaki ilişkileri açısından ele alındı, onun dışında pek tartışılmadı. Toynbee'nin girişiminden bu yana dünya ölçeğinde tarihsel nedensellik sentezleri, baş edilmez gibi görünen bir sorun yarattığı için çoğu tarihçi arasında gözden düştü.

Çeşitli bilim dallarına mensup uzmanlar kendi alanlarıyla ilgili küresel sentezler ortaya koydular. Çevrebilimci coğrafyacılar, kültürel insanbilimciler, bitki ve hayvanların evcilleştirilmesi olgusunu inceleyen biyologlar, bulaşıcı hastalıkların tarihi nasıl etkilediğini inceleyen bilim insanları özellikle yararlı katkılarda bulundular. Bu çalışmalar bilmecenin bazı bölümlerine dikkat çekti ama bu çalışmalarla, bize gereken büyük sentezin eksik parçalarının ancak bazıları tamamlanmış oldu.

Yani Yali'nin sorusunun genel olarak kabul edilen bir yanıtı yok. Öte yandan en yakın nedenlere dayanan açıklamalar çok açık: Bazı halklar silahları, mikropları, çeliği ve kendilerine siyasal ve ekonomik güç kazandıran öteki şeyleri başka halklara göre daha erken geliştirdiler; bazı halklar bu güç kaynaklarına asla sahip olamadı. Ama en geride yatan nedenlere dayalı bir açıklama –örneğin, neden Avrasya'nın bazı bölgelerinde bronz aletler erken ortaya çıktı da Yeni Dünya'da daha geç çıktı ve ancak bölgesel olarak görüldü, Avustralya yerlilerinde hiç görülmedi– bilinmiyor.

Bugün bu tür temel açıklamaların eksikliği büyük bir düşünsel boşluk yaratıyor çünkü tarihin genel seyri böylece çizilmemiş olarak kalıyor. Bundan daha da önemlisi ahlaksal boşluğun doldurulmamış olarak kalmasıdır. Açıkça ırkçı olan ya da olmayan herkes farklı ulusların tarihte farklı geliştiğini biliyor. Bugünkü Amerika Birleşik Devletleri, Avrupa'nın biçimlendirdiği bir toplum ve bu toplum Amerikan yerlilerinin elinden alınmış topraklarda yaşıyor, Afrika'dan Sahra'nın güneyinden Amerika'ya köle olarak getirilmiş milyonlarca siyah Afrikalının torunlarını içinde barındırıyor. Bugünkü Avrupa milyonlarca Amerikan yerlisini köle olarak alıp getirmiş Sahra'nın güneyindeki siyah Afrikalıların biçimlendirdiği bir toplum değil.

Bu sonuçlar alabildiğine orantısız: Amerika'nın, Avustralya'nın, Afrika'nın % 51'ini Avrupalılar fethederken Avrupa'nın % 49'unu da Amerikan yerlileri, Avustralya yerlileri ya da Afrikalılar fethetmiş değil. Bugünkü dünya son derece orantısız sonuçlarla biçimlenmiş durumda. Bu yüzden de bu sonuçların değişmeyecek açıklamaları olmalı, kimin rastlantı sonucu hangi savaşı kazandığı, bir rastlantı sonucu birkaç bin yıl önce hangi icadı yaptığıyla ilgili ayrıntılardan daha temel nedenlere dayalı açıklamaları olmalı.

Tarihin seyrinin insanların doğuştan gelen farklılıklarını yansıttığını varsaymak insana mantıklı görünüyor. Elbette başkalarının yanında bunu söylemenin hiç de kibarca olmadığını bize öğrettiler. Doğuştan gelen farklılıkları gösterme savında olan teknik araştırmalarla ilgili yazılar okuyoruz, öte yandan bu incelemelerde teknik hatalar bulunduğunu ileri süren karşı yazılar da okuyoruz. Gündelik hayatımızda fatihlere yenik düşmüş halkların, fetihlerden ya da köle ithalatından yüzyıllarca sonra toplumun alt sınıfını oluşturmaya devam ettiklerini görüyoruz. Bunun da biyolojik kusurlardan değil, toplumsal engellerden ve fırsat eşitsizliğinden kaynaklandığı söyleniyor bize.

Her neyse, bu konu üzerinde düşünmek zorundayız. İnsanların durumlarındaki apaçık ve değişmez farklılıkları görüp duruyoruz. MS 1500 yılında dünyadaki eşitsizliklerle ilgili biyolojik açıklamanın kesinlikle yanlış olduğunu söylüyorlar bize ama doğru açıklamanın ne olduğunu söylemiyorlar. Biz tarihin genel seyriyle ilgili inandırıcı, ayrıntılı, üzerinde anlaşmaya varılmış bir açıklama buluncaya kadar insanların çoğu, ırkçı biyolojik açıklamanın yine de en doğru açıklama olabileceğinden kuşkulanmaya devam edecek. Bu beni bu kitabı yazmaya iten en güçlü neden gibi görünüyor bana.

Gazeteciler yazarlardan koca bir kitabı bir tek cümleyle özetlemesini isterler her zaman. İşte bu kitap için o cümle şu: "Tarih farklı halklar için farklı yönde gelişti ama bu, çevresel farklardan dolayı böyle oldu, o halkların biyolojik farklılıklarından dolayı değil."

Kuşkusuz çevre coğrafyasının ve biyo-coğrafyanın toplumların gelişimini etkilediği düşüncesi yeni değil, eski. Yine de şu günler tarihçilerin yüz vermedikleri bir görüş; yanlış ya da basit bulunuyor veya çevresel belirlenimcilik olarak karikatürleştiriliyor, bu da olmazsa bütün dünyadaki farklılıkları anlamaya çalışma konusu çok güç bir konu olarak rafa kaldırılıyor. Oysa tarih üzerinde coğrafyanın bazı etkileri elbette var; yanıt verilmesi gereken soru ne oranda etkisi olduğu ve tarihin genel seyrinin coğrafyayla açıklanıp açıklanamayacağıdır.

Bu sorulara yeni bir gözle bakmanın tam zamanı çünkü insan tarihiyle hiçbir ilişkisi yokmuş gibi görünen bilim dallarının bize sağladıkları yeni bilgiler bulunuyor elimizde. Bu bilim dalları arasında her şeyden önce genetik var, moleküler biyoloji var, tarım ürünlerine ve onların yaban atalarına uygulanan biyo-coğrafya var, bu bilim dallarına ek olarak evcil hayvanlara ve onların yaban atalarına uygulanan davranışsal ekoloji var; insanlarda görülen mikroplar ile bu mikropların hayvanlarda görülen akrabalarıyla ilgilenen moleküler biyoloji var; insanlarda görülen salgın hastalıkların bilimi var; insan genetiği var; dilbilim, bütün anakaralarda ve başlıca adalarda yapılan arkeolojik araştırmalar, teknoloji, yazı ve siyasal örgütlenme tarihleri konusunda çalışmalar var.

Bu kadar farklı bilim dallarının varlığı Yali'nin sorusuna yanıt vermeyi amaçlayan muhtemel bir yazar için sorunlar oluşturmaktadır. Yazarın konuyla ilişkili gelişmelerden bir senteze gidebilmesi için yukarıdaki bütün bilim dalları konusunda bilgisi olmalı. Her bir kıtanın tarihinden ve tarihöncesinden aynı biçimde senteze gidilmeli. Bu kitabın konusu tarihtir ama bu konuya bilim açısından yaklaşılacaktır – özellikle evrimsel biyoloji ve jeoloji gibi tarihsel bilimler açısından. Yazar, avcı/yiyecek toplayıcı toplumlardan tutun da çağımızın uzay çağı toplumlarına kadar çeşitli toplumları ilk elden deneyimler aracılığıyla anlamalıdır.

Bu koşullar ilk bakışta çok yazarlı bir yapıt gerektirmektedir. Ama bu tür bir yaklaşım daha baştan başarısızlığa yazgılıdır çünkü asıl sorun bütünsel bir sentez üretebilme sorunudur. O bakımdan, bütün zorluklarına karşın yazarın tek olması gerekmektedir. Bu tek yazar da kaçınılmaz olarak pek çok bilim dalına ait malzemeyi özümsemek için hayli ter dökecek ve pek çok meslektaşından yol göstericilik isteyecektir.

1972'de Yali bana bu soruyu sormadan önce bu bilim dallarının birkaçına yönelmiştim. Annem öğretmen ve dilbilimcidir; babam çocuk hastalıkları uzmanı bir doktordur. Ben de kendime babamı örnek alarak doktor olmak amacıyla okuyordum. Bu arada yedi yaşımdayken tutkulu bir kuş gözlemcisi olmuştum. Bu yüzden üniversitedeki son yılımda doktor olma konusundaki ilk kararımı değiştirip biyolojiye geçmem hiç zor olmadı. Bununla birlikte üniversite yıllarında da daha önceki okul yıllarımda da temel olarak dil, tarih ve yazı eğitimi almıştım. Fizyoloji doktorası yapmaya karar verdikten sonra bile doktora programının ilk yılında neredeyse dilbilimci olmak için fen bilimlerini bırakıyordum.

1961'de doktoramı tamamladığım günden bu yana bilimsel araştırma çabalarım iki alan arasında bölündü: Bir yanda moleküler fizyoloji, öte yanda evrimsel biyoloji ve biyo-coğrafya vardı. Bu kitabın amacı bakımından hesapta olmayan bir artı puan olarak evrimsel biyoloji, laboratuvar bilimlerinden farklı yöntemler kullanmak zorunda olan tarihsel bir bilimdir. Bu deneyim sayesinde insanlık tarihini ele alırken bilimsel bir yaklaşım geliştirme konusundaki güçlükleri tanıdım. 1958 ile 1962 yılları arasında Avrupa'da, 20. yüzyılın Avrupa tarihi yüzünden hayatları hunharca altüst edilmiş Avrupalıların arasında yaşamak, beni çok daha ciddi olarak tarihin gelişiminde nedenler zincirinin nasıl çalıştığını düşünmeye yönlendirdi.

Son otuz üç yıldır evrim biyoloğu olarak yürüttüğüm alan çalışmaları dolayısıyla çok çeşitli insan topluluklarıyla yakın ilişkim oldu. Benim uzmanlık alanım kuşların evrimidir, bu konuyu Güney Amerika, Güney Afrika, Endonezya, Avustralya ve özellikle Yeni Gine'de araştırdım. Bu bölgelerdeki yerli halklarla birlikte yaşayarak teknolojik bakımdan ilkel kalmış toplumların birçoğunu tanıdım, avcı/yiyecek toplayıcı toplumlardan tutun da çiftçi kabilelere, son zamanlara dek taştan yapılma aletler kullanan balıkçı topluluklara kadar. Böylece okuryazar insanların çoğuna tuhaf gelen o uzak tarihöncesine özgü hayat tarzları benim hayatımın en canlı parçasını oluşturdu. Yeni Gine, dünyadaki karaların yüzölçümünün küçük bir parçasını oluşturmasına karşın bununla hiç orantılı olmayan bir biçimde çok çeşitli insanların barındığı bir yerdir. Dünyadaki altı bin dilden bin tanesi Yeni Gine'de yaşar. Yeni Gine'deki kuşlar üzerine araştırma yaparken, dile karşı ilgim yeniden alevlendi, kuş türlerinin adlarının bu Yeni Gine dillerinin hemen hemen yüz tanesindeki karşılıklarının listesini çıkarma gereksinimi bunda etkili oldu.

Bütün bu ilgilerin sonunda son kitabım, insan evriminin hikâyesi *Üçüncü Şempanze* çıktı ortaya. "Fatihlik Şansı" adlı XIV. Bölüm, Avrupalıların Amerikan yerlileriyle karşılaşmasından doğan sonuçların kavranmaya çalışıldığı bölümdür. Bu kitabı tamamladıktan sonra halkların tarihöncesi dönemde birbirleriyle karşılaşmaları kadar başka çağdaş karşılaşmaların da benzer sorulara yol açtığını fark ettim. XIV. Bölüm'de yanıtlamaya çalıştığım sorunun aslında 1972 yılında Yali'nin bana sormuş olduğu soru olduğunu gördüm, tek fark dünyanın başka bir bölgesine aktarılmış olmasıydı. Böylece sonunda, pek çok arkadaşın yardımıyla Yali'nin merakını giderme girişiminde bulunacağım –kendiminkini de.

Bu kitabın bölümleri dört grupta toplandı. "Cennetten Cajamarca'ya" adlı 1. Kısım'da üç bölüm bulunuyor. I. Bölüm'de yedi milyon yıl önce maymunlardan farklılaştığımız zamandan başlayarak on üç bin yıl önceki son Buzul Çağı'nın sonuna kadar çok hızlı bir yolculuk yapılarak insan evrimi ve tarihi anlatılıyor. Burada insan atalarımızın ilk yurtları Afrika'dan öteki kıtalara nasıl yayıldıklarını göreceğiz, genellikle "uygarlığın doğuşu" teriminin içine boca edilen olaylar başlamadan hemen önce dünyanın durumunu kavrayabilmemiz için bu gerekli. Anladığımıza göre bazı kıtalarda insanlığın gelişimi başka kıtalardakinden daha önce başladı.

II. Bölüm bizi son on üç bin yıl içinde kıtalardaki çevre koşullarının tarihi nasıl etkilediğini görüp anlamaya hazırlıyor, bunu anlayabilmemiz için adalardaki çevre koşullarının daha küçük bir zaman dilimi ve yüzölçümü içinde tarihi nasıl etkilediğini gösteriyor. Polinezyalıların ataları yaklaşık üç bin iki yüz yıl önce Büyük Okyanus'a yayıldıklarında çevre koşulları açısından büyük farklılıklar gösteren adalarla karşılaştılar. Birkaç binyıl içinde Polinezyalıların bu tek ata topluluğundan, büyük çeşitlilik gösteren o adalarda avcı/yiyecek toplayıcı kabilelerden tutun da ilk imparatorluklara kadar farklı kardeş toplumlar doğdu. Tek merkezden bu tür bir yayılma, toplumların son Buzul Çağı'ndan bu yana farklı kıtalarda daha uzun sürede, daha büyük ölçekte, daha zor anlaşılır biçimde tek merkezden nasıl yayıldıklarını ve avcı/yiyecek toplayıcı kabilelerden imparatorluklara kadar çeşitli toplumların nasıl ortaya çıktığını gösteren bir örnek olabilir.

III. Bölüm'de farklı kıtaların halklarının ilk kez karşı karşıya gelişi konusu ele alınıp tarihteki karşılaşmaların en acıklısının öyküsü, o günlerin görgü tanıklarının yazdıklarına dayanılarak yeniden anlatılıyor: Son bağımsız İnka Kralı Atahualpa'nın, Peru'nun Cajamarca kentinde, bütün ordularının gözü önünde Francisco Pizarro ile İspanyol fatihlerin küçük çetesi tarafından tutsak alınışının öyküsü. Bu öyküde Pizarro'nun Atahualpa'yı tutsak almasını sağlayan en yakın nedenlerin neler olduğunu görebiliriz, Avrupalıların yerli Amerikan toplumlarını egemenlikleri altına almalarında da aynı nedenler etkili oldu. Bu etkenler arasında İspanyolların mikropları, atları, okuryazarlıkları, siyasal düzenleri, teknolojileri (özellikle gemi ve silahları) bulunmaktadır. En yakın nedenlerin çözümlenmesi, bu kitap için işin kolay yanıdır; işin zor olan yanı ise bu nedenlerin en gerisinde yatan ve Atahualpa'nın Madrid'e gelip İspanya Kralı I. Carlos'u tutsak alması gibi bir sonuç yerine bunun tam tersi bir sonuç doğuran nedenleri bulmaktır.

"Yiyecek Üretiminin Başlaması ve Yayılışı" başlığını taşıyan ve IV. Bölüm'den X. Bölüm'e kadar süren 2. Kısım, benim en önemli olduğuna inandığım, bir takımyıldız görünümündeki kökensel nedenlere ayrılmıştır. IV. Bölüm'de yiyecek üretiminin –yani avlanmak ve yaban doğadan yiyecek devşirmek yerine tarım ya da hayvancılık yoluyla yiyecek elde etmenin– son kertede Pizarro'nun zaferine katkısı olan en yakın nedenlerin ortaya çıkmasına nasıl önayak olduğu kısaca anlatılıyor. Ama yiyecek üretimi dünyanın her yerinde başka türlü başladı. V. Bölüm'de göreceğimiz gibi, dünyanın bazı bölgelerindeki halklar yiyecek üretimine kendi kendilerine başladılar; bazı başka halklar tarihöncesi zamanlarda bunu bu bağımsız merkezlerden öğrendiler; daha da başka bazı bölgelerin halkları tarihöncesi zamanlarda yiyecek üretimine ne kendi kendilerine başladılar ne de bunu başkalarından öğrendiler, yaşadığımız çağa kadar avcı/yiyecek toplayıcı olarak kaldılar. VI. Bölüm'de bazı bölgelerde avcılığa ve yiyecek toplayıcılığına dayanan hayat tarzından yiyecek üretimine geçişe önayak olan, bazı bölgelerde olmayan sayısız etken gözden geçiriliyor.

Daha sonra VII, VIII ve IX. bölümlerde, tarihöncesi zamanlarda yeni yeni tarıma ve hayvancılığa başlayan ve bunun sonuçlarının neler olacağından hiç haberi olmayan çiftçilerin, bitkilerin ve hayvan varlığının yaban atalarını nasıl evcilleştirdikleri gösterilecek. Evcilleştirmeye elverişli mevcut yöresel yaban bitki ve hayvan takımları arasındaki coğrafi farklılıklar, niçin ancak birkaç bölgenin bağımsız birer yiyecek üretimi merkezi haline geldiğini, niçin bu üretimin bu bölgelerin bazılarında ötekilere göre daha erken başladığını açıklamaya büyük oranda yetecektir. Yiyecek üretimi bu birkaç ilk merkezden bazı bölgelere çabucak sıçradı, bazılarına daha geç. Yayılma hızları arasındaki farklılıkları yaratan önemli bir etkenin kıta eksenlerinin yönü olduğu ortaya çıkıyor: Avrasya için öncelikle doğu-batı, Amerika ve Afrika için öncelikle kuzey-güney ekseni (X. Bölüm).

Böylece III. Bölüm'de Avrupa'nın yerli Amerika'yı fethinin en yakın nedenleri anlatılmış oldu, IV. Bölüm'de de bu nedenlerin en gerisindeki ilk neden olan yiyecek üretimiyle ilişkisi anlatılıyor. 3. Kısım'da ("Yiyecek Üretiminden Tüfek, Mikrop ve Çeliğe", XI, XII, XIII, XIV. bölümler) kalabalık nüfuslu toplumlarda görülen (XI. Bölüm) mikropların evriminden Başlayarak nedenler zincirinin ilk halkasıyla son halkaları arasındaki ilişki ayrıntılarıyla inceleniyor. Avrasyalı tüfeklerin veya çelikten yapılma silahların öldürdüğünden çok daha fazla sayıda Amerikan yerlisi ve Avrasyalı olmayan insan Avrasyalı mikroplar tarafından öldürüldü. Bunun tersine Yeni Dünya'da Avrupalı fatihleri bekleyen pek az öldürücü mikrop vardı ya da hiç yoktu. Mikrop değiş tokuşu niçin bu kadar eşitsizdi? İşte bu noktada en son moleküler biyoloji araştırmalarının sonuçları, Avrasya'da mikroplarla yiyecek üretiminin ortaya çıkışı arasında bir bağ kurma konusunda bize ışık tutacaktır.

Bir başka nedenler zinciriyse, yiyecek üretiminden belki de son birkaç binyılın en önemli tek icadı olan yazıya giden yolu açtı (XII. Bölüm). İnsanlık tarihinde yazı ancak yiyecek üretiminin en erken başladığı yerlerde sırasıyla birkaç kez birbirinden bağımsız olarak ortaya çıkmıştı. Bunların dışında okuryazar hale gelen bütün toplumlar yazı sisteminin ya da yazı düşüncesinin bu ilk birkaç merkezden yayılmasıyla okuryazar olmuştu. Bu yüzden de dünya tarihi öğrencisi için yazı olgusunu incelemek, başka bir nedenler kümesinin, yani düşüncelerin ve icatların yayılmasını kolaylaştırmada coğrafyanın oynadığı rolün gün ışığına çıkarılmasında yardımcı olur.

Yazı için doğru olan şey teknoloji için de doğrudur (XIII. Bölüm). Önemli olan soru şudur: Acaba teknolojik yenilikler bizim tarihin seyrini anlama çabamızı boşa çıkaracak kadar az sayıda dâhiye ve pek çok sayıda özgün kültürel etkene mi bağlıdır? Aslında daha sonra göreceğimiz gibi, size tuhaf gelecek ama bu çok sayıdaki kültürel etken dünyadaki teknolojik gelişme örneklerini anlamamızı zorlaştırmaz, kolaylaştırır. Yiyecek üretimi çiftçilerin gereksinimlerinden fazlasını üretmelerine olanak sağladığı için, çiftçi toplumlar kendi yiyeceklerini üretmekle uğraşmayan, zamanlarını teknoloji geliştirmeye ayırabilen tam zamanlı zanaatkârları besleyebilir duruma gelmiştir.

Yazıcıları ve mucitleri beslediği gibi yiyecek üretimiyle çiftçiler siyasetçileri de beslemiştir (XIV. Bölüm). Yerleşik olmayan avcı/yiyecek toplayıcı kabileler bir oranda eşitlikçidir, kabilenin siyasal alanının sınırlarını kabilenin kendi topraklarının sınırı ve komşu kabilelerle değişen ittifaklar belirler. Yiyecek üreten yoğun ve yerleşik nüfusların ortaya çıkmasıyla birlikte şeflerin, kralların yanı sıra bürokrasi de boy göstermiştir. Büyük ve kalabalık ülkeleri yönetmek için nasıl bürokrasiye gerek varsa, daimî ordular beslemek, başka yerlere keşif filoları göndermek ve fetih savaşları düzenlemek için de vardı.

4. Kısım'da ("Altı Bölümde Devriâlem", XV, XVI, XVII, XVIII, XIX, XX. bölümler) 2. ve 3. Kısım'dan çıkarılan dersler tek tek kıtalara ve bazı önemli adalara uygulanıyor. XV. Bölüm'de Avustralya'nın ve daha önceleri tek kıta halinde Avustralya'yla bitişik olan Yeni Gine'nin tarihi inceleniyor. En basit teknolojilere sahip olan yakın zamanların insan topluluklarının yaşadığı ve yiyecek üretiminin yerel olarak başlamadığı tek kıta olan Avustralya'nın durumu, insan topluluklarında kıtalararası farklılıklarla ilgili kuramların sınanması için önemli bir örnek oluşturuyor. Komşu Yeni Gine'deki halkların çoğu yiyecek üretimine geçerken Avustralya yerlilerinin neden avcı/yiyecek toplayıcı olarak kaldıklarını göreceğiz.

XVI. ve XVII. Bölümlerde Avustralya ve Yeni Gine'deki gelişmeler, Doğu Asya'yı ve Büyük Okyanus adalarını kapsayacak şekilde bütün bir bölge perspektifi içine yerleştiriliyor.

Çin'de yiyecek üretiminin başlaması, tarihöncesi dönemde insan nüfuslarıyla, kültürel özelliklerle ya da her ikisiyle ilgili çeşitli büyük hareketlere yol açtı. Bu hareketlerden biri Çin'in kendi içinde bugün bildiğimiz haliyle siyasal ve kültürel Çin olgusunu yarattı. Bir başkası bütün Güneydoğu Tropik Asya bölgesinde yerli avcı/yiyecek toplayıcıların yerini Güney Çin kökenli çiftçilerin almasıyla sonuçlandı. Yine bir başka hareketle Avustronezya genişlemeye başladı, Filipinler'deki ve Endonezya'daki avcıların yerini kıta insanları aldı, en uzak Polinezya adalarına kadar gittiler ama Avustralya'da ve Yeni Gine'nin büyük bir bölümünde koloni kuramadılar. Dünya tarihi öğrencisi için Doğu Asya halklarıyla Pasifik halklarının karşılaşması iki kat daha önemlidir: Bu karşılaşmalar bugün dünya nüfusunun üçte birini oluşturan ve ekonomik gücün giderek daha çok merkezileştiği ülkeleri biçimlendirdi; ayrıca dünyanın başka yerlerindeki halkların tarihlerini anlamamıza yardımcı olan apaçık modellerin ortaya çıkmasında etkili oldu.

XVIII. Bölüm'de, III. Bölüm'de anlatılan Avrupalılarla Amerika'nın yerli halkları arasındaki çatışma sorununa bir kez daha dönülüyor. Yeni Dünya ile Batı Avrasya sürecin basit bir sonucu olarak Avrupalıların Amerika'yı fethettiklerini gösteriyor. Bu iki eğri arasındaki fark kıtalar arasındaki evcilleştirilebilecek bitki ve hayvanlar, mikroplar, ilk yerleşimin başlama zamanı, kıta ekseninin yönü, çevresel engeller gibi farklılıkların damgasını taşıyor.

Afrika'nın Sahra altı bölgesinin tarihi (XIX. Bölüm) Yeni Dünya tarihiyle karşıtlıklar gösterdiği gibi çarpıcı benzerlikler de gösteriyor. Avrupalıların Afrikalılar ile karşı karşıya geliş biçimlerini belirleyen etkenler Amerikan yerlileriyle karşılaşma biçimini de belirledi. Ama Afrika bütün bu etkenler bakımından Amerika'dan farklıydı. Sonuç olarak, Afrika'nın Avrupalılarca fethi Sahra'nın güney bölgesinde, Afrika'nın en güney ucu dışında yaygın ya da uzun ömürlü yerleşime yol açmadı. Afrika içinde büyük nüfus hareketleri, Bantu yayılmacılığı daha kalıcı önemdeydi. Cajamarca'da, Doğu Asya'da, Pasifik adalarında, Avustralya ve Yeni Gine'de rol oynayan aynı etkenlerin pek çoğunun bu yayılmacılığı tetiklediği anlaşılıyor.

Bu bölümlerde bütün kıtaların son on üç bin yıllık tarihini anlatmayı başardığım gibi bir vehim içinde değilim. Hiç kuşku yok ki bütün yanıtları gerçekten anlasak bile –anlamıyoruz– tek bir kitapta bunu başarmak olanaksız. En iyi olasılıkla bu kitap, Yali'nin sorusunun büyük oranda yanıtı olduğuna inandığım çeşitli çevresel etkenler yumağını gözler önüne seriyor. Bu etkenlerin saptanması, açıklanmadan kalmış şeylerin öne çıkmasını sağlıyor, bunları anlamak da gelecek kuşaklara düşer.

"İnsanlık Tarihinin Bir Bilim Olarak Geleceği" başlıklı Sondeyiş'te Avrasya'nın çeşitli bölgeleri arasındaki farklar, çevreyle bağlantılı olmayan kültürel etkenler, bireylerin rolü gibi sorunlar da içinde olmak üzere tamamlanmamış mozaiğin bazı parçaları ortaya konuyor. Belki de çözülmemiş olan bu sorunların en önemlisi, insanlık tarihinin evrimsel biyoloji, jeoloji, iklimbilim gibi tarihsel bilim olarak kabul edilen bilimlerle eşit düzeyde tarihsel bir bilim olarak kabul görmesini sağlamaktır. İnsanlık tarihi araştırmaları sırasında gerçekten de sorunlarla karşılaşılıyor ama tarihsel bilim olarak kabul edilenler için de benzer güçlüklerin bazıları söz konusudur. Bu yüzden de bu başka alanların bazılarında geliştirilen yöntemler insanlık tarihi alanında da işe yarayabilir.

Umarım şimdiye kadar siz okurları, bir hayasızın dediği gibi, tarihin "birbiri ardına gelen iğrenç olaylardan" oluşmadığına inandırmayı başarmışımdır. Gerçekten de tarihin belirli seyirleri var ve bunları açıklamaya çalışmak çok büyüleyici olduğu kadar yararlı da.

1

CENNETTEN CAJAMARCA'YA

I. Bölüm

Başlangıç Çizgisine Kadar

Farklı kıtalardaki tarihsel gelişmeleri karşılaştırmaya girişirken MÖ 11.000* yılından başlamak uygun olur. Bu tarih yaklaşık olarak, dünyanın birkaç bölgesinde köy hayatının başladığı, Amerika kıtalarına, tartışmaya yer bırakmayacak biçimde, ilk insanların yerleştiği, Pleyistosen Bölüm'ün ve son Buzul Çağı'nın sona erdiği, jeologların Dördüncü Dönem dedikleri dönemin başladığı tarihlere denk gelmektedir. Bu tarihten sonra birkaç binyıl içinde hiç değilse dünyanın bir bölgesinde bitki ve hayvanlar evcilleştirilmeye başlandı. O zamanlar bazı kıtalardaki halklar başka kıtalardaki halklara göre açık bir üstünlüğe mi sahipti ya da önde mi koşuyordu?

Böyleyse, belki de önde koştukları için son on üç bin yıl içinde arayı iyice açmış olabilirler, o zaman Yali'nin sorusunun yanıtı bu olacaktır. O yüzden bu bölümde, canlı türü olarak, ta ortaya çıktığımız günden on üç bin yıl öncesine kadar bütün kıtalardaki milyonlarca yıllık insanlık tarihine kısaca göz atacağız. Bütün bu tarihin özeti

---

* Bu kitapta aşağı yukarı son on beş bin yıllık tarihler, düzeltilmiş radyokarbon tarihi olarak adlandırılan biçimde verilecek; geleneksel, düzeltilmemiş radyokarbon tarihleri olarak değil. Bu iki tür tarih arasındaki farklar V. Bölüm'de açıklanacak. Düzeltilmiş yıllar gerçek takvim yılına daha yakın olduğuna inanılan yıllardır. Düzeltilmemiş tarihlere alışık olan okurlar kendilerinin şimdiye kadar bildikleri tarihlerden daha eski bir tarih verdiğimde yanlış yaptığımı düşünmesinler, bu ayrımı hatırlasınlar, örneğin Kuzey Amerika'daki Clovis arkelojik bulguları için genellikle MÖ 9000 yılı (on bir bin yıl öncesi) verilir ama ben MÖ 11.000 (on üç bin yıl önce) tarihini veriyorum çünkü genellikle belirtilen tarih düzeltilmemiş tarihtir.

yirmi sayfa bile tutmayacak. Kuşkusuz ayrıntılar üzerinde durmayacağım, bana bu kitapla en çok ilişkili gibi görünen eğilimlerden söz edeceğim.

Yaşayan en yakın akrabamız, büyük insansımaymunun hayatta kalmış olan üç türüdür: goril, sıradan şempanze ve (bonobo olarak da bilinen) cüce şempanze. Bu üç maymun türünün, çok sayıdaki fosilleriyle birlikte yalnızca Afrika'da görülmesi insan evriminin ilk evrelerinin de Afrika'da geçtiğine işarettir. İnsanlık tarihi, hayvanların tarihinden ayrı bir şey olarak orada aşağı yukarı yedi milyon yıl önce başladı (hesaplar beş milyon ile dokuz milyon yıl arasında değişiyor). Aşağı yukarı o yıllarda Afrika insansımaymunu nüfusu çeşitli nüfuslara bölündü, onlardan biri evrimleşti, çağdaş goriller ortaya çıktı, bir ikincisinden şempanzeler, üçüncüsünden de insan. Goril ailesi anlaşılan şempanze ve insan ailesi olarak ikiye bölünmeden hemen önce bölünmüştü.

Fosillerden anlaşıldığına göre, bize kadar ulaşan evrim çizgisinde yer alan maymun ailesi yaklaşık dört milyon yıl önce hayli dik durur bir hale gelmiş, daha sonra aşağı yukarı 2,5 milyon yıl önce gövde ve göreceli olarak beyin büyüklüklerinde artış olmuştu. Bu öninsanları *Australopithecus africanus, Homo habilis, Homo erectus* olarak biliyoruz ve bunlar bu sırayla evrimleşip bir sonraki türü meydana getirmişlerdi. 1,7 milyon yıl önce ulaşılmış evredeki *Homo erectus,* gövde büyüklüğü olarak bugünkü insana çok yakın olmasına karşın beyninin büyüklüğü hâlâ bizimkinin ancak yarısı kadardı. 2,5 milyon yıl kadar önce taştan yapılmış aletler yaygınlaşmıştı ama bunlar pul pul yontulmuş ya da başka taşlarla dövülmüş kaba taşlardan yapılmıştı. Zoolojik önem ve farklılık açısından *Homo erectus* maymunun ötesinde bir şeydi ama hâlâ bugünkü insandan daha gerideydi.

Yedi milyon yıl önce ortaya çıkışımızdan sonraki ilk beş ya da altı milyon yıl içinde bütün insanlık tarihi Afrika sınırları içinde geçmiş bir tarihti. İnsanın Afrika sınırları dışına yayılan ilk atası, bir Güneydoğu Asya adası olan Cava'da bulunan fosillerin tanıklık ettiği ve genellikle Cava adamı olarak bilinen *Homo erectus* idi (bkz. Şekil 1.1). En eski Cava "adamı"nın fosillerinin –bunlar pekâlâ Cava "kadını"na da ait olabilir– genellikle bir milyon yıl öncesine ait olduğu düşünülür. Bununla birlikte son zamanlarda bunların aslında 1,8 milyon yıl öncesine ait olduğu ileri sürüldü (Aslına bakarsanız *Homo erectus* adı bu Cava fosillerine verilmiş bir addır, *Homo erectus* olarak sınıflandırılan Afrika fosilleri ise farklı bir ad gerektirir). Şimdilik Avrupa'da ilk insanın varlığına ait kuşkuya yer bırakmayan ipucu yaklaşık yarım milyon yıl öncesine aittir ama bu tarihten daha önce de orada insanların yaşadığını ileri sürenler var. Doğal olarak, insanlar Asya'ya yerleştiyse Avrupa'ya da yerleşmişlerdir, diye düşünürsünüz çünkü Avrasya tek bir kara kitlesiydi, arada büyük engeller yoktu.

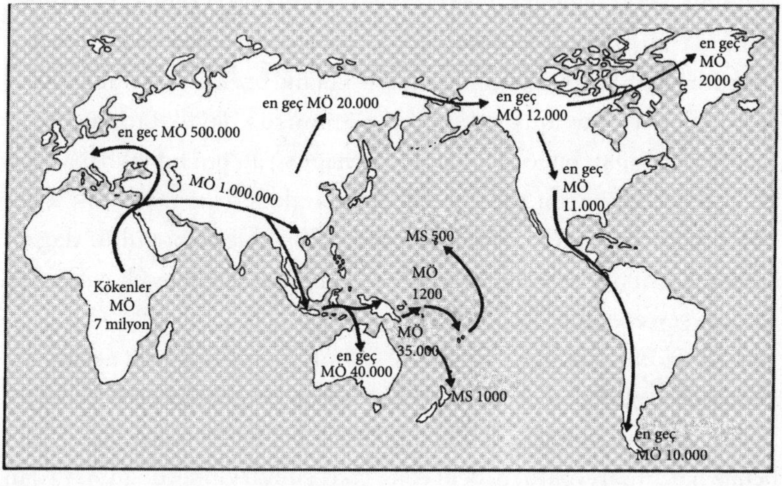

Şekil 1.1. İnsanların dünyaya yayılışı.

Elinizdeki kitapta sık sık karşılaşılacak bir konuya örnek oluşturuyor bu. Bir bilim insanı "ilk X"i bulduğunu iddia ediyorsa –bu X ister Avrupa'da ilk insan fosili olsun, ister Meksika'da evcilleştirilmiş ilk mısır bitkisinin kanıtı olsun, ister herhangi bir yerde ilk bir şey– bu açıklama öteki bilim insanlarını ondan da daha öncesine ait bir şey bularak bu iddiayı çürütmeye çağırır. Aslında bir "en ilk" olmalı ve bütün öteki "ilk'lik iddialarını geçersizleştirmelidir. Bununla birlikte, daha sonra göreceğimiz gibi, gerçekten de bütün X'ler için her yıl daha da önceye ait olduğu anlaşılan X'lerle ilgili iddialarda bulunulur ve yeni bulgulara ulaşılır, bu arada daha önceki yıllara ait ilklik iddialarının bir kısmı ya da hepsi çürütülür. Bu sorular üzerinde arkeologların düşünce birliğine varması onlarca yıl alır.

Yaklaşık yarım milyon yıl öncesine ait insan fosilleri daha büyük, daha yuvarlak ve daha az köşeli olan kafatası yapılarıyla *Homo erectus* iskeletlerinden ayrılıyordu. Yarım milyon yıl öncesine ait Afrika ve Avrupa'da bulunmuş kafatasları bugünkü bizlerin kafataslarına yeterince benzediği için onlar bizim gibi *Homo sapiens* olarak sınıflandırılmışlardı, *Homo erectus* olarak değil. Bu ayrım keyfî bir ayrımdır çünkü *Homo sapiens*, *Homo erectus*'un evrimleşmiş halidir. Bununla birlikte bu *Homo sapiens*'ler iskelet bakımından bizden hâlâ farklıydılar, bizimkinden hayli küçük beyinleri bulunuyordu, el sanatları ve davranış bakımından aramızda büyük farklar vardı. Taş aletler yapan bugünkü halklar, örneğin Yali'nin büyükbabasının anne babaları yarım milyon yıl önceki aletleri görseler çok kaba bularak küçümserlerdi. Atalarımızın o dönemlerdeki kültür dağarcığına, kesin olarak belgelenmiş bir biçimde eklenebilecek başka tek önemli şey ateşin kullanılmasıydı.

İlk *Homo sapiens*'lerden bize kalmış ne bir el sanatı nesnesi ne kemikten yapılma bir el aleti ne başka bir şey var; iskelet artıklarından, taştan yapılma o kaba aletlerden başka bir şey yok. Avustralya'da henüz hâlâ insan yoktu, nedeni çok açıktı çünkü Güneydoğu Asya'dan oraya geçmek için gemi gerekiyordu. Amerika kıtalarında da insan yoktu, insan olabilmesi için önce Avrasya kıtasının Amerika'ya en yakın bölgesine (Sibirya'ya) insanların gitmesi ya da gemi yapımcılığının gelişmesi gerekiyordu (Buzul Çağı sırasında Sibirya ile Alaska'yı birbirinden ayıran sığ Bering Boğazı, deniz seviyesinin yükselip alçalmasıyla bazen bir boğaza dönüşüyordu, bazen kıtalararası kuru toprak bir köprüye). Bununla birlikte gemi yapmak ve Sibirya'nın soğuğunda hayatta kalmak *Homo sapiens*'in becerebileceği işler olmaktan çok uzaktı.

Yarım milyon yıl öncesinden itibaren iskelet ayrıntıları bakımından Afrika ile Batı Avrasya'daki insan kalabalıkları birbirlerinden ve Doğu Asya'da yaşayanlardan farklılaşmaya başladılar. 130.000 öncesiyle 40.000 yıl öncesi arasında, Avrupa ve Batı Avrasya'da yaşamış olan insan toplulukları konusunda bize, Neanderthal olarak bilinen, bazen *Homo neanderthalensis* adıyla başka bir tür olarak sınıflandırılan özellikle çok sayıdaki iskelet fikir veriyor. Pek çok karikatürde mağarada yaşayan, insansımaymuna benzeyen yaratıklar olarak gösterilmelerine karşın Neanderthallerin bizimkinden biraz daha büyük beyinleri vardı. Bunlar ayrıca ölülerini gömdüklerine, hastalarına baktıklarına dair güçlü kanıtlar bırakmış ilk insanlardı. Gelgelelim onların taştan yapılma el aletleri, çağdaş Yeni Ginelilerin cilalı taştan yapılma, apaçık farklı işlevleri olan, henüz genellikle çeşitli biçimlerde birörnek olarak üretilmeyen baltalarıyla karşılaştırıldığında hâlâ çok kabaydı.

Afrika'da Neanderthaller ile aynı döneme ait olarak bulunmuş ve günümüze kadar ulaşmış pek az sayıdaki iskelet parçası Afrikalıların iskeletlerinin Neanderthallerinkinden çok bizim bugünkü iskeletimize benzediğini gösteriyor. Doğu Asya'da daha az iskelet parçası bulunmuştur ama bunlar hem Afrikalılarınkinden hem Neanderthallerinkinden farklı görünüyor. O zamanki hayat tarzına gelince, elimizde en iyi korunmuş kanıt olarak taştan yapılma nesnelerle Güney Afrika'daki yerleşim yerlerinde yemek için avlanmış hayvanlara ait kemik yığınları var. 100.000 yıl öncesinin Afrikalılarının kendi çağdaşları olan Neanderthallere göre iskeletleri daha modern ama onlar da Neanderthaller gibi aslında birörnek bir biçimleri olmayan aynı kaba taş el aletleri üretiyorlardı. Onlardan günümüze kalmış herhangi bir hüner yok. Yemek için avladıkları hayvanların kemiklerine bakılırsa aman aman bir avcılık yeteneklerinin olmadığı, öldürmesi kolay ve tehlikesiz hayvanları yeğledikleri söylenebilir. Manda gibi, domuz gibi başka tehlikeli hayvanları öldürmeye başlamamışlardı daha. Balık bile yakalayamıyorlardı: Hemen deniz kıyısında olan yerleşim yerlerinde balık kemiğine, oltaya rastlanmadı. Hem onlar hem de onların çağdaşı olan Neanderthaller henüz tam insan düzeyinde değillerdi.

İnsanlık tarihi bundan yaklaşık 50.000 yıl önce, benim Büyük Sıçrama dediğim şeyle birlikte başladı. Bu sıçramanın ilk kesin işaretini Doğu Afrika'da, birörnek taş el aletlerinin ve günümüze kadar ulaşmış ilk süs eşyalarının (deniz kabuğu kolyelerin) bulunduğu yerleşim yerinde görüyoruz. Benzer gelişmeler kısa süre sonra Ortadoğu'da, Güneydoğu Avrupa'da, daha sonra (40.000 yıl kadar önce) Güneybatı Avrupa'da meydana geldi, burada bulunan pek çok sayıdaki eşya, Cro-Magnon olarak adlandırılan insanların tam anlamıyla bugünkü insanlarınkine benzeyen iskeletleriyle ilişkilendirildi. Ondan sonra arkeolojik merkezlerde bize ulaşan çöp yığınları hızla ilginçleşmeye başlıyor ve hem biyolojik hem davranış olarak çağdaş insanlarla ilgili şeyler karşısında bulunduğumuz konusunda kuşkuya yer kalmıyor.

Cro-Magnon çöp yığınlarında yalnızca taştan yapılma el aletleri değil kemikten yapılma aletler de buluyoruz, kemiklerin (örneğin olta kancası biçiminde) yontulmaya çok elverişli oldukları daha önceki insanların gözünden kaçmıştı. Farklı ve belli biçimlerde yapılmış el aletleri öylesine çağdaş ki dikiş iğnesi mi, çuvaldız mı, yontma aleti mi oldukları bizim için apaçık belli. Elde tutulan kazıma aleti gibi tek parçalı aletler yerine çok parçalı aletler görülmeye başlanıyor. Cro-Magnon kazı merkezlerindeki tanınabilir çok parçalı silahlar arasında zıpkınlar, mızrak fırlatıcılar ve nihayet, tüfeklerin ve başka çok parçalı silahların öncüsü olan ok ile yaylar bulunuyor. Tehlikesiz bir uzaklıktan öldürmeye yarayan bu etkili araçlar gergedan ve fil gibi tehlikeli hayvanların avlanmasına olanak sağladı, öte yandan balık ağı, olta, kapan yapmaya yarayan ipliğin icadıyla yiyeceklerimiz arasına balık ve kuşlar da girdi. Evlerin ve dikilmiş giyeceklerin kalıntıları soğuk iklimde hayatta kalma yeteneğinin büyük oranda geliştiğini gösteriyor, süs eşyası kalıntıları ile özenle gömülmüş olarak bulunan iskeletler estetik bakımından olsun, ruhsal bakımdan olsun gelişmişliğe işaret ediyor.

Cro-Magnonların bize kadar ulaşmış olan ürünleri arasında en ünlüleri sanat ürünleridir: Olağanüstü güzel mağara resimleri, heykeller, bugün de sanat olarak hayranlığımızı kazanan müzik aletleri. Güneybatı Fransa'da Lascaux Mağaraları'nda normal büyüklükteki boğa ve at resimlerinin büyüleyici gücüne kendi gözleriyle tanık olmuş bir kişi, bunların yaratıcılarının yalnızca iskeletleri bakımından değil zihinsel olarak da çağdaş olduklarını hemen anlayacaktır.

Yaklaşık 100.000 ile 50.000 yıl önce atalarımızın yeteneklerinde müthiş bir değişikliğin olduğu çok açık. Bu *Büyük Sıçrama* konusunda yanıtlanmamış iki önemli soru bulunuyor, bunların biri tetikleyici nedenle, ikincisi coğrafi bölgeyle ilgili. Tetikleyici neden olarak ben *Üçüncü Şempanze* adlı kitabımda gırtlağın gelişmesini, bunun sonucunda da insanın yaratıcılığının etkinleşmesinde büyük rol oynayan dilin anatomik temelinin oluşmasını gösteriyorum. Bazılarıysa o tarihlerde insanın beyin büyüklüğü değişmeden beyninin örgütlenişinde bir değişikliğin meydana gelmesiyle bu değişikliğin çağdaş dillere temel oluşturduğunu ileri sürüyorlar.

Büyük Sıçrama'nın mekânına gelince, acaba bu sıçrama bir tek bölgede mi, bir öbek insan arasında mı oldu ve sonra bu insanlar yayılıp dünyanın başka bölgelerindeki daha önceki insanların yerini mi aldılar? Yoksa farklı bölgelerde paralel şekilde mi gelişti ve bugün o bölgelerin her birinde yaşayan insanlar bu sıçramadan önce orada yaşayanların torunları mı? Afrika'da bulunmuş, yaklaşık 100.000 yıl önceye ait, daha ziyade çağdaş insanınkine benzeyen insan kafatasları birinci görüşü, sıçramanın özellikle Afrika'da meydana geldiğini destekler nitelikte görülmüştür. Moleküler araştırmalar, (mitokondriyal DNA adı verilen şey ile ilgili araştırmalar) başlangıçta çağdaş insanın özellikle Afrika kökenli olduğu yorumuna yol açtı, oysa bu moleküler bulguların anlamı hâlâ kuşkuludur. Öte yandan bazı fiziksel antropologlar yüz binlerce yıl önce Çin'de yaşamış insanların kafataslarının, bugün Çin'de yaşayanlarınkiyle benzerlikler gösterdiğini, Endonezya'da yaşamış insanların kafataslarının da bugünkü Avustralya yerlilerininkiyle benzerlikler gösterdiğini düşünüyorlar. Bu doğruysa, bu bulguya göre paralel evrimleşme oldu demektir ve bugünkü insanın tek bir kaynağı yoktur, cennetten değil, çeşitli bölgelerdeki çeşitli kaynaklardan gelir. Bu konu henüz aydınlığa çıkarılamamıştır.

Çağdaş insanın tek bir merkezden çıktığına, daha sonra yayılarak başka yerlerdeki başka tür insanların yerini aldığına dair en açık kanıtı Avrupa'da görmekteyiz. 40.000 yıl kadar önce çağdaş iskeletleri, üstün silahları ve başka ileri kültür özellikleriyle Cro-Magnonlar Avrupa'ya geldiler. Birkaç binyıl içinde yüz binlerce yıldır Avrupa'nın tek yerleşik insanları olarak evrimleşmekte olan Neanderthallerden iz kalmadı. Bu sonuç bize Cro-Magnonların bir şekilde çok üstün teknolojilerini, dil becerilerini ya da beyinlerini kullanarak Neanderthallere hastalık bulaştırdıklarını, onları öldürdüklerini ya da onların yerini aldıklarını, geriye de Neanderthaller ile Cro-Magnonlar arasında bir melezleşme olduğuna dair çok az kanıt bıraktıklarını ya da hiç bırakmadıklarını kuvvetle düşündürmektedir.

Büyük Sıçrama, atalarımızın Avrasya'da koloni kurmalarından bu yana insanın coğrafi sınırlarını ilk kez büyük ölçüde genişlettiğini kesin olarak bildiğimiz tarihle çakışmaktadır. Bu genişleme o zamanlar tek bir kıta olarak birleşmiş halde olan Avustralya ile Yeni Gine'yi kapsıyordu. Radyokarbon tarihleri saptanmış merkezlerin pek çoğu 40.000 ile 30.000 yılları arasında Avustralya/Yeni Gine'de insan olduğuna tanıklık etmektedir (karşı çıkılmış, eski sayılabilecek kaçınılmaz iddialara ek olarak). Bu ilk yerleşimden kısa bir zaman sonra insanlar bütün kıtalara dağıldılar ve tropik yağmur ormanlarından, Yeni Gine'nin yüksek dağlarından tutun da Avustralya'nın kurak iç bölgelerine, yağışlı güneydoğu köşesine kadar farklı çevre koşullarına uyum sağladılar.

Buzul Çağı sırasında okyanusların suyunun öyle büyük bir bölümü buzullarda hapsolup kalmıştı ki deniz seviyesi bütün dünyada şimdiki seviyesinin yüzlerce metre altındaydı. Bunun sonucu olarak da Endonezya adaları Sumatra, Borneo, Cava ve Bali ile Asya arasında bugünkü sığ deniz yerine kuru toprak vardı (Bering Boğazı ile Manş Denizi gibi öteki sığ boğazlar için de bu geçerliydi). Asya kıtasının güneydoğu kıyısı bugünkünden 1000 kilometre kadar ilerideydi. Yine de Bali ile Avustralya arasındaki Orta Endonezya Adaları derin denizlerle birbirlerinden ayrılmışlardı. O zamanlar Asya kıtasından Avustralya/Yeni Gine'ye ulaşmak en genişi en azından 50 deniz mili eninde olan hiç değilse sekiz boğazı aşmayı gerektiriyordu. Bu boğazların çoğu, birbirini gören adaları ayırıyordu ama Avustralya, en yakın Endonezya adalarından, Timor ile Tanibar'dan bile görünmüyordu. Bu bakımdan insanların Avustralya'ya yerleşebilmesi için gemi gerekiyordu ve yerleşmeleri tarihte geminin kullanıldığını gösteren ilk kanıt olma özelliğini taşır. Aradan 30.000 yıl geçene kadar (yani 13.000 yıl öncesine kadar) dünyanın Akdeniz dışındaki bir yerinde denizciliğin başladığını gösteren güçlü bir kanıt yok.

Önceleri arkeologlar insanların Avustralya/Yeni Gine'ye bir rastlantı sonucu, bir Endonezya adası yakınlarında bir salın üzerinde balık avlamakta olan insanların açığa sürüklenmesiyle gelip yerleştikleri olasılığı üzerinde duruyorlardı. Çok abartılı bir senaryoya göre, buraya ilk gelen kişi karnında erkek bir çocuk taşıyan genç ve hamile bir kadındı yalnızca. Ama rastlantıyla yerleşildiği varsayımına inananları son günlerdeki bulgular şaşırttı çünkü yaklaşık 35.000 yıl önce Yeni Gine'nin hemen ardından Yeni Gine'nin doğusunda bulunan başka adalara yerleşilmişti. Bunlar Bismarck Takımadaları arasında bulunan New Britain ile New Ireland ve Solomon Takımadaları arasında yer alan Buka idi. Buka batıdaki en yakın adadan bile görünmeyecek kadar uzaktır ve oraya ulaşabilmek için aradaki 160 kilometrelik denizi aşmak gerekir. Demek ki Avustralyalılar ve Yeni Gineliler belki de isteyerek görünürdeki adalara denizden gitmeyi başarabiliyorlardı ve yeterince sık gemi yolculuğu yaptıkları için görünmeyen uzak adalara birkaç kez istemeden yerleşmeleri söz konusu olmuştu.

İnsanların Avustralya/Yeni Gine'ye yerleşmesi, ilk kez tekne kullanmaları ve Avrasya'ya yerleştikten sonra ilk kez yayılma alanlarını genişletmeleri dışında bir başka ilki de aklımıza getirir: Büyük hayvan türleri kitle halinde ilk kez insanlar tarafından yok edilmiştir. Bugün Afrika bizim için büyük memelilerin biricik anayurdudur. Günümüzün Avrasyası'nda da (Afrika'nın Serengeti düzlüklerindeki kadar bol olmasa bile) Asya gergedanları, filleri ve kaplanları, Avrupa'nın yassı boynuzlu geyikleri, ayıları (klasik çağlara kadar) aslanları gibi pek çok büyük boy memeli hayvan var. Bugün Avustralya/Yeni Gine'de aynı derecede büyük boy memeli hayvan yok, aslında 50 kilogramlık kangurulardan başka iri hayvan yok. Ama eskiden Avustralya/Yeni Gine'de dev kangurular, *diprotodon* denen ve büyüklüğü bir inek büyüklüğünü bulan, gergedan benzeri keseli hayvanlar ve keseli "leopar" da içinde olmak üzere çeşitli büyük boy memeliler vardı. Eskiden ayrıca 200 kilogram ağırlığında devekuşu benzeri uçamayan kuşlar, bunlardan başka bir tonluk kertenkele, dev piton, karada yaşayan timsah gibi şaşırtıcı derecede büyük sürüngenler vardı.

Avustralya/Yeni Gine'nin bütün bu devleri (diğer bir deyişle mega-faunası) insanlar buralara geldikten sonra yok oldu. Bunların tam olarak ne zaman yok oldukları konusu hâlâ tartışmalıdır ama Avustralya'da on binlerce yıllık geçmişleri olan, müthiş birer hayvan kemiği deposu halindeki kazı yerlerinde çok dikkatli kazılar yapıldı ve buralarda bugün türleri tükenmiş olan o devlerin son 35.000 yıllık bir dönem içinde hiçbir izine rastlanmadı. Dolayısıyla Avustralya'nın mega-faunası belki de insanlar geldikten sonra yok oldu.

Büyük boy hayvan türlerinin neredeyse eşzamanlı olarak yok olmaları akla çok açık bir soru getiriyor: Neden böyle oldu? Buna verilebilecek apaçık yanıt da öldürülmüş olabilecekleri ya da ilk gelen insanlar tarafından dolaylı olarak ortadan kaldırılmış olmalarıdır. Unutmayın, Avustralya/Yeni Gine'deki hayvanlar avcılık yapan insanlar ortada yokken milyonlarca yılda evrimleşmişlerdi. Ayrıca şunu da biliyoruz, insanlar yokken evrimleşmiş, günümüze kadar insan görmemiş olan Galápagos ve Güney Kutup kuşları ile memeli hayvanlar bugün hâlâ iflah olmaz derecede uysaldır. Doğaseverler hemen koruyucu önlemler almasalardı onlar da tükenmiş olacaklardı. Son zamanlarda keşfedilen ve koruyucu önlemlerin hızla uygulamaya konamadığı başka adalarda gerçekten de yok oldular: Bu tür kurbanlardan biri olan Mauritius dodoları, gerçekten de türü tükenmiş hayvanların simgesi durumuna geldi. Ayrıca tarihöncesi dönemde insanların yerleştikleri, iyi incelenmiş okyanus adalarının her birinde insanların gelişiyle birlikte hayvan türlerinin yok olduğuna tanık oluyoruz; kurbanların arasında Yeni Zelanda moaları, Madagaskar'ın dev makileri, Hawaii'nin uçamayan kazları var. Nasıl modern insan kendisinden korkmayan dodoların, ada foklarının yanına elini kolunu sallayarak gidip onları öldürmüşse, tarihöncesi insanları da kendilerinden korkmayan moaların, dev makilerin yanına ellerini kollarını sallayarak gidip onları öldürmüş olabilirler.

Böylece Avustralya'nın, Yeni Gine'nin dev hayvanlarının yok oluşuyla ilgili bir varsayıma göre, bu hayvanlar da 40.000 yıl önce aynı akıbete uğradılar. Ancak Afrika ve Avrasya'daki büyük boy memeliler çağımıza kadar hayatta kalabildiyse yüz binlerce yıl içinde onlar öninsanlarla birlikte eşzamanlı olarak evrimleştikleri için kalabildiler. Böylelikle de atalarımızın başlangıçta kötü olan avcılık becerisi yavaş yavaş gelişirken onlar da insandan korkmayı öğrenecek zamanı buldu. Dodolar, moalar, belki de Avustralya/Yeni Gine'nin dev hayvanları, avcılık becerileri tam anlamıyla gelişmiş çağdaş insanlarla hiçbir evrimsel hazırlıkları olmadan birdenbire karşılaşmak bahtsızlığına uğradılar.

Bununla birlikte, Avustralya ve Yeni Gine söz konusu olduğunda, büyük kırım olarak anılan bu varsayıma karşı çıkmayanlar da yok değil. Onların ısrarla vurguladığına göre, şimdiye kadar türü tükenmiş bir Avustralya/Yeni Gine devinin insanlar tarafından öldürüldüğü ya da hatta insanlarla aynı zamanda birlikte yaşadığı inandırıcı bir biçimde kemikleriyle kanıtlanmış değil. Bu büyük kırım varsayımını destekleyenlerse şöyle yanıtlıyorlar: Türler çok hızlı bir şekilde ve uzun zaman önce, örneğin 40.000 yıl kadar önce, birkaç binyıl içinde tükendiyse öldürüldükleri mekânları bulmayı umamazsınız. Karşı cephedekiler de bunun tersi bir varsayımla yanıt veriyorlar: Belki de devler zaten sürekli kurak olan Avustralya kıtasında, bir iklim değişikliğinin, örneğin şiddetli bir kuraklığın kurbanı oldular. Tartışmalar sürüyor.

Benim düşüncemi sorarsanız, Avustralya devleri on binlerce yıllık Avustralya tarihi boyunca sayısız kuraklığa dayanmışken, neden tam da insanlar buraya geldiği zaman, onların gelişiyle (hiç değilse milyonlarca yıllık bir zaman ölçeğinde) eşzamanlı olarak, bir rastlantı sonucu ölsünler, hiç anlayamıyorum. Devler yalnızca kurak Orta Avustralya bölgesinde değil, Yeni Gine'nin ve Güneydoğu Avustralya'nın yağışlı bölgelerinde de yok oldular. Çöllerden tutun da soğuk yağmurlu ormanlara, tropik yağmur ormanlarına kadar her yerde, her türlü çevre koşulunda dünyadan silindiler. Bu yüzden de bana öyle geliyor ki devleri insanlar yok etti, hem doğrudan (yemek için öldürerek) hem de (yangınlara, çevre koşullarında değişikliklere yol açarak) dolaylı şekilde, ister büyük kırım varsayımı doğru olsun ister iklim değişikliği varsayımı, gerçek şu ki Avustralya/Yeni Gine'deki büyük boy hayvanların hepsinin ortadan kalkmasının, ileride göreceğimiz gibi, daha sonraki insanlık tarihinde görülen sonuçları ağır olmuştur. Bu büyük kırımla birlikte evcilleştirilmeye aday büyük boy yaban hayvanlardan hiçbiri kalmamıştır, bunun sonucunda da Avustralya ve Yeni Gine'de yerli tek bir evcil hayvan yoktur.

Böylece Avustralya/Yeni Gine'ye, Büyük Sıçrama'nın olduğu tarihlere kadar insanların yerleşmesi mümkün olamamıştır. Büyük Sıçrama'nın hemen ardından insanlar yayılım alanlarını bir kez daha genişleterek Avrasya'nın en soğuk bölgelerine kadar gitmişlerdir. Neanderthaller Buzul Çağı'nda yaşamışlardı ve soğuğa uyum sağlamışlardı ama Almanya ile Kiev'in daha kuzeyine geçememişlerdi. Buna şaşmamalıyız çünkü besbelli ki Neanderthallerin dikiş iğneleri, dikilmiş giysileri, sıcak evleri, soğuk iklimlerde yaşamak için gerekli başka temel teknolojileri yoktu. Anatomik olarak çağdaş insana benzeyen insanlar bu tür bir teknolojiye sahip oldukları için yaklaşık 20.000 yıl kadar önce (her zamanki gibi çok daha önce gittikleri yolunda tartışmalı iddialar vardır) Sibirya'ya gitmişlerdi. Avrasya'daki kürklü mamutlar ile kürklü gergedanlar belki de bu yayılma sonucunda yok olmuştur.

İnsanların Avustralya/Yeni Gine'ye yerleşmesiyle birlikte artık yaşanabilir beş kıtadan üçüne yerleşilmiş oldu (Bu kitapta ben Avrasya'yı hep tek kıta sayacağım, Antarktika'yı ise hiç dikkate almayacağım çünkü oraya ancak 19. yüzyılda insan ayağı bastı ve orada hiçbir zaman kendi kendine yeterli bir insan nüfusu olmadı). Böylece geriye iki kıta, Kuzey Amerika ile Güney Amerika kalıyor. Kuşkusuz buralar en son yerleşilmiş yerlerdi çünkü Eski Dünya'dan buraya deniz yoluyla gidebilmek için ya tekne (Endonezya'da bile 40.000 yıl öncesine, Avrupa'da ise daha sonrasına kadar tekne olduğunu gösterir hiçbir kanıt yok elimizde) gerekiyordu ya da Bering karayolu köprüsünden geçerek gidebilmek için insanların Sibirya'ya yerleşmesi gerekti (bu da 20.000 yıl öncesine kadar olmamıştı).

Yine de Amerika'ya insanların ilk kez 14.000 yıl öncesi ile 35.000 yıl öncesi arasında ne zaman yerleştikleri belli değil. Amerika kıtalarında kuşkuya yer bırakmayan en eski insan kalıntıları Alaska'da, yaklaşık MÖ 12.000 yılına ait olduğu saptanan yerlerde bulundu, daha sonra MÖ 11.000 yılından hemen önceki yüzyıllara ait, Kanada sınırının güneyinde, Amerika Birleşik Devletleri ile Meksika'da pek çok yer saptandı. Meksika'dakilere Clovis yerleşim bölgeleri deniyor; New Mexico'da söz konusu insanlara ait taştan yapılma büyük mızrak başlarının ilk kez görülüp tanındığı örnek yerleşim yeri, Clovis kasabasına yakın olduğu için onlara bu ad verilmiştir. Bugün Amerika Birleşik Devletleri'nin 48 eyaletinin hepsini içine alıp daha güneye, Meksika'ya kadar uzanan bir bölgede yüzlerce Clovis yerleşim yeri bilinmektedir. Bu bölgeden sonra insanların yaşadığını kuşkuya yer bırakmayacak biçimde gösteren kanıtların bulunduğu yerler Amazon Bölgesi ile Patagonya'dır. Bu olgulara bakarak Amerika kıtalarındaki Clovis yerleşim yerleri, Amerika'ya ilk insanların gelip yerleştiklerini, kısa zamanda çoğalıp yayılarak iki kıtayı kapladıklarını belgelemektedir diyebiliriz.

Clovis halkının torunlarının bin yıldan kısa bir sürede Amerika Birleşik Devletleri-Kanada sınır çizgisinin 12.000 kilometre güneyindeki Patagonya'ya kadar gidebilmeleri ilk bakışta insanı şaşırtabilir. Ama bu, yılda ortalama 12 kilometrelik bir yayılma hızı demektir, böyle bir uzaklığı, yiyecek peşinde koşarken belki de bir tek günde katedebilen bir avcı için önemli bir başarı sayılmaz.

İlk bakışta insan Amerika kıtalarının bu kadar kısa zamanda insanla dolmasına ve insanların ta Patagonya'ya kadar durmadan güneye doğru yayılma itkisini duymalarına da şaşabilir. Gerçek sayıları göz önüne alırsanız bu nüfus artışı da şaşırtıcı değildir. Amerika kıtalarında sonunda bir buçuk kilometrekareye bir kişiden az insan düşecek biçimde bir nüfus yoğunluğu olmuşsa (çağdaş avcı toplumları için yüksek bir yoğunluk), bu durumda demek ki her iki Amerika kıtasında toplam yaklaşık on milyon avcı yaşıyordu. İlk yerleşenlerin sayısı 100 kişi olsa ve nüfusları yılda % 1,1 artsa bile, bin yıl içinde ilk gelenlerin torunları on milyonluk nüfus tavanına ulaşabilirdi. Yılda % 1,1'lik bir nüfus artışı da yine hiç de önemli bir artış değildir: Yakınçağ'da insanlar bakir topraklara yerleştikleri zaman % 3,4 gibi yüksek oranda nüfus artışları göstermişlerdir, örneğin HMS *Bounty*'de isyan çıkaran tayfalarla onların Tahitili eşleri Pitcairn Adası'na yerleştiklerinde öyle olmuştu.

İlk gelen avcıların ilk birkaç yüzyıl içinde Clovis bölgesinde yerleştikleri yerlerin çokluğu, Maorilerin atalarının daha yakın zamanlarda Yeni Zelanda'yı keşfettiklerini gösteren, arkeolojik olarak belgelenmiş yerleşim yerlerinin çokluğunu andırıyor. Anatomik açıdan çağdaş insanların Avrupa'daki ve Avustralya/Yeni Gine'deki ilk yerleşim yerlerinin sayıca çokluğu da belgelenmiştir. Yani, Clovis olgusuyla ve Amerika kıtalarında bu olgunun benzerleriyle ilgili her şey, tarihte bakir topraklara yerleşme konusunda kesinliğinden kuşku duyulmayan başka olaylarla ilgili bulgularla örtüşmektedir.

Clovis yerleşim yerlerinin MÖ 16.000 ya da 21.000'den önceki yıllarda değil de MÖ tam 11.000'den önceki yüzyıllarda pıtrak gibi çoğalmasının anlamı ne olabilir? Unutmayın, Pleyistosen Buzul Çağları'nın büyük bölümünde Sibirya hep soğuktu ve Kanada'nın ta kuzeyine kadar aşılmaz bir engel olarak kesintisiz bir buz tabakası uzanıyordu. Yaklaşık 40.000 yıl önce Avrupa'yı fetheden, anatomik açıdan çağdaş insanların bu tarihten daha sonralara kadar aşırı soğuklarla baş etmek için gerekli teknolojiye sahip olmadıklarını, Sibirya'yaysa 20.000 yıl öncesine kadar yerleşmediklerini görmüştük. Sonunda Sibirya'ya ilk gelenler ya deniz yoluyla (bugün bile bu boğazın genişliği alt tarafı 50 deniz milidir) ya da buzul çağında Bering Boğazı kuru toprakken yürüyerek Alaska'ya geçtiler. Binlerce yıllık kesintili tarihi boyunca, soğuk hava koşullarına alışkın insanların kolayca geçebileceği açık tundralarla kaplı Bering karayolu köprüsünün uzunluğu binlerce kilometreyi bulabiliyordu. MÖ yaklaşık 14.000 yılında deniz seviyesinin en son yükselişinde köprü sular altında kaldı ve yeniden boğaz durumuna geldi. Sibirya'nın ilk sakinleri Alaska'ya ister yürüyerek ister kürek çekerek geçmiş olsunlar, Alaska'da insanların yaşadığını gösteren ilk sağlam kanıtlar MÖ 12.000 yılına aittir.

Bundan kısa bir süre sonra Kanada'daki buz tabakası güney-kuzey yönünde çatladı ve bir koridor açıldı, böylece ilk Alaskalılar buradan geçerek bugünkü Kanada'nın Edmonton kentinin bulunduğu yerin çevresindeki düzlüğe, Great Plains'e geldiler. Çağdaş insanlar için Alaska ile Patagonya arasındaki son ciddi engel de ortadan kalkmış oldu. Edmonton'a ilk gelenler Great Plains'de bol miktarda av hayvanıyla karşılaşmışlardır herhalde. Semirmişler, çoğalmışlar, yavaş yavaş bütün yarıküreyi ele geçirmek üzere güneye doğru yayılmışlardır.

Clovis olgusunun bir başka yönü de Kanada buzul tabakasının güneyinde ilk insanların varlığıyla ilgili beklentilerimize uyması. Tıpkı Avustralya/Yeni Gine gibi Amerika kıtaları da başlangıçta büyük boy memeli hayvanlarla doluydu. Yaklaşık 15.000 yıl önce

Amerika'nın batısının görünüşü Afrika'nın bugünkü Serengeti düzlüklerininkine çok benziyordu; fil ve at sürülerini aslanlar ve çitalar kovalıyor, deve ve yerde yaşayan dev tembelhayvan gibi tuhaf türlerin üyeleri de bu sürülere katılıyordu. Tıpkı Avustralya/Yeni Gine'deki gibi Amerika'da da büyük boy memeli hayvanlar yok oldular. Ne var ki Avustralya'da bu iş belki de 30.000 yıl önce olurken Amerika'da 17.000 yıl öncesiyle 12.000 yıl öncesi arasında oldu. Amerika'da soyu tükenmiş ama bol miktarda kemikleri bulunmuş ve kemiklerinin hangi tarihe ait oldukları özellikle kesin biçimde saptanmış memeli türlerinin MÖ 11.000 yılları dolaylarında soylarının tükendiğini söyleyebiliriz. Soylarının tükeniş tarihi belki de en kesin biçimde saptanmış iki tür vardır, biri Shasta yer tembelhayvanı öteki Büyük Kanyon bölgesindeki Harrington dağkeçisi; bu iki hayvan türü nüfusu da MÖ 11.000'de bir iki yüzyıl içinde yok oldu. Rastlantı ya da değil, bu tarih kuramsal hata payını göz ardı etmemek koşuluyla Clovis avcılarının Büyük Kanyon'a geldikleri tarihle çakışıyor.

Kaburgalarının arasına saplanmış Clovis mızrak başlarıyla birlikte sayısız mamut iskeletinin bulunması tarihler arasındaki bu uyuşmanın bir rastlantı olmadığı anlamına geliyor. Amerika kıtalarında güneye doğru yayılan avcılar daha önce hiç insan görmemiş hayvanlarla karşılaşmış, bu Amerikan hayvanlarını öldürmeyi kolay bulmuş, onların soyunu tüketmiş olabilirler. Buna karşı bir kuram da şudur: Amerika'daki büyük memeli hayvanlar Buzul Çağı'nın sonundaki iklim değişikliği yüzünden yok oldular, bu değişiklik de MÖ 11.000 dolaylarına rastlamaktadır (çağdaş paleontologların yorumları arasındaki karışıklığa yol açan da bu rastlantıdır).

Avustralya/Yeni Gine'deki mega-faunanın yok oluşunu iklim değişikliğine bağlayan kuramda nasıl bir sorun görüyorsam, Amerika için ileri sürülen bu tür bir kuramda da aynı sorunu görüyorum. Amerika kıtalarındaki büyük hayvanlar daha önce 22 kez Buzul Çağı atlatmayı başarmışlardı. Peki niçin daha önce değil de 23'üncüde hepsi birden, hem de güya zararsız insanlarla birlikte yaşarken yok oldular? Niçin son Buzul Çağı sona erdiğinde yalnızca sıkışan topraklarda değil genişleyen topraklarda da, her türlü çevre koşullarında yok oldular? Bu yüzden ben bu işin Clovis avcılarının marifeti olduğundan kuşkulanıyorum ama tartışmalar bir sonuca bağlanmadı. Hangi varsayım doğru olursa olsun, Amerikan yerlilerince daha sonra evcilleştirilebilecek olan büyük, yaban memeli türlerinin çoğunun soyu tükendi.

Yanıtlanamamış olan bir başka soru da acaba ilk Amerikalılar, Clovis avcıları mıydı, sorusu. Biri bir şeyin ilk olduğunu ileri sürdüğünde ne olursa o oldu yine, Amerika kıtalarında Clovis öncesinde de insanların yaşadığını gösteren yerlerin keşfedildiğine dair iddiaların sonu gelmedi. Her yıl bu yeni iddiaların birkaçı ilk açıklandıklarında insana gerçekten de inandırıcı ve heyecan verici görünüyor. Sonra kaçınılmaz yorum sorunları sökün etmeye başlıyor. Acaba bulunduğu söylenen söz konusu aletler gerçekten de insanların yapmış oldukları mı yoksa salt doğal kaya şekilleri mi? Acaba öne sürülen radyokarbon tarihleri doğru mu, radyokarbonla tarih saptanırken karşılaşılan sayısız güçlüklerin herhangi biri yüzünden geçerliliğini yitirmiş olabilir mi? Tarihler doğruysa, bu aletlerin insan elinden çıkmış ürünlerle gerçekten ilişkisi olduğu görülmüş mü, aslında 9000 yıl önce yapılmış bir el aletinin yanında duran şeyin 15.000 yıllık bir kömür parçası olmadığı nereden belli?

Sık sık alıntılanan Clovis öncesi iddiasının bu sorunları yansıtan en iyi örneği şudur: Brezilya'da Pedra Furada adlı bir kaya mağarasında arkeologlar insanlar tarafından yapıldığına kuşku olmayan mağara resimleri buldular. Ayrıca bir yarın eteklerindeki taş yığınları arasında, biçimlerine bakılırsa, kaba taştan yapılma el aletleri olabilecek taşlar da buldular. Üstüne üstlük güya ocaklara rastladılar, ocaklardaki kömürlere uygulanan radyokarbon testi 35.000 yıl öncesine ait olduklarını gösteriyordu. Çok saygın ve son derecede seçici olan uluslararası bilim dergisi *Nature* Pedra Furada'yla ilgili makaleleri yayımlamayı kabul etti.

Gelgelelim yarın eteklerindeki taşların hiçbiri Clovis noktalarındakiler gibi, Cro-Magnon el aletleri gibi açıkça insan eliyle yapıldığı belli olan el aletleri değildi. On binlerce yıl süresince yüz binlerce taş yüksek kayalıkların tepesinden aşağı yuvarlanırsa elbette ki birçoğu aşağıdaki taşlara çarptığında kırılır ve yontulur, bazıları da insan eliyle yontulmuş kaba taştan yapılma el aletlerine benzer hale gelir. Avrupa'da ve Amazon Bölgesi'ndeki başka yerlerde arkeologlar duvar resimlerinde kullanılmış gerçek boyaların tarihini radyokarbon testiyle saptadılar ama Pedra Furada'dakiler için bu yapılmadı. Yakın çevrede sık sık orman yangınları olur ve rüzgâr ile akarsular kömürleri düzenli olarak mağaralara taşırdı. 35.000 yıllık kömürlerle Pedra Furada'daki kuşkuya yer bırakmayan mağara resimleri arasında bir ilişki olduğunu gösteren hiçbir kanıt yoktur. İlk kazıyı yapanlar aynı inançlarını sürdürüyorlar ama bu kazıya katılmamış olmakla birlikte Clovis öncesi iddialarını kabul eden bir arkeolog grubu yakınlarda bu kazı yerini ziyaret etti ve oradan eski kanıları değişmiş olarak döndü.

Kuzey Amerika'da Clovis öncesi bir yerleşim yeri olma olasılığı çok yüksek olan yer, Pennsylvania'daki Meadowcroft kaya mağarasıdır; söylendiğine göre, burada insanla ilişkilendirilebilen radyokarbon testi sonuçları aşağı yukarı 16.000 yıllık bir geçmişe işaret etmektedir. Meadowcroft'ta dikkatle kazılmış pek çok katmanda insan eliyle yapılmış birçok nesneye rastlandığını hiçbir arkeolog inkâr etmiyor. Ama en eski radyokarbon tarihlerini anlamak mümkün değil çünkü o tarihlerle ilişkilendirilen bitki ve hayvan türleri Pennsylvania'da iklimin ılık olduğu yakın zamanlarda yaşayan türlerdir, 16.000 yıl öncesinin Buzul Çağı'nda yaşadığı umulan türler değil. Bu yüzden de insanların en eski yerleşim katmanlarından kalma kömür örneklerinin, daha eski zamanlardan kalmış ama Clovis sonrası kömür örneklerinin arasına karışmış kömürler olduğundan kuşkulanmamız gerekiyor. Güney Amerika'da Clovis öncesi dönemin en güçlü adayı Güney Şili'deki Monte Verde yerleşim yeridir, en az 15.000 yıllık bir geçmişi vardır. Bu da şimdi pek çok arkeoloğa inandırıcı gelmektedir ama daha önceki yanılgıları düşünerek dikkatli olmak gerekir.

Amerika kıtalarında gerçekten de Clovis'ten önce insanlar vardıysa neden onların varlığını kanıtlamak hâlâ bu kadar güç? Arkeologlar MÖ 2000 ile 11.000 yılları arasındaki dönemden kaldığına kuşku olmayan yüzlerce yerleşim yerinde kazılar yaptılar, bunların arasında, Kuzey Amerika'nın batısındaki Clovis bölgesinde pek çok nokta, Apalaş Dağları'nda kaya oyukları ile California kıyı şeridindeki yerler var. Bu yerlerin pek çoğunda insanların varlığının kesin kanıtlarını taşıyan her arkeolojik katmanın altındaki daha eski katmanlara inildi ve buralarda hayvanların varlığına işaret eden kesin kalıntılar bulundu – ama insanlara ait kanıt bulunamadı. Amerika kıtalarında Clovis öncesine ait kanıtlar çok zayıftır ama yaklaşık MÖ 11.000 yılında Amerika'da Clovis avcıları boy göstermeden çok önce Avrupa'da çağdaş insanların var olduğunu gösteren yüzlerce yerleşim yerine ait güçlü kanıtlar bulunmaktadır. Avustralya/Yeni Gine'de bulunan kanıtlar daha da çarpıcıdır; orada Amerika'daki arkeologların ancak onda biri kadar arkeolog var ama az sayıdaki bu arkeologlar bütün kıtaya yayılmış halde, Clovis öncesine ait olduğu kuşku götürmez yüzlerce yerleşim yeri buldu.

İlk insanlar kuşkusuz Alaska'dan Meadowcroft'a ve Monte Verde'ye, aradaki yerleri atlayarak helikopterle uçmadılar. Clovis öncesi yerleşimi savunanlar, Clovis öncesi insanlarının, binlerce ya da on binlerce yıl boyunca dünyanın başka bir yerinde, bilinmeyen nedenler yüzünden az yoğunluklu bir nüfusa sahip olduklarını ya da arkeolojik kalıntı bırakmadıklarını ileri sürüyorlar. Ben bu görüşü inanılması güç buluyorum; Monte Verde ile Meadowcroft'un tıpkı öteki Clovis öncesi yerleşim yeri iddiaları gibi yeniden yorumlanacağını söyleseler buna inanırım. Bana öyle geliyor ki Amerika kıtalarında gerçekten de Clovis öncesi yaşamış insanlar vardıysa, bunun ipuçları şimdiye kadar pek çok yerde ortaya çıkardı ve biz hâlâ bunu tartışıyor olmazdık. Yine de arkeologlar bu konularda farklı görüşlere sahip.

Hangi yorum doğru olursa olsun Amerika'da tarihöncesinin geç dönemleriyle ilgili görüşümüzün sonuçları değişmiyor. İster Amerika kıtalarına ilk insanlar MÖ yaklaşık 11.000 yılında yerleşmiş ve hızla yayılmış olsunlar ya da isterse biraz daha erken bir tarihte (Clovis öncesi yerleşim iddiasında bulunanların çoğu 15.000 ya da 20.000, belki de 30.000 yıl öncesinden söz ediyorlar, daha önceki bir tarihten ciddi olarak söz eden az) yerleşmiş olsunlar, bu Clovis öncesi insanlarının sayıları az veya önemsizdir veya MÖ yaklaşık 11.000 yılına kadar varlıkları pek belli değildir. Her iki durumda da insanların yerleşmesine elverişli beş kıta arasında tarihöncesi dönemi en kısa olanı Kuzey Amerika ile Güney Amerika'dır.

Amerika kıtalarına insanların yerleşmesiyle birlikte, kıtaların ve kıtalara bağlı adaların pek çoğu ile Endonezya'dan Yeni Gine'ye kadar okyanus adalarının üzerinde insanlar yaşar duruma geldi. Dünyanın geri kalan yerlerine göçler modern zamanlara kadar tamamlanmadı: Girit, Kıbrıs, Korsika gibi Akdeniz adalarına MÖ aşağı yukarı 8500 yılı ile 4000 yılı arasında yerleşildi, Karayip Adaları'na MÖ 4000 yılı dolaylarında göç başladı, Polinezya Adaları'yla Mikronezya Adaları'na MÖ yaklaşık 1200 yılı ile MS 1000 yılları arasında yerleşildi, Madagaskar'a MS 300 ile 800 yılları arasında bir tarihte, İzlanda'ya MS dokuzuncu yüzyılda. Çağdaş İnuitlerin belki de ataları olan Amerikan yerlileri yukarı Kuzey Kutup bölgesine MÖ 2000 dolaylarında yayıldılar. Geriye henüz yerleşilmemiş olarak kala kala, geçtiğimiz son 700 yıl içinde Avrupalı kâşifleri bekleyen Atlas Okyanusu ile Hint Okyanusu'nun (Azor ve Seyşeller gibi) en uzak adaları ve Güney Kutup Bölgesi kaldı.

Kıtalara insanların farklı tarihlerde yerleşmesinin, kıtaların daha sonraki tarihleri açısından bir anlamı varsa bu nedir? Varsayalım ki bir zaman makinesi bir arkeoloğu geçmişe götürdü ve o arkeolog MÖ 11.000 yılı dolaylarında bir dünya gezisine çıktı. Acaba o arkeolog, dünyanın o zamanki durumuna bakarak, çeşitli kıtalardaki hangi insan topluluklarının tüfekleri, mikropları ve çeliği daha önce, hangilerinin daha sonra geliştireceğini, dünyanın bugünkü halinin böyle olacağını tahmin edebilir miydi?

Bizim arkeolog önden koşmanın olası üstünlüklerini değerlendirebilirdi. Önde koşmak bir işe yarıyorsa o zaman Afrika müthiş bir üstünlüğe sahipti: Herhangi başka bir kıtadakine göre öninsan orada en azından 5 milyon yıl daha fazla var olmuştu. Buna ek olarak, çağdaş insanın yaklaşık 100.000 yıl önce Afrika'da ortaya çıktığı ve oradan başka kıtalara yayıldığı doğruysa, bu arada başka yerlerde birikmiş olan her türlü üstünlük bunun karşısında geçersizleşmiş ve bu, Afrika'ya daha da öne geçme şansı kazandırmış olacaktı. Dahası Afrika'da insanlar arası genetik farklılıkların oranı çok yüksekti; belki de daha farklı insanlar hep birlikte daha farklı yaratıcılıklar gösterecekti.

Ama bizim arkeolog o zaman şöyle düşünebilirdi: Bu kitabın amaçları açısından "önde olmak" aslında ne anlama gelir? Koşu yarışı eğretilemesini sözcük anlamıyla alamayız. Önde koşmak derken, ilk birkaç öncü göçmenin gelişinden sonra bir kıtanın insanla dolması için gerekli zamandan söz ediyorsanız, bu süre bir oranda kısadır: örneğin, Yeni Dünya'nın bile bütünüyle dolması için 1000 yıldan az bir süre gerekti. Önde koşmak derken yerel koşullara uyum için gerekli zamandan söz ediyorsak, bazı sıra dışı çevre koşullarına uyum sağlamanın gerçekten zaman aldığını söyleyebilirim: Örneğin, insanların Kuzey Amerika'nın geri kalan yerlerini fethettikten sonra Yukarı Kuzey Kutup Bölgesi'ni fethetmeleri 9000 yıl aldı. Ama çağdaş insanın yaratıcılığı bir kez geliştikten sonra insanlar başka bölgelerin çoğunu çabucak keşfedecek ve oralara uyum sağlayacaktı. Örneğin, Maorilerin atalarının bir kez Yeni Zelanda'ya ulaştıktan sonra önemli taş kaynaklarının hepsini keşfetmesi, anlaşıldığına göre, yalnızca bir yüzyıl aldı; dünyanın en engebeli bazı bölgelerinde moa kuşlarını son üyesine kadar öldürmek yalnızca birkaç yüzyıl, kıyı bölgelerindeki avcılardan ve yiyecek toplayıcılardan tutun da yeni bir tarzda yiyecek depolayan çiftçilere kadar çeşitli toplumlar halinde farklılaşmaları da yalnızca birkaç yüzyıl.

Bizim arkeolog belki de bu yüzden Amerika kıtalarına bakacak ve önde olmalarına karşın Afrikalılara en çok bin yıl içinde ilk Amerikalıların yetişeceği sonucuna varacaktı. Daha sonra da Amerika'nın yüzölçümü daha geniş (Afrika'nınkinin bir buçuk katı), çevre koşulları daha çeşitli olduğu için üstünlük Afrikalılardan Amerikan yerlilerine geçecekti.

Arkeolog daha sonra Avrasya'ya bakabilir ve şöyle bir mantık yürütebilirdi: Avrasya dünyanın en büyük kıtası. Afrika hariç öteki kıtalara göre daha uzun bir süredir insanların yaşadıkları bir yer. İnsanların Avrasya'ya bir milyon yıl önce yerleşmeden çok daha evvel Afrika'ya yerleşmiş olmasının hiçbir değeri olamayabilir çünkü öninsanlar o zamanlarda çok ilkel bir evredeydiler. Bizim arkeolog 20.000 yıl öncesiyle 12.000 yıl öncesi arasında Üst Yontma Taş Çağı'nda Güneybatı Avrupa'nın, bütün o ünlü sanat ürünleriyle, karmaşık el aletleriyle vs. gelişimine bakıp acaba Avrasya o tarihte, hiç değilse yöresel olarak, zaten önde koşmuyor muydu, diye merak edebilirdi.

En sonunda da arkeolog Avustralya/Yeni Gine'ye bakacak, önce yüzölçümünün küçüklüğünü (en küçük kıta), büyük bir bölümünün fazla insanı besleyemeyecek çöllerle kaplı olduğunu, kıtanın ötekilerden yalıtılmışlığını, insanların buraya Afrika ve Avrasya'dan daha geç bir tarihte yerleştiğini dikkate alacaktı. Bütün bunların sonucunda arkeolog Avustralya/Yeni Gine'nin yavaş gelişeceği öngörüsünde bulunabilirdi.

Ama unutmayın ki dünyada denizciliğe en erken başlamış insanlar Avustralyalılar ile Yeni Ginelilerdi. Mağara resimleri yapmaya hiç değilse Avrupa'daki Cro-Magnonlar kadar erken bir tarihte başladılar. Jonathan Kingdon ile Tim Flannery, Asya kıta sahanlığındaki adalardan yola çıkıp Avustralya/Yeni Gine'ye giderek yerleşmek için insanların Orta Endonezya adalarında karşılaşacakları yeni çevreyle baş etmeyi öğrenmeleri gerektiğini ileri sürdüler – dünyanın en zengin deniz kaynaklarının, mercan kayalıklarının, tropik bitkilerinin yurdu olan çevreyle. Göçmenler Endonezya adalarını birbirinden ayıran boğazları doğuya doğru tek tek geçerek bir adaya geliyor, yeni baştan oraya uyum sağlıyor, çoğalıp bu adayı dolduruyor, sonra öteki adaya geçiyorlardı. O zamana kadar örneği görülmemiş, birbiri ardına gelen nüfus patlamalarının altın çağıydı bu. Belki de bu yeni topraklara gelme, uyum sağlama, çoğalma döngüleri büyük sıçramaya şans tanımış olabilir, daha sonra da bu büyük sıçrama geriye, batıya, Avrasya ve Afrika'ya yayılmıştır. Bu senaryo doğruysa o zaman Avustralya/Yeni Gine, Büyük Sıçrama'dan çok sonra bu bölgede insanın gelişimini mahmuzlamaya devam etmiş olabilecek büyük bir üstünlük kazanmıştı.

O halde, MÖ 11.000 yılına geri dönen bir gözlemci hangi kıtalardaki insan topluluklarının en hızlı gelişeceğini tahmin edemezdi çünkü kıtaların her birinin şansı eşitmiş gibi görünürdü ona. Şimdi geriye baktığımızda en hızlı gelişimi gösterenin Avrasya olduğunu biliyoruz elbette. Ama Avrasya toplumlarının hızlı bir gelişim göstermesinin ardındaki gerçek nedenler bizim MÖ 11.000 yılındaki hayalî arkeoloğumuzun tahmin ettiği dolaysız nedenler değil. Bu kitabın bundan sonrası o gerçek nedenleri araştırıp bulmaya ayrıldı.

II. Bölüm

Doğal Bir Tarih Deneyi

Yeni Zelanda'nın 500 deniz mili doğusundaki Chatham Adaları'nda Moriori halkı yüzlerce yıllık bağımsızlığını 1835 yılı Aralık ayında akıl almaz bir vahşet sonucu yitirdi. O yılın 19 Kasım'ında silahlı, sopalı, baltalı 500 Maori'yi taşıyan bir gemi gelmiş, 5 Aralık'ta bunu 400 Maori taşıyan bir başka gemi izlemişti. Maoriler gruplar halinde Moriori yerleşim yerlerine geliyor, Moriorileri esir aldıklarını ilan ediyor, karşı çıkanları öldürüyorlardı. Morioriler örgütlü bir direniş gösterseler Maorileri o zaman yenebilirlerdi çünkü sayıları onlarınkinin iki katıydı. Gelgelelim Moriorilerin anlaşmazlıkları barışçı yöntemlerle çözmek gibi bir gelenekleri vardı. Yaptıkları bir meclis toplantısında savaşmama, onun yerine barış, kardeşlik içinde kaynakları paylaşmayı önerme kararı aldılar.

Morioriler bu önerinin teklifini yapamadan önce Maoriler topluca saldırıya geçtiler. Birkaç gün içinde yüzlerce Morioriyi öldürdüler, çoğunu pişirip yediler, geri kalanların hepsini de esir aldılar, ileriki birkaç yıl içinde çoğunu da canlarının istediği gibi öldürdüler. Hayatta kalan bir Moriori şunları hatırlıyor: "[Maoriler] bizi koyun gibi boğazlamaya başladılar... Çok korkmuştuk, çalılıkların arasına kaçtık, yerin altındaki oyuklara, düşmanın elinden kurtulmak için nereyi bulursak oraya saklandık. Saklanmanın hiçbir yararı yoktu, bizi bulup öldürüyorlardı – erkek, kadın, çocuk demeden." Bir Maori ise şöyle anlatıyor: "Göreneklerimize göre el koyduk ve herkesi yakaladık. Tek bir kişi bile kaçamadı. Bazıları bizden kaçtı, onları öldürdük, ötekileri de öldürdük – ne olmuş yani? Bizim göreneğimiz buydu."

Morioriler ile Maoriler arasındaki bu çatışmanın acı sonunu tahmin etmek hiç de zor değildi. Morioriler avcılıkla ve yiyecek toplamakla geçinen nüfusları az, yalıtılmış bir topluluktu, en basit teknoloji ve silahlarla donatılmışlardı, savaş deneyimleri yoktu, güçlü önderlerden ya da örgütlenmeden yoksundular. Yeni Zelanda'nın Kuzey Adası'ndan gelen Maorilerse sürekli olarak kıyasıya savaşlar yapan, nüfus yoğunlukları fazla olan çiftçi bir toplumun üyeleriydi, daha ileri teknolojileri ve silahları vardı, güçlü önderlerin yönetimi altında yaşıyorlardı. Kuşkusuz bu iki toplum karşı karşıya geldiğinde Maoriler Morioriler öldürecekti, bunun tersi olmayacaktı.

Moriorilerin felaketi hem çağdaş dünyada hem de eski dünyada yaşanmış başka pek çok felakete benziyor, iyi silahlanmış çok sayıda insanla iyi silahlanmamış az sayıda insan kapıştığı zaman bu felaketler çok görülmüştür. Maori-Moriori çatışmasının bizim için aydınlatıcı yanı, aynı ortak atadan gelen bu iki halkın bin yıldan az bir zaman içinde farklılaşmış olmasıdır. Her ikisi de Polinezya halkıydı. Çağdaş Maoriler, Yeni Zelanda'ya MS 1000 yılı dolaylarında yerleşen Polinezya çiftçilerinin torunlarıydı. Bundan kısa bir süre sonra bu Maorilerin bir bölümü Chatham Adaları'na gidip yerleşti ve Moriori oldular. Bu iki grup birbirinden ayrıldıktan sonraki yüzyıllarda birbirine karşıt yönde gelişme gösterdiler, Kuzey Ada Maorileri daha karmaşık, Morioriler daha az karmaşık teknolojilere ve siyasal örgütlenmeye sahip oldu. Morioriler avcılığa ve yiyecek toplayıcılığına döndü, Kuzey Ada Maorileriyse daha yoğun şekilde çiftçiliğe.

Bu karşıt yöndeki evrim çizgileri ileride aralarında çıkacak olan çatışmanın yazgısını da belirledi. Bu iki ada toplumunun neden farklı yönde gelişme gösterdiğini anlayabilirsek, daha genel boyutta, kıtalardaki gelişim farklılıklarını anlamamıza yarayacak bir model elde edebiliriz.

Moriori ve Maori tarihi, insan topluluklarını çevre koşullarının nasıl etkilediğini ölçen küçük çaplı, kısa, doğal bir deneydir. Çevre koşullarının etkilerini –son 13.000 yıl içinde bütün dünyadaki insan toplulukları doğal çevrenin nasıl etkilediğini çok geniş ölçekte– inceleyen koca bir kitap okumadan önce bu tür etkilerin gerçekten önemli olduğunun size daha küçük çaplı deneylerle gösterilmesini isterseniz, istemekte çok haklısınız. Laboratuvarda farelerle çalışan bir bilim insanı olsaydınız şöyle bir deney yapabilirdiniz: Aynı kökten gelen bir fare topluluğunu alır, bunları gruplara ayırır, değişik çevre koşullarına sahip değişik kafeslere koyardınız, onlar birkaç kuşak üredikten sonra gelip ne olduğuna bakardınız. Kuşkusuz böyle amaçlı deneyler insan toplulukları için söz konusu değildir. Bilim insanları bunun yerine geçmişte insan topluluklarında yaşanmış benzer nitelikteki "doğal deneyleri" arayıp bulmalıdır.

İnsanlar Polinezya'ya yerleşirken buna benzer bir deneyim yaşandı. Büyük Okyanus'un ve Melanezya'nın ötelerine dağılmış binlerce ada vardır ve bu adalar yüzölçümleri, yalıtılmışlıkları, yükseklikleri, iklimleri, üretkenlikleri, jeolojik ve biyolojik kaynakları bakımından birbirinden çok farklıdır (Şekil 2.1). İnsanlık tarihinin büyük bir bölümünde denizcilik sanatı insanların bu adalara ulaşabilmesi için yeteri kadar gelişmiş değildi. Yeni Gine'nin kuzeyindeki Bismarck Takımadaları'nda çiftçilik, balıkçılık, denizcilikle geçinen insanlar yaklaşık MÖ 1200 yılında bu adaların bazılarına ulaşmayı başardılar. Bunu izleyen yüzyıllarda onların torunları Büyük Okyanus'ta yerleşilebilir her karış toprağa göç edip yerleştiler. Bu süreç MS 500 yılına gelindiğinde büyük oranda tamamlanmıştı; yerleşilmemiş son birkaç adaya da MS 1000 yılı dolaylarında yerleşildi.

Böylece çok uzun olmayan bir zaman dilimi içinde hepsi de aynı, ortak ataya sahip insanlar, çevre koşulları son derecede farklı adalara gelip yerleşmişti. Bugünkü Polinezyalı insan topluluklarının hepsinin ilk ataları aslında aynı kültüre, dile, teknolojiye, evcilleştirilmiş bitki ve hayvanlara sahip olan insanlardı. Bu yüzden de Polinezya tarihi insanların çevreye nasıl uyum sağladıklarını incelememize olanak veren doğal bir deney niteliğindedir; dünyanın başka yerleri gibi Polinezya dünyanın farklı yerlerinden gelen çeşitli göçmen dalgalarına maruz kalmadığı için burada insanın nasıl uyum sağladığını anlama çabalarımızı başarısızlığa uğratacak karmaşıklık yoktur.

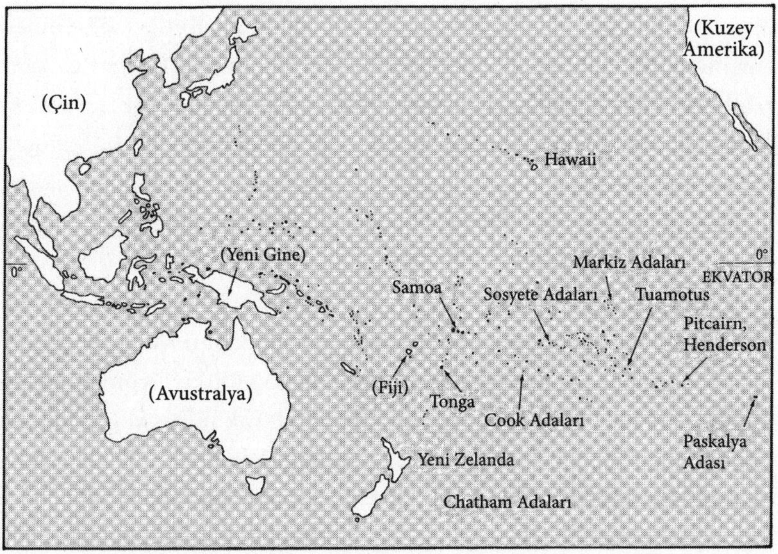

Şekil 2.1. Polinezya Adaları (Parentezler Polinezya'ya ait olmayan toprakları gösteriyor).

Bu orta boy deney içinde Moriorilerin yazgısı daha küçük bir deneydir. Chatham Adaları ile Yeni Zelanda'nın farklı çevre koşullarının Morioriler ile Maorileri nasıl farklı şekilde biçimlendirdiğini görmek kolaydır. Chatham Adaları'na gelip yerleşen ilk Maoriler çiftçilikle geçinen insanlardı belki ama geldikleri yerlerdeki tropik bitkileri Chatham'ın soğuk ikliminde yetiştirmek olanaksız olduğu için bunların avcılık ve yiyecek toplayıcılığıyla geçinmekten başka seçenekleri yoktu. Avcı/yiyecek toplayıcı olarak dağıtmak ya da depolamak üzere fazla ürün üretemediklerinden avcılık yapmayan zanaat uzmanlarını, orduları, bürokratları ve reisleri beslemelerine, ayakta tutmalarına olanak yoktu. Avladıkları hayvanlar da foklardan, kabuklu deniz hayvanlarından, yuva yapan deniz kuşlarından, elle ya da sopayla avlanabilen, fazla ileri teknoloji gerektirmeyen balıklardan oluşuyordu. Ayrıca Chathamlar bir oranda küçük ve uzak adalardı, toplam olarak yaklaşık 2000 avcı/yiyecek toplayıcıyı besleyebilecek güçteydi. Gidip yerleşecek başka ada bulamayan Morioriler, Chatham Adaları'nda kalmak ve birbirleriyle iyi geçinmeyi öğrenmek zorundaydılar. Bunu da savaş denen şeyi tamamıyla defterden silerek başardılar, nüfus artışından doğabilecek anlaşmazlıkları en aza indirmek için de bazı erkek çocuklarını kısırlaştırıyorlardı. Sonuçta az nüfuslu, savaşçı olmayan, basit teknolojiye ve silahlara sahip, güçlü önderlerden ve örgütlenmeden yoksun bir toplum çıktı ortaya.

Bunun tam tersine, Yeni Zelanda'nın kuzeyindeki (daha ılık olan) bölgede epeyce büyük bir öbek oluşturan Polinezya Adaları'ysa Polinezya tarımına uygundu. Yeni Zelanda'da kalan Maoriler nüfusları 100.000'in üzerine ulaşıncaya kadar çoğaldılar. Komşu topluluklarla sürekli ve kıyasıya savaşan, yerel olarak nüfus yoğunlukları yüksek toplumlar haline geldiler. Depoladıkları ürün, zanaat erbabı uzmanları, reisleri, yarı zamanlı askerleri fazlasıyla besleyebiliyordu. Ürün yetiştirmek, savaşmak ve el sanatları için çeşitli el aletlerine gereksinimleri vardı ve bunları geliştirdiler. Törenler için binalar ve koca koca kaleler diktiler.

Böylece Moriori ve Maori toplumları aynı ortak atadan gelip farklı yönlerde gelişim gösterdi. Sonuçta ortaya çıkan iki toplum birbirlerinin varlığını unuttu ve yüzyıllarca birbirleriyle ilişkileri olmadı, belki de 500 yıl. Bir gün fok avlamaya çıkan bir Avustralya gemisi Yeni Zelanda'ya giderken Chatham Adaları'na uğradı ve Yeni Zelanda'ya bu adalardan haberlerle döndü. "Balıkları, kabuklu deniz hayvanları çok bol, göllerinde yılanbalığı kaynıyor; karaka meyvesi istemediğiniz kadar.... Epey insan var ama savaştan anlamıyorlar, silahları yok." 900 Maori'nin Chatham Adaları'na yelken açması için bu haber yeterliydi. Çevre koşullarının ekonomiyi, teknolojiyi, siyasal örgütlenmeyi, savaş becerilerini kısa sürede nasıl etkilediğini bu sonuç çok açık olarak gösteriyor.

Daha önce söylediğim gibi Moriori-Maori çatışması orta ölçekli bir deneyin içinde küçük bir deneyi temsil ediyor. Çevre koşullarının insan toplumları üzerindeki etkileri konusunda Polinezya'nın bütününden neler öğrenebiliriz? Farklı Polinezya Adaları'ndaki toplumlar arasındaki hangi farklılıkların açıklanması gerekir?

Chatham Adaları Polinezya ada topluluğunun en uç sınırını (basitçesi sonunu) belirlemesine karşın, Yeni Zelanda ve Chatham Adaları'na göre Polinezya'da çok daha fazla çeşitlilikte çevre koşulları söz konusudur. Polinezya Adaları geçim tarzları bakımından da çeşitlilik gösterir, Chatham Adaları'ndaki avcılık/yiyecek toplayıcılığından tutun da orman açma ve kök yakma yoluyla tarıma, insan topluluklarının en yoğun nüfuslu olanlarının bazılarında yaşayanların uğraştığı yoğun yiyecek üretimine kadar. Polinezyalı yiyecek üreticileri domuz, köpek, tavuk gibi farklı üretim alanlarında yoğunlaşmışlardı. Tarım yapmak için büyük sulama sistemleri kurmak ve balık üretim havuzcukları oluşturmak için çit çekmek amacıyla emek gücünü örgütlediler. Polinezya toplumlarının ekonomik temeli aşağı yukarı kendi kendine yeterli aileye dayanıyordu ama bazı adalar babadan oğula zanaatla uğraşan yarı zamanlı zanatkârları besleyebilecek durumdaydı. Toplumsal örgütleniş açısından da Polinezya toplulukları çeşitlilik gösteriyordu, az çok eşitlikçi köylü toplumlarından tutun da aşamalı olarak sıralanan çeşitli sülaleleri olan, üyeleri kendi sınıflarından kişilerle evlenen şefler sınıfına ve halk sınıflarına sahip, dünyanın en katmanlı bazı toplumlarına kadar. Siyasal örgütleniş açısındansa bağımsız kabile ya da köy birimlerine bölünmüş adalar da vardı, başka adaları istila ve fetih savaşları için sürekli ordu besleyen, çok sayıda adayı birleştiren önimparatorluklar da. Son olarak da maddi kültür açısından Polinezya'da kişisel kap kacak üretiminden öteye geçememiş topluluklar da vardı, kocaman taş anıtlar diken topluluklar da. Bunca farklılık nasıl açıklanabilir?

Polinezya'daki insan toplulukları arasındaki farklılıklara katkıda bulunan çevre koşulları değişkenleri, Polinezya Adaları'nda en az altı grupta toplanabilir: Adalardaki iklim, jeolojik yapı türü, deniz kaynakları, yüzölçümü, arazinin parçalanma biçimi, yalıtılmışlık. Bu değişik etkenlerin Polinezya toplumlarını nasıl etkilediğini incelemeden önce bunlara bir göz atalım.

Polinezya'da iklim büyük değişiklikler gösterir; çoğu Ekvator'a yakın olan adalarda sıcak tropik ya da tropikaltı iklimi egemenken, Yeni Zelanda'nın büyük bölümünde ılıman iklim, Chatham Adaları'nda ve Yeni Zelanda'nın Güney Adası'nın güneyinde ise soğuk güney kutupaltı iklimi egemendir. Hawaii'nin Büyük Adası tam da Yengeç dönencesinde olmasına karşın Alpler'deki hayvan ve bitki örtüsünü barındıracak ve kar yağışı alacak kadar yüksek dağlara sahiptir. Bazı yerlerde (Yeni Zelanda'nın fiyortlarında ve Hawaii'nin Kauai Adası'ndaki Alakai Bataklıkları'nda) dünyada ölçülmüş en yüksek yağış düzeyine ulaşılırken, bunun onda biri yağış alan ve tarıma pek elverişli olmayan adalar da vardır.

Adalarda şu jeolojik yapılara rastlanır: mercan adaları, kireçtaşı yükseltileri, volkanik adalar, kıtadan kopmuş parçalar ve bütün bunların karışımı. Bir yanda Tuamotu Takımadaları gibi deniz seviyesinin ancak üzerine çıkan düz, alçak sayısız mercan adacığı. Öte yanda daha eski mercan adaları, Henderson, Rennell gibi deniz seviyesinin epey üzerinde kireçtaşı yükseltileri. Mercan adalarının bu her iki türlüsü de buralara yerleşmeye gelen insanlar için sorun yaratır çünkü bütünüyle kireçtaşından oluşurlar, başka taş yoktur, çok ince bir toprak tabakası vardır ve tatlı su her zaman bulunan bir şey değildir. Bu adaların tam karşıtı niteliklere sahip Yeni Zelanda en büyük eski Polinezya adasıdır, Gondvana kıtasının jeolojik çeşitlilik gösteren parçasıdır; ticari değeri olan demir, kömür, altın, yeşim de içinde olmak üzere çeşitli maden kaynaklarına sahiptir. Öteki Polinezya Adaları'nın çoğu deniz dibinden su yüzüne yükselmiş volkanlardır, hiçbir zaman bir kıtanın parçası olmamışlardır, kireçtaşı yükseltilerinden oluşan bölgelere sahip olabilirler de olmayabilirler de. Okyanustaki volkanik adalar Yeni Zelanda'nın jeolojik zenginliğinden yoksundur ama hiç değilse (Polinezya açısından) mercan adalarına göre daha iyi durumdadırlar çünkü oralarda taş el aletleri yapmak için kullanılmaya elverişli çeşitli volkanik taşlar bulma olanağı vardır.

Volkanik adalar kendi aralarında farklılıklar gösterir. Yüksek olanlarında dağlar yağış alır, böylece sular dik yamaçlardan aşağı süzülür, toprak tabakası derindir, sürekli akan sular vardır. Örneğin, Sosyete, Samoa, Markiz adaları, özellikle en yüksek dağlara sahip Polinezya takımadası olan Hawaii için bu geçerlidir. Yüksek olmayan adalar arasında Tonga ile (daha az oranda) Paskalya, volkanlardan yağan küller dolayısıyla verimli topraklara sahiptir ama Hawaii'nin akarsularından yoksundurlar.

Deniz kaynaklarına gelince, Polinezya Adaları'nın çoğu sığ sularla ve mercan kayalıklarıyla çevrilidir ve birçoğunun mercan kayalıklarında sığ göller bulunur. Bu çevre koşulları balık ve kabuklu deniz hayvanları için çok elverişlidir. Bununla birlikte Paskalya, Pitcairn ve Markiz adalarının kayalıklı kıyıları, dimdik aşağı inen okyanus tabanı, mercan kayalıklarından yoksun çevreleriyle deniz ürünleri bakımından çok daha yoksuldur.

Çok açık bir başka değişken de yüzölçümüdür, Polinezya Adaları'nın hepsinden uzakta olan ve üzerinde yerleşik insanların yaşadığı en küçük ada Anuta'nın yüzölçümü 400 kilometrekareyken, mini bir kıta olan Yeni Zelanda'nın yüzölçümü 270.534 kilometrekaredir. Bazı adalarda, özellikle Markiz Adaları'nda yerleşilebilir topraklar dağ sırtları arasındaki dik yamaçlı vadilerle bölünmüştür, Tonga ve Paskalya gibi adalardaki topraklarsa pek engebeli değildir, onlarda seyahatleri ve iletişimi zorlaştıracak hiçbir engel yoktur.

Dikkate alınması gereken çevresel değişkenlerin sonuncusu yalıtılmışlıktır. Paskalya Adası ile Chatham Adaları öyle küçük ve öteki adalardan öylesine uzaktır ki başlangıçta ilk gelip yerleşenlerin kurdukları topluluklar dünyanın geri kalan bölgelerinden tam anlamıyla yalıtılmış olarak gelişmek zorunda kalmışlardır. Yeni Zelanda, Hawaii ve Markiz Adaları da çok uzaktır ama anlaşılan hiç değilse son ikisine ilk yerleşen insanların daha sonra başka takımadalarla ilişkileri olmuştur; ayrıca bu üç takımada pek çok adadan oluşmaktadır ve aynı takımadadaki adalar birbirine yakın olduğu için düzenli ilişki içindedirler. Öteki Polinezya Adaları'nın çoğu da başka adalarla aşağı yukarı düzenli olarak ilişkidedirler. Özellikle Tonga Takımadası, Fiji, Samoa, Wallis takımadalarına çok yakındır, bu yüzden takımadalar arası yolculuklara elverişlidir ve sonunda Tongalıların Fiji'yi ele geçirmelerine olanak sağlamıştır. Polinezya'daki çevresel farklılıklara kısaca göz attıktan sonra şimdi bu farklılıkların Polinezya toplumlarını nasıl etkilediğine bakalım. Toplumları incelemeye başlarken ilkin insanların geçimlerini nasıl sağladıklarına bakmak iyi olur çünkü bu, toplumun öteki yönlerini de etkiler.

Polinezya'da insanlar geçimlerini değişen oranlarda balıkçılık yaparak, yaban bitkileri, kabuklu ve eklembacaklı deniz hayvanları toplayarak, karadaki kuşları avlayarak, deniz kuşları yetiştirerek ve yiyecek üreterek sağlıyorlardı. Polinezya Adaları'nın çoğunda başlangıçta uçamayan büyük kuşlar yaşıyordu, yırtıcı kuşların yokluğunda bunlar evrimleşmişti; Yeni Zelanda'nın moaları ile Hawaii'nin uçamayan kazları bunların en iyi örnekleriydi. Bu kuşlar ilk göçmenler için, özellikle Yeni Zelanda'nın Güney Adası'na ilk gelip yerleşenler için önemli bir besin kaynağıydı ama bunlar bütün adalarda kısa zamanda tükendiler çünkü onları avlamak çok kolaydı. Deniz kuşları üretiminde de kısa zamanda azalma oldu ama bazı adalarda hâlâ önemli bir yiyecek kaynağı olmaya devam ettiler. Deniz kaynakları pek çok ada için önemliydi ama Paskalya, Pitcairn ve Markiz adaları için daha da önemliydi çünkü oralardaki insanlar özellikle kendi ürettikleri ürünlerle geçinirlerdi.

Polinezya'ya ilk gelenler yanlarında evcilleştirilmiş üç hayvan getirmişlerdi (domuz, tavuk, köpek); Polinezya'da başkaca bir hayvan da evcilleştirmediler. Adaların çoğunda bu üç hayvan varlıklarını sürdürdü ama daha yalıtılmış olan Polinezya Adaları'nda bunlardan biri ya da ikisi yok oldu; kanolarla getirilen bu hayvanlar ya uzun deniz yolculuğuna dayanamadı ya da ölen hayvanların yerine dışarıdan başkaları getirilip konamadı. Örneğin yalıtılmış olan Yeni

Zelanda'da yalnızca köpek yaşadı; Paskalya ve Tikopia'da yalnız tavuk. Mercan kayalıkları ya da bereketli sığ suları olmayan, kara kuşları kısa zamanda tükenmiş olan Paskalya Adası sakinleri geniş çaplı tavuk yetiştiriciliği yapmak için tavuk çiftlikleri kurmaya başladılar. En iyi olasılıkla bu üç evcil hayvan türü insanlara ancak zaman zaman yiyecek sağlıyordu. Polinezya'daki yiyecek üretimi en başta tarıma dayanıyordu, güney kutup altı enleminde tarım olanaksızdı çünkü Polinezya'daki bütün tarım bitkileri başlangıçta Polinezya dışındaki yerlerde evcilleştirilmiş ve ilk göçmenler tarafından getirilmiş bitkilerdi. Bu yüzden Chatham Adaları'na ve Yeni Zelanda'nın Güney Adası'nın güneyindeki soğuk bölgelere yerleşenler, kendi atalarınca binlerce yıl önce geliştirilmiş çiftçilik mirasını terk etmiş, yeniden avcılığa ve yiyecek toplayıcılığına dönmüşlerdi.

Polinezya'nın geri kalan adalarındaki insanlar tarıma devam ediyor, kuru tarım ürünleri (özellikle taro, yam, tatlı patates), sulu tarım ürünleri (esas olarak taro) ve (ekmekağacı, muz, Hindistan cevizi gibi) meyveli ağaçlar yetiştiriyorlardı. Bu ürün türlerinin verimliliği ve görece önemi farklı adalarda çevreye bağlı olarak büyük değişiklikler gösteriyordu. Henderson, Rennell ve mercan adalarında toprak ve tatlı su az olduğu için insanların nüfus yoğunluğu en düşük düzeydeydi. İklimi ılıman olan Yeni Zelanda'da da nüfus yoğunlukları düşüktü çünkü Polinezya tarım bitkilerinin bazıları için çok soğuk bir yerdi. Bu ve bazı başka adalarda Polinezyalılar fazla yoğun olmayan biçimde değişmeli olarak orman açma ve kök yakma yoluyla tarım uyguluyorlardı.

Öteki adaların verimli toprakları vardı ama bu adalar deniz seviyesinden fazla yüksek değildiler, bu yüzden de sürekli akan büyük akarsuları yoktu, sulamaya elverişli değildiler. Bu adalarda yaşayanlar yoğun biçimde kuru tarıma yöneldiler, kuru tarımsa teraslama, bitkileri yapraklarla örtme, tarım bitkilerini dönüşümlü ekme, nadas dönemlerini kısaltma ya da ortadan kaldırma, ağaç tarımını sürdürme işleri için yoğun insan emeği gerektiriyordu. Kuru tarım Paskalya Adası'nda minik Anuta'da, düz ve alçak Tonga'da özellikle verimli oldu, Polinezyalılar buralarda toprakların büyük bir bölümünü yiyecek üretimine ayırmışlardı.

Polinezya'da en verimli tarım, sulanan tarlalarda yapılan taro tarımıydı. Daha kalabalık tropik adalar arasında bu seçenek Tonga için söz konusu değildi çünkü fazla yüksek olmadığı için ırmakları yoktu. Sulu tarım Hawaii'nin en batısındaki Kauai, Oahu, Moloka'i adalarında en başarılı düzeyine ulaşmıştı, bu adalar yalnızca sürekli akarsulara sahip değildi, aynı zamanda yapı projelerinde kullanılabilecek kalabalık insan nüfuslarını besleyecek kadar büyük ve yağışlıydı. Angarya işlere koşulan Hawaiili işçiler taro tarlaları için gelişkin sulama sistemleri kurdular; bütün Polinezya'da rekor düzeyde ürün alıyorlardı: dönüm başına altmış ton. Bu ürünler de bol miktarda domuzun beslenmesine olanak sağlıyordu. Polinezya Adaları içinde Hawaii, tekir balığı ve benzeri balıklar yetiştirmek için balık havuzları inşa ederek su tarımında yoğun emek kullanan tek adaydı.

Toplumların geçimlerini sağlama biçimleriyle ilgili bütün bu çevresel değişkenler sonucunda nüfus yoğunlukları (işlenebilir toprakların kilometrekaresine düşen insan sayısı) Polinezya'da büyük değişiklikler gösteriyordu. Bir uçta (kilometrekareye düşen insan sayısı iki olan) Chatham Adaları'nın ve Yeni Zelanda'nın Güney Adası'nın avcılık ve yiyecek toplayıcılığıyla geçinen toplulukları ile (kilometrekare başına düşen insan sayısı on bir olan) Yeni Zelanda'nın çiftçileri vardı. Bunun tam tersine yoğun olarak tarım yapılan pek çok adada nüfus yoğunlukları kilometrekare başına 47 kişiyi geçiyordu. Tonga, Samoa, Sosyete adalarında bu sayı 82-97'yi, Hawaii'de 117'yi buluyordu. En yüksek nüfus yoğunluğu, yüksek bir ada olan Anuta'daydı, kilometrekareye 430 kişi düşüyordu; adanın bütün toprakları yiyecek üretimine ayrılmıştı, bu yüzden de 0,4 kilometrekarelik bir yere 160 kişi sığışmıştı, ada dünyanın kendi kendine yeterli en yoğun nüfuslu yerleri arasındaydı.

Nüfus hacmi, nüfus yoğunluğu (kilometrekareye düşen insan sayısı) ile yüzölçümünün (kilometrekare olarak) çarpımına eşittir.

Sözü edilen yüzölçümü adanın değil siyasal birimin yüzölçümüdür, tek bir adanınkinden büyük de olabilir küçük de. Bir yandan, birbirine yakın adalar birleşip tek bir siyasal birlik oluşturabiliyorlardı. Öte yandan, büyük ve engebeli tek tek adalar pek çok bağımsız siyasal birliğe bölünmüştü. Böylece siyasal bir birliğin yüzölçümü bir adanın yüzölçümüne bağlı olarak değiştiği gibi adanın bölünmüşlük derecesine ve yalıtılmışlığına bağlı olarak da değişiyordu.

İç iletişimi güçleştirecek büyük engellerin bulunmadığı küçük adalarda bütün adayı kapsayan tek bir siyasal birlik vardı 160 kişilik nüfusuyla Anuta Adası'ndaki gibi. Daha büyük olan pek çok adadaysa hiçbir zaman siyasal birlik kurulamamıştır, bunun nedeni her birinde (Chatham Adaları ile Yeni Zelanda'nın Güney Adası'nda) nüfusun dağınık halde yaşayan, avcılıkla ve yiyecek toplamakla geçinen yalnızca birkaç düzine insandan oluşması da olabilir, (Yeni Zelanda'nın geri kalan yerlerindeki gibi) çok geniş bir alana dağılmış çiftçilerden oluşması da olabilir ya da yoğun nüfuslu ama siyasal birleşmeyi engelleyici engebeli topraklarda yaşayan çiftçilerden oluşması da olabilir. Örneğin, Markiz Adaları'nın dik yamaçlı komşu vadilerinde yaşayan insanlar birbirleriyle esas olarak deniz aracılığıyla iletişim kuruyorlardı; her bir vadi nüfusu birkaç bin kişiden oluşan siyasal bir birlik oluşturuyordu, Markiz Adaları'nın çoğu böyle pek çok birime bölünmüş halde kalmıştı.

Tonga, Samoa, Sosyete, Hawaii takımadalarının arazileri adalar içinde siyasal birliğe izin verecek şekildeydi, böylece 10.000 ya da daha fazla nüfuslu (büyük Hawaii adalarında nüfus 30.000'in üzerindeydi) siyasal birimler ortaya çıkmıştı. Tonga Takımadaları'nın arasındaki mesafe, ayrıca Tonga ile komşu takımadaları arasındaki mesafe pek fazla olmadığı için sonunda 40.000 nüfus barındıran çok adalı bir imparatorluk kurulmuştu.

Siyasal bir birimin nüfus hacmi ile nüfus yoğunluğu arasında karşılıklı bir etkileşim vardır, bu da Polinezya teknolojisini, ekonomisini, toplumsal ve siyasal örgütlenmeyi etkilemiştir. Genel olarak nüfus hacmi ve yoğunluğu ne kadar fazlaysa, daha sonraki bölümlerde ayrıntılı olarak inceleyeceğimiz nedenlerden dolayı, teknoloji ve örgütlenme tarzı daha karmaşıktır, daha fazla uzmanlaşma gereği söz konusudur. Kısacası nüfus yoğunluğunun yüksek olduğu yerlerde halkın ancak bir bölümü çiftçilik yapıyordu ama yoğun biçimde yiyecek üretmeye seferber edilmişlerdi ve böylece üretici olmayanlar için de fazla üretim yapıyorlardı. Onları seferber edenlerse şefler, rahipler, bürokratlar ve savaşçılardı. En büyük siyasal birimler yiyecek üretimini daha da artıran sulama sistemleri kurmak, balık havuzları inşa etmek için büyük işgücü toplayabiliyorlardı. Bu gelişmeler özellikle Tonga, Samoa ile Sosyete adalarında görülüyordu, bunların üçü de verimli, nüfus yoğunluğu fazla, Polinezya ölçütlerine göre büyükçe sayılabilecek adalardı. Hawaii Takımadaları'nda bu eğilim en yüksek noktasına ulaşmıştı; Hawaii Takımadaları Polinezya'nın en büyük tropik adalarından oluşuyordu, buralarda yüksek nüfus yoğunluğu ile toprakların yüzölçümünün fazla olması, her bir şefin payına düşen olası emek gücünün de fazla olması anlamına geliyordu.

Polinezya toplumları arasında nüfus yoğunluğu ile nüfus hacmine bağlı olan farklılıklar şöyleydi: Nüfus yoğunluğu düşük adalarda (örneğin avcılıkla ve yiyecek toplamakla geçinen Chatham Adaları'nda), düşük nüfuslu adalarda (küçük mercan adaları gibi) ya da hem nüfus yoğunluğu hem nüfusu düşük adalarda ekonomi en basit düzeyde kaldı. Bu toplumlarda her ev halkı kendi gereksinimi olan şeyleri üretiyordu; ekonomik uzmanlaşma ya hiç yoktu ya da azdı. Uzmanlaşma daha büyük, daha yoğun nüfuslu adalarda artıyor, Samoa'da, Sosyete Adaları'nda, özellikle Tonga ile Hawaii'de en üst noktasına ulaşıyordu. Son iki ada babadan oğula geçen yarı zamanlı zanaatkârları, kano yapımcılarını, denizcileri, taş duvarcıları, kuş yakalayanları, dövme yapanları besleyebiliyordu.

Toplumsal karmaşıklık da aynı şekilde farklılık gösteriyordu. Yine Chatham Adaları'nda ve mercan adalarında en basit, en eşitlikçi toplumlar görülüyordu. Bu adalarda bir şefe sahip olmak gibi başlangıçtan beri var olan bir gelenek sürdürülmesine karşın bu şefler kendilerini başkalarından ayıran pek az işaret taşıyor ya da hiç taşımıyor, öteki sıradan insanlar gibi sıradan kulübelerde yaşıyor, herkes gibi kendi yiyeceklerini yetiştiriyor ya da buluyorlardı. Toplumsal farklılaşma ile şeflik gücü, büyük siyasal bir birime sahip, nüfus yoğunluğu yüksek adalarda artıyor, Tonga ve Sosyete adaları da bu konuda özellikle dikkat çekiyordu.

Toplumsal karmaşıklık yine Hawaii Takımadaları'nda en yüksek noktasına ulaşıyordu, şeflerin soyundan gelen insanlar aşamalı olarak sıralanmış sekiz soya bölünmüşlerdi. Bu şef soylarının üyeleri basit halktan olanlarla evlenmezler, ancak birbirleriyle, hatta bazen kendi kardeşleriyle ya da üvey kardeşleriyle evlenirlerdi. Yüksek rütbeli şeflerin karşısında basit halktan olanlar yere kapanmak zorundaydı. Şef soylarının hiçbir üyesi için ve bürokratlar ile bazı zanaat erbabı ustalar için yiyecek üretme zorunluluğu yoktu.

Siyasal örgütlenme de benzer bir eğilim gösteriyordu. Chatham Adaları'nda ve mercan adalarında şeflerin kumandasında olan pek az kaynak vardı, kararlar toplu halde tartışılarak alınırdı, toprak sahipliği şeflerden çok bütün topluluğa aitti. Daha büyük, nüfus yoğunluğu daha fazla olan siyasal birimlerde şeflerin elinde daha büyük yetkiler toplanmıştı. Geleneksel şeflerin yetkilerinin dünyanın öteki bölgelerindeki krallarınkine yaklaştığı, toprağın halka değil şefe ait olduğu Tonga ve Hawaii'de siyasal karmaşıklık en yüksek düzeyine ulaşmıştı. Bürokratları aracı olarak kullanan şefler halktan resmen yiyecek talep ediyor, büyük yapı projelerinde halkı istedikleri gibi çalıştırıyordu. Bu projelerin biçimi adasına göre değişiyordu: Hawaii'de sulama projeleri ve balık havuzları şeklindeydi, Markiz Adaları'nda dans ve şenlik merkezleri, Tonga'da şef mezarları, Hawaii, Sosyete Adaları ve Paskalya Adası'nda tapınaklar.

On sekizinci yüzyılda Avrupalılar geldiği zaman Tonga şefliği ya da devleti, takımadalar arası bir imparatorluk halini almış durumdaydı. Tonga Takımadaları'ndaki adalar birbirine çok yakın olduğu, içlerinde arazisi parçalanmamış çeşitli büyük adalar bulunduğu için her bir ada tek bir şefin yönetimi altında birleşmişti; daha sonra en büyük Tonga adasının (Tongatapu'nun) şef soyundan gelen şefleri bütün takımadayı birleştirdiler, ardından takımada dışında, uzaklıkları 500 deniz milini bulan adaları fethettiler. Fiji ve Samoa ile düzenli biçimde ticaret yapıp Fiji'de Tonga kolonisi kurdular, saldırılara başladılar ve Fiji'nin birtakım bölgelerini ele geçirdiler. Bu ilk deniz imparatorluğu, her birinde 150 adamın bulunduğu büyük kanolardan oluşan bir donanmayla ele geçirilmiş ve yönetilmişti.

Tonga gibi Hawaii de üzerinde insanların yaşadığı çeşitli adaları kapsayan siyasal bir birlik halindeydi ama bu birlik bir tek takımadayla sınırlı kalmıştı çünkü öteki adalardan son derecede yalıtılmış durumdaydı. Avrupalılar 1778'de Hawaii'yi keşfettikleri zaman Hawaii adalarının her birinde siyasal birlik zaten kurulmuştu ve adalar arasında bazı siyasal birleşmeler başlamıştı. En büyük dört ada –Büyük Ada (dar anlamıyla Hawaii), Maui, Oahu, Kauai– bağımsız kalmışlardı, daha küçük adaların (Lanai, Moloka'i, Kaho'olawe, Niihau'nun) yönetimini ellerinde bulunduruyorlardı (ya da bulundurmak için birbirleriyle yarışıyorlardı). Avrupalıların gelişinden sonra Büyük Ada'nın kralı I. Kamehameha Avrupalılardan silah ve gemi satın alarak hemen en büyük adaları birleştirme işine girişti, ilkin Maui'yi, ardından Oahu'yu istila edip ele geçirdi. Daha sonra Kamehameha, bağımsız son Hawaii adası Kauai'yi istilaya hazırlandı, Kauai'nin reisi onunla bir anlaşma yaptı, böylece takımadaların birleştirilmesi işi tamamlanmış oldu.

Polinezya toplumları arasında dikkate alınması gereken son bir farklılık daha var, bu da el aletleri ve maddi kültürün öteki yönleriyle ilgili. Sahip olunan değişik hammaddelerin maddi kültür üzerinde apaçık kısıtlayıcı etkileri vardır. Bunun en uç örneği kireçtaşı dışında hiç taşın bulunmadığı, deniz seviyesinin üzerine yükselmiş eski bir mercan adası olan Henderson Adası'dır. Bu adada yaşayanlar dev istiridye kabuklarından keser üretmekle yetinmek zorunda kalmışlardır. Bunun tam tersi bir örnekse mini bir kıta olan Yeni Zelanda'daki Maori toplumudur; Maoriler çok çeşitli hammadde kaynaklarına sahipti ve özellikle yeşim kullanmakla ünlüydüler. Bu iki aşırı uç arasında Polinezya'nın volkanik okyanus adaları bulunur; bu adalarda granit, çakmaktaşı, kıtadaki öteki volkanik kayalar yoktur, buralarda Polinezyalılar toprakla uğraşmış ya da tarım alanı açmak için kullanılan keserleri cilalamışlardır.

Elle üretilmiş nesnelere gelince, Chathamlılar fokları, kuşları, ıstakozları öldürmek için sopalar ve çubuklar dışında pek az şeye gereksinim duymuşlardı. Başka adalarda yaşayan insanların çoğu olta, keser, süs eşyası gibi pek çok değişik şey üretmişti. Chatham Adaları gibi mercan adalarında da bunlar bireysel olarak üretilmiş, bireysel olarak kullanılan, nispeten basit ve küçük nesnelerden oluşuyordu, mimari olaraksa basit kulübelerden öte bir şey yoktu. Yoğun nüfuslu büyük adalar zanaat erbabı ustaları besleyebiliyor, onlar da kabile reisleri için –on binlerce kuşun tüyünden yapılan ve yalnızca Hawaii kabile reislerinin giydiği pelerinler gibi– saygınlık nesneleri üretebiliyorlardı.

Polinezyalıların yaptıkları en büyük eserler birkaç adadaki kocaman taş yapılardır – Paskalya Adası'nın o ünlü dev heykelleri, Tonga kabile reislerinin mezarları, Markiz Adaları'ndaki tören sahanlıkları, Hawaii'deki, Sosyete Adaları'ndaki tapınaklar. Polinezya'daki bu anıt mimarisinin Mısır, Mezopotamya, Meksika ve Peru'daki piramit mimarisiyle aynı yönde geliştiği çok açık. Doğal olarak Polinezya yapıları bu piramitlerle boy ölçüşemez ama bu bize firavunların yoğun nüfuslu Mısır'da çalıştıracak adam bulmakta herhangi bir Polinezya adasının reisi kadar sıkıntı çekmediğini gösterir yalnızca. Yine de Paskalya Adası halkı 30 tonluk taş heykeller dikmeyi başarmıştı – kas güçleri dışında herhangi bir güç kaynağı bulunmayan 7000 nüfuslu bir ada için küçümsenmeyecek bir başarı bu.

Dolayısıyla Polinezya ada toplulukları ekonomik uzmanlık alanı, toplumsal karmaşıklık, siyasal örgütlenme ve maddi ürünler bakımından büyük farklılıklar gösteriyordu; bunlar nüfus hacmi ve nüfus yoğunluğu farklılıklarına dayanıyordu, nüfus hacmi ve yoğunluğu farklılıkları ise adaların yüzölçümü, parçalanış biçimi ve yalıtılmışlık farklılıklarıyla, geçim olanakları ve yiyecek üretimini artırma olanakları farklılıklarıyla ilişkiliydi. Polinezya insan toplulukları arasında bu farklılıklar nispeten kısa bir sürede ve yeryüzünün küçükçe bir bölümünde, tek bir ortak atadan gelen bir toplum tabanında çevresel etkenlere bağlı değişimler olarak gelişti. Polinezya'daki bu kültürel farklılık kategorileri aslında dünyanın başka her yerinde ortaya çıkan kategorilerle örtüşmektedir.

Kuşkusuz yerkürenin geri kalan bölgelerindeki farklılık çeşitleri Polinezya bölgesindekilerden çok daha fazladır. Çağdaş kıta halklarının arasında da Polinezyalılar gibi taş aletler kullanan halklar vardı ama Güney Amerika'da değerli madenleri kullanmakta uzman toplumlar ortaya çıkmıştı, Avrasyalı ve Afrikalılar demir kullanıyorlardı. Bu gelişmeler Polinezya'da gerçekleşemezdi çünkü Yeni Zelanda dışında Polinezya adalarının hiçbirinde önemli maden yatakları yoktu. Polinezya'da henüz daha insan bile yaşamazken Avrasya'da tam olgunlaşmış imparatorluklar bulunuyordu, Güney Amerika ile Orta Amerika'da da daha sonra imparatorluklar görülmüştü, Polinezya'daysa yalnızca iki önimparatorluk ortaya çıkmıştı, bunlardan biri (Hawaii) ancak Avrupalılarm gelişinden sonra birleşmişti. Avrasya ile Orta Amerika'da birbirinden bağımsız olarak yazı geliştirilmiş, Polinezya'daysa, Paskalya Adası'nda, adalıların belki Avrupalılarla ilişkisinden sonra ortaya çıkmış olabilecek o gizemli yazı dışında yazı diye bir şey görülmemişti.

Yani Polinezya bize dünyadaki insan toplulukları arasındaki farklılıkların tam bir tayfını değil ama bu farklılıklardan küçük bir dilim sunmaktadır. Bu bizi şaşırtmamalıdır çünkü Polinezya dünyanın coğrafi çeşitliliğinin küçük bir dilimini yansıtır. Üstelik Polinezya'ya insanlar tarihin geç bir döneminde yerleşmiş oldukları için en eski Polinezya toplumu bile en son yerleşilen kıtaların (Amerika kıtalarının) 13.000 yıllık gelişim tarihi yanında yalnızca 3200 yıllık bir gelişim tarihine sahiptir. Birkaç binyılları daha olsaydı belki Tonga ve Hawaii, Büyük Okyanus'un denetimi için birbiriyle savaşan tam birer imparatorluk düzeyine ulaşabilir, bu imparatorlukları yönetmek için kendi başlarına yazıyı bulurlardı; öte yandan belki de Maoriler, yeşim ve öteki malzeme dağarcığına bakır ve demir el aletlerini de katabilirdi.

Kısacası Polinezya bizim için insan toplulukları arasında çevreyle ilişkili farklılıklara inandırıcı bir örnek oluşturur. Bu olgu, Polinezya'da var olduğu için böyle bir şeyin mümkün olduğunu öğrendik. Kıtalarda da oldu mu acaba? Olduysa, kıtalardaki çeşitliliğin kökeninde hangi çevresel farklılıklar yatıyordu, bu farklılıkların sonuçları nelerdi?

III. Bölüm

Cajamarca Çatışması

Yakın çağlardaki en büyük nüfus hareketi, Avrupalıların Yeni Dünya'ya göçlerinden sonra Amerika'nın yerli (Kızılderili) topluluklarının çoğunun esir alınması, sayıca azalması ya da büsbütün ortadan kalkması sonucu meydana geldi. I. Bölüm'de açıkladığım gibi, Yeni Dünya'ya ilk insanlar Alaska, Bering Boğazı ve Sibirya üzerinden MÖ 11.000 yılı dolaylarında ya da bu tarihten önce gelip yerleşmişti. Amerika kıtalarında, bu kuzey giriş kapısının çok güneylerinde yavaş yavaş karmaşık tarım toplulukları ortaya çıktı, bunlar Eski Dünya'da ortaya çıkan karmaşık toplumlardan tam anlamıyla yalıtılmış olarak geliştiler. Asya'dan ilk gelen insanların buraya yerleşmesinden sonra Yeni Dünya ile Asya arasında resmen kanıtlanmış ilişkiler Bering Boğazı'nın iki yakasında yaşayan, avcılıkla ve yiyecek toplamakla geçinen toplumlar arasında oldu; bir de Polinezya'ya ilk kez Güney Amerika'dan götürülen tatlı patates de herhalde oraya okyanus aşırı bir yolculuk yaparak gitmişti.

Yeni Dünya'daki insanların Avrupa'yla ilişkilerine gelince, ilk ilişkiler MS 986 ile 1500 yılları arasında Grönland'ı istila eden çok az sayıdaki İskandinavla sınırlı kaldı. Ama İskandinavların ziyaretlerinin Amerika'nın yerli toplumları üzerinde fark edilir bir etkisi olmadı. Onun yerine, gerçekte, ilerlemiş Eski Dünya ile Yeni Dünya toplumları arasındaki çatışmalar birdenbire, MS 1492'de Kristof Kolomb'un,

Amerikan yerlilerinin yüksek nüfus yoğunluğuna sahip olduğu Karayip Adaları'nı "keşfiyle" başladı.

Daha sonra Avrupa ile Amerikan yerlileri arasındaki ilişkilerin en dokunaklısı, 16 Kasım 1532'de Peru'nun bir dağ kasabası olan Cajamarca'da İnka İmparatoru Atahualpa ile İspanyol fatih Francisco Pizarro arasındaki ilk karşılaşmaydı. Atahualpa, Yeni Dünya'nın en büyük, en ileri devletinin mutlak hükümdarıydı, Pizarro ise Avrupa'daki en güçlü devletin hükümdarı, Kutsal Roma İmparatoru V. Karl'ı (İspanya Kralı I. Carlos olarak da bilinir) temsil ediyordu. 168 İspanyol askerinden oluşan bir ayaktakımı güruhuna kumanda eden Pizarro bilmediği yabancı topraklardaydı, oranın yerli halkını hiç tanımıyordu, en yakındaki (Panama'nın kuzeyinde, 1500 kilometre kadar ötedeki) İspanyollarla bağlantısı tamamıyla kopmuştu, kendisine destek olacak güçlerin zamanında yetişmesine olanak yoktu. Atahualpa, egemenliği altındaki milyonlarca insanla kendi imparatorluğunun tam ortasında oturuyordu; 80.000 kişilik ordusunun koruması altındaydı ve diğer yerlilerle yaptığı bir savaşı daha yeni kazanmıştı. Bütün bunlara karşın iki önder birbirleriyle karşı karşıya geldikten birkaç dakika sonra Pizarro, Atahualpa'yı esir aldı. Pizarro savaş esirini sekiz ay elinde tuttu ve onu serbest bırakma sözü karşılığında tarihin en büyük fidyesini topladı. Fidyeyi –5 metre eninde, 7 metre boyunda, 2,5 metre yüksekliğindeki bir odayı dolduracak kadar altını– topladıktan sonra sözünü tutmadı ve Atahualpa'yı öldürdü.

Atahualpa'nın esir alınışı Avrupalıların İnka İmparatorluğu'nu ele geçirmelerinde belirleyici bir rol oynadı. İspanyollar silah üstünlükleri sayesinde eninde sonunda nasıl olsa savaşı kazanacaklardı ama hükümdarın esir alınışı bu zaferi hem hızlandırdı hem de son derece kolaylaştırdı. İnkalar Atahualpa'ya güneş tanrısı olarak tapıyorlar, her dediğini yapıyor, hatta esirken verdiği emirleri bile yerine getiriyorlardı. Atahualpa'nın ölümüne kadar geçen aylar içinde Pizarro İnka İmparatorluğu'nun öteki bölgelerine hiçbir saldırıya uğramadan dolaşabilen keşif grupları gönderecek ve Panama'dan destek güç çağıracak zaman buldu. Atahualpa'nın ölümünden sonra İspanyollar ile İnkalar arasında gerçekten savaş başladığında İspanyol güçleri daha amansızdı.

Atahualpa'nın esir düşüşü çağdaş tarihin en büyük çatışmasında belirleyici bir an olarak bizi özellikle ilgilendiriyor. Ama ayrıca daha genel anlamda da ilgilendiriyor çünkü Pizarro'nun Atahualpa'yı esir almasında rol oynayan etkenler, aslında çağdaş dünyanın başka yerlerinde yerli halklar ile sömürgeciler arasındaki benzer çatışmalarda sonucu belirleyenlerle tıpatıp benzeşmektedir. Bu yüzden de Atahualpa'nın esir alınış öyküsü dünya tarihine büyük bir pencere açar niteliktedir.

O gün Cajamarca'da olup bitenler iyi biliniyor çünkü orada bulunan İspanyolların çoğu olayı yazılı olarak kayda geçirmişti. O olayların havasına biraz girebilmek için, Pizarro'nun iki erkek kardeşi, Hernando ile Pedro'nunkiler de içinde olmak üzere görgü tanığı altı kişinin yazdıklarını bir araya getirerek olayı yeniden yaşayalım:

"Doğuştan Kralımız ve Hükümdarımız, Roma Katolik İmparatorluğu'nun en korkusuz imparatorunun tebaası olan biz İspanyolların basireti, metaneti, askerî disiplini, zorlu mücadeleleri, tehlikelerle dolu deniz yolculukları ve çarpışmaları, inananların saadeti, inanmayanların kâbusu olacaktır. Bu sebepten, Rabbimiz Yüce Tanrımızı övmek ve Katolik İmparatorluğu'nun Majesteleri'ne hizmette bulunmak için bu hikâyeyi kaleme alıp Majesteleri'ne göndermenin münasip olacağını düşündüm ki böylece herkes burada anlatılanlardan haberdar olsun. Tanrı'ya bu bir övgüdür çünkü onlar yüce Tanrı'nın inayetiyle çok sayıda inanmayana kutsal Katolik inancını kabul ettirmiştir. Bu, imparatorumuza da bir övgüdür çünkü onun büyük gücü ve iyi talihi sayesinde bu olaylar onun zamanında olmuştur. İnananlar böyle savaşlar kazanıldığı, böyle yerler keşfedilip fethedildiği, krala ve kendilerine böyle servetler kazandırıldığı için bahtiyar olacaklardır; ayrıca inanmayanların yüreklerine böyle korkular salındığı, bütün dünyada böylesine hayranlık uyandırıldığı için de.

"Çünkü, gerek eski zamanlarda olsun gerek yeni zamanlarda, bambaşka bir diyarda, bunca denizaşırı bir yerde, karadan onca uzaklıkta, sayıları bu kadar fazla insana karşı bir avuç insanın böyle bir kahramanlık gösterdiği, görünmez ve bilinmez olana boyun eğdirdiği ne zaman görülmüştür? İspanya'nın bu başarılarıyla boy ölçüşecek başka bir başarı var mıdır? Grup olarak sayıları iki yüzü, üç yüzü geçmeyen, bazen yüze ve yüzün altına düşen İspanyollar şimdiye kadar bilinen toprakların hepsinden daha fazlasını ya da inançlı inançsız bütün prenslerin sahip oldukları topraklardan fazlasını bugün fethetmiş durumdalar. Şimdi size bu fetihte neler olduğunu yazacağım, başınızı ağrıtmamak için fazla uzatmayacağım.

"Vali Pizarro, Cajamarcalı yerlilerden bilgi almak istedi, bu yüzden de onlara işkence yaptırdı. Yerliler, Atahualpa'nın, Vali'yi Cajamarca'da beklediğini duyduklarını itiraf ettiler. Bunun üzerine vali bize hareket emri verdi. Cajamarca'nın giriş kapısına geldiğimizde 5 kilometre ötede, dağların eteğinde Atahualpa'nın ordugâhını gördük. Yerlilerin ordugâhı çok güzel bir şehre benziyordu. Öyle çok çadır vardı ki hepimizin yüreğini büyük bir korku kapladı. O güne kadar böyle bir şey görmemiştik. Biz İspanyollar korku ve şaşkınlık içindeydik. Ama korkumuzu belli edemez ya da geri dönemezdik çünkü yerliler bizde bir zayıflık sezseler, kılavuz olarak yanımızda getirdiğimiz yerliler bile bizi öldürürdü. Bu yüzden sanki hiç korkmamış gibi yaptık, kasabayı ve çadırları iyice inceledikten sonra vadiye inip Cajamarca'ya girdik.

"Ne yapalım diye aramızda uzun uzun konuştuk. Hepimiz çok korkuyorduk çünkü sayımız çok azdı ve onların topraklarının öylesine içlerine kadar sokulmuştuk ki bize takviye gönderilmesine olanak yoktu. Ertesi gün ne yapmamız gerektiğini tartışmak için hepimiz Vali'yle kafa kafaya verdik. O gece pek azımız uyudu, Cajamarca meydanında nöbet tuttuk, yerli ordusunun kamp ateşlerini gözledik. Kamp ateşlerinin çoğu bir tepenin yamacındaydı ve birbirlerine o kadar yakındılar ki yamaç parlak yıldızlarla beneklenmiş göğü andırıyordu. O gece yüksek ile alçak rütbeliler arasında olsun, piyade ile süvari arasında olsun, hiç ayrım yoktu. Herkes tam anlamıyla silahlanmış olarak nöbet tuttu. Sevgili Vali'miz de tuttu ve sürekli adamlarını yüreklendirdi. Vali'nin kardeşi Hernando Pizarro orada bulunan yerli askerlerin sayısını 40.000 olarak hesapladı ama bizi korkutmamak için yalan söylemişti, çünkü 80.000'den fazla asker vardı.

"Ertesi sabah Atahualpa'dan bir haberci geldi, Vali ona, 'Hükümdarınıza söyle,' dedi, 'buraya ne zaman isterse, nasıl, ne şekilde isterse gelsin, onu bir dost ve kardeş olarak karşılayacağım. Çabuk gelmesi için dua ediyorum çünkü onu görmek istiyorum. Hiçbir zarar ya da hakarete uğramayacak.'

"Vali birliklerini Cajamarca meydanının çevresine gizledi, süvarileri ikiye ayırdı, birinin başına kardeşi Hernando Pizarro geçti, ötekinin başına Hernando de Soto. Aynı şekilde piyadeleri de böldü, birinin başına kendisi geçti, ötekinin başına kardeşi Juan Pizarro. Öte yandan Pedro de Candia'ya yanına iki ya da üç piyade alıp borazanlarla birlikte meydandaki küçük bir kaleye gitmelerini ve küçük bir topla birlikte oraya mevzilenmelerini söyledi. Atahualpa'yla birlikte bütün yerliler kasaba meydanına geldiği zaman Vali, Candia'ya ve adamlarına bir işaret verecek, bu işaret üzerine onlar topu ateşleyeceklerdi ve borular çalınacaktı, borular çalınmaya başlayınca süvariler mevzilendikleri büyük avludan dışarı fırlayacaklardı.

"Öğle üzeri Atahualpa adamlarını toplayıp yaklaşmaya başladı. Kısa zamanda bütün ovanın yerlilerle dolduğunu gördük, düzenli aralıklarla duruyor, arkalarındaki kamptan sökün eden yerlileri bekliyorlardı. Ayrı müfrezeler halinde öğle sonrasına kadar akın akın geldiler. En öndeki müfrezeler artık bizim kampımıza yaklaşmıştı, yerli ordugâhından oluk oluk akan insanların arkası kesilmemişti. Önden giden 2000 yerli, Atahualpa'nın geçeceği yolu temizliyor, arkasından da savaşçılar geliyordu, kalkanlarıyla birlikte savaşçıların yarısı bir yanında, yarısı öteki yanında yürüyordu.

"Önce satranç tahtası gibi farklı renkte giysiler giymiş yerlilerden oluşan bölük geldi. Bölük ilerledi, yerdeki kuru otları toplayıp yolu süpürdüler. Daha sonra farklı giysiler giymiş üç bölük geldi, dans edip şarkı söylüyorlardı. Daha sonra zırhlı birkaç adam geldi, büyük metal levhaları, altın ve gümüş taçları vardı. Üstlerinde taşıdıkları altın ve gümüşün miktarı öylesine fazlaydı ki güneşte nasıl parladıklarını görmek şaşılacak bir şeydi. Bunların arasında, çubuklarının uçları gümüş kaplı zarif bir tahtırevanın içinde Atahualpa vardı. Sekiz tane adam onu omuzlarında taşıyordu, koyu mavi üniformalar giymişlerdi. Atahualpa'nın kendisinin kılığı da çok gösterişliydi, başında tacı, boynunda koca koca zümrütlerden bir gerdanlık vardı. Tahtırevanının içinde çok süslü bir minderi olan küçük bir taburenin üzerinde oturuyordu. Tahtırevanına çok renkli papağan tüyleri dizilmiş, her yanı altın ve gümüş kaplamalarla süslenmişti.

"Atahualpa'nın arkasından iki tahtırevan ile birlikte iki hamak daha geldi, bunların içinde yüksek rütbeli reisler oturuyordu, onların da arkasından altın ve gümüş taçlar takmış çeşitli bölükler göründü. Bu yerli bölükleri ihtişamlı şarkıların eşliğinde meydana dolmaya başladılar, doldular, doldular, meydanda hiç boş yer kalmadı. Bu arada biz İspanyollar bir avluya saklanmış, hazırda bekliyorduk, korku içindeydik. Pek çoğumuz hiç fark etmeden altına kaçırmıştı, sırf korkudan. Atahualpa meydana ulaştığında omuzlar üzerindeki tahtırevanından inmedi, birlikleri onun arkasında saf tutmaya devam etti.

"Vali Pizarro, Rahip Vicente de Valverde'yi Atahualpa'yla konuşmaya gönderdi, onu Tanrı adına ve İspanya kralı adına Hazreti İsa'mızın yasasına uymaya ve Majesteleri İspanya kralının hizmetine girmeye davet etmesini söyledi. Rahip bir elinde haç, bir elinde Kitabı Mukaddes'le yerli birliklerinin arasından ilerleyerek Atahualpa'nın bulunduğu yere geldi ve şöyle dedi: 'Ben Tanrı'nın bir rahibiyim ve Hıristiyanlara Tanrı'nın işlerini öğretirim, bunları aynı şekilde size de öğretmeye geliyorum. Öğrettiğim şeyler bu kitapta Tanrı'nın bize söylediği şeylerdir. Bu yüzden Tanrı ve Hıristiyanlar adına sizden rica ediyorum, onların dostu olun, çünkü Tanrı'nın isteği budur, bu sizin de iyiliğinizedir.'

"Atahualpa bakmak üzere kitabı istedi, Rahip de kapalı olarak kitabı ona verdi. Atahualpa kitabı nasıl açacağını bilmiyordu, rahip açmak üzere kolunu uzatıyordu ki Atahualpa büyük bir öfkeyle koluna vurdu, kitabın açılmasını istemiyordu. Daha sonra kitabı kendisi açtı, harflere, kâğıda hiç şaşırmadı ve beş altı adım öteye fırlatıp attı, yüzü kıpkırmızı kesilmişti.

"Rahip, Pizarro'nun yanına koştu, 'Koşun, koşun, Hıristiyanlar!' diye bağırıyordu. 'Tanrı'nın işlerini kabul etmeyen bu düşman köpeklere haddini bildirin. O zorba benim kutsal yasa kitabımı yere attı! Ne oldu görmediniz mi? Ova yerlilerle doluyken azametinden yanına yaklaşılmayan bu köpeğe neden insan gibi davranalım, aşağıdan alalım? Yürüyün üzerine, size ben izin veriyorum!'

"Bunun üzerine Vali, Candia'ya işaret etti, onlar ateşe başladılar. Aynı zamanda borular çaldı, zırhlı İspanyol birlikleri, hem süvariler hem piyadeler saklandıkları yerlerden dışarı fırlayıp meydana doluşmuş olan silahsız yerlilerin üzerine saldırdılar, İspanyol savaş narasını atarak 'Santiago!' diye bağırıyorlardı. Yerlileri korkutmak için atlarımıza çıngırak takmıştık. Silahların gümbürtüsü, boruların şamatası, çıngırakların çıngırtısı birleşince yerliler neye uğradıklarını şaşırdılar. İspanyollar üzerlerine çullanıp onları doğramaya başladılar. Yerliler öylesine korkmuşlardı ki birbirlerinin üzerine tırmanıp yumak oldular, birbirlerini havasız bırakıp boğdular. Onlar silahsız oldukları için onlara saldıran hiçbir Hıristiyan'a bir şey olmadı. Süvariler onları atlarıyla çiğneyerek öldürdü, yaraladı, kaçanları kovaladı. Piyadeler geriye kalanların üzerine öyle bir saldırmıştı ki kısa bir sürede hepsi kılıçtan geçirildi.

"Vali'nin de kılıcını ve kamasını alarak yanındaki İspanyollarla birlikte yerlilerin arasına daldı ve büyük bir cesaretle Atahualpa'nın tahtırevanının yanına kadar gitti. Atahualpa'nın sol kolunu korkusuzca yakalayıp, 'Santiago!' diye bağırdı ama Atahualpa'yı tahtırevanından aşağı indiremedi çünkü onu çok yüksekte tutuyorlardı. Tahtırevanı taşıyan yerlileri öldürmemize karşın ölenlerin yerini hemen başkaları alıyor onu havada tutmaya devam ediyorlardı, böylece yerlileri alt edip öldürmek uzun zamanımızı aldı. Sonunda yedi ya da sekiz süvari atlarını mahmuzladı, tahtırevana yan taraftan saldırıp büyük bir çabayla öteki tarafa devirdiler. Böylece Atahualpa'yı esir aldık ve Vali onu kendi kaldığı yere götürdü. Tahtırevanı taşıyan yerliler ile Atahualpa'ya refakat edenler onu asla terk etmediler: Hepsi onun yanında öldü.

"Meydanda kalan ve –şimdiye kadar hiç görmedikleri– ateşli silahlar ile atlardan ödü kopmuş olan yerliler bir duvar uzantısını yıkıp duvarın dışındaki ovaya kaçarak kurtulmaya çalıştılar. Bizim süvariler yıkık duvarın üstünden atlayıp atlarını ovaya sürdüler. 'Şu süslü kılıklı adamları kovalayın! Elinizden kimse kurtulmasın! Mızraklayın hepsini!' diye bağırıyorlardı. Atahualpa'nın yanında getirdiği bütün öteki yerli askerler Cajamarca'dan bir iki kilometre ötede, savaşmaya hazır halde bekliyorlardı ama bir teki bile yerinden kımıldayamadı, bütün bunlar olurken tek bir yerli tek bir İspanyol'a silahla saldırmadı. Kasabanın dışındaki ovada bekleyen yerlilerin çoğu, öteki yerlilerin bağırarak kaçıştığını görünce korkuya kapılıp kaçtı. Görülecek şeydi doğrusu, 20 ya da 30 kilometrelik bir vadiyi doldurmuş olan yerlilerin hali. Karanlık basmıştı ve bizim süvariler tarlalarda yerlileri mızraklayıp duruyorlardı, o sırada bizi kamp yerinde toplantıya çağıran boru sesini duyduk.

"Gece olmamış olsaydı 40.000 kişilik yerli birliklerinden pek az kişi sağ kalacaktı. Altı ya da yedi bin yerli ölüsü yerde yatıyordu, pek çoğunun kolu kopmuştu, pek çoğu başka türlü yaralanmıştı. Atahualpa'nın kendisi bu savaşta 7000 adamını öldürdüğümüzü kabul etti. Tahtırevanların birinde öldürülen adam onun çok sevdiği devlet adamlarından biri, Chincha hükümdarıydı. Atahualpa'nın tahtırevanını taşıyan adamların hepsi anlaşılan onun önemli reisleri ve encümen üyeleriydi. Onların hepsi öldü, öteki tahtırevan ve hamaklardakiler de öldü. Cajamarca hükümdarı da öldü, ötekiler de öldü ama o kadar fazlaydı ki saymaya olanak yoktu çünkü Atahualpa'ya refakat etmeye gelenlerin hepsi önemli hükümdarlardı. Böylesine güçlü bir orduyla gelmiş bu kadar güçlü bir hükümdarın bu kadar kısa bir zamanda esir alındığını görmek olacak şey değildi. Gerçekten de kendi asker gücümüzle başarmamıştık bunu çünkü sayımız çok azdı. Bunu yüce Tanrı'nın inayeti sayesinde başardık.

"İspanyollar Atahualpa'yı tahtırevanından çekip indirirken elbiseleri yırtılmıştı. Vali ona yeni giysiler getirmelerini buyurdu, Atahualpa giyindiği zaman Vali onu yanına oturttu ve yüksek mevkisinden bu kadar çabuk alaşağı edilmiş olmasına duyduğu öfkeyi ve heyecanını yatıştırdı. Vali, Atahualpa'ya şöyle dedi: 'Yenildiğin ve esir düştüğün için üzülüp içerleme çünkü sayıları az olmasına karşın şu benim yanımdaki Hıristiyanlarla ben seninkinden çok daha büyük krallıkları fethettim, senden çok daha güçlü hükümdarları yenilgiye uğrattım, hizmetinde olduğum imparatorumuzun, dünya hâkimi İspanya Kralı'nın kulu yaptım onları. Biz onun talimatı üzerine burayı fethetmeye geldik, geldik ki herkes Tanrı'yı ve onun kutsal Katolik inancını bilip tanısın; böyle hayırlı bir görevle geldiğimiz için yerlerin ve göklerin ve başka her şeyin yaratıcısı olan Tanrı bize bunu nasip etti, etti ki böylece sen de onu tanıyasın, bu yaşadığın hayvanca ve şeytani hayatı bırakasın diye. İşte bu yüzden biz sayıca çok az olmamıza karşın koca orduları yendik. Şimdiye kadarki hayatının ne kadar hatalı olduğunu gördüğün zaman Majesteleri İspanya Kralı'nın emriyle senin ülkene gelerek sana ne büyük bir iyilikte bulunduğumuzu anlayacaksın. Tanrımız senin kibrini kırmamıza müsaade etti, hiçbir yerlinin tek bir Hıristiyan'a zarar vermesine müsaade etmedi.'"

Şimdi bu olağanüstü karşılaşmanın ardında yatan neden ve sonuç ilişkilerini en basit olaylardan başlayarak tek tek ortaya koymaya çalışalım. Pizarro ile Atahualpa, Cajamarca'da karşılaştıklan zaman neden acaba Atahualpa'nın, sayıları çok çok fazla olan adamları Pizarro'yu esir alıp öldüreceğine Pizarro, Atahualpa'yı esir aldı ve onun onca adamını öldürdü? Ne de olsa Pizarro'nun topu topu 106 tane piyade eri, 62 tane de atlı askeri vardı, oysa Atahualpa 80.000 kişilik bir orduya kumanda ediyordu. Bu olayların öncesine gelirsek, Atahualpa nasıl olmuş da Cajamarca'ya gelmişti bir kere? Atahualpa, İspanya Kralı I. Carlos'u esir almaya İspanya'ya geleceğine nasıl olmuştu da Pizarro onu esir almak için oraya gelmişti? Bugün geriye bakınca bizim apaçık bir tuzak olduğunu gördüğümüz bir şeyi Atahualpa nasıl olmuş da görmemişti? Atahualpa ile Pizarro'nun karşılaşmasında etkili olan nedenler acaba Eski Dünya ile Yeni Dünya halkları ve başka halklar arasındaki karşılaşmalarda da daha genel anlamda rol oynarlar mı?

Niçin Atahualpa'yı Pizarro esir aldı? Pizarro'nun askerî üstünlüğü, İspanyolların sahip oldukları çelik kılıçlar ve diğer kesici silahlardan, çelik zırhlardan, tüfeklerden, atlardan kaynaklanıyordu. Atahualpa'nın, üzerine binip savaşacakları hayvanları olmayan birlikleri bu silahlara ancak taş, bronz ya da tahta sopalarla, topuzlarla, baltalarla karşılık verebilirlerdi, bunlara ek olarak sapanları ve yorgan gibi zırhları vardı. Bu tür donanım eksiklikleri Avrupalılar ile Amerikan yerlileri ya da başka halklar arasındaki çatışmalarda belirleyici rol oynamıştı.

Avrupalıların fetih hareketlerine yüzyıllarca ayak direyebilen tek Amerikan yerlileri, tüfek ve at sahibi olup bunları kullanmayı öğrenerek aradaki eşitsizliği azaltan kabilelerdi. "Kızılderili" sözcüğünü duyan ortalama bir Amerikalının gözünün önüne, 1876'da o ünlü Little Big Horn çarpışmasında General George Custer'ın ABD ordusunu yerle bir eden Siu savaşçıları gibi, atına binmiş, elindeki tüfeği savuran, ovalı bir yerli gelir. Amerikan yerlilerinin başlangıçta at ve tüfek diye bir şey bilmediklerini kolayca unuturuz. Bunları oraya Avrupalılar getirdi ve bunları eline geçiren yerli toplulukları bunlarla birlikte değişti. Bereket versin Kuzey Amerika'nın ovalı yerlileri, Güney Şili'nin Araucania yerlileri ve Arjantin'in pampalarında yaşayan yerliler, atları ve tüfekleri kullanmayı öğrendiler de öteki Amerikan yerlilerine göre istilacı beyazlara karşı çok daha uzun bir süre direnebildiler ancak 1870'lerde ve 1880'lerde beyaz hükümetlerin büyük askerî harekâtlarına dayanamadılar.

Bugün bizim için İspanyolların askerî donanımlarının bunca büyük bir sayısal üstünlük karşısında etkili olmasını kavramak güçtür.

Yukarıda anlatılan Cajamarca çarpışmasında 168 İspanyol, sayıları kendilerininkinin 500 katını bulan Amerikan yerlilerini yere sermiş, binlerce yerliyi öldürürken tek bir kayıp bile vermemişti. Pizarro'nun daha sonra İnkalarla yaptığı savaşların, Cortes'in Aztekleri esir alış olayının, ilk başlarda Avrupalıların Amerikan yerlilerine karşı düzenledikleri seferlerin anlatıldığı öykülerde buna çok rastlarız: birkaç düzine Avrupalı süvari binlerce yerliyi öldürür. Atahualpa'nın ölümünden sonra Pizarro, Cajamarca'dan İnka başkenti Cuzco'ya giderken böyle dört çarpışma olmuştu: Jauja, Vilcashuaman, Vilcaconga ve Cuzco çarpışmaları. Bu çarpışmalarda binlerce ya da on binlerce yerliye karşı savaşan İspanyol süvarilerin sayısı sırasıyla 80, 30, 110 ve 40'tı.

Bu İspanyol zaferlerini açıklamak için, onlarla işbirliği yapan Amerikalı yerlilerin yardımı, İspanyol silahlarının ve atlarının yeniliğinin psikolojik etkisi ya da (sık sık iddia edildiği gibi) İnkaların İspanyolları geri dönen tanrıları Viracocha sanmaları gibi nedenler göstermek yetmez. Pizarro ve Cortez'in başlangıçtaki başarılarının yerlileri yanlarına çekmelerine yol açtığı doğrudur. Ama daha önce hiçbir yardım görmemiş olan İspanyolların kesin başarısı, onlara direnmenin boşunalığını, kazanması muhtemel tarafta yer almaları gerektiğini göstermemiş olsaydı pek çoğu onlarla işbirliği yapmazdı. Daha önce hiç görmedikleri atlar, çelik silahlar, tüfekler karşısında Cajamarca'da İnkalar kuşkusuz donup kalmışlardı ama Cajarmaca'dan sonraki çarpışmalarda İspanyol silahlarını ve atlarını daha önce görmüş ve direnmeye kararlı bir İnka ordusu söz konusuydu. İlk fethin üzerinden altı yıl geçtikten sonra İspanyollara karşı iyi hazırlanmış, geniş çaplı, çok ciddi iki İnka ayaklanması oldu. Bütün bu çabalar İspanyolların silah üstünlüğü karşısında başarısızlığa uğradı.

1700'lerde tüfekler Amerikan yerlileri ile başka yerli halklar karşısında Avrupalıları üstün duruma getiren başlıca silah olarak kılıçların yerini aldı. Örneğin, 1808'de Charlie Savage adlı bir İngiliz gemici tüfeklerle ve eşi görülmemiş bir amaçla donanmış olarak Fiji Adaları'na geldi. Savage tek kişi olarak Fiji'nin güç dengesini altüst etmeye kalkıştı. Pek çok serüveni arasında kanosuyla bir ırmağı izleyerek bir Fiji köyü olan Kasavu'ya gelip köyü çevreleyen çitin bir tüfek atımlık uzağında durarak savunmasız yerlilere ateş etmek vardı. Kurbanlarının sayısı öylesine fazlaydı ki hayatta kalabilen köylüler cesetleri üst üste yığıp cesetlerin arkasına saklanmışlardı ve köyün kenarından geçen dere kandan kıpkırmızı olmuştu. Tüfekleri olmayan yerli halklar karşısında tüfeklerin ne kadar güçlü olduğunu gösteren sayısız örnek bulunabilir.

İspanyolların İnkalara karşı kazandıkları zaferlerde tüfeklerin rolü çok azdı. O günlerin çakmaklı tüfeklerinin doldurulması ve ateşlenmesi güçtü, Pizarro'da bunlardan ancak bir düzine vardı. Ateşlenebildikleri zaman psikolojik etkileri gerçekten de büyük oluyordu. Bundan çok daha önemlisi, İspanyolların elindeki çelik kılıçlar, mızraklar ve hançerlerdi; bunlar koruyucu zırhları ince olan yerlilere kolayca zarar veren güçlü ve keskin silahlardı. Buna karşılık yerlilerin küt sopaları İspanyolları ve atlarını dövmeye, yaralamaya yetiyordu ama onları öldürmeye pek yetmiyordu. İspanyolların çelik ya da geçme zincirli zırhları, özellikle de çelik miğferleri sopalara karşı onları korumakta etkili oluyor, yerlilerin yorgan zırhları çelik silahlar karşısında onları pek korumuyor ya da etkisiz kalıyordu.

Atların İspanyollara kazandırdığı büyük üstünlük görgü tanıklarının öykülerinde apaçık görülüyor. Yerli nöbetçiler gidip gerideki birliklere haber verene kadar atlı adamlar onlardan çok önce giderek piyade erlerini öldürüyorlardı. Bir atın yarma hareketine, hızlı saldırıya uygunluğu, manevra kabiliyeti, dövüşü korunaklı bir yüksekliğe çekebilmesi karşısında şaşkına dönen piyadeler açıklık yerlerde çaresiz kalıyordu. Atların etkisi yalnızca atlara karşı ilk kez savaşan askerlerde uyandırdığı korkuyla da sınırlı değildi. 1536'daki büyük İnka ayaklanmasına kadarki sürede İnkalar atlara karşı kendilerini en iyi nasıl savunacaklarını öğrenmişlerdi, pusuya yatıyor ve İspanyol süvarilerini yakın mesafeden öldürüyorlardı. Ama bütün piyadeler gibi İnkalar da açık alanda atlılara karşı kendilerini asla koruyamıyorlardı. Atahualpa'dan sonraki İnka imparatoru Manco'nun en iyi generali Quizu Yupanqui, 1536'da Lima'da İspanyolları kuşatma altına aldığı ve kente hücum etmeye çalıştığı zaman, İspanyolların iki süvari bölüğü düzlük bir yerde çok daha fazla sayıdaki yerli birliğine karşı hücuma geçti, ilk hücumda Quizu ile bütün kumandanları öldüler, orduları bozguna uğratıldı. Cuzco'da İspanyolları kuşatma altına almış olan İmparator Manco'nun en iyi birliklerini yine böyle 26 kişilik bir süvari hücumuyla bozguna uğratmışlardı.

MÖ 4000 yıllarında Karadeniz'in kuzeyindeki steplerde atların evcilleştirilmesiyle birlikte savaşların şekli de değişmeye başladı. Atlar at sahiplerine yaya olarak gidebileceklerinden çok daha uzak yerlere gitme, birden saldırıya geçme, karşı taraf üstün bir savunma gücü toparlamadan önce kaçma olanağı veriyordu. Cajamarca'da atların oynadığı rol, 20. yüzyılın başına kadar 6000 yıl boyunca etkisini sürdüren, sonunda bütün kıtalarda kullanılmaya başlanan atların nasıl bir askerî silah olduğunu gösteriyor. Süvarilerin ordudaki askerî üstünlüğünü yitirmesi Birinci Dünya Savaşı'nı buldu. İspanyolların atlar, çelik silahlar ve zırhlar sayesinde, metal hiçbir şeyleri olmayan piyade askerlerine karşı nasıl bir üstünlüğe sahip olduklarını düşününce çok kalabalık ordular karşısında sürekli savaş kazanmaları bizi şaşırtmamalı.

Nasıl oldu da Atahualpa, Cajamarca'daydı? Atahualpa ile ordusu Cajamarca'daydı çünkü İnkalar arasında çıkan ve İnkaların ikiye bölünmesine ve zayıf düşmesine yol açan bir iç savaşta önemli çarpışmaları daha yeni kazanmıştı. Pizarro hemen bu bölünmeyi değerlendirdi ve bundan yararlandı. İç savaşın nedeni ise, Panama ve Kolombiya'ya gelen İspanyol göçmenlerin buralara çiçek hastalığını da getirmeleri, Güney Amerika yerlileri arasında yayılan bu hastalık yüzünden 1526 yılı dolaylarında İnka İmparatoru Huayna Capac ile saray halkının çoğunun, daha sonra da onun vârisi Ninan Cuyuchi'nin ölmesiydi. Bu ölümler Atahualpa ile üvey kardeşi Huascar arasında taht savaşını ateşledi. Bu salgın hastalık olmasaydı İspanyollar birleşik bir imparatorlukla karşı karşıya geleceklerdi.

Atahualpa'nın Cajamarca'da bulunuşunun gerisinde yatan neden böylece dünya tarihinde kilit önemdeki bir etmeni gözler önüne seriyor: Bağışıklığı olmayan insanlara önemli derecede bağışıklığı olan istilacılardan bulaşan hastalıklar. Çiçek, kabakulak, grip, tifüs, hıyarcıklı veba gibi Avrupa'da her zaman görülen bulaşıcı hastalıklar başka kıtalarda pek çok insanın ölümüne yol açarak Avrupalıların fetihlerinde önemli rol oynadılar. Örneğin, ilk İspanyol saldırısı 1520'de başarısızlıkla sonuçlandıktan sonra Aztekler çiçek hastalığından kırıldılar ve Montezuma'dan sonra tahta çıkan Cuitláhuac da kısa sürede öldü. Avrupalılarla gelen hastalıklar Avrupalıların kendilerinden çok önce kabileden kabileye bütün Amerika kıtalarına yayılmış, Kolomb öncesi dönemdeki Amerika'nın yerli nüfusunun, hesaplamalara göre % 95'inin ölümüne yol açmıştı. Kuzey Amerika kıtasında en yoğun nüfuslu, son derecede örgütlü yerli toplulukları, Mississippi şeflikleri 1492 ile 1600 tarihleri arasında, hatta ilk Avrupalılar gelip Mississippi Irmağı kıyısına yerleşmeden önce böylece yok olup gitmişlerdi. Avrupalı göçmenlerin 1713'te Güney Afrika'nın yerli San halkını yok etmelerinde en büyük rol oynayan tek şey çiçek hastalığıdır. İngilizler 1788'de Sidney'e yerleştikten hemen sonra Avustralya yerlilerini kırıp geçiren salgın hastalıkların birincisi başlamıştı. Büyük Okyanus adalarıyla ilgili, elimizde sağlam belgeleri bulunan bir örnek daha var: *Argo* gemisinin enkazından karaya çıkmaya çalışan birkaç Avrupalı gemicinin 1806'da getirdiği ve Fiji'yi kasıp kavuran salgın hastalık. Tonga'nın, Hawaii'nin, başka Büyük Okyanus adalarının tarihlerinde de benzeri salgın hastalıkların izleri görülür.

Görülür ama ben yine de tarihte hastalıkların rolü, genişleyen Avrupa'nın önünü açmakla sınırlıdır, demek istemiyorum. Sıtma ve sarıhummanın yanı sıra tropik Afrika, Hindistan, Güneydoğu Asya ve Yeni Gine'deki başka hastalıklar Avrupalıların tropik bölgelerde sömürge kurmalarını güçleştiren en büyük engeller olmuşlardır.

Nasıl oldu da Pizarro, Cajamarca'ya geldi? Pizarro buraya geleceğine neden Atahualpa, İspanya'ya gidip orayı fethetmeye çalış-

madı? Pizarro, Cajamarca'ya Avrupalıların deniz teknolojisi sayesinde geldi; onlar bu teknolojiyle gemiler inşa etmişti, o da bu gemilerle Atlas Okyanusu'nu aşarak İspanya'dan Panama'ya, daha sonra da Büyük Okyanus'ta Panama'dan Peru'ya gitmişti. Böyle bir teknolojiye sahip olmayan Atahualpa, Güney Amerika dışında denizaşırı ülkelere yayılamamıştı.

Pizarro'nun Cajamarca'da bulunuşu gemilere bağlı olduğu kadar, gemileri finanse etmek, inşa etmek, gemilere personel ve donanım sağlamak olanağını İspanyaya kazandıran merkezileşmiş siyasal örgütlenmeye de bağlıydı. İnka İmparatorluğu da merkezileşmiş siyasal bir örgütlenmeye sahipti ama bu örgütlenme imparatorluğun zararına işliyordu çünkü Pizarro, Atahualpa'yı ele geçirerek İnkalardaki bütün komuta kademesini zincirleme olarak toptan ele geçirmiş oldu. İnka bürokrasisi Tanrı benzeri mutlak hükümdarla çok güçlü bir biçimde özdeşleştiği için Atahualpa'nın ölümü üzerine çözüldü. Siyasal örgütlenmeyle birleşen denizcilik teknolojisi Avrupalıların başka kıtalara yayılmalarında, aynı zamanda pek çok başka halkların yayılmalarında da temel rolü oynadı.

İspanyolların Peru'ya kadar gitmelerine yardımcı olan ilişkili bir etmen de yazının varlığıydı. İspanyolların yazıları vardı, İnka İmparatorluğu'nunsa yoktu. Yazılı bilgiler sözlü bilgilere göre daha yaygın, daha sağlıklı, daha ayrıntılı biçimde aktarılabiliyordu. Kolomb'un yolculuklarından, Cortés'in Meksika'yı ele geçirişinden sonra İspanya'ya akan bu tür bilgiler İspanyolların Yeni Dünya'ya akın etmesine yol açtı. Mektuplar, kitapçıklar hem insanları güdülüyor hem de yapılacak deniz yolculuğunda nasıl bir yol izlenmesi gerektiğiyle ilgili bilgiler veriyordu. Pizarro'nun serüveninin, arkadaşı Kaptan Cristóbal de Mena tarafından kaleme alınmış öyküsü Sevilla'da 1534'te basıldı, yani Atahualpa'nın öldürülmesinden topu topu dokuz ay sonra. Kitap çıkar çıkmaz çok sattı, çeşitli Avrupa dillerine çevrildi, bunun üzerine İspanyol sömürgeciler Pizarro'nun kanca attığı Peru'yu sağlama almak için oraya akın ettiler.

Atahualpa neden kendisine kurulmuş tuzağa kendi ayağıyla düştü? Geriye bakınca Pizarro'nun kurduğu tuzağa Atahualpa'nın kendi ayağıyla düştüğünü açıkça görüyoruz. Onu esir alan İspanyollar da bu işe şaşırdılar. Bunun en temeldeki nedenine inen açıklamada okuryazarlığın sonuçları önemli yer tutar.

Yakın nedenlere dayalı açıklamaya göre, Atahualpa'nın İspanyollarla ilgili, İspanyolların askerî gücüyle, amaçlarıyla ilgili çok az bilgisi vardı. Bu azıcık bilgi de ağızdan edinilmiş bilgiydi, bunları kıyıdan iç bölgelere doğru ilerlerken Pizarro'nun ordusunu iki günlüğüne ziyaret etmiş olan bir elçiden duymuştu. Elçi İspanyolları en düzensiz, dağınık halleriyle görmüş, Atahualpa'ya bu adamların savaşçı olmadıklarını, kendisine 200 yerli verilse bunların hepsini yakalayıp iple birbirine bağlayabileceğini söylemişti. Atahualpa'nın aklına İspanyolların korkunç olduklarının, hiç kışkırtılmadan da kendisine saldıracaklarının gelmemiş olması anlaşılır bir şey.

Yeni Dünya'da Meksika'nın bazı halkları arasında ve İnka İmparatorluğu'nun çok kuzeyindeki komşu bölgelerde yazı yazmayı bilmek küçük azınlıkların tekelindeydi. İspanyollar İnkaların kuzey sınırından yalnızca 900 kilometre uzaktaki Panama'yı 1510 yılında fethe başlamışlardı ama Pizarro 1527 yılında Peru kıyılarına ilk kez ayak basana kadar İspanyol diye bir şeyin varlığından İnkaların hiç haberi olmamış görünüyor. Atahualpa, Orta Amerika'nın en güçlü, en kalabalık yerli topluluklarının İspanyolların idaresine geçtiğini hiç duymamış bile.

Bugün bize Atahualpa'nın esir düşmesine yol açan davranışı ne kadar şaşırtıcı geliyorsa ondan sonraki davranışı da öyle geliyor. İspanyollara kendisini serbest bırakmaları karşılığında fidye önermiş, bu fidye ödendiğinde serbest bırakacaklarına saf saf inanmıştı. Pizarro'nun adamlarının tek bir yağmayla yetinmeyecek, sürekli fetihlere kararlı bir hücum birliği oluşturduğunu anlaması olanaksızdı.

Bu ölümcül hataları yapan yalnızca Atahualpa değildi. Atahualpa esir alındıktan sonra bile Pizarro'nun erkek kardeşi Hernando Pizarro, Atahualpa'nın önde gelen, koca bir orduya kumanda eden kumandanı Chalcuchima'yı kandırmış, İspanyollara teslim olmaya ikna etmiştir. Chalcuchima'nın hatası İnka direncinin kırılmasında bir dönüm noktası oluşturmuştur; Atahualpa'nın kendisinin esir edilişi kadar önemli bir olaydır bu. Aztek İmparatoru Montezuma, Cortés'i geri dönen Tanrıları sanarak ve küçük ordusuyla birlikte onu Aztek başkenti Tenochtitlan'a buyur ederek daha da büyük bir hata işlemiştir. Sonuçta Cortés, Montezuma'yı esir almış, Tenochtitlan'ı ve Aztek İmparatorluğu'nu ele geçirmiştir.

Gündelik hayat düzeyinde, Atahualpa'nın, Chalcuchima'nın, Montezuma'nın, Amerika'nın Avrupalılar tarafından kandırılmış daha başka sayısız yerli önderinin hatası Yeni Dünya'da yaşayan insanların tek bir tanesinin bile Eski Dünya'ya gitmemiş olmasından geliyordu, böylece elbette İspanyollarla ilgili herhangi bir bilgileri olamazdı. Buna rağmen, toplumu insan davranışları konusunda daha geniş bilgiye sahip olsaydı Atahualpa'nın daha kuşkucu davranması "gerekirdi" sonucunu çıkarmadan edemiyoruz. Pizarro da Cajamarca'ya İnkalarla ilgili hiçbir şey bilmeden gelmişti, bütün bildikleri 1527 ile 1531'de rastladığı İnkalıları sorguya çekerek onlardan öğrenebildiği şeylerle sınırlıydı. Bununla birlikte Pizarro tesadüfen okuma yazma bilmeyen biriydi ama okuma yazma geleneğine sahip bir ülkenin insanıydı. İspanyollar Avrupa'nın çok uzağındaki çağdaş uygarlıklar konusunda, birkaç bin yıllık Avrupa tarihi konusunda kitaplardan okuduklarıyla çok şey biliyorlardı. Pizarro besbelli Atahualpa'ya pusu kurarken Cortés'in başarılı stratejisini örnek almıştı.

Kısacası, okuryazarlık sayesinde İspanyollar insan davranışları ve tarihi konusunda müthiş bir bilgi birikiminin vârisi olmuşlardı. Bunun tam tersine Atahualpa İspanyolların varlığından habersiz olduğu gibi denizaşırı ülkelerden gelen istilacılar diye bir şey de bilmiyordu, tarihte daha önce, başka bir yerde, başka birileri için böyle bir tehdidin söz konusu olduğunu duymamıştı (ya da okumamıştı). Bu bilgi boşluğu Pizarro'ya o tuzağı kurma ve Atahualpa'yı kendi ayağıyla o tuzağa düşürme cesareti vermişti.

Sonuç olarak Pizarro'nun Atahualpa'yı esir ediş olayı bize Amerikan yerlilerinin Avrupa'ya gidip orada sömürge kurmaları yerine Avrupalıların Yeni Dünya'da sömürge kurmalarında etkili olan en yakın nedenleri gösterir. Pizarro'nun başarısında etkili olan nedenler arasında tüfeklere, çelik silahlara ve atlara dayanan askerî teknoloji vardır, Avrasya'da her zaman görülen bulaşıcı hastalıklar vardır, Avrupa'nın denizcilik teknolojisi vardır, Avrupa'daki devletlerin merkezî siyasal örgütü vardır, yazı vardır. Bu kitabın adı bir bakıma, Avrupalıların başka kıtalardaki halkları egemenlikleri altına almalarına olanak tanıyan bu yakın nedenlerin kısaca ifade edilmiş biçimidir. Daha sonraki bölümlerde göreceğimiz gibi, daha hiç kimse tüfek ve çelik üretmeye başlamadan önce, yukarıda sıralanan diğer nedenler Avrupalı olmayan halkların yayılmasına olanak sağlamıştı.

Ama hâlâ temel bir soruyu, bütün bu sayılan üstünlüklere niçin Yeni Dünyalılar değil de Avrupalılar sahipti sorusunu yanıtlamış değiliz. Neden tüfekleri ve çelik silahları icat edenler, atların ya da başka hayvanların sırtına binenler, Avrupalıların bağışık olmadığı mikropları taşıyanlar, okyanusları aşan gemiler yapanlar, ileri siyasal örgütler kuranlar, yazılı tarihin binlerce yıllık deneyimlerinden yararlananlar İnkalar olmadı? Bunlar artık bu bölümde tartışılan en yakın nedenler olmaktan çıkıyor, bu kitabın bundan sonraki iki kısmında ele alınacak olan en temel nedenlere giriyor.

2

YİYECEK ÜRETİMİNİN BAŞLAMASI VE YAYILIŞI

IV. Bölüm

Çiftçinin Gücü

Yeniyetmelik çağımda 1956 yazını Montana'da geçirmiş, Fred Hirschy adlı yaşlı bir çiftçinin yanında çalışmıştım. İsviçre'de doğmuş olan Fred, Güneybatı Montana'ya yeniyetmelik çağındayken, 1890'larda gelmişti ve bu bölgede çiftlik kurmaya kalkışan ilk kişi oydu. O buraya geldiğinde Amerika'nın avcılıkla ve yiyecek toplayarak geçinen ilk yerli nüfusunun çoğu hâlâ buralarda yaşıyordu.

Çiftlik işçisi arkadaşlarım çoğunlukla normal konuşmalarında art arda sövgüler sıralayan bıçkın beyazlardı, hafta içi çalışır, kazandıkları bütün parayı hafta sonu kasabanın barında savururlardı. Bu işçilerin arasında Karaayak yerli kabilesinden Levi adlı biri vardı, öteki kaba saba madencilerden çok farklı davranırdı – kibar, yumuşak, sorumluluk sahibi, aklı başında, ağzı bozuk olmayan biri. Uzun süre kendisiyle arkadaşlık ettiğim ve sonunda hayran olduğum ilk yerliydi.

Bu nedenle bir pazar sabahı Levi de ötekiler gibi bir cumartesi gecesi âleminden sarhoş halde gelip sallanarak ve lanetler okuyarak içeri girdiğinde çok şaşırdım. Lanetlerinden biri aklımda kaldı: "Tanrı senin bin belanı versin, Fred Hirschy, seni İsviçre'den buraya getiren geminin bin belasını versin!" Bütün öteki okul çocuklarına öğretildiği gibi bana da kahramanca bir fetih olarak öğretilen Batı Amerika'nın fethine yerlilerin nasıl baktıklarını çok çarpıcı bir biçimde anladım birden. Fred Hirschy'nin ailesi, güç koşullar altında hayatta kalmayı başarmış öncü bir çiftçi olarak onunla gurur duyuyordu. Ama beyaz göçmen çiftçiler, Levi'nin avcılardan ve ünlü savaşçılardan oluşan kabilesinin elindeki toprakları almışlardı. Çiftçiler nasıl olmuş da ünlü savaşçıları yenilgiye uğratmıştı?

Çağdaş insanların ataları şu an yaşamakta olan büyük insansımaymunların atalarından bundan yedi milyon yıl kadar önce farklılaştıktan sonra bütün insanlar, 19. yüzyılda Karaayaklar nasıl hâlâ yaban hayvanları avlayarak ve yaban bitkileri toplayarak geçiniyorlarsa çoğu zaman öyle geçiniyorlardı. Ancak son 11.000 yıl içinde bazı halklar yiyecek üretimi denen şeye geçtiler: Yani yaban hayvan ve bitkileri evcilleştirip bunun sonucunda sahip oldukları çiftlik hayvanlarını ve ürünleri yemeye başladılar. Bugün yeryüzündeki insanların çoğu kendi üretmiş oldukları ya da başkalarının kendileri için üretmiş olduğu yiyecekleri yiyor. Bugünkü bu değişim hızıyla önümüzdeki on yıl içinde dünyada yaban hayvanlarla ve bitkileri yiyerek geçinen son birkaç insan topluluğu da bu yöntemi bırakacak, dağılacak ya da yok olacak, böylelikle de yaban hayvan ve bitkilerle geçinmek üzerine kurulmuş milyonlarca yıllık hayat tarzı sona erecek.

Tarihöncesinde farklı halklar yiyecek üretimine farklı zamanlarda geçtiler. Avustralya yerlileri gibi bazı halklarsa hiç geçmedi. Geçenler arasında bazıları (örneğin eski Çin) başkalarından bağımsız olarak kendi kendilerine geçtiler, bazılarıysa (örneğin eski Mısır) bu işi komşularından öğrendi. Ama, daha sonra göreceğimiz gibi, yiyecek üretimi tüfeklerin, mikropların ve çeliğin gelişiminin dolaylı bir önkoşuluydu. Bunun sonucu olarak da farklı kıtalarda halkların çiftçiliğe ve hayvan yetiştiriciliğine geçip geçmeme ya da geçiş zamanlarındaki coğrafi faklılıklar, bu halkların daha sonraki yazgıları arasındaki benzemezlikleri büyük oranda açıklar. Bundan sonraki altı bölümde yiyecek üretimindeki coğrafi farklılıkların nasıl ortaya çıktığını anlamaya çalışacağız ama daha önce bu bölümde yiyecek üretiminin Atahualpa'yı Pizarro'nun esir almasına, Fred Hirschy'nin halkının Levi'ninkinin topraklarına el koymasına yardım eden üstünlüklerin kapısını aralayan temel ilişkilere göz atacağız (Şekil 4.1).

İlk ilişki en dolaysız olanıdır: Tüketilecek kalori miktarı ne kadar fazlaysa bu o kadar fazla nüfus demektir. Yaban bitki ve hayvan türleri içinde pek azı insanlar için yenebilir niteliktedir, hayvanların pek azı avlanmaya, bitkilerin pek azı toplanmaya değer. Doğada bulunan türlerin çoğu yiyecek olarak bizim işimize yaramaz; yaramaz çünkü ya (ağaç kabukları gibi) sindirilmesi güçtür ya (kral kelebekleri, şapkalı mantarlar gibi) zehirlidir ya (çok küçük, kabuklu yemişler gibi) ayıklaması çok sıkıcıdır ya (pek çok böceğin larvası gibi) toplaması zordur ya da (gergedan gibi) avlanması tehlikelidir. Karadaki biyo-kütlenin (yani canlı biyolojik maddenin) çoğu odun ya da yapraktan oluşur, bunların çoğunu sindiremeyiz.

Yiyebileceğimiz az sayıdaki bitki ve hayvan türünü seçip 1 dönümlük topraktaki biyo-kütlenin ancak % 0,l'ini oluşturan bu bitki ve hayvanları, % 90'ını oluşturacak şekilde üreterek, dönüm başına çok daha fazla tüketilebilir kalori elde ederiz. Sonuç olarak bir dönüm toprak, yaban hayvan ve bitkilerle geçinen insanlara göre 10 ya da 100 kat fazla çiftçiyi ve hayvan yetiştiricisini doyurabilir. Bu çıplak sayısal üstünlük yiyecek üreten kabilelerin yaban hayvan ve bitkilerle geçinen kabileler karşısında kazandığı askerî üstünlüklerin birincisiydi.

Evcil hayvanlara sahip insan topluluklarında çiftlik hayvanları daha fazla insanın karnının doymasına dört yoldan katkıda bulunuyordu: et, süt, gübre sağlayarak ve saban çekerek. En başta ve en dolaysız olarak evcil hayvanlar toplumların başlıca hayvansal protein kaynağı durumuna gelmiş ve yaban av hayvanlarının yerini almıştı. Bugün, örneğin, Amerikalılar hayvansal proteini daha çok inek, domuz, koyun, keçi, tavuk gibi hayvanlardan sağlarlar, geyik eti gibi av hayvanı eti pek ender bir çeşni olmaktan öteye gitmez. Ayrıca evcilleştirilmiş memeli hayvanların büyük olanlarından süt ve süt ürünleri, yani tereyağı, peynir, yoğurt elde ediliyordu. Sütlerinden yararlanılan hayvanlar arasında inek, koyun, keçi, at, Ren geyiği, manda, yak, tek hörgüçlü ve çift hörgüçlü deve vardı. Bu memelilerin yaşadıkları süre içinde sağladıkları kalori miktarı, kesilip et olarak tüketildikleri zamana göre birkaç kat fazlaydı.

Tarihin Genel Seyrinin Belirlenmesinde Rol Oynayan Etmenler

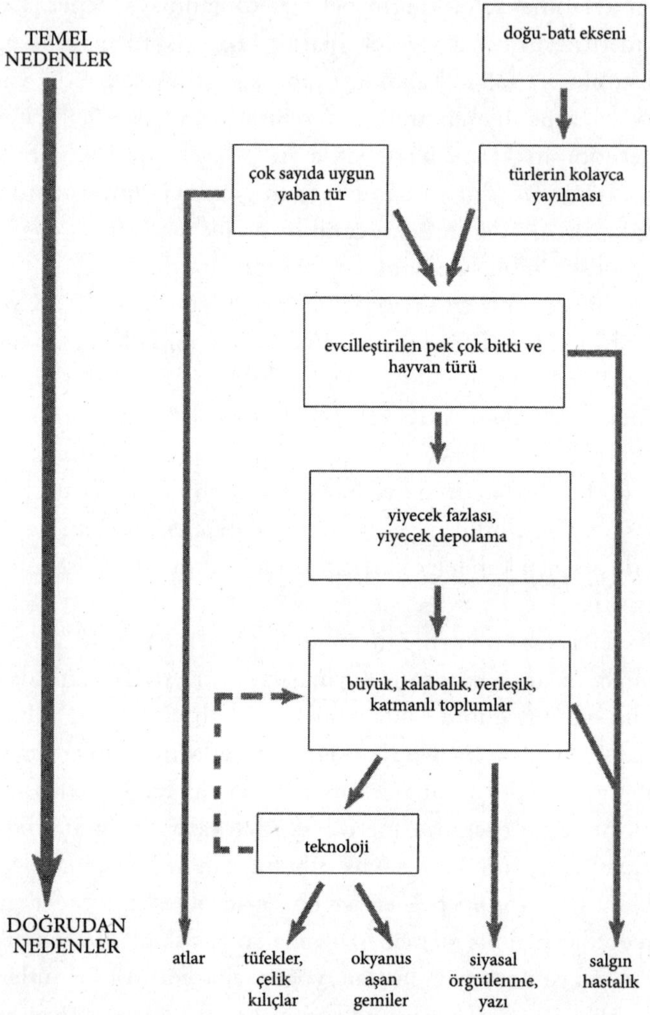

Şekil 4.1. En temel nedenlerden (örneğin kıta ekseninin yönünden) başlayarak, bazı halkların başka halklar üzerinde egemenlik kurmasına yardımcı olan (tüfekler, atlar ve hastalıklar gibi) doğrudan nedenlerde son bulan neden/sonuç zincirini gösteren şema. Örneğin, insanlarda görülen farklı salgın hastalıklar, evcilleştirmeye elverişli yaban hayvanların ve bitkilerin çok olduğu bölgelerde baş gösterdi, bunun bir nedeni çiftlik hayvanlarının

ve ürünlerinin varlığının nüfus kalabalıklığına kaynaklık etmesi, salgın hastalıkların da kalabalık nüfuslu toplumlarda varlıklarını sürdürmeleriydi; bir başka nedeniyse hastalıkların evcilleştirilen hayvanlardaki mikroplardan türemiş olmasıydı.

Evcilleştirilmiş büyük memeli hayvanların da evcil bitkiler üzerinde ürün artırıcı etkisi iki şekilde oluyordu. İlkin, günümüzde her bahçıvanın ya da çiftçinin kendi deneyimine dayanarak bildiği gibi, hayvan dışkısının gübre olarak kullanılmasıyla bitkilerin verimi önemli ölçüde artırılabilir. Çağımızda artık kimya fabrikalarında üretilen sentetik gübrelere sahip olmamıza karşın bugün pek çok toplumda hâlâ hayvan dışkısı başlıca gübre kaynağıdır – özellikle inek ama aynı zamanda yak ve koyun gübresi. Hayvan gübresi ayrıca geleneksel toplumlarda yakacak olarak da değerlidir.

Bundan başka, memeli büyük hayvanlar saban çekerek ve böylece daha önce ekime elverişli olmayan toprakları insanların işlemesini kolaylaştırarak evcilleştirilmiş bitkilerin daha fazla ürün vermesinde etkili oldular. Saban sürmekte kullanılan hayvanların arasında inekler, atlar, mandalar, Bali sığırı, yak melezleri vardı. Bu hayvanların değerini gösteren bir örnek vereyim: MÖ 5000 yılından az önce ortaya çıkmış lineer bant keramik kültürü adı verilen kültüre sahip Orta Avrupa'da, tarihöncesi dönemin çiftçileri elle kazmak için kullanılan çubuklarla işlenebilecek yumuşaklıktaki topraklarla ilgilenebiliyorlardı ancak. Yalnızca bin yıl sonra öküzlerle çekilen sabanların bulunmasıyla bu çiftçiler çok daha sıkı toprakları ve sert kesekleri işlemeye başladılar. Aynı şekilde Kuzey Amerika'da Great Plains düzlüklerindeki yerli çiftçiler ırmak vadilerinde ürün yetiştiriyorlardı ama ancak 19. yüzyılda Avrupalılarla birlikte hayvanların çektiği sabanlar geldikten sonra geniş yaylalardaki sert keseklerde çiftçilik yapmaları mümkün oldu.

Bitkiler ile hayvanların evcilleştirilmesi, işte böyle, yaban hayvan ve bitkilerle geçinmeye hiç benzemeyen bir şekilde fazla yiyecek üretimine yol açarak toplulukların nüfus yoğunluğunun artmasında doğrudan doğruya etkili olmuştur. Daha dolaylı bir etkisi ise, yiyecek üretiminin gerektirdiği yerleşik hayata geçmenin sonucu olarak ortaya çıkan şeylerdir. Yaban hayvan ve bitkilerle geçinen toplumlar yiyecek aramak için sık sık yer değiştirirler ama çiftçiler tarlalarının ya da meyve bahçelerinin yakınında olmak zorundadır. Bir yerde yerleşik olmak doğum aralıklarının kısalmasını sağlayarak nüfus yoğunluğunun artmasında rol oynar. Yaban hayvan ve bitkilerle geçinen toplumun üyesi bir anne, bir yerden bir başka yere göçülürken birkaç eşyasının yanı sıra ancak tek bir çocuk taşıyabilir. Çocuğu göç sırasında kabileye ayakbağı olmayacak kadar hızlı yürümeye başlamadan ikinci bir çocuk sahibi olmayı göze alamaz. Uygulamada yaban hayvan ve bitkilerle geçinen göçebe toplumlarda doğumların arası –süt üretimi nedeniyle âdetten kesilme, cinsel ilişkiden kaçınma, çocuk öldürme, çocuk düşürme gibi yollarla– dört yılı bulur. Bunun tam tersine yerleşik insanların göç etmek ve küçük çocukları taşımak gibi sorunları olmadığı için onlar besleyebilecekleri kadar çocuk yapıp bakabilirler. Çiftçi toplumlarda doğumların arası iki yıl kadardır, avcı/yiyecek toplayıcılarınınkinin yarısı kadar. Yiyecek üretenlerdeki yüksek doğum oranı, dönüm başına doyurabildikleri insan sayısının yüksekliğiyle birleştiği zaman onların avcı/yiyecek toplayıcılarına göre daha yüksek nüfus yoğunluğuna ulaşmalarına olanak sağlar.

Yerleşik hayatın bir başka sonucu da yiyecek fazlasının depolanmasına elverişli olmasıdır çünkü insan depoladığı yiyeceğin yanında kalıp onu korumayacaksa depolamanın bir anlamı kalmaz. Bazı avcı/yiyecek toplayıcı göçebeler birkaç günde tüketebileceklerinden daha fazla yiyeceği ara sıra torbalarına atarlar ama böyle bir bolluğun onlara pek az yararı vardır çünkü yiyeceği koruyamazlar. Ama yiyecek üretmeyen uzmanları ve elbette bu uzmanlardan oluşan koca bir kasabayı besleyebilmek için yiyeceklerin depolanması çok önemlidir. Bu yüzden de ilk kez yerleşik toplumlarda ortaya çıkmış olan tam zamanlı uzmanlar bu göçebe avcı/yiyecek toplayıcı topluluklarda pek az vardır ya da hiç yoktur.

Var olan uzmanlar da iki türlüdür: biri krallar, öteki bürokratlar. Avcı/yiyecek toplayıcı toplumlar nispeten eşitlikçi toplumlardır, bunlarda tam zamanlı uzmanlar ve babadan oğula geçen şeflik yoktur, grup ya da kabile düzeyinde çok küçük boyutlu toplumsal örgütlenme vardır. Bunun nedeni gücü kuvveti yerinde olan bütün avcı/yiyecek toplayıcıların zamanlarının çoğunu yiyecek bulmaya harcamalarıdır. Bunun tam tersine, yiyecek bir kez depolanmaya başlanınca siyasal bir seçkinler sınıfı başkalarının ürettiği yiyeceğin denetimini eline geçirebilir, vergi alma hakkını elinde tutabilir, kendi karnını doyurma gereğinden kurtulabilir ve bütün zamanını siyasal etkinliklere harcayabilir. Bu yüzden de orta boy tarım toplumları şeflikler halinde örgütlenmişlerdir, krallar ise büyük tarım toplumlarında görülür. Bu karmaşık siyasal birimler, eşitlikçi avcı güruhlarına göre uzun soluklu bir fetih savaşını yürütmeye daha hazırlıklıdırlar. Kuzey Amerika'nın kuzeybatı Büyük Okyanus kıyısı gibi, Ekvador kıyısı gibi, özellikle bereketli çevrelerde yaşayan bazı avcı/yiyecek toplayıcılar da yerleşik toplumlar kurdular, yiyecek depoladılar, yeni yeni şeflikler oluşturdular ama krallık olma aşamasına gelemediler.

Vergi yoluyla oluşturulan yiyecek stoku kralların ve bürokratların yanı sıra tam zamanlı başka uzmanları beslemeye de yarar. Fetih savaşlarıyla doğrudan ilişkili olarak, sürekli bir ordu beslemekte kullanılabilir. Yeni Zelanda'nın iyi silahlanmış yerli Maori halkını Britanya İmparatorluğu'nun kesin yenilgiye uğratmasında belirleyici rol oynamış bir şeydir bu. Maoriler ara ara şaşırtıcı zaferler kazandılar ama savaş alanında sürekli bir orduya bakmaları olanaksızdı ve sonunda tam zamanlı 18.000 İngiliz askeri karşısında pes ettiler. Yiyecek stokuyla rahip de beslenebilir, rahipler de fetih savaşlarının dince haklı gerekçelerini bulurlar; kılıçları, tüfekleri, başka teknolojileri üreten metal işçisi gibi zanaatkârlar, doğru hatırlanabilecek bilgilerden çok daha fazlasını kayda geçirebilecek yazıcılar da beslenebilir.

Buraya kadar yiyecek olarak tarım ürünlerinin ve hayvanlarının doğrudan ve dolaylı değerlerinin altını çizdim. Oysa bunların başka yararları da var, örneğin vücudumuzu sıcak tutmamıza yaramak, bize değerli malzemeler sağlamak gibi. Tarım ürünleri ve hayvanlarından elde edilen lifler giyecek, battaniye, balık ağı, urgan yapmakta kullanılır. Bitki evcilleştirme merkezlerinin çoğunda yalnızca yiyecek olarak kullanılan tarım bitkileri değil, lifli bitkiler de yetiştirilmiştir – en başta pamuk, (keten bezi yapmakta kullanılan) keten bitkisi, kenevir. Çeşitli evcil hayvanlardan da lif elde ediliyordu – özellikle koyunlardan, keçilerden, lamalardan, alpakalardan yün, ipekböceğinden ipek. Metal işleme teknolojisi gelişmeden önce Cilalı Taş Çağı'nın insanları için evcil hayvanların kemikleri el ürünü nesneler üretmekte kullanılan önemli bir kaynaktı. İnek postundan deri üretiliyordu. Amerika kıtalarının pek çok yerinde üretilen ilk bitkilerden biri yemek amacıyla üretilmeyen bir bitkiydi: sukabağı. Kap olarak kullanılıyordu.

Evcilleştirilmiş büyük memeli hayvanlar, 19. yüzyılda demiryolları ortaya çıkana kadar karada tek taşıt aracımız olarak insanların hayatında büyük bir devrim yarattılar. Hayvanlar evcilleştirilmeden önce karada yük ya da insan taşınacağı zaman sırtta taşınırdı. Memeli büyük hayvanlarla birlikte bu değişti: İnsanlık tarihinde ilk kez çok miktarda ağır şeyleri ve insanları karada kısa zamanda uzak yerlere taşımak olanağı doğdu. Sırtına binilen evcil hayvanlar arasında atlar, eşekler, yaklar, Ren geyikleri, tek ve çift hörgüçlü develer vardı. Bu beş türe ait hayvanlar ve ayrıca lamalar yük taşımakta kullanıldılar, inekler ve atlar arabalara koşulurken Ren geyikleri ve köpekler Kuzey Kutup bölgesinde kızakları çekiyordu. Avrasya'nın büyük bir bölümünde başlıca uzun mesafe taşıtı attı. Üç evcil deve türü (tek hörgüçlü deve, çift hörgüçlü deve, lama) sırasıyla Kuzey Afrika ile Arabistan'da, Orta Asya'da ve Andlar'da aynı rolü oynadı.

Bitkilerle hayvanların evcilleştirilmesinin fetih savaşları üzerindeki en dolaysız etkisi Avrasya atları yoluyla oldu; atlar askerlikte oynadıkları rol bakımından bu kıtada eski çağlardaki savaşların jipleri ve Sherman tanklarıydı. III. Bölüm'de anlattığım gibi, Cortés ile Pizarro'nun küçük bir maceracı çetesiyle Aztek ve İnka imparatorluklarını yıkabilmelerini sağlamıştı. Hatta bundan çok daha önce

(MÖ 4000 yılı dolaylarında), atların sırtına hâlâ eyersiz binildiği bir tarihte, Hint-Avrupa dilleri konuşan Ukraynalıların batıya doğru yayılmalarının gerisindeki asıl askerî etmen atlar olabilirdi. Bu diller daha sonra, Bask dili dışında, bütün eski Batı Avrupa dillerinin yerini aldı. Daha sonra atlar arabalara ve başka taşıtlara koşulunca (MÖ 1800 dolaylarında keşfedilen) atlı savaş arabaları Yakındoğu'da, Akdeniz bölgesinde ve Çin'de giderek savaşları kökünden değiştirdi. Örneğin, MÖ 1674'te atlar sayesinde yabancı bir halk, Hyksoslar, atsız Mısır'ı fethedip bir süreliğine kendilerini firavun ilan ettiler.

Yine daha sonra, eyer ve üzengi bulunduktan sonra atlar sayesinde Hunlar ve onların arkasından Asya steplerinin başka halkları dalgalar halinde gelip Roma İmparatorluğu'nu, ondan sonra kurulan devletleri titrettiler, en sonunda da MS 13. ve 14. yüzyıllarda Moğollar Asya ile Rusya'nın büyük bir bölümünü istila ettiler. Ancak Birinci Dünya Savaşı'nda kamyonların ve tankların sahneye çıkmasıyla atlar savaş sırasında başlıca hızlı taşıt aracı ve saldırı aracı olma özelliklerini kaybettiler. Tek ve çift hörgüçlü develer de kendi coğrafi bölgelerinde atlarınkine benzer bir askerî rol oynamışlardı. Bütün bu örnekler de gösteriyor ki evcil atları (ya da develeri) olan halklar ya da bunları kullanmayı iyi bilen halklar ötekilere göre büyük bir askerî üstünlük sağladılar.

Fetih savaşlarında aynı derecede önemli olan bir başka şey de evcil hayvanlara sahip insan topluluklarında ortaya çıkan hastalık mikroplarıydı. Çiçek, kızamık, grip gibi bulaşıcı hastalıklara yol açan ve yalnızca insanlarda görülen mikroplar, hayvanlara hastalık bulaştıran (XI. Bölüm) benzer mikropların mutasyon geçirmesi sonucu ortaya çıkmıştı. Hayvanları evcilleştiren insanlar yeni yeni evrimleşen mikropların ilk kurbanlarıydı ama bu insanlar o zaman yeni hastalıklara karşı önemli ölçüde bağışıklık kazandılar. Daha önce bu mikropları hiç almamış insanlar ile böyle kısmen bağışıklık kazanmış insanlar karşılaştıklarında başlayan salgın hastalıklar, daha önce hiç bu mikropları almamış insanların % 99'a varan oranlarda ölümüyle sonuçlanıyordu. Böylece evcil hayvanlardan alınan mikroplar Amerikan yerlilerini, Avustralyalıları, Güney Afrikalıları, Büyük Okyanus adalarının halklarını Avrupalıların egemenlikleri altına almalarında belirleyici rol oynamıştır.

Kısacası bitki ve hayvanların evcilleştirilmesi daha çok yiyecek, bunun sonucunda da daha yoğun nüfus anlamına geliyordu. Yiyecek fazlalığı ve (bazı bölgelerde) bu yiyecek fazlasını hayvanların çektiği taşıtlarla nakletme olanağı yerleşik hayata geçilmesinin ve siyasal olarak merkezileşmiş, toplumsal olarak katmanlaşmış, ekonomik olarak karmaşık, teknolojik olarak yenilikçi toplumların kurulmasının ön şartıydı. Bu nedenle bitki ve hayvanların evcilleştirilmesi imparatorlukların, okuryazarlığın, çelik silahların niçin ilk önce Avrasya'da geliştiğini, öteki kıtalarda ya daha sonraya kaldığını ya da hiç gelişmediğini kesin biçimde açıklamaktadır. Yiyecek üretimiyle fetih arasında daha sonra ayrıntısıyla inceleyeceğimiz temel bağlantıların listesi, bu listeye atların ve develerin askerî amaçlarla kullanılmasını ve hayvanlardan bulaşmış olan mikropların öldürücü gücünü ekledikten sonra tamamlanmış oluyor.

V. Bölüm

Tarihte Kimler Varlıklıydı, Kimler Değildi?

İnsanlık tarihi çoğunlukla, bir şeylere sahip olanlar ile olmayanlar arasındaki eşitsiz çatışmalardan oluşur: Çiftçinin gücüne sahip olanlar ile olmayanlar ya da bu güce farklı zamanlarda sahip olmuş halklar arasında. Yerkürenin geniş bir bölümünde yiyecek üretiminin hiç başlamamış olması bizi şaşırtmamalıdır çünkü ekolojik nedenlerden dolayı bu işi oralarda yapmak bugün de hâlâ çok zor ya da olanaksızdır. Örneğin, tarihöncesi zamanlarda Kuzey Amerika'nın kuzey kutup bölgesinde ne çiftçilik ne hayvancılık vardı, Avrasya'nın kuzey kutup bölgesinde biricik yiyecek üretimi ögesi Ren geyiğiydi. Sulama yapmak için gerekli su kaynaklarından uzak çöllerde örneğin Orta Avustralya'da veya Amerika Birleşik Devletleri'nin batısındaki bazı bölgelerde yiyecek üretimi kendiliğinden başlayamazdı.

Buna karşılık asıl açıklama gerektiren şey, bugün dünyanın en önemli tarım ve hayvancılık merkezleri arasında bulunan, ekolojik olarak çok uygun bölgelerinde yiyecek üretiminin yakın çağlara kadar başlamamış olmasıdır. Bu şaşırtıcı bölgelerin en başında California ile Amerika Birleşik Devletleri'nin Büyük Okyanus kıyısı eyaletleri, Arjantin pampaları, Güneybatı ve Güneydoğu Avustralya, Güney Afrika'nın Cape Town bölgesinin büyük bölümü geliyordu; Avrupalı sömürgeciler buralara geldiklerinde yerli halklar hâlâ yaban hayvan ve bitkilerle geçiniyordu. MÖ 4000 yılında, yani ilk yiyecek üretimi başladıktan binlerce yıl sonra, dünyayı taramış olsaydık, çağımızda tahıl ambarı olan yerlerde o zamanlar yiyecek üretilmediğini görerek şaşıracaktık – bu yerler arasında Amerika Birleşik Devletleri'nin geri kalanı, İngiltere, Fransa'nın büyük bir bölümü, Endonezya, Afrika'da Ekvator altı bölgesi var. Yiyecek üretiminin başlangıcına kadar geriye gidersek, en eski üretim bölgeleri bizi bir kez daha şaşırtır. Buralar günümüz tahıl ambarları olmak şöyle dursun, aralarında Irak, İran, Meksika, Andlar, Çin'in bir kısmı, Afrika'nın Sahel kuşağı gibi kurak ya da ekolojik olarak düşük nitelikli bölgeler bulunur. Acaba yiyecek üretimi ilk önce niçin günümüzün en verimli tarım alanlarında ve ovalarında değil de bu en olmayacak gibi görünen yerlerde başladı?

Yiyecek üretiminin başlama tarzındaki coğrafi farklar da aynı derecede şaşırtıcı. Birkaç yerde birbirinden bağımsız olarak, söz konusu yörelerde yaşayan insanların yöresel bitki ve hayvanları evcilleştirmeleriyle başladı. Başka pek çok yerde ise dışarıdan, başka yerlerde evcilleştirilmiş bitki ve hayvanların getirilmesi şeklinde oldu bu iş. Evcilleştirilmiş bitki ve hayvanların dışarıdan alındığı zaman diliminde, bu yerler tarihöncesi yiyecek üretimine elverişli olduğuna göre, acaba bu bölgelerin insanları niçin dışarıdan yardım almadan yöresel bitki ve hayvanları evcilleştirerek çiftçilik ve hayvancılığa kendileri başlamadılar?

Yiyecek üretiminin bağımsız olarak başladığı yerler arasında başlayış tarihleri neden bu kadar farklı – örneğin niçin Doğu Asya'da başladıktan binlerce yıl sonra Amerika Birleşik Devletleri'nin doğusunda başladı da Avustralya'nın doğusunda hiç başlamadı? Tarihöncesi dönemde yiyecek üretimini başka yerlerden almış bölgeler arasında alınış tarihleri neden bu kadar farklı – örneğin bu, Amerika Birleşik Devletleri'nin güneybatısına göre neden Güneybatı Avrupa'da binlerce yıl önce yapıldı? Sonra, söz konusu bölgeler arasında neden bazı bölgelerde (örneğin Amerika Birleşik Devletleri'nin güneybatısında) avcı/yiyecek toplayıcılar komşularından tarım bitkisi ve hayvan aldılar ve çiftçiliğe başladılar da bazı bölgelerde (Endonezya ve Afrika'nın

Ekvator altı) yiyecek üretiminin alınması bir felaketle sonuçlandı, o bölgenin asıl halkının, avcı/yiyecek toplayıcıların yerini istilacı yiyecek üreticileri aldı? Bu soruların hepsi, tarihte hangi halkların varlıklı, hangilerinin yoksul olacağını belirleyen gelişmelerle ilgilidir.

Bu soruları yanıtlayabileceğimiz umuduna kapılmadan önce, yiyecek üretiminin ilk nerelerde ve ne zaman başladığını, belli bir bitki ya da hayvanın ilk nerede, ne zaman evcilleştirildiğini nasıl saptayacağımıza karar vermeliyiz. Kuşkuya en az yer bırakan kanıtlar kazı yerlerinde bulunan bitki ve hayvan artıklarıdır. Evcilleştirilmiş pek çok hayvan ve bitki türü yaban atalarına göre biçimsel farklılıklar gösterir: Örneğin, evcilleştirilmiş sığır ve koyunlar daha küçüktür, evcilleştirilmiş tavuk ve elmalar daha büyük, evcilleştirilmiş bezelyelerin tanelerinin kabukları daha ince ve daha düzgün, evcilleştirilmiş keçilerin boynuzları pala gibi enli değil, burgu gibi kıvrıktır. Böylece tarihi saptanmış bir kazı yerinde bulunan evcilleştirilmiş bitki ve hayvan artıklarını tanımak olanağı vardır ve bunlar o yerde ve zamandaki yiyecek üretiminin güçlü kanıtlarıdır. Öte yandan bir kazı yerinde yaban türlerin kalıntıları bulunduysa, yiyecek üretiminin yapıldığına dair kanıt bulunamamış demektir; bulunamamış olması avcılık/yiyecek toplayıcılığıyla açıklanabilir. Elbette yiyecek üreticileri, özellikle ilk zamanların üreticileri yaban bitkileri toplamaya ve yaban hayvanları avlamaya devam ettiler, bu nedenle bu yerlerde hem yaban türlerin hem de evcilleştirilmiş türlerin kalıntılarına rastlanır.

Arkeologlar yiyecek üretiminin tarihini, o kazı yerinde bulunan karbonlu maddeleri radyokarbon testinden geçirerek saptarlar. Bu yöntem, hayatın her yerde bulunan bir yapıtaşı olan karbonun çok küçük bir parçasını oluşturan radyoaktif karbon 14'ün, çok yavaş bir şekilde bozunarak radyoaktif olmayan izotopu azot 14'e dönüşmesi esasına dayanır. Karbon 14 atmosferde kozmik ışınlar tarafından sürekli üretilmektedir. Bitkiler atmosferdeki karbonu alır, bu karbonun içinde bilinen ve neredeyse hiç değişmeyen oranda karbon 14 bulunur; hâkim izotop olan karbon 12'ye oranı aşağı yukarı bir milyonda birdir. Bu bitki karbonu, bitkileri yiyen otobur hayvanların, otobur hayvanları yiyen etobur hayvanların gövdelerinin yapıtaşlarını oluşturur. Bitki ya da hayvan öldüğü zamansa yapısında bulunan karbon 14'ün yarısı her 5700 yılda bir bozunarak karbon 12'ye dönüşür, sonunda yaklaşık 40.000 yıl kadar sonra geriye kalan karbon 14 miktarı çok azdır ve ölçülmesi ya da o şeye bulaşmış olan, yeni zamanlara ait karbon 14 içeren çok küçük miktarlardaki maddelerden ayırt edilmesi çok güçtür. Yani bir kazı yerindeki maddenin yaşı o maddede bulunan karbon 14'ün karbon 12'ye oranıyla hesaplanır.

Radyokarbon konusunda sayısız teknik sorun söz konusudur, bunlardan ikisi burada anılmaya değer. İlki, 1980'lere kadar radyokarbonla tarih saptayabilmek için fazla sayılabilecek miktarda (birkaç gram kadar) karbona gereksinim duyulmasıydı, yani bir bitki tohumunda ya da kemiklerde bulunan karbondan çok daha fazlası. Bu yüzden de bilim insanları bunun yerine çoğu kez aynı kazı yerinde o maddenin yakınlarında bulunmuş ve yiyecek kalıntılarıyla "ilişkili" olduğuna inanılan maddelerin tarihini saptamak zorunda kalıyorlardı – yani yiyecekleri bırakmış olan insanlar tarafından aynı zamanda bırakıldığına inanılan maddeler. "İlişkili" madde olarak da genellikle ateşlerden kalan kömürler seçilir.

Ama arkeolojik kazı yerleri her zaman, hepsi aynı günde o yere bırakılmış maddelerle dolu, ağzı sıkıca mühürlenmiş zaman kapsülleri değildir. Solucanlar, kemirgenler veya daha başka failler toprağı karıştırırken farklı zamanlarda bırakılmış maddeler birbirine karışır. Bu yüzden bir kömür parçası bir bitki ya da hayvan kalıntısının yanında bulunabilir ama o kalıntı o kömürden binlerce yıl önce ya da sonra yenmiş bir hayvana ait olabilir. Arkeologlar bugün bu sorunu, hızlandırıcılı kütle spektrometrisi denen yeni bir yöntemle gitgide daha iyi aşıyorlar, bu yöntem çok küçücük örneklerin karbon testiyle tarihlerinin saptanmasına olanak veriyor ve böylece küçük bir tohumun, küçük bir kemiğin ya da başka yiyecek kalıntısının tarihi saptanabiliyor. Bazı durumlarda yeni, dolaysız yöntemle (bu yöntemin de kendine özgü sorunları var) saptanan radyokarbon tarihleri ile eski, dolaylı yöntemle saptanan radyokarbon tarihleri arasında büyük farklılıklar ortaya çıktı. Bu farklılıkların yol açtığı bir sonuca ulaşmamış tartışmalar arasında, bu kitabın amaçları açısından belki de en önemlisi, Amerika kıtalarında yiyecek üretiminin ne zaman başladığıyla ilgili olandır; 1960'ların, 1970'lerin dolaylı yöntemiyle MÖ 7000 gibi erken bir tarih bulunurken, daha yakın zamanda uygulanan dolaysız yöntemle MÖ 3500'den önceye gitmeyen tarihler bulunuyor.

Radyokarbon tarihleri konusunda bir ikinci sorun atmosferdeki karbon 14/karbon 12 oranının aslında her zaman aynı olmaması, zamanla biraz dalgalanması, bu yüzden de oranı sabit varsayarak radyokarbonla yapılan tarih hesaplarında küçük bir yanılgının olması kaçınılmazdır. Uzun ömürlü bir ağacın yıllık büyüme halkalarının yardımıyla bu yanılgının boyutları geçmişteki her bir yıl için ilke olarak saptanabilir çünkü halkalar sayılarak her bir halka için geçmişte mutlak bir takvim yılı elde edilmiş olur ve bu şekilde tarihi saptanmış odunun karbon örneği incelenerek karbon 14/karbon 12 oranı bulunur. Böylece atmosferdeki karbon oranındaki dalgalanmaları da hesaba katmak için, ölçülmüş radyokarbon tarihleri bu cetvele göre "düzeltilir". Bu düzeltme yapıldığı zaman görünürdeki (yani düzeltilmemiş) tarihleri MÖ 1000 ile 6000 arasına denk gelen maddelerin gerçek (düzeltilmiş) tarihleri birkaç yüzyıl ile binyıl daha geriye gider. Biraz daha eski dönemlere ait örnekler, son yıllarda başka bir radyoaktif bozunma sürecine dayanan başka bir yöntemle düzeltilmeye başlandı ve MÖ 9000 yılına ait görünen örneklerin aslında yaklaşık MÖ 11.000 yılına ait olduğu ortaya çıktı.

Arkeologlar düzeltilmiş tarihlerle düzeltilmemiş tarihleri genellikle birbirinden ayırmak için birincileri büyük, ikincileri küçük harflerle yazarlar (örneğin, sırasıyla MÖ 3000, mö 3000 gibi). Yine de arkeolojik yayınlar bu bakımdan kafa karıştırıcı olabilir çünkü birçok kitapta ve makalede düzeltilmemiş tarihler MÖ olarak verilir ve bunların düzeltilmemiş oldukları da belirtilmez. Benim bu kitapta son 15.000 yıl için verdiğim tarihler düzeltilmiş tarihlerdir. İlk yiyecek üretimiyle ilgili olarak bu kitaptaki tarihlerle bazı genel kabul görmüş başvuru kitaplarındakiler arasında okur bir tutarsızlık görürse bunun nedeni işte budur.

Evcil bitkilerin ya da hayvanların eski kalıntılarını bir kez tanıdıktan ve bunların tarihlerini saptadıktan sonra, söz konusu bitkinin ya da hayvanın o bölge dolaylarında mı evcilleştirildiğine yoksa başka yerde evcilleştirildikten sonra mı buralara yayıldığına nasıl karar verilir? Bunun bir yöntemi, tarım bitkisi ve hayvanlarının yaban atalarının coğrafi dağılımını gösteren bir haritayı incelemek ve evcilleştirmenin, yaban ataların bulunduğu bir yerde olmuş olması gerektiği yönünde mantık yürütmektir. Örneğin nohut, Akdeniz'den, Etiyopya'dan doğuda Hindistan'a kadar geleneksel çiftçilerin her yerde yetiştirdikleri bir üründür, Hindistan bugün dünyadaki nohut üretiminin % 80'ini yapmaktadır. Bu yüzden insanın yanılıp nohudun Hindistan'da evcilleştirilmiş olacağını sanması işten bile değildir. Oysa nohudun yaban atası yalnızca Türkiye'nin güneydoğusunda bulunur. Nohudun gerçekten de orada evcilleştirildiği yorumunu destekleyen bir olgu daha vardır: Evcilleştirilmiş olabilecek nohudun Cilalı Taş Çağı'ndan kalma arkeolojik yörelerde bulunan ve MÖ yaklaşık 8000 yılına ait en eski kalıntılarına Güneydoğu Türkiye ile onun hemen yakınındaki Kuzey Suriye'de rastlanmıştır; Hindistan'ın güney ucunda nohut olduğunu gösteren arkeolojik kanıtlara söz konusu tarihten 5000 yıl sonrasına kadar rastlanmaz.

Bir ürün ya da hayvanın nerede evcilleştirildiğini saptamanın ikinci bir yöntemi, evcilleştirilmiş türler nerede ilk görülmüşse görüldükleri tarihleri bir haritanın üzerinde o yerlere not etmektir. İlk görüldüğü yer ilk evcilleştirildiği yer olabilir – özellikle yaban atası da orada yaşamışsa ve başka yerlerde ilk ortaya çıkış tarihleri, evcilleştirildiği merkez olduğu varsayılan yere o yerlerin uzaklığı arttıkça günümüze yaklaşıyor ve oralara o merkezden yayıldığı kanısını veriyorsa. Örneğin, bilinen ilk çiftsıralı buğday tarımı MÖ 8500 dolaylarında Bereketli Hilal'de yapılmıştır. Bu tarihten hemen sonra giderek batıya doğru yayıldığı görülür, MÖ 6500 dolaylarında Yunanistan'a, MÖ 5000 dolaylarında Almanya'ya ulaşmıştır.

Bu tarihlerden anlaşıldığına göre buğday Bereketli Hilal'de evcilleştirilmiştir, bu buğdayın atası olan yaban türünün İsrail'den doğuya doğru İran ve Türkiye'ye kadar uzanan bölgede bulunması da bu sonucu destekleyen bir olgudur.

Yine de daha sonra göreceğimiz gibi aynı bitki ya da hayvanın birbirinden bağımsız olarak farklı yerlerde evcilleştirildiği durumlarda karışıklıklar ortaya çıkar. Bu durumlar ancak farklı bölgelerdeki aynı bitki ya da evcil hayvan örnekleri arasındaki biçim, gen ya da kromozom farklılıkları incelenerek çözülebilir. Söz gelimi, Hindistan'daki evcil sığır cinsinin bir hörgücü vardır, bu hörgüç Batı Avrasya sığır cinsinde yoktur, yapılan genetik incelemeler bize bugünkü Hindistan ve Batı Avrasya sığır türlerinin, henüz hiçbir yerde hiçbir hayvan evcilleştirilmemişken, yüz binlerce yıl önce birbirlerinden farklılaştıklarını gösterir. Yani sığırlar son 10.000 yıl içinde, yüz binlerce yıl önce birbirinden farklılaşan alt türlerden başlayarak Hindistan ve Batı Avrasya'da birbirinden bağımsız olarak evcilleştirilmiştir.

Şimdi yiyecek üretiminin başlamasıyla ilgili daha önceki sorularımıza dönebiliriz. Yerkürenin farklı bölgelerinde yiyecek üretimi nerede, ne zaman ve nasıl başladı?

Bir yanda, yiyecek üretiminin tamamıyla bağımsız olarak, yöresel bitkilerin (bazen de hayvanların) evcilleştirilmesiyle, başka herhangi bir yerden herhangi bir bitki ya da hayvan gelmeden başlayan bölgeler var. Şu anda ayrıntılı ve inandırıcı kanıtları olan böyle ancak beş bölge biliyoruz: Yakındoğu ya da Bereketli Hilal olarak da bilinen Güneybatı Asya, Çin, (Orta ve Güney Meksika ile Orta Amerika'nın buraya yakın bölgesine verilen adla) Mezoamerika, Güney Amerika Andları ile belki de ona bitişik Amazon havzası, Amerika Birleşik Devletleri'nin doğusu (bkz. Şekil 5.1). Bu merkezlerin bazıları ya da hepsi, yiyecek üretiminin aşağı yukarı bağımsız olarak başladığı çeşitli yakın merkezleri de kapsayabilir; örneğin, Kuzey Çin'in Sarı Irmak vadisi ve Güney Çin'in Yangtze Irmağı vadisi.

Yiyecek üretiminin kesin olarak sıfırdan başladığı bu beş merkeze ek olarak, bu payeye aday dört yer daha var: Afrika'nın Sahel kuşağı, tropik Batı Afrika, Etiyopya, Yeni Gine. Yine de her biri konusunda bazı kuşkular söz konusu. Büyük Sahra'nın hemen güneyinde, Afrika'nın Sahel kuşağında yerli yaban bitkilerin evcilleştirildiğine kuşku yok ama hayvancılık orada tarımdan önce başlamış olabilir; sonra bu hayvanlar bağımsız olarak evcilleştirilmiş Sahel sığırları mıydı, yoksa Bereketli Hilal'den gelen ve bitkilerin evcilleştirilmesi sürecini başlatan sığırlar mıydı, kesin değil. Ayrıca şu da belli değil: Acaba Sahel tarım ürünlerinin gelişiyle mi tropik Batı Afrika'da yerel yaban bitkiler yöresel olarak evcilleştirilmeye başlandı, acaba Etiyopya'da yerel yaban bitkilerin yöresel olarak evcilleştirilmesi sürecini ateşleyen şey Güneybatı Asya'dan gelen tarım ürünleri miydi? Yeni Gine'ye gelince, orada yapılan arkeolojik incelemelerde yiyecek üretiminin çevre bölgelerden çok önce orada başladığına dair kanıtlar bulunda ama hangi tarım ürünlerinin yetiştirildiği tam olarak saptanamadı.

Tablo 5.1'de, bu ve başka yöresel evcilleştirme bölgeleri için, en iyi bilinen tarım ürünlerinin ve hayvanların, bilinen ilk evcilleştirme tarihleri özet olarak veriliyor. Yiyecek üretiminin bağımsız olarak başladığı yer olmaya aday bu dokuz bölge arasında hem bitkilerin hem hayvanların en erken (kesin tarihleriyle, bitkiler MÖ 8500, hayvanlarsa MÖ 8000 dolaylarında) evcilleştirildiği yer Güneybatı Asya'ydı; ilk yiyecek üretimiyle ilgili olarak saptanmış sağlıklı pek çok radyokarbon tarihi de buraya aittir. Çin için de neredeyse bu kadar erken tarihler söz konusudur ama Amerika Birleşik Devletleri'nin doğusu için bu tarih pek açık bir biçimde aşağı yukarı 6000 yıl sonrayı gösterir. Öteki altı aday bölge için sağlam kanıtlara dayanan ilk tarihler Güneybatı Asya'nınkilerle boy ölçüşemez. Bu öteki altı bölgedeki ilk merkezlerin çok azının tarihi güvenilir biçimde saptanmıştır, bu yüzden gerçekten de Güneybatı Asya'nın gerisinde kalıp kalmadıklarından ve (kaldılarsa) ne kadar geride kaldıklarından emin olamayız.

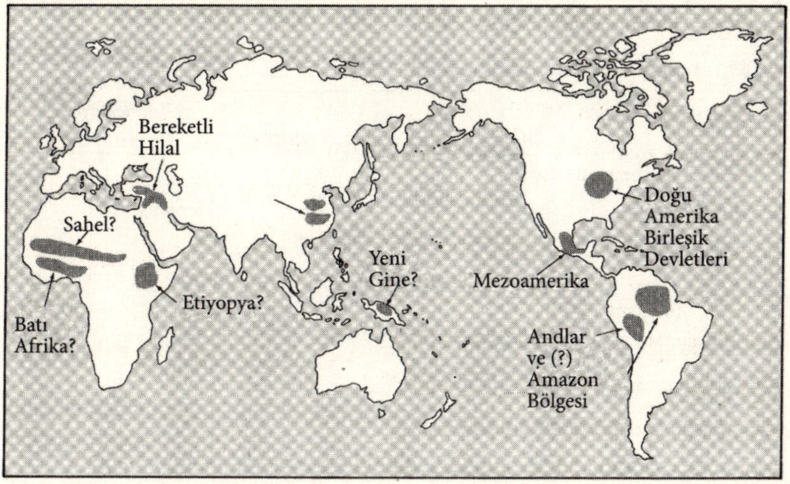

Şekil 5.1. Yiyecek üretiminin başladığı merkezler. Soru işaretleri, söz konusu merkezlerde yiyecek üretiminin gerçekten de başka merkezlerden etkilenmeden başlayıp başlamadığı ya da (Yeni Gine'deki gibi) ilk tarım bitkilerinin neler olduğu konusundaki belirsizlikleri gösteriyor.

İkinci öbekteki bölgeler, en az birkaç yöresel bitki ya da hayvanın gerçekten evcilleştirildiği ama yiyecek üretiminin başka yerlerde evcilleştirilmiş tarım bitkisine ve hayvana dayandığı yörelerden oluşur. Dışarıdan alınan bu evcillerin, tarım bitkileri ve çiftlik hayvanlarına "atalık" ettiği düşünülebilir çünkü yerel yiyecek üretimini başlatan onlardır. Bu atalar bir yörenin insanlarının yerleşik hale geçmelerine yol açmış, böylece de toplanıp eve getirilen, ilkin rastlantıyla daha sonra bilerek ekilen yaban bitkilerin evrimleşmesiyle yöresel tarım bitkilerinin ortaya çıkması olasılığını artırmıştır.

Tablo 5.1. Bölgelerin Her Birinde Evcileştirilmiş Türden Örnekler

Bölge	*Evcilleştirilen*		*Kanıtlanan İlk Evcilleştirilme Tarihi*
	Bitkiler	*Hayvanlar*	
Bağımsız Evcilleştirme Bölgeleri			
1. Güneybatı Asya	buğday, bezelye, zeytin	keçi, koyun	MÖ 8500
2, Çin	pirinç, akdarı	domuz, ipekböceği	MÖ 7500'den önce
3. Mezoamerika	mısır, fasulye, balkabağı	hindi	MÖ 3500'den önce
4. Andlar ve Amazon Bölgesi	Patates, manyok	lama, kobay	MÖ 3500'den önce
5. Doğu Birleşik Amerika	ayçiçeği, kazayağı	yok	MÖ 2500
? 6. Sahel	süpürgedarısı, Afrika pirinci	beçtavuğu	MÖ 5000'den önce
? 7. Tropik Batı Afrika	yam, yağ palmiyesi	yok	MÖ 3000'den önce
? 8. Etiyopya	kahve, çayırgüzeli	yok	?
? 9. Yeni Gine	şekerkamışı, muz	yok	MÖ 7000'den önce
Başka Yerlerden Gelen Tarım Ürünlerinin Önderlik Ettiği Yöresel Evcilleştirme			
10. Batı Avrupa	haşhaş, yulaf	yok	MÖ 6000-3500
11. İndus Vadisi	susam, patlıcan	hörgöçlü sığır	MÖ 7000
12. Mısır	firavuninciri ayakotu	eşek, kedi	MÖ 6000

Bu tür bölgelerin üç ya da dördüne ata ürünler Güneybatı Asya'dan geldi. Bu bölgelerden biri Orta Avrupa'ydı, burada yiyecek üretimi MÖ 6000 ile 3500 yılları arasında Güneybatı Asya'dan gelen tarım bitkileri ve çiftlik hayvanlarıyla başladı ama hiç değilse bir tek bitki (haşhaş ve belki de yulaf ile bazı başka şeyler) o zamanlar yöresel olarak evcilleştirilmişti. Yaban haşhaş yalnızca Batı Akdeniz'in kıyı bölgelerinde bulunur. Doğu Avrupa'da ve Güneybatı Asya'da ilk çiftçi toplulukların yaşadıkları yerlerde yapılan kazılarda haşhaş tohumuna rastlanmaz; Batı Avrupa'nın ilk çiftçi toplumlarının yaşadıkları yerlerde görülürler ilk kez. Bunun tam tersine, Güneybatı Asya'nın pek çok tarım bitkisi ile çiftlik hayvanının çoğunun yaban ataları Batı Avrupa'da yoktur. Dolayısıyla Batı Avrupa'da yiyecek üretiminin bağımsız olarak başlamadığı, Güneybatı Asya'dan gelen evcilleştirilmiş bitki ve hayvanlarla başladığı çok açıktır. Bunun sonucunda Batı Avrupa'da ortaya çıkan çiftçi toplumlar haşhaşı evcilleştirmişlerdir ve haşhaş da bir tarım bitkisi olarak batıya doğru yayılmıştır.

Yerel evcilleştirmenin böyle Güneybatı Asya'dan gelen ilk ürünlerin önderliğinde başlamış gibi göründüğü bir başka bölge de Hindistan'ın İndus Vadisi'dir. O bölgedeki ilk çiftçi toplumlar MÖ yedinci binyılda daha önce Bereketli Hilal'de evcilleştirilmiş ve besbelli ki İran yoluyla İndus Vadisi'ne yayılmış olan buğday, arpa ve başka tarım ürünlerinden yararlanıyorlardı. Hörgüçlü sığır gibi, susam gibi Hindistan'daki yerel türlerin evcilleştirilmesi İndus Vadisi'ndeki çiftçi toplumlarında ancak bundan sonra görülüyor. Yiyecek üretimi Mısır'da da MÖ altıncı binyılda Güneybatı Asya'dan gelen tarım bitkileriyle başladı. Ancak bundan sonra Mısırlılar firavunincirini ve ayakotu denen bir sebzeyi evcilleştirdiler.

Aynı durum belki buğday, arpa ve başka Güneybatı Asya tarım bitkilerinin uzun süredir yetiştirildiği Etiyopya için de geçerli. Etiyopyalılar aynı zamanda kendi yaşadıkları yörede bulunan pek çok yaban türü üretmek amacıyla evcilleştirdiler, bunların çoğu hâlâ yalnızca Etiyopya'da yetişiyor ama biri (kahve) bugün bütün dünyaya yayılmış durumda. Bununla birlikte Etiyopyalılar bu yerel bitkileri Güneybatı Asya paketi geldikten sonra mı, yoksa gelmeden önce mi yetiştiriyorlardı, henüz bilinmiyor.

Yiyecek üretiminin başka yerlerden gelen tarım bitkilerinin önderliğinde başladığı bu ve bunun gibi başka bölgelerde, acaba o yörenin yaban bitki ve hayvanlarıyla geçinen insanları bu bitkileri komşularından kendileri mi alıp çiftçilik yapmaya başladılar? Yoksa kendi yörelerine dışarıdan gelen çiftçiler mi ürün paketini yanlarında getirdi de böylece çiftçiler yerel avcılardan daha hızlı üreyerek onları öldürmek, yerinden kovmak ya da sayıca onlardan üstün olmak olanağını buldu?

Mısır'da birincisi oldu gibi görünüyor: Yerel avcı/yiyecek toplayıcılar önce kendilerinin yaban bitki ve hayvanlardan oluşan beslenme tarzlarına Güneybatı Asya'dan gelen evcilleri, çiftçilik ve hayvancılık yöntemlerini eklediler, daha sonra yavaş yavaş yaban besinleri bıraktılar. Yani Mısır'da yiyecek üretimini başlatan şey yabancı tarım ürünleriyle çiftlik hayvanları oldu, yabancı insanlar değil. Avrupa'nın Atlas Okyanusu kıyıları için de aynı şey doğru olabilir; oradaki avcılar besbelli ki Güneybatı Asya'nın koyun ve tahıllarını uzun yüzyıllar içinde alıp benimsediler. Güney Afrika'nın Cape Town bölgesindeki yerli Koi avcıları Afrika'nın ta kuzeyinden (yani asıl kaynağa gidersek Güneybatı Asya'dan) aldıkları koyun ve ineklerle hayvancılığa başladılar (ama çiftçilik yapmadılar). Aynı şekilde Amerika Birleşik Devletleri'nin güneybatı bölgesinin avcıları Meksika'dan aldıkları tarım bitkileriyle çiftçiliğe başladı. Bu dört bölgede yiyecek üretiminin başlaması yerel hayvan ve bitki türlerinin evcilleştirildiğine dair pek bir kanıt oluşturmaz ama aynı zamanda buralardaki insan nüfusunun yerini başka insan nüfuslarının aldığını da pek göstermez.

Bunların tam karşı kutbunda ise yiyecek üretiminin kesin olarak, yabancı tarım ürünü ve çiftlik hayvanlarıyla birlikte gelen yabancı insanlarla birdenbire başladığı bölgeler vardır. Kesin olarak bilmemizin nedeni bu olayların yakın çağlarda meydana gelmesi, bu olaylara karışanların okumuş yazmış Avrupalılar olması ve neler olup bittiğini anlatan sayısız kitabın bulunmasıdır. Bu bölgeler arasında California, Kuzey Amerika'nın Büyük Okyanus kanadının kuzeybatısı, Arjantin pampaları, Avustralya ile Sibirya bulunmaktadır. Yakın yüzyıllara kadar bu bölgelerde hâlâ avcı/yiyecek toplayıcılar yaşıyordu – ilk üçünde Amerikan yerlileri, son ikisinde Avustralya ve Sibirya yerlileri. Bu bölgelere gelen ve yanlarında kendi tarım bitkilerini getiren, geldikten sonra yerli hiçbir yaban türü (Avustralya'da *Macadamia* yemişi dışında) evcilleştirmeyen Avrupalı çiftçiler ve hayvan yetiştiricileri bu avcıları öldürdü, onlara mikrop bulaştırdı, onları yurtlarından kovdu ya da onların yerini aldı. Güney Afrika'nın Cape Town bölgesine gelen Avrupalılar orada yalnızca Koi avcılarıyla değil, evcil hayvanları olan ama tarım ürünleri olmayan hayvan yetiştiricileriyle karşılaştılar. Bu yine tarımın dışarıdan gelen ürünlerle başlaması, yerel türlerin evcilleştirilmemesi, nüfusun şiddetli biçimde değişmesi anlamına geliyordu.

Son olarak, yiyecek üretiminin dışarıdan gelen evcillerle birdenbire başlaması, birden ve yoğun biçimde nüfus değişikliklerinin meydana gelmesi olgusunun tarihöncesi dönemde pek çok bölgede tekrarlandığı görülüyor. Yazılı belgelerin bulunmadığı durumlarda bu nüfus değişikliklerinin kanıtlarının arkeolojik kayıtlarda aranması ya da dilsel ipuçlarından çıkarılması gerekiyor. Bazı durumlarda nüfus değişikliği kuşkuya yer bırakmayacak biçimde apaçık ortadadır çünkü avcıların yerini alan yeni gelmiş yiyecek üreticilerinin iskeletleri avcılarınkinden gözle görülür biçimde farklıdır çünkü yiyecek üreticileri yalnızca tarım bitkileriyle çiftlik hayvanlarını değil çömlekçilik sanatını da getirmişlerdir. Daha sonraki bölümlerde bu durumun en açık iki örneği ele alınacaktır: Güney Çin'den Filipinler'e ve Endonezya'ya doğru Avustronezyalıların yayılışı (XVII. Bölüm) ile Bantuların Ekvator altı Afrikasına yayılışları (XIX. Bölüm).

Güneydoğu Avrupa ile Orta Avrupa'da, (Güneybatı Asya'nın tarım ürünlerine ve çiftlik hayvanlarına bağlı olarak) birdenbire başlayan yiyecek üretimi ve çömlekçilikle benzer bir tablo sergilemektedir. Bu atılımın içinde belki de eski Yunan ve Almanların yerini yeni Yunan ve Almanların alması da vardı, tıpkı Filipinler'de, Endonezya'da, Afrika'nın Ekvator altı bölgesinde eskilerin yerlerini yenilere bırakması gibi. Ama öte yandan avcı/yiyecek toplayıcılar ile daha sonra onların yerini alan çiftçilerin iskeletleri arasındaki fark Filipinler, Endonezya ve Afrika'nın Ekvator altı bölgesindeki kadar belirgin görünmüyor. Demek ki Avrupa'daki nüfus değişikliği o kadar somut ve dolaysız bir şey değil.

Kısacası yiyecek üretimi dünyada ancak birkaç yerde bağımsız olarak ve çok farklı zamanlarda başladı. Bu çekirdek bölgelere komşu bazı bölgelerde yaşayan avcı/yiyecek toplayıcılar yiyecek üretimini öğrendiler, başka bazı komşu bölgeleriyse bu çekirdek bölgelerden gelen yiyecek üreticileri işgal etti ve oradaki avcı/yiyecek toplayıcıların yerini aldı – yine tabii çok farklı zamanlarda. Sonuçta, yiyecek üretimine ekolojik olarak elverişli olan bazı bölgelerin insanları tarihöncesi zamanlarda ne kendi başlarına ne de başkalarından öğrenerek tarıma geçebildiler; çağdaş dünyanın akımına uğrayıncaya kadar avcı/yiyecek toplayıcı olarak yaşadılar. Yiyecek üretimine geçiş hamlesini en erken yapmış olan insanlar için tüfeklerin, mikropların ve çeliğin yolu açılmış oldu. Böylece tarihte varlıklılar ile varlıksızlar arasında çatışmalar sürdü gitti.

Yiyecek üretiminin başlama biçimi ve zamanı konusundaki coğrafi farklılıkları nasıl açıklayabiliriz? Tarihöncesinin en önemli sorunlarından biri olan bu soru bundan sonraki beş bölümün konusu olacak.

VI. Bölüm

Çiftçilik Yapmalı mı Yapmamalı mı?

Önceleri yeryüzündeki bütün insan toplulukları yabani hayvan ve bitkilerle geçiniyorlardı. Peki durup dururken ne diye bu topluluklardan biri yiyecek üretimine geçti? Bunun bir nedeni olmalı, peki niçin Bereketli Hilal adı verilen Akdeniz yerleşim yerlerindeki insanlar MÖ yaklaşık 8500 yılında geçti de iklim ve yapı bakımından benzerlik taşıyan Güneybatı Avrupa'nın Akdeniz kıyısındakiler 3000 yıl sonra geçti; California'nın, Güneybatı Avustralya'nın ve Güney Afrika Cape Town bölgesinin Akdeniz doğa özelliklerine sahip bölgelerindeki yerliler neden hiç geçemedi? Hatta niçin Bereketli Hilal'deki insanlar MÖ 18.500 ya da 28.500 yıllarında yiyecek üretimine geçmediler de MÖ 8500 yılını beklediler?

Günümüzün bakış açısıyla bütün bu sorular bize aptalca görünüyor çünkü yabani hayvan ve bitkilerle geçinmenin sakıncaları öylesine apaçık ortada ki! Bilim insanları avcı/toplayıcıların hayatlarını tanımlamak için Thomas Hobbes'un bir sözünü alıntılarlar, "berbat, hayvanca ve kısa". Herhalde çok çalışmak zorundaydılar, her gün yiyecek bulmak için dolaşıp duruyor, çoğu kez açlık çekiyorlardı, yumuşak yatak, doğru dürüst giyecek gibi temel maddi rahatlıklara sahip değildiler ve genç yaşta ölüyorlardı.

Aslında yalnızca yiyecek üretme işini kendileri yapmayan bugünün zengin Birinci Dünya vatandaşları için (uzak yerlerdeki tarımcıların işi olan) yiyecek üretimi, daha az bedensel çalışma, daha fazla rahatlık, açlık tehlikesinin ortadan kalkması ve daha uzun bir ömür beklentisi anlamına geliyor. Dünyadaki gerçek yiyecek üreticilerinin büyük bir çoğunluğunu oluşturan, çiftçilik ve hayvancılıkla uğraşan köylülerin çoğu, yabani bitki ve hayvanlarla geçinen insanlara göre daha iyi durumda değiller. İnsanların işlerine ne kadar zaman harcadıklarını ölçen araştırmalar, çiftçilik ve hayvancılıkla uğraşanların avcı/yiyecek toplayıcılara göre her gün daha az değil, zamanlarının daha büyük bir kısmını çalışarak geçirebildiklerini gösteriyor. Arkeologlar pek çok bölgede yerlerini ilk çiftçilere bırakan avcı/yiyecek toplayıcılara göre ilk çiftçilerin daha ufak tefek olduklarını, daha kötü beslendiklerini, daha fazla ciddi hastalıklara yakalandıklarını, ortalama olarak daha genç yaşta öldüklerini gösterdiler. Bu ilk çiftçiler yiyecek üretiminin bu tür sonuçlarını önceden görebilselerdi çiftçiliği seçmeyebilirlerdi. Neden sonuçlarını önceden göremeyip bu seçimi yaptılar?

Komşularının yiyecek üretimiyle uğraştığını gören, yine de bu işin olası nimetlerinden yararlanmak istemeyen, avcılık ve yiyecek toplayıcılığından vazgeçmeyen pek çok avcı/yiyecek toplayıcı topluluğun gerçekten görüldüğü durumlar vardır. Örneğin, Kuzeydoğu Avustralya'nın yerli avcı/yiyecek toplayıcıları Avustralya ile Yeni Gine arasındaki Torres Boğazı adalarının çiftçileriyle binlerce yıl ticaret yaptılar. California'nın yerli avcı/yiyecek toplayıcıları Colorado River vadisinin Amerikan yerlisi çiftçileriyle ticaret yaptılar. Ayrıca Güney Afrika'da Fish Irmağı'nın batısındaki Koi hayvan üreticileri Fish Irmağı'nın doğusundaki Bantu çiftçileriyle ticaret yaptı ve kendileri çiftçilik yapmayı denemediler. Niçin?

Yine de çiftçilerle ilişkisi olan başka avcı/yiyecek toplayıcılar sonunda çiftçilik yapmaya başladılar ancak bize aşırı derecede uzun gelen bir gecikmeden sonra bu işi yaptılar. Örneğin, Kuzey Almanya'nın kıyı bölgesinde yaşayan halklar, topu topu iki yüz kilometre güneylerindeki iç Almanya'ya, lineer bant keramik kültürü insanları yiyecek üretimini getirdikten 1300 yıl sonrasına kadar yiyecek üretimine başlamadılar. Kıyı bölgesinde yaşayan Almanlar niçin bu kadar zaman beklediler ve kararlarını değiştirmelerine neden olan şey neydi?

Bu sorulara cevap verebilmek için önce yiyecek üretiminin nasıl başladığıyla ilgili kafamızdaki yanlış düşünceleri değiştirmemiz ve soruyu başka türlü sormamız gerekiyor. Aslında belki de bizim sandığımız gibi yiyecek üretimi bir keşif ya da bir icat değildi. Hatta çoğu durumda çiftçilik ile avcılık ve yiyecek toplayıcılığı arasında bilinçli bir seçim bile söz konusu değildi. Özellikle yerkürenin hangi bölgesinde olursa olsun yiyecek üretimine başlayan ilk insanlar bilinçli bir seçim yapmış ya da çiftçi olmayı aklına koymuş olamazlar çünkü daha önce çiftçilik diye bir şey görmemişlerdi ve çiftçiliğin nasıl bir şey olduğunu bilmelerine olanak yoktu, ileride göreceğimiz gibi yiyecek üretimi, bu işin sonuçlarının neler olabileceği bilinmeden verilmiş kararların yan ürünü olarak kendiliğinden gelişti. Bu yüzden de sormamız gereken soru, neden bazı yerlerde gelişti de başka yerlerde gelişmedi, neden farklı yerlerde farklı zamanlarda ve neden daha önce ya da daha sonra değil de o zamanlarda gelişti, olmalıdır.

Bir başka yanılgı da göçebe avcı/yiyecek toplayıcılarla yerleşik çiftçiler arasında kesin bir ayrım olduğu düşüncesidir. Aslında ikisini çoğu kez kalın bir çizgiyle birbirinden ayırmamıza karşın, Kuzey Amerika'nın kuzeybatı Büyük Okyanus kıyıları ve büyük olasılıkla Güneydoğu Avustralya da içinde olmak üzere bazı bereketli bölgelerde yaşayan avcı/yiyecek toplayıcılar yerleşik düzene geçtiler ama asla yiyecek üretimine başlamadılar. Filistin'de, Peru kıyılarında, Japonya'da avcı yiyecek toplayıcılar önce yerleşik düzene geçtiler, yiyecek üretimineyse çok daha sonra başladılar. Yerleşik gruplar belki de 15.000 yıl önce avcı/yiyecek toplayıcıların çok büyük bir bölümünü oluşturuyorlardı, o zamanlar avcı/yiyecek toplayıcılar bugünkü gibi tek seçeneğin göçebelik olduğu verimsiz yerlerde değil, dünyanın (en verimli bölgeleri de içinde olmak üzere) bütün yerleşim bölgelerinde yaşıyorlardı.

Bunun tam tersine yiyecek üreten ve göçebelik eden topluluklar da var. Yeni Gine'nin Lakes düzlüğünde yaşayan bazı çağdaş göçebeler ormanda tarla açar, muz ve papaya diker sonra çeker gider, birkaç ay avcılık eder, yiyecek toplar, sonra dönüp ektikleri bitkilere bakar, bitkiler büyüyorsa zararlı otları temizler, yine gider avcılık eder, aylar sonra geri gelip bakar, diktikleri şeyler ürün vermişse bir süre orada demir atıp oturur, ürünü toplar ve yerler. Amerika Birleşik Devletleri'nin güneybatısındaki Apaçiler yazın kuzeydeki yüksek yaylalarda otururlar, kışınsa güneydeki alçak düzlüklere çekilir, yiyecek aramak için oradan oraya dolaşırlar. Afrika ve Asya'nın hayvancılıkla geçinen insan topluluklarının çoğu mevsimlere göre düzenli şekilde konaklama yerlerini değiştirir, mevsimlerle birlikte otlaklarda meydana geleceğini bildikleri değişikliklerden yararlanırlar. Sonuç olarak, avcılık/yiyecek toplayıcılığından yiyecek üretimine geçiş her zaman göçebelikten yerleşikliğe geçişle aynı zamanda gerçekleşmez.

Varsayageldiğimiz ama gerçekte o kadar kesinkes olmayan bir başka ayrım da kendi topraklarının etkin yöneticisi olan yiyecek üreticileri ile toprağın yaban ürünlerini devşirmekten öte bir şey yapmayan avcı/yiyecek toplayıcılar arasındaki ayrımdır. Aslında bazı avcı/yiyecek toplayıcılar topraklarını basbayağı idare ederler. Örneğin, sagu palmiyelerini ya da dağda yetişen vidaağacını evcilleştirmemiş olan Yeni Gineliler bu yenebilir yabani bitkilerin ürününü artırmak için sagu palmiyelerinin büyümesini engelleyen ağaçları keser, sagu bataklıklarındaki kanalları temiz tutar, yaşlı sagu palmiyelerini keserek genç sürgünlerin büyümesini sağlarlar. Yam ve tohumlu bitki tarımını hiçbir zaman yapmamış olan Avustralya yerlileri yine de çiftçiliğin çeşitli ögelerini öngörebilmişlerdir. Otlakları yakarak yangınlardan sonra topraktan fışkıran tohumlu ve yenebilir bitkilerin büyümesini sağlamışlardır. Yaban yam toplarken yenebilir yumruların büyük bir parçasını kesip alırlar ama yumruların tepelerini ve saplarını yeniden toprağa gömerlerdi, yeniden sürgün versin diye. Yumruları çıkarmak için toprağı kazdıklarından toprak gevşer, havalanır, böylece verimlileşirdi. Çiftçi tanımına girmek için tek yapmaları gereken şey sapları ve sapların ucundaki yumruları evlerine götürmek ve onları kendi konaklama yerlerinde toprağa dikmekti.

Bu öncülerle yavaş yavaş başlayan yiyecek üretimi adım adım gelişti. Bütün gerekli yöntemler kısa bir sürede geliştirilmedi, belli bir bölgede sonuçta evcilleştirilmiş olan yabani bitki ve hayvanlar aynı zamanda evcilleştirilmedi. Avcılığa/yiyecek toplayıcılığına dayanan hayat tarzından yiyecek üretimine geçişin en hızlı ve bağımsız bir biçimde olduğu yerlerde bile tamamıyla yabani yiyeceklere bağımlılıktan kurtulup bunların çok az yer tuttuğu bir beslenme tarzına geçmek binlerce yıl aldı. Yiyecek üretiminin ilk evrelerinde insanlar hem yabani yiyecek topluyor hem de kendileri yetiştiriyorlardı ve tarım ürünlerine bağımlılık arttıkça çeşitli türdeki toplama biçimleri önemini farklı zamanlarda kaybetti.

Bu geçiş böyle yavaş olduysa, yiyecek üretimi sistemleri, ayrılacak zaman ve emek konusunda alınmış ayrı ayrı pek çok kararın birikmesi sonucunda geliştiği için oldu. Yiyecek bulmak için dolaşan insanların tıpkı yiyecek bulmak için dolaşan hayvanlar gibi sınırlı zamanı ve enerjisi vardır; bu zamanı ve enerjiyi çeşitli şekilde harcayabilirler. Yeni yeni çiftçiliğe başlamış birini gözümüzün önüne getirelim, sabah uyandığında kendi kendine şunu sorabilir: Bugün acaba (üç beş ay sonra bana herhalde pek çok sebze verecek) bahçemi mi çapalasam, yoksa (bugün bana herhalde biraz et sağlayacak) midye falan mı toplasam, yoksa bir geyik mi avlasam (bugün böylece çok etim olabilir ama daha büyük olasılıkla eli boş da kalabilirim)? Yiyecek arayan gerek hayvanlar gerek insanlar farkında olmasalar da sürekli olarak önceliklerle ve enerjilerini pay etmekle ilgili kararlar alıyorlar. Önce en sevdikleri ya da ödülü en yüksek olan yiyecekler üzerinde duruyorlar. Bunları bulamazlarsa daha az tercih ettikleri yiyeceklere yöneliyorlar.

Bu kararların alınmasında pek çok düşünce etkili oluyor. İnsanlar açlıklarını gidermek ya da midelerini doldurmak için yiyecek ararlar. Aynı zamanda belli yiyeceklerin açlığını çekerler, örneğin, protein bakımından zengin yiyeceklerin, yağın, tuzun, tatlı meyvelerin, bir de sırf tadından hoşlandıkları yiyeceklerin. Bütün başka şeylerin eşit olması halinde insanlar yiyecek arayarak harcadıkları kaloriyi, proteinleri ya da başka türdeki belli besinleri, en az zaman harcayarak, en az çabayla, en güvenli biçimde en iyi sonuç alacak şekilde, yeniden kazanmak amacındadır. Aynı zamanda aç kalma tehlikesini de en aza indirmek isterler: az ama güvenilir kazançlar onlar için, yüksek ama güvenilmez olan ve ciddi biçimde açlıktan ölme tehlikesi doğuracak dalgalı kazançlardan daha iyidir. Yaklaşık 11.000 yıl öncesinin bahçelerinin tahmin edilen işlevlerinden biri, yaban yiyecek bulunmadığında güvenilir bir yedek kiler olmaktı.

Bunun tam tersine, erkek avcılar saygınlık kaygısıyla hareket etme eğilimi gösterirler: Örneğin, her gün zürafa avına çıkıp ayda bir kez sırtlarında bir zürafayla dönerek büyük avcı sıfatını kazanmak onlar için her gün garantili bir biçimde fındık toplamak gibi küçültücü bir iş yaparak bir ayda eve iki zürafa ağırlığında fındık getirmekten iyidir, insanlar ayrıca balığı nadir bir yiyecek ya da tabu saymak gibi görünüşte nedensiz birtakım kültürel tercihlerle de hareket ederler. Son olarak, insanların öncelikleri farklı yaşam tarzlarına verdikleri görece değere göre de çok değişir – tıpkı bugün de gördüğümüz gibi. Örneğin, 19. yüzyılda Amerika Birleşik Devletleri'nin batısında sığır yetiştiricilerin, koyun yetiştiricilerin ve çiftçilerin hepsi birbirini küçümserdi. Aynı şekilde, insanlık tarihi boyunca çiftçiler, avcı/yiyecek toplayıcıları ilkel bularak küçümsemiş, avcı/yiyecek toplayıcılar çiftçileri cahil diye küçümsemiş, hayvan yetiştiricilerse ikisini de küçümsemiştir. Bütün bu ögeler insanların yiyeceklerini nasıl elde edecekleri konusunda ayrı ayrı verdikleri kararlarda rol oynamıştır.

Daha önce de işaret ettiğimiz gibi, bütün kıtalardaki ilk çiftçiler çiftçiliği bilerek seçmiş olamazlar çünkü çevrelerinde görebilecekleri başka çiftçi yoktu. Oysa bir kıtanın bir köşesinde yiyecek üretimi bir kez başladıktan sonra komşu avcı/yiyecek toplayıcılar sonucu görüp bilinçli bir seçim yapmış olabilirler. Bazı durumlarda avcı/ yiyecek toplayıcılar komşularının yiyecek üretimi sistemini aslında paket halinde aldılar; bazı durumlardaysa ancak belli ögeleri seçtiler; bazılarındaysa yiyecek üretimini hiç benimsemeyerek avcı/yiyecek toplayıcı olarak kaldılar.

Örneğin, Güneydoğu Avrupa'nın bazı bölgelerindeki avcı/yi yecek toplayıcılar Güneybatı Asya'nın tahıllarını, baklagillerini, çiftlik hayvanlarını eşzamanlı olarak tam bir paket halinde, MÖ aşağı yukarı 6000 yılında aldılar. Bütün bu üç kalem ürün MÖ 5000 yılına kadarki yüzyıllarda hızla Orta Avrupa'ya yayıldı. Yiyecek üretimi Güneydoğu ve Orta Avrupa'ya hızla ve toptan yayılmış olabilir çünkü oradaki avcı/yiyecek toplayıcıların daha az üretici ve daha az yarışmacı bir hayat tarzları vardı. Buna karşılık Güneybatı Avrupa'da (Güney Fransa, İspanya ve İtalya'da) yiyecek üretimine parça parça geçildi, önce koyun geldi, sonra tahıllar. Yiyecek üretiminin Asya kıtasından yoğun şekilde Japonya'ya gelişi de yavaş ve parça parça oldu; bunun nedeni belki de orada deniz ürünlerine ve yerel bitkilere dayanan geçim tarzıyla avcı/yiyecek toplayıcıların bol yiyecek bulabilmesiydi.

Nasıl avcılık ve yiyecek toplayıcılığından yavaş yavaş yiyecek üreticiliğine geçilebildiyse, bir yiyecek üretimi sisteminden yavaş yavaş başkasına da geçilebilir. Örneğin, Amerika Birleşik Devletleri'nin doğusunda yaşayan yerliler MÖ aşağı yukarı 2500 yılında yerel bitkileri evcilleştiriyorlardı, sonra mısır, balkabağı ve fasulye üçlüsüne dayalı olarak daha verimli bir ürün sistemi geliştirmiş olan Meksika yerlileriyle ilişki kurdular. Amerika Birleşik Devletleri'nin doğusunda yaşayan yerliler Meksika'nın tarım ürünlerini benimsedi, büyük bir bölümü yerel olarak evcilleştirdikleri şeylerin çoğunu yavaş yavaş bir kenara bıraktı; balkabağı bağımsız olarak evcilleştirildi, mısır MS 200 yılı dolaylarında Meksika'dan geldi ama MS 900 yılına kadar önemsiz bir ürün olarak kaldı, fasulye bir ya da iki yüzyıl sonra alındı. Avcılığa ve yiyecek toplayıcılığına dönmek uğruna yiyecek üretimi sistemlerinin bırakıldığı da oldu. Örneğin, MÖ yaklaşık 3000 yılında Güney İsveç'teki avcı/yiyecek toplayıcılar Güneybatı Asya ürünlerine dayanan çiftçiliğe geçtiler ama MÖ 2700 dolaylarında çiftçiliği bırakıp avcılığa, yiyecek toplayıcılığına döndüler, tekrar çiftçiliğe dönmeden önce 400 yıl bu işi sürdürdüler.

Bütün bunlardan anlaşıldığına göre insanların sanki daha önce karınlarını doyurma olanakları hiç yokmuş gibi çiftçiliğe başlama kararını boşlukta verdiklerini düşünmemeliyiz. İşin doğrusu, yiyecek üretimiyle avcılık/yiyecek toplayıcılığını birbiriyle yarışan, birbirinin seçeneği stratejiler olarak görmek. Avcılık ve yiyecek toplayıcılığına belli tarım ürünlerinin ya da çiftlik hayvanlarının eklenmesiyle ortaya çıkan karma ekonomiler, her iki türdeki "katışıksız" ekonomilerle, yiyecek üretimi oranının daha yüksek ya da düşük olduğu öteki karma ekonomilerle yarış halindeydi. Yine de son 10.000 yıldır avcılık ve yiyecek toplayıcılığından yiyecek üretimine geçiş ağır basmıştır. Bu yüzden şunu sormamız gerekiyor: İki taraf arasındaki rekabette ibrenin birinciden ikinciye kaymasında rol oynayan nedenler nedir?

Antropologlar ve arkeologlar arasında bu soru tartışılmaya devam ediyor. Sorunun yanıtlanamamasının bir nedeni dünyanın farklı bölgelerinde farklı nedenlerin önemli rol oynamış olması olabilir. Bir başka neden de, yiyecek üretiminin ortaya çıkışıyla ilgili neden ve sonuçların oluşturduğu karışık yumağın çözülmesinin güçlüğü. Bununla birlikte yiyecek üretiminin ortaya çıkmasına katkıda bulunmuş beş ana neden gösterebiliriz; anlaşmazlıklar bu nedenlerin hangisinin daha önemli olduğu konusunda düğümleniyor.

Nedenlerden biri yaban yiyecek bulmanın güçleşmesi. Son 13.000 yılda avcı/yiyecek toplayıcıların geçim (özellikle hayvan) kaynakları giderek azaldığı ya da hatta kalmadığı için avcılığa ve yiyecek toplamaya dayalı geçim tarzı gittikçe daha az ödüllendirici olmaya başladı. I. Bölüm'de gördüğümüz gibi, Pleyistosen Bölüm'ün sonunda Kuzey ve Güney Amerika'da büyük, memeli hayvanların çoğunun soyu tükendi, bazıları da Avrasya ve Afrika'da ya iklim değişiklikleri yüzünden ya da avcılık eden insanların daha ustalaşması ve sayılarının artması yüzünden aynı akıbete uğradı. Amerikan yerlilerinin,

Avrasyalıların, Afrikalıların (uzun bir gecikmeden sonra) sonunda yiyecek üretimine doğru kaymalarında bazı hayvan türlerinin soyunun tükenmesinin rolü tartışmalı olabilir ama daha yakın zamanlarda adalarda yaşanmış tartışma götürmez sayısız durum söz konusudur. İlk Polinezyalı göçmenler ancak Yeni Zelanda'da moaların soyunu tükettikten, fok nüfusunun büyük bölümünü yok ettikten ve öteki Polinezya adalarındaki deniz ve kara kuşlarının soyunu tükettikten ya da sayılarını yarıdan aza indirdikten sonra yiyecek üretimine ağırlık verdiler. Sözgelimi Paskalya Adası'na MS 500 dolaylarında yerleşen Polinezyalılar, gelirken yanlarında tavuk getirmiş olmalarına karşın yaban kuşlar ve domuzbalıkları kolayca bulunmaz oluncaya kadar tavuk yiyecek olarak önemli bir besin kaynağı haline gelemedi. Aynı şekilde Bereketli Hilal'de hayvanların evcilleştirilmesine katkıda bulunduğu ileri sürülen bir neden de söz konusu bölgedeki avcılar için önemli bir yiyecek kaynağı oluşturan yabani ceylanların eskisi kadar bol bulunmaz duruma gelmesidir.

İkinci bir neden, yaban av hayvanlarının tükenmesinin avcılığı daha az ödüllendirici bir duruma getirmesi gibi, evcilleştirilebilir yabani bitkilerin daha çok bulunur hale gelmesinin de bitkilerin evcilleştirilmesi yönündeki atılımları daha kazançlı hale getirmesidir. Örneğin, Bereketli Hilal'de Pleyistosen Bölüm'ün sonunda meydana gelen iklim değişiklikleriyle birlikte, yabani tahılların yetiştiği, kısa zamanda büyük hasatların alındığı yerlerin alanı çok genişledi. Bu tahıl hasatları, Bereketli Hilal'de ilk tarım bitkilerinin, buğday ve arpanın evcilleştirilmesine doğru giden yolda atılmış ilk adımdı.

İbrenin avcılık ve yiyecek toplayıcılığından başka yöne kaymasının bir başka nedeni de son aşamada yiyecek üretiminin dayanağı olacak teknolojik gelişmelerin birikmesiydi – yabani yiyecekleri toplama, işlemden geçirme ve saklama teknolojileri. Çiftçi olacak kişiler buğdayı nasıl biçeceklerini, kabuklarını nasıl ayırıp nasıl saklayacaklarını hiç bilmeseler tarladaki başak saplarının üzerindeki bir ton buğdayın onlara ne yararı olur? Bereketli Hilal'de MÖ 11.000 yılından sonra yeni yeni bollaşan yaban tahıllarından yararlanmak için icat edilmesi gereken yöntemler, aletler ve olanaklar hızla boy gösterdi.

Bu icatların içinde yabani tahılları biçmek için kullanılan, tahta ya da kemik bir sapa tutturulmuş çakmaktaşından yapılmış bıçağı olan tırpanlar vardı, tahılları yetiştikleri yamaçlardan eve taşımak için sepetler, tahılların kabuklarını ayırmak için kullanılan havan ile havaneli ya da değirmen taşları, filizlenmesinler diye tahılları kavurarak saklama yöntemi, toprak altında, su geçirmesin diye bazıları sıvanmış depolama kuyuları. Bereketli Hilal'de MÖ 11.000 yılından sonraki avcı/yiyecek toplayıcıların yerleşim yerlerinde bütün bu icatların kanıtları bol bol bulunmuştur. Bütün bu yöntemler yaban tahıllardan yararlanmak için geliştirilmiş de olsa tarım bitkisi olarak tahılları ekmenin gerekli önkoşullarıydı. Bu birikimler bitkilerin evcilleştirilmesine giden yolda bilinçsizce atılmış ilk adımlardı.

Bir dördüncü neden insan topluluklarının nüfus yoğunluğundaki artışla yiyecek üretiminin ortaya çıkışı arasındaki iki yönlü ilişkidir. Dünyada yeterli kanıtların mevcut olduğu her yerde arkeologlar nüfus artışının yiyecek üretiminin ortaya çıkışıyla ilişkisini gösteren kanıtlar bulmuşlardır. Hangisi sebep, hangisi sonuçtu? Bu, çok tartışılan yumurta-tavuk sorusudur: Acaba insan topluluklarındaki nüfus artışı mı insanları yiyecek üretimine zorladı yoksa yiyecek üretimi mi insan topluluklarında nüfus artışına yol açtı?

İlke olarak insan bu nedenselliğin iki yönlü çalışmış olması gerektiğini düşünüyor. Daha önce tartıştığım gibi, yiyecek üretimi nüfus yoğunluğu artışına yol açabilir çünkü avcılık ve yiyecek toplayıcılığına göre yiyecek üretiminde dönüm başı kullanılabilir kalori ortalaması daha yüksektir. Öte yandan nüfus yoğunluğu Pleyistosen Bölüm'ün sonlarında, insanların yabani yiyecekleri toplama ve işleme konusunda geliştirdiği yöntemler sayesinde zaten yavaş yavaş artıyordu. Nüfus yoğunlukları arttıkça yiyecek üretimi daha fazla rağbet gördü çünkü böylece bütün bu insanları doyuracak yiyecek artışı sağlanabiliyordu.

Yani yiyecek üretimine geçiş, kendi kendini hızlandırma süreci denen sürecin bir örneğidir – bir kez başladıktan sonra olumlu bir geri besleme döngüsüyle kendi kendini hızlandıran süreç. Yavaş yavaş nüfus yoğunluğunun artması daha fazla yiyecek elde etme gereksinimini doğurdu, bilmeden yiyecek üretimi girişiminde bulunanlar bu girişimlerinin ödülünü aldılar. İnsanlar bir kez yiyecek üretmeye başlayıp yerleşik düzene geçince çocuk doğumlarının arası kısalabilir, nüfus daha da artabilir, yiyecek gereksinimi daha da çoğalabilirdi. Yiyecek üretimiyle nüfus yoğunluğu arasındaki bu iki yönlü ilişki, yiyecek üretimiyle dönüm başına elde edilen kalori miktarı artarken, avcı/yiyecek toplayıcıların yerini alan yiyecek üreticilerinin niçin daha çok beslenme sorunu yaşadıklarını açıklar. Bu çelişki ortaya çıktı çünkü insan topluluklarının nüfus yoğunluğu yiyecek bulma olanaklarına göre biraz daha hızlı arttı.

Bu dört neden, Bereketli Hilal'de yiyecek üretiminin niçin MÖ 18.500 ya da 28.500 dolaylarında değil de 8500 dolaylarında başladığını anlamamıza yardımcı olur. MÖ 18.500 ya da 28.500 yılında avcılık ve yiyecek toplayıcılığı yeni yeni başlayan yiyecek üretimine göre daha kârlıydı çünkü yaban memeliler bol bulunuyordu, yaban tahıllar henüz bol değildi, insanlar tahılları uygun bir şekilde toplamak, işlemden geçirmek ve saklamak için gerekli icatları henüz yapmamışlardı, ayrıca insan topluluklarının nüfus yoğunlukları, dönüm başına daha fazla kalori elde etmeyi teşvik edecek düzeye ulaşmamıştı.

Bu geçişte avcı/yiyecek toplayıcılarıyla yiyecek üreticileri arasındaki coğrafi sınırda önemli etkisi olan son bir neden daha var. Yiyecek üreticilerinin nüfus yoğunlukları daha yüksek olduğu için, yiyecek üretiminin başka üstünlükleri (teknoloji, mikroplar, aylıklı askerler) bir yana, sırf sayı üstünlüğüyle yiyecek üreticileri avcı/yiyecek toplayıcıların yerlerini aldılar ya da onları öldürdüler. Başlangıçta yalnızca avcı/yiyecek toplayıcıların bulunduğu bölgelerde, yiyecek üretimine geçen topluluklar geçmeyenlere göre daha fazla çoğaldılar.

Sonuç olarak, dünyanın yiyecek üretimine elverişli bölgelerinin çoğunda avcı/yiyecek toplayıcıları bekleyen yazgılar şu ikisinden biriydi: ya yerlerini yiyecek üreticisi komşularına bırakmak ya da kendileri yiyecek üretimine geçerek varlıklarını sürdürmek. Zaten sayılarının fazla olduğu ya da coğrafi nedenlerden dolayı yiyecek üreticilerinin akınlarının geciktiği yerlerde yerel avcı/yiyecek toplayıcıları tarihöncesi zamanlarda yiyecek üretimine geçecek zamanı buldular ve böylece çiftçi olarak varlıklarını sürdürdüler. Amerika Birleşik Devletleri'nin güneybatısında, Batı Akdeniz'de, Avrupa'nın Atlas Okyanusu kıyılarında ve Japonya'nın bazı bölgelerinde bu böyle olmuş olabilir. Bununla birlikte Endonezya'da, tropik Güneydoğu Asya'da, Afrika'nın Ekvator altı bölgesinin büyük bölümünde, belki Avrupa'nın bazı bölgelerinde çiftçiler tarihöncesi dönemde avcı/yiyecek toplayıcıların yerini aldı, oysa aynı şey Avustralya'da ve Amerika Birleşik Devletleri'nin batısında ancak yakın çağlarda oldu.

Ancak güçlü coğrafi ve ekolojik engellerin yiyecek üreticilerinin göçlerini ya da yöreye uygun yiyecek üretimi yöntemlerinin yayılmasını çok güçleştirdiği durumlarda avcı/yiyecek toplayıcılar, yiyecek üretimine elverişli bölgelerde yakın çağlara kadar var olmaya devam edebildiler. Bunun en bilinen üç örneği vardır: biri, yerli Amerikalı çiftçilerin yaşadığı Arizona'dan çöllerle ayrılmış olan California'da varlıklarını sürdüren yerli Amerikalı avcı/yiyecek toplayıcılardır; diğeri, Güney Afrika'nın Cape Town bölgesinde, komşu Bantu çiftçilerinin ekvator kuşağı ürünlerinin yetişmesine elverişli olmayan bir Akdeniz iklim kuşağında yaşayan Koisan avcı/yiyecek toplayıcıları; üçüncüsü de Endonezya'nın ve Yeni Gine'nin yiyecek üreticilerinden dar denizlerle ayrılmış olan Avustralya kıtasındaki avcı/yiyecek toplayıcılardır. Yirminci yüzyıla kadar avcı/yiyecek toplayıcı olarak kalmış olan bu az sayıdaki insan topluluğu, yerlerini yiyecek üreticilerine kaptırmaktan kurtuldular çünkü yiyecek üretimine elverişli olmayan bölgelerde, özellikle çöllerde ve Kuzey Kutup bölgesinde yaşıyorlardı, içinde bulunduğumuz on yıllık zaman diliminde onlar bile uygarlığın büyüleriyle baştan çıkarılmış, bürokratların ya da misyonerlerin baskısıyla yerleşik düzene geçmiş olacaklar ya da mikroplara yenilecekler.

VII. Bölüm

Badem Nasıl Yetiştirilir?

Kırlarda yürüyüş yapan biriyseniz ve çiftlik ürünleri yemekten bıktıysanız yabani yiyecekleri denemek hoş olur. Bazı yabani bitkilerin meyvelerinin, örneğin yabançileklerinin, yabanmersininin lezzetli olduğunu, korkmadan yiyebileceğinizi bilirsiniz. Bu yabani meyveler bizim tanıdığımız ürünlere yeterince benzerler, tek farkları bizim yetiştirdiklerimizden çok daha küçük olmalarıdır. Serüven meraklıları mantarları çekine çekine yerler, pek çok mantar türünün bizi öldürebileceğinin farkındadırlar. Ama kuruyemiş delisi biri bile yaban badem yemez, bir avuç yaban bademde insanı öldürmeye yetecek kadar (Nazilerin gaz odalarında kullandıkları zehir olan) siyanür vardır. Orman böyle daha başka pek çok yenmez kabul edilen bitkiyle doludur. Oysa bütün tarım ürünleri yabani bitki türlerinden çıktı. Nasıl oldu da bazı yabani bitkiler tarım ürünü haline geldi? Bu soru (badem gibi) ilk yabani ataları öldürücü ya da yabani atalarının tadı kötü olan pek çok ürün için olduğu kadar (mısır gibi) yabani atalarından çok farklı görünen başka ürünler için sorulduğunda özellikle yanıtlanması zor görünüyor. Hangi mağara adamının ya da kadınının aklına bir bitkiyi evcilleştirmek geldi ve bu iş nasıl başarıldı?

Bitki evcilleştirme, bir bitkiyi yetiştirmek ve böylece bilerek ya da bilmeyerek o bitkinin, insanlar için daha yararlı hale gelecek şekilde genetik değişikliklere uğrayarak yabani atalarından farklılaşmasını sağlamak biçiminde tanımlanabilir. Ürün geliştirmek bugün bilim insanlarının bilinçli çalışmalarıyla yapılan son derece özelleşmiş bir iştir. Bilim insanları mevcut yüzlerce ürün olduğunu bilirler ve yeni bir ürün daha geliştirmek üzere kolları sıvarlar. Bu amaçla farklı pek çok tohum eker ya da köklendirirler, en iyi sürgünleri seçer, sonra onların tohumlarını dikerler, iyi soylar geliştirmek için genetik bilgisinden yararlanırlar, hatta belki belli bazı yararlı genleri aktarmak için genetik mühendisliğinin son yöntemlerini kullanırlar. California Üniversitesi'nin Davis yerleşkesinde elmalara ayrılmış koca bir bölüm (Pomoloji Bölümü) ile üzüm ve şaraba ayrılmış bir bölüm (Bağcılık Bilimi ve Enoloji Bölümü) bulunur.

Ama bitkilerin evcilleştirilmesi işinin 10.000 yıllık bir geçmişi vardır. Kuşkusuz ilk çiftçiler aldıkları sonuçlara ulaşmak için moleküler genetik yöntemlerini kullanmadılar. İlk çiftçilerin yeni ürünler geliştirmelerine modellik edecek mevcut hiçbir ürün yoktu. Bu yüzden de ne yapmakta olduklarının farkında olamazlardı, sonuçta lezzetli bir yiyeceğe sahip oluyorlardı, o kadar.

Öyleyse ilk çiftçiler hiç farkında olmadan bitkileri nasıl evcilleştirdiler? Örneğin, nasıl oldu da ne yaptıklarının hiç farkında olmadan zehirli bademleri zararsız hale getirdiler? Bazılarını daha büyük, bazılarını daha az zehirli hale getirmek dışında yabani bitkilerde ne gibi değişiklikler meydana getirdiler? Değerli ürünler için bile evcilleştirme tarihleri büyük değişiklikler gösteriyor: Bezelye MÖ 8000 yılına gelindiğinde evcilleştirilmişti, zeytin MÖ 4000 dolaylarında evcilleştirildi, çilek Orta Çağ'a kadar evcilleştirilmedi, Kuzey Amerika'ya özgü pekancevizi de 1846'ya kadar. Dünyanın pek çok bölgesinde yenebilir pelitleri için aranan bir ağaç olan meşe ağacı gibi, milyonlarca insanın çok değerli birer yiyecek saydığı ürünleri veren yabani bitkiler bugün bile hâlâ evcilleştirilmemiştir. Peki niçin bazı bitkilere göre başka bazı bitkileri evcilleştirmek insanlar için daha çekici ve kolay olmuştur? Niçin zeytin ağaçları Orta Çağ çiftçilerine boyun eğmiştir de meşe ağaçları bizim en parlak tarımbilimcilerimize bile boyun eğmemeye devam ediyor?

Gelin evcilleştirme olayına bitki açısından bakalım. Biz, bitkiler için, binlerce hayvan türü arasında bilmeden onları "evcilleştiren" bir hayvan türüyüz.

İnsan da içinde olmak üzere bütün hayvan türleri gibi bitkiler de serpilebilecekleri bölgelere döllerini yaymak ve genlerini sonraki nesillere aktarmak isterler. Genç hayvanlar yürüyerek ya da uçarak yayılırlar ama bitkiler için böyle bir olanak yoktur, bu yüzden onlar da otostop yapmanın bir yolunu bulmalıdır. Bazı bitki türlerinin rüzgârla kanatlanıp uçabilen ya da su yüzeyinde yüzen tohumları vardır ama bunun dışında başka pek çoğu tohumlarını, lezzetli bir meyvenin içine gizleyerek ve olgunlaşan meyvenin reklamını renk ya da koku aracılığıyla yaparak hayvanları kandırıp taşıtırlar. Karnı acıkan hayvan meyveyi ağzıyla koparır ve yutar, sonra yürür ya da uçar gider, daha sonra meyvenin atası olan ağaçtan uzak bir yerde tohumu ya ağzı yoluyla ya da dışkısıyla çıkarır. Bu yolla tohumlar binlerce kilometre uzaklara taşınırlar.

Bitki tohumlarının bağırsağınızda sindirilmeye karşı direndiklerini ama dışkınızın içinden filizlendiklerini öğrenmek sizi şaşırtabilir. Aranızda midesi kolay bulanmayan macera meraklıları varsa bu deneyi kendisi yapıp doğruluğunu kanıtlayabilir. Yabani bitki türlerinin çoğunun tohumunun yeşerebilmek için önce bir hayvanın bağırsağından geçmesi şarttır. Örneğin bir Afrika kavunu türü sırtlan benzeri bir Afrika kurdu tarafından yenmeye öylesine uyum sağlamıştır ki bu türe ait kavunların çoğu bu hayvanların dışkıladıkları yerlerde yetişir.

Hayvanları kendilerine çeken "otostopçu" bitkilere örnek olarak yabançileklerini düşünün. Çilek tohumları henüz daha olgunlaşmadığı, ekilmeye hazır olmadığı zaman tohumların üzerini kaplayan etli meyve yeşil, ekşi ve serttir. Sonunda tohumlar olgunlaştığında etli meyveler kızarır, tatlanır ve yumuşar. Meyvelerdeki renk değişikliği ardıçkuşu gibi kuşları çekmeye yarayan bir işarettir, kuşlar meyveleri koparır, uçar giderler, daha sonra ağızlarından ya da dışkılarıyla tohumları dışarı atarlar.

Doğal olarak, çilek bitkisi bekledi bekledi de ancak tohumları saçılmaya hazır olduğu zaman kuşları kendine çekmek amacıyla harekete geçmedi. Ardıçkuşları da çilekleri evcilleştirmek gibi bir niyet taşımıyordu. Çilek bitkisi doğal seçilim yoluyla evrimleşti. Ham çilekler ne kadar yeşil ve ekşiyse o kadar az sayıda kuş, tohumları henüz hazır olmayan meyveleri yiyerek tohumları ziyan etti; çilekler ne kadar kırmızı ve tatlıysa o kadar çok sayıda kuş onların olgun tohumlarını çevreye saçtı.

Belli hayvan türleri tarafından yenip çevreye saçılmaya uyum sağlamış böyle sayısız bitki vardır. Nasıl çilekler kuşlara uyum sağlamışsa pelitler de sincaplara, mangolar yarasalara, bazı ayakotu türleri karıncalara uyum sağlamıştır. Bu süreç tüketicilere daha yararlı olacak şekilde ana bitkide genetik değişikliklerin meydana getirilmesi olarak tanımladığımız evcilleştirmenin bir yarısıdır. Ancak hiç kimse bu evrim sürecini ciddi ciddi bir evcilleştirme olarak tanımlayamaz çünkü kuşlar, yarasalar, başka tüketici hayvanlar tanımın öteki yarısını yerine getiremez: Bilinçli olarak bitki yetiştiremezler. Aynı şekilde, yabani bitkilerin evrimleşip tarım bitkilerine dönüşmesi sürecinin ilk bilinçsiz evreleri, insanlar tarafından henüz bilinçli olarak yetiştirilmeyen bitkilerin, insanları meyvelerini yemeye ve tohumlarını dağıtmaya davet edecek biçimde evrimleşmesinden oluşur. Tıpkı Afrika kurtlarınınki gibi insanların dışkı yaptıkları yerler ilk bilinçsiz üreticiler için bir deneme çiftliği olmuştur.

Dışkımızı yaptığımız yerler yediğimiz yabani bitkilerin tohumlarını rasgele ektiğimiz yerlerden yalnızca bir tanesidir. Yenebilir yabani bitkileri toplayıp evimize getirirken kimileri yolda dökülür, kimileri evlerimizde. Bir meyve çürür, içindeki tohum hâlâ çok iyi durumdadır, yenmeden çöpe atılır. Ağzımıza attığımız meyvenin parçası olan çilek tohumları çok küçüktür, kaçınılmaz olarak yutulur ve dışkımızla birlikte dışarı atılır ama kimi tohumlar çok büyüktür, onları yutmadan çıkarırız. Böylece bizim tükürük hokkalarımız, çöplüklerimiz, dışkımızı yaptığımız yerlerle birlikte ilk tarım araştırma laboratuvarlarını oluştururlar.

Tohumlar bu laboratuvarların hangisine düşmüş olurlarsa olsunlar bazı yenebilir bitkilerin tohumlarıdır – yani bir nedenden dolayı bizim yemeyi seçtiğimiz bitkilerin tohumları. Böğürtlen toplayıp yediğiniz günlerden hatırlarsınız, belli böğürtlenleri ya da böğürtlen fidanlarını seçersiniz. Sonuçta ilk çiftçiler etli meyvelerin büyüklerini ektikleri zaman onların büyük bir olasılıkla daha büyük meyveler vereceğini bilmiyorlardı ama bilerek tohumları ekmeye başladıkları zaman elbette toplamak için seçtikleri bitkilerin tohumlarını ekeceklerdi.

Sonuç olarak, sıcak ve nemli bir günde, sivrisineklerin arasında böğürtlen toplamak için dikenli bir çalılığın içine girecekseniz herhangi bir böğürtlen çalısının içine girmezsiniz. Bilmeyerek de olsa hangi çalının daha umut verici olduğuna, buna değip değmeyeceğine karar verirsiniz. Bilincinde olmadığınız ölçütleriniz nelerdir?

Elbette ki bir ölçütünüz büyüklüktür. Büyüklerini seçersiniz çünkü birtakım küçük kötü çilekler için güneşte yanmaya, sivrisineklere yem olmaya değmez. Tarım bitkilerinin yabani atalarına göre niçin daha büyük meyvelerinin olduğu gerçeğini bu bir oranda açıklamaktadır. Özellikle süpermarketteki çileklerin, yabanmersinlerinin kırda yetişenlere göre ne kadar iri olduğunu hepimiz iyi biliriz, bu farklar ancak son yüzyıllarda ortaya çıktı.

Başka bitkilerdeki böyle büyüklük farkları, ekili bezelyelerin, insan eliyle seçilim yoluyla, yabani bezelyelere göre on kat daha ağır olacak şekilde evrimleştiği döneme, tarımın ilk başlangıç dönemine kadar gider. Küçük yabani bezelyeler avcı/yiyecek toplayıcıları tarafından, tıpkı bugün bizim küçük yabanmersinlerini topladığımız gibi binlerce yıl toplanmış, sonunda en güzel en büyük yabani bezelyelerin seçilip ekilmesi –yani çiftçilik dediğimiz şeyin başlaması– bezelyelerin büyüklüklerinin her yeni kuşakta artmasına kendiliğinden katkıda bulunmaya başlamıştır. Aynı şekilde süpermarketteki elmalar aşağı yukarı 7,5 santimetre çapındadır, yabani elmalar 2,5. En eski mısır koçanlarının boyu 1,5 santimetreyi zor bulur ama Meksika yerlileri MS 1500 yılında bile 30 santimetrelik koçanlar yetiştirmişlerdi, bugünse boyları 45 santimetreyi bulan koçanlar var.

Bizim yetiştirdiğimiz tohumlarla onların yabani ataları arasında çok açık bir fark da acılık farkıdır. Yabani tohumların çoğu hayvanlara yem olmamak için evrimleşerek acılaştı, tatları kötüleşti, hatta zehirli hale geldiler. Yani doğal seçilim tohumlar ve meyveler konusunda ters yönde işledi. Meyveleri lezzetli olan bitkiler hayvanlar aracılığıyla yayıldılar ama meyvenin içindeki tohumun tadının kötü olması gerekiyordu. Yoksa hayvan tohumu çiğnerdi ve tohum filizlenemezdi.

Acı olup da evcilleşme sonucunda bu niteliği değişen tohumlar arasında badem çarpıcı bir örnek oluşturur. Yaban badem çekirdeklerinin çoğunda amygladin denen son derecede acı kimyasal bir madde vardır, (daha önce söylendiği gibi) bu madde çözünerek siyanür zehrine dönüşür. Biraz yaban badem atıştırmak, o acı tadın uyarısını boşlayacak kadar akılsız birinin ölümüne yol açabilir. Peki bilmeden evcilleştirmenin ilk evresi tohumları yemek üzere toplamak olduğuna göre, yaban bademler bu ilk evcilleştirme basamağına kadar nasıl geldi?

Bunun açıklaması şudur: Bazı badem ağaçlarının tek bir geninde kötü tat veren amygladinin sentezlenmesini engelleyen bir değişim oldu. Bu tür ağaçlar doğada hiçbir döl bırakmadan yok olurlar çünkü kuşlar tohumlarını keşfedip yerler. Ama ilk çiftçilerin meraklı ya da karınları açıkmış çocukları, çevrelerindeki yabani bitkileri dişlerken bu bademlerden tatmış ve acı olmadıklarını fark etmiş olacaklardı (Aynı şekilde Avrupalı köylüler bugün pelitleri acı değil tatlı olan meşe ağaçlarına rastladıklarında bunun değerini bilirler). Eski çiftçilerin önceleri bilmeden çöplüklerine, daha sonra bilerek meyve bahçelerine ektikleri bademler bu tür bademler olmalı.

Yunanistan'da arkeolojik kazı yerlerinde daha MÖ 8000 yılında yaban badem görülür. MÖ 3000 yılına gelindiğinde Doğu Akdeniz topraklarında evcilleştiriliyorlardı. Mısır firavunu Tutankamon'un, MÖ 1325 dolaylarında öldüğünde öteki dünyada karnını doyurması için ünlü mezarına bırakılan yiyeceklerden biri bademdi. Yabani ataları acı ya da zehirli olan ve eski gezginlerin dışkılarını yaptıkları yerlerin çevresinde arada bir tatlı olanlarının filizlendiği tanıdık ürünler arasında Lima fasulyesi, kavun, patates, patlıcan ve lahana bulunmaktadır.

Avcı/yiyecek toplayıcıların yaban bitkileri seçmelerinde etkili olan büyüklük ve lezzet gibi en açık ölçütlerin yanı sıra meyvelerin etli ya da çekirdeksiz, tohumların yağlı, liflerin uzun olması gibi ölçütler de vardır. Yabani kabak ile balkabağının çekirdeklerinin çevresinde ya çok az meyve vardır ya da hiç yoktur ama ilk çiftçiler çok tohumlu değil çok etli kabakları ve balkabaklarını seçtiler. Yetiştirme muzlar çok önceleri hiç çekirdeksiz, sırf et olacak şekilde seçildi, bu da günümüz tarımbilimcilerine çekirdeksiz portakal, üzüm ve hatta kavun geliştirmek için esin kaynağı oldu. Çekirdeksizlik, doğada bir yabani meyvenin tohumlarının yayılmasına aracılık eden başlangıçtaki evrimleşmiş işlevinin insan eliyle yapılan seçilimle nasıl tam tersine çevrilebileceğini gösteren iyi bir örnektir.

Eski zamanlarda pek çok bitki aynı şekilde yağlı meyveleri ya da tohumları için seçilmişti. Akdeniz dünyasında ilk evcilleştirilmiş ağaçlar arasında zeytin ağaçları vardı, yağları için MÖ aşağı yukarı 4000 yılından beri yetiştiriliyorlardı. Yetiştirme zeytinler yabani zeytinlere göre yalnızca daha büyük değil, daha yağlıdır da. Eski çiftçiler susam, hardal, haşhaş ve keten bitkisini de yağlı tohumları için seçti, çağdaş çiftçilerse ayçiçeğini, yalancısafranı ve pamuğu.

Yakın geçmişte yağ çıkarmak için kullanılmadan önce pamuk elbette kumaş dokumakta kullanılan lifleri için seçilmişti. Yapağı denen lifler pamuğun tohumlarının üzerindeki tüylerdir, hem Amerika'daki hem Eski Dünya'daki ilk çiftçiler birbirinden bağımsız olarak uzun lifleri için farklı pamuk türlerini seçmişlerdi. Eski çağlarda dokumacılıkta yararlanmak için yetiştirilen diğer iki bitki olan ketende ve kenevirde lifler bitkinin sapından elde edilir, bu yüzden bitkiler uzun ve düzgün sapları için seçilirlerdi. Pek çok tarım ürününün yiyecek olarak üretildiğini düşünürüz ama (MÖ 7000 dolaylarında evcilleştirilmiş olan) keten bitkisi en eski tarım ürünlerimizden biridir. Keten bezi, dokumada kullanılır, Sanayi Devrimi'nden sonra pamuk ve sentetik ürünler tarafından tahtından indirilinceye kadar Avrupa'da keten bezinden başka dokuma yoktu.

Buraya kadar anlattığım, yabani bitkilerin tarım bitkisine evrilmesinde etkili olan değişiklikler ilk çiftçilerin gerçekten fark edebileceği özellikleri içeriyordu – meyve büyüklüğü, tadı, etlilik, yağlılık derecesi ve lif uzunluğu. Bu istenir özelliklere en benzersiz düzeyde sahip olan yabani bitkileri toplayarak eski insanlar bilmeden bitkilerin yayılmasını sağladılar ve evcilleştirme yolunu açtılar.

Yine de buna ek olarak meyve toplayan insanların anlaşılabilir tercihleri yapmalarıyla hiç ilgisi olmayan en azından başlıca dört başka tür değişiklik daha var. Söz konusu durumlarda meyve toplayan insanlar ya mevcut bitkileri toplayarak ya da bitkilerin üzerinde etkili olan seçici koşulları değiştirerek değişikliklere yol açtılar.

Bu türden ilk değişiklik tohum saçma düzenekleri üzerinde etkili oldu. Pek çok bitkinin, tohumlarını yaymaya yarayan (ve böylece o tohumları insanların toplamasını etkili biçimde engelleyen) özel düzenekleri vardır. Ancak bu düzeneklerden yoksun, genleri değişmiş tohumlar toplanabilir ve tarım ürünlerinin ilk atası olabilir.

Bunun en açık örneği bezelyedir, bezelyenin tohumları (yani bizim yediğimiz taneler) bir keseciğin içinde kapalı haldedir. Yabani bezelyeler çimlenecekse bu keseciğin içinden çıkmak zorundadır. Bu sonuca ulaşabilmek için bezelye bitkileri keseciğin patlamasına ve tanelerin yere saçılmasına yol açacak bir gen geliştirdiler. Arada bir, mutasyon geçirmiş bezelyelerin kesecikleri patlamaz. Yabani doğada bu mutasyon geçirmiş bezelyeler ana bitkinin üzerinde keseciklerinin içine hapsolmuş halde ölürler, yalnızca kesecikleri patlayan bezelyeler genlerini bir sonraki kuşağa geçirebilir. Ama beri yandan, insanların topladığı bezelyeler ancak ana bitkinin üzerinde kalan kesecikleri patlamamış bezelyelerdir. Böylece insanlar bir kez yabani bezelyeleri yemek için evlerine getirmeye başlayınca, hemen o tek geni mutasyon geçirmiş bezelyeler seçilmeye başlandı. Aynı şekilde mercimek, keten bitkisi ve haşhaşın da kabuğu çatlamayan türleri seçildi.

Yabani buğday ve arpa taneleriyse patlayabilir bir kesecik içinde değil, bir başak üzerinde büyürler, başaklar kendiliğinden dağılır, taneler toprağa dökülür, orada çimlenebilirler. Tek gende meydana gelen bir mutasyon başağın ufalanıp dökülmesini önler. Yaban doğada bu mutasyon bitki için ölüm demektir çünkü tohumlar havada kalır, filizlenemez, kök salamazlar. Ama başak üzerinde kalan ve insanların gelip koparmasını bekleyen taneler işte bu mutasyon geçirmiş olanlardır. O zamanlar insanlar bu mutasyon geçirmiş tohumları ekiyor, çiftçiler yeni ürünü toplarken ancak yine mutasyon geçirmiş tohumları toplayıp ekebiliyorlardı çünkü normal olanlar toprağa dökülüyor, toplanamıyordu. Böylece çiftçiler doğal seçilimin yönünü 180 derece değiştirdiler: Daha öncc başarılı olan gen birden öldürücü oldu, mutasyona uğramış öldürücü gen başarılı. On bin yıl önce insanlar ufalanıp dökülmeyen buğday ve arpa başaklarının seçiliminde bilmeden etkili olurken, besbelli bu olay herhangi bir bitkide insan eliyle yaratılmış en büyük "gelişim"di. Bereketli Hilal'de tarımı başlatan şey bu oldu.

Eski kır gezginleri için daha da az görünür olan ikinci bir değişiklik daha vardı. İklimi kestirilemeyen bölgelerde yıllık olarak yetişen bitkilerin tohumları hızla ve aynı anda saçılsaydı bu, bitki için ölüm demek olurdu. O zaman bir kuraklık ya da don olayıyla bütün fideler ölür, bitkinin soyunu sürdürmesini sağlayacak tohum kalmazdı. Bu yüzden yıllık bitkilerin çoğu filizlenmeyi engelleyici genler aracılığıyla zararı en aza indirecek şekilde evrimleştiler, böylece fideler başlangıçta üç beş yılı uykuda geçiriyor, daha sonra filiz veriyorlardı. Fidelerin çoğu havanın kötü olduğu dönemde ölse bile daha sonra filiz verecek tohumlar kalıyordu geride.

Bitkiler zararı aza indirici bir başka yaygın uyum sağlamayla tohumlarını kalın bir kabuğun ya da zırhın içine saklayarak aynı sonuca ulaşmayı başarıyorlardı. Bu uyum sağlamayı gerçekleştiren pek çok yaban bitkinin arasında buğday, arpa, bezelye, keten bitkisi ve ayçiçeği bulunmaktadır. Bu tür geç filizlenen tohumlar yaban doğada filizlenme olanağını bulabilirler ama çiftçilik ilerledikçe ne olmuştur, bir düşünün. İlk çiftçiler deneme yanılma yöntemiyle, tohumları toprağı sürüp suladıktan sonra ekerlerse daha çok ürün alacaklarını öğrendiler. Onlar bunu öğrenip uyguladıktan sonra hemen filizlenen tohumlar büyüyüp bitki oldular ve onların tohumları toplanarak ertesi yıl ekildi. Ama yabani tohumların çoğu hemen filizlenmedi ve hiç ürün vermedi.

Yabani bitkiler arasında mutasyon geçirmiş bitki teklerinde kalın tohum kabukları ya da filizlenmeyi engelleyen başka şeyler yoktu. Bunların hepsi hemen filizleniyor ve bunlardan mutasyonlu tohumlar toplanıyordu. İlk çiftçiler aradaki farkı bilemezlerdi, büyük meyveleri seçip toplarkenki gibi. Ama ek/büyüt/topla/ek döngüsüyle bilmeden mutasyon geçirmiş tekler seçilmiş olacaktı. Tıpkı tohumların saçılışındaki değişiklikler gibi filizlenmenin engellenişindeki bu değişiklikler de buğday, arpa, bezelye ve pek çok tarım ürününü yabani atalarından ayıran özelliklerdir.

İlk çiftçiler için diğer bir önemli görünür değişiklik türü bitkinin yeniden ürün vermesiyle ilgilidir. Ürün geliştirmenin genel sorunu, rastlantıyla mutasyon geçirmiş bitki teklerinin (örneğin, tohumları daha büyük ya da daha az acı olduğu için) insanlara normal teklerden daha yararlı olmasıdır. Bu mutasyonlu bitki tekleri normal olanlarla melezleşmeye devam ederse mutasyona hemen su katılacak ya da mutasyon diye bir şey kalmayacaktı. İlk çiftçiler için bu bitkileri korumanın koşulları neydi?

Kendi kendilerine üreyen bitkilerde mutasyonlu bitki kendiliğinden korunur. Bitkilere özgü şekilde (ana bitkinin yumrusundan ya da kökünden) üreyen bitkiler ya da kendi kendilerini dölleyebilen erdişi bitkiler için de doğrudur bu. Ama yabani bitkilerin büyük bir çoğunluğu böyle üremez. Yabani bitkiler ya kendi kendilerini dölleyemeyen başka erdişilerle karışarak üreyen (benim erkek tarafım senin dişi tarafını döller, senin erkek tarafın benim dişi tarafımı) erdişi bitkilerdir ya da normal memeliler gibi erkek ve dişi tekler halinde bulunurlar. Birinci öbektekilere kendi kendileriyle uyuşamayan erdişiler; ikincilere ikievcikliler denir. Bu, eski çiftçiler için kötü haberdi çünkü tercih ettikleri mutasyonlu bitkileri nedenini anlamadan hemen kaybediyorlardı.

Bunun çözümü bir başka türlü görünmez değişiklikle ilgiliydi. Bitkilerdeki çeşitli mutasyonlar üreme sisteminin kendisini etkiler.

Bazı mutasyonlu bitki tekleri tozlaşmaya bile gerek göstermeden meyve veriyordu, bugün bizim çekirdeksiz muzlarımız, üzümlerimiz, portakallarımız, ananaslarımız buradan çıktı. Bazı mutasyonlu erdişilerin kendi kendileriyle uyuşmazlıkları kayboldu, kendi kendilerini dölleyebilir duruma geldiler – erik, şeftali, elma, kayısı, kiraz gibi pek çok ağaç örneğinde gördüğümüz bir süreç. Normal olarak erkek ve dişi tekleri ayrı ayrı olan bazı mutasyonlu üzümler kendi kendilerini dölleyebilen erdişilere dönüştüler. Bütün bu olanaklar yoluyla eski çiftçiler bitkilerin üreme biyolojisinden anlamamalarına karşın başlangıçta umut verici olan ve değersiz dölleri yok olup giden mutasyonlu bitkiler yerine, soyu bozulmayan ve yeniden ekmeye değen yararlı tarım ürünlerine sahip oldular.

Böylece çiftçiler yalnızca büyüklük ve tat gibi görülebilir niteliklerine göre değil, aynı zamanda tohumların saçılma düzeneği, filizlenmeyi engelleme özelliği, üreme biyolojisi gibi görünmeyen özelliklere göre de bitki tekleri arasında seçim yaptılar. Sonuçta bazı bitkiler hayli farklı ya da hatta tam ters nitelikleri için seçildiler. Bazı bitkiler (örneğin ayçiçeği) tohumları çok daha büyük diye, bazı bitkilerse (örneğin muz) tohumları küçük diye, hatta hiç yok diye tercih edildi. Kıvırcık salatada tohum ya da meyve değil bol yaprak arandı, ayçiçeği ve buğdayda yaprak değil tohum, balkabağında yaprak değil meyve. Farklı amaçlarla farklı dölleri seçilmiş tek bir yabani bitkiden görünümleri hayli farklı bitkilerin türemesi özellikle öğretici bir olgudur. Babil İmparatorluğu zamanında (pazı olarak adlandırılan günümüzün pancar çeşitleri gibi) yaprakları için yetiştirilen pancar daha sonra yenebilir kökleri için, en sonunda da (18. yüzyılda) içindeki şeker için (şekerpancarı) yetiştirildi. Belki de başlangıçta yağlı tohumları için yetiştirilen lahana bitkisinin atası daha sonra, bazısı (günümüzdeki lahana ve karalahana gibi) yaprakları için, bazıları (yerlahanası gibi) gövdesi için, kimileri (Brüksel lahanası gibi) tomurcukları için, kimileri (karnabahar ve brokoli gibi) çiçekleri için seçile seçile büyük bir çeşitlenmeye uğramıştır.

Buraya kadar çiftçilerin bilerek ya da bilmeyerek yaptıkları seçimler sonucunda yabani bitkilerin tarım bitkisine dönüşümlerini konu ettik. Yani çiftçiler ilk önce alıp bahçelerine getirmek üzere bazı yabani bitki teklerini seçtiler, daha sonra her yıl bahçelerinde bir sonraki yıl yetiştirmek üzere belli döllerin tohumlarını seçtiler. Ama söz konusu dönüşümün çoğu, bitkinin kendi seçiminin sonucu olarak ortaya çıktı. Darwin'in "doğal seçilim" terimi, aynı türün doğal koşullar altında birbiriyle yarışan tekleri içinde hayatta kalmayı daha iyi başaran ve/veya daha başarılı üreyen bazı tekleri için kullanılan bir terimdir. Aslında seçilim farklara dayalı olarak hayatta kalma ve üremenin bir sonucudur. Koşullar değişirse farklı tekler hayatta kalabilir ya da daha iyi üreyebilir ve "doğal seçilim"e uğramış olur, sonuçta da o bölgedekiler evrimsel bir değişiklik geçirir. Klasikleşmiş bir örnek Britanya'daki gece kelebeklerinde sanayinin yol açtığı kirlilikten dolayı ortaya çıkan renk koyulaşmasıdır: 19. yüzyılda çevre kirlendikçe koyu renkli gece kelebekleri açık renklilere göre daha çok yaygınlaşmaya başladı çünkü kara, kirli bir ağacın üzerinde duran koyu renk gece kelebekleri için yağmacıların dikkatinden kaçma olasılığı açık renklilerinkine göre daha yüksekti.

Sanayi Devrimi gece kelebekleri için çevreyi ne kadar değiştirdiyse çiftçilik de bitkiler için çevre koşullarını o kadar değiştirdi. Sürülmüş, gübrelenmiş, sulanmış, zararlı otları ayıklanmış bir bahçe, kuru, gübresiz bir yamaca göre çok daha farklı yetişme koşulları sağlar. Evcilleştirilme aşamasında bitkilerde meydana gelen değişikliklerin çoğu koşulların değişmesinden, koşullar değiştiği için bitkinin tercih edilen türünün değişmesinden kaynaklanır. Örneğin, bir çiftçi bir bahçeye tohumları sık ektiği zaman tohumlar arasında ciddi bir yarış söz konusu olur. Elverişli koşullardan yararlanıp hızla büyüyen büyük tohumlar, daha önce tohumların daha seyrek ekildiği, yarışmanın daha az ciddi olduğu kuru, gübresiz yamaçlarda tercih edilen küçük tohumlara tercih edilecektir. Bitkilerin kendilerinin arasındaki bu tür yarışmaların tohum büyüklüklerine ve yabani bitkilerin eski çağlarda tarım bitkilerine dönüşmesi sırasında meydana gelen başka pek çok değişikliğe önemli katkısı olmuştur.

Bitkilerin evcilleştirilme kolaylığı bakımından büyük farklılıklar göstermesi nasıl açıklanabilir; örneğin, bazı türler çok önceleri evcilleştirilmişken, bazılarının Orta Çağ'a kadar evcilleştirilememesi, bazı başka yabani bitkilerinse bizim bütün çabalarımıza karşı bağışık olması? Güneybatı Asya'nın Bereketli Hilal'inde çeşitli tarım bitkilerinin iyi bilinen gelişim evrelerini incelersek yanıtların çoğunu çıkarabiliriz.

Bereketli Hilal'de yaklaşık 10.000 yıl önce evcilleştirilmiş olan buğday, arpa, bezelye gibi ilk tarım bitkileri pek çok üstünlüklere sahip olan yabani bitkiler arasından çıktı. Zaten yenebilir olan ve yabani haldeyken çok ürün veren bitkilerdi. Yetiştirmesi kolaydı, yalnızca ekmek ya da dikmek yetiyordu. Çabuk büyüyor, ektikten birkaç ay sonra biçilebiliyorlardı, henüz göçebe avcılar ile yerleşik köylüler arasındaki sınırda bulunan ilk çiftçiler için bu büyük bir üstünlüktü. Çilek ve kıvırcık salata gibi daha sonraki pek çok tarım bitkisinin tersine kolayca depolanabiliyorlardı. Çoğunlukla kendi kendilerine tozlaşıyorlardı: yani bitki çeşitleri tozlaşmayı kendi kendilerine yapıyor, insanlara daha az yararlı başka çeşitlerle melezleşmek yerine kendilerinin arzu edilir genlerini değişikliğe uğramadan aktarabiliyorlardı. Son olarak da bu bitkilerin yabani atalarının, tarım bitkilerine dönüşmek için pek az genetik değişiklik geçirmelerinin gerekmesiydi – örneğin, buğdayda yalnızca dağılmayan başaklara ve tekbiçim hızlı filizlenmeye gerek vardı.

Tarım bitkisi geliştirmenin ikinci adımı, MÖ yaklaşık 4000 yılında meyve ağaçları ile zeytinsi yemiş ağaçlarını evcilleştirmek oldu. Bunlar arasında zeytin, incir, hurma, nar ve üzüm vardı. Tahıllarla ve baklagillerle karşılaştırıldıklarında onların kusuru dikildikten en az üç yıl sonrasına kadar ürün vermemeleri ve ancak on yıl sonra tam ürün hacmine ulaşmalarıydı. Dolayısıyla bu ürünleri yetiştirmek ancak yerleşik köy hayatına tam olarak geçmiş insanlar için olanaklıydı. Yine de bu ilk meyve ve zeytinsi yemiş ağaçları bu tür tarım ürünleri arasında yetiştirmesi en kolay olanlardı. Daha sonraları evcilleştirilenlerin tersine bunlar aşı kalemi halinde ya da hatta tohum olarak doğrudan ekilebiliyordu. Aşı kalemlerinin bir üstünlüğü vardı, eski çiftçiler bir kez verimli bir ağaç buldukları ya da geliştirdikleri zaman ondan ürettikleri bütün döllerin tıpatıp aynı olacağından emin olabiliyorlardı.

Üçüncü adım elma, armut, erik ve kiraz da içinde olmak üzere yetiştirmesi çok daha zor meyve ağaçlarının evcilleştirilmesiydi. Bu ağaçlar aşılama yöntemiyle yetiştirilemez. Onları çekirdekten yetiştirmek de zaman kaybıdır çünkü bu türlerin en seçkin örneğinin dölleri bile son derecede farklılık gösterir ve çoğu kez değersiz meyveler verir. Bu ağaçların tarım başladıktan çok sonra Çin'de geliştirilen ve hiç kolay olmayan aşılama yöntemiyle yetiştirilmesi gerekir. Aşılama ilkesini öğrendikten sonra bile aşılamanın güç olması bir yana, bu ilkenin kendisi ancak bilinçli denemelerle keşfedilebilirdi. Aşılamanın icadı, öyle bir göçebenin bir yerde dışkısını yapıp da daha sonra bir daha geldiğinde orada güzel bir meyve bulmak gibi hoş bir sürprizle karşılaşmasına hiç benzemez.

Bu geç dönem ağaçlarının çoğu için bir başka sorun da bunların yabani atalarının kendi kendine tozlaşabilenlerin tam tersi olmalarıydı. Onların kendi türlerinin genetik olarak farklı bir cinsine ait bir bitkiyle çapraz tozlaşmaları gerekiyordu. Bu yüzden de ilk çiftçiler ya çapraz tozlaşma gerektirmeyen mutasyonlu ağaçlar bulmak ya genetik olarak farklı cinsleri bilerek dikmek ya da aynı meyve bahçesinde erkek ve dişi tekleri yakın yakın dikmek zorundaydılar. Bütün bu zorluklar yüzünden elma, armut, erik, kiraz ağaçlarının evcilleştirilmesi aşağı yukarı klasik dönemlere kadar gecikti. Yine de hemen hemen aynı zamanlarda, bilerek yetiştirilen tarım bitkilerinin bulunduğu tarlalarda başlangıçta zararlı ot olarak görülen yabani bitkiler daha az bir çabayla bir başka geç dönem evciller grubunu oluşturdu. Zararlı ot olarak boy gösteren tarım bitkileri arasında çavdar, yulaf, şalgam, turp, pancar, pırasa ve kıvırcık salata bulunur.

Tablo 7.1. Eski Dünya'da Belli Başlı İlk Tarım Bitkisi Çeşitlerinden Örnekler

Bölge	*Ürün Çeşidi*	
	Tahıllar, Başka Otlar	Baklagiller
Bereketli Hilal	çiftsıralı buğday, teksıralı buğday, arpa	bezelye, mercimek nohut
Çin	sorguçotu akdarısı, süpürgeotu akdarısı, pirinç	soya fasulyesi, Çin fasulyesi, Asya fasulyesi
Mezoamerika	mısır	adi fasulye, sarmaşık fasulyesi, kırmızı sarmaşık
Andlar, Amazon Bölgesi	Peru çeltiği [mısır]	Lima fasulyesi, adi fasulye, fıstık
Batı Afrika ve Sahel	süpürgedarısı, akdarı Afrika pirinci	börülce, yerfıstığı
Hindistan	[buğday, arpa, pirinç, süpürgedarısı, darı]	sümbül fasulyesi, siyah nohut, yeşil nohut
Etiyopya	Habeş yulafı, parmakdarısı [arpa, buğday]	[börülce, mercimek]
Doğu Amerika Birleşik Devletleri	mayısotu, yulafotu, arpa, kazayağı,	-
Yeni Gine	şekerkamışı	-

Bu anlattığım ayrıntılı evreler Bereketli Hilal için geçerli olmasına karşın benzer evreler kısmen dünyanın başka yerlerinde de görüldü. Özellikle Bereketli Hilal'in buğday ve arpası (ot ailesinin bir üyesi olan) tahıl ya da hububat olarak adlandırılan bitki ailesinin örneğidir, Bereketli Hilal'in bezelye ve mercimeğiyse (fasulyenin de içinde olduğu bakla türü meyveli bitkiler ailesinin üyeleri olan) baklagillerin örneğidir. Tahıl bitkilerinin hızlı büyümek, yüksek oranda karbonhidrat içermek, işlenmiş toprakta hektar başına bir tona varan oranda yenebilir ürün vermek gibi üstünlükleri vardır. Bunun sonucu olarak bugün insanların tükettiği toplam kalorinin yarıdan fazlası tahıllardan sağlanır ve çağdaş dünyanın başta gelen on iki ürününden beşini oluşturur (buğday, mısır, pirinç, arpa, süpürgedarısı). Tahıl ürünlerinin çoğunda protein oranı düşüktür, ama bu açık baklagillerle kapatılır, baklagillerdeki protein oranı % 25'tir (soya fasulyesinde bu oran % 38'i bulur). Dolayısıyla tahıllarla baklagillerde dengeli bir beslenme için gerekli besinlerin çoğu vardır.

	Ürün Çeşidi	
Lif	Kökler, Yumrular	Kavunlar
keten bitkisi	-	misk kavunu
kenevir	-	[misk kavunu)
pamuk *(G. hirsutum)* avizeağacı, agave	jikama	balkabağı *(C. pepo, vb.)*
pamuk *(G. barbadense)*	manyok, tatlı patates, patates, ekşiyonca	balkabağı *(C. maxima, vb.)*
pamuk *(G. herbaceum)*	yam	karpuz, sukabağı
pamuk *(G. arboreum),* keten bitkisi	-	salatalık
[keten bitkisi]	-	-
-	Kudüs enginarı	kabak *(C. pepo)*
-	yam, taro	-

Tabloda dünyanın çeşitli bölgelerindeki ilk tarım alanlarında yetiştirilen, beş tarım ürünü sınıfına ait belli başlı tarım ürünleri görülüyor. Köşeli parantezler söz konusu bitkilerin başka yerde evcilleştirilmiş olduğuna işaret ediyor; köşeli paranteze alınmamış adlar yöresel olarak evcilleştirilmiş bitkilere ait. Afrika'da muz, Amerika Birleşik Devletleri'nin doğusunda mısır ve fasulye, Yeni Gine'de tatlı patates gibi daha geç bir tarihte gelmiş ya da önemli olmuş ürünlerin adları burada yer almıyor. Gossypium sınıfına giren dört tür pamuk bulunuyor, bu türlerin her biri dünyanın belli bir bölgesinin yerli ürünü; Cucurbita sınıfına giren beş türlü kabak var. Unutmayın ki pek çok bölgede tarım tahıllar, baklagiller ve lifli bitkilerle başladı ama kökler, yumrular ve kavunlar ancak bazı bölgelerde ilk dönemlerde önemliydi.

Tablo 7.1'de özetlendiği gibi, yerel tahıl/baklagil bileşimlerinin evcilleştirilmesiyle pek çok bölgede yiyecek üretiminin fitili ateşlenmiş oldu. En iyi bilinen örnekler arasında Bereketli Hilal'de buğday ile arpanın bezelye ve mercimekle, Mezoamerika'da mısırın çeşitli fasulye türleriyle, Çin'de pirinç ile darının soya fasulyesi ve diğer fasulyelerle oluşturduğu bileşimler bulunmaktadır. Daha az bilinen bileşimler ise Afrika'daki süpürgedarısı, Afrika pirinci, akdarı, börülce, yerfıstığı bileşimi, Andlar'daki tahıl sınıfına girmeyen taneli bitki Peru çeltiği ve çeşitli türde fasulye bileşimleridir.

Tablo 7.1'de ayrıca görüldüğü gibi Bereketli Hilal'de lifleri için keten bitkisi evcilleştirilirken buna paralel olarak başka yerlerde de evcilleştiriliyordu. Çin'de, Mezoamerika'da, Hindistan'da, Etiyopya'da, Afrika'da Sahra'nın güney bölgesinde, Güney Amerika'da ip yapmak ve giyecek dokumak için gerekli lifler kenevirden, dört tür pamuktan, avizeağacı ve agaveden elde ediliyordu, buna bir de bu bölgelerin çoğunda evcil hayvanların yünü ekleniyordu. Yiyecek üretiminin ilk merkezleri arasında lifli ürünü olmayan bölgeler sadece Amerika Birleşik Devletleri'nin doğusu ile Yeni Gine'dir.

Bu paralelliklerin yanı sıra dünya üzerindeki yiyecek üretimi sistemleri arasında büyük farklılıklar da vardı. Bunlardan biri Eski Dünya'nın büyük bir bölümünde tarımın, serpme usulü tohum ekmek, bir tarlada bir tek ürün yetiştirmek, en sonunda da toprağı sürmek anlamına gelmesidir. Yani tohumlar avuç avuç serpilerek ekilir, böylece bütün bir tarlada tek bir ürün yetiştirilirdi. İnekler, atlar ve başka büyük, memeli hayvanlar bir kez evcilleştirildikten sonra bu hayvanlar sabana koşuldu ve tarlalar hayvan gücüyle sürüldü. Bununla birlikte Yeni Dünya'da sabana koşulabilecek türden hiçbir hayvan evcilleştirilememişti. Bu yüzden tarlalar her zaman çubuklarla ya da el çapalarıyla kazılır, tohumlar avuç avuç serpilmez, tek tek elle ekilirdi. Dolayısıyla Yeni Dünya'daki tarlaların çoğu tek ürünlü değil, bir araya ekilmiş çeşitli bitkilerle karma ürünlü bahçeler halindeydi.

Tarım sistemleri arasındaki önemli farklardan bir başkası da başlıca kalori ve karbonhidrat kaynaklarıyla ilgiliydi. Daha önce gördüğümüz gibi pek çok bölgede bu kaynağı tahıllar oluşturuyordu. Başka bazı bölgelerdeyse tahılların rolünü Bereketli Hilal'de ve Çin'de pek önemli olmayan kökler ve yumrular oynuyor ya da paylaşıyordu. Tropik Güney Amerika'nın başlıca besin kaynağı manyok *(alias cas-*

sava) ile tatlı patates, Andlar'ın patates ile ekşiyonca, Afrika'nın yamı, Güneydoğu Asya ile Yeni Gine'nin Hint-Pasifik yerelması ile taroydu. Özellikle muz ve ekmekağacı meyvesi gibi ağaç ürünleri de Güneydoğu Asya ile Yeni Gine'de karbonhidrat bakımından zengin birer besin kaynağıydılar.

Böylece Roma Dönemi'ne gelindiğinde günümüzün belli başlı tarım ürünleri dünyada bir yerlerde üretiliyordu. Tıpkı evcil hayvanlarda da göreceğimiz gibi (IX. Bölüm), eski avcı/yiyecek toplayıcılar kendi yörelerindeki yabani bitkilerin hepsini iyi tanıyorlardı ve eski çiftçiler anlaşılan evcilleştirmeye değecek ne kadar bitki varsa hepsini bulmuş ve evcilleştirmişlerdi. Orta Çağ keşişleri elbette çilek ve ahududu yetiştirmeye başlamışlardı ve çağımızda yeni bitki geliştirmekle uğraşan uzmanlar hâlâ eski ürünleri iyileştirmeyi sürdürüyorlar, bu arada bu eski ürünlere, yabanmersini, kartopu, kivi gibi etli meyve ve *Alacadamia,* pekancevizi, maun fıstığı gibi sert kabuklu meyve cinsinden bir şeyler eklediler. Ama buğday, mısır, pirinç gibi eski dönemlerin başlıca besin maddeleriyle karşılaştırıldıklarında bu birkaç çağdaş ürün önemsiz kalıyor.

Yine de bizim bu başarı listemizde, besin değeri yüksek olmasına karşın asla evcilleştirmeyi başaramadığımız pek çok yabani bitki var. Bu başarısızlıklarımız arasında anılmaya değer olarak meşe ağacı bulunuyor, meşe pelitleri California'daki ve Amerika Birleşik Devletleri'nin doğusundaki yerli Amerikalıların belli başlı besin kaynağıydı, Avrupa'da da tarlalar ürün vermediği zaman aç kalan köylülerin can simidiydi. Pelitler besleyicidir, bol nişasta ve yağ içerirler. Yenebilir başka pek çok yabani yiyecek gibi pelitlerin çoğunda acı tanin maddesi bulunur ama pelitseverler bademdeki ve başka yabani bitkilerdeki acı kimyasalların çaresini nasıl buldularsa taninin çaresini de öyle bulmuşlardı: Ya pelitleri öğütüp tanini çıkarıyor ya da ara sıra rastladıkları mutasyon geçirmiş, tanin oranı düşük meşe ağacı teklerinin pelitlerini topluyorlardı.

Peki pelit gibi böylesine değerli bir yiyecek kaynağını evcilleştirmeyi neden beceremedik? Çilek ve ahududuyu evcilleştirmekte neden bu kadar geç kaldık? Bu bitkilerde ne vardı da aşı yapmak gibi güç yöntemleri ustalıkla kullanan eski çiftçiler onları evcilleştiremediler?

Anladığımıza göre meşe ağaçlarının üç sakıncası var. Birincisi, çiftçilerin sabrını tüketecek kadar yavaş büyüyorlar. Buğday ekildikten birkaç ay sonra ürün verir; bir badem tohumu ektiğinizde üç dört yıl içinde badem veren bir ağacınız olur ama bir peliti toprağa ektiğinizde en az on yıl ürün vermeyebilir. İkincisi, meşe ağaçları sincaplara uygun tat ve büyüklükte yemişleri olacak şekilde evrimleşmişlerdir – sincapları meşe pelitlerini toprağa gömerken, kazıp çıkararak yerken görmüşsünüzdür. Ara sıra bir sincabın kazıp çıkarmayı unuttuğu bir pelitten bir meşe ağacı boy atar. Her yıl milyarlarca sincabın hepsinin, meşe ağaçlarının büyümesine elverişli ne kadar nokta varsa gerçekten de hepsine saçtığı yüzlerce meşe peliti arasından biz insanlar istediğimiz meşeleri seçme şansını bulamadık. Ağaçların yavaş büyümesi ile sincapların hızlı hareket etmelerinden doğan sorunlar belki yabani ağaçlar olarak sert kabuklu meyvelerini Avrupalıların çok kullandıkları kayın ağaçlarıyla Amerikan yerlilerinin çok kullandıkları *carya* ağaçlarının da niçin evcilleştirilmediğinin açıklaması olabilir.

Son olarak da belki badem ile meşe peliti arasındaki en önemli fark, bademde acılık tek bir başat genin denetimi altındayken, meşede pek çok genin işin içine girmesidir. Eski çiftçiler arada sırada acı olmayan mutasyonlu bir ağaç bulup o ağacın bademini ya da pelitini diktilerse bile genetik yasalarına göre badem tohumundan çıkacak ağacın bademleri acı olmazken meşe pelitinden çıkacak ağacın pelitlerinin neredeyse hepsi yine acı olacaktır. Sincaplarla baş edip sabırlı olmayı bırakmayarak pelit dikmekte direnen bir çiftçinin hevesini bu bile tek başına kırmaya yeter.

Çilek ve ahududu için de ardıçkuşlarıyla ve taneli meyveleri seven başka kuşlarla yarışmak gibi bir sorunumuz vardı. Evet, Romalılar bahçelerinde çilek yetiştirmiyor değillerdi. Ama Avrupa'daki milyarlarca ardıçkuşu, akla gelebilecek her yere (bu arada Romalıların bahçelerine) dışkılarını yapıp dışkılarıyla birlikte çilek tohumları saçarken, çileklerin ardıçkuşlarının istediği gibi küçük kalmasından, insanların istediği gibi büyük olmamasından doğal bir şey yoktu. Ancak son yıllarda kullanılan koruyucu ağlar ve seralarla ardıçkuşlarıyla başa çıkmayı ve kendi ölçütlerimize göre çilek ve ahududu üretmeyi başardık.

Böylece süpermarketlerde rastladığımız dev çileklerle küçük yabani çilekler arasındaki farkın, işlenmiş bitkilerle bu bitkilerin yabani ataları arasındaki farklardan yalnızca bir tanesi olduğunu görmüş bulunuyoruz. Başlangıçta bu farklar yabani bitkilerin kendilerindeki doğal farklardan doğmuştu. Çileklerin büyüklüğü ya da bademlerin tadı gibi bazı farkları eski çiftçiler kolayca anlayabilirdi. Tohumların saçılma düzeneği ya da uykuya yatma özellikleri gibi başka farklarsa çağdaş botanik ortaya çıkıncaya kadar fark edilmeden kaldı. Eski zamanda kırlarda dolaşan insanlar yenebilir yabani bitkileri seçerken ister bilinçli ölçütlerden hareket etmiş olsunlar ister bilinçsiz, bu seçilim sonucunda yabani bitkilerin tarım bitkilerine dönüştürülmesi başlangıçta bilinçsiz bir süreçti. Bu süreç yabani bitki tekleri arasından bizim yaptığımız seçimlerle başladı, yabani doğada şansı olan yabani bitki teklerinden farklı tekler için uygun olan bahçelerde bitki teklerinin birbiriyle yarışmasıyla başladı.

İşte Darwin'in o önemli kitabı *Türlerin Kökeni*'ne doğal seçilim öyküsüyle başlamamasının nedeni budur. Bunun yerine kitabın I. Bölüm'ünde evcilleştirilen bitki ve hayvanların nasıl insan eliyle yapay seçilim sonucu ortaya çıktığı uzun uzun anlatılır. Darwin genellikle kendisiyle birleştirdiğimiz Galapagos Adası kuşlarını tartışmak yerine çiftçilerin Bektaşi üzümünü nasıl geliştirdiklerini tartışır! Şöyle yazar: "Bahçecilerin bahçecilik işinde gösterdikleri olağanüstü beceriye, öylesine yetersiz malzemeyle böylesine harika sonuçlar elde etmelerine şaşanları çok gördüm, oysa bu çok basit bir hünerdi, sonuçtaki ürün açısından hemen hemen bilinçsizce yürütülen bir işti. Her zaman en iyi cinsi yetiştirmeye dayanıyordu, en iyi cinsin tohumları ekiliyor, biraz daha iyisine rastlanırsa o seçiliyor ve bu iş böylece sürüp gidiyordu." Bu yapay seçilimle bitki geliştirme ilkeleri, doğal seçilim yoluyla evrimin bugün bizim için hâlâ en anlaşılır modeli olmaya devam ediyor.

VIII. Bölüm

Elmalar mı Yerliler mi?

Bazı bölgelerdeki insanların yabani bitki türlerini nasıl yetiştirmeye başladıklarını gördük; insanların hayat tarzları ve torunlarının tarihteki yerleri bakımından öngörülemeyen ciddi sonuçları olan bir adımdı bu. Şimdi sorumuza geri dönelim: Acaba California, Avrupa, Avustralya'nın ılıman bölgeleri, Afrika'nın Ekvator altı bölgesi gibi tarıma son derece elverişli, verimli alanlarda tarım niçin kendi başına bağımsız olarak hiçbir zaman başlamadı? Tarım niçin, kendi başına bağımsız olarak başladığı yerlerin bazılarında erken, bazılarında geç başladı?

Birbirine karşıt iki açıklama geliyor akla: Bütün sorun yöre halkından kaynaklanıyordu ya da yörede bulunan yabani bitkilerden. Öte yandan yerkürenin bol su bulunan ılıman ya da tropik bölgelerinin hemen hemen hepsinde evcilleştirmeye uygun yeterince yabani bitki bulunduğunu biliyoruz. Bu durumda bazı bölgelerde tarımın başlamamış olmasının nedenleri o bölge insanlarının kültürel özelliklerinde aranmalıdır. Beri yandan yerkürenin büyük bir bölgesindeki insanların belki hiç değilse bazılarının evcilleştirmenin yolunu açacak denemelere açık insanlar olması gerekiyordu. O zaman bazı bölgelerde yiyecek üretiminin başlamamış olması ancak uygun yabani bitkilerin bulunamamasıyla açıklanabilir.

Bundan sonraki bölümde göreceğimiz gibi, memeli büyük hayvanların evcilleştirilmesi için aynı sorun daha kolay çözülebilir görünüyor çünkü bitkilere göre türlerinin sayısı çok az. Dünyada etçil ya da hepçil büyük, yabani kara memelilerinin yalnızca aşağı yukarı 148 türü bulunuyor, yani evcilleştirilmeye aday 148 tür memeli büyük hayvan. Bir memelinin evcilleştirilmeye elverişli olup olmadığını belirleyen az sayıda etmen vardır. Bu yüzden de doğrudan doğruya bir bölgede bulunan büyük memelilere bakar ve bazı bölgelerde memelilerin evcilleştirilememesini o yöre insanlarına mı yoksa o yörede uygun yaban türlerin bulunmamasına mı bağlayacağımıza kolayca karar verebiliriz.

Bu yaklaşımı bitkilere uygulamak çok daha zordur, bunun nedeni de kara bitkilerinin çoğunu oluşturan, tarım bitkilerimizin hemen hemen hepsini bize armağan etmiş olan, çiçekli yaban bitki türlerinin sayısıdır: 200.000. California gibi sınırlı bir bölgedeki bütün yabani bitki türlerini inceleyip bunların kaç tanesinin evcilleştirilebilir olduğuna karar vermemize olanak yok. Ama şimdi bu sorunu nasıl aşabileceğimizi göreceğiz.

Çiçek açan bu kadar çok bitki olduğunu öğrenen insanın ilk tepkisi şu olabilir: Yeryüzünde bu kadar yabani bitki türü varken yeteri kadar iyi iklim koşullarına sahip her yerde nasıl olsa tarım bitkisi olarak geliştirilmeye aday fazla fazla tür bulunur.

Ama şurasını unutmayın ki yabani bitkilerin büyük bir çoğunluğu çok açık nedenlerden dolayı uygun değildir: Odunsudurlar, yenebilir meyveleri yoktur, yaprakları ve kökleri de yenmez. Sayıları 200.000'i bulan yabani bitki türlerinin ancak birkaç binini insanlar yer, bunların içinden de ancak birkaç yüzü hemen hemen evcilleştirilmiştir. Hatta bu birkaç yüz tarım ürününün çoğu beslenmemizde önemsiz bir katkı olmaktan öteye gidemez, onların tek başlarına uygarlıkların doğuşunu omuzlamaları olanaksızdır. Çağdaş dünyadaki bütün tarım ürünlerinin yıllık hacminin yüzde seksenini topu topu bir düzine tür oluşturur. Bu bir düzine türün içinde tahıllardan buğday, mısır, pirinç, arpa, süpürgedarısı var; baklagillerden soya fasulyesi; kök veya yumrulardan patates, manyok, tatlı patates; şeker kaynağı olarak şekerkamışı ve şekerpancarı; meyvelerden muz var. Bütün dünyadaki insanların tükettiği kalorinin yarıdan fazlası yalnızca tahıllardan sağlanıyor. Dünyada hepsi de binlerce yıl önce evcilleştirilmiş bu kadar az sayıda temel tarım bitkisi varken, dünyanın pek çok bölgesinde göze çarpan üstünlüklere sahip yerel yabani bitkinin hiç olmaması pek şaşırtıcı değildir. Çağımızda yeni tek bir temel yiyecek bitkisi evcilleştirememiş olmamız, eski insanların gerçekten de yararlı bütün yabani bitkileri bulmuş olabilecekleri ve evcilleştirmeye değer olanların hepsini evcilleştirdikleri anlamına gelir.

Yine de dünyanın yabani bitkileri evcilleştirmede gösterdiği bazı başarısızlıkları açıklamak güçtür. En bariz örnekler bir bölgede evcilleştirilip bir başka bölgede evcilleştirilmeyen bitkilerdir. Bir yerde evcilleştirildiğine göre demek ki o yabani bitkiyi yararlı bir tarım ürününe dönüştürmek olanağı varmış. Peki niçin bazı bölgelerde söz konusu yabani tür evcilleştirilemedi?

Böyle şaşırtıcı ve tipik bir örneği Afrika'da görüyoruz. Önemli bir tahıl olan süpürgedarısı Afrika'nın Sahel kuşağında, Sahra'nın tam güneyinde evcilleştirilmişti. Aynı bitki ta Güney Afrika'ya kadar uzanan bölgede yaban olarak bulunur ama Bantu çiftçileri 2000 yıl önce ekvatorun kuzeyinden bütün tarım ürünleri paketini getirinceye kadar Güney Afrika'da ne bu bitki ne de bir başkası yetiştirildi. Niçin Güney Afrika'da yaşayan insanlar süpürgedarısını kendi başlarına evcilleştirmediler?

Batı Avrupa'da ve Kuzey Afrika'da insanların bütün yabani çeşitleriyle keten bitkisini ya da Güney Balkanlar'da bütün yabani çeşitleriyle teksıralı buğdayı evcilleştirmemiş olmaları da aynı derecede şaşırtıcıdır. Bu iki bitki Bereketli Hilal'in ilk yedi tarım bitkisi arasında olduğuna göre bunlar herhalde yabani bitkilerin en kolay evcilleştirilenleriydi. Bereketli Hilal'in dışında, yabani çeşitlerinin bulunduğu o bölgelere Bereketli Hilal'den bütün yiyecek üretimi paketiyle birlikte gelir gelmez yetiştirilmeye başlandılar. Peki öyleyse o uzak bölgelerin insanları niçin kendi başlarına bunları yetiştirmeye başlamadı?

Aynı şekilde, Bereketli Hilal'de ilk evcilleştirilen dört meyvenin hepsinin Doğu Akdeniz'in çok ötelerine kadar yayılmış yabani çeşitleri vardı; ilk olarak Doğu Akdeniz'de evcilleştirilmiş görünen zeytin, üzüm, incir İtalya'nın batısında, İspanya'da ve Kuzeybatı Afrika'da da vardı; hurma ağaçlarıysa bütün Kuzey Afrika ve Arabistan'a yayılmıştı. Besbelli ki bu dördü yabani meyvelerin en kolay evcilleştirilenleriydi. Peki Bereketli Hilal dışındaki insanlar neden bunları evcilleştiremedi de ancak bunlar Doğu Akdeniz'de evcilleşip oradan tarım bitkisi olarak geldiği zaman yetiştirmeye başladılar?

Başka bir çarpıcı örnek de yiyecek üretiminin hiçbir zaman kendiliğinden başlamadığı bölgelerde evcilleştirilemeyen oysa başka yerlerde evcilleştirilmiş yakın akrabaları olan yaban bitkilerdir. Örneğin, zeytin, *Olea europea,* Doğu Akdeniz'de evcilleştirilmişti. Tropik ve Güney Afrika'da, Güney Asya'da, Doğu Avustralya'da zeytinin aşağı yukarı kırk başka çeşidi vardır, bunların bazıları *Olea europea*'nın çok yakın akrabasıdır ama hiçbiri de evcilleştirilmemiştir. Aynı şekilde yabani bir elma türü ile yabani bir üzüm türü Avrasya'da evcilleştirilmişken Kuzey Amerika'da bunların akrabası olan pek çok yabani elma ve üzüm türü vardır, bunların bazıları çağımızda Avrasya'daki eş bitkilerden elde edilmiş tarım bitkileriyle melezlenmiş, böylece daha iyi tarım ürünleri elde edilmiştir. Peki o zaman Amerikan yerlileri yararlı oldukları apaçık görülen elmaları, üzümleri kendi başlarına niçin evcilleştirmediler?

Bu örnekler böylece uzar gider. Ama böyle bir sorgulamada çok önemli bir yanlışlık vardır: Bitkilerin evcilleştirilmesi, avcı/yiyecek toplayıcıların tek bir bitkiyi evcilleştirmeleriyle, onun dışında göçebelik hayatlarına eskisi gibi aynen devam etmeleriyle olacak bir şey değildir. Yerli avcı/yiyecek toplayıcılar bir yere yerleşip Kuzey Amerika'nın yabani elmalarını yetiştirselerdi o yabani elmalar gerçekten de müthiş bir tarım ürünü haline gelecekti. Ama göçebe avcı/yiyecek toplayıcılar geleneksel yaşama tarzlarını bir kenara atıp köylere yerleşerek elma bahçelerine bakmaya başlayamayacaklardı çünkü yerleşik yiyecek üreticiliğine dayanan yaşama tarzının avcılık ve yiyecek toplayıcılığına dayanan yaşama tarzıyla boy ölçüşebilmesi için evcilleştirilecek başka pek çok yabani bitki ve hayvana gerek vardı.

Kısacası yerel bitki örtüsünün evcilleştirmeye uygun olup olmadığını nasıl ölçeriz? Amerikan yerlilerinin Kuzey Amerika'nın yabani elmalarını evcilleştirmeyi başaramamalarının kabahati onlarda mıydı yoksa elmalarda mı?

Bu soruya yanıt verebilmek için bağımsız evcilleştirme merkezleri arasında karşıt uçlarda bulunan üç bölgeyi karşılaştıracağız şimdi. Daha önce gördüğümüz gibi bunlardan biri, yani Bereketli Hilal dünyada belki de yiyecek üretiminin ilk başladığı yerdi, çağdaş dünyadaki çeşitli temel tarım ürünlerinin ve hemen hemen evcilleştirilmiş belli başlı bütün hayvanların anayurduydu. Öteki ikisinde, Yeni Gine ile Amerika Birleşik Devletleri'nin doğu bölgesinde de yerel bitkiler evcilleştirilmedi değil ama bu bitkiler fazla çeşitlilik göstermiyordu, içlerinden ancak bir tanesi dünya ölçeğinde önemli bir üründü ve sonuç olarak ortaya çıkan yiyecek paketi Bereketli Hilal'deki gibi teknolojinin ve siyasal örgütlenmenin önemli ölçüde gelişmesine destek olacak boyutta değildi. Bu karşılaştırmanın ışığında kendimize şunu soracağız: Amerika Birleşik Devletleri'nin doğu bölgesinin, Yeni Gine'nin bitki örtüsü ve çevre koşullarına göre Bereketli Hilal'in bitki örtüsü ve çevre koşulları apaçık üstünlüklere mi sahipti?

İnsanlık tarihinin temel olgularından biri, Güneybatı Asya'nın (dağlık arazi hilal biçiminde olduğu için: bkz. Şekil 8.1) Bereketli Hilal denen kısmının tarihte ilk önemli bölge olmasıdır. Kentlerin, yazının, imparatorlukların, (iyi ya da kötü) uygarlık dediğimiz şeyin ve uzun bir zincir oluşturan bütün gelişmelerin başlangıç noktası burası olmuş gibi görünüyor. Gelişmelerin kökeninde yatan şeyse, çiftçilik yapmayan uzmanları tarım ürünü ve çiftlik hayvanı biçimindeki yiyecek üretimi sayesinde doyurabilme olanağı, depolanmış yiyecek fazlası ve kalabalık nüfustur. Bereketli Hilal'de ortaya çıkan yeniliklerin ilki yiyecek üretimiydi. O yüzden de çağdaş dünyanın nereden başladığını anlamak isteyenler, Bereketli Hilal'de evcilleştirilmiş bitki ve hayvanların bu yöreye niçin önemli ölçüde öne geçme olanağı sağladığı sorusuna bir yanıt bulmalıdır.

Bereket versin ki tarımın ortaya çıkışıyla ilgili olarak Bereketli Hilal dünyanın en geniş araştırmalara konu olmuş ve en iyi anlaşılmış bölgesidir. Bereketli Hilal'de ya da yakın çevresinde evcilleştirilmiş olan bitkilerin çoğunun yabani atası saptanabilmiştir, gen ve kromozom incelemeleriyle o yabani atanın tarım ürünüyle yakın ilişkisi kanıtlanmıştır, bitkinin yabani coğrafyasının sınırları bilinmektedir, evcilleştirilirken geçirdiği değişiklikler saptanmıştır ve genellikle tek bir gen düzeyinde iyice bilinmektedir, bu değişiklikler arkeolojik kayıt defterinin birbirini izleyen sayfalarında gözlemlenebilmektedir, evcilleştirmenin yaklaşık yeri ve tarihi bilinmektedir. Başka bölgelerin, özellikle Çin'in de ilk evcilleştirme merkezi olarak üstünlükleri olduğunu yadsımıyorum ama bu üstünlükler ve onların sonucu olan tarım ürünlerinin gelişimi Bereketli Hilal'de çok daha ayrıntılı olarak belirlenebilmiştir.

Bereketli Hilal'in bir üstünlüğü Akdeniz iklimi olarak anılan, kışları ılık ve yağışlı, yazları uzun, sıcak ve kurak geçen iklim kuşağında yer almasıdır. Bu iklim uzun ve kurak bir mevsime dayanabilen, yağmurlar başladığında hemen büyümeye başlayan bitkilere uygun bir iklimdir. Bereketli Hilal'deki pek çok bitki, özellikle tahıl ve baklagil türleri insanlara yararlı hale gelecek şekilde uyum göstermişlerdir: Bunlar yıllık bitkilerdir, yani kurak mevsimde bitki kurur ve ölür.

Topu topu bir yıl olan yaşam süreleri içinde yıllık bitkiler ister istemez fazla büyüyemez. Büyümek yerine enerjilerini büyük tohumlar vermeye harcarlar, bu tohumlar kurak mevsimi uykuda geçirir, yağmurlar başladığında da filizlenmeye hazırdırlar. Bu yüzden yıllık bitkiler, ağaç ya da çalı gövdeleri gibi yenebilir olmayan odunsu ya da lifli gövdeler oluşturmaya çok az enerji harcarlar. Özellikle yıllık tahılların ve baklagillerin tohumları gibi büyük tohumlarıysa insanlar yer. Bunlar dünyadaki on iki temel tarım ürününün altısını oluşturur. Buna karşılık bir ormanın kıyısında yaşıyorsanız ve pencereden dışarıya bakarsanız göreceğiniz bitki türleri daha çok ağaçlar ve çalılıklar olacaktır; çoğunun gövdesi yenmez ve enerjilerinin çok azını yenebilir tohumlara harcarlar. Kuşkusuz iklimi yağışlı olan bölgelerde ormanlardaki ağaçların bazılarının yenebilir büyük tohumları yok değildir ama bu tohumlar uzun ve kurak bir mevsime dayanabilmelerini sağlayacak şekilde uyum gösterememişlerdir ve bu yüzden de insanlar tarafından uzun süre için depolanamazlar.

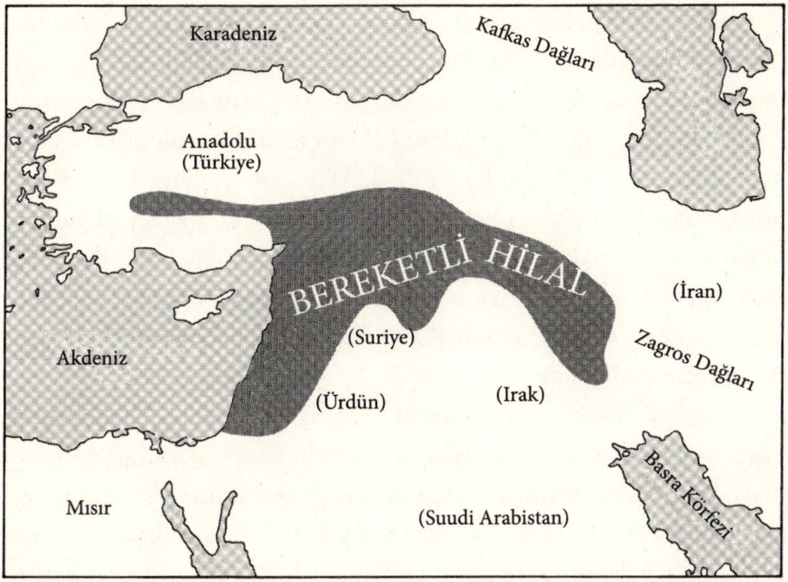

Şekil 8.1. MÖ 7000 öncesi yiyecek üretimi merkezlerini kapsayan Bereketli Hilal.

Bereketli Hilal'in bitki örtüsünün ikinci bir üstünlüğü, oradaki tarım bitkilerinin çoğunun yabani atalarının zaten bol bulunur ve çok verimli olmasıdır, geniş tarlaları kaplarlar, avcı/yiyecek toplayıcılar bunların değerini çok iyi bilir. Avcı/yiyecek toplayıcıların 10.000 yıldan fazla bir zaman önce toplamış olabilecekleri gibi doğal yaban tahıl tarlalarından tohum toplayan botanikçilerin yaptıkları deneyler, hektar başına yılda bir ton tohum elde edilebileceğini gösteriyor, bu da topu topu bir kilokalorilik işgücü karşılığında 50 kilokalori yiyecek enerjisi elde etmek demektir. Bereketli Hilal'deki bazı avcı/ yiyecek toplayıcılar tohumlar olgunlaştığında kısa bir sürede çok fazla miktarda tohum toplayarak ve bu tohumları yılın geri kalanında yiyecek olarak kullanmak üzere depolayarak zaten bitki yetiştirmeye başlamadan önce yerleşik hayata geçip köylere yerleşmişlerdi.

Bereketli Hilal'deki tahıllar yabani haldeyken çok verimli oldukları için insanlar tarafından yetiştirilmeye başlandığında fazladan pek az değişiklik yapılması gerekiyordu. Daha önceki bölümde tartıştığımız gibi, insanlar bu tohumları tarlalara ekip yetiştirmeye başladığı zaman temel değişiklikler –tohumların saçılması ve çimlenmenin engellenmesiyle ilgili doğal sistemlerin bozulmasını içeren değişiklikler– kendiliğinden ve hızla oldu. Bizim buğday ve arpalarımızın yabani ataları bu ürünlere o kadar çok benzer ki yabani ataların bunlar olduğu konusunda hiçbir kuşku yoktur. Evcilleştirme kolaylığı bakımından büyük tohumlu yıllık bitkiler yalnızca Bereketli Hilal'de değil Çin'de ve Sahel'de de ilk tarım bitkilerini oluşturur ya da ilklerden birini.

Buğday ve arpanın geçirdiği bu hızlı evrimi Yeni Dünya'nın başta gelen tahıl ürünü mısırın öyküsüyle karşılaştıralım. Mısırın olası atası yabani rayana adıyla bilinen yabani bitki, tohumları ve çiçek yapısı bakımından mısırdan o kadar farklıdır ki ata olarak oynadığı rol bile botanikçiler tarafından uzun süre tartışılmıştır. Yabani rayananın yiyecek olarak değeri avcı/yiyecek toplayıcıları etkilemiş olamaz: yabani haldeyken yabani buğdaya göre daha az verimliydi, evrimleşmiş bugünkü mısıra göre çok daha az tohum veriyordu, tohumları yenmeyen sert bir kabuk içinde saklıydı. Yabani rayananın yararlı bir ürüne dönüşmek için üreme biyolojisi açısından büyük değişiklikler geçirmesi, tohum yatırımını büyük oranda artırması, tohumlarının o taş gibi sert kabuklarından kurtulması gerekiyordu. Arkeologlar minicik boyuttaki eski mısır koçanlarının başparmak büyüklüğüne evrilmesi için kaç yüzyıl ya da kaç binyıl geçmiş olması gerektiği konusunu hâlâ heyecanla tartışıyorlar, ama bugünkü büyüklüklerine ulaşmaları için o zamandan sonra birkaç binyılın daha geçmesi gerektiği apaçık ortada. Buğday ve arpanın dolaysız değerleriyle yabani rayananın yarattığı güçlükler arasındaki karşıtlık Yeni Dünya insan topluluklarıyla Avrasya insan topluluklarının gelişimi arasındaki farklılıkların önemli bir nedeni olabilir.

Bereketli Hilal bitki örtüsünün üçüncü bir üstünlüğü erdişi bitkilerin, "iki cinslilerin" –yani genellikle kendi kendilerini tozlayan, dölleyen, pek ender olarak başkalarıyla tozlaşan bitkilerin– yüzdesinin yüksek olması. Unutmayın ki yabani bitkilerin çoğu ya düzenli olarak başkalarıyla tozlaşan erdişilerden ya da tozlaşmak için başka bir teke gerek duyan erkeği ve dişisi ayrı bitkilerden oluşur. Üreme biyolojisinin bu olguları ilk çiftçilerin aklını karıştırdı çünkü mutasyonlu bir bitki bulmayagörsünler o bitkinin yavruları hemen başka bitki tekleriyle melezleşiyor ve böylece kalıtsal üstünlüklerini kaybediyorlardı. Bu nedenle de tarım bitkilerinin çoğu ya genellikle kendi kendilerini tozlayan erdişi bitkilere dayanır ya da (örneğin genetik olarak ana bitkiyi kopyalayan kök aracılığıyla) bitkisel biçimde cinsiyetsiz çoğalan bitkilere; bunlar da yabani bitkiler içinde küçük bir yüzde oluşturur. Böylece Bereketli Hilal'in bitki örtüsü içinde kendi kendilerini tozlayan erdişilerin yüzdesinin yüksek olması ilk çiftçilerin işine yaramıştır çünkü bu, yabani bitki örtüsünün büyük bir yüzdesinin insanlara uygun bir üreme biyolojisine sahip olduğu anlamına geliyordu.

Erdişiler ara sıra başkalarıyla da döllenerek yeni seçenekler oluşturacak yeni cinslerin ortaya çıkmasına elverişli oldukları için de ilk çiftçilerin işine yaramıştı. Cinsler arası döllenme yalnızca aynı türün farklı tekleri arasında değil akraba türler arasında da olur ve türler arası melezler meydana gelir. Bereketli Hilal'in erdişileri arasında böyle bir melez, ekmek buğdayı, çağdaş dünyanın en değerli tarım ürünü haline geldi.

Bereketli Hilal'de evcilleştirilmiş olan ilk sekiz önemli tarım bitkisinin hepsi erdişiydi. Bunların arasında iki cinsli üç tahıl –teksıralı buğday, çiftsıralı buğday, arpa– bulunuyordu, tahılların arasındaysa buğday ötekilere ek olarak % 8-14 gibi yüksek bir oranda protein içerme üstünlüğüne sahipti. Buna karşılık Doğu Asya'nın ve Yeni Dünya'nın en önemli tahıl ürünleri –sırasıyla pirinç ve mısır– daha düşük protein içeriyor, bu da önemli beslenme sorunlarına yol açıyordu.

Bereketli Hilal'in bitki örtüsünün ilk çiftçilere sunduğu kolaylıkların bazıları bunlardı. Evcilleştirmeye elverişli yabani bitkilerin yüzdesi olağanüstü yüksekti. Bununla birlikte Bereketli Hilal'i içine alan Akdeniz iklim kuşağı batıya doğru, Güney Avrupa'nın ve Kuzeybatı Afrika'nın büyük bölümünü içine alacak şekilde uzanmaktadır. Ayrıca dünyanın dört ayrı bölgesinde de benzer Akdeniz iklim kuşakları vardır: California, Şili, Güneybatı Avustralya ve Güney Afrika'da (bkz. Şekil 8.2). Gelgelelim bu öteki Akdeniz kuşakları yiyecek üretimi konusunda Bereketli Hilal'le yarışamadıkları gibi oralarda hiçbir zaman yerli tarım başlamadı. Peki özellikle Batı Avrasya'daki Akdeniz kuşağı ne gibi üstünlüklere sahipti?

Anlaşıldığına göre söz konusu Akdeniz kuşağının özellikle Bereketli Hilal adı verilen parçası ötekilere göre beş yönden farklıydı. Birincisi, dünyanın en geniş Akdeniz iklim kuşağı Batı Avrasya kuşağıdır. Bunun sonucu olarak yabani bitki ve hayvan türleri bakımından çok daha zengindir, Güneybatı Avustralya ile Şili'deki nispeten daha küçük olan Akdeniz kuşağına göre daha zengin. İkincisi, Akdeniz kuşakları arasında mevsimden mevsime, yıldan yıla en çok iklim değişikliği gösteren kuşak Batı Avrasya kuşağıdır. Bu değişiklik bitki örtüsü içinde özellikle yüzdesi yüksek olan yıllık bitkilerin evrimine elverişliydi. Bu iki etmenin –türlerin çeşitlilik oranının yüksekliği ile yıllık bitkilerin yüzdelerinin yüksekliğinin– birleşmesi demek, Batı Avrasya Akdeniz kuşağında yıllık bitki çeşitlerinin çok fazla olması demektir.

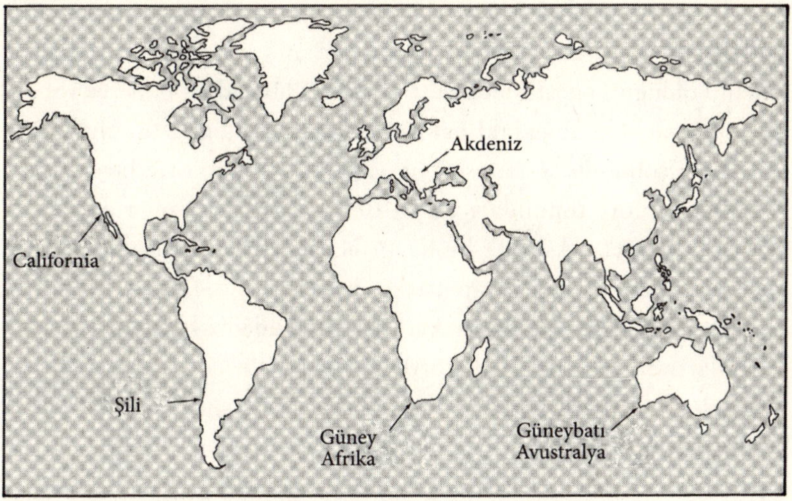

Şekil 8.2. Dünyadaki Akdeniz İklim Kuşakları.

Tablo 8.1. Büyük Tohumlu Ot Türlerinin Dünyadaki Dağılışı

Bölge	*Türlerin Sayısı*	
Batı Asya, Avrupa, Kuzey Afrika		33
Akdeniz Kuşağı	32	
İngiltere	1	
Doğu Asya		6
Afrika, Sahra'nın güneyi		4
Amerika Kıtaları		11
Kuzey Amerika	4	
Mezoamerika	5	
Güney Amerika	2	
Kuzey Avustralya		2
	Toplam:	56

Mark Blumler'ın "California ve İsrail'de Akdeniz Tarzı Otlaklarda Tohum Ağırlığı ve Çevre Koşulları" konulu doktora tezindeki Tablo 12.1'de (California Üniversitesi, Berkeley, 1992) dünyanın (bambular dışında) en ağır tohumlu 56 yaban otunun listesi verilmektedir, bunlarla ilgili ayrıntılar da vardır. Bu türlerin tanelerinin ağırlığı 10 miligram ile, dünyadaki bütün ot türlerinin ortalama değerinin aşağı yukarı 10 katı olan, 40 miligram ve üstü arasında değişir. Bu tablo bu paha biçilmez otların ezici bir çoğunlukla Batı Avrasya'nın Akdeniz kuşağında toplandığını göstermektedir.

Coğrafyacı Mark Blumler'ın yaban otların dağılımı konusunda yaptığı incelemeler insanlar için bu botanik zenginliğin ne kadar önemli olduğunu göstermektedir. Blumler dünyadaki binlerce yaban ot türü arasında doğadaki ürünlerin kaymak tabakasını oluşturan en büyük tohumlu 56 tanesini bir tabloda topladı: orta boy ot türlerininkine göre tohumları en az 10 kat daha ağır olan ot türleri (bkz. Tablo 8.1). Aslında bunların hepsi Akdeniz kuşaklarına ya da kurak mevsimlere sahip başka çevrelere ait. Dahası bunların Bereketli Hilal'de ya da Batı Avrasya'nın Akdeniz kuşağının başka kısımlarında toplandıkları görülüyor, yani ilk çiftçiler büyük bir seçenek dağarına sahiptiler: Dünyadaki birinci sınıf 56 yaban otun aşağı yukarı 32'sine! Bu 56 en büyükler arasında Bereketli Hilal'in ilk tarım bitkilerinden özellikle önemli olan iki tanesi, arpa ve çiftsıralı buğday, iri tohumlu bitkiler arasında sırasıyla üçüncü ve on üçüncü sırada yer alır. Bunun tersine Şili'nin Akdeniz kuşağında bu türlerin yalnızca ikisi bulunur, California ve Güney Afrika'da birer tanesi, Güneybatı Avustralya'daysa hiçbiri. Bir tek bu olgu bile insanlık tarihinin akışının epey bir bölümünü açıklamakta yararlı olur.

Bereketli Hilal'deki Akdeniz kuşağının bir üçüncü farkı dar bir bölge içinde çok çeşitli yükseltilere ve yüzey şekillerine sahip olmasıdır. Yeryüzünün en alçak noktası (Lut Gölü) ile 5400 metre yüksekliğindeki dağlar (Tahran yakınlarında) arasındaki arazi yükseklik farkları aynı derecede farklı çevre koşullarının var olmasını ve bunun sonucunda da tarım bitkilerinin ataları olabilecek yabani bitkilerin büyük çeşitlilik göstermesini sağlar. Bu dağlar ırmakların bulunduğu yumuşak düzlüklerin, çok sayıda ovanın, sulama tarımına elverişli çöllerin hemen yanı başındadır. Buna karşılık Güneybatı Avustralya'nın, Avustralya kadar olmasa da Güney Afrika'nın ve Batı Avrupa'nın Akdeniz kuşakları yükseklik, çevre koşulları ve yüzey şekilleri bakımından büyük farklılık göstermezler.

Bereketli Hilal'deki arazi yükseklik farklılıkları hasat mevsimi zamanlarının değişmesi anlamına geliyordu: Yüksek yerlerdeki bitkiler alçak yerlerdekilere göre daha geç tohum veriyordu. Bunun sonucu olarak avcı/yiyecek toplayıcılar bütün tohumların aynı zamanda olgunlaştığı tek bir yükseklikte yoğun bir hasat mevsiminin ağırlığı altında ezilmektense kalkıp bir dağ yamacına giderek orada olgunlaşan tahıl tanelerini toplayabiliyorlardı. Bitki üreticiliği başladığı zaman ilk çiftçiler için dağ yamaçlarında yetişen ve ne zaman yağacağı belli olmayan yağmurlara bağlı kalan yabani tahılların tohumlarını toplamaları ve onları yağmura daha az bağımlı olarak, daha güvenilir biçimde yetiştirebilecekleri nemli vadi tabanlarına ekmeleri basit bir işti.

Dar bir alan içinde sahip olduğu biyolojik çeşitlilik Bereketli Hilal için dördüncü bir üstünlük yaratıyordu – değerli tarım bitkilerinin ataları bakımından bir zenginlik yarattığı kadar evcilleştirilmiş büyük, memeli hayvanların ataları bakımından da büyük bir zenginlik. Daha sonra göreceğimiz gibi, California'daki, Şili'deki, Güneybatı Avustralya'daki, Güney Afrika'daki öteki Akdeniz kuşaklarında, evcilleştirilmeye elverişli yabani memeli türleri ya azdı ya da hiç yoktu. Oysa Bereketli Hilal'de dört büyük tür memeli hayvan –keçi, koyun, domuz, inek– çok erken bir tarihte evcilleştirilmişti, hem de belki köpek dışında dünyanın hiçbir yerinde evcilleştirilmiş hayvan yokken. Bu türler bugün dünyadaki en önemli beş evcil memelinin dördünü oluşturmaktadır (IX. Bölüm). Ama onların yabani ataları Bereketli Hilal'in biraz farklı bölgelerinde yaygın olarak bulunuyordu, bu yüzden de bu dört türün her biri bir başka yerde evcilleştirildi: Koyun belki de orta bölgede, keçi ya doğudaki daha yüksek tepelerde (İran'ın Zagros Dağları'nda) ya da güneybatı bölgesinde (Doğu Akdeniz'de), domuz kuzey orta bölgesinde, inek Anadolu da içinde olmak üzere batı bölgesinde. Bu dört yaban türün atalarının en bol bulunduğu bölgeler farklı olmasına farklıydı ama birbirine yeterince yakındılar, bu yüzden de Bereketli Hilal'in bir bölgesinde evcilleştirilen tür bir başkasına kolayca aktarıldı ve sonunda dört türün dördü de bütün bölgeye yayıldı.

Bereketli Hilal'de tarım, "temel bitkiler" diye adlandırılan (çünkü o bölgede belki de bütün dünyada tarımın temelinde onlar bulunur) sekiz bitkinin evcilleştirilmesiyle başladı. Bu sekiz temel bitki şunlardır: Tahıl olarak çiftsıralı buğday, teksıralı buğday, arpa; baklagillerden mercimek, bezelye, nohut, acı burçak; liflilerden keten bitkisi. Bu sekiz bitki içinde yalnızca ikisi, keten bitkisi ile arpa, Bereketli Hilal ve Anadolu dışında yaban halde yaygın olarak bulunuyordu. İkisi çok az yayılmıştı, nohut yalnızca Güneydoğu Türkiye'de bulunuyordu; çiftsıralı buğdaysa yalnızca Bereketli Hilal'de. Dolayısıyla tarımın Bereketli Hilal'de bulunan yöresel yabani bitkilerin evcilleştirilmesiyle başlayabilme olanağı vardı, başka yerlerde evcilleştirilmiş yabani bitkilerden elde edilmiş tarım bitkilerinin beklenmesine gerek yoktu. Oysa bu temel bitkilerin ikisi dünyada Bereketli Hilal dışında hiçbir yerde evcilleştirilemezdi çünkü yabani halde başka hiçbir yerde bulunmuyordu.

Uygun yabani memeli hayvanların ve bitkilerin Bereketli Hilal'de bulunması sayesinde bu bölgedeki ilk insanlar yoğun yiyecek üretimini başlatacak güçlü ve dengeli bir biyolojik paketi kısa zamanda oluşturmayı başardılar. Bu pakette ana karbonhidrat kaynağı olarak üç tahıl, % 20-25 protein içeren dört baklagil ile ana protein kaynağı dört evcil hayvan, bu hayvanlara ek olarak bol protein içeriğiyle buğday, lif ve yağ kaynağı olarak keten bitkisi bulunuyordu (keten tohumlarında yaklaşık % 40 oranında yağ bulunur ve çıkarılan yağa keten tohumu yağı denir). Hayvanların evcilleştirilmesinden ve yiyecek üretimine geçilmesinden binlerce yıl sonra hayvanlar süt ve yün elde etmekte, saban sürmekte, taşımacılıkta kullanılmaya başlandılar. Böylece Bereketli Hilal'in ilk çiftçilerinin tarım bitkileri ve hayvanları insanlığın temel ekonomik gereksinimlerini karşılıyordu: karbonhidrat, protein, yağ, giyecek, yük taşıma, ulaşım.

Bereketli Hilal'deki ilk yiyecek üreticilerinin işini kolaylaştıran bir başka etmense avcılık ve *yiyecek* toplayıcılığına dayanan hayat tarzının, Batı Akdeniz de içinde olmak üzere başka bölgelerdeki gibi kendilerine rakip olmamasıdır. Güneybatı Asya'da az sayıda büyük ırmak vardır, bu bölgenin denize bakan kıyısı kısadır, bu yüzden de (ırmak ve deniz balıkları, kabuklu hayvanları anlamında) su kaynakları bir oranda kıttır. Eti için avlanan memeli türlerinden biri olan ceylanlar başlangıçta büyük sürüler halinde yaşıyordu ama insan nüfusu arttıkça aşırı derecede tüketildikleri için sayıları azaldı. Böylece yiyecek üreticilerinin paketi kısa zamanda avcı/yiyecek toplayıcılarınkinden üstün hale geldi. Tahıllara dayalı yerleşik köyler yiyecek üretimi başlamadan da zaten vardı ve avcı/yiyecek toplayıcılara tarım ve hayvancılığa geçiş konusunda bir ön hazırlık olanağı sağladılar. Bereketli Hilal'de avcı/yiyecek toplayıcıların yiyecek üretimine geçmeleri bir oranda hızlı oldu: MÖ 9000 yılı gibi geç bir tarihe kadar insanların hiç tarım ürünleri ve evcil hayvanları yoktu ama MÖ 6000'de bazı toplumlar neredeyse tamamıyla tarım bitkileri ve evcil hayvanlarla geçinir duruma gelmişlerdi.

Mezoamerika'daki durum bunun tam tersiydi: Bu bölgede evcilleştirilebilecek yalnızca iki hayvan vardı (hindi ve köpek), bu hayvanlar da inekler, koyunlar, keçiler ve domuzlarla karşılaştırıldığında çok az et veriyorlardı; Mezoamerika'nın başlıca besin kaynağı olan mısır ise, daha önce açıklandığı gibi, evcilleştirmesi güç ve belki de çok zaman alan bir bitkiydi. Bunun sonucu olarak Mezoamerikada evcilleştirme MÖ yaklaşık 3500 yıllarına kadar (bu tarih de kesin değil) başlamış olamazdı; ilk adımları atanlar da hâlâ göçebe olan avcı/yiyecek toplayıcılardı, yerleşik köyler MÖ yaklaşık 1500 yılına kadar kurulmadı.

Yiyecek üretiminin başlaması konusunda sahip olduğu üstünlükleri tartışırken Bereketli Hilal'deki halkların sahip olabileceklerini düşündüğümüz üstünlüklerine başvurmak zorunda kalmadık. Aslına bakarsanız bölge halklarının, yiyecek üretimi paketinin etkililiğine katkıda bulunmuş olabileceği düşünülen biyolojik üstünlükleri olduğunu ileri süren birinin olduğunu da bilmiyorum. Ama Bereketli Hilal'in iklim, doğal çevre, yabani bitkiler ve hayvanlar gibi ayırıcı özelliklerinin hepsinin birlikte bize inandırıcı bir açıklama sağladığını gördük.

Peki, Yeni Gine'de ve Amerika Birleşik Devletleri'nin doğusunda yöresel olarak ortaya çıkan yiyecek paketleri o kadar etkili olmadığına göre bu fark o bölge halklarının kendilerinin farklılığından doğmuş olabilir mi? Yine de o bölgelere dönmeden önce, dünyanın yiyecek üretiminin bağımsız olarak hiç başlamadığı ya da başladıysa bile daha etkisiz bir paketle sonuçlandığı herhangi bir bölgesiyle ilgili olarak yanıtlamamız gereken, birbiriyle ilişkili iki soru var. Birincisi, acaba avcı/yiyecek toplayıcılarla çiftçiliğe yeni yeni başlayanlar yörede bulunan yabani türleri ve onların nasıl kullanılacağını gerçekten biliyorlar mıydı, yoksa değerli ürünlerin atalarını gözden mi kaçırmışlardı? İkincisi, yörelerindeki bitki ve hayvanları tanıyorlarsa, mevcut türlerin en yararlılarını evcilleştirmekte bu bilgiden yararlanıyorlar mıydı, yoksa kültürel etmenler bunu yapmalarını engelliyor muydu?

Birinci soruyla ilgili olarak, insanların kendi doğal çevrelerindeki yaban bitki ve hayvanlarla ilgili neler bildiklerini inceleyen ve etnobiyoloji denen koca bir bilim dalı var. Bu tür incelemeler özellikle dünyada hâlâ varlıklarını sürdüren avcı/yiyecek toplayıcı halklar ile hâlâ yabani bitkilere ve doğal ürünlere büyük oranda bel bağlayan çiftçi halklar üzerinde yoğunlaşmaktadır. Söz konusu incelemelerin genellikle gösterdiğine göre, bu insanlar ayaklı birer doğal tarih ansiklopedisi gibidir, bine yakın ya da daha fazla bitki ve hayvan türünün (kendi dillerinde) adını bilirler, bu türlerin biyolojik özellikleri, dağılımı, olası yararları konusunda ayrıntılı bilgileri vardır. İnsanlar evcilleştirilmiş bitki ve hayvanlara ne kadar çok bağımlı hale gelirlerse, bu geleneksel bilgilerin değeri giderek o kadar çok azalır ya da hiç kalmaz, sonunda yabani bir otu yabani bir baklagil bitkisinden ayırt edemeyen süpermarket müşterileri çıkar karşımıza.

İşte size tipik bir örnek: Son otuz üç yıldır Yeni Gine'de biyoloji araştırmalarımı yürütürken alan çalışmasına ayırdığım zamanı yabani bitki ve hayvanları hâlâ yaygın olarak kullanan Yeni Ginelilerle geçiriyordum. Bir gün, Foré kabilesinden arkadaşlarımla birlikte ormandaydık, başka bir kabile bizim levazım üssümüze dönüş yolumuzu kapatmıştı, o yüzden açlıktan kıvranıyorduk, Foré kabilesinden biri kamp yerine koca bir sırt çantası dolusu mantarla geldi ve mantarları közlemeye başladı. İşte size yemek! Ama sonra aldı beni bir düşünce: Ya mantarlar zehirliyse?

Forélere bazı mantarların zehirli olduklarına dair yazılar okuduğumu, zararsız mantarları zararlılardan ayıramadıkları için zehirlenip ölen mantar toplayıcı Amerikalı uzmanların olduğunu duyduğumu, aç olmamıza karşın bu tehlikeyi göze almamamız gerektiğini sakin sakin anlatmaya başladım. Bunun üzerine arkadaşlarım bana öfkelendi, çenemi kapayıp kendilerini dinlememi söylediler. Yıllardır onca ağacın ve kuşun adı konusunda onları sınava çeken ben nasıl olur da onların farklı mantarlara farklı adlar verdiğini bilmezdim? Ancak Amerikalılar zehirli mantarlarla zehirsiz mantarları birbirine karıştıracak kadar aptal olabilirdi. Bana nutuk çekmeye devam ettiler: Yenebilir cinsinden yirmi dokuz tür mantar varmış, her türün Foré dilinde bir adı varmış, ormanda her birinin nerede bulunduğu bilinirmiş. *Tánti* adı verilen bu mantar ağaçlarda olurmuş, lezzetli ve pekâlâ yenebilir bir mantarmış.

Yeni Ginelileri yanıma alıp onları adalarının öte yakasına götürdüğüm zaman rastladıkları öteki Yeni Ginelilerle düzenli olarak yöresel bitki ve hayvanları konuşurlar, yararlı olabileceğini düşündükleri bitkileri toplar, dikmeyi denemek üzere kendi köylerine getirirlerdi. Benim Yeni Gineliler konusunda edindiğim bu deneyimler etnobiyologların başka yerlerdeki geleneksel halklar üzerinde yaptıkları incelemelerle paralellik gösteriyor. Yine de bütün bu cins halklar ya hiç değilse bir tür yiyecek üretimi yaparlar ya da dünyanın ilk avcı/yiyecek toplayıcı halklarının bir oranda kültüre eklemlenmiş son kalıntılarıdırlar. Yiyecek üretimi başlamadan önce, yeryüzündeki bütün insanlar karınlarını doyurmak için tamamıyla yabani türlere bağımlı oldukları zamanlarda, yabani türlerle ilgili bilgiler herhalde daha da ayrıntılıydı. İlk çiftçiler, çok köklü bir biçimde doğal dünyaya bağımlı halde yaşayan, biyolojik bakımdan çağdaş sayılacak insanların on binlerce yıllık doğa gözlemleri sonucu biriktirdikleri bu bilgilerin mirasçısı olmuşlardı. Bu yüzden, değerli olma olasılığı bulunan yabani türlerin ilk çiftçilerin gözünden kaçabileceğini düşünmek güç.

Birincisiyle ilişkili öteki soru, acaba eski avcı/yiyecek toplayıcılar ile çiftçiler toplayacakları ve daha sonra da yetiştirecekleri yabani bitkileri seçerken etnobiyolojik bilgilerini aynı şekilde iyi kullandılar mı, sorusudur. Bu sorunun bir yanıtı bize Suriye'de Fırat Vadisi kıyısında Ebu Hureyre Höyüğü adı verilen arkeolojik kazı yerinden gelmektedir. MÖ 10.000 ile 9000 yılları arasında orada yaşayan insanlar bütün yıl boyunca köylerde oturuyor olabilirlerdi ama hâlâ avcılık ve yiyecek toplayıcılığıyla geçiniyorlardı; bitki yetiştiriciliği ancak daha sonraki binyılda başladı. Arkeologlar, Gordon Hillman, Susan Colledge, David Harris o kazı yerinde çok miktarda kömürleşmiş bitki kalıntısı buldular, bunlar belki de orada yaşayanlar tarafından başka yerlerden toplanıp getirilmiş ve çöpe atılmış yabani bitkilere aitti. Bilim insanları yedi yüz kadar örneği analiz etti, her biri yetmişten fazla bitki türüne ait, saptanabilmiş 500'den fazla tohum içeriyordu. Anlaşıldığına göre köylüler, kömürleşmiş tohumlarından tanınabilen, bugün tanınamayan öteki bitkileri saymazsak, şaşırılacak çeşitlilikte (157 tür) bitki topluyorlardı.

Bunlar her önlerine gelen tohumlu bitkiyi toplayıp eve getiren, bu türlerin çoğundan zehirlenen ancak pek az türdeki bitkiyle karınlarını doyuran saf köylüler miydi? Hayır, o kadar budala değillerdi. Türlerin sayısına (yüz elli yedi) bakarsanız hiç dikkat etmeden toplamışlar gibi gelebilir ama o kömürleşmiş kalıntıların içinde o bölgede yetişen yabani bitkilerin çoğu yok. Seçilmiş yüz elli yedi türün içinde üç sınıf bitki var. Büyük bir çoğunluğu tohumları zehirli olmayan, hemen yenebilir cinsten. Baklagiller ve hardal ailesi gibi bazılarının zehirli tohumları var ama zehirleri çıkarmak ve tohumu yenebilir duruma getirmek zor değil. Tohumlardan birkaçı geleneksel olarak boya ve ilaç yapımında kullanılan türlere ait. Bu seçilmiş yüz elli yedi türün içinde temsil edilmeyen pek çok bitki, aralarında çevredeki bütün toksik ot türleri de olmak üzere insanlar için ya yararsız ya da zararlı olanlardır.

Yani Ebu Hureyre Höyüğü'ndeki insanların yabani bitkileri ayırt etmeden toplayarak zamanlarını boşa harcadıkları, hayatlarını tehlikeye attıkları falan yoktu. Tam tersine Yeni Gineliler yöresel yabani bitkileri ne kadar iyi biliyorlarsa onlar da o kadar biliyorlardı, bu bilgiyi kullanıp mevcut tohumlu bitkilerin yalnızca en yararlılarını toplayıp evlerine getiriyorlardı. Bu toplanan tohumlar bitkilerin evcilleştirilmesi yönünde ilk bilinçsiz adımı oluşturacaktı.

Eski insanların etnobiyolojik bilgilerini nasıl iyi kullandıklarını açıkça gösteren ikinci örneğim, MÖ dokuzuncu binyılda, yiyecek üretiminin ilk kez başladığı tarihte Ürdün Vadisi'nden. Vadide ilk evcilleştirilen tahıllar arpa ile çiftsıralı buğdaydı, bunlar bugün hâlâ dünyanın en verimli ürünleridir. Ama tıpkı Ebu Hureyre Höyüğü'nde olduğu gibi, o çevrede yüzlerce başka tohumlu yabani bitki türü yetişiyor olsa gerekti, bunların yüzlercesi ya da daha fazlası herhalde yenebiliyordu ve bitki üretimi başlamadan önce insanlar bunları topluyordu. Arpa ile çiftsıralı buğdayın ilk tarım bitkileri olmaları nereden kaynaklanıyordu? Ürdün Vadisi'ndeki ilk çiftçiler ne yaptıklarını bilmeyecek kadar botanik bilgisinden yoksun insanlar mıydı? Yoksa arpa ile çiftsıralı buğday onların seçebilecekleri yöresel tahılların en iyileri miydi?

İsrailli iki bilim adamı, Ofer Bar-Yosef ile Mordechai Kislev bugün vadide hâlâ yetişen yabani ot türlerini inceleyerek bu soruya yanıt bulmaya çalıştılar. Tohumları küçük ya da tatsız olanları bir kıyıya bırakıp tohumları en lezzetli ve en büyük olan yirmi üç yabani ot topladılar. Arpa ve çiftsıralı buğdayın bu listede olması hiç de şaşırtıcı değildi.

Ama öteki yirmi bir adayın bu ikisi ayarında olabileceğini düşünmek yanlıştı. Pek çok ölçüte göre yirmi üç tanenin en iyileri arpa ve çiftsıralı buğdaydı. Tohumları en büyük bitki çiftsıralı buğdaydı, ikinci sırada arpa vardı. Yaban doğada arpa yirmi üç tür içinde en bol bulunan 4 türden biriydi, çiftsıralı buğday orta bolluktaydı. Arpanın bir üstünlüğü daha vardı, daha önceki bölümde tartıştığımız gibi, tohumların saçılmasını ve filizlenmenin geciktirilmesini sağlayan sistemlerde meydana gelmesi gereken değişiklikleri hızla yapmasına elverecek genetik ve morfolojik bir yapıya sahipti. Bununla birlikte çiftsıralı buğday da bu açığı kapayan üstünlüklere sahipti: Arpadan daha kolay toplanıyordu, tahıllar içinde tohumu kabuğuna yapışık olmamak gibi bir ayrıcalık taşıyordu. Öteki yirmi bir türe gelince, onların bazı kusurları vardı, tohumları küçüktü, çoğunlukla bol yetişmiyorlardı, bazıları yıllık değil daha uzun ömürlüydüler, bu yüzden evcilleştirme süreci sırasında yavaş evrimleşebilirlerdi.

Dolayısıyla Ürdün Vadisi'ndeki ilk çiftçiler o bölgede bulunan yabani otlar arasında en iyi yirmi üç türün en iyi ikisini seçtiler. Kuşkusuz (bitkilerin yetiştirilmesinin ardından) tohumların saçılmasını ve filizlenmesini engelleyen sistemlerdeki evrimsel değişiklikler, o çiftçilerin yapmakta oldukları şeyin öngörülmemiş sonuçlarıydı. Ama başlangıçta toplamak, eve getirmek ve yetiştirmek için başka tahılları değil de arpa ile çiftsıralı buğdayı seçmeleri bilinçli bir hareketti ve tohum büyüklüğü, tat, bolluk gibi kolayca kestirilebilecek ölçütlere dayanıyordu.

Ebu Hureyre Höyüğü gibi Ürdün Vadisi örneği de ilk çiftçilerin yerel türlerle ilgili ayrıntılı bilgilerinden çok iyi yararlandıklarını gösteriyor. Yöresel bitkilerle ilgili olarak üç beş botanik uzmanı dışında herkesten çok şey bilen bu insanların karşılaştırmalı olarak evcilleştirmeye elverişli olan herhangi bir yararlı yabani bitkiyi tarım bitkisine dönüştürmekte başarısız kalabileceklerini düşünmek zor.

Şimdi artık dünyanın iki bölgesinde (Yeni Gine ile Amerika Birleşik Devletleri'nin doğusunda), yerli ama anlaşıldığına göre Bereketli Hilal'dekiyle karşılaştırıldığında yetersiz kalan yiyecek üretim sistemlerine sahip yerel çiftçilerin başka yerlerden daha verimli tarım bitkileri geldiği zaman gerçekten de ne yaptıklarını inceleyebiliriz. Kültürel ya da başka nedenlerden dolayı bu tür ürünlerin benimsenmediğini öğrenseydik kafamızda hep bir soru işareti kalacaktı. Şimdiye kadarki bütün akıl yürütmelerimize karşın, acaba yerel yabani bitki örtüsü içinde, belki de benzeri kültürel nedenlerden dolayı, yerel çiftçilerin kullanmadıkları, değerli olabilecek bir tarım bitkisinin atası var mıydı, diye kuşkulanacaktık. Bu iki örnek aynı zamanda tarihte önemli bir olguyu ayrıntılarıyla gözler önüne sermektedir: Dünyanın çeşitli bölgelerindeki yerli tarım bitkileri aynı derecede verimli değildi.

Grönland'dan sonra en büyük ada olan Yeni Gine, Avustralya'nın hemen kuzeyinde Ekvator'a yakın bir yerdedir. Tropik bölgede olduğu, yüzey şekilleri ve doğal çevre bakımından büyük çeşitlilik gösterdiği için Yeni Gine hem bitki hem hayvan türleri bakımından, bir ada olması dolayısıyla kıtadaki tropik bölgeler kadar olmasa da, zengindir. Yeni Gine'de en azından 40.000 yıldır insanlar yaşıyor – bu süre Amerika kıtalarındakinden çok daha uzun, Batı Avrupa'da anatomik bakımdan çağdaş insanların yaşamaya başladığı zamandan bu yana geçen süreden de biraz fazla. Böylece Yeni Gineliler yöresel bitki ve hayvan örtüsünü tanıma fırsatını yeterince buldular. Bu bilgiyi yiyecek üretimine uygulamışlar mıydı?

Yiyecek üretimine geçişin, yiyecek üretimine dayalı hayat tarzı ile avcılık ve yiyecek toplayıcılığına dayalı hayat tarzı arasında bir yarış, rekabet gerektirdiğinden daha önce söz etmiştim.

Yeni Gine'de avcılık ve yiyecek toplayıcılığı, yiyecek üretme güdüsünü yok edecek kadar ödüllendirici değildir. Özellikle çağdaş Yeni Gineli avcılar yabani av hayvanı kıtlığından ne yapacaklarını şaşırmış durumdalar: Uçamayan 50 kiloluk bir kuş (bir çeşit devekuşu) ile 25 kiloluk kangurudan büyük yerli kara hayvanları yok. Düzlüklerde, deniz kıyısında yaşayan Yeni Gineliler bol bol balık ve kabuklu hayvan buluyor, iç bölgelerdeki düzlüklerde yaşayanlar da bugün hâlâ avcı/yiyecek toplayıcı olarak hayatlarını sürdürüyor, özellikle yabani sagu palmiyeleriyle geçiniyorlar. Ama bugün Yeni Gine'nin yüksek bölgelerinde avcılık ve yiyecek toplayıcığılıyla geçinen topluluk yok, günümüzün yaylalıları yabani yiyecekleri yalnızca ek besin olarak kullanan çiftçilerden oluşuyor. Yaylalılar ormanda av yolculuğuna çıkarken yanlarına yemek için bahçede yetişmiş sebzeler alırlar. Tanrı esirgesin, yiyecekleri tükenirse kendi yörelerinde bulunan yabani yiyecekler konusunda o kadar çok şey bilmelerine karşın neredeyse açlıktan ölürler. Çağdaş Yeni Gine'nin çoğu bölgesinde avcılık/yiyecek toplayıcılığıyla geçinmek uygun olmadığı için bugün yaylalarda ya da ovalarda yaşayan bütün Yeni Ginelilerin ileri yiyecek üretim sitemlerine sahip yerleşik çiftçiler olmasında şaşılacak bir yan yok. Yüksek bölgelerde eskiden ormanlık olan geniş alanlar bugün geleneksel Yeni Gineli çiftçiler tarafından çevresi çitlerle çevrili, batağı kurutulmuş, yoğun insan kalabalıklarını besleyebilen derli toplu ve yönetilebilir tarlalara dönüştürülmüştür.

Arkeolojik ipuçları Yeni Gine'de tarımın köklerinin eski olduğunu, MÖ yaklaşık 7000 yılına uzandığını gösteriyor. O tarihte Yeni Gine'nin çevresini saran toprak kitlelerinde hâlâ avcı/yiyecek toplayıcılar yaşıyordu, bu yüzden Yeni Gine'deki bu yiyecek üretimi kendi başına bağımsız olarak başlamış olmalıydı. Elimizde sözü geçen ilk tarlalarda bulunmuş, kuşkuya yer bırakmayacak tarım bitkisi artıkları olmamasına karşın, o bitkilerin arasında, Avrupalıların sömürge kurdukları dönemde Yeni Gine'de yetiştirilmekte olan ve bugün Yeni Gine'deki yöresel yabani bitkilerin evcilleştirilmiş hali olduğunu bildiğimiz bitkilerin aynısı vardı herhalde. Evcilleştirilmiş yerel bitkilerin başında çağdaş dünyanın en önemli bitkisi şekerkamışı geliyordu, şekerkamışının bugün yıllık üretim miktarı iki numaralı ürün ile üç numaralı ürünün (buğday ile mısırın) ikisinin yıllık üretim miktarının neredeyse toplamına eşittir. Yeni Gine kaynaklı olduğundan kuşku duyulmayan öteki ürünler *Australimusa* olarak bilinen muzlar, *Canarium indicum* adı verilen fındık ağacı, dev bataklık tarosu, ayrıca yenebilir çeşitli ot sapları, kökler, yeşil sebzelerdir. Ekmekağacı, kök bitkileri yam ve (alışılagelmiş) taro Yeni Gine'de evcilleştirilmiş bitkilerden olabilir ama yabani ataları yalnızca Yeni Gine'de değil, Yeni Gine'den Güneydoğu Asya'ya kadar yaygın olarak yetiştiği için bu sonuç kuşkuludur. Bunlar acaba geleneksel olarak kabul edilegeldiği gibi Güneydoğu Asya'da mı evcilleştirildi yoksa bağımsız olarak mı, hatta yoksa yalnızca Yeni Gine'de mi evcilleştirildi, bu sorunu çözmek için şu anda elimizde kanıt yok.

Yine de Yeni Gine'nin canlı varlık örtüsü için çok katı üç sınırlamanın söz konusu olduğu anlaşılıyor. Birincisi, Yeni Gine'de evcilleştirilmiş hiçbir tahıl yok, oysa yaşamsal önemdeki çeşitli tahıllar Bereketli Hilal'de, Sahel'de ve Çin'de evcilleştirilmişti. Köklere ve ağaç ürünlerine fazlaca ağırlık veren Yeni Gine, çiftçilerin aynı şekilde kök ürünlere ağırlık verdiği ama en azından iki tahılla (Asya pirinci ile dev tohumlu –Eyüp peygamberin gözyaşları denen– Asya tahılıyla) işe başladığı öteki nemli tropik bölgelerdeki (Amazon Bölgesi, tropik Batı Afrika ve Güneydoğu Asya'daki) tarım sistemlerinde görülen bir eğilimi aşırıya vardırmıştı. Tahıl tarımının ortaya çıkmamasının olası nedenlerinden biri, başlangıçtaki ilk taban malzemesinde apaçık görülen bir eksiklikti: Dünyadaki en büyük tohumlu elli altı yaban ot türünden biri bile orada yoktu.

İkincisi, Yeni Gine'deki hayvanlar âleminde evcilleştirmeye elverişli büyük, memeli hayvan türü hiç yoktu. Günümüz Yeni Ginesinde bulunan evcil hayvanlar, domuz, tavuk, köpek, Güneydoğu Asya'dan son birkaç binyıl içinde Endonezya aracılığıyla gelmiş olanlardı. Bunun sonucu olarak Yeni Gine ovalarında yaşayanlar proteini avladıkları balıklardan alırken, Yeni Gine'nin yüksek bölgelerinde yaşayan çiftçi toplumlar şiddetli bir biçimde protein eksikliği çekiyordu çünkü onların kalori kaynağı olan başlıca ürünlerde (taro ve tatlı patates) yeterli protein yoktur. Örneğin, taroda topu topu % 1 oranında protein vardır, beyaz pirinçtekinden bile çok daha düşüktür bu oran, Bereketli Hilal'in buğday ve baklagillerinin (birinde % 8-14, ikincisinde % 20-25) düzeyinin çok altında kalan bir oran.

Yeni Gine'nin yüksek bölgelerinde yaşayan çocukların karınları şiştir, çok yiyen ama az protein alanlarda görülür bu. Yeni Ginelilerin yaşlısı genci düzenli olarak fare, örümcek, kurbağa ile başka küçük hayvanları yerler, büyük evcil hayvanlara ya da büyük yabani av hayvanlarına sahip olan başka yerlerdeki insanlarsa o küçük hayvanları yeme zahmetine girmezler. Yeni Gine'nin yüksek bölgelerinde yaşayan geleneksel toplumlar arasında yamyamlığın yaygın olmasının en belirgin nedeni belki de bu protein kıtlığıydı.

Son olarak, eski zamanlarda Yeni Gine'de bulunan kök bitkileri protein bakımından olduğu kadar kalori bakımından da sınırlayıcıydı çünkü bugün pek çok Yeni Ginelinin yaşadığı yüksek bölgelerde yetişmiyorlardı. Yine de pek çok yüzyıl önce Güney Amerika kaynaklı yeni bir kök bitkisi, tatlı patates, belki de Filipinler üzerinden Yeni Gine'ye ulaşmıştı, Filipinler'e de onu İspanyollar getirmişti. Taroyla ve Yeni Gineli olduğu sanılan öteki kök bitkileriyle karşılaştırıldığında tatlı patates yüksek bölgelerde yetiştirilebilir, daha çabuk büyür, ekili dönüm başına ve bir saatlik emek karşılığı olarak verimi daha yüksektir. Tatlı patatesin gelişi yüksek bölgelerde nüfus patlamasına yol açtı. Aslında tatlı patates gelmeden önce yüksek bölgelerde binlerce yıldır çiftçilik yapılıyordu ama o yöresel ürünlerle insan toplulukları ulaşabilecekleri nüfus yoğunluğuna ulaşamıyor ve yerleşebilecekleri kadar yüksek yerlere yerleşemiyorlardı.

Kısacası Yeni Gine ile Bereketli Hilal öğretici bir karşıtlık oluşturmaktadır. Bereketli Hilal'deki avcı/yiyecek toplayıcılar gibi Yeni Gine'dekiler de yiyecek üretimine kendi başlarına geçmişlerdi. Oysa onların yerel yiyecek üretimleri, evcilleştirilecek tahılların, baklagillerin ve hayvanların bulunmaması, bunun yüksek bölgelerde yol açtığı protein eksikliği yüksek bölgelerde yerel kök bitkilerin sınırlılığı gibi engellerle karşı karşıyaydı. Ama bugün yeryüzündeki halklar kendi yörelerinde bulunan yabani bitki ve hayvanlar konusunda ne biliyorlarsa Yeni Gineliler de biliyordu. Evcilleştirmeye değecek ne kadar yabani bitki türü varsa hepsini bulmuş ve denemiş olduklarını kestirebiliriz. Ürün dağarcıklarına eklenebilecek yararlı ürünleri tanımakta üstlerine yoktu, tatlı patates geldiğinde onu coşkuyla benimsemeleri bunu gösteriyor. Bugün Yeni Gine'de, önlerine konan yeni ürünlere ve çiftlik hayvanlarına sahip olmayı seçen (ya da onları benimsemeye kültürel olarak istekli) kabileler sahip olmayan ya da olmak istemeyen kabilelere oranla daha fazla genişlerken bundan çıkarmamız gereken ders bir kez daha açıklık kazanıyor. Yani Yeni Gine'de yiyecek üretiminin sınırlılığının Yeni Gine halkıyla hiç ilişkisi yoktu, her şey Yeni Gine'de bulunan canlılar topluluğuyla ve çevreyle ilgiliydi.

Bitki örtüsünün yerli tarım üzerindeki sınırlayıcı etkisini gösteren öteki örneğimiz de Amerika Birleşik Devletleri'nin doğu bölgesidir. Tıpkı Yeni Gine gibi o bölge de yerel yabani bitkilerin bağımsız olarak evcilleştirilmesine beşiklik etmiştir. Yine de Yeni Gine'dekine göre Amerika Birleşik Devletleri'nin doğusundaki ilk gelişmeler çok daha iyi bilinmektedir: İlk çiftçilerin yetiştirdikleri bitkilerin neler olduğu saptanmıştır, yerel evcilleştirmelerin tarihleri ve sırası bilinmektedir. Başka yerlerden tarım ürünleri gelmeye başlamadan çok önce yerli Amerikalılar Amerika Birleşik Devletleri'nin doğusundaki ırmak vadilerine yerleşmişler, yerel ürünlere dayalı olarak yoğun yiyecek üretimine başlamışlardı. Bu yüzden de gelecek için en çok umut veren yabani bitkilerden yararlanacak durumdaydılar. Peki gerçekten de hangilerini tarlalarda yetiştirdiler ve sonuçta ortaya çıkan yerel yiyecek paketi Bereketli Hilal'in temel ürünleriyle ne kadar benzerlik gösteriyordu? Amerika Birleşik Devletleri'nin doğusunda temel ürünlerin, MÖ 2500 ile 1500 yılları arasında, yani Bereketli Hilal'de buğday ve arpa evcilleştirildikten 6000 yıl sonra evcilleştirilen dört yabani bitki olduğu anlaşılıyor. Balkabağının yerel bir türü kap olarak kullanılıyordu, ayrıca yenebilir çekirdekleri vardı. Geri kalan üç temel ürün sırf yenebilir tohumları için yetiştiriliyordu (ayçiçeği, bataklık mürveri adı verilen papatyagillerden bir bitki, ıspanakgillerden kazayağı).

Ama dört tane tohumlu bitki ile bir tane kap tam bir yiyecek paketi oluşturmaktan çok uzaktır. Bu temel ürünler 2000 yıl boyunca besin listesinde yalnızca önemsiz birer ek yiyecek olarak kaldılar, bu arada Amerika Birleşik Devletleri'nin doğusundaki Amerikan yerlileri yabani yiyeceklerle, özellikle yabani memeli hayvanlarla, su kuşlarıyla, balıklarla, kabuklu deniz ürünleriyle, sert kabuklu meyvelerle beslenmeye devam ettiler. Çiftçilik, MÖ 500 ila 200 yıllarına, üç tane daha tohumlu bitki (çobandeğneği, mayısotu, cüce arpa) yetiştirilmeye başlanana kadar, insanların yiyeceklerinin önemli bir bölümünü sağlamaktan uzaktı.

Çağdaş bir beslenme uzmanı olsa Amerika Birleşik Devletleri'nin doğu bölgesinin bu yedi ürününü alkışlardı. Hepsi de protein bakımından zengindi – % 17-32; bu oran buğdayın % 8-14'ü, mısırın % 9'u, arpa ve beyaz pirincin daha da düşük olan oranlarıyla karşılaştırıldığında hayli yüksektir. Bunların ikisindeki, ayçiçeği ile bataklık mürverindeki yağ oranı da yüksektir (% 45-47). Özellikle % 32 protein, % 45 yağ içeren bataklık mürveri bir beslenme uzmanının en büyük düşüdür. Peki biz bu bulunmaz nimetleri bugün neden yemiyoruz?

Ah, ne yazık ki besin bakımından üstünlüklerine karşın Amerika Birleşik Devletleri'nin doğu bölgesinin bu ürünlerinin başka bakımlardan ciddi kusurları vardı. Kazayağının, çobandeğneğinin, cüce arpanın, mayısotunun tohumları küçüktü; buğday ve arpanın hacimlerinin yalnızca onda biri kadarlık bir hacme sahiptiler. Daha da kötüsü bataklık mürveri, kötülüğüyle ün salmış saman gribine yol açan, rüzgârla tozlaşan *Ambrosia* ailesinden geliyordu. Tıpkı *Ambrosia*'nın çiçek tozları gibi bataklık mürverininkiler de bu bitkinin bol yetiştiği yerlerde saman gribine yol açabilir. Bu sizi bataklık mürveri yetiştirmekten caydırmadıysa, aman dikkat, bazı insanların hiç hoşuna gitmeyen güçlü bir kokusu vardır, elinizle dokunduğunuzda cildinizi de tahriş edebilir.

Meksika ürünleri MS 1'den itibaren ticaret yolları aracılığıyla sonunda Amerika Birleşik Devletleri'nin doğusuna ulaşmaya başladı. Mısır MS yaklaşık 200 yılında geldi ama yüzyıllarca hiç önemli bir rol oynayamadı. En sonunda, MS yaklaşık 900 yılında Kuzey Amerika'nın kısa yazlarına uyum sağlamış yeni bir mısır ortaya çıktı, MS yaklaşık 1100 yılında fasulyenin de gelmesiyle Meksika'nın mısır, fasulye ve balkabağından oluşan ürün üçlüsü tamamlanmış oldu. Amerika Birleşik Devletleri'nin doğusunda çiftçilik arttı, Mississippi Irmağı ile o ırmağın yan kolları boyunca kalabalık nüfuslu şeflikler ortaya çıktı. Bazı bölgelerde çok daha verimli olan Meksika üçlüsünün yanı sıra yerel evciller de korundu ama başka bölgelerde onların yerini Meksika üçlüsü aldı. Yerlilerin bahçelerinde bataklık mürveri yetiştirdiklerini gören Avrupalı olmadı çünkü MS 1492'de Avrupalılar Amerika kıtalarında sömürgeler kurmaya başladıklarında bir ürün olarak artık yetiştirilmiyordu. Amerika Birleşik Devletleri'nin doğusuna özgü bütün o eski ürünler arasında yalnızca iki tanesi (ayçiçeği ve balkabağı) başka yerlerde evcilleştirilmiş olan ürünlerle boy ölçüşebildi ve bugün de hâlâ yetiştiriliyor. Bugün yetiştirdiğimiz sukabakları ve sakızkabakları binlerce yıl önce evcilleştirilmiş olan o Amerikan kabaklarından geliyor.

Sonuç olarak, Yeni Gine'deki durum gibi Amerika Birleşik Devletleri'nin doğusundaki durum da bizim için öğreticidir. Bu bölge verimli yerli üretime beşiklik etmeye aday bir ülke olarak görünebilir. Verimli toprakları var, orta derecede düzenli yağış alan bir bölge, iklimi bugün yapılmakta olan bol verimli tarıma elverişli. Bitki örtüsü tür bakımından zengin, bu türler arasında sert kabuklu meyveleri olan verimli yabani ağaçlar (meşe ve *Carya)* bulunuyor. Bölgedeki Amerikan yerlileri gerçekten de yerel evcillere dayalı bir tarım geliştirmeyi, böylece köylerde hayatlarını sürdürmeyi ve hatta MS yaklaşık 200 ile 400 yılları arasında bir kültür baharı (bugünkü Ohio merkezli Hopewell kültürünü) yaratmayı başardılar. Dolayısıyla bu yerliler, birkaç binyıl süresince o yörede bulunabilen en yararlı yabani bitkiler ne ise o bitkilerden tarım ürünleri olarak yararlanabilecek durumdaydılar.

Gelgelelim Hopewell baharı Bereketli Hilal'de köy yaşamı başladıktan ancak 9000 yıl sonra kendini gösterdi. Gösterdi ama Meksika'nın ürün üçlüsünün bir nüfus patlaması, Mississippi baharı adı verilen gelişmeyi yaratması MS 900 sonrasını buldu; Amerikan yerlileri Meksika'nın kuzeyinde en büyük kasabaları ve en karmaşık toplumları bu dönemde kurdular. Ama bu patlama Amerika Birleşik Devletleri'nin yerlilerini, kendilerini bekleyen Avrupa sömürgeciliği felaketine karşı hazırlayamayacak kadar gecikmişti. Amerika Birleşik Devletleri'nin doğusundaki ürünlere dayalı yiyecek üretimi kolayca saptanabilecek nedenlerden dolayı bu patlamayı yaratmaya yetmezdi. O bölgede bulunan yabani tahıllar yarar bakımından buğday ve arpayla boy ölçüşemiyordu. Amerika Birleşik Devletleri'nin doğusundaki Amerikan yerlileri yörede bulunan hiçbir yabani baklagili, hiçbir lifli bitkiyi, hiçbir meyve ya da sert kabuklu meyve ağacını evcilleştirmemişlerdi. Köpek dışında evcilleştirdikleri hiçbir hayvan yoktu, köpek de belki Amerika kıtalarında başka bir yerde evcilleştirilmişti.

Amerika Birleşik Devletleri'nin doğusunda yaşayan Amerikan yerlilerinin çevrelerindeki yabani türler arasında önemli olabilecek bitkileri gözden kaçırmaları gibi bir şeyin söz konusu olmadığı da açıkça ortada. Yirminci yüzyılda çağdaş bilimin bütün olanaklarıyla silahlanmış bitki yetiştiricileri Kuzey Amerika'nın yabani bitkilerinden yararlanmak konusunda pek az başarılı olmuşlardır. Evet, bugün sert kabuklu meyve olarak pekancevizini ve meyve olarak yabanmersinini evcilleştirmiş durumdayız; Avrupa kökenli bazı meyveleri (elma, erik, üzüm, böğürtlen, ahududu, çilek) Kuzey Amerikalı yabani akrabalarıyla melezleştirerek iyileştirdik. Bununla birlikte bu birkaç kazanım, MS 900 sonrası Amerika Birleşik Devletleri'nin doğusundaki Amerikan yerlilerinin yeme alışkanlıklarını Meksika mısırının değiştirdiği kadar değiştiremedi.

Amerika Birleşik Devletleri'nin doğusundaki eviller konusunda çok bilgili olan çiftçiler, yani bölgedeki Amerikan yerlileri, Meksikalı ürün üçlüsü geldiğinde yerli evcillerin bazılarını bir kenara atarak, bazılarını daha öne çıkararak onları yeniden değerlendirdiler. Bunun bize gösterdiğine göre Amerikan yerlilerinin kültürel tutuculukları yoktu, iyi bir bitki gördüklerinde pek kaçırmıyorlardı. Yani, Yeni Gine'de olduğu gibi, Amerika Birleşik Devletleri'nin doğusunda da yerli yiyecek üretiminin belli sınırları aşamaması Amerika'nın yerli halklarının kendileriyle ilgili değildi, Amerika'daki canlılar topluluğu ve çevreyle ilgiliydi.

Bu noktaya kadar örnek olarak birbirine karşıt üç bölgeyi ele aldık, üçünde de yiyecek üretimi yerel olarak başlamıştı. Bir uçta

Bereketli Hilal bulunuyor, öteki uçta Yeni Gine ve Amerika Birleşik Devletleri'nin doğusu. Bereketli Hilal'deki halklar yerel bitkileri çok erken bir tarihte evcilleştirdiler. Çok daha fazla türü evcilleştirdiler, çok daha verimli ya da değerli türleri evcilleştirdiler, çok daha geniş bir yelpaze oluşturan çeşitlilikte bitkiyi evcilleştirdiler, yoğun yiyecek üretimini çok daha hızlı geliştirip çok daha hızlı bir şekilde nüfus yoğunluklarını artırdılar, bütün bunların sonucunda da çağdaş dünyaya daha ileri bir teknolojiyle, daha karmaşık siyasal örgütlenmeyle, başka halklara bulaştıracak daha fazla salgın hastalıkla girdiler.

Bereketli Hilal ile Yeni Gine ve Amerika Birleşik Devletleri'nin doğusu arasındaki farkların insanların kendilerinden, yeteneklerinin sınırlılığından kaynaklanmadığını, doğrudan doğruya evcilleştirmeye uygun mevcut yabani hayvan ve bitki türü takımlarının farklılığından kaynaklandığını gördük. Başka bir yerden daha verimli bir ürün geldiğinde (Yeni Gine'de tatlı patates, Amerika Birleşik Devletleri'nin doğusunda Meksika üçlüsü örneğinde görüldüğü gibi) yerli halklar hemen bunlardan yararlanıyor, yiyecek üretimini artırıyor, büyük bir nüfus artışı gösteriyorlardı. Buradan hareketle şunu söylemek istiyorum: Yiyecek üretiminin –California, Avustralya, Arjantin pampaları, Batı Avrupa, vb.– yerel olarak hiç gelişmediği yerlerde, sınırlı da olsa yiyecek üretiminin başladığı Yeni Gine ve Amerika Birleşik Devletleri'nin doğusuna göre evcilleştirmeye elverişli daha az yabani bitki ve hayvan varlığı vardı belki de. Gerçekten de bu bölümde sözü edilen Mark Blumler'ın bölgelere göre dünyada mevcut büyük tohumlu bitkilerle ilgili tarama çalışması ile bundan sonraki bölümde sunulacak olan bölgelere göre dünyada mevcut büyük memeli hayvanlarla ilgili tarama çalışması, yerli yiyecek üretiminin hiç olmadığı ya da sınırlı olduğu bütün bölgelerin evcilleştirilebilir çiftlik hayvanlarının ve tahılların ataları bakımından yoksul olduğunu gösteriyor.

Yiyecek üretiminin ortaya çıkışında avcı/yiyecek toplayıcıyla bir rekabetin söz konusu olduğunu unutmayın. Bu yüzden merak etmemek insanın elinde değil, acaba yiyecek üretiminin yavaş gelişmesi ya da hiç gelişmemesinin nedeni yörede avlanacak hayvanların ya da toplanacak yiyeceklerin evcilleştirmeye elverişli türlere göre olağanüstü bol olması mıydı? Aslında yerli yiyecek üretiminin geç başladığı ya da hiç başlamadığı bölgelerin çoğu avcı/yiyecek toplayıcılara sunduğu kaynaklar bakımından zengin değil olağanüstü yoksuldu çünkü Avustralya'daki ve Amerika kıtalarındaki büyük memeli hayvanların çoğu Buzul Çağı'nın sonlarına doğru tükenmişti (ama Avrasya ve Afrika'dakiler öyle olmamıştı). Yiyecek üretimi bu bölgelerde Bereketli Hilal'dekine göre daha az rekabetle karşılaşmıştı. O yüzden söz konusu bölgelerdeki yerel başarısızlıklar ya da yetersizlikler av olanaklarının bol olmasına yüklenemez.

Çıkardığımız bu sonuçlar yanlış yorumlanmasın diye bu bölümü sona erdirmeden önce iki noktanın abartılmaması konusunda bir uyarı yapmamız gerekiyor: Bunlardan biri halkların daha iyi ürünleri ve hayvan topluluklarını kabul etmeye hazır oluşu, öteki de yöredeki mevcut yabani bitki ve hayvan türlerinin sınırlayıcı etkisi. Ne hazır olmak ne de söz konusu sınırlamalar mutlaktır.

Yerli halkların başka yerlerde evcilleştirilmiş daha verimli ürünleri benimsemesiyle ilgili örnekleri tartışmış bulunuyoruz. Bu örneklerden çıkardığımız geniş kapsamlı sonuç şu: İnsanlar yararlı bitkileri görünce tanıyabiliyorlar, çevrelerinde evcilleştirmeye elverişli daha iyi bitkiler olsaydı, bu bitkileri bulup evcilleştirmelerine engel olacak kültürel tutuculuk ya da tabu gibi bir şey yoksa, o bitkileri tanırlardı. Ama bu cümleye bir niteleyici eklemek gerekir, "uzun vadede ve geniş bir bölgede olmak koşuluyla." İnsan toplumları konusunda bilgisi olan herkes tarım bitkilerini, çiftlik hayvanlarını, verimli olabilecek başka yenilikleri kabul etmeyen sayısız toplum örneği verebilir.

Kuşkusuz her toplumun yararlı olabilecek her yeniliği hemen kabul ettiğini söylemek gibi bir yanılgıya düşmek istemem. İşin doğrusu, dünyadaki bütün kıtalar ve başka geniş bölgeler üzerinde yaşayan ve birbiriyle yarışan yüzlerce toplum arasında bazıları yeniliklere daha açıktır, bazıları direnir. Yeni tarım ürünlerini, çiftlik hayvanlarını ya da teknolojileri benimseyen toplumlar bu sayede daha iyi beslenme olanağını kazanmış ve daha çok çoğalarak yeniliklere direnen toplumları sayıca geride bırakmış, onların yerlerini almış, topraklarına el koymuş ya da onları yok etmiş olabilirler. Bu önemli bir olgudur, bunun açılımları yeni ürünlerin benimsenmesinin çok ötesine gider, XIII. Bölüm'de bu konuya döneceğiz.

İkinci uyarımız bölgede mevcut yabani türlerin yiyecek üretimi üzerindeki sınırlayıcı etkisiyle ilgilidir. Çağımıza kadar yerli yiyecek üretiminin başlamamış olduğu bütün bu bölgelerde yiyecek üretimi, ne kadar zaman geçerse geçsin hiç başlamayacaktı, demek istemiyorum. Avustralya yerlilerinin bugün çağdaş dünyaya Yontma Taş Çağı avcı/yiyecek toplayıcıları olarak katıldığını gören Avrupalılar sanıyorlar ki o yerliler hep böyle kalacaktı.

Bu yanlışlığı anlayabilmek için MÖ 3000 yılında dünyayı bir uzaylının ziyaret ettiğini düşünün. O uzaylı Amerika Birleşik Devletleri'nin doğusunda yiyecek üretimi yapılmadığını görecekti çünkü yiyecek üretimi orada MÖ yaklaşık 2500 yılına kadar başlamadı. MÖ 3000 yılında gelen ziyaretçi Amerika Birleşik Devletleri'nin doğusundaki yabani bitki ve hayvanların yol açtığı sınırlamalar yüzünden orada yiyecek üretiminin asla başlayamayacağı sonucuna varsaydı, daha sonraki binyıllarda yaşananlar ziyaretçiyi yalancı çıkaracaktı. Hatta Bereketli Hilal'e MÖ 8500 yılında değil de 9500 yılında gelen bir ziyaretçi Bereketli Hilal'in yiyecek üretimine hiçbir zaman elverişli olmadığı gibi yanlış bir varsayımda bulunabilirdi.

Yani ben California, Avustralya, Batı Avrupa, yerli yiyecek üretimi olmayan bütün öteki bölgeler evcilleştirilebilecek türlerden yoksundu, dışarıdan gelen yabancı evciller ya da halklar olmasaydı buralarda sonsuza kadar avcı/yiyecek toplayıcılar yaşayacaktı, demek istemiyorum. Benim demek istediğim şu: Evcilleştirilebilir mevcut türler havuzu bakımından bölgeler büyük farklılıklar gösteriyordu, buna bağlı olarak yöresel yiyecek üretiminin başlayış tarihleri de farklıydı, bazı verimli bölgelerde yiyecek üretimi bağımsız olarak çağımıza kadar başlamamıştı.

En "geri" kıta olduğu varsayılan Avustralya bunu çok iyi örnekliyor. Güneydoğu Avustralya'da, yani kıtanın yiyecek üretimine en elverişli sulak bölgesinde yerli toplumların son binyıllarda, kendilerini son kertede yerel yiyecek üretimine taşıyacağı anlaşılan bir yörünge üzerinde evrimleştikleri görülüyor. Kışlık köyler kurmuşlardı bile. Balık üreticiliği için balık tuzakları, ağlar, hatta uzun kanallar kullanarak doğal çevreyle istedikleri gibi oynamaya başlamışlardı. Avrupalılar 1788'de Avustralya'yı sömürgeleştirmemiş ve bu bağımsız yörüngeyi saptırmamış olsalardı Avustralya yerlileri birkaç binyıl içinde yiyecek üreticisi durumuna gelebilir, evcil balık havuzları sahibi olabilir, evcilleştirilmiş Avustralya tatlı patatesi ve küçük tohumlu otlar yetiştirebilirlerdi.

Bunların ışığında şimdi artık bu bölümün başlığındaki gizli soruyu yanıtlayabiliriz. Kuzey Amerikalı yerlilerin Kuzey Amerika elmasını evcilleştirememiş olmalarının kabahati yerlilerde mi yoksa elmada mı, diye sormuştum.

Bunu sorarken, Kuzey Amerika'da elma hiçbir zaman evcilleştirilemezdi, demek istemiyorum. Elmanın tarihsel olarak, yetiştirilmesi en zor ağaçlar arasında bulunduğunu, Avrasya'da en son evcilleştirilen ana ağaçlardan biri olduğunu unutmayın çünkü elma ağacı zor bir yöntem olan ağaç aşısı yöntemiyle yetiştirilebilir. Hatta Bereketli Hilal'de ve Avrupa'da bile elma ağaçlarının klasik Yunan dönemine, yani Avrasya'da yiyecek üretimi başladıktan 8000 yıl sonrasına kadar yaygın olarak yetiştirildiğine dair bir ipucu yok elimizde. Amerikan yerlileri aşılama yöntemlerini icat etme ya da edinme yolunda aynı hızla yollarına devam etselerdi onlar da sonunda elmayı evcilleştireceklerdi – MS 5500 dolaylarında, yani Kuzey Amerika'da MÖ 2500 dolaylarında yiyecek üretiminin başlamasından 8000 yıl falan sonra.

Sonuç olarak, Kuzey Amerikalı yerlilerin Avrupalılar gelmeden önce Kuzey Amerika elmasını evcilleştirmeyi başaramamış olmalarının faturası ne halklara ne de elmalara çıkarılabilir. Elmanın evcilleştirilmesi için gerekli biyolojik önkoşullar açısından Kuzey Amerikalı çiftçilerin Avrasyalılardan farkı yoktu, yabani elmaların da Avrasya'dakilerden. Gerçekten de, bu bölümün okurlarının şu anda dişliyor olabilecekleri süpermarket elma çeşitlerinden bazıları yakın zamanlarda Avrasya elmalarıyla Kuzey Amerika elmaları arasında yapılan çaprazlama sonucunda geliştirilmiştir. Amerikan yerlilerinin elmayı evcilleştirememelerinin nedeni Kuzey Amerika'da mevcut yabani bitki ve hayvan türleriyle ilgilidir. Kuzey Amerika'da yiyecek üretiminin geç başlamasının sorumlusu bu bitkilerin içinde evcilleştirilmeye elverişli olanların sayısının fazla olmamasıdır.

IX. Bölüm

Zebralar, Mutsuz Evlilikler ve Anna Karenina İlkesi

Evcilleştirilebilen hayvanların hepsi birbirine benzer, her evcilleştirilemeyen hayvanın evcilleştirilememe nedeni farklıdır.

Buna benzer bir cümleyi daha önce okuduğunuzu düşünüyorsanız, haklısınız. Cümlede birkaç küçük değişiklik yaparsanız Tolstoy'un büyük romanı *Anna Karenina*'nın o ünlü ilk cümlesini bulursunuz karşınızda: "Mutlu ailelerin hepsi birbirine benzer, mutsuz ailelerin mutsuzluğuysa kendine özgüdür." Bu cümleyle Tolstoy şunu demek istiyor: Bir evliliğin mutlu bir evlilik olabilmesi için çeşitli bakımlardan iyi yürümesi gerekir: cinsel arzu uyandırma, para konularında anlaşabilme, çocuk terbiyesi, din, hısım akraba ilişkisi bakımından ve daha başka önemli bakımlardan. Bu temel konulardan birinde başarısızlık evliliğin sonu olabilir, o evlilik mutluluk için gerekli bütün öteki katkı maddelerine sahip olsa bile.

Bu ilke evliliğin yanı sıra hayatla ilgili başka pek çok şeyi anlamayı da kapsayacak şekilde genişletilebilir. Başarısızlıklar için genellikle kolay, tek nedene dayalı açıklamalar bulmaya eğilimliyizdir. Oysa önemli konuların çoğunda başarı, aslında birbirinden ayrı olası başarısızlık nedenlerinin pek çoğunun ortaya çıkmasının önlenmesini gerektirir. Anna Karenina ilkesi hayvanların evcilleştirilmesi konusunun bir yönüne açıklık getirir, insanlık tarihi açısından büyük sonuçlar doğurmuş olan bir yönüne – yani elverişli gibi görünen büyük, memeli yabani türlerin, örneğin zebraların ve pekarilerin asla evcilleştirilememiş olması ve başarıyla evcilleştirilen memeli türlerinin hemen hepsinin Avrasyalı olması olgusuna. Bir önceki bölümde evcilleştirilmeye elverişli gibi görünen onca yabani bitki türünün neden asla evcilleştirilemediği sorusunu tartıştıktan sonra artık şimdi aynı soruyu evcil hayvanlar için sorup yanıtlamaya çalışabiliriz.

Büyük evcil memeli hayvanların, bu hayvanlara sahip olan insan toplulukları için ne bakımlardan önemli olduğunu IV. Bölüm'de hatırlamıştık. Her şeyden önce bize et, süt ürünleri, gübre, kara ulaşımı, deri, askerî hücum aracı, saban sürmek için çekiş gücü ve yün sağlıyorlardı; bir de mikrop sağlıyorlardı, daha önce hiç almamış olanları öldüren mikroplar.

Ayrıca, tabii, küçük evcil memeliler, evcil kuşlar ve böcekler de insanlara yararlıydı. Eti, yumurtası ve tüyü için pek çok kuş evcilleştirilmişti: Çin'de tavuk, Avrasya'nın bazı bölgelerinde çeşitli kaz ve ördek türleri, Mezoamerika'da hindi, Afrika'da beçtavuğu, Güney Amerika'da berberistan ördeği. Avrasya ve Kuzey Amerika'da kurtlar evcilleştirilmiş ve bizim köpeklerimiz gibi kullanılmıştı, av köpeği, bekçi köpeği, ev hayvanı, bazı toplumlarda da yiyecek olarak. Yiyecek olarak kullanılan kemirgenler ile başka küçük, memeli evcil hayvanlar arasında Avrupa'da tavşan, Andlar'da kobay, Batı Afrika'da dev bir fare ve Karayip Adaları'nda hutia denen bir kemirgen bulunuyordu. Avrupa'da tavşan avlamak için kır sansarı evcilleştirilmişti, Kuzey Afrika ile Güneybatı Asya'da zararlı kemirgen hayvanları avlamak için kedi evcilleştirilmişti. 19. yüzyıl ve 20. yüzyıl gibi yakın zamanlarda evcilleştirilmiş küçük memeli hayvanlar arasında kürkü için yetiştirilen tilki, mink, çinçilla ile ev hayvanı olarak bakılan hamster vardır. Evcilleştirilmiş böcekler bile vardır, örneğin Avrasya'da bal elde etmek için balarısı, Çin'de ipek elde etmek için ipekböceği.

Bu hayvanların pek çoğundan yiyecek, giyecek elde ediliyor ya da vücudumuzu sıcak tutmada yararlanılıyordu. Ama bunların hiçbiri saban ya da arabaya koşulmuyor, hiçbirinin sırtına insan binemiyor, köpekler dışında hiçbiri kızak çekmiyor ya da savaş çarkını döndürmüyordu; hiçbirinin yiyecek olarak büyük evcil memeli hayvanlar kadar değeri yoktu. Bu yüzden de bu bölümün geri kalanı büyük memeli hayvanlara ayrıldı.

Evcil memelilerin önemi, büyük kara otoburlarının şaşılacak kadar az sayıda olmasından kaynaklanır (Yalnızca karada yaşayan memeli hayvanlar evcilleştirilmiştir, bunun nedeni de çok açıktır, günümüzdeki gibi Deniz Dünyası olanaklarına kavuşmadan önce suda yaşayan memelileri yaşatmak, yetiştirmek güçtü). "Büyük" hayvan derken "45 kilogramın üzerinde" demek istiyorsak, o zaman yirminci yüzyıldan önce böyle on dört tür evcilleştirilmiştir (Tablo 9.1 de bunların listesini göreceksiniz). Kuşkusuz bu on dört taneden dokuz tanesi ("İkincil Dokuz", Tablo 9.1) yeryüzünün yalnızca belli bölgelerinde yaşayan insanlar için önemli olmuştur. Bu dokuzun içine Arap devesi, çift hörgüçlü deve, (ataları tür olarak aynı, kendileri cins olarak farklı) lama/alpaka, eşek, Ren geyiği, manda, yak, banteng, gaur girer. Yalnızca beş tanesi bütün dünya üzerinde yaygınlık ve önem kazanmıştır. Bu ilk beşe giren evcil memeliler inek, koyun, keçi, domuz ve attır.

İlk bakışta bu listede çok büyük eksikler varmış gibi gelebilir. Hannibal'in ordularının Alpler'i geçerken bindikleri Afrika filleri nerede? Bugün Güneydoğu Asya'da hâlâ yük hayvanı olarak kullanılan Asya filleri nerede? Hayır, onları unutmadım, bu bizim önemli bir ayrım yapmamızı gerektiriyor. Filler terbiye edildi ama hiçbir zaman evcilleştirilmedi. Hannibal'in filleri ve bugün Asya'da yük hayvanı olarak kullanılan filler yakalanıp terbiye edildikleri zamanki kadar yabani fillerdir; tutulup bir yere kapatılarak yetiştirilmediler. Oysa evcil hayvan, hayvanın üremesinden ve beslenmesinden sorumlu insanlar tarafından kullanılmak üzere seçilmiş, bir yere kapatılarak yetiştirilen, bunun sonucunda da yabani atalarından farklılaşmış hayvan demektir.

Yani evcilleştirme olgusu yabani hayvanların insanlar için daha yararlı bir şeye dönüşmesi olgusudur. Gerçekten de evcilleştirilmiş hayvanlar çeşitli bakımlardan yabani atalarından farklıdırlar. Bu farklar şu iki süreçten kaynaklanır: Birincisi, insanların aynı hayvan türünün başka teklerine göre kendilerine daha yararlı olan tekleri seçmeleri; ikincisi, yabani çevre koşullarıyla karşılaştırıldığında insanlara ait olan çevre koşullarında değişik biçimde işleyen doğal seçilim güçlerine karşı hayvanların kendiliğinden gösterdikleri tepkiler. Bütün bu söylenenlerin bitkilerin evcilleştirilmesi konusunda da geçerli olduğunu VII. Bölüm'de görmüştük.

Evcilleştirilen hayvanlar yabani atalarından şu bakımlardan farklı hale geldiler: Birçok tür boyut değişikliğine uğradı; evcilleştirilen inekler, domuzlar, koyunlar küçüldü, kobaylar irileşti. Koyunların ve alpakaların tüylerini dökmeyenleri, muhafaza edenleri seçildi, ineklerinse bol süt verenleri. Evcil hayvanların çeşitli türlerinin yabani atalarına göre daha küçük beyinleri ve daha az gelişmiş duyu organları vardır çünkü yabani ataları gibi yabani yırtıcılardan kaçmak için güvenebilecekleri daha büyük beyinlere ve daha gelişkin duyu organlarına artık gereksinimleri yoktur.

Tablo 9.1. En Eski On Dört Otobur Evcil Büyük Memeli Hayvan

İlk Beş

---

1. *Koyun.* Yabani atası: Orta ve Batı Asya'da bulunan Asya muflon koyunu. Bugün dünyanın her yerinde görülüyor.
2. *Keçi.* Yabani atası: Batı Asya'da bulunan yabankeçisi. Bugün dünyanın her yerinde görülüyor.
3. *İnek, yani öküz ya da sığır.* Yabani atası: Eskiden bütün Avrasya ve Kuzey Afrika'ya yayılmış, artık türü tükenmiş olan Avrupa bizonu. Bugün dünyanın her yerinde bulunuyor.
4. *Domuz.* Yabani atası: Bütün Avrasya ve Kuzey Afrika'ya yayılmış olan yabandomuzu. Bugün dünyanın her yerinde görülüyor. Aslında hem etobur hem otoburdur (düzenli olarak hem hayvan hem bitki yer), oysa bu en eski on dördün on üçü daha kesin olarak otoburdur.
5. *At.* Yabani atası: Güney Rusya'da bulunan, artık soyu tükenmiş olan yabani atlar; bu türün farklı bir alttürü yaban doğada Przewalski'nin Mongolya atı olarak günümüze kadar yaşamıştır. Bugün dünyanın her yerinde görülüyor.

İkincil Dokuz

6. (*Tek hörgüçlü) Arap devesi.* Yabani atası: Soyu tükendi, eskiden Arabistan ve dolaylarında yaşıyordu. Avustralya'da yabani olarak bulunmasına karşın daha çok Arabistan ile Kuzey Afrika'da bulunur.
7. *İki hörgüçlü deve.* Yabani atası: Soyu tükendi, Orta Asya'da yaşardı. Yine hâlâ yalnızca Orta Asya'da yaşıyor.
8. *Lama ve alpaka.* Bunlar farklı türler olmaktan çok aynı türün iyice farklılaşmış cinslerine benziyor. Yabani ataları: Andlar'ın guanakosu. Hâlâ büyük oranda Andlar'da yaşıyor, Kuzey Amerika'da yük hayvanı olarak yetiştirilenler de yok değil.
9. *Eşek.* Yabani atası: Kuzey Afrika'da, belki daha önceleri Güneybatı Asya'nın Kuzey Afrika'ya yakın bölgelerinde yaşamış olan Afrika yabaneşeği. Başlangıçta evcil bir hayvan olarak yalnızca Kuzey Afrika ile Batı Avrasya'da bulunuyordu, son zamanlarda başka yerlerde de kullanılıyor.
10. *Ren geyiği.* Yabani atası: Kuzey Avrasya Ren geyiği. Bugün hâlâ evcil bir hayvan olarak daha çok bu bölgede bulunur ama bazıları Alaska'da da kullanılıyor.
11. *Manda.* Yabani atası Güneydoğu Asya'da yaşar. Evcil bir hayvan olarak bugün hâlâ bu bölgede kullanılır ama pek çoğu Brezilya'da da kullanılır, bazıları Avustralya'da ve başka yerlerde yabani doğaya kaçmıştır.
12. *Yak.* Yabani atası: Himalayalar'da ve Tibet platolarında yaşayan yabani yak. Evcil bir hayvan olarak bugün hâlâ yalnızca bu bölgede yaşar.
13. *Bali sığırı.* Yabani atası: (Avrupa bizonu ailesinden gelen) Güneydoğu Asya bantengi. Evcil bir hayvan olarak hâlâ bu bölgede yaşar.
14. *Yaban sığırı.* Yabani atası: (Avrupa bizonu ailesinden gelen) Hint ve Burma gauru. Evcil bir hayvan olarak hâlâ bu bölgede yaşar

Evcilleşme sırasında meydana gelen değişiklikleri anlamak için evcil köpeklerin yabani atası olan kurtları pek çok köpek soyuyla karşılaştırmak yeter. Bazı köpekler (danua cinsi) kurtlardan çok daha büyüktür, bazıları (Pekin köpeği) çok daha küçüktür. Bazıları (tazılar) ince yapılıdır, iyi koşar, bazılarıysa (Alman köpeği) kısa bacaklıdır, koşamaz. Tüy şekli ve rengi bakımından büyük farklılıklar gösterirler, tüysüz olanları bile vardır. Polinezyalılar ve Aztekler yalnızca yemek için köpek cinsleri geliştirdiler. Bir Alman köpeğini bir kurtla karşılaştırırsanız, daha önceden bilmiyorsanız bile Alman köpeğinin kurttan geldiği konusunda en küçük bir kuşku duymazsınız.

Bu Eski Zaman On Dörtlüsü'nün yabani ataları dünya üzerine eşit olarak dağılmış değillerdi. Güney Amerika'da bunlardan yalnızca bir tanesi vardı, lama ile alpaka o atadan geliyordu. Kuzey Amerika'da, Avustralya'da, Afrika'da Sahra'nın güneyinde hiçbiri yoktu. Sahra'nın güneyinde yerli evcil memeli olmaması özellikle şaşırtıcıdır çünkü turistlerin bugün Afrika'yı ziyaret etmelerinin nedenlerinden biri orada bulunan bol sayıdaki çeşitli yabani memelileri görme isteğidir. Oysa Eski Zaman On Dörtlüsü'nün (İlk Beş de içinde olmak üzere) on üç tanesinin yabani ataları yalnızca Avrasya'da bulunuyordu (Bu kitabın başka yerlerindeki gibi ben "Avrasya" sözcüğünü çeşitli durumlarda Kuzey Afrika'yı da kapsar anlamda kullanıyorum çünkü Kuzey Afrika, biyocoğrafi bakımdan olsun, insan kültürünün pek çok yönleri bakımından olsun Sahra'nın güneyinden çok Avrasya'ya yakındır).

Elbette bu on üç tür yabani atanın on üçü de Avrasya'nın her yerinde bir arada bulunuyor değildi. Hiçbir yerde on üçünü bir arada bulmak olanağı yoktu, yabani ataların bazıları, örneğin yak, hayli yereldi, yalnızca Tibet'in ve yakın çevredeki yüksek bölgelerin yabani doğasında bulunurdu. Ama Avrasya'nın pek çok bölgesinde, bu on üç türden epeycesi aynı yerde bir arada yaşıyordu: Örneğin yedi tanesinin yaban atası Güneybatı Asya'da yaşıyordu.

Yabani ataları oluşturan türlerin kıtalar arasındaki eşitsiz dağılımı, tüfeklere, mikroplara ve çeliğe başka kıtalardaki halklardan önce Avrasyalıların sahip olmasının önemli bir nedenidir. Eski Zaman On Dörtlüsü'nün Avrasya'da toplanması olgusunu nasıl açıklayabiliriz?

Bunun bir nedeni basittir. Evcilleştirilmiş türlerden birinin ister atası olsun, ister olmasın büyük, memeli, yabani, kara hayvanlarının en bol olduğu yer Avrasya'dır. "Evcilleştirilmeye aday" bir hayvanı, ortalama ağırlığı 45 kilogramın üzerinde olan herhangi bir etobur ya da hem etobur hem de otobur (baskın biçimde etobur olmayan) memeli bir kara hayvanı türü olarak tanımlayalım. Tablo 9.2 Avrasya'nın, başka pek çok bitki ve hayvan grubunu oluşturan türlerin sayısı bakımından başı çektiği gibi evcilleştirilebilecek hayvan adaylarının sayısı bakımından da başı çektiğini, 72 türe sahip olduğunu gösteriyor. Bunun nedeni Avrasya'nın dünyadaki en geniş kara kütlesi olmasıdır, aynı zamanda uçsuz bucaksız tropik yağmur ormanlarından tutun da ılıman ormanlıklara, çöllere, bataklıklara, aynı derecede uçsuz bucaksız tundralara kadar her türlü yetişme ortamıyla birlikte ekolojik olarak büyük bir çeşitliliğe sahiptir. Afrika'da Sahra'nın güneyinde daha az aday bulunur: 51 tür. Başka bitki ve hayvan gruplarını oluşturan türler de burada daha azdır – çünkü Avrasya'ya göre daha küçüktür ve ekolojik bakımdan daha az çeşitlilik gösterir. Afrika'da tropik yağmur ormanı alanları Güneydoğu Asya'dakine göre daha küçüktür, 37. enlem derecesinin ötesinde ılıman yetişme ortamları hiç yoktur. Daha önce I. Bölüm'de tartıştığım gibi, Amerika kıtalarında başlangıçta belki de Afrika'daki kadar çok aday vardı ama Amerika kıtalarındaki (atlar, develerin çoğu, belki de yaşasalardı evcilleştirilebilecek olan türler de içinde olmak üzere) büyük ve yabani memeli hayvanların çoğu 13.000 yıl önce yok olmuştu. En küçük ve en yalıtılmış kıta olan Avustralya'da, Avrasya'dakine, Afrika ya da Amerika kıtalarındakine göre her zaman için çok daha az büyük, memeli yabani hayvan türü vardı. Tıpkı Amerika kıtalarında olduğu gibi, Avustralya'da da kırmızı kangurular dışında bütün bu birkaç adayın hepsi, adaya yerleşmek üzere ilk insanlar geldiği zamanlarda yok olmuştu.

Böylece büyük memeli hayvanların evcilleştirildiği başlıca bölgenin Avrasya olmasının bir açıklaması, en başında o kıtanın en fazla sayıda yabani memeli türü adayına sahip olması ve son 40.000 yıl içinde en az sayıda adayın soyunun tükenmesidir. Ama Tablo 9.2'deki sayılar tek açıklamanın bu olamayacağı konusunda bizi uyarmaktadır. Evcilleştirilen adayların yüzdesinin Avrasya'da en yüksek (% 18), Afrika'da Sahra'nın güneyinde özellikle en düşük olduğu doğrudur. (51 adaydan hiç evcilleştirilen yok!) Özellikle şaşırtıcı olan bir başka şey de Afrika ile Amerika kıtalarında asla evcilleştirilememiş olan ama Avrasya'da evcilleştirilmiş yakın akrabaları ya da benzerleri bulunan memeli türlerinin sayısının yüksekliğidir. Niçin

Avrasya'da at evcilleştirildi de Afrika'da zebra evcilleştirilemedi? Niçin Amerika'nın pekarileri ya da Afrika'nın gerçek yabandomuzlarının üç türü evcilleştirilmedi de Avrupa'nın domuzu evcilleştirildi? Niçin Afrika mandası ya da Amerika'nın bizonu değil de Avrasya'nın beş yaban sığır türü (Avrupa bizonu, manda, yak, gaur, banteng) evcilleştirildi? Niçin Kuzey Amerika'nın boynuzlu koyunu değil de (bizim evcil koyunun atası) Asya'nın muflon koyunu?

Tablo 9.2. Evcilleştirilebilir Memeli Adayları

	Kıta			
	Avrasya	Afrika Sahranın Güneyi	Amerika Kıtaları	Avustralya
Adaylar	72	51	24	1
Evcilleştirilen Türler	13	0	1	0
Evcilleştirilen türlerin yüzdesi	% 18	% 0	% 4	% 0

"Aday", ortalama ağırlığı 45 kilogramın üzerinde olan herhangi bir etobur ya da hem etobur hem de otobur (baskın biçimde etobur olmayan) memeli bir kara hayvanı olarak tanımlanır.

Acaba Afrika, Amerika ve Avustralya'da yaşayan bütün bu halkların hepsi, Avrasya halkları için söz konusu olmayan ortak kültürel bir engelden dolayı mı hayvanları evcilleştiremediler? Söz gelimi, acaba Afrika'da avlanacak büyük memeli yabani hayvanlar çok bol olduğu için mi Afrikalılar evcil hayvan sahibi olup onlara bakmak zahmetine girmediler?

Bu sorunun yanıtı kesindir: Hayır! Bu yorumu çürüten beş tür kanıt vardır: Avrasyalı olmayan halkların Avrasyalıların evcilleştirdiği hayvanları hemen benimsemeleri, bütün insanlarda bulunan ev hayvanı sahibi olma isteği, Eski Zaman On Dörtlüsü'nün hemen benimsenmesi, bazılarının bağımsız biçimde pek çok kez evcilleştirilmesi, çağımızda daha başka hayvanları evcilleştirme çabalarının fazla başarılı olamaması.

İlkin, Avrasya'nın İlk Beş evcil memeli hayvanı Afrika'da Sahra'nın güneyine ilk ulaştığında, koşulların elverdiği her yerde, en farklı Afrikalı halklar tarafından bile benimsenmişti. Bu Afrikalı sığırtmaçlar böylelikle Afrikalı avcı/yiyecek toplayıcılar karşısında büyük bir üstünlük elde ettiler ve hemen onların yerlerini aldılar. Özellikle inek ve koyun sahibi olan Bantu çiftçileri Batı Afrika'daki anayurtlarından çıkarak yayıldılar, kısa bir süre içinde Sahra'nın güneyinin geri kalan çoğu yerindeki avcı/yiyecek toplayıcıları ezip geçtiler. 2000 yıl önce hiç tarım ürünleri olmadan inekleri ve koyunları olan Koisan halkları Güney Afrika'nın çoğu yerinde avcı/yiyecek toplayıcıların yerlerini aldılar. Batı Afrika'ya evcil atın gelişiyle oradaki savaş işleri değişti ve o bölgede atlı askerlere bağlı birtakım krallıklar ortaya çıktı. Atın Batı Afrika'nın ötelerine yayılmasına engel olan tek şey çeçe sineğinin taşıdığı tripanozomiyaz hastalığıydı.

Aynı model dünyanın başka yerlerinde de, evcilleştirmeye elverişli yerli yabani memeli hayvan türlerinden yoksun halklar Avrasya'nın evcil hayvanlarına sahip olma fırsatını buldukları zaman aynen tekrarlandı. Hem Kuzey hem Güney Amerika'da Avrupalıların yerleşim yerlerinden atların kaçışından otuz yıl sonra, Avrupa atlarını Amerikan yerlileri büyük bir heyecanla benimsedi. Örneğin, 19. yüzyılda Kuzey Amerika'nın Great Plains yerlileri, atlı savaşçılar ve bizon avcıları olarak ustalıklarıyla ün yapmıştı ama 17. yüzyıl sonlarına kadar bunlar at yüzü görmemişti bile. İspanyollardan aldıkları koyun Navaho yerli toplumunu aynı şekilde değiştirmişti; yerliler, daha başka şeylerin yanı sıra Navaho'nun ünlenmesine yol açan o güzelim yün battaniyeleri dokumaya başladılar. Avrupalıların köpekleriyle Tazmanya'ya yerleşmesinden on yıl sonra, daha önce hiç köpek görmemiş olan Tazmanya yerlileri avcılıkta kullanmak üzere çok sayıda köpek yetiştirmeye başlamışlardı. Yani Avustralya'da, Amerika kıtalarında, Afrika'da yaşayan çeşitli kültürlere mensup binlerce yerli halkın hayvanları evcilleştirmelerine engel oluşturacak hiçbir evrensel kültür tabusu yoktu.

Hiç kuşku yok ki bu kıtalarda bulunan yerel yabani memeli hayvanlar arasında evcilleştirilebilecek hayvanlar olsaydı Avustralya, Amerika, Afrika halklarından biri bunları evcilleştirir ve tıpkı Avrasya'dan geldiği zaman hemen benimsedikleri evcil hayvanlardan nasıl yararlandılarsa onlardan da büyük yararlar sağlarlardı. Örneğin, Afrika'da Sahra'nın güneyinde yabani zebraların ve mandaların yayılma alanı içinde yaşayan halkları düşünün. Neden acaba bu zebraları ve mandaları evcilleştirecek, Avrasya'dan atlarla sığırların gelmesini beklemek zorunda kalmadan öteki Afrikalılar karşısında üstünlük kazanacak en azından bir tek Afrika avcı/yiyecek toplayıcı kabilesi çıkmadı? Bütün bu olgular bize, Avrasya dışında evcilleştirilen yerli memeli hayvan olmamasının nedeninin yerel halklarda değil, yörede mevcut yabani memelilerde aranması gerektiğini gösteriyor.

Aynı yorumu destekleyen ikinci tür bir kanıt da ev hayvanları konusunda gizli. Yabani hayvanlara ev hayvanı olarak bakmak ve onları uysallaştırmak evcilleştirmenin ilk evresini oluşturur. Gerçekten de bütün kıtalardaki bütün geleneksel insan topluluklarında ev hayvanı olduğuna dair bilgiler var elimizde. Böyle uysallaştırılan yabani hayvanlar, en sonunda evcilleştirilen hayvanlara göre çok daha fazla çeşitlilik gösterir, aralarında ev hayvanı olarak aklınızın ucundan geçmeyecek türler vardır.

Örneğin, benim çalıştığım Yeni Gine köylerinde kangurunun, opossumun ve sinekkapandan tutun da balıkkartalına kadar çeşitli kuşların ev hayvanı olduğunu gördüm. Bu tutsakların çoğu sonunda yenir ama bazıları sırf ev hayvanı olarak saklanır. Yeni Gineliler (devekuşu benzeri, büyük, uçamayan bir kuş olan) yabani tepeli devekuşunun yavrularını düzenli olarak yakalar, besler ve ender bir yiyecek olarak yerler – bir yere kapatılan yetişkin tepeli devekuşlarının son derece tehlikeli olmalarına, ara sıra köylülerden birinin bağırsaklarını deşmelerine hiç aldırmazlar. Kimi Asya halkları avcılıkta kullanmak üzere kartalları terbiye ederler, oysa bu güçlü hayvanların da bazen insan sahiplerini öldürdükleri bilinir. Eski Mısırlılar ile Asurlular ve çağdaş Amerikan yerlileri çita maymunlarını avcılıkta kullanmak üzere terbiye etmişlerdir. Eski Mısırlıların yaptıkları resimler onların (bize pek tuhaf gelmeyen) ceylan ve iri antilop gibi toynaklı memelileri, turna gibi kuşları, biraz tuhafı (tehlikeli olabilen) zürafaları, en tuhafı da sırtlanları terbiye ettiklerini gösteriyor. Roma zamanında Afrika filleri apaçık tehlikelerine karşın terbiye edilmişti, Asya filleriyse bugün hâlâ terbiye ediliyor. Belki de en olmayacak ev hayvanı (Amerika'nın boz ayısıyla aynı aileden gelen) kahverengi Avrupa ayısıdır, Japonya'da yaşayan Ainular bunları düzenli olarak yavruyken yakalayıp uysallaştırır ve dinsel bir törende öldürüp yemek üzere beslerler.

Sonuç olarak, pek çok yabani hayvan türü, evcilleşmenin yolunu açan insan-hayvan ilişkisi zincirinin ilk halkasını oluşturan evreyi yaşamıştır ama bu zincirin son halkasını oluşturan evcilleşme evresine kadar zinciri tamamlayanı çok azdır. Yüzyıldan fazla bir zaman önce İngiliz bilim insanı Francis Galton bu tersliği çok özlü bir biçimde dile getirmiştir: "Öyle görünüyor ki her bir yabani hayvana evcilleşme şansı verilmiştir, çok eskiden ... pek azı evcilleştirilmiş ama bazen yalnızca küçücük bir ayrıntı yüzünden evcilleşmeyi başaramayan büyük çoğunluğu sonsuza kadar yabani kalmaya mahkum olmuştur."

Üçüncü bir kanıtımız da evcilleşme tarihleridir, bu tarihler Galton'un görüşünü, evcilleştirilmeye elverişli bütün büyük memeli türleri ilk sığırtmaçların hemen evcilleştirdiklerini doğruluyor. Evcilleştirilme tarihleriyle ilgili olarak arkeolojik kanıtlarına sahip olduğumuz bütün türler MÖ aşağı yukarı 8000 ile 2500 yılları arasında evcilleştirildi – yani, geç dönem Buzul Çağı sona erdikten sonra yerleşik çiftçi-sığırtmaç toplumların ortaya çıkışını izleyen ilk birkaç binyıl içinde. Tablo 9.3'te özetlendiği gibi, büyük memeli hayvanların evcilleştirilme dönemi koyun, keçi ve domuzla başlayıp deveyle sona erdi. MÖ 2500'den bu yana bunlara önemli hiçbir katkı yapılamadı.

Bazı küçük memelilerin MÖ 2500'den çok sonra ilk kez evcilleştirildiği doğrudur. Örneğin, tavşanlar yenmek amacıyla ancak Orta Çağ'da evcilleştirilmişti, laboratuvar araştırması için fare ve sıçanlar 20. yüzyılda, ev hayvanı olarak kobaylar 1930'larda falan. Evcilleştirilmiş küçük memeliler konusundaki gelişmelerin devam etmesi hiç de şaşırtıcı değildir çünkü sözcüğün tam anlamıyla aday olarak binlerce yabani tür vardır ve bu türler geleneksel toplumların yetiştirme zahmetine girmeyeceği kadar az değeri olan hayvanlardı. Ama büyük memelilerin evcilleştirilmesi işi gerçekten de 4500 yıl önce tamamlandı. O zamana gelinceye kadar dünyadaki büyük tür olarak yüz kırk sekiz aday sayısız kereler denenmiş, bu sınavı pek azı geçebilmiş ve başka uygun tür kalmamış olsa gerektir.

Bazı memeli türlerinin ötekilerden çok daha uygun olduğunu gösteren bir dördüncü kanıt da aynı türlerin birbirinden bağımsız olarak çeşitli kereler evcilleştirilmiş olmasıdır. Genetik malzememizin mitokondria DNA'sı olarak bilinen parçasına dayanan genetik ipucuyla, çoktandır kuşkulanıldığı gibi, Hindistan'ın hörgüçlü sığırı ve Avrupa'nın hörgüçsüz sığırının, yüz binlerce yıl önce farklılaşmış iki ayrı yabani atadan, sığır nüfusundan geldiği geçenlerde doğrulandı. Yani Hindistan halkları yabani Avrupa bizonunun yerel Hindistan alttürünü evcilleştirdiler, Güneybatı Asyalılar onlardan bağımsız olarak Avrupa bizonunun kendi Güneybatı Asya alttürünü evcilleştirdiler, Kuzey Afrikalılar da bağımsız olarak Avrupa bizonunun Kuzey Afrika alttürünü evcilleştirmiş olabilirler.

Aynı şekilde köpeğin atası olacak olan kurtlar bağımsız olarak Amerika kıtalarında, belki Çin ve Güneybatı Asya da içinde olmak üzere Avrasya'nın çeşitli bölgelerinde evcilleştirildi. Günümüzün domuzları Çin'de, Batı Avrasya'da, belki de başka yerlerde de bağımsız olarak birbiri ardına evcilleştirilmiş olan domuzlardan geliyor. Bu örnekler çok farklı insan topluluklarının dikkatini hep aynı birkaç uygun yabani türün çektiğini bir kez daha vurguluyor.

Tablo 9.3. Büyük Memeli Türlerin Belgelenmiş Yaklaşık İlk Evcilleştirilme Tarihleri

Türler	*Tarih (MÖ)*	*Yer*
Köpek	10.000	Güneybatı Asya, Çin, Kuzey Amerika
Koyun	8000	Güneybatı Asya
Keçi	8000	Güneybatı Asya
Domuz	8000	Çin, Güneybatı Asya
İnek	6000	Güneybatı Asya, Hindistan, (?) Kuzey Afrika
At	4000	Ukrayna
Eşek	4000	Mısır
Hint mandası	4000	Çin(?)
Lama/alpaka	3500	Andlar
Çift hörgüçlü deve	2500	Orta Asya
Arap devesi	2500	Arabistan

Evcilleştirilmiş öteki dört büyük memeli türün –Ren geyiği, yak, gaur ve bantengin– evcilleştirilme tarihleriyle ilgili şimdilik pek az kanıt var. Verilen tarihler ve yer adları yalnızca ilk oldukları bugüne kadar kanıtlanmış olanlardır; evcilleştirme aslında daha erken ve farklı bir yerde başlamış olabilir.

Yakın çağdaki çabaların sonuçsuz kalması, aday yabani türlerin geri kalan büyük çoğunluğunun geçmişte evcilleştirilememiş olmasının kabahatinin eski insanlarda değil bu türlerde olduğunu gösteren son kanıttır. Bugün Avrupalılar yeryüzündeki en eski, yaklaşık 10.000 yıl önce Güneybatı Asya'da başlamış olan evcilleştirme geleneğinin mirasçılarıdırlar. On beşinci yüzyıldan başlayarak Avrupalılar bütün dünyaya yayıldılar, Avrupa'da bulunmayan yabani memeli türleriyle karşılaştılar. Benim Yeni Gine'de rastladığım, kanguru ve opossum benzeri ev hayvanları olan insanlar gibi, onlar da pek çok yerli memeli hayvanı uysallaştırdılar ya da ev hayvanı olarak beslediler.

On dokuzuncu ve yirminci yüzyıllarda en azından altı tane büyük memeli hayvan –Güney Afrika geyiği, Avrupa muşu, Kanada geyiği, misksığırı, zebra, Amerikan bizonu– çağdaş bilimsel hayvan yetiştiricileri ve genetikçilerce yürütülen, özellikle iyi düzenlenmiş evcilleştirme projelerinin konusu oldular. Örneğin, en büyük Afrika antilobu olan Güney Afrika geyiği İngiltere, Kenya, Zimbabve ve Güney Afrika'nın yanı sıra Ukrayna'daki Askania-Nova Hayvanat Bahçesi'nde, et niteliği ve süt miktarına göre seçilim geçirmekte; İskoçya'nın Aberdeen kentindeki Rowett Araştırma Enstitüsü'nde Avrupa muşu (İngilizlerin deyimiyle alageyik) için bir deneme çiftliği var; Rusya'nın Peşero-İliç Ulusal Parkı'nda Kanada geyiği için bir deneme çiftliği bulunuyor. Yine de bu çağdaş çabaların başarısı çok sınırlı kaldı. Bizon eti Amerika Birleşik Devletleri'ndeki bazı süpermarketlerde ara sıra görülüyor, İsveç'te ve Rusya'da Kanada geyiği binek hayvanı olarak kullanılıyor, kızak hayvanı olarak kullanılıyor, sütü sağılıyor ama bu çabaların hiçbiri pek çok hayvan yetiştiricisinin ilgisini çekecek kadar ekonomik değeri olan bir sonuç vermedi. Afrika'daki hastalıklara karşı korumasız olan Avrasya kökenli yabani hayvan topluluğuna göre, hastalıklara direnciyle, iklime dayanma gücüyle büyük bir üstünlüğe sahip olan Güney Afrika geyiğini, üstelik de Afrika topraklarında yakın geçmişte evcilleştirme çabalarının boşa çıkması özellikle şaşırtıcıdır.

Böylece ne binlerce yıl aday tür bolluğu içinde yaşayan yerli sığırtmaçlar ne de çağdaş genetikçiler, en az 4500 yıl önce evcilleştirilmiş olan Eski Zaman On Dörtlüsü'nün ötesine geçip büyük memeli hayvanlar arasından bize yararlı olacak yeni evciller kazandırmayı başarabildiler. Ama yine de bugün hiç kuşku yok ki bilim insanları isteseler, evcilleştirme tanımının yarısına uyacak şekilde pek çok tür hayvanı yetiştirebilir, yiyecek kaynağı olarak kullanabilirler. Örneğin, San Diego ve Los Angeles hayvanat bahçelerinde şu an yaşayan son California akbabalarına uygulanan katı bir üretme stratejisi, evcilleştirilen hiçbir türe uygulanmamıştır. Bütün akbabaların tek tek genetik yapıları saptandı, insanların amaçlarına ulaşmak (bu durumda genetik çeşitliliği en üst noktasına çıkarmak ve böylece tehlikede olan bu kuşu korumak) için bir bilgisayar programı, hangi erkeğin hangi dişiyle çiftleşeceğine karar veriyor. Goriller ve gergedanlar da içinde olmak üzere tehlikede olan pek çok tür için hayvanat bahçeleri benzer üretme programları yürütüyorlar. Ama hayvanat bahçelerinde böyle titizlikle ayıklanan California akbabalarından ekonomik olarak yararlı bir ürün elde etmek gibi bir amaç yok. Kesilmemiş haldeyken üç tonun üzerinde et sağlayabilmesine karşın gergedanlar için de hayvanat bahçelerinin böyle bir planı bulunmuyor. Şimdi göreceğimiz gibi gergedanlar (ayrıca büyük memeli hayvanların çoğu) evcilleştirilmeye karşı üstesinden gelinemeyecek engeller çıkarırlar.

Yeryüzündeki 148 büyük yabani otobur memeli kara hayvanının –evcilleştirilmeye aday türlerin– yalnızca 14 tanesi sınavı geçebildi. Neden geri kalan 134 tür bunu başaramadı? Francis Galton "sonsuza kadar yabani kalmaya mahkûm olmuş" türler derken hangi koşullardan söz ediyordu?

Bunun yanıtı Anna Karenina ilkesinden çıkıyor. Evcilleştirilebilmek için yabani adayın pek çok farklı özelliklere sahip olması gerekiyor. Bu gerekli özelliklerden birinin bile eksikliği evcilleştirme çabalarını boşa çıkarıyor, tıpkı mutlu bir evlilik kurma çabalarını boşa çıkardığı gibi. Zebra/insan çiftine ya da başka uyumsuz çiftlere evlilik danışmanlığı oyunu oynayarak evcilleştirmeyi engelleyen en az altı grup neden saptayabiliriz.

Beslenme. Ne zaman bir hayvan bir bitkiyi ya da başka bir hayvanı yese, yediği şeyin biyokütlesinin bu yiyeceği tüketenin biyokütlesine dönüştüğü zamanki verimi yüzde yüzden çok daha azdır: Normal olarak % 10 dolaylarındadır. Yani 500 kilogramlık bir inek yetiştirmek için yaklaşık 5000 kilogram mısır gerekir. Beri yandan 500 kilogramlık bir etobur yetiştirmek isterseniz onu 50.000 kilogram mısırla beslenmiş 5000 kilogram otoburla beslemeniz gerekir. Hatta otoburlar ile hem etobur hem otobur olanlar arasında, koala gibi yiyeceği bitkiyi kılı kırk yararak seçtiği için çiftlik hayvanı olarak tercih edilmeyen pek çok tür vardır.

Bu temel verimsizlikten dolayı, yiyecek olarak hiçbir etobur memeli hayvan evcilleştirilmemiştir (Hayır, eti sert ya da lezzetsiz olacağı için değil: Yaban etobur balıkları her zaman yiyiyoruz, ayrıca ben kişisel olarak aslanburgerin lezzetine kefil olurum). Bunun tek istisnası sayılabilecek hayvan köpektir, başlangıçta bekçilik yaptırmak ya da ava götürmek üzere evcilleştirilmiştir ama Azteklerin Meksika'sında, Polinezya'da ve eski Çin'de köpek cinsleri geliştirilmiş ve yemek amacıyla yetiştirilmiştir. Yine de et kıtlığı çekilen insan topluluklarında köpekler düzenli biçimde son çare olarak yenmektedir: Azteklerin köpeklerden başka memeli hayvanları yoktu, Polinezyalıların ve Çinlilerin yalnızca domuz ve köpekleri vardı. Evcil otobur memeli hayvanlara sahip olma mutluluğuna ermiş insan toplulukları (bugün Güneydoğu Asya'nın bazı bölgelerinde olduğu gibi) damak tadı için yemek dışında köpek yemek zahmetine girmemişlerdir. Ayrıca köpekler yalnızca etobur değil aynı zamanda otoburdur: Evinizdeki sevgili köpeğinizin etobur olduğunu sanıyorsanız aldığınız köpek maması paketinin üzerindeki katkı maddeleri listesine bakın. Azteklerin ve Polinezyalıların yemek için besledikleri köpekler sebze ve çöp yiyerek randımanlı bir biçimde semiriyorlardı.

Büyüme Hızı. Sahip olmaya değmesi için evcil hayvanın çabuk büyümesi gerekir. Goriller ve filler otobur olmalarına, yiyecek seçmek gibi kötü huyları olmamasına, çok fazla et vermelerine karşın bu kural gereği elenmektedir. Fil ve goril yetiştiriciliği yapmaya kalkışacak bir kişi, sürüsündeki hayvanların yetişkin hayvan boyutuna ulaşması için 15 yıl mı bekleyecek? Filleri çalıştırmak isteyen günümüz Asyalıları filleri yaban ormanda yakalayıp uysallaştırmayı daha zahmetsiz buluyorlar.

Bir Yere Kapatarak Yetiştirmenin Zorlukları. Biz insanlar başkalarının gözü önünde sevişmekten hoşlanmayız; değerli olma olasılığı bulunan bazı hayvan türleri de bunu sevmez. Kara hayvanlarının en hızlısı olan çitaları, binlerce yıldır evcilleştirmek için çok çaba göstermiş olmamıza karşın bu işi başaramamamızın nedeni budur.

Daha önce sözünü ettiğim gibi, Eski Mısırlılar, Asurlular, günümüz Hintlileri av arkadaşı olarak çitaları köpeklerden çok daha üstün tutarlardı. Hindistan'daki bir Babür imparatorunun bin çitalık bir ahırı vardı. Ama varlıklı pek çok prensin yaptığı büyük yatırımlara karşın çitaların hepsi ormanda yakalanmış ve uysallaştırılmış çitalardı. Prenslerin çitaları bir yere kapatıp yetiştirme çabaları başarısızlıkla sonuçlandı, hatta çağdaş hayvanat bahçelerinde biyologlar ancak 1960 yılında ilk kez bir çitaya doğum yaptırmayı başardılar. Ormanda erkek çita kardeşler bir dişiyi günlerce kovalarlar, uzun bir kovalamaca halinde süren bu kaba kurlaşma, dişinin yumurta oluşturması ya da cinsel ilişkiyi kabule hazır olması için gerekli gibi görünür. Çitalar bu incelikli kurlaşma törenini bir kafesin içinde yapmayı genellikle kabul etmezler.

Hiçbir hayvanın sahip olmadığı kadar ince ve hafif yünüyle paha biçilmez değerde olan Andlar'ın yabani devesi vikunyayı evcilleştirme planları da benzer bir sorun yüzünden suya düştü. Eski İnkalar yabani vikunyaları bir ağıla kapatır, yünlerini kırkar sonra onları canlı olarak koyuverirlerdi. Bu çok değerli yünü elde etmek isteyen çağdaş tüccarlar ya aynı yönteme başvurmak ya da yabani vikunyaları düpedüz öldürmek zorundalardı. Para ve ün gibi teşvik edici şeylere karşın yün üretimi için vikunyaları bir yere kapatarak yetiştirme çabaları başarısızlıkla sonuçlanmıştır; bunun nedenlerinin arasında vikunyaların çiftleşmeden önce kapalı bir yerde tutulduklarında yapamayacakları uzun ve ayrıntılı kurlaşma törenleri, erkek vikunyaların birbirlerine gösterdikleri şiddetli tahammülsüzlük, hem bütün bir yıl boyunca beslenme bölgesine hem de ondan ayrı olarak bütün bir yıl boyunca uyku bölgesine gereksininim duymaları vardır.

Kötü Huyluluk. Kuşkusuz yeterince büyük bütün memeli türleri bir insanı öldürebilir. Domuzlar, atlar, develer, sığırlar insan öldürmüştür. Yine de bazı büyük hayvanlar çok daha kötü huyludur ve ötekilere göre iflah olmaz derecede tehlikelidir. Evcilleştirilmeye görünüşte en uygun pek çok aday insanları öldürme eğilimleri yüzünden elenmiştir.

En açık örneklerden biri bozayıdır. Ayı eti pahalı bir yiyecektir, bozayıların 900 kiloyu bulanları vardır, (avcılıklarının üstüne yoktur ama) temelde otoburdurlar, bitkisel yiyecek yelpazeleri çok geniştir, insanların çöpleriyle semirirler (bu yüzden de Yellowstone ve Glacier Ulusal Parkı'nda büyük sorunlara yol açarlar), oransal olarak hızlı büyürler. Bozayılar bir yere kapatıldıklarında uslu dursalar et üretimi için onlardan iyisi olmaz. Japonya'da yaşayan Ainular bir törenin parçası olarak bozayı yavrularını düzenli biçimde yetiştirerek bu deneyi yaptı. Anlaşılabilir nedenlerden dolayı Ainular yavruları bir yaşında kesip yemenin akıllıca bir şey olacağını anladılar. Bozayıları bir yıldan daha uzun bir zaman elde tutmak intihar demek olurdu; uysallaştırılmış yetişkin bir ayı bilmiyorum ben.

Aynı derecede apaçık nedenlerden dolayı evcilleştirilememiş olan bir başka olası aday da Afrika mandasıdır. Çabuk büyüyerek bir ton ağırlığa ulaşır, iyi gelişmiş aşamalı bir üstünlük düzenine sahip sürüler halinde yaşarlar, bu özelliğin erdemleri aşağıda tartışılacaktır. Ama Afrika mandasının büyük memeli hayvanlar içinde en tehlikelisi, en güvenilmezi olduğu düşünülür. Onu evcilleştirmeye çalışacak kadar aklından zoru olan biri ya çabalarken ölmüştür ya da manda fazla büyüyüp iğrençleşmeden önce mandayı öldürmüştür. Aynı şekilde dört tonluk otobur gergedanlar da o kadar tehlikeli olmasalardı harika birer çiftlik hayvanı olurlardı. Gergedanlar Afrika'da her yıl, aslanlar da içinde olmak üzere, öteki memelilerin öldürdüğünden fazla insan öldürürler.

Azgınlıklarıyla ün salmış bu adayların elenmiş olmasına şaşıracak insan azdır. Ama tehlikeleri o kadar iyi bilinmeyen başka adaylar da söz konusudur. Örneğin, yabani at ailesine giren türlerin sekizi huy bakımından büyük farklılıklar gösterir, oysa bu sekiz tür genetik olarak birbirlerine öylesine yakındır ki kendi aralarında çiftleşip (genellikle kısır olmasına karşın) sağlıklı yavrulara sahip olabilirler. Bunlardan ikisi, at ile (eşeğin atası) Kuzey Afrika eşeği başarıyla evcilleştirilmiştir. Kuzey Afrika eşeğinin yakın akrabası, yabaneşeği olarak da bilinen Asya eşeğidir. Batı uygarlığının ve evcilleştirilen hayvanların beşiği olarak da bilinen Bereketli Hilal yabaneşeklerinin anayurdunun sınırları içinde bulunduğu için eski halklar yabaneşekleriyle pek çok deney yapmış olsalar gerekir. Sümerlerden ve daha sonra anlatılanlardan öğrendiğimize göre yabaneşekleri düzenli olarak avlanıyordu, ayrıca yakalanıp eşeklerle ve atlarla melezleştiriliyordu. Eski metinlerde sırtlarına binmek ya da arabalara koşmak için kullanılan at benzeri hayvanlar olarak tanımlananlar belki de bu yabaneşekleriydi. Ama Romalılardan tutun da günümüz hayvanat bahçesi bakıcılarına kadar onlarla ilgili bir şeyler yazmış herkes onların çabuk öfkelenme, insanları ısırma huyundan söz etmiştir. Sonuçta ataları olan eşeklere başka bakımlardan benzemelerine karşın yabaneşekleri hiçbir zaman evcilleştirilememiştir.

Afrika'nın dört zebra türü daha da beterdir. Evcilleştirme çabaları onları arabalara koşmak kadar ileriye gitmiştir: 19. yüzyılda Güney Afrika'da koşum hayvanı olarak denenmişler, tuhaflıklarıyla ünlü Lord Walter Rothschild, Londra sokaklarında zebraların çektiği bir arabayla dolaşmıştır. Heyhat, zebralar yaşları büyüdükçe akıl almaz derecede tehlikeli olurlar! (Tek tek pek çok atın da kötü huylu olduğunu yadsımıyorum ama zebralar ve yabaneşekleri çok daha istisnasız böyledir.) Zebraların insanları ısırma ve bırakmama gibi sevimsiz bir huyları vardır. Bu yüzden de Amerika'daki hayvanat bahçesi bakıcılarını her yıl kaplanlardan çok zebralar yaralar! Ayrıca zebraları kementle yakalamak da gerçekten olanaksızdır – hatta atları kementle yakalayarak rodeo şampiyonalarını kazanan kovboylar için bile bu böyledir– çünkü kendilerine doğru uçarak gelen ilmiği izleme ve başlarını eğerek ilmiğe yakalanmama gibi şaşmaz bir yetenekleri vardır.

Bundan dolayı bir zebrayı eyerleyip sırtına binebilen (olduysa) pek az kişi olmuştur, Güney Afrikalıların evcilleştirme hevesleri de yok olup gitmiştir. Avrupa muşunu ve Güney Afrika geyiğini evcilleştirmek için günümüzde yapılan ve başlangıçta umut verici görünen deneylerin daha başarılı olamamasında, tehlikeli olması muhtemel büyük bir hayvanın önceden kestirilemeyen saldırgan davranışlarının da payı vardır.

Korku ve Telaş Eğilimi. Otobur büyük memeli türler yırtıcı hayvanlardan ya da insanlardan gelecek tehlikelere karşı çok farklı tepkiler gösterirler. Bazı türler bir tehditle karşılaştıklarını sezdikleri zaman tedirginleşirler; hızlıdırlar ve hemen kaçmaya programlanmışlardır. Bazı türlerse daha yavaştır, o kadar tedirgin olmazlar, sürünün arasına sığınırlar, tehdit karşısında ayak direrler, gerekli oluncaya kadar kaçmazlar. Geyik ve antilop türlerinin çoğu (Ren geyiği gibi çarpıcı bir örnek dışında) birinci tür hayvanlardır, koyun ve keçi ise ikinci tür.

Hiç kuşku yok, rahatsız türleri kapalı bir yerde tutmak güçtür. Kapalı bir yere kondukları zaman ya telaşa kapılırlar ya bu büyük sarsıntının etkisiyle ölür ya da kaçıp kurtulmak isterken çite çarpa çarpa hırpalanırlar. Örneğin, Bereketli Hilal'in bazı yörelerinde binlerce yıl en sık avlanmış hayvan türü olan ceylanlar böyledir. O bölgedeki ilk yerleşik halklar için en kolay evcilleştirilebilir memeli türü ceylanlardı. Ama hiçbir ceylan türü evcilleştirilemedi. Birden fırlayan, körlemesine duvarlara saldırıp çarpan, neredeyse 10 metre havaya sıçrayabilen, saatte 75 kilometre hızla koşan bir hayvanı gütmeye çalıştığınızı düşünün bir kez!

Toplumsal Yapı. Evcilleştirilmiş büyük memeli hayvan türlerinin hemen hemen hepsinin yabani atalarının üç ortak özelliği olduğu ortaya çıkmıştır: Sürüler halinde yaşarlar; sürünün üyeleri arasında iyi gelişmiş aşamalı bir üstünlük düzeni vardır; sürüler karşılıklı olarak birbirini dışlayan egemenlik bölgelerinden ziyade üst üste binen yayılma alanlarında yaşarlar. Örneğin, yabani at sürülerinde bir aygır, beş altı taneye kadar kısrak ve onların tayları bulunur. A kısrağı B, C, D, E kısraklarından daha üstün rütbelidir; B kısrağı A kısrağına göre alt rütbelidir ama C, D, E kısraklarının üstündedir; C kısrağı A ve B kısraklarının altındadır ama D ve E kısraklarının üstündedir; bu böylece sürer gider. Sürü hareket halindeyken üyeleri beylik bir düzeni hiç bozmazlar: En arkada aygır vardır, en önde en üst rütbeli kısrak, kısrağın arkasında yaş sırasına göre, en genci başta olmak üzere tayları, daha sonra sırasıyla öteki kısraklar, her birinin arkasında yaş sırasına göre tayları. Böylece aynı sürüde pek çok yetişkin at, her biri kendi rütbesini bilerek ve birbiriyle sürekli boğuşmaksızın bir arada bulunabilir.

Bu toplumsal yapı evcilleştirmeyi çok kolaylaştıran bir yapıdır çünkü aşamalı önem sırasının en başına insan geçer. Aynı sürü ailesinden gelen evcil atlar normal olarak en yüksek rütbeli kısrağı nasıl izlerlerse insan önderlerini de öyle izlerler. Koyun, keçi, inek, köpek cinsi (kurt) sürülerinde de bunun benzeri bir sıra vardır. Yavrular böyle bir sürünün içinde büyürken yakın çevrelerinde düzenli olarak gördükleri hayvanları bellerler. Yaban doğadayken belledikleri hayvanlar kendi türlerinin üyeleridir ama yakalanıp bir yere kapatılan sürü hayvanı yavrular ise yakın çevrelerinde insanları görürler ve bellerler.

Böyle toplumsal hayvanlar güdülmeye yatkındırlar. Birbirlerine tahammül ettikleri için onları bir araya toplamak olanağı vardır. Üstün bir önderin arkasına içgüdüsel olarak takılıp gittikleri ve insanları önder olarak belledikleri için bir çoban ya da çoban köpeği onları kolayca istediği yere sürebilir. Sürü hayvanları kalabalık halde bir ağıla kapatıldıklarında hiç rahatsız olmazlar çünkü yaban doğada sıkışık kalabalık gruplar halinde yaşamaya alışkındırlar.

Bunun tam tersine, başına buyruk yalnız yaşayan hayvan türlerinin üyelerini gütmek olanaksızdır. Birbirlerine tahammül edemezler, insanları bellemezler ve içgüdüsel olarak baş eğen hayvanlar değildirler. (Yaban doğada başına buyruk yalnız yaşayan) kedileri bir insanın arkasına takılmış sıra halinde giderken ya da bir insanın onları önüne katıp güttüğünü gördünüz mü hiç? Bütün kediseverler kedilerin insanlara, köpeklerin içgüdüsel olarak baş eğdiği gibi baş eğmediğini bilir. Başına buyruk memeli türleri arasında yalnızca kediler ve kır sansarları evcilleştirilmiştir çünkü bizim bunu yaparken amacımız onları yemek için büyük sürüler halinde yetiştirmek değil tek başına avcı ya da ev hayvanı olarak beslemekti.

Fotoğraf 1. Yeni Gine'nin kuzey kıyısındaki ovalık bölgeden bir kadın ve çocuğu (Şiar Adası).

Fotoğraf 2. Paran, Fore halkından, Yeni Gineli bir yüksek bölge insanı. Kitabımın adandığı Yeni Gineli dört arkadaşımdan biri, bundan sonraki üç sayfada öteki üçünün fotoğrafları var.

Fotoğraf 3. Esa, Fore halkından,
Yeni Gineli bir yüksek bölge insanı.

Fotoğraf 4. Kariniga, Tudawhe halkından,
Güney Yeni Gineli bir ova insanı.

Fotoğraf 5. Sauakari, kuzey kıyıdan Yeni Gineli bir ova insanı.

Fotoğraf 6. Yeni Gineli bir yüksek bölge insanı.

Fotoğraf 7. Pintupi halkından bir (Orta) Avustralya yerlisi.

Fotoğraf 8. (Kuzey Avustralya'dan) Arnhem Landli
Avustralya yerlileri.

Fotoğraf 9. Tazmanya yerlisi bir kadın, Avrupalılar gelmeden önce doğmuş insanların yaşayan son örneklerinden biri.

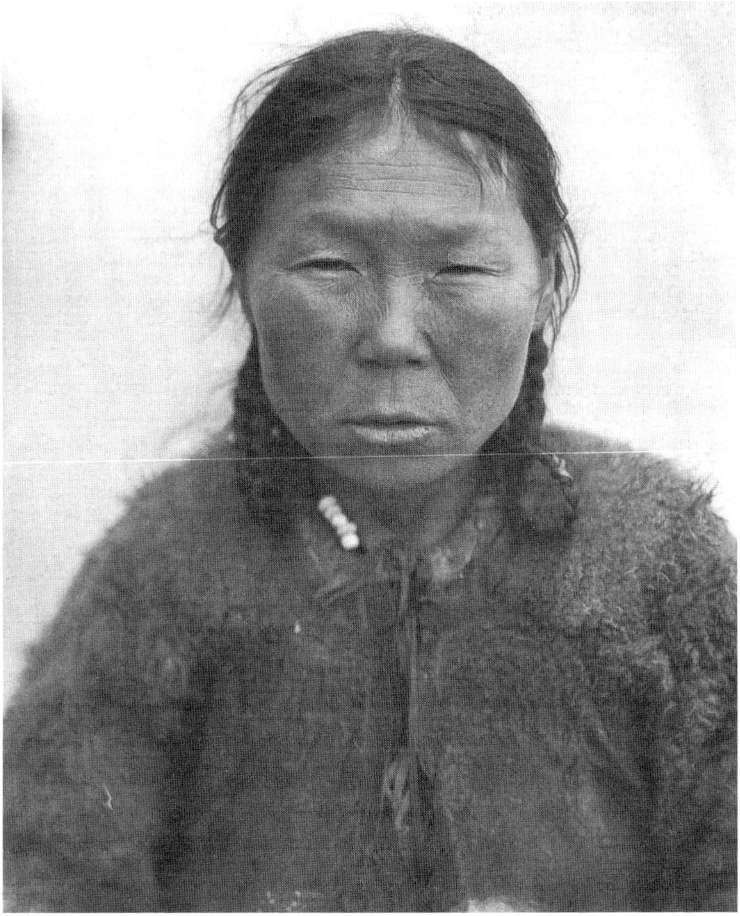

Fotoğraf 10. Sibiryalı bir Tungus kadını.

Fotoğraf 11. Bir Japon: Elli dokuzuncu yaş gününü kutlayan İmparator Akihito.

Fotoğraf 12. Pirinç hasadı yapan Cavalı bir kadın. 12. ve 13. fotoğraflarda Avustronezya dillerini konuşan insanları görüyorsunuz.

Fotoğraf 13. Cava'nın 11.000 kilometre doğusunda Büyük Okyanus'un tropik bölgesindeki Rapa Adası'ndan Polinezyalı bir kadın.

Fotoğraf 14. Bambu sürgünleri toplayan bir Çinli kız.

Fotoğraf 15. Kuzey Amerika yerlisi: Great Plains bölgesindeki Pawnee kabilesinin şefi, Benekli At.

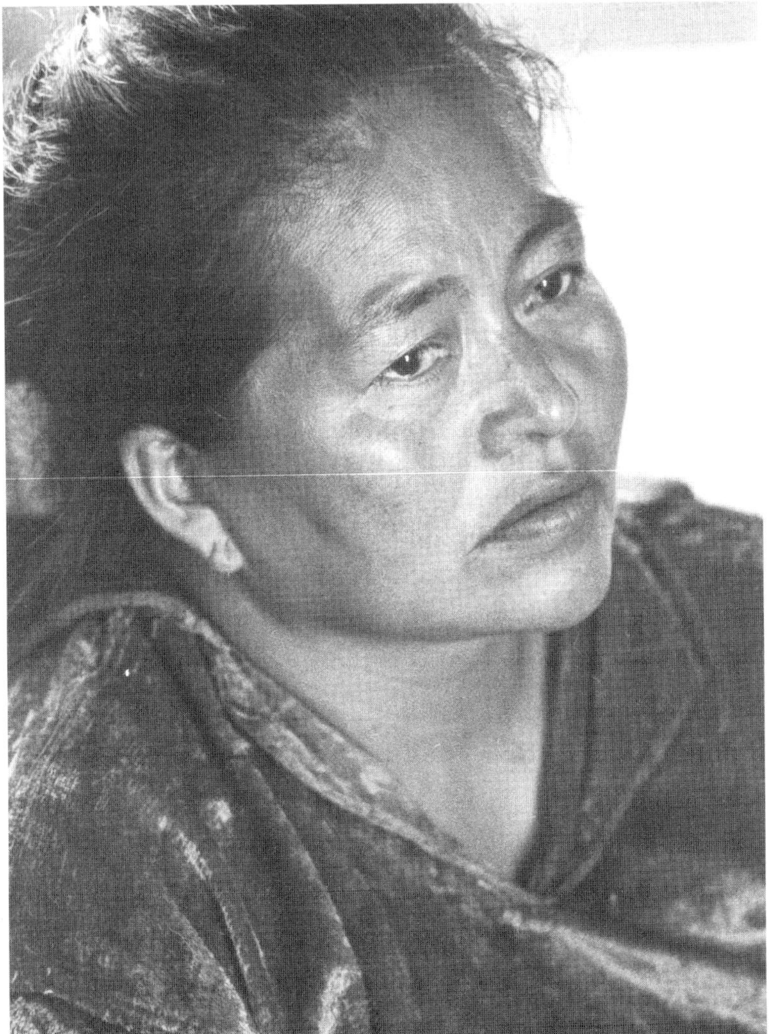

Fotoğraf 16. Başka bir Amerikan yerlisi: Amerika Birleşik Devletleri'nin güneybatısından bir Navaho kadını.

Başına buyruk ve tek başına yaşayan türlerin çoğunun böylece evcilleştirilememesi sürü hayvanı türlerinin çoğunun evcilleştirilebileceği anlamına gelmiyor. Pek çoğu herhangi bir nedenden dolayı ya da çeşitli ek nedenler yüzünden evcilleştirilemez.

İlkin, sürü hayvanı türlerinin pek çoğunun yayılma alanları birbiriyle üst üste binmez, başka sürülere kapalı alanlardır. Böyle iki sürüyü bir arada bir yere kapatmak tek başına gezen bir türün iki erkeğini aynı yere kapatmaktan daha kolay değildir.

İkincisi, yılın bir bölümünde sürü halinde yaşayan pek çok tür, üreme mevsiminde yalnız yaşar, kavgalaştıkları, birbirlerinin varlığına tahammül edemedikleri bir dönemdir bu. Geyik ve antilop türlerinin (yine Ren geyiği dışında) çoğu için bu doğrudur, ayrıca Afrika'nın o ünlü sürücül antilop türlerinin hepsinin evcilleştirilmesini engelleyen de budur. Afrika antilopları denince ilk gözümüzün önüne gelen şey "ufkun bir ucundan öteki ucuna kadar yayılmış çok kalabalık ve büyük sürüler"dir ama aslında bu sürülerin erkekleri üreme mevsiminde tek tek kendi toprak bağımsızlıklarını ilan eder ve birbirleriyle kıyasıya dövüşürler. Bu yüzden o antiloplar, koyunların, keçilerin ya da sığırların kalabalık ağıllarda kapalı tutulduğu gibi tutulamazlar. Başına buyruk davranma, sert huyluluk ve büyüme hızının yavaşlığıyla birleşince gergedanların çiftlik avlularına girmesi olanaksızlaşmıştır.

Son olarak, yine geyiklerin ve antilopların çoğu içinde olmak üzere pek çok sürü hayvanı türü arasında iyice belirlenmiş aşamalı üstünlük sırası diye bir şey yoktur ve içgüdüsel olarak üstün bir önderi bellemeye (bunun sonucunda da yanlışlıkla insanları bellemeye) hazır değildirler. Sonuçta pek çok geyik ve antilop türü uysallaştırılmıştır (bütün o gerçek Bambi öykülerini düşünsenize) ama böyle uysal geyik ve antilopların koyunlar gibi sürüler halinde güdüldüğünü görenimiz olmamıştır. Bizim evcil koyunların atası olan Asya'nın muflon koyunuyla aynı soydan gelen Kuzey Amerika'nın Kanada koyunu da bu sorun yüzünden evcilleştirilemedi. Kanada koyunu bizim için uygundur ve pek çok bakımlardan muflon koyununa benzer ama önemli bir farkı vardır: Muflon koyunlarında bazı tekler üstünlüklerini tanıdıkları başka teklere boyun eğer, bu özellik Kanada koyunlarında yoktur.

Şimdi gelin bu bölümün başında ortaya attığım soruna dönelim. İlkin, hayvanların evcileştirilmesiyle ilgili en şaşırtıcı şey, bazı türlerin yakın akrabaları evcilleştirilmezken o türlerin evcilleştirilmesinde göze çarpan görünüşteki rasgeleliktir. Evcilleşme adaylarından pek azı dışında hepsinin Anna Karenina ilkesi yüzünden elendikleri anlaşılıyor. İnsanlarla hayvan türlerinin pek çoğunun evliliği olası pek çok nedenlerden biri ya da daha fazlası yüzünden mutsuz evliliğe dönüşüyor. Bu nedenlerin arasında hayvanın beslenme şekli, büyüme hızı, çiftleşme alışkanlıkları, huyu, korku ve telaşa kapılma eğilimi, toplumsal örgütlenme biçimlerinin çeşitli özellikleri bulunuyor. Yabani memeli türlerinin küçük bir yüzdesi, tek tek bütün bu maddeler açısından uygun oldukları için insanlarla mutlu evlilikler kurabildi.

Avrasya halkları bir rastlantı sonucu, başka kıtalardaki halklara göre daha çok sayıda evcilleştirilebilir, büyük, memeli, yabani hayvan türünün mirasçısı oldular. Avrasya halkları için bütün bu önemli yararlarıyla bu sonuç memelilerin coğrafyası, tarihi ve biyolojisiyle ilgili üç olgudan kaynaklanıyor. Birincisi, büyük yüzölçümüne ve ekolojik çeşitliliğine uygun olarak Avrasya en fazla sayıda adayla işe başladı. İkincisi, Pleyistosen Bölüm'ün (buz tabakasının eriyip insanın ortaya çıktığı çağın) sonlarında büyük bir dalga halinde soylar tükenirken adaylarının çoğunu kaybeden Avrasya ya da Afrika değil, Avustralya ve Amerika oldu – bunun nedeni belki de bu kıtalardaki memelilerin insanlarla birdenbire ve avcılık yeteneğimizin son derece geliştiği bir zamanda, insanlık tarihinin geç bir döneminde karşılaşmış olma bahtsızlığına uğramalarıydı. Son olarak, öteki kıtalara göre, Avrasya'da hayatta kalmış olan adayların daha büyük bir yüzdesi evcilleştirmeye uygun çıktı. Afrika'nın büyük sürü oluşturan memelileri gibi asla evcilleştirilememiş olan adayları incelersek, onların her birinin elenmesine yol açan özel nedenleri görebiliriz. Öyleyse,

Tolstoy olsa, kendisinden daha önce yaşamış bir yazar olan Aziz Matta'nın başka bir bağlamda söylediği şu sözü onaylardı: "Çağrılanlar çok ama seçilenler azdır."

X. Bölüm

Uçsuz Bucaksız Gökler ve Savrulan Baltalar

Yan sayfadaki dünya haritasında (Şekil 10.1) kıtaların biçimlerini ve yönlerini karşılaştırın. Çok açık bir fark gözünüze çarpacak. Amerika kıtalarının doğu-batı yönünde değil kuzey-güney yönünde uzandığını göreceksiniz: Doğu-batı yönünde en geniş noktasında 5000 km, Panama Kıstağı'nda en dar olduğu noktada yalnızca 65 km iken, kuzey-güney yönünde 14.400 km. Bu demektir ki Amerika kıtalarının ana ekseni kuzey-güney eksenidir. Aynı şey, Amerika derecesinde olmasa da Afrika için de doğrudur. Oysa bunun tam tersine, Avrasya'nın ana ekseni doğu-batı yönündedir. Kıtaların eksenlerinin yönü insanlık tarihi üzerinde nasıl etkili oldu?

Bu bölüm söz konusu farkların çok büyük, bazen de acıklı olarak gördüğüm sonuçlarıyla ilgili olacak. Eksenlerin yönü tarım bitkilerinin ve hayvan topluluğunun, belki de ayrıca yazının, tekerleğin, başka icatların yayılma hızını etkiledi. Bu temel coğrafi özelliğin böylece son 500 yılda Amerikan yerlilerinin, Afrikalıların ve Avrasyalıların çok farklı deneyimlerine önemli katkıları oldu.

Daha önceki bölümde ele aldığımız yiyecek üretiminin başlangıç evresi, tüfeklerin, mikropların ve çeliğin nasıl ortaya çıktığını anlayabilmemiz için ne kadar önemliyse, yiyecek üretiminin yayılışı da o kadar önemlidir. Bunun nedeni, V. Bölüm'de gördüğümüz gibi, yeryüzünde yiyecek üretiminin bağımsız olarak dokuz, belki daha da az, beş bölgede başlamış olmasıdır. Ama daha tarihöncesi zamanlarda bile bu az sayıdaki başlangıç bölgesinin yanı sıra başka pek çok bölgede yiyecek üretimine resmen geçilmişti. Bütün bu sözü edilen öteki bölgeler, tarım bitkilerinin, hayvan varlığının, onların nasıl yetiştirileceğiyle ilgili bilgilerin yayılması sonucunda, bazı durumlardaysa çiftçilerin ve sığır çobanlarının göçleri sonucunda, yiyecek üretilen bölgeler durumuna gelmişlerdi.

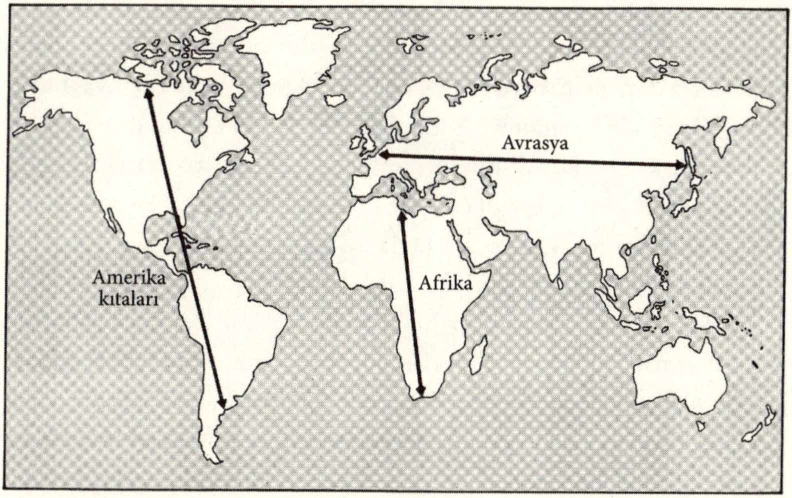

Şekil 10.1. Kıtaların ana eksenleri.

Yiyecek üretimi esas olarak Güneybatı Asya'dan Avrupa'ya, Mısır'a, Kuzey Afrika'ya, Etiyopya'ya, Orta Asya'ya ve İndus Vadisi'ne yayıldı; Sahel'den ve Batı Afrika'dan Doğu ve Güney Afrika'ya, Çin'den tropik Güneydoğu Asya'ya, Filipinler'e, Endonezya'ya, Kore'ye ve Japonya'ya; Mezoamerika'dan Kuzey Amerika'ya yayıldı. Dahası yiyecek üretimi ilk çıkış bölgelerinde bile öteki çıkış bölgelerinden gelen tarım bitkileri, hayvan varlığı ve yöntemlerle zenginleşti.

Anlaşıldığına göre yiyecek üretimine uygunluk açısından bölgeler nasıl farklılıklar gösterdiyse, yiyecek üretiminin yayılışı da kolaylık bakımından dünyada büyük farklılıklar gösterdi. Ekolojik olarak yiyecek üretimine çok elverişli olan bazı bölgeler tarihöncesi çağda, yakın çevrelerinde tarihöncesi yiyecek üretimi bölgeleri bulunmasına karşın asla bu üretime geçemediler. Örneğin, çiftçilik de hayvan yetiştiriciliği de Amerika Birleşik Devletleri'nin güneybatısından Amerikan yerlilerinin Kanada'sına sıçrayamadı ya da Yeni Gine ve Endonezya'dan Avustralya'ya sıçrayamadı, Güney Afrika'nın Natal ilinden Güney Afrika'nın Cape Town bölgesine sıçrayamadı. Tarihöncesi dönemde yiyecek üretiminin yayıldığı bütün o bölgeler arasında bile yayılmanın hızı ve tarihi hayli farklıydı. Bir uçta doğu-batı ekseni boyunca hızlı bir yayılma görülüyordu: Güneybatı Asya'dan hem batıya, Avrupa ve Mısır'a hem doğuya İndus Vadisi'ne (yılda ortalama 1,1 kilometre hızla), Filipinler'den doğuya, Polinezya'ya (yılda 5,1 kilometre hızla) yayılmıştı. Buna karşılık kuzey-güney ekseni boyunca yavaş bir yayılma görülüyordu: Yılda 0,8 kilometrenin altında bir hızla Meksika'dan kuzeye, Amerika Birleşik Devletleri'nin güneybatısına; mısır ve fasulye üretimi yılda 0,5 kilometrenin altında bir hızla Meksika'dan (yaklaşık MS 900 yılında Amerika Birleşik Devletleri'nin doğusunda verimli hale gelmek üzere) kuzeye; lama yetiştiriciliği yılda 0,3 kilometre hızla Peru'dan kuzeye, Ekvador'a yayılmıştı. Meksika'da mısır, benim tutucu tahminim gibi ve bugün de bazı arkeologların hâlâ tahmin ettiği gibi, MÖ 3500'de değil de, eskiden pek çok arkeoloğun (şimdi hâlâ da pek çoğunun) düşündüğü gibi çok daha önce evcilleştirilmişse bu farklar çok daha büyük olabilir.

Tarım bitkisi ve hayvan varlığı takımlarının tamamlığı açısından da büyük farklılıklar söz konusu, bu da yine yayılmanın güçlü ya da zayıf engellerle karşılaşmasıyla ilgili. Örneğin, Güneybatı Asya'nın temel tarım bitkilerinin ve hayvan varlığının çoğu batıya, Avrupa'ya ve doğuya, İndus Vadisi'ne yayılmıştır ama Andlar'daki evcil memelilerin hiçbiri (lama/alpaka da, kobay da) Kolomb öncesi dönemde Mezoamerika'ya ulaşamadı. Bu şaşırtıcı başarısızlığın bir açıklama beklediği çok açık. Ne de olsa Mezoamerika'da nüfus yoğunluğu fazla olan çiftçi topluluklar ve karmaşık toplumlar ortaya çıkmıştı, bu bakımdan Andlar'ın evcil hayvanları (Mezoamerikalılarda olsaydı) yiyecek, ulaşım, yün açısından çok değerli olurdu. Mezoamerika bu gereksinimleri karşılayacak yerli memelilerden köpek dışında, tamamıyla yoksundu. Yine de manyok, tatlı patates, fıstık gibi bazı Güney Amerika tarım bitkileri Mezoamerika'ya ulaşmayı başarmıştı. Bu bitkiler hangi elekten geçebilmiş ama lamalar ve kobaylar geçememişti?

Coğrafi yayılma kolaylığı farklılıklarının daha güç anlaşılabilecek bir dışavurumu olan bir olgu vardır, buna öncelik hakkı kazandıran evcilleştirme denir. Bizim tarım ürünlerimizin atası olan yabani bitki türlerinin çoğu, genetik bakımdan bölgelere göre değişiklikler gösterir çünkü farklı bölgelerde bulunan yabani atalar arasında farklı mutasyonlar meydana gelmiştir. Aynı şekilde yabani bitkilerin tarım bitkilerine dönüşmesi için gerekli olan değişiklikler, farklı yeni mutasyonlar ya da benzer sonuçlar verecek farklı seçilim yolları aracılığıyla ilke olarak sağlanabilir. Bu bilginin ışığında insan tarihöncesi zamanlarda yaygın olarak bulunan bir tarım bitkisini inceleyebilir ve bütün çeşitlerinin aynı yabani mutasyonu mu yoksa aynı dönüştürücü mutasyonu mu geçirdikleri sorusunu sorabilir. Bu incelemenin amacı o tarım bitkisinin yalnızca bir tek bölgede mi yoksa birbirinden bağımsız olarak çeşitli bölgelerde mi geliştirildiğini kestirmektir.

Yeni Dünya'nın başlıca eski tarım ürünleri için böyle genetik bir inceleme yaparsanız, pek çoğunun bu farklı yabani çeşitlerden iki ya da daha fazlasını ya da farklı dönüştürücü mutasyonlardan iki ya da daha fazlasını barındırdığını göreceksiniz. Bunun anlamı şudur: O tarım bitkisi en azından iki farklı bölgede bağımsız olarak evcilleştirilmiştir; bitkinin bazı çeşitlerine bir bölgedekilerin belli bir mutasyonu kalıtım yoluyla geçmiştir, aynı bitkinin başka çeşitlerine de başka bir bölgedekilerin mutasyonu. Buradan hareketle botanikçiler Lima fasulyesinin (*Phaseolus lunatus*'un), adi fasulyenin (*Phaseolus vulgaris*'in), *Capsicum annuum / chinense* grubundan Şili biberinin hepsinin en azından iki ayrı kez, bir kez Mezoamerika'da, bir kez Güney Amerika'da evcilleştirildiği sonucunu çıkarıyorlar; balkabağı

Cucurbita pepo ile tohumlu bitki kazayağı da birbirinden bağımsız olarak en az iki kez evcilleştirilmişti, bir kez Mezoamerika'da, bir kez Amerika Birleşik Devletleri'nin doğusunda. Bunun tam tersine, Güneybatı Asya'daki eski tarım ürünlerinin çoğunda farklı yabani çeşitlerden ya da farklı dönüştürücü mutasyonlardan yalnızca bir tanesi görülür, bu da demektir ki o bitkinin bütün çağdaş çeşitleri yalnızca bir tek evcilden gelmektedir.

Aynı tarım bitkisi bir tek kez ve bir tek bölgede değil de yaban yayılım alanının farklı bölgelerinde çeşitli kereler, birbirinden bağımsız olarak evcilleştirilmişse bunun ne anlamı vardır? Daha önce bitkilerin evcilleştirilmesinin, daha büyük tohumlara, daha az acı bir tada ya da başka bazı özelliklere sahip olarak insanlara daha yararlı hale gelecek şekilde yabani bitkilerde bir değişimin meydana gelmesi anlamını taşıdığını görmüştük. Dolayısıyla hazırda verimli bir tarım bitkisi varsa, çiftçiliğe yeni başlamış insanlar o bitkinin henüz o kadar yararlı olmayan yabani akrabalarını toplayıp onları yeniden evcilleştirerek sil baştan başlamak yerine elbette o bitkiyi üretmeye devam edeceklerdir. Evcilleştirmenin bir tek kez yapıldığına dair bir ipucu varsa, bu bize yabani bir bitki bir kez evcilleştirildikten sonra başka alanlara çok çabuk yayıldığını ve aynı bitkinin bir kez daha evcilleştirilmesine gerek bırakmadığını gösterir. Bununla birlikte aynı yaban atanın farklı bölgelerde birbirinden bağımsız olarak evcilleştirildiğine dair bir ipucu bulursak buradan çıkarmamız gereken şey, o tarım ürününün çok yavaş yayıldığı, böylece başka yerlerde evcilleştirilmeye gerek duyulduğudur. Güneybatı Asya'da büyük bir çoğunlukla bir tek kez ama Amerika kıtalarında sık sık çeşitli kereler evcilleştirme yapıldığını gösteren kanıtlar bize tarım ürünlerinin Güneybatı Asya'dan başka yerlere, Amerika kıtalarındakine göre daha kolay yayıldığına işaret eden çok daha gizli bir kanıt sağlamaktadır.

Bir tarım bitkisinin hızlı yayılması yalnızca aynı yabani türün başka yerlerde evcileştirilme hakkını değil aynı zamanda onunla aynı aileden gelen yaban türlerin de evcilleştirilme haklarını ellerinden alır. Yetiştirdiğiniz bezelyeler zaten iyiyse, aynı bezelye türünün yabani atasını bir kez daha sil baştan evcilleştirmeye kalkışmak elbette anlamsızdır ama aynı zamanda zaten evcilleştirilmiş olan yabani bezelye türünün, aslında çiftçiler için hiç fark etmeyen yakın cinslerini evcilleştirmek de anlamsızdır. Güneybatı Asya'nın temel taşı niteliğindeki bütün tarım bitkileri Batı Avrasya'nın hiçbir yerinde en yakın cinslerinin evcilleştirilmesine gerek bırakmadı. Bunun tam tersine, Yeni Dünya eşdeğer ve yakın ama farklı türlerin Mezoamerika'da ve Güney Amerika'da çeşitli kereler evcilleştirilmesi olaylarına sahne olmuştur. Örneğin, bugün dünyada yetiştirilen pamuğun % 95'i tarihöncesi zamanlarda Mezoamerika'da evcilleştirilmiş olan *Gossypium hirsutum* cinsi pamuktur. Ama tarihöncesi dönemin Güney Afrikalı çiftçileri buna yakın bir cins olan *Gossypium barbadense* pamuğu yetiştiriyorlardı. Anlaşılan Mezoamerika pamuğu Güney Amerika'ya ulaşmakta öylesine güçlük çekmiştir ki tarihöncesi dönemde orada farklı bir pamuk türünün evcilleştirilmesinin önüne geçmeyi başaramamıştır (ya da bunu o değil öteki başaramamıştır). Şili biberi, balkabağı, horozibiğigiller, ıspanakgiller, yakın cinsleri Mezoamerika'da ve Güney Amerika'da evcilleştirilmiş olan öteki tarım bitkileridir çünkü hiçbir tür öteki türlerin evcilleştirilmesinin önüne geçecek kadar hızlı yayılamamıştır.

Böylece farklı olgulardan aynı sonuca geldik: Yiyecek üretimi Güneybatı Asya'dan başka yerlere kolayca yayıldı, Amerika kıtalarında ve belki de aynı zamanda Afrika'da Sahra'nın güneyinde o kadar kolay yayılmadı. Bu olgular yiyecek üretiminin ekolojik olarak çok elverişli bazı bölgelere ulaşmaktaki başarısızlığını, yayılma hızı farklılıklarını ve her yere yayılamayışını, ilk evcilleştirilen tarım bitkilerinin aynı türlerin ya da o türlerin yakın akrabalarının yeniden evcilleştirilmesinin önüne geçmesi konusundaki farklılıkları da kapsar. Amerika kıtalarının ve Afrika'nın nesi vardı ki yiyecek üretimi orada Avrasya'dakinden daha güç yayılmıştı?

Bu soruyu yanıtlayabilmek için gelin önce yiyecek üretiminin Güneybatı Asya'dan (Bereketli Hilal'den) başka yerlere nasıl hızla yayıldığını inceleyelim. Orada yiyecek üretimi başladıktan hemen sonra, aşağı yukarı MÖ 8000 yılından önce, Batı Avrasya'nın ve Kuzey Afrika'nın öteki kısımlarında, Bereketli Hilal'in doğusuna ve batısına doğru, çok uzaklara ulaşan merkezkaç güçlü bir dalga halinde yayılmıştı. Şekil 10.2'de göreceğiniz gibi, genetikçi Daniel Zohary ile botanikçi Maria Hopf'un oluşturdukları çarpıcı haritayı yeniden çizdim; bu haritada bu dalganın nasıl MÖ 6500'de Yunanistan'a, Kıbrıs'a ve Hindistan'a, MÖ 6000'den hemen sonra Mısır'a, MÖ 5400'de Orta Avrupa'ya, MÖ 3500'de Britanya'ya ulaştığını gösteriyorlar. Bu bölgelerin her birinde yiyecek üretimi, Bereketli Hilal'de başlayan evcil bitki ve hayvan takımının bir kısmıyla başladı. Dahası Bereketli Hilal paketi Afrika'ya sızdı, hâlâ kesinlik kazanmamış bir tarihte güneye, Etiyopya'ya indi. Bununla birlikte Etiyopya'da pek çok yerli tarım bitkisi geliştirmişti, orada yiyecek üretimini bu bitkilerin mi yoksa Bereketli Hilal'den gelenlerin mi başlattığını henüz bilmiyoruz.

Kuşkusuz bütün bu uzak bölgelere paketin bütün parçaları gitmedi: Örneğin, teksıralı buğday yetiştirmek için Mısır çok sıcaktı. Bazı uzak bölgelere paketin ögeleri farklı zamanlarda geldi: Örneğin, Güneybatı Avrupa'ya koyun tahıllardan önce gelmişti. Bazı uzak bölgeler boş durmayıp kendi yerel bitkilerinden birkaçını evcilleştirdiler, Batı Avrupa'da haşhaş, belki Mısır'da karpuz gibi. Ama uzak bölgelerdeki yiyecek üretimi büyük oranda başlangıçta Bereketli Hilal'in evcillerine dayanıyordu. Onların yayılışının hemen ardından, tekerlek, yazı, metal işçiliği yöntemleri, süt sağma, meyve ağaçları, bira ve şarap üreticiliği gibi Bereketli Hilal'de ya da Bereketli Hilal yakınlarında ortaya çıkmış yenilikler sökün etti.

Bereketli Hilal Tarım Bitkilerinin Batı Avrasya'ya Yayılışı

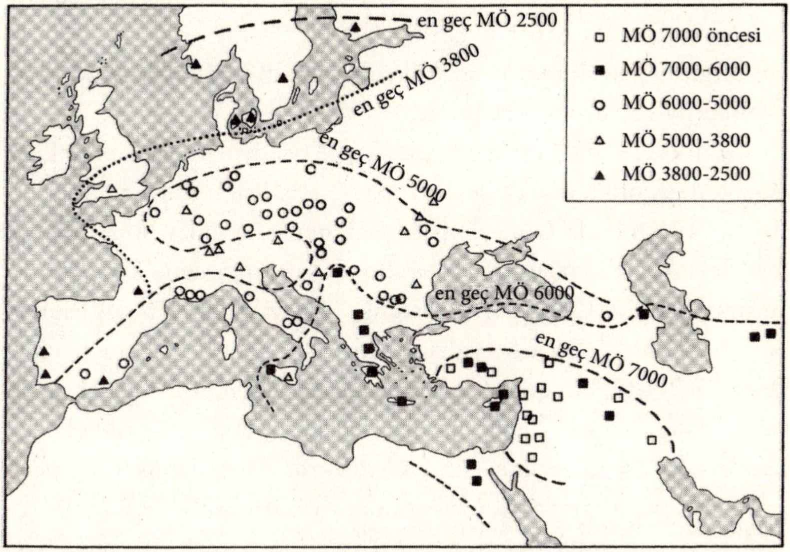

Şekil 10.2. İşaretli yerler Bereketli Hilal'in tarım ürünlerinin kalıntılarına rastlanmış ve radyokarbon ölçümüyle tarihleri saptanmış olan ilk yerleşim yerlerini gösteriyor.

• Bereketli Hilal'in kendisi (MÖ 7000 öncesi yerleşim yerleri). Dikkat ederseniz Bereketli Hilal'den uzaklaştıkça tarihler giderek günümüze yaklaşıyor. Bu harita, Zohary ve Hopf'un *Eski Dünyada Bitkilerin Evcilleştirilmesi* adlı incelemesindeki 20 No.lu haritaya dayanılarak yapıldı ama düzeltilmemiş tarihler yerine düzeltilmişleri verildi.

Acaba niçin bütün Batı Avrasya'da yiyecek üretimini aynı bitki paketi başlattı? Bunun nedeni, pek çok bölgede insanların yabani doğada yetişen aynı bitki takımını tıpkı Bereketli Hilal'deki gibi yararlı bulması ve bağımsız olarak evcilleştirmesi midir? Hayır, nedeni bu değil. Bir kere Bereketli Hilal'deki ilk tarım bitkilerinin pek çoğu Güneybatı Asya dışında yaban doğada bulunmaz bile. Örneğin, Mısır'da arpa dışında ilk sekiz tarım bitkisinden hiçbiri yaban doğada yetişmez. Mısır'ın Nil Vadisi Bereketli Hilal'in Dicle ve Fırat vadilerine doğal çevre olarak çok benzer. Bu yüzden de o iki vadide başarılı olan paket Nil Vadisi'nde de başarılı oldu ve o görkemli yerel Mısır uygarlığının doğmasına yol açtı. Sfenks'i ve piramitleri aslında Mısır kökenli değil Bereketli Hilal kökenli ürünleri yiyen insanlar yaptılar.

İkincisi, yabani ataları Güneybatı Asya dışında yetişen bitkiler söz konusu olduğunda bile, Avrupa ve Hindistan'daki tarım bitkilerinin çoğunlukla Güneybatı Asya'dan alındığından, yerel olarak evcilleştirilmediğinden emin olabiliriz. Örneğin, yabani keten bitkisi Britanya'nın ve Cezayir'in batısında, Hazar Denizi'nin doğusunda kalan bölgelerde yetişir, yabani arpaysa Tibet'in bile doğusunda kalan bölgede. Bununla birlikte Bereketli Hilal'in ilk temel tarım ürünlerine gelirsek, bugün bu ürünlerin dünyada yetiştirilen bütün cinsleri, yabani atalarındaki çok sayıda kromozom diziliş biçiminden yalnızca birini taşırlar ya da insanlara yararlı özellikleri açısından onları yabani atalarına göre farklı kılan (olası pek çok mutasyon arasında) yalnızca bir tek mutasyon geçirmişlerdir. Örneğin, insan eliyle yetiştirilen bütün bezelyelerde, yabani bezelyelerde olduğu gibi, taneleri taşıyan keseciklerin kendiliğinden açılarak tanelerin dökülmesini önleyen aynı çekinik gen bulunmaktadır.

Bereketli Hilal'de ilk evcilleştirilen tarım bitkilerinin çoğunun bir daha başka yerde evcilleştirilmediği açıkça ortada. Birbirinden bağımsız olarak çeşitli yerlerde evcilleştirilmiş olsalardı farklı kromozom dizileri ya da farklı mutasyonlar biçiminde bu farklı kaynakların mirasını taşıyacaklardı. Bu yüzden bunlar yukarıda tartıştığımız, öncelik hakkı kazandıran evcilleştirme olgusunun tipik örnekleri. Bereketli Hilal'in yiyecek paketinin hızla yayılması Bereketli Hilal sınırları içinde ya da başka yerlerde aynı yabani bitkilerin evcilleştirilmesinin önüne geçti. Bir kez tarım bitkisini ele geçirdikten sonra onu yaban doğadan toplayıp yeniden evcilleştirme işine girişmeye gerek kalmıyordu.

Bu ilk tarım bitkilerinin çoğunun Bereketli Hilal'de ya da başka yerde, evcilleştirilmeye elverişli yabani akrabaları vardı. Örneğin

Pisum cinsi bezelyelerin iki yabani türü vardı: Biri evcilleştirilmiş olan ve bizim bahçelerimizde ürün veren *Pisum sativum,* öteki asla evcilleştirilmemiş olan *Pisum fulvum,* Ama yabani *Pisum fulvum* bezelyelerinin yaşken de kuruyken de tadı güzeldir ve yaban doğada yaygın olarak bulunurlar. Aynı şekilde buğdayın, arpanın, mercimeğin, nohutun, fasulyenin, keten bitkisinin evcilleştirilmiş türlerinin yanı sıra çok sayıda yabani akrabaları vardır. Bu akraba fasulyelerin ya da arpaların bazıları, Bereketli Hilal'de ilk evcilleştirildikleri yerlerden çok uzakta, Amerika kıtalarında ya da Çin'de bağımsız olarak evcilleştirilmiştir. Ama Batı Avrasya'da yararlı olması olası çeşitli yabani türlerden yalnızca bir tanesi evcilleştirilmiştir – belki de söz konusu tür çok hızlı yayıldığı ve insanların öteki yabani akrabalarını toplamalarına gerek kalmadığı, yalnızca o ürün yendiği için. Yine yukarıda tartıştığımız gibi, tarım bitkisinin hızla yayılması yabani atasının yeniden evcilleştirilmesini önlediği gibi başka akrabalarının evcilleştirilmesini de önledi.

Tarım bitkileri Bereketli Hilal'den niçin o kadar hızlı yayıldı? Bunun yanıtı kısmen bu bölümün girişinde sözünü ettiğim doğu-batı ekseniyle ilgili. Aynı enlem üzerinde birbirinin doğusunda ve batısında yer alan noktalar tıpatıp aynı gün uzunluğunu ve mevsim değişmelerini paylaşırlar. Bu düzeyde olmasa da böyle yerlerde benzer hastalıklar, sıcaklık ve yağış sistemleri, benzer yetişme çevreleri ya da biyomlar (bitki örtüsü türleri) görülür. Örneğin, Güney İtalya, Kuzey İran, Japonya aşağı yukarı aynı enlem üzerinde ama birbirlerinin 6000 kilometre doğusunda ya da batısında yer alırlar, iklim bakımından yalnızca 1500 kilometre güneylerine düşen bölgelere değil de birbirlerine daha çok benzerler. Bütün bu kıtalarda tropik yağmur ormanı olarak bilinen yetişme çevresi ekvatora göre 10. derece enlemiyle sınırlıdır, oysa Akdeniz ikliminin sık çalılıkları (örneğin, California'nın ve Avrupa'nın makilikleri) 30. ve 40. enlemler arasında bulunurlar.

Ama bitkiler filizlenmeleri, büyümeleri, hastalıklara dirençleri açısından iklimin özelliklerine tam olarak uyum sağlamıştır. Günlerin uzunluğu, sıcaklık, yağış miktarı gibi mevsimsel değişiklikler tohumlara filizlenme, fidelere büyüme, gelişkin bitkilere çiçek, tohum ve meyve verme işareti yerine geçer. Her bitki topluluğu hangi mevsim sistemi içinde evrimleştiyse o sistemin işaretlerine gerektiği gibi yanıt verebilecek biçimde, doğal seçilim yoluyla, genetik olarak programlanmıştır. Enleme bağlı olarak bu sistemler büyük değişiklikler gösterir. Örneğin, Ekvator'da gün uzunluğu yıl boyu değişmez, hep aynıdır ama ılıman kuşakta kış gündönümünden yaz gündönümüne doğru gidildikçe uzar, yılın öteki yarısında yeniden kısalır. Büyüme mevsimi –yani, sıcaklığıyla, gün uzunluğuyla bitkilerin büyümesine elverişli olan aylar– büyük dereceli enlemlerde en kısadır, Ekvator'a yakın yerlerde en uzun. Bitkiler ayrıca kendi bulundukları enlemde mevcut hastalıklara da uyum sağlamışlardır.

Genetik programı, ekili olduğu tarlanın enlemine uymayan bitkinin vay haline! Kanadalı bir çiftçi düşünün, aptallık edip ta güneyde, Meksika'daki büyüme koşullarına uyum sağlamış bir mısır soyunu ekmiş. O zavallı mısır, Meksika'ya uyum sağlamış genetik programına uyarak mart ayında filiz vermeye hazırlanacak ancak üç metre karın altında bulacak kendini. Bitki Kanada için daha uygun bir zamanda –sözgelimi haziranda– filiz verecek şekilde genetik olarak yeniden programlanmazsa öteki mevsimlerde de sorun yaşayacaktır. Genleri ona beş ay içinde olgunlaşmasına yetecek şekilde acele etmeden büyümesini söyleyecektir. Meksika'nın ılıman ikliminde bu son derecede güvenli bir stratejidir ama Kanada için bir felaket demektir, bitkinin henüz olgun başaklar veremeden sonbahar donlarıyla ölmesi anlamına gelir. Ayrıca bitki güney iklimlerine özgü hastalıklara direnç genini boş yere taşırken, kuzey iklimlerine özgü hastalıklara direnç geninden yoksun olacaktır. Bütün bu özellikler alt sıralarda yer alan enlemlerdeki bitkilerin üst sıralarda yer alan enlemlerin koşullarına ya da üst sıralardakilerin alt sıralardakilere uyumunu zayıflatır. Sonuç olarak Bereketli Hilal bitkilerinin çoğu Fransa'da ve Japonya'da çok iyi yetişirken Ekvator'da yetişmez.

Hayvanlar da enlemle ilişkili iklim özelliklerine uyum sağlarlar. Bu açıdan bizler, kendi iç gözlemlerimizden de bildiğimiz gibi, tam birer hayvanızdır. Bazılarımız kendine özgü mikropları olan, günlerin çok kısa olduğu soğuk kuzey kışlarına dayanamayız, bazılarımız da kendine özgü hastalıkları olan sıcak tropik iklimlere dayanamayız. Son yüzyıllarda soğuk Kuzey Avrupa sömürgecileri Kuzey Amerika'nın, Avustralya'nın, Güney Afrika'nın aynı şekilde soğuk yerlerine göç etmeyi ve Ekvator bölgesindeki Kenya ve Yeni Gine'nin serin dağlık bölgelerine yerleşmeyi yeğlemişlerdir. Kuzey Avrupa'dan sıcak tropik bölgelerin ovalık arazilerine gönderilen insanlar sıtma gibi hastalıklardan kitle halinde ölüyordu, oysa tropik bölge insanlarının bu hastalıklara karşı genetik direnci vardı.

Bereketli Hilal evcillerinin doğu-batı doğrultusunda hızla yayılmış olmasının bir nedeni buydu: yayıldıkları bölgelerin iklimine iyi uyum sağlamış durumdaydılar. Örneğin, çiftçilik Macaristan'ın ovalarından Orta Avrupa'ya yaklaşık MÖ 5400 yılında bir kez sıçradıktan sonra öyle hızlı yayıldı ki (çizgisel süslemeli tipik çömlekleriyle dikkat çeken) Polonya'dan ta Hollanda'ya kadarki o geniş topraklarda ilk çiftçilik merkezleri neredeyse aynı çağa ait. İsa zamanında Bereketli Hilal tahılları İrlanda'nın Atlas Okyanusu kıyılarından ta Japonya'nın Büyük Okyanus kıyılarına kadar, uzunluğu 15.000 kilometreyi bulan toprak şeridinde yetişiyordu. Yeryüzünde doğu-batı doğrultusunda en uzun toprak parçası Avrasya'dır.

Sonuç olarak, Avrasya'nın doğu-batı ekseni, Bereketli Hilal tarım bitkilerinin İrlanda'dan İndus Vadisi'ne kadar ılımlı enlem kuşağında tarımı hızla başlatmasına ve Doğu Asya'da bağımsız olarak başlamış tarımı zenginleştirmesine olanak sağladı.

Öte yandan Bereketli Hilal'den uzak yerlerde ama aynı enlemlerde ilk kez evcilleştirilmiş tarım bitkileri de Bereketli Hilal'e yayılabildiler. Tohumların gemiler ve uçaklarla yerkürenin her yerine taşınabildiği günümüzde coğrafi bakımdan karışık yiyecekler yemeye alışkınız. Tipik bir Amerikan ayaküstü lokantasında (ilk kez Çin'de evcilleştirilmiş olan) tavuk, (Andlar'dan) patates ya da (Meksika'dan) mısır bulmak, bunların üzerine (Hindistan'dan) karabiber serpmek, sonra da (Etiyopya'dan) bir fincan kahve içmek normaldir. Ama zaten 2000 yıl önce Romalılar da çoğu başka yerlerden gelmiş karışık yiyeceklerle besleniyorlardı. Romalıların tarım bitkileri arasında yalnızca arpa ve haşhaş İtalya'nın yerli ürünüydü. Romalıların başlıca yiyecekleri Bereketli Hilal'in ilk tarım paketindeki ürünlerdi, buna (Kafkasya kaynaklı) ayva, (Orta Asya'da evcilleştirilmiş olan) akdarı ve kimyon, (Hindistan kaynaklı) salatalık, susam ve turunçgiller, (Çin kaynaklı) tavuk, pirinç, kayısı, şeftali, cindarı eklenmişti. Hiç değilse Roma'nın elmaları Batı Avrasya'nın yerli ürünü olmasına karşın Çin'de bulunmuş ve daha sonra oradan batıya yayılmış olan aşılama yoluyla yetiştiriliyorlardı.

Avrasya dünyanın aynı enlem üzerinde en uzun toprak şeridine sahip olmasına ve evcillerin hızla yayılmasının en çarpıcı örneğini oluşturmasına karşın başka örnekler de vardır. Bereketli Hilal paketinin yayılışıyla hız bakımından yarışabilecek bir başka örnek de astropikal paketidir, bu paket başlangıçta Güney Çin'de oluşmuş, daha sonra tropik Güneydoğu Asya'ya, Filipinler'e, Endonezya'ya, Yeni Gine'ye ulaşınca başka eklerle zenginleşmiştir. 1600 yıl içinde (muz, taro, tatlı patatesi de içine alan) tarım ürünlerinden ve (tavuk, domuz, köpek de içinde olmak üzere) evcil hayvanlardan oluşan bu paket 8000 kilometre kadar doğuya, Büyük Okyanus'un tropik bölgesine, Polinezya adalarına kadar yayılmıştır. Benzer bir başka örnek de Afrika'nın Sahel kuşağı içinde tarım ürünlerinin doğu-batı doğrultusunda yayılması olabilir ama paleobotanikçiler henüz bunun ayrıntıları üzerinde çalışmadılar.

Avrasya'da doğu-batı yönündeki yayılmanın kolaylığıyla Afrika'nın kuzey-güney ekseni doğrultusundaki yayılmanın güçlüğünü karşılaştırın. Bereketli Hilal'in ilk tarım bitkileri Mısır'a çok çabuk ulaştı, daha sonra güneye, Etiyopya'nın serin yaylalarına yayıldı, daha öteye geçemedi. Güney Afrika'nın Akdeniz iklimi onlar için olağanüstü elverişliydi ama Etiyopya ile Güney Afrika arasındaki 3000 kilometrelik tropik koşullar aşılması olanaksız bir engel oluşturuyordu. Buna karşılık Sahra'nın güneyindeki Afrika tarımı (süpürgedarısı, Afrika tatlı patatesi gibi) Sahel kuşağında ve tropik Batı Afrika'da yerel olarak bulunan, yüksek sıcaklıklara, yaz yağmurlarına, Ekvator'a yakın enlemlerin uzunluğu değişmeyen gündüzlerine uyum sağlamış yaban bitkilerin evcilleştirilmesiyle başladı.

Aynı şekilde Bereketli Hilal'in evcil hayvanlarının Afrika aracılığıyla güneye doğru yayılmasını iklim, hastalıklar, özellikle çeçe sineklerinin taşıdığı tripanozomiyaz hastalığı engelledi ya da yavaşlattı. At, Ekvator'un kuzeyindeki Batı Afrika krallıklarının daha güneyine geçip oralara yayılamadı. Sığırların, koyunların ve keçilerin ilerleyişi Serengeti Ovaları'nın kıyısında durdu, 2000 yıl orada takıldı kaldı, oysa yeni tip insan ekonomileri ve çiftlik hayvanı soyları geliştiriliyordu. Çiftlik hayvanları Bereketli Hilal'de evcilleştirildikten 8000 yıl sonrasına kadar, yani MS 1-200 yılları arasındaki döneme kadar sığırlar, koyunlar ve keçiler Güney Afrika'ya ulaşamadı. Tropik Afrika'nın tarım bitkileri Afrika'nın güneyine doğru yayılmakta güçlük çektiler, Bereketli Hilal çiftlik hayvanları ulaştıktan hemen sonra kara Afrikalı çiftçiler (Bantular) sayesinde Güney Afrika'ya ulaştılar. Yine de bu tropik Afrika tarım bitkileri Güney Afrika'nın Fish Irmağı'nın karşı tarafına asla geçemedi, alışkın olmadıkları Akdeniz koşulları onları durdurdu.

Güney Afrika tarihinin son iki bin yıllık çok iyi bildiğimiz gelişimi sonucun ne olduğunu gösteriyor. Güney Afrika'nın (Hotantolar ve Güney Afrika zencileri olarak da bilinen) yerli Koisan halkları çiftlik hayvanlarına sahip oldu ama tarımsız kaldılar. Fish Irmağı tarafından ilerleyişleri durdurulmuş olan, bu ırmağın kuzeydoğusundaki kara Afrikalı çiftçiler sayıca onları geçerek onların yerlerini aldılar. Ancak 1652'de Güney Afrika'ya yerleşmek üzere Avrupa'dan gelenlerin getirdiği Bereketli Hilal'in yiyecek paketiyle Güney Afrika'nın Akdeniz kuşağında tarım gelişebildi. Bütün bu halklar arasındaki çatışmalar çağımız Güney Afrika'sında çeşitli felaketlerin yaşanmasına yol açtı: Koisanların mikroplar ve tüfeklerle kısa zamanda yok olması, Avrupalılar ile yerliler arasında bir yüzyıl süren savaş, bir yüzyıl daha süren ırk ayrımı baskıları, şimdi de bir zamanların Koisan topraklarında Avrupalılar ile yerlilerin bir arada yaşamanın yeni yollarını arama çabaları.

Ayrıca Avrasya'daki yayılma kolaylığını Amerika'nın kuzey-güney ekseni doğrultusundaki yayılmayla da karşılaştırın. Mezoamerika ile Güney Amerika arasındaki –sözgelimi, Meksika'nın yaylalarıyla Ekvador arasındaki– uzaklık yalnızca 1900 kilometre, yaklaşık olarak Balkanlar ile Mezopotamya arasındaki kadardır. Balkanlar Mezopotamya'nın tarım ürünleri ve çiftlik hayvanları için bulunmaz büyüme koşullarına sahip olan bir bölgeydi ve bu evciller Bereketli Hilal'de bir paket halinde bir araya geldikten sonra 2000 yıl içinde Balkanlar'a ulaştı. Bu hızlı yayılma bu türlerin ve yakın akrabalarının Balkanlar'da evcilleştirilmelerine fırsat tanımadı. Meksika'nın yüksek ovalarıyla Andlar birbirlerinin tarım bitkilerinin ve evcil hayvanlarının çoğu için çok uygundu. Birkaç tarım bitkisi, en başta da Meksika mısırı gerçekten de Kolomb öncesi dönemde öteki bölgeye yayıldı.

Ama öteki tarım bitkileri ve evcil hayvanlar Mezoamerika ile Güney Amerika arasında yayılmayı başaramadılar. Meksika'nın serin yaylaları, Güney Amerika Andlarının serin yaylalarında evcilleştirilmiş olan lama, kobay ve patates yetiştirmek için çok elverişliydi. Ama Andlar'ın bu özel ürünlerinin kuzeye doğru yayılmasını, Orta Amerika'nın aradaki sıcak ovaları engelledi. Andlar'da lamalar evcilleştirildikten 5000 yıl sonra, Olmeclerin, Mayaların, Azteklerin, Meksika'nın bütün öteki yerli halklarının elinde hiçbir yük hayvanı yoktu, köpek dışında yenebilir hiçbir evcil memeli hayvana sahip değillerdi.

Bunun tam tersine Meksika'nın evcil hindisi, Amerika Birleşik Devletleri'nin doğusundaki ayçiçeği Andlar'da çok iyi yetişebilirdi ama güneye doğru yayılmalarını, araya giren tropik iklimler engelledi. Kuzey-güney doğrultusunda alt tarafı 1000 kilometrelik bir mesafe Meksika mısırının, balkabağının ve fasulyesinin Meksika'da evcilleştirildikten sonra binlerce yıl Amerika Birleşik Devletleri'nin güneybatısına ulaşmasını engelledi, Meksika kırmızı biberi ve ıspanakgillerse tarihöncesi dönemde hiç ulaşamadı. Mısır Meksika'da evcilleştirildikten binlerce yıl sonra kuzeye, Kuzey Amerika'nın doğusuna yayılmayı başaramadı çünkü oranın iklimi daha soğuk, büyüme mevsimi daha kısaydı. MS 1 ile 200 yılları arasında bir zamanda mısır nihayet Amerika Birleşik Devletleri'nin doğusunda görüldü ama ancak önemsiz bir ürün olarak. MS 900 yılı dolaylarında mısırın kuzey iklimlerine uyum sağlamış dayanıklı cinsleri geliştirildikten sonra mısıra dayalı tarım Kuzey Amerika'nın en karmaşık yerli toplumunun, Mississippi kültürünün serpilmesine katkıda bulunabildi – Kolomb'un ve Kolomb'dan sonra gelen Avrupalıların getirdikleri mikroplarla çabucak sonu gelmiş olan bir çiçeklenme.

Unutmayın ki genetik incelemeler bize Bereketli Hilal tarım bitkilerinin çoğunun tek bir evcilleştirme sürecinin ürünü olduğunu gösterir, bu tarım bitkileri öylesine hızlı yayılmıştır ki aynı ya da akraba türlerin başka yerlerde evcilleştirilmesini önlemiştir. Bunun tersine Amerika'nın yaygın görünen yerli tarım bitkilerinin çoğunun Mezoamerika'da, Güney Amerika'da, Amerika Birleşik Devletleri'nin doğusunda bağımsız olarak evcilleştirilmiş akraba türlerden ya da hatta aynı türün genetik olarak açıkça farklı genlerinden oluştuğu görülür. Horozibiğigillerin, fasulyelerin, ıspanakgillerin, kırmızıbiberlerin, pamukların, balkabaklarının, tütünlerin içinde birbirine çok yakın türlerden birinin yerini farklı coğrafyalarda başkası alır. Adi fasulye, Lima fasulyesi, kırmızıbiber *Capsicum annuum /chinense,* balkabağı *Cucurbita pepo* için de bu geçerlidir. Birbirinden bağımsız birden fazla evcilleştirmenin bu kalıntıları, Amerika'nın kuzey-güney ekseni boyunca tarım bitkilerinin yavaş yayıldığını gösteren bir başka kanıt olabilir.

Afrika ve Amerika böylece kuzey-güney ekseninin hâkim olduğu ve bunun sonucunda da yayılmanın yavaş ilerlediği en büyük iki kara kütlesidir. Dünyanın bazı başka yerlerinde kuzey-güney doğrultusundaki yavaş yayılma o derecede büyük önem taşımıyordu. Bu örneklerin içinde Pakistan ile İndus Vadisi arasında sümüklüböcek hızıyla yapılmış olan tarım ürünü değiş tokuşu var, Güney Çin'deki yiyecek üretiminin Malezya Yarımadası'na yavaş yayılması var, tropik Endonezya ve Yeni Gine yiyecek üretiminin tarihöncesi dönemde önce güneybatı, sonra Güneydoğu Avustralya'nın bugünkü çiftlik topraklarına ulaşamaması var. Avustralya'nın bu iki köşesi bugün kıtanın ekmek deposu durumunda ama Ekvator'un 3200 kilometre güneyinde bulunuyorlar. Orada çiftçilik ta Avrupa'dan gemilerle gelen, Avrupa'nın soğuk iklimine ve kısa süren büyüme mevsimlerine uyum sağlamış tarım bitkilerini beklemek zorunda kaldı.

Haritaya şöyle bir göz atmakla kolayca anlaşılabilecek enlemler üzerinde duruyorum çünkü mevsimler, büyüme koşulları, yiyecek üretiminin yayılma kolaylığı üzerinde belirleyici rol oynayan bir etmen bu. Ama elbette enlem tek etmen değil, ayrıca aynı enlem üzerinde birbirine bitişik yerlerin (gün uzunluğu aynı olmasına karşın) iklimlerinin aynı olması her zaman şart değildir. Bazı kıtalarda öteki kıtalardakine göre daha sert olan toprak şekilleriyle ve ekolojiyle ilgili engeller yayılmayı önleyen önemli birer unsurdur.

Örneğin, Amerika Birleşik Devletleri'nin güneydoğusu ile güneybatısı aynı enlem üzerindedir ama tarım bitkileri birinden ötekine çok yavaş ve seçici bir biçimde yayıldı. Bunun nedeni aradaki bölgenin, Teksas ile Great Plains'in büyük bir kısmının kurak olması, tarıma elverişli olmamasıydı. Avrasya'da da buna benzer bir örnek var, Bereketli Hilal tarım bitkileri batıya, Atlas Okyanusu'na kadar ve doğuya, İndus Vadisi'ne kadar önemli bir engelle karşılaşmadan yayılmıştı. Bununla birlikte Hindistan'ın daha doğusunda, daha çok kışın yağan yağmurlardan daha çok yazın yağan yağmurlara geçiş, tarımın, farklı tarım bitkileri ve çiftçilik yöntemleri açısından Kuzeydoğu Hindistan'ın Ganj Ovası'na daha geç yayılmasında etkili oldu. Daha da doğuda, Çin'in ılıman bölgeleri Batı Avrasya'nın benzer iklimlere sahip bölgelerinden Orta Asya çölü, Tibet platosu ve Himalayalar'la ayrılmıştı. Çin'de yiyecek üretimi bu yüzden aynı enlemde olan Bereketli Hilal'dekinden bağımsız olarak başladı ve bambaşka tarım bitkilerinin ortaya çıkmasıyla sonuçlandı. Yine de Çin ile Batı Avrasya arasındaki engeller, MÖ ikinci binyılda Batı

Asya buğdayı, arpası ve atları Çin'e geldiği zaman hiç değilse kısmen, aşıldı.

Aynı nedenle, güney-kuzey doğrultusunda 3000 kilometrelik olası bir yer değişikliği bir engel olarak yerel koşullara göre de büyük farklılık gösterir. Bereketli Hilal'in yiyecek üretimi ta Etiyopya'ya kadar yayıldı, Bantuların yiyecek üretimi Afrika'nın Great Lakes bölgesinden hızla Natal'ın güneyine yayıldı, çünkü her iki durumda da aradaki topraklar benzer yağış sistemlerine sahiptiler ve tarıma elverişliydiler. Oysa Endonezya'dan güneye, Güneybatı Avustralya'ya yayılması tamamıyla olanaksızdı, Meksika'dan fazla uzak olmayan Amerika Birleşik Devletleri'nin güneybatısına ve güneydoğusuna yavaş yayıldı çünkü arada kalan topraklar tarıma düşman çöllerdi. Mezoamerika'da Guatemela'nın güneyinde yüksek bir platonun olmaması, Meksika'nın güneyinde, özellikle Panama'da Mezoamerika'nın aşırı derecede daralması, Meksika'nın yüksek arazileriyle Andlar arasındaki tarım bitkisi ve hayvan varlığı değiş tokuşunu zora koşmada en az enlem ögesi kadar önemliydi.

Eksenlerinin yönü bakımından kıtalar arasında bulunan farklar yalnızca yiyecek üretiminin değil, başka teknolojilerin ve buluşların yayılmasını da etkiledi. Örneğin, MÖ 3000 yılı dolaylarında Güneybatı Asya'da ya da yakınlarında icat edilen tekerlek birkaç yüzyıl içinde Avrasya'da hızla doğuya ve batıya büyük oranda yayıldı, oysa Meksika'da tarihöncesi dönemde bağımsız olarak icat edilen tekerlek güneye, Andlara asla ulaşamadı. Aynı şekilde, Bereketli Hilal'in batı bölümünde MÖ 1500 yılına gelmeden geliştirilmiş olan alfabe ile yazı ilkesi bin yıl içinde batıya, Kartaca'ya ve doğuya, Hindistan'a yayıldı ama tarihöncesi dönemde Mezoamerika'da gelişen yazı sistemi neredeyse 2000 yıl Andlar'a ulaşamadı.

Kuşkusuz tekerlek ve yazı, tarım ürünleri gibi enlemle, gün uzunluğuyla dolaysız olarak ilişkili değildir. Özellikle yiyecek üretimi ve sonuçları yoluyla, dolaylı bir biçimde ilişkilidir. İlk tekerlekler tarım ürünlerini nakletmek için kullanılan öküz arabalarının birer parçasıydı. İlk yazı, yiyecek üreticisi köylülerin desteğiyle ayakta duran seçkinler sınıfının tekelindeydi, ekonomik ve toplumsal açıdan karmaşık toplumların (saltanat propagandası, mal envanteri, bürokrasi kayıtları tutma gibi) amaçlarına hizmet ediyordu. Genel olarak tarım bitkisi, hayvan varlığı, yiyecek üretimiyle ilgili teknoloji değiş tokuşu yapan toplumların başka şeylerin değiş tokuşunu yapma olasılıkları daha yüksekti.

Bir yurtseverlik şarkısı olan "Güzel Amerika"da uçsuz bucaksız göklerden, bir denizden öteki parlak denize kadar dalgalanan amber renkli tahıllarımızdan söz edilir. Aslına bakarsanız bu şarkı coğrafi gerçeklikleri tersine çevirmektedir. Afrika'da olduğu gibi Amerika kıtalarında da yerel tarım bitkilerinin ve evcil hayvanların yayılmasını sınırlı gökyüzü ve çevre engelleri yavaşlatmıştır. Kuzey Amerika'da Atlas Okyanusu'ndan Büyük Okyanus'a, Kanada'dan Patagonya'ya ya da Mısır'dan Güney Afrika'ya kadar uzanan yerli tahıl tarlaları falan olmamıştır ama Avrasya'nın uçsuz bucaksız gökleri altında Atlas Okyanusu'ndan Büyük Okyanus'a kadar dalgalanan amber renkli buğday ve arpalar olmuştur. Yerli Amerika ve Sahra'nın güneyindeki Afrika tarımına göre Avrasya tarımının daha hızlı yayılması (bu kitabın bundan sonraki bölümünde göreceğimiz gibi) Avrasya'da yazı, metal işleme teknolojisi ve imparatorlukların daha hızlı yayılmasında rol oynamıştır.

Bütün bu farklılıklardan söz etmek, çok yaygın tarım ürünlerinin harika olduğunu ya da Avrasya'nın ilk çiftçilerinin üstün yeteneklerinin kanıtı olduğunu iddia etmek demek değildir. Bu farklar yalnızca Amerika kıtalarının ve Afrika'nın ekseniyle karşılaştırıldığında Avrasya'nın eksen doğrultusunun yansımalarıdır. Tarihsel yazgılar bu eksenler çevresinde döndü.

3

YİYECEK ÜRETİMİNDEN TÜFEK, MİKROP VE ÇELİĞE

XI. Bölüm

Öldürücü Bir Armağan: Hayvan Varlığı

Yiyecek üretiminin birkaç merkezde nasıl başladığını, o merkezlerden başka yerlere nasıl değişik hızlarda yayıldığını gördük. Bu coğrafi farklar, farklı halkların niçin güç ve refah bakımından bu kadar farklı noktalarda bulunduğu öğrenmek isteyen Yali'nin sorusunun önemli, nihai yanıtlarını oluşturuyor. Yine de yiyecek üretiminin kendisi en yakın nedenler arasına girmez. Teke tek bir kavgada çıplak bir çiftçi çıplak bir avcı ya da yiyecek toplayıcısının karşısında hiçbir üstünlüğe sahip değildir.

Çiftçinin gücünün nereden kaynaklandığı sorusunun açıklamasının bir bölümü yiyecek üretiminin çok daha kalabalık nüfusları besleyebilmesinde yatar: On tane çıplak çiftçi hiç kuşku yok ki bir kavgada bir tane çıplak avcı/yiyecek toplayıcı karşısında daha üstün durumdadır. Açıklamanın ikinci bölümü ise ne çiftçinin ne de avcı/yiyecek toplayıcının, hiç değilse simgesel anlamda, çıplak olmadığıdır. Çiftçiler genellikle en kötü mikropları saçarlar, daha iyi silahları ve zırhları vardır, daha güçlü teknolojilere sahiptirler, fetih savaşları yapmayı daha iyi beceren okumuş yazmış seçkinleriyle merkezi bir yönetim altında yaşarlar. Bu yüzden bundan sonraki dört bölümde yiyecek üretiminin nasıl olup da mikropların, okuryazarlığın, teknolojinin, merkezileşmiş yönetimin en yakın nedenlerini oluşturduğu ele alınacak.

Hayvan varlığı ve tarım bitkileriyle mikroplar arasındaki ilişkileri bir doktor arkadaştan öğrendiğim bir hastanın hikâyesi bana hiç unutamayacağım bir şekilde gösterdi. Genç ve deneyimsiz bir doktor olan arkadaşımı, gizemli bir hastalıktan dolayı çok kaygı duyan genç evli bir çifte bakmak üzere bir hastane odasına çağırmışlar. Çift hem birbirleriyle ve hem de arkadaşımla iletişim kurmada güçlük çekiyormuş, bu konuda da yapacak bir şey yokmuş. Koca ufak tefek, çekingen bir adammış, saptanamayan bir mikrop yüzünden zatürre olmuş, çok az İngilizce konuşabiliyormuş. Çevirmenlik yapan güzel karısı kocasının durumu için çok kaygılanıyormuş ve kendisine yabancı gelen hastane ortamı da onu çok ürkütmüş. Benim arkadaşımsa hastanede geçirdiği yorucu bir haftadan sonra bu tuhaf hastalığa hangi alışılmamış risk etmenlerinin neden olduğunu bulmaya çalışırken öylesine bunalmış ki hasta mahremiyetiyle ilgili kendisine öğretilen her şeyi unutmuş: Kadından kocasına herhangi bir enfeksiyona sebep olabilecek bir cinsel ilişkide bulunup bulunmadığını sormasını istemek gibi korkunç bir hata yapmış.

Doktor yanıt beklerken koca kızarmış bozarmış, büzüşüp daha da küçülmüş, âdeta çarşafın altında kaybolmaya çalışmış ve duyulur duyulmaz bir sesle bir şeyler kekelemiş. Kadın birden öfkeyle bağırmaya başlamış, adamın başına zebella gibi dikilmiş. Doktor kadını engelleyemeden kadın ağır metal bir şişeyi kapıp olanca gücüyle adamın kafasına indirmiş, hışımla odadan çıkıp gitmiş. Kocayı kendine getirmek doktorun biraz zamanını almış, adamın karısına ne deyip de böyle öfkelendirdiğini kırık dökük İngilizcesiyle öğrenmek daha uzun sürmüş. Yavaş yavaş her şey anlaşılmış: Adam aile çiftliklerine son gidişinde bir koyunla birkaç kez ilişkide bulunduğunu karısına itiraf etmiş, belki de o gizemli hastalığı böyle kapmış.

Bu olay daha geniş bir anlam ve önemi olmayan bu tür olaylardan biri gibi görünüyor. Aslında çok önemli bir konuyu örnekliyor: Hayvanlardan insanlara geçmiş hastalıklar. Pek azımız koyunları, bu hikâyedeki hastanın sevdiği gibi, cinsel anlamda severiz. Ama çoğumuz köpek, kedi gibi ev hayvanlarını platonik olarak severiz.

Koyunların ve öteki çiftlik hayvanlarının sayısının yüksekliğine bakılırsa bu hayvanlara karşı toplum olarak aşırı bir düşkünlüğümüz varmış gibi görünür. Örneğin, son yapılan bir sayımda anlaşıldığına göre Avustralya'daki 17.085.400 kişi için koyunlar öylesine değerli ki besledikleri koyun sayısı 161.600.000.

Yetişkinlerin bazısı, çocuklarınsa çoğu bulaşıcı hastalıkları ev hayvanlarından kapar. Genellikle bu hayvanların rahatımızı kaçırmaktan öte bir zararları yoktur ama çok ciddi birkaç zararları vardır. Yakın tarihimiz boyunca insanların ölümüne yol açmış başlıca hastalıklar –çiçek hastalığı, grip, verem, sıtma, veba, kızamık ve kolera– hayvan hastalıklarının evrimleşmiş halidir, işin tuhafı bizim salgın hastalıklarımızın çoğunun nedeni olan mikropların büyük bir kısmı artık neredeyse yalnızca insanlarda görülür. Hastalıklar insanların ölüm nedenlerinin başında geldiği için tarihi biçimlendirmede de önemli rol oynamışlardır. İkinci Dünya Savaşı'na kadar savaşlarda ölenlerin çoğu savaş yaralarından değil savaşla taşınan hastalıklardan ölüyordu. Büyük komutanları göklere çıkaran bütün o askerî tarihler insan egosunun balonunu söndüren bir doğruyu hafife alıyorlar: Eski savaşların galipleri her zaman en iyi komutanlara ve silahlara sahip olan ordular değil, çoğu kez yalnızca düşmanlarına bulaştıracak en berbat mikropları taşıyanlardı.

Tarihte mikropların oynadığı rolü gösteren en korkunç örnekler, Kolomb'un 1492 yolculuğuyla başlayan Amerika kıtalarının Avrupalılarca fethiyle ilgilidir. İspanyol fatihlerinin kurbanı olan Amerikan yerlilerinin sayısı kabarıktı ama İspanyolların öldürücü mikroplarından ölenlerin sayısı çok daha kabarıktı. Amerika ile Avrupa arasındaki mikrop değiş tokuşundaki bu eşitsizliğin nedeni neydi? Niçin Amerikan yerlilerinin mikropları İspanyol istilacıları öldürüp Avrupa'ya yayılarak Avrupa nüfusunun % 95'ini silip süpürmedi? Avrasya mikroplarıyla kırıma uğrayan başka pek çok yerli halk için de, Afrika ve Asya'nın tropik bölgelerinde kırıma uğrayan, geleceğin Avrupalı fatihleri için de benzer sorular sorulabilir.

Dolayısıyla insanlara hayvanlardan geçmiş olan hastalıklarla ilgili sorular insan tarihinin seyrinin gerisinde ve bugün insan sağlığıyla ilgili en önemli konuların gerisinde yatar (Yabani Afrika maymunlarının taşıdığı bir virüsten evrimleşmiş görünen ve hızla yayılan AIDS hastalığını düşünün). Bu bölüm "hastalık'ın ne olduğunu, bazı mikropların niçin "bizi hasta edecek" şekilde evrimleştiğini, oysa başka canlı türlerinin çoğunun bizi hasta etmediğini konu edinerek başlayacak. Çok iyi bildiğimiz bulaşıcı hastalıkların çoğunun, günümüzün AIDS hastalığı ve Orta Çağ'ın Kara Ölüm'ü (hıyarcıklı vebası) gibi niçin salgınlar şeklinde görüldüğünü inceleyeceğiz. Daha sonra bugün yalnızca bizlerde görülen mikropların atalarının başlangıçtaki ev sahipleri olan hayvanlardan bize nasıl atladıklarını ele alacağız. En sonunda da bulaşıcı hastalıklarımızın hayvanlardaki kökenlerine inmenin Avrupalılar ile Amerikan yerlileri arasında o çok önemli ve neredeyse tek yönlü mikrop alışverişini anlamamıza yardım ettiğini göreceğiz.

Kuşkusuz hastalıkları salt kendi açımızdan düşünmeye eğilimliyiz: Kendimizi kurtarmak ve mikropları öldürmek için ne yapabiliriz? Gelin şu hainleri ayağımızın altında ezelim, onların güdülerinin ne olduğuna hiç bakmayalım! Hayatta insanın düşmanını öldürmek için yine de onu anlaması gerekir, bu özellikle tıp için doğrudur.

O yüzden gelin bir süre insanın tarafını tutmayı bir kenara bırakıp mikroplar açısından hastalıklara bakalım. Ne de olsa, biz ne kadar doğal seçilimin ürünüysek mikroplar da öyle. Bir mikrop, üreme organımızda yaralar açmak gibi ya da ishal olmamıza yol açmak gibi biçimsiz yollardan bizi hasta ederek ne gibi evrimsel bir kazanç sağlayabilir? Ayrıca niçin mikroplar bizi öldürecek şekilde evrimleşsin? Bu özellikle şaşırtıcı ve tuhaf görünüyor, çünkü taşıyıcısını öldüren mikrop kendisini de öldürür.

Temelde mikroplar da öteki türler gibi evrimleşir. Seçilim, yavrulamakta ve yavrularının yaşayabilecekleri uygun yerlere dağılmasına yardım etmekte en başarılı bireyler lehine işler. Bir mikrop için dağılma, matematiksel olarak her bir hastanın, hastalığını bulaştırdığı yeni kurban sayısı olarak tanımlanabilir. Bu sayı, her bir hastanın yeni kurbanlara mikrop bulaştıracak durumda ne kadar bir süre kalabildiğine ve bir kurbandan ötekine mikrobun ne kadar ustalıkla aktarıldığına bağlı.

Mikroplar kişiden kişiye ve hayvanlardan insanlara sıçramanın çeşitli yöntemlerini geliştirmişlerdir. Bir mikrop ne kadar iyi yayılırsa geriye o kadar çok yavru bırakır ve doğal seçilim onun o kadar lehine işler. Hastalık "belirtileri"mizin çoğu aslında cin-fikirli melun bir mikrobun vücutlarımızı ya da davranışlarımızı, bize mikrop saçma görevini yükleyebilecek şekilde nasıl değiştirdiğini gösterir.

Bir mikrobun yayılmasının en zahmetsiz yolu hiçbir şey yapmadan bir başka kurbana aktarılmayı beklemektir. Bir taşıyıcının başka bir taşıyıcı tarafından yenmesini bekleyen mikropların stratejisi budur: örneğin, bakterili yumurtaları ya da etleri yiyerek kaptığımız salmonella bakterisi gibi, domuzlardan bize geçen, domuzları öldürüp güzelce pişirmeden yememizi bekleyen trişinoza yol açan solucan gibi, suşi seven Japonların ve Amerikalıların ara sıra çiğ balık yiyerek kaptıkları anisakiasise yol açan solucan gibi. Bu parazitler hayvandan, hayvanı yiyen kişiye geçer ama Yeni Gine'nin yaylalarında titreme hastalığına (kuru) yol açan virüs bir insandan, o insanı yiyen insana geçerdi. Yani yamyamlık yoluyla; yaylalarda yaşayan bebekler, annelerinin pişirilmeyi bekleyen titreme hastalığı kurbanlarından çıkardığı çiğ beyinlerle oynadıktan sonra parmaklarını yalamak hatasını işledikleri zaman.

Bazı mikroplar eski ev sahiplerinin ölüp bir başkası tarafından yenmesini beklemezler, onun yerine eski ev sahibini ısıran ve uçup başka bir ev sahibi bulan böceklerin tükürüğüyle yolculuk ederler. Onları bedava taşıyan sivrisinek, pire, bit ve çeçe sineği gibi hayvanlar da vardır, bunlar sırasıyla sıtma, veba, tifüs ve uyku hastalığı yayarlar. Mikropların hiçbir şey yapmadan taşınma hilelerinin en iğrenci bir kadının ceninine geçmek, böylece de bebeklere bulaşmaktır. Frengi, kızamıkçık, şimdilerde de AIDS'e yol açan mikroplar bu tür hilelere başvurarak, temelde evrenin adil olduğu fikrine inananların baş etmekte zorlandıkları ahlâksal bir ikilem yaratırlar.

Öteki mikroplar, simgesel olarak söylersek, kendi işlerini kendileri görürler. Ev sahiplerinin anatomisini ya da alışkanlıklarını kendilerinin taşınmasını hızlandıracak şekilde değiştirirler. Bizim açımızdan bakarsak, frengi gibi zührevi hastalıkların cinsel organda açtıkları yaralar iğrenç derecede uygunsuzdur. Oysa mikroplar açısından bakarsak bu, mikropları başka bir ev sahibinin gövdesindeki bir oyuğa aşılamaya yardımcı olma görevini bir taşıyıcıya yüklemenin yararlı bir yoludur. Çiçek hastalığının yol açtığı deri yaraları doğrudan ya da dolaylı temas yoluyla mikrop yayarlar (bazen de "savaşkan" Amerikan yerlilerinin köküne kibrit suyu dökmeye kararlı Amerikalı beyazların daha önce çiçek hastalarının kullandıkları battaniyeleri yerlilere armağan olarak gönderdikleri zaman olduğu gibi, çok dolaylı olarak).

Grip, basit soğuk algınlığı, boğmaca mikroplarının kullandıkları yöntem daha da etkilidir, kurbanlarını hapşırtır ya da öksürtürler, böylece olası yeni ev sahiplerine bulut halinde mikrop püskürtürler. Benzer şekilde kolera bakterisi kurbanı fena halde ishal olur, böylece olası yeni kurbanların su kaynaklarına bakteri takviyesi yapar, kanlı Kore hummasının virüsü farelerin idrarıyla yayılır. Taşıyıcının davranışını değiştirmekte kuduz virüsünün üstüne yoktur, yalnızca mikrop almış bir köpeğin salyasına girmekle kalmaz, köpeğin çıldırıp herkesi ısırmasına, böylece pek çok yeni kurbana mikrop bulaştırmasına yol açar. Ama kendine düşen fiziksel çabayı göstermek bakımından kancalıkurtlar ve şistozomlar ödülü hak ederler, daha önceki bir kurbanın dışkısıyla larvalarının atıldığı topraktan ya da sudan çıkıp bir taşıyıcının derisini delip içeri sızarlar.

Böylece bizim açımızdan cinsel organ yaraları, ishal, öksürük birer "hastalık belirtisi"dir. Mikrop açısındansa, mikrobun yayılmasını sağlayan akıllıca evrimsel stratejilerdir, işte bu yüzden "bizi hasta etmek" mikrobun çıkarınadır. Ama niçin bir mikrop, taşıyıcısını öldürmek gibi kendi kendini yok edici bir strateji geliştirsin?

Mikrop açısından bakarsak bu, taşıyıcının mikropları etkili bir biçimde yaymasını sağlayan hastalık belirtilerinin yalnızca bir yan ürünüdür (bizim için de iyi bir avuntu!). Evet, tedavi edilmeyen bir kolera hastası ishalle günde 10-15 litre sıvı kaybetmenin sonucunda ölebilir. Hiç değilse bir süre, hasta sağ kaldığı sürece kolera bakterileri daha sonraki kurbanlarının su kaynaklarına bol bol karışma şansından yararlanır. Her bir kurbanın böylece ortalama olarak birden fazla kurbana mikrop bulaştırması koşuluyla, ilk taşıyıcı ölse bile bakteri yayılacaktır.

Mikropların çıkarlarıyla ilgili bu tarafsız incelememiz bu kadarla kalsın. Şimdi gelin kendi bencil çıkarlarımıza dönelim: Canlı kalmanın ve sağlıklı olmanın en iyi yolu o melun mikropları öldürmektir. Mikrop aldığımızda gösterdiğimiz en yaygın tepki ateşlenmektir. Yine biz ateşlenmeyi bir "hastalık belirtisi" olarak görmeye alışmışızdır, sanki hiçbir işlevi olmadan, kaçınılmaz olarak ortaya çıkıyormuş gibi. Ama vücut sıcaklığımızın düzenlenmesi genlerimizin denetimindedir, rasgele olan bir şey değildir. Birkaç mikrop vardır, onlar ısıya vücudumuzdan daha duyarlıdır. Biz vücut sıcaklığımızı yükselterek kendimiz yanıp kül olmadan önce mikropları yakıp kül etmeye çalışırız.

Bir başka tepkimiz bağışıklık sistemimizi harekete geçirmektir. Kanımızdaki akyuvarlarla öteki hücrelerimiz harıl harıl yabancı mikropları arar bulur ve öldürürler. Bizi hasta eden bir mikroba karşı yavaş yavaş geliştirdiğimiz belli antikorlar, biz bir kez iyileştikten sonra yeniden hastalanma olasılığımızı azaltırlar. Hepimiz kendi deneyimlerimizden biliriz, grip gibi, basit soğuk algınlığı gibi, geçici olarak direnç gösterdiğimiz bazı hastalıklar vardır, sonunda hastalığa yeniden yakalanırız. Oysa bunlara karşılık –kızamık, kabakulak, kızamıkçık, boğmaca, artık kalmamış olan çiçek hastalığı gibi– bazı hastalıklar vardır, bir kez alınan mikroplar antikorların üretilmesini sağladıktan sonra hayat boyu onlara karşı bağışıklık kazanırız. Aşı bu ilkeye dayanır: Vücudumuza ölü ya da zayıf mikroplar zerk ederek, söz konusu hastalığa yakalanmamıza gerek kalmadan antikor üretimini sağlamak.

Bereket versin bazı akıllı mikroplar bağışıklık sisteminin savunma araçlarının içine yuvalanmıyorlar. Bazı mikroplar bizim antikorlarımızın tanıdığı, antijen denen bazı moleküler parçalarını değiştirme hilesini öğrenmiş bulunuyorlar. Farklı antijenlerle yeni grip türlerinin sürekli evrimleşmesi ya da yeniden devreye girmesi, iki yıl önce yakalandığınız gribin bu yıl gelen farklı bir türüne karşı sizi niçin koruyamadığını açıklar. Sıtma ve uyku hastalığı, antijenlerini değiştirme yetenekleri bakımından daha da ele avuca sığmaz belalardır. Bunların arasında en ele avuca sığmazı AIDS'tir, hatta bir hastanın vücudunda konaklarken bile yeni antijenler geliştirir, bu sayede o kişinin bağışıklık sistemini felce uğratır.

En yavaş işleyen savunma tepkimiz doğal seçilim yoluyla olanıdır, genlerimizin tekrarlanma sıklığının kuşaktan kuşağa değişmesi yoluyla. Hastalıkların hemen hemen hepsine karşı öteki insanlara göre daha dirençli olan bazı insanlar vardır. Salgın bir hastalık söz konusu olduğunda o mikroba karşı direnç göstermeye yarayan geni olan insanların hayatta kalma olasılığı bu geni taşımayanlara göre daha yüksek olacaktır. Sonuçta, tarihin akışı içinde zamanla belli bir hastalığa yol açan bir mikropla çeşitli kereler karşı karşıya kalmış olan insan toplulukları direnç genini taşıyan insanların oranının yüksek olduğu toplumlar haline gelmişlerdir – sırf bu gene sahip olmayan insanların hayatta kalma ve genlerini bebeklerine aktarma olasılıklarının düşük olması yüzünden.

Aman ne güzel avuntu, diye düşünebilirsiniz yine. Bu evrimsel tepkinin genetik olarak kolay hastalanan ölüm döşeğindeki birine hiç yararı yok. Ama bir bütün olarak insan nüfusunun hastalık mikroplarına karşı daha iyi korunur hale geldiği anlamını taşıyor. Bu (karşılığında bir bedel ödenen) genetik savunma örneklerinin arasında orak hücre geninin, Tay-Sachs geninin, mesanenin lifli doku geninin, Afrikalı siyahlara, Aşkenazi Yahudilerine, Kuzey Avrupalılara, sırasıyla sıtma, tüberküloz, bakteri kökenli ishale karşı sağladıkları koruma vardır.

Kısacası, bizim pek çok türle karşılıklı etkileşimimiz, sinekkuşlarını örnek verirsek, ne bizi ne de sinekkuşunu "hasta" eder. Ne bizler ne de sinekkuşları birbirimize karşı savunma geliştirmek zorunda kalmışızdır. Bu barışçı ilişki sürebilmiştir çünkü sinekkuşları döllerini yaymamız ya da vücudumuzu onlara yem yapmamız için bize bel bağlamazlar. Sinekkuşları kanatlarını kullanarak bulabilecekleri özsuları ve böceklerle beslenecek şekilde evrimleşmişlerdir.

Ama mikroplar bizim vücutlarımızın içindeki maddelerle beslenecek şekilde evrimleşmiştir ve ilk taşıyıcıları öldüğü ya da direndiği zaman yeni bir kurbana ulaşmak için kullanabilecekleri kanatları yoktur. Bu yüzden mikropların pek çoğu olası kurbanlar arasında yayılmalarına olanak verecek çeşitli hileler geliştirmek zorunda kalmışlardır, bu hilelerin çoğu bizim "hastalık belirtisi" olarak yaşadığımız şeylerdir. Biz de bu hilelere karşı kendi hilelerimizi geliştirdik, mikroplar da bunlara karşı yeniden kendi hilelerini geliştirdiler. Hastalık mikroplarıyla biz artık tırmanan bir evrim yarışına kilitlenmiş durumdayız, yenilmenin bedeli ise bir yarışçının ölümü, hakem rolünü de doğal seçilim oynuyor. Yarışmanın biçimi nasıl acaba: Ani baskın mı yoksa gerilla savaşı mı?

Varsayalım ki birisi, belli bir coğrafi bölgede belli bir bulaşıcı hastalıktan kaç kişinin hastalandığını saymış olsun ve zamanla bu sayının nasıl değiştiğine baksın. Ortaya çıkacak seyir hastalıklara göre büyük değişiklik gösterir. Sıtma ve kancalıkurt hastalığı gibi belli hastalıklar söz konusu olduğunda mikroplu bir bölgede her yıl, her ay yeni hastalananlar olur. Buna karşılık salgın denen hastalıklarda uzun süre hiç yeni hastalanan olmaz, sonra bir hastalık dalgası gelir, daha sonra bir süre yine hastalık hiç görülmez.

Bu tür salgın hastalıklardan grip Amerikalıların çoğunun kişisel olarak tanıdığı bir hastalıktır, bazı yıllar özellikle kötü yıllar olur (ama grip virüsü için harika bir yıl). Kolera salgını daha uzun aralıklarla gelir, 1991 Peru salgını 20. yüzyılda Amerika'ya ulaşan ilk salgındır. Bugün kolera ve grip salgınları gazetelerin ilk sayfasına haber oluyor ama çağdaş tıbbın ortaya çıkışından önce salgın hastalıklar çok daha korkutucuydu, insanlık tarihinin en büyük salgını Birinci Dünya Savaşı'nın sonunda 21 milyon insanın ölümüne yol açan grip salgınıydı. Kara Ölüm (hıyarcıklı veba) 1346 ile 1352 tarihleri arasında Avrupa nüfusunun dörtte birinin ölümüne yol açtı, bazı kentlerde ölüm oranı % 70'i buluyordu. 1880'lerin başlarında Kanada Pasifik Demiryolları'nın inşası sırasında, Saskatchewan'dan geçen raylar döşenirken, daha önce beyazlarla ve beyazların mikroplarıyla pek karşılaşmamış olan o bölgenin Amerikan yerlileri her yıl % 9 gibi inanılmaz bir oranla tüberkülozdan öldüler.

Sürekli tek tek birilerinin hastalanması şeklinde değil de salgın şeklinde gelen bulaşıcı hastalıkların bazı ortak özellikleri vardır. İlkin, hastalığa yakalanmış bir kişiden, onun çevresindeki sağlıklı kişilere çok çabuk bulaşırlar, sonuçta kısa bir zamanda bütün nüfus hastalığı kapar. İkincisi, bunlar şiddetli, "akut" hastalıklardır: kısa bir zaman içinde ya ölür ya tamamıyla iyileşirsiniz. Üçüncüsü, hastalıktan kurtulacak kadar şanslı olanlarımız antikor üretirler, bu antikorlar bize uzun süre, belki de ömür boyu bu hastalığa karşı bağışıklık kazandırırlar. Son olarak, bu hastalıklar daha çok insanlarda görülür, hastalığa yol açan mikroplar genellikle toprakta ya da başka hayvanlarda yaşamazlar. Bu dört özellik de Amerikalıların kızamık, kızamıkçık, kabakulak, boğmaca, çiçek gibi akut, salgın çocuk hastalıkları olarak çok iyi tanıdıkları hastalıklar için geçerlidir.

Bu dört özelliğin bir araya geldiği zaman hastalığın niçin salgın şeklinde kendini gösterdiğini anlamak kolaydır. Basitçe şöyle dememiz gerekir: Mikropların hızla yayılması ve belirtilerin hızla ilerleyişi, belli bir bölgede yaşayan herkesin kısa zamanda hastalık mikrobunu alacağı ve kısa bir süre sonra ya öleceği ya da iyileşip bağışıklık kazanacağı anlamına gelir. Hayatta kalanlar arasında hastalığa tekrar yakalanabilecek kimse kalmaz. Ama mikrop ancak canlı insanların vücutlarında yaşayabildiği için hastalık da ortadan kalkar, yeni doğmuş bebekler hastalığa yakalanma çağına gelinceye kadar görülmez – bir de dışarıdan gelen biri hastalığı getirip yeni bir salgın başlatıncaya kadar.

Bu tür hastalıkların nasıl salgın haline geldiğini gösteren klasik bir örnek Faroe Adaları adı verilen yalıtılmış Atlas Okyanusu adalarında kızamığın hikâyesidir. Faroe Adaları'na 1781'de çok şiddetli bir kızamık salgını geldi ve geçti, bir daha kızamık görülmedi, ancak 1846'da Danimarka'dan gelen bir gemiyle bu mikrobu taşıyan bir marangoz yeniden getirdi. Üç ay içinde hemen hemen bütün Faroe halkı (7782 kişi) kızamığa yakalandı, ölen öldü, kalan kaldı, bir sonraki salgına kadar kızamık virüsü bir kez daha ortadan yok oldu. Araştırmalar bize yarım milyondan az nüfuslu herhangi bir toplulukta kızamığın ortadan yok olma olasılığının bulunduğunu gösteriyor. Ancak kalabalık nüfuslu topluluklarda hastalık bir bölgeden ötekine geçip ilk hastalık bölgesinde yeterince bebek doğana ve böylece kızamık geri dönene kadar yaşayabilir.

Faroe Adaları'nda kızamık için geçerli olan durum dünya üzerinde bizim tanıdığımız başka bulaşıcı akut hastalıklar için de doğrudur. Hastalıkların yaşaması için yeterince kalabalık ve yeterince yoğun nüfuslu insan topluluklarına gerek vardır ancak o durumda hastalık tam gerilemeye başlamadan önce hastalığa yakalanmaya hazır çok sayıda yeni doğmuş bebek bulabilir. Bu yüzden kızamık ve benzeri hastalıklar kalabalık hastalığı olarak da bilinir.

Kalabalık hastalıklarının küçük topluluklarda yaşayamayacağı çok açıktır, ne avcı/yiyecek toplayıcıları arasında ne de orman açıp kök yakan çiftçiler arasında yaşayabilir. Amazon Bölgesi yerlilerinin ve Büyük Okyanus adalarında yaşayanların çağımızdaki acı deneyimlerinin de doğruladığı gibi, dışarıdan gelen bir ziyaretçinin getirdiği bir salgın hastalık neredeyse küçük bir kabilenin tamamını yeryüzünden silebilir – çünkü o mikroba karşı vücudunda antikor olan hiç kimse yoktur. Örneğin, 1902 kışında *Active* adlı balina gemisiyle bir gemicinin getirdiği dizanteri salgını yüzünden Kanada'nın kuzey denizinde Southampton Adası'nda çok yalıtılmış halde yaşayan 56 Sadlermiut Eskimosundan 51'i öldü. Ayrıca kızamık gibi, bizim öteki "çocukluk" hastalığı olarak bildiğimiz bazı hastalıklardan yetişkinlerin ölme olasılığı çocuklarınkine göre daha yüksektir ve kabiledeki bütün yetişkinler hastalığa yakalanma tehlikesi altındadır (Oysa günümüzde yetişkin Amerikalılar pek ender kızamığa yakalanırlar çünkü çoğu ya çocukluğunda yakalanmıştır ya da kızamığa karşı aşı olmuştur). Kabiledeki insanların çoğunu öldürdükten sonra salgın ortadan yok olur. Az nüfuslu küçük kabilelerin durumu onların niçin dışarıdan gelen hastalıkları yaşatamadığını açıkladığı gibi kendilerinin ziyaretçilere aktaracak kendi salgınlarını niçin geliştiremediklerini de açıklar.

Az nüfuslu insan topluluklarının bütün bulaşıcı hastalıklardan azade olduğu anlamına gelmiyor yine de bu. Onlarda da bulaşıcı hastalıklar vardır elbette ama yalnızca belli türde hastalıklar. Bu hastalıkların bazılarının mikropları hayvanlarda ya da toprakta yaşayarak varlığını sürdürebilir, böylece hastalık ortadan yok olup gitmez, insanlara bulaşmak için her zaman hazırda bekler. Örneğin, sarıhumma mikrobunu Afrika'nın yabani maymunları taşırlar, bu nedenle Afrika'nın kır kesiminde yaşayan insanlara her zaman bulaşabilir, yine aynı nedenle okyanusaşırı köle ticareti yoluyla taşınmıştır ve Yeni Dünya'nın maymunlarına, insanlarına bulaşmıştır.

Az nüfuslu toplumlarda görülen, cüzzam, verem dutu gibi başka bulaşıcı hastalıklar süreğen hastalıklardır. Kurbanın ölmesi çok uzun zaman alabildiği için kurban, kabileciğin öteki üyelerine de hastalık bulaştırmak üzere bir mikrop deposu halinde yaşar. Örneğin, Yeni Gine'nin yüksek bölgelerinde, benim 1960'larda çalışmış olduğum Karimui Basim'de birkaç bin kişilik yalıtılmış bir nüfus yaşar, dünyada cüzzam hastalığı oranının en yüksek olduğu yerdir – aşağı yukarı yüzde kırk! Son olarak, az nüfuslu topluluklarda öldürücü olmayan bulaşıcı hastalıklar da görülür, bu hastalıklara karşı bağışıklık geliştiremeyiz, aynı insan iyileştikten sonra hastalığa yeniden yakalanabilir. Kancalıkurtlar ve öteki parazitler için de bu geçerlidir.

Az nüfuslu toplumlara özgü bütün bu tür hastalıklar insanlığın en eski hastalıklarıdır. Toplam insan nüfusunun çok az ve parçalı olduğu, insanın ilk evrim tarihinin milyonlarca yılı içinde geliştirdiğimiz ve tahammül edebildiğimiz hastalıklardı bunlar. Ayrıca bizim en yakın yaban akrabamız olan Afrika insansımaymunu için de aynı ya da benzeri hastalıklar söz konusudur. Buna karşılık daha önce tartışmış olduğumuz kalabalık hastalıkları, kalabalık ve yoğun nüfuslu insan toplulukları ortaya çıkmadan görülemezdi. Nüfus artışı on bin yıl önce tarımın ortaya çıkışıyla başladı, daha sonra üç-beş bin yıl önce şehirlerin doğuşuyla hızlandı. Aslında tanıdığımız bulaşıcı hastalıkların çoğunun kanıtlarla belirlenen tarihleri şaşırtıcı derecede yakın tarihlerdir: Çiçek hastalığı için (bir Mısır mumyasının çiçekbozuğu yüzünden anlaşıldığına göre) aşağı yukarı MÖ 1600, kabakulak için MÖ 400, cüzzam için MÖ 200, çocuk felci için MS 1840, AIDS için 1959.

Niçin tarımın başlaması bizim bulaşıcı kalabalık hastalıklarımızın evrimini başlattı? Bunun bir nedeni, daha önce sözü edildiği gibi tarımın, avcılık ve yiyecek toplayıcılığına göre nüfus yoğunluğu daha yüksek toplumları besleyebilmesi – ortalama olarak on ila yüz kat daha yüksek. Ayrıca avcı/yiyecek toplayıcılar sık sık yer değiştirir ve geride mikroplarla, kurtçuk larvalarıyla dolu dışkı birikintilerini bırakırlar. Ama çiftçiler yerleşiktir, kendi lağım pisliklerinin içinde yaşarlar, böylece mikroplar bir kişinin vücudundan bir başkasının içecek suyuna kısa yoldan karışma olanağı bulur.

Bazı çiftçi toplumları kendi dışkılarını, sidiklerini insanların çalıştıkları tarlalara gübre olarak yayarak dışkılarındaki bakterilerin ve kurtçukların yeni kurbanlara bulaşmasını daha da kolaylaştırırlar. Sulama tarımı ve balık çiftlikleri şistozomiyaz taşıyan sümüklüböcekler ve biz dışkılı sularda yürürken derimizi delip vücudumuza giren yassı kurtçuklar için bulunmaz yaşama koşullarını sağlarlar. Yerleşik çiftçilerin çevresi yalnızca kendi dışkılarıyla değil, yiyecek depolarına dadanmış, hastalık yayan kemirgenlerle de sarılıdır. Afrikalı çiftçilerin ormanda açtıkları tarlalar da sıtma yayan sivrisinekler için bulunmaz bir üreme alanıdır.

Çiftçiliğin başlaması mikropların işine yaradıysa, şehirlerin –daha da kötü sağlık koşulları altında irinlenen yoğun nüfuslu yerlerin– ortaya çıkışı daha da çok işlerine yaradı. Avrupa'nın kent nüfusu ancak 20. yüzyılın başında kendi kendine ayakta kalabilir hale geldi: Ondan önce kalabalık hastalıklarından sürekli ölen kentlilerin eksiğini kapatmak için kırsal bölgelerden sürekli sağlıklı köylülerin kente göç etmesi gerekiyordu. Mikropların işini kolaylaştıran bir başka şey de, Romalılar zamanına gelindiğinde Avrupa, Asya ve Kuzey Afrika topluluklarını etkili bir biçimde mikroplar için kocaman ve tek bir üreme çiftliği halinde birleştirmiş olan dünya ticaret yollarının gelişmesiydi. Bu Antoninus Vebası olarak bilinen ve MS 165 ile 180 yılları arasında milyonlarca Roma vatandaşının ölümüne yol açan çiçek hastalığının sonunda Roma'ya ulaştığı zamandır.

Aynı şekilde hıyarcıklı veba da Avrupa'da Justinian Vebası (MS 542-43) olarak ortaya çıktı. Ama bu veba Kara Ölüm salgını halinde ancak MS 1346 yılında Avrupa'yı kasıp kavurmaya başladı, yani Çin ile karadan ticaret yapmaya yarayan yeni bir yol, Avrasya'nın doğu-batı ekseni doğrultusunda pireli kürklerin Orta Asya'da vebanın hüküm sürdüğü bölgelerden Avrupa'ya taşınmasını sağladığı zaman. Bugün bizim jet uçaklarımızla kıtalararası en uzun yolculuklar bile insanların herhangi bir bulaşıcı hastalığından daha kısa sürüyor. İşte 1991'de (Peru'nun) Lima kentinde duran bir Aerolineas Argentinas uçağı Lima'dan 4500 kilometre uzakta olan benim kentim Los Angeles'a aynı gün koleralı onlarca insanı böyle getirdi. Dünyayı dolaşan Amerikalıların sayısındaki büyük artış ile Amerika'ya göçlerdeki patlama bizi bu kez başka bir potada birleştiriyor – daha önce yalnızca uzak ülkelerin tuhaf hastalıklarına yol açan mikroplar olarak umursamadığımız mikropların potasında.

Böylece insan nüfusu yeterince artıp yoğunlaşınca, tarihimizin yalnızca bizim türümüze özgü kalabalık hastalıklarını evrimleştirme ve yaşatma aşamasına ulaştık. Ama bu sonuçta bir çelişki var: Bu tür hastalıklar bu aşamadan daha önce asla var olamazdı! Yeni hastalıklar olarak gelişmeleri gerekiyordu. Bu yeni hastalıklar nereden geldi?

Hastalıklara yol açan mikroplar üzerinde yapılan moleküler incelemelerden son zamanlarda bazı kanıtlar elde edildi. Moleküler biyologlar bizim benzersiz hastalıklarımızın sorumlusu olan mikropların çoğunun en yakın akrabalarını saptayabiliyorlar. Bu akrabaların da bulaşıcı kalabalık hastalıklarına aracılık ettikleri anlaşıldı – ama bunlar yalnızca bizim evcil hayvanlarımızda ya da ev hayvanlarımızda bulunuyorlar! Hayvanlar arasındaki salgın hastalıklar da kalabalık ve yoğun nüfus gerektiriyor, herhangi bir hayvana musallat olmuyorlar: gerekli nüfus kalabalığını sağlayabilecek toplumsal hayvanlarda bulunuyorlar temelde. Bu yüzden de biz inek ve domuz gibi toplumsal hayvanları evcilleştirdiğimizde o hayvanlarda bize atlamak üzere bekleyen bu salgın hastalıklar zaten vardı.

Örneğin, kızamık virüsü sığır vebasına yol açan virüsle yakın akraba. Sığır vebası denen bu iğrenç salgın hastalık sığırlarda ve geviş getiren yaban memelilerde görülür ama insanlarda görülmez. Kızamık ise sığırlarda görülmez. Kızamık virüsü ile sığır vebası virüsü arasındaki yakın akrabalık bize ikincisinin sığırlardan insanlara geçtiğini, sonra bizlere uyum sağlamak için evrimleşip özelliklerini değiştirerek kızamığa dönüştüğünü düşündürüyor. Çiftçilikle uğraşan köylülerin inekleriyle birlikte yaşayıp uyuduklarını, ineklerin dışkıları, sidikleri, nefesleri, yaraları, kanıyla haşır neşir olduklarını düşünürsek hastalığın insanlara geçmesi hiç de şaşırtıcı değildir. Bizim sığırlarla içli dışlılığımız onları evcilleştirdiğimiz günden bu yana 9000 yıldır sürüyor – sığır vebasının hemen yanı başındaki bizleri keşfetmesine yetecek bir zamandı bu. Tablo 11.1'de görüleceği gibi bizim bildiğimiz öteki bulaşıcı hastalıkların geçmişi araştırıldığında onların da hayvanlardan kaynaklandığı ortaya çıkar.

Sevdiğimiz hayvanlarla yakınlığımız düşünüldüğünde sürekli onların mikroplarının bombardımanı altında olduğumuzu kestirmek zor değildir. Bu istilacılar doğal seçilim yoluyla ayıklanır, sonunda yalnızca pek azı insan hastalığı olarak tanınmayı başarırlar. Mevcut hastalıkları şöyle bir taradığımızda, hayvandan başlayarak gelişen özel insan hastalıklarının evriminde dört aşama olduğunu görürüz.

Tablo 11.1. Hayvan Dostlarımızın Bize ölümcül Armağanları

İnsan Hastalıkları	*Hastalık Mikrobunun En Yakın Akrabasını Taşıyan Hayvan*
Kızamık	sığır (sığır vebası)
Tüberküloz	sığır
Çiçek hastalığı	sığır (ineklerde çiçek hastalığı) ya da akraba çiçek virüsleri taşıyan öteki hayvanlar
Grip	domuz ve ördek
Boğmaca	domuz, köpek
Falciparum sıtması	kuşlar (tavuklar ve ördekler?)

Birinci aşamaya ara sıra doğrudan ev hayvanlarımızdan ya da evcil hayvanlardan kaptığımız onlarca hastalık örneklik eder. Bunların arasında kedilerden kaptığımız kedi humması, köpeklerden kaptığımız leptospirosis, tavuklardan ve papağandan kaptığımız *psittacosis*, sığırlardan kaptığımız *brucellosis* hastalığı vardır. Aynı şekilde yabani hayvanlardan da, yabani tavşanların derisini yüzen avcıların kaptığı tularemi hastalığı gibi hastalıklar kapma olasılığı bulunur. Bütün bu mikroplar henüz insanlara özgü hastalık mikroplarının evriminin birinci aşamasındadırlar. Henüz hâlâ doğrudan doğruya insandan insana geçmezler ve hatta hayvanlardan bize geçmeleri de yaygın olarak görülen bir şey değildir.

İkinci aşamada, daha önce hayvanda görülen bir hastalık mikrobu doğrudan doğruya insandan insana geçecek ve salgına yol açacak şekilde evrimleşmiştir. Yine de salgın hastalık çeşitli nedenlerle yok olur, örneğin çağdaş tıbbın olanaklarıyla tedavi edildiği için ya da ortalıktaki herkes zaten mikrobu aldığı, ya bağışıklık kazandığı ya da öldüğü için. Sözgelimi 1959'da Doğu Afrika'da daha önce bilinmeyen O'nyong'nyong humması adlı bir humma görüldü ve milyonlarca Afrikalı bu hastalığa yakalandı. Hastalık maymunlarda bulunan ve sivrisinekler aracılığıyla insanlara taşınmış olan bir virüsten kaynaklanmış olabilir. Hastaların çabucak iyileşmesi ve daha sonra hastalığa bağışıklık kazanması bu yeni hastalığın kısa zamanda yok olmasını kolaylaştırdı. Amerikalıların yakından bildikleri Fort Bragg humması Amerika Birleşik Devletleri'nde 1942 yılında patlak veren ve kısa zamanda yok olan yeni bir leptospiral hastalığa verilen addı.

Bir başka nedenden dolayı yeryüzünden silinen ölümcül bir hastalık da Yeni Gine'de görülen titreme hastalığıydı, yamyamlıkla bulaşan ve şimdiye kadar hiç kimsenin kurtulamadığı, ağır hareket eden bir virüsün yol açtığı bir hastalık. Avustralya devlet denetiminin 1959'da kurulmasıyla yamyamlığa ve dolayısıyla da titreme hastalığının yayılmasına son verildiğinde, bu hastalık Yeni Gine'nin 20.000 kişilik Fore kabilesinin köküne kibrit suyu dökme yolunda ilerliyordu. Tıp kayıtları bugüne kadar bilinen hiçbir hastalığa benzemeyen bu hastalığın hikâyeleriyle doludur ama bir zamanlar korkunç bir salgına dönüşen bu hastalık ne kadar gizemli bir şekilde başladıysa o kadar gizemli bir şekilde yok olmuştur. 1485 ile 1552 yılları arasında Avrupa'yı kasıp kavuran "İngiliz terleme hastalığı" ile 18. ve 19. yüzyıllarda Fransa'da görülen "Picardy teri", hastalığın sorumlusu olan mikropları saptama yöntemlerini çağdaş tıp geliştirmeden çok önce silinip gitmiş olan pek çok salgın hastalıktan yalnızca iki tanesidir.

Belli başlı hastalıklarımızın evriminin üçüncü aşamasını, daha önce hayvanlarda görülüp daha sonra insanlara yerleşen ve yok olmayan (henüz?), insanlığın hâlâ en önemli katilleri olabilecek ya da olmayabilecek olan hastalık mikropları oluşturur. Kemirgenlerden geliyor olabilecek bir virüsün yol açtığı Lassa hummasının geleceği hiç belli değildir. Lassa humması ilk kez 1969'da Nijerya'da görüldü, öylesine bulaşıcı bir ölümcül hastalığa yol açıyordu ki tek bir hastalık vakası görüldüğünde bile Nijerya hastanelerinin karantinaya alınması gerekiyordu. Farelerin ve geyiklerin taşıdığı kenelerin ısırıklarından kaptığımız spirillum bakterilerinin yol açtığı Lyme hastalığı daha da yerleşik bir hastalıktır. Amerika Birleşik Devletleri'nde, bilebildiğimiz kadarıyla, insanlarda ilk kez ancak 1962'de görüldü ama Lyme hastalığı dünyanın çeşitli bölgelerinde şimdiden salgın hastalık boyutlarına ulaşmak üzere. Maymunlardaki virüsler aracılığıyla bulaşmış olan ve insanlarda ilk kez 1959 yılında görüldüğü belgelenen AIDS'in geleceği (virüs açısından bakılırsa) daha da güvendedir.

Bu evrimin son evresini uzun süredir yalnızca insanlarda görülen belli başlı salgın hastalıklar oluşturur. Bu hastalıklar hayvanlardan bize atlamaya çalışmış –ama çoğu başaramamış olan– daha pek çok hastalık mikrobunun evrimsel kalıntıları olsa gerekir.

Tamamıyla hayvanlara özgü bir hastalık, tamamıyla insanlara özgü bir hastalığa dönüşürken bu dönüşüm evrelerinde aslında neler olup bitiyor? Dönüşümlerden biri ara taşıyıcı değişikliği içeriyor: Taşıyıcı olarak bir eklembacaklıya bağımlı olan bir mikrop kendine yeni bir ev sahibi bulduğu zaman o mikrobun kendisine yeni bir eklembacaklı bulması da gerekebilir. Örneğin, başlangıçta tifüs fareler arasında fare pireleri aracılığıyla yayılıyordu, tifüsün farelerden insanlara taşınması için de bu bir süre yeterli oldu. Sonunda tifüs mikropları insanların gövde bitleriyle insanlar arasında doğrudan doğruya yolculuk etmenin daha iyi bir yöntem olduğunu fark ettiler. Amerikalıların çoğunda artık bit diye bir şey kalmadığı için tifüs artık bize ulaşmanın başka bir yolunu buldu: Önce Kuzey Amerika'nın doğusundaki uçan sincaplara bulaşıyor, oradan da evlerinin tavanaraları uçan sincaplarla dolu insanlara sıçrıyor.

Kısacası, hastalıklar süregelen evrimi temsil ediyor, mikroplar doğal seçilim yoluyla yeni ev sahiplerine ve taşıyıcılara uyum sağlıyor. Ama ineklerin vücutlarıyla karşılaştırıldığında bizim vücudumuzun bağışıklık sistemleri, bitler, dışkılar ve kimyalar açısından farklılık gösteriyor. Bir mikrop bu yeni yaşam ortamında yeni yaşama ve üreme tarzları geliştirmek zorunda. Doktorlar ya da veterinerler mikropların gerçekten de bu yeni tarzları geliştirdiğine bazı hastalık durumlarında tanık oldular.

Avustralya tavşanlarının yakalandığı miksomatosis hastalığı sırasında olup bitenleri ayrıntısıyla biliyoruz. Brezilya tavşanlarının yaban bir türüne ait olan miksovirüsün, Avrupa'nın farklı bir türü olan evcil tavşanları arasında öldürücü bir salgın hastalığa yol açtığı gözlendi. Bunun üzerine virüs 1950'de kasıtlı olarak Avustralya'ya sokuldu, amaç kıtaya 19. yüzyılda düşüncesizce sokulmuş olan Avrupa tavşanı belasının kökünü kurutmaktı. Birinci yıl miksovirüs, hastalığa yakalanan tavşanlarda % 99,8 gibi (Avustralya çiftçileri açısından) memnuniyet verici bir ölüm oranına yol açtı. İkinci yıl, çiftçilerin hiç de hoşuna gitmeyecek bir şekilde ölüm oranı % 90'a, sonunda da % 25'e düştü, böylece Avustralya'daki tavşanların kökünü kazıma umutları suya düştü. Sorun şuydu: Miksovirüs bizim ve tavşanların çıkarlarından farklı olan kendi çıkarlarına hizmet edecek şekilde evrimleşmişti. Virüs değişmişti, daha az tavşanı öldürüyor, ölümcül mikrobu almış tavşanların daha uzun bir süre yaşadıktan sonra ölmelerine izin veriyordu. Sonuç olarak daha az öldürücü bir miksovirüs, son derece öldürücü olan ilk virüse göre daha fazla tavşana yayılıyordu.

İnsanlardaki benzer bir örnek olarak frenginin şaşırtıcı evrimine göz atmak yeterli olacaktır. Bugün frengi denince aklımıza ilk gelen şey cinsel organlarda yaralar ile çok yavaş ilerleyen bir hastalıktır, tedavi görmeyen pek çok kurbanın ancak uzun yıllar sonra ölümüne yol açar. Oysa kayıtlara göre Avrupa'da frengi 1495'te ilk görüldüğünde insanların kafasından dizlerine kadar bütün vücudunu benekler kaplar, yüzlerinden et parçaları dökülür, insanlar birkaç ay içinde ölürdü. 1546'ya gelindiğinde frengi bugün bizim çok iyi bildiğimiz belirtileri gösteren bir hastalığa evrilmişti. Anlaşılan tıpkı miksomatosiste olduğu gibi, kurbanlarının daha uzun süre yaşamasına izin verecek şekilde evrimleşen o frengi spirillumları böylece kendi döllerini daha fazla kurbana yayma olanağını buluyordu.

İnsanlık tarihinde öldürücü mikropların oynadığı önemli rolü çok iyi gösteren olay Yeni Dünya'nın Avrupalılarca fethedilişi ve nüfusunun azalışı olayıdır. Avrupalıların tüfekleri ve kılıçlarıyla savaş alanlarında ölen Amerikan yerlilerinden çok daha fazlası Avrasya mikropları yüzünden yataklarında öldüler. Yerlilerin ve yerli şeflerin çoğunu öldüren ve hayatta kalanların morallerini çökerten bu mikroplar yerlilerin direncini yerle bir etti. Örneğin, 1519'da Cortés yanında 600 İspanyol'la birlikte, nüfusu milyonları bulan, askerî bakımdan son derece üstün Aztek İmparatorluğu'nu ele geçirmek üzere Meksika kıyısına çıktı. Cortés'in Aztek başkenti Tenochtitlán'a ulaşması, adamlarının "yalnızca" üçte ikisini kaybetmesi ve kıyıya geri dönmeyi başarması hem İspanyolların askerî üstünlüklerini hem de Azteklerin başlangıçtaki saflıklarını gösteriyor. Ama Cortés'in ikinci saldırısı başladığında Aztekler artık saf falan değillerdi, müthiş bir inatla sokak sokak savaştılar. İspanyollara kesin üstünlüklerini kazandıran şey, İspanyol Kübası'ndan gelen mikroplu bir köleyle 1520'de Meksika'ya ulaşan çiçek hastalığıydı. Salgın hale gelen bu hastalığın sonucunda Azteklerin neredeyse yarısı öldü, İmparator Cuitláhuac da ölenlerin arasındaydı. Yerlileri öldüren, sanki İspanyolların yenilmezliğini ilan eder gibi onlara dokunmayan bu gizemli hastalık karşısında hayatta kalan Azteklerin morali bozulmuştu. 1618'de Meksika'nın daha önce 20 milyon olan nüfusu aşağı yukarı 1,6 milyona düşmüştü.

Aynı korkunç şans, 1531'de 168 adamıyla gelip nüfusu milyonları bulan İnka İmparatorluğu'nu ele geçirmek üzere Peru kıyılarına ayak basan Pizarro'nun da yüzüne güldü. Pizarro'nun yüzünü güldüren, İnkaları ağlatan şey 1526'da bu topraklara gelen çiçek hastalığıydı, İnka nüfusunun büyük bölümü ölmüştü, ölenlerin arasında hem imparator Huayna Capac hem de onun yerine atanan halefi vardı. III. Bölüm'de gördüğümüz gibi, tahtın boş kalması üzerine Huayna Capac'ın iki oğlu Atahualpa ile Huascar taht kavgasına başlamış, Pizarro da parçalanmış olan İnkaları yenilgiye uğratmak için bundan yararlanmıştı.

Amerika Birleşik Devletleri'nde bizler en kalabalık Yeni Dünya toplumlarını düşündüğümüzde aklımıza daha çok Aztekler ve İnkalar gelir. Kuzey Amerika'da bugün bizim en iyi çiftlik arazilerimizin bulunduğu Mississippi Vadisi'nde, bu en akla yatkın bölgede de kalabalık nüfuslu yerli toplumlarının yaşadığını unuturuz. Bu bölgedeki toplumların yok oluşuna fatihler doğrudan doğruya hiçbir katkıda bulunmamıştır oysa; daha önceden yayılan Avrasya mikroplarının marifetidir her şey. Hernando de Soto 1540'ta ilk Avrupalı fatih olarak Amerika Birleşik Devletleri'nin güneydoğu bölgesinde ilerlerken iki yıl önce salgın hastalıklardan kasaba halkı öldüğü için boşalmış kasabalarla karşılaşmıştı. Bu hastalıklar onlara, kıyıları ziyaret eden İspanyollardan mikrop kapan kıyı bölgesi yerlilerinden bulaşmıştı. İspanyolların mikropları İspanyolların kendilerinden önce iç bölgelere doğru yayılmıştı.

De Soto yine de aşağı Mississippi kıyılarındaki yoğun nüfuslu bazı yerli kasabalarını görme şansına sahip oldu. Onun keşif yolculuğu sona erdikten sonra Avrupalıların yeniden Mississippi Vadisi'ne ulaşması uzun zaman almıştı ama Avrasya mikropları artık Kuzey Amerika ya yerleşmişti, durmadan yayılıyordu. Aşağı Mississippi'de Avrupalılar ikinci kez boy gösterdiğinde, yani 1600'lerin sonlarında Fransız göçmenler geldiğinde o büyük yerli kasabalarının hemen hemen hiçbiri yoktu. Mississippi Vadisi'ndeki büyük höyükler onların kalıntısıdır. Kolomb Yeni Dünya'ya ayak bastığında, bu höyüklerin ait olduğu toplumların çoğunun hâlâ büyük oranda öylece durduklarını, 1492 ile Avrupalıların Mississippi'yi yöntemli olarak keşfettikleri yıllar arasında (belki de hastalık sonucunda) yok olduklarını ancak yakın zamanda fark ettik.

Benim çocukluğumda okullarda bize Kuzey Amerika'da başlangıçta yalnızca bir milyon kadar yerlinin yaşadığını öğretirlerdi. Bu sayının böyle düşük olması, hemen hemen boş sayılan bir kıtayı beyazların ele geçirişinde hiçbir sakınca olmadığını göstermeye yarardı. Oysa arkeolojik kazılardan ve kıyılarımıza gelen ilk Avrupalı kâşiflerden kalan betimlemelerden öğrendiğimize göre artık başlangıçta 20 milyon kadar yerlinin yaşadığını biliyoruz. Genel olarak Yeni Dünya'da Kolomb'un gelişinden sonraki bir ya da iki yüzyıl içinde yerlilerin nüfusundaki azalma oranının % 95'i bulduğu tahmin ediliyor.

Başlıca ölüm nedeni Eski Dünya'nın mikroplarıydı, Amerikan yerlileri bu mikroplarla hiç karşılaşmamışlardı, bu yüzden de onlara karşı ne bağışıklıkları ne de genetik dirençleri vardı. Çiçek, kızamık, grip, tifüs öldürücülükte birinciliği almak için yarışıyordu. Sanki bunlar yetmiyormuş gibi difteri, sıtma, kabakulak, boğmaca, veba, verem, sarıhumma da onlarla yarışıyordu. Beyazlar mikropların gelişiyle yaşanan kırımlara kendi gözleriyle sayısız kereler tanık oldular. Örneğin 1837'de, bizim Great Plains bölgesindeki en gelişmiş kültürlerden birine sahip olan yerli Mandan kabilesine, St. Louis'den yola çıkıp yukarı Missouri'ye doğru yol alan buharlı gemiden çiçek hastalığı bulaştı. Bir Mandan köyünün nüfusu birkaç hafta içinde 2000'den 40'ın altına düştü.

Eski Dünya'dan gelen bir düzineden fazla önemli bulaşıcı hastalık Yeni Dünya'yı yurt edinirken Amerika kıtalarından Avrupa'ya giden belki de tek bir öldürücü hastalık bile olmadı. Olduysa bile ancak anayurdu tartışmalı olan frengi olabilir. Bu mikrop değiş tokuşunun tek yanlılığı, bizim bulaşıcı kalabalık hastalıklarımızın evrimi için çok kalabalık nüfuslu insan topluluklarının gerektiğini hatırladığımız zaman daha da dikkat çekici olmaktadır. Kolomb öncesi dönemdeki Yeni Dünya nüfusu konusunda son zamanlarda yeniden yapılan tahminler doğruysa çağdaş Avrasya'nın nüfusunun çok altında değildi. Tenochtitlán gibi bazı Yeni Dünya kentleri dünyanın o zamanki en kalabalık kentleri arasındaydı. Niçin Tenochtitlán'da İspanyolları bekleyen korkunç mikroplar yoktu?

Çok kalabalık nüfuslu insan topluluklarının Yeni Dünya'da Eski Dünya'dakine göre biraz daha geç bir tarihte ortaya çıkmış olması etkenlerden biri olabilir. Bir başka neden ise Amerika'daki en kalabalık nüfuslu üç merkezin –Andlar'ın, Mezoamerika'nın, Mississippi Vadisi'nin– Avrupa, Kuzey Afrika, Hindistan ve Çin gibi, Roma döneminde düzenli ve hızlı ticaret yoluyla mikroplar için kocaman tek bir üreme çiftliği haline gelecek şekilde birleştiği gibi birleşememiş olmasıdır. Bu nedenler yine de Yeni Dünya'da niçin hiçbir öldürücü salgın kalabalık hastalığının görülmediğini açıklamaya yetmez (1000 yıl önce ölmüş bir Perulunun mumyasında verem DNA'sına rastlandığı rapor edilmişti ama uygulanan saptama yöntemiyle bunun insan veremine mi yoksa onun yakın akrabası olan ve yabani hayvanlarda yaygın olarak görülen hastalık mikrobuna *[Mycobacterium bovis]* mı ait olduğunu saptama olanağı yoktur).

Ama biraz duraklar ve temel bir soru sorarsak Amerika kıtalarında öldürücü salgın kalabalık hastalıklarının görülmemesinin temel nedeni ortaya çıkar. Bunlar hangi mikropların evrimleşmesiyle ortaya çıkmış olabilir? Avrasya'daki salgın kalabalık hastalıklarının Avrasya'da evcilleştirilen sürü hayvanlarının hastalıklarının evrimleşmesiyle ortaya çıktığını daha önce görmüştük. Avrasya'da böyle pek çok hayvan olmasına karşın Amerika kıtalarında ancak beş tür hayvan evcilleştirilmişti: Meksika ile Amerika Birleşik Devletleri'nin doğusunda hindi, Andlar'da lama/alpaka ile kobay, tropik Güney Amerika'da berberistan ördeği, Amerika kıtalarının her yerinde köpek.

Beri yandan Yeni Dünya'da evcil hayvanların azlığının yaban başlangıç malzemesinin azlığını yansıttığını görmüştük. Amerika kıtalarındaki büyük memeli hayvanların % 80'i 13.000 yıl önce son Buzul Çağı'nın sonunda yok olmuştu. Amerikan yerlilerinin elinde kalan birkaç evcil hayvanın, inekler ve domuzlarla karşılaştırıldığında kalabalık hastalıklarına kaynaklık etme olasılıkları yoktu. Berberistan ördekleri ve hindiler büyük sürüler halinde yaşamazlar, (koyun yavruları gibi) sokulgan hayvanlar olmadıkları için onlarla fazla fiziksel temasımız olmaz. Kobaylar düşmanlarımızın listesine Chagas hastalığı ya da leishmaniasis gibi bir tripanozomiyaz hastalığı eklemiş olabilirler ama bunu kesin olarak bilemiyoruz. Önce, Avrasya'daki hayvan varlığının Andlar'daki eşdeğeri olarak düşünmeden edemeyeceğimiz lamalardan (alpakalardan) insanlara geçmiş bir hastalığın bulunmaması her şeyden çok şaşırtıcıdır. Ama lamaların insanlarda hastalık yapan mikroplara kaynaklık etmelerini engelleyen dört etmen vardır: koyunlara, keçilere, domuzlara göre daha küçük sürüler halinde yetiştiriliyorlardı; lamalar Andlar'ın ötesine yayılmadıkları için toplam sayıları Avrasya'nın evcil hayvan varlığı nüfusunun boyutlarına asla yaklaşamadı bile; lama sütünü insanlar içmezler (ve sütten mikrop kapmazlar); lamalar ev içlerinde, insanlarla yakın temas halinde yetiştirilmezler. Oysa Yeni Gine'nin yüksek bölgelerinde genellikle insan anneler domuz yavrularını emzirir ve çiftçilik yapan köylüler hem domuzlara hem ineklere kulübelerinde bakarlar.

Hayvanlardan geçmiş hastalıkların tarihsel önemi Eski Dünya ile Yeni Dünya çatışmasının çok ötelerine uzanır. Avrasya mikropları dünyanın pek çok başka bölgesindeki yerli halkların, Büyük Okyanus adalarında yaşayanların, Avustralya yerlilerinin, Güney Afrika'daki Koisan halklarının (Hotantoların, Buşmanların) yok olmasında kilit önemde rol oynamıştır. Daha önce Avrasya mikroplarıyla hiç karşılaşmamış olan ve bu mikroplar yüzünden ölen insanların oranı toplamda % 50 ile % 100 arasında değişir. Örneğin, Hispaniola yerli nüfusu, MS 1492'de Kolomb geldiği zaman, sekiz milyondan 1535'te sıfıra düştü. 1875'te Avustralya'yı ziyaretten dönen bir Fiji şefi Fiji'ye kızamığı getirdi, (1791'de Avrupalıların ilk ziyaretiyle başlayan salgın hastalıklar yüzünden Fijililerin çoğu öldükten sonra) o tarihte hâlâ hayatta olan Fijililerin dörtte biri kızamıktan öldü. Kaptan Cook ile birlikte gelen frengi, belsoğukluğu, verem ve gripten sonra 1804'te görülen büyük bir tifo salgını ile birlikte sayısız "küçük" salgınla Hawaii'nin nüfusu 1779'da yarım milyon iken, çiçek hastalığının Hawaii'ye ulaştığı ve hayatta kalanlardan 10.000'inin ölümüne yol açtığı 1853 yılında 84.000'e düştü. Bu örnekler neredeyse böyle sonsuza kadar uzatılabilir.

Yine de mikroplar yalnızca Avrupalıların lehine çalışmamıştır. Yeni Dünya'da ve Avustralya'da Avrupalıları bekleyen, oraların kendi yerel salgın hastalıkları yoktu ama Tropik Asya'da, Afrika'da, Endonezya'da, Yeni Gine'de pekâlâ vardı. Eski Dünya'nın tropik kuşağında sıtma, Güneydoğu Asya'nın tropik bölgesinde kolera, tropik Afrika'da sarıhumma bir zamanlar insanları kırıp geçirmekle ünlü hastalıklardı (hâlâ da öyle). Avrupalıların tropik bölgeleri sömürgeleştirmelerini zora sokan en ciddi engel bu hastalıklardı ve Avrupalıların Yeni Dünya'yı bölüp parçaladıktan ancak dört yüz yıl sonra Yeni Gine'yi ve Afrika'nın büyük bir bölümünü parçalayabilmelerinin nedeni de buydu. Dahası, sıtma ile sarıhumma, Avrupalıların gemi trafiğiyle bir kez Amerika kıtalarına ulaştıktan sonra Yeni Dünya'nın tropik bölgelerinin de sömürgeleştirilmesini zora sokan başlıca engel haline geldi. Fransızların Panama Kanalı girişiminin başarısızlıkla sonuçlanmasında bu iki hastalığın oynadığı rolü biliyoruz, Amerikalıların sonunda başarılı olan girişimi de neredeyse bunlar yüzünden başarısızlıkla sonuçlanmak üzereydi.

Bütün bu olguları aklımızın bir köşesinde tutarak, şimdi Yali'nin sorusunu yanıtlamada mikropların oynadığı rol konusundaki perspektif duygumuzu yeniden kazanmaya çalışalım. Hiç kuşku yok ki Avrupalılar egemenlikleri altına aldıkları Avrupalı olmayan halklar karşısında silah, teknoloji ve siyasal örgütlenme açısından büyük bir üstünlüğe sahipti. Ama yine de çok az sayıdaki Avrupalı göçmenin Amerika kıtalarındaki ve dünyanın başka yerlerindeki onca yerel nüfusu yok etmeyi başarmasını bu üstünlükle açıklayamayız. Avrupalıların öteki kıtalara götürdükleri bu armağan olmasaydı –Avrasyalıların evcil hayvanlarla nicedir içli dışlılığı sonucunda evrimleşmiş mikroplar olmasaydı– bunların hiçbiri olmayabilirdi.

XII. Bölüm

Kopyalar ve Ödünç Harfler

On dokuzuncu yüzyıl yazarları genellikle tarihi, vahşilikten uygarlığa bir geçiş olarak yorumlama eğiliminde olmuşlardır. Bu geçiş tarım, metal işleme teknolojisi, karmaşık teknoloji, merkezi yönetim ve yazı gibi kilit önemdeki gelişmelerin damgasını taşıyordu. Bunların içinde yazı geleneksel olarak coğrafi bakımdan en sınırlı kalmış olanıydı: İslamiyet'in ve Avrupa sömürgeciliğinin yayılışına kadar Avustralya'da, Büyük Okyanus adalarında, Afrika'da Sahra'nın güneyinde, Mezoamerika'nın küçük bir bölgesi dışında Yeni Dünya'nın bütününde yazı diye bir şey yoktu. Bu sınırlı dağılımın sonucu olarak da uygar olmakla övünen halklar her zaman yazıyı kendilerini "barbarlar"dan ya da "vahşi"lerden üstün kılan en önemli ayırıcı özellik olarak görmüşlerdi.

Bilgi güç demektir. Bu yüzden de yazı, çok daha uzak ülkelere ve çok daha eski zamanlara ait çok daha fazla bilgiyi çok daha sağlıklı ve çok daha ayrıntılı bir biçimde aktarma olanağı verdiği için çağdaş toplumlara güç kazandırır. Elbette bazı halklar (özellikle İnkalar) yazıları olmadan da imparatorlukları yönetebilmişlerdi ve "uygar" halklar, Hunlarla karşılaşan Roma orduları gibi, her zaman "barbarları" yenemezler. Ama Amerika kıtalarının, Sibirya'nın ve Avustralya'nın Avrupalılarca ele geçirilişi en yakın geçmişteki sonuçların tipik bir örneğidir.

Yazı, fetihlerin çağdaş bir aracı olarak tüfeklerle, mikroplarla ve merkezileşmiş yönetimlerle el ele yürüdü. Sömürge edinmek üzere yola koyulacak filoları hazırlayan tacirlerin ve hükümdarların buyrukları yazılı olarak iletiliyordu. Filolar daha önceki keşif yolculukları sırasında hazırlanmış haritalara ve yazılı seyrüsefer talimatlarına bakarak rotalarını saptıyorlardı. Daha önceki keşif yolculuklarının hikâyelerinin anlatıldığı, kâşifleri bekleyen zenginliklerden, verimli topraklardan söz eden yazılı belgeler başka insanları da harekete geçiriyordu. Bu hikâyeler daha sonraki kâşifleri kendilerini hangi koşulların beklediği konusunda bilgilendiriyor ve onların hazırlanmalarına yardımcı oluyordu. Sonuçta kurulan imparatorluklar yazının yardımıyla yönetildi. Okuryazarlık öncesi toplumlarda bütün bu tür bilgiler başka araçlarla da olsa aktarılıyordu ama yazı bu aktarımı daha çok kolaylaştırmış, daha ayrıntılı, daha sağlıklı, daha inandırıcı bir biçimde yapılmasını sağlamıştı.

Peki, bu kadar önemli olan yazıyı niçin bazı halklar geliştirdi de bazıları geliştiremedi? Örneğin, o geleneksel avcı/yiyecek toplayıcı halklar arasında niçin hiç yazıyı geliştireni ya da sahipleneni çıkmadı? Ada imparatorlukları arasında yazı niçin Minos Uygarlığı'na ait Girit'te geliştirildi de Polinezya Tonga'sında geliştirilmedi? İnsanlık tarihinde yazı kaç ayrı kez, hangi koşullar altında, ne için kullanılmak üzere geliştirildi? Yazıyı bulan halklar arasında niçin bazıları ötekilerden çok daha önce buldu? Örneğin, bugün Japonların ve İskandinavların büyük çoğunluğu okuryazardır ama çoğu Iraklı değildir: Peki, yazı niçin yaklaşık dört bin yıl önce Irak'ta ortaya çıktı?

Yazının ilk kez bulunduğu merkezden yayılış şekli de önemli sorular getiriyor akla. Niçin, örneğin, yazı Bereketli Hilal'den Etiyopya'ya ve Arabistan'a yayıldı da Meksika'dan Andlar'a yayılmadı? Yazı sistemleri kopya yoluyla mı yayıldı yoksa mevcut sistemler komşu halklara kendi sistemlerini icat etme düşüncesini mi verdi? Bir dil için iyi işleyen bir yazı sistemi varken farklı bir dil için nasıl bir sistem geliştirebilirsiniz? İnsan kültürünün başka pek çok yönünün –örneğin teknolojinin, dinin, yiyecek üretiminin– ortaya çıkışı ve yayılış olgusunu anlamaya çalıştığınız an benzeri sorular gelir aklınıza. Yazı konusunda bu tür sorularla ilgilenen bir tarihçi bu soruları yazılı kayıtların ta kendisiyle, benzersiz derecede ayrıntısıyla yanıtlama olanağına sahiptir. Bu yüzden yazının gelişimini izleyeceğiz, içkin önemi bir yana, yazı kültürel tarihin iç yüzünü genel olarak kavramamıza aracılık edeceği için yapacağız bunu.

Yazı sistemlerinin temelinde yatan üç ana strateji vardır; bu stratejiler tek bir yazılı işaretin gösterdiği söz biriminin uzunluğuna göre değişir: söz biriminin tek bir temel ses, tam bir hece ya da tam bir sözcük oluşuna göre. Bugünkü halkların çoğu bu üçünün içinde en çok alfabeyi kullanmaktadır. Alfabe sisteminde dilin her bir temel sesi (sesbirim) için ilke olarak bir gösterge (harf) bulunur. Aslında alfabelerin çoğu yirmi ya da otuz harften oluşur, oysa dillerin çoğunda alfabelerindeki harflerinden daha fazla sayıda sesbirim vardır. Örneğin, İngilizcede kırk kadar sesbirim yirmi altı harf ile yazılır. Bu yüzden de, İngilizce de aralarında olmak üzere alfabeyle yazılan dillerin çoğunda çeşitli farklı ses-birimleri aynı harfle yazmak ve bazı sesbirimleri birden fazla harf bileşimiyle göstermek zorunluluğu vardır. Söz gelimi İngilizcedeki *sh* ve *th* bileşimlerinden birincisi Rusçada, ikincisi Yunancada tek bir harfle gösterilir.

İkinci stratejide logogram denen işaret kelimeler kullanılır, yani yazılı bir gösterge bir kelimenin yerini tutmaktadır. Çin yazısındaki ve (kanji denen) yaygın Japon yazı sistemindeki pek çok göstergenin işlevi budur. Alfabeli yazı sistemi yaygınlaşmadan önce logogram kullanan sistemler daha yaygındı ve aralarında Mısır hiyeroglifi, Maya yazısı ve Sümer çiviyazısı vardı.

Bu kitabın okurlarının çoğunun pek az bildikleri üçüncü stratejiye göre, her hece için bir harf kullanılır. Uygulamada bu tür yazı sistemlerinin çoğunda bir ünsüz ile o ünsüzden sonra gelen bir ünlüden oluşan (ka-pı-cı sözcüğünde olduğu gibi) heceleri gösteren ayrı ayrı göstergeler vardır ve bu göstergelerle başka tür heceleri yazabilmek için çeşitli yollara başvurulur. Yunanistan'da Miken dönemindeki Çizgisel B yazısı örneğindeki gibi, bu tür yazı sistemleri eski zamanlarda yaygındı. Bazıları bugün hâlâ varlığını sürdürüyor,

Japonların telgraflarda, banka hesap raporlarında, görmeyenler için yazılan metinlerde kullandıkları *kana* bunlara en güzel örnektir.

Bu üç yaklaşım için yazı sistemi yerine strateji sözcüğünü bilerek kullandım. Hiçbir gerçek yazı sisteminde tek bir strateji kullanılmaz. Çin yazısı tamamıyla logogramlardan oluşmaz, İngilizce yazı sistemi yalnızca alfabeye dayanmaz. Alfabeli bütün yazı sistemlerinde olduğu gibi İngilizcede de $, %, + gibi pek çok logogram kullanılır: yani bütün bir sözcüğün yerine geçen, sessel ögelerden oluşmayan, saymaca göstergeler. "Heceli" Çizgisel B yazısında pek çok logogram bulunuyordu ve "logogramlı" Mısır hiyeroglifinde her bir ünsüz için ayrı ayrı harflerden oluşan gerçek bir alfabenin yanı sıra pek çok hece göstergesi de vardı.

Sıfırdan bir yazı sistemi geliştirmek, başkalarından ödünç alıp kendine mal etmeye göre akıl almaz derecede güç olmalı. İlk yazıcılar, bugün bizim olduğu gibi kabul ettiğimiz temel ilkeleri saptamak zorundaydılar. Örneğin, kesintisiz bir sözceyi söz birimlerine nasıl ayıracaklarını düşünüp bulmak zorundaydılar –bu söz birimleri ister sözcük, ister hece ya da sesbirim olarak alınsın. Normal konuşmamız sırasındaki ses yüksekliği, ses perdesi, hız, vurgu, sözcükleri öbekleme, kişisel söyleyiş gibi onca değişikliğe karşın aynı sesleri ya da söz birimlerini tanımayı öğrenmek zorundaydılar. Bir yazı sisteminin bütün bu değişiklikleri göz ardı etmesi gerektiğine karar vermek zorundaydılar. Daha sonra sesleri simgelerle gösterme yollarını arayıp bulmak zorundaydılar.

Nasıl olduysa ilk yazıcılar önlerinde kendi çabalarına kılavuzluk edecek bir örnek, çabalarının sonunda ortaya çıkacak şeyin herhangi bir örneği olmadan bütün bu sorunları çözdüler. Bu iş hiç kuşkusuz öylesine güç bir işti ki tarihte yazıyı tamamıyla kendi başlarına icat etmiş insan topluluklarının sayısı da az oldu. Tartışmaya yer bırakmayacak şekilde yazının bağımsız olarak icat edildiği iki yer vardı, biri Mezopotamya, öteki Meksika; Mezopotamya'da Sümerler MÖ 3000 yılında, Meksika yerlileriyse MÖ 600 yılında icat etmişlerdi (Şekil 12.1); MÖ 3000 yılındaki Mısır yazısı ile (MÖ 1300 öncesi) Çin yazısı da bağımsız olarak icat edilmiş olabilir. Belki de o zamandan bu yana yazı sistemi geliştirmiş olan topluluklar, mevcut sistemleri ödünç almış, uyarlamış ya da hiç değilse onlardan esinlenmiş olabilirler.

Metinde Adı Anılan Bazı Yazı Biçimlerinin Yerleri

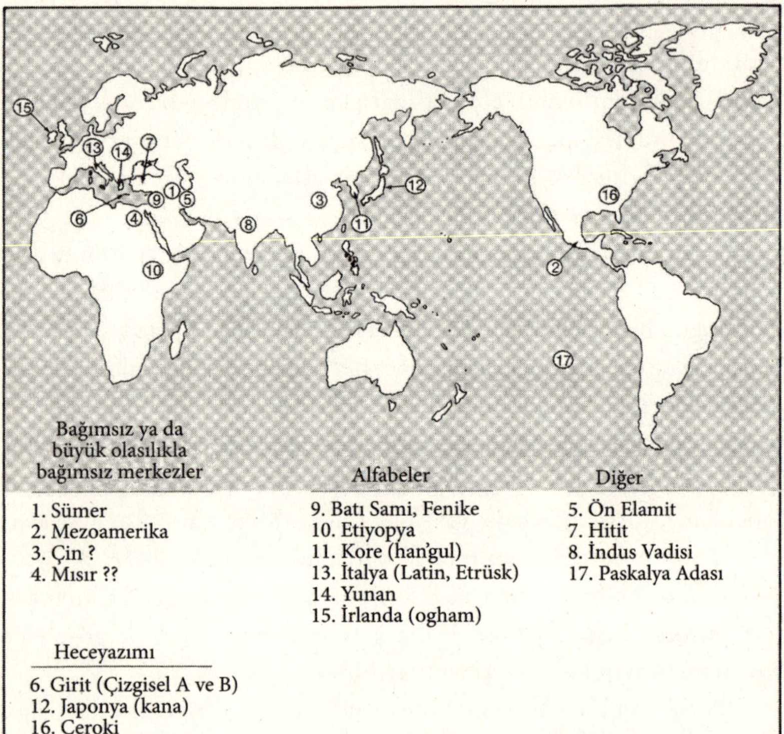

Şekil 12.1. Çin'in ve Mısır'ın yanındaki soru işaretleri ilk yazının bu bölgelerde tamamıyla bağımsız olarak mı ortaya çıktığı yoksa daha önce başka yerlerde ortaya çıkmış olan yazı sistemlerinden mi etkilendiği konusundaki kuşkuları yansıtıyor. "Diğer" sözcüğü, ne alfabe ne hece yazımına dayanan ve belki de daha önceki yazıların etkisiyle ortaya çıkmış yazılar için kullanılıyor.

Ayrıntılarıyla araştırıp ortaya çıkarabildiğimiz bağımsız icat olarak tarihin en eski yazı sistemi, Sümer çiviyazısıdır (Şekil 12.1). Bu yazı icat edilmeden önce Bereketli Hilal'in bazı köylerinde çiftçilikle uğraşan insanlar yüzlerce yıldır, koyunların sayısının ve tahıl miktarının hesabını tutmak gibi amaçlarla kilden yapılma, çeşitli basit biçimlerde sikkeler kullanıyorlardı.

MÖ 3000'den önceki son yüzyıllarda muhasebe yöntemindeki, genel biçim ve işaretlerindeki gelişmeler ilk yazı sisteminin yolunu açtı. Üzerine yazı yazılacak uygun bir yüzey olarak düz kil tabletlerin kullanılması bu tür teknolojik yeniliklerden biridir. Başlangıçta sivri uçlu aletlerle kil tabletin üzerine kazınarak yazılıyordu, daha sonra yavaş yavaş onların yerini, tabletin üzerine bastırarak düzgünce işaret koymak için kullanılan kamıştan yapılma yazı gereçleri aldı. Genel biçim konusundaki gelişmelerin içine bugün gereklilikleri bütün dünyaca kabul edilen gelenekler giriyordu: Yazılar kurallara bağlanmış şekilde satırlar ya da sütunlar (günümüz Avrupalıları gibi Sümerler için de yatay satırlar) halinde düzenlenmeliydi; satırlar hep aynı yönde (günümüz Avrupalıları gibi Sümerler için de soldan sağa) okunmalıydı; tabletteki satırların aşağıdan yukarıya değil, yukarıdan aşağı okunması daha iyi olurdu.

Ama asıl önemli değişiklik aslında bütün yazı sistemlerinin temel sorununun çözümüyle ilgiliydi: Yalnızca düşünceleri ya da daha doğrusu söylenişlerinden bağımsız olarak sözcükleri değil gerçekten ağızdan çıkan sesleri temsil edecek, üzerinde anlaşmaya varılmış, görünür işaretler nasıl bulunacaktı? Fırat Irmağı kıyısında, bugünkü Bağdat'ın aşağı yukarı 330 kilometre kadar güneydoğusunda eski bir Sümer kenti olan Uruk'un kalıntıları arasından kazılıp çıkarılmış binlerce tablet sayesinde bu çözümün ilk evrelerini araştırıp öğrenme olanağımız oldu. Sümerlerin kullandıkları ilk yazı göstergeleri (örneğin bir balık ya da kuş resmi) söz konusu nesnenin tanınabilir resimlerinden oluşuyordu. Doğal olarak bu resimsi göstergeler görünür nesnelerin sayılarından ve adlarından oluşuyordu; sonuçta ortaya çıkan metinler dilbilgisel ögelerden yoksun, telgraf gibi kısaltılmış muhasebe raporlarından öte bir şey değildi. Yavaş yavaş göstergelerin biçimleri soyutlaşmaya başladı, özellikle sivri uçlu yazı gereçlerinin yerini kamış yazı kalemleri aldıkça. Eski göstergeler birleştirilerek yeni göstergeler, yeni anlamlar üretildi: Örneğin, *baş* göstergesiyle *ekmek* göstergesi birleştirildi *yemek yemek* anlamına gelen gösterge elde edildi.

İlk Sümer yazısı sesçil olmayan logogramlardan oluşuyordu. Yani, Sümer dilindeki belli seslere dayanmıyordu, başka herhangi bir dilde bambaşka seslerle okunabilir ve aynı anlama gelebilirdi – tıpkı 4 sayısının göstergesinin İngilizcede, Rusçada, Fincede, Endonezya dilinde sırasıyla *four*, *chetwrtre*, *neljâ*, *empat* şeklinde okunup aynı anlama gelmesi gibi. Belki de yazının tarihindeki en önemli adım Sümerlerin başlattığı sesçil simgelemelerdi, (resminin çizilmesi olanaksız) soyut bir adı başlangıçta sesçil söylenişi aynı olan ve resmi yapılabilen bir adın göstergesi aracılığıyla yazarak bunu başardılar. Örneğin, tanınabilecek bir *ok* resmi yapmak kolaydır da *hayatın* tanınabilecek bir resmini yapmak güçtür ama her ikisi de Sümercede *ti* olarak söylenir, bu yüzden ok resmi hem *ok* hem de *hayat* anlamına gelmeye başladı. Bu durumun yaratacağı belirsizlik, amaçlanan nesnenin ait olduğu adların kümesini belirten ve tamamlayıcı denen sessiz bir gösterge eklenerek ortadan kaldırıldı. Dilbilimciler bu çok belirleyici olan ve günümüzün sözcük oyunlarının altında yatan yeniliği resimli bilmece* ilkesi olarak adlandırdılar.

Sümerler bir kez bu sesçil ilkeyi keşfettikten sonra bunu soyut adları yazmaktan çok daha başka şeyler için de kullanmaya başladılar. Dilbilgisel ekleri oluşturan heceleri ya da harfleri yazmak için kullandılar. Örneğin, İngilizcede yaygın olarak kullanılan *–tion* hecesinin resminin nasıl çizileceği açıkça belli değildir ama aynı şekilde söylenen *shun* (uzak durmak, sokulmamak) fiilinin resmini çizebiliriz. Sesçil olarak yorumlanan göstergeler aynı zamanda uzun sözcükleri "hecelemek" için de kullanılıyordu; her biri bir hecenin sesini betimleyen dizi halinle resimler çiziliyordu. Sözgelimi *başarı* sözcüğünü yazmak işteyen kişi bir baş resminden sonra bir arı resmi çizmek zorundaydı. Sesçil göstergeler aynı zamanda yazıcılara aynı

* Sorulan sözcük ya da cümlenin parçalarını ayrı ayrı resimlerle göstererek oynanan bir çeşit bilmece oyunu. Örneğin, bir *baş* ve *arı* resmiyle *başarı* sözcüğünü buldurmak.

resimsel göstergeyi birbiriyle ilişkili (örneğin *diş, konuşma, konuşucu* gibi) birtakım sözcükler için kullanmalarına da izin veriyordu ima bunun yaratacağı karışıklık sesçil olarak yorumlanacak fazladan bir göstergeyle (örneğin, *iş, kon, uc* göstergelerinin seçilmesiyle) önleniyordu.

Sümer çiviyazısından türetilmiş ulan Babil çiviyazısı.

Böylece Sümer yazısında üç tür gösterge kullanılıyordu: Tam bir sözcük ya da adın yerine geçen logogramlar; heceleri, harfleri, dilbilgisel ögeleri ya da sözcük parçalarını yazmakta kullanılan sesçil göstergeler; söylenmeyen ama karışıklıkların önlenmesine yarayan tamamlayıcılar. Yine de Sümer yazısındaki sesçil göstergeler tamamıyla hecesel ya da alfabeli yazıdakilere göre çok eksik kalıyordu. Sümer yazısında bazı heceler için hiçbir yazılı gösterge yoktu aynı gösterge bir sözcük olarak okunabildiği gibi bir hece ya da harf olarak da okunabilirdi.

Sümer çiviyazısının yanı sıra insanlık tarihinde bağımsız olarak başladığı kesin olarak bilinen bir başka yazı sistemi de Mezoamerika'nın, muhtemelen Güney Meksika'nın yerli Amerikan toplumlarına aittir. Mezoamerika'da yazının Eski Dünya'dakinden bağımsız olarak başladığına inanılmaktadır çünkü bir yazıları olan Eski Dünya toplumları ile Yeni Dünya toplumları arasında İskandinavlardan önce herhangi bir ilişki olduğuna dair elimizde hiçbir inandırıcı kanıt yok. Ayrıca Mezoamerika yazısındaki göstergelerin biçimleri Eski Dünya'dakilerden tamamıyla farklı. Aşağı yukarı on iki Mezoamerika yazısı biliyoruz, bunların hepsi ya da çoğu görünüşe göre (örneğin, sayı ve takvim sistemleri bakımından) birbiriyle ilişkili, çoğu hâlâ ancak kısmen çözülebilmiş durumda. Şu anda bize ulaşmış en eski yazı MÖ yaklaşık 600 yılından kalma, Güney Meksika'nın Zapotec bölgesinde kullanılan yazıdır; ama düzlük Maya bölgesinde kullanılan yazıyı ona göre çok daha iyi anlayabiliyoruz, söz konusu bölgede bildiğimiz en eski yazılı tarih MS 292'ye denk düşmektedir.

17. yüzyıl başlarında Hindistan'da Rajasthani ya da Gujarati denen resim okuluna ait bir resim. Çağdaş Hindistan yazı sistemlerinin çoğu gibi bu resimdeki yazı da eski Hindistan'ın Brahmi yazısından geliyor; Brahmi yazısıysa belki de MÖ yaklaşık 7. yüzyılda Aramca alfabenin yaydığı alfabe düşüncesi aracılığıyla geliştirilmişti. Hint yazı sistemleri alfabe ilkesini de içeriyordu ama harflerin biçimleri, diziliş sırası, ünlülerin ele alınış biçimleri herhangi bir yerden kopyalanmadan bağımsız olarak geliştirilmişti.

Bağımsız olarak geliştirilmesine ve göstergelerinin biçimlerinin bambaşka olmasına karşın Maya yazısının dayandığı ilkeler temelde Sümer yazısının ve Sümerlerin etkisiyle geliştirilmiş Batı Avrasya yazı sisteminin ilkelerine çok benzer. Sümer yazısında olduğu gibi Maya yazısında da hem logogramlar hem de sesleri gösteren göstergeler kullanılır. Soyut sözcükleri gösteren logogramlar çoğu kez resimli bilmece ilkesine dayanır. Yani soyut bir sözcüğü yazmak için, okunuşu o sözcükle aynı ama anlamı farklı olan, resmi kolayca çizilebilen sözcüğün göstergesi kullanılırdı. Mayaların sesçil göstergeleri de Japonya'nın kana yazısındaki, Yunanistan'ın Miken dönemi Çizgisel B yazı sistemindeki hecesel göstergeler gibi çoğunlukla *(ta, te, ti, to, tu* benzeri) bir ünsüzle bir ünlüden oluşan heceler için kullanılan göstergelerdi. En eski Sami alfabesindeki harfler gibi Mayaların hecesel göstergeleri de, söylenişi o heceyle başlayan sözcüğün gösterdiği nesnenin resminden türetilmiştir (örneğin, Mayaların hece göstergesi "*ne*" bir kuyruğa benzer, kuyruk anlamında kullandıkları sözcük de "*neh*" sözcüğüdür).

Mezoamerika yazısı ile eski Batı Avrasya yazısı arasındaki bütün bu koşutluklar insan yaratıcılığının altında yatan evrenselliği belgeliyor. Sümer dili ile Mezoamerika dilinin dünya dilleri arasında birbirleriyle hiçbir özel ilişkisi olmamasına karşın her ikisi de yazılı hale gelirken benzer temel sorunlar üzerinde odaklanılmıştır. Sümerlerin MÖ 3000 yılından evvel keşfettikleri çözümleri, dünyanın bir ucundaki Mezoamerika yerlileri MÖ 600 yılından evvel yeniden keşfettiler.

Daha sonra ele almak üzere Mısır, Çin, Paskalya Adası yazısını dışarıda tutarsak, dünyanın neresinde, hangi tarihte geliştirilmiş olursa olsun bütün yazı sistemleri Sümer ya da eski Mezoamerika yazılarının ya değişiklik geçirmiş halleriydi ya da hiç değilse onlardan alınan ilhamla ortaya çıkmıştı. Yazının bu kadar az yerde başlamış olmasının bir nedeni, daha önce tartıştığımız gibi, bunun çok güç bir icat olmasıydı. Bir ikinci nedense, Sümer ve eski Mezoamerika yazısı ile onların türevlerinin öncelik hakkının, yazının bağımsız olarak daha başka yerlerde de icat edilmesi olasılığını ortadan kaldırmalarıdır.

Sümer yazısının gelişiminin en azından yüzlerce, belki de binlerce yıl aldığını biliyoruz. Daha sonra göreceğimiz gibi, bu gelişmeler bazı önkoşullara bağlıydı; bu önkoşullar bir insan toplumunun yazıyı yararlı bulup bulmayacağını, söz konusu toplumun uzman yazıcılara bakacak durumda olup olmadığını belirleyen toplum özelliklerinden oluşuyordu. Sümerlerin ve en eski Meksikalıların yanı sıra –eski Hint, Girit, Etiyopya insan toplumları gibi– daha pek çok insan topluluğunda bu önkoşullar oluşmuştu. Ama rastlantı eseri bunları Eski Dünya'da ve Yeni Dünya da ilk oluşturanlar sırasıyla Sümerler ile eski Meksikalılar oldu. Sümerler ile eski Meksikalılar bir kez yazıyı bulduktan sonra onların yazılarının ilkeleri ya da ayrıntıları hızla başka toplumlara yayıldı, o toplumların kendi başlarına yazı deneyleri yaparak yüzyıllarca ya da bin yıllarca uğraşmalarına gerek kalmadı. Böylece olası daha başka deneylerin önü kesildi.

Yazının yayılması birbirinin tam tersi iki yöntemle oldu, bu durumu teknoloji ve düşünce tarihinde de hep görüyoruz. Biri bir şey icat ediyor ve onu kullanıyor. Başka olası bir kullanıcı olarak siz başka insanların kendi modellerini ürettiklerini ve onu kullandıklarını bilerek o şeye benzeyen ve kendinizin kullanacağı bir şeyi nasıl tasarımlıyorsunuz?

İcatların bu şekilde bir yerden bir yere yayılış biçimleri geniş bir yelpaze oluşturur. Yelpazenin bir ucunda "kopyalamak" vardır: Elinize geçen şeyin kopyasını çıkarır ya da onda değişiklikler yaparsınız. Yelpazenin öteki ucundaysa "temel düşüncenin yayılması" bulunur: Temel düşüncenin biraz fazlası size ulaşmıştır, ayrıntıları yeniden icat etmeniz gerekir. O şeyin yapılabileceğini bilmek sizi de o şeyi yapmaya kışkırtır ama sonuçta ortaya koyacağınız belli bir çözüm ilk mucidinkine benzeyebilir de benzemeyebilir de.

Yakın geçmişten bir örnek verecek olursak, tarihçiler hâlâ Rusya'nın atom bombasını kopya çekerek mi yoksa temel düşüncenin yayılmasından hareketle mi yaptığını tartışıyorlar. Rusya'nın bomba yapma çabaları zaten yapılmış olan Amerikan bombasının casuslar tarafından çalınıp Rusya'ya kaçırılmış olan planlarına mı dayanıyordu? Yoksa Amerikalıların Hiroşima'ya atom bombası attığının duyulması üzerine Stalin'in sonunda bunun yapılabilirliğine aklı yattı da Rus bilim insanları o zaman kolları sıvayıp Amerikalıların daha önceki çalışmaları konusunda pek fazla ayrıntı bilmeden kendi başlarına bağımsız bir bomba programıyla ilkeleri yeniden mi icat ettiler? Tekerleğin, piramitlerin, barutun gelişim tarihi için de bunun benzeri sorular sorulabilir. Gelin şimdi biz yazının yayılmasında kopya çekme ve düşünce ödünç alma yöntemlerinin nasıl etkili olduğunu inceleyelim.

Günümüzde uzman dilciler, yazısız diller için kopya yöntemiyle yazı sistemleri tasarımlıyorlar. Böyle ısmarlama sistemlerin çoğu mevcut alfabeler üzerinde yapılan değişikliklerle oluşuyor ama bazıları da hece yazımıyla geliştiriliyor. Örneğin, misyoner dilciler yüzlerce Yeni Gine ve Yerli Amerikan diline Latin alfabesini uyarlamak için çalışıyor. Türkiye'nin 1928'de kabul ettiği Latin alfabesini devletin resmî dilcileri Türkçe yazıma uyarladılar, aynı şekilde Kiril alfabesi de Rusya'daki pek çok kabile diline uyarlanmıştır.

Çok eski geçmişte kopya yöntemiyle yazı sistemleri oluşturmuş birkaç kişiyle ilgili bir şeyler de biliyoruz. Örneğin, (bugün hâlâ Rusya'da kullanılan) Kiril alfabesinin kökeni MS dokuzuncu yüzyılda Slavların ülkesine giden Yunan misyoner Aziz Kyrillos'un icadı olan, Yunan ve İbrani harflerinin bir uyarlamasına dayanmaktadır. Bir Germen dilinde –İngilizce de bu dil ailesindendir– günümüze kadar kalmış ilk metinler Gotik alfabesiyle yazılmıştır. Gotik alfabesinin mucidi Piskopos Ulfilas'tır. Ulfilas, bugün Bulgaristan'ın bulunduğu yerde MS dördüncü yüzyılda Vizigotlarla birlikte yaşamış bir misyonerdi. Aziz Kyrillos'un icadı gibi Ulfilas'ın alfabesi de çeşitli kaynaklardan alınmış harflerden oluşan bir karışımdı. İçinde yirmi kadar Yunan harfi, beş kadar Latin harfi vardı, harflerin iki tanesi de ya Germen alfabesinden alınmıştı ya da onları Ulfilas'ın kendisi uydurmuştu. Çoğu kez geçmişin ünlü alfabelerinin tasarımından sorumlu olan kişilerle ilgili hiçbir şey bilmiyoruz. Ama geçmişin yeni ortaya çıkmış alfabelerini daha önceden var olanlarla karşılaştırmak ve harflerin biçimlerine bakarak mevcut alfabelerin hangisinin modellik ettiğini anlamak olanağı hâlâ var. Aynı nedenle, Yunan Miken uygarlığına ait Çizgisel B yazı sisteminin MÖ 1400 yılı dolaylarında Girit'in Minos uygarlığına ait Çizgisel A hece yazımından alınarak uyarlandığından emin olabiliriz.

Bir dile ait mevcut bir yazı sistemi başka bir dile uyarlanmak üzere kaç yüz kez kopya edildiyse o kadar kez de bazı sorunlar çıkmıştır, çünkü dünyada tamı tamına aynı seslere sahip iki dil bulamazsınız. Ödünç alınan harflerin gösterdiği sesler o harfleri ödünç alan dilde yoksa söz konusu harfler ya da işaretler kullanılmayıp atılır. Örneğin, Avrupa dillerinin çoğunda b, c, f, g, w, z harflerinin gösterdiği sesler Fincede yoktur, bu yüzden Finliler kendi Latin alfabelerinden bu harfleri atmışlardır. Sık sık bunun tersi bir sorun yaşanmıştır, ödünç veren dilde olmayıp ödünç alan dilde olan sesler için 'yeni" harfler bulmak sorunu. Bu sorun çeşitli biçimlerde çözümlenmiştir: İki ya da daha fazla harf rasgele birleştirilmiştir (örneğin, Yunanların ve Germen alfabesini kullananların tek bir harfle gösterdikleri bir sesi İngilizler *th* bileşimiyle göstermişlerdir); zaten var olan bir harfe küçük, ayırıcı bir işaret eklenmiştir (İspanyollar *n*'ye *(ñ)*, Almanlar o'ya *(õ)* işaretler eklemişlerdir, Polonya ve Türk dillerinde harflerin çevresinde işaretler cirit atmaktadır); ödünç alınıp da kullanılacağı yer olmayan mevcut harfler başka bir göreve atanmıştır (Latin alfabesinin *c* harfi çağdaş Çekçede, Çekçenin bir sesi olan *ts*'yı göstermek üzere yeniden kullanılmıştır); ya da yeni bir harf icat edilmiştir (Orta Çağ'daki atalarımızın *j, u,* w gibi yeni harfler icat ettikleri zaman yaptıkları iş budur).

Latin alfabesinin kendisi uzun sürmüş kopyalama evrelerinin ürünüdür. Anlaşıldığına göre alfabeler insanlık tarihinde yalnızca bir kez ortaya çıktı: Şu anki Suriye'nin bulunduğu yerden Sina'ya kadar olan bölgede, MÖ ikinci binyıl sırasında Sami dillerini konuşanlar arasında. Şu anda var olan ve geçmişte var olmuş yüzlerce alfabenin hepsi sonuçta bu Sami alfabesinden, çoğunlukla düpedüz kopyalama ve uyarlama yöntemiyle, pek ender olarak da alfabe düşüncesinin yayılmasıyla türemişti.

Alfabenin bu evrimini, yirmi dört Mısır dili ünsüzü için tam yirmi dört göstergeye sahip olan Mısır hiyerogliflerinden başlayarak izleyebiliriz. Mısırlılar bütün logogramlar, tamamlayıcılar, ikili, üçlü ünsüz bileşikleri için kullandıkları göstergeleri kaldırıp atmak, yalnızca ünsüzlere dayanan bir alfabe kullanmak gibi (bizce) mantıklı bir girişimde bulunmadılar. Buna karşılık Mısır hiyerogliflerinden haberli olan Samiler MÖ 1700 dolaylarında bu mantıklı adımı atma denemesinde bulundu.

Alfabeleri öteki yazı sistemlerinden ayıran en önemli yenilik, göstergelerin tek bir ünsüzü göstermesiydi. Bir ikincisi de kullanıcıların alfabeyi kolay öğrenmelerini sağlamak için harfleri değişmez bir sıraya göre dizmek ve her birine hatırlanması kolay adlar vermekti. Bizim İngilizcede verdiğimiz adlar anlamsız tek hecelerden oluşur ("ey", "bii", "sii", "dii", vb.). Ama Sami dillerindeki adlar bir anlamı olan adlardır ve iyi bilinen nesnelerin adlarıdır (aleph=öküz, beth=ev, gimel=deve, daleth=kapı, vb.). Sami dillerinde nesne için kullanılan sözcüğün ilk harfi ile o nesnenin adıyla anılan harf aynıydı *(a, b, g, d,* vb.). Ayrıca en eski Sami harflerinin aynı nesnelerin resimleri biçiminde olduğu görülür. Bütün bu özellikler, Sami alfabesindeki harflerin biçimlerinin, adlarının ve sıralarının kolay ezberlenmesine yardımcı olur. Bizim alfabemiz de içinde olmak üzere çağdaş alfabelerin birçoğu 3000 yıldan fazla bir süredir küçük değişikliklerle bu sırayı korumaktadır (hatta Yunancada harflerin ilk adları bile korunmuştur: alfa, beta, gamma, delta gibi). Okurların zaten fark etmiş olabileceği gibi küçük bir değişiklik Sami ve Yunan *g*'sinin Latin ve İngiliz alfabesinde *c* haline gelmiş olmasıdır, Latinler bu arada bugünkü yerinde kullanılan yeni bir g icat etmişlerdir.

Çağdaş alfabelerin yolunu açan üçüncü ve son bir yenilikse işin içine ünlülerin sokulmasıdır. Zaten daha Sami alfabesinin ortaya çıktığı ilk zamanlarda bile, hangi ünlünün gösterilmek istendiğini belirtmek üzere fazladan küçük harfler ya da ünsüz harflerin üzerine serpiştirilmiş noktalar, çizgiler, çengeller ekleme denemeleri başlamıştı bile. MÖ sekizinci yüzyılda bütün ünlüleri yöntemli bir biçimde ünsüzler için kullanılan aynı tip harflerle ilk kez gösterenler Yunanlar oldu. Yunanlar kendi ünlü harfleri α – € – η – ι – ο'nun biçimini, Fenike alfabesinde kullanılan, Yunancada bulunmayan beş ünsüz sesin harfinden aldılar.

En eski Sami alfabesinden başlayarak süren bu kopyalama ve evrimsel değişiklik çizgisi en eski Arap alfabesi aracılığıyla bugünkü çağdaş Etiyopya alfabesine ulaşarak orada son bulur. Pers İmparatorluğu'nda resmî belgelerde kullanılan Arap alfabesi aracılığıyla sürmüş olan çok daha önemli bir gelişim çizgisiyse çağdaş Arap, İbrani, Hint, Güneydoğu Asya alfabeleriyle noktalanmıştır. Ama Avrupalı ve Amerikalı okurların en iyi bildikleri gelişim çizgisi MÖ sekizinci yüzyıl başlarında Fenikeliler aracılığıyla Yunanlara, oradan da aynı yüzyılda Etrüsklere, bir sonraki yüzyılda, alfabeleri küçük değişikliklerle bu kitabın basılması için kullanılmış olan Romalılara kadar uzanan çizgidir.

Kopyalama ve uyarlama, teknoloji aktarımının en kestirme yolu olmasına karşın bazen böyle bir seçenek söz konusu olmayabilir. Kopyalanacak şeyler gizli tutuluyor olabilir ya da o teknolojiyle tanışık olmayan biri onları okuyamayabilir. Çok uzak bir yerde bir icat yapıldığına dair bir haber sızar ama ayrıntıları ulaşmaz. Belki yalnızca temel düşünce bilinmektedir: Biri her nasılsa belli bir çabasının ürününü almayı başarmıştır. Bu bilgi yine de düşüncenin yayılması yoluyla başkalarına ilham kaynağı olur, onları böyle bir sonuca ulaşmanın yollarını aramaya itebilir.

Bu konuda yazının tarihinden çarpıcı bir örneğimiz var, o da Arkansas'ta 1820 dolaylarında Sequoyah adlı bir Çeroki'nin Çeroki dilinde yazı yazmak için icat ettiği heceli yazımın kaynağı. Sequoyah beyazların kâğıt üzerine bazı işaretler karaladıklarına, daha sonra uzun konuşmaları kayda geçirmek ve tekrarlamak için bu işaretlerden yararlandıklarına tanık oldu. Ama bu işaretlerle ilgili ayrıntılı işlemler onun için bir sır olarak kaldı çünkü (1820 öncesi bütün Çerokiler gibi) okuması yazması yoktu, ne İngilizce konuşabiliyor ne de okuyabiliyordu. Bir demirci olduğu için Sequoyah müşterilerden alacaklarını izlemesine yardımcı olacak bir hesap tutma sistemi geliştirmeye başladı. Her bir müşterinin resmini çiziyor ve karşısına alacaklı olduğu para miktarını gösteren çeşitli büyüklükte daireler ve çizgiler koyuyordu.

Sequoyah 1810 dolaylarında Çeroki dili için bir yazı sistemi tasarımlamaya karar verdi. Yine resimler çizmekle işe başladı ama bu iş çok karışık olduğu ve resim yeteneği gerektirdiği için bundan vazgeçti. Daha sonra her sözcük için ayrı bir gösterge icat etmeye kalkıştı ama binlerce gösterge icat ettiği ve daha da etmesi gerektiği zaman bundan da memnun kalmadı.

Sonunda Sequoyah sözcüklerin, pek çok farklı sözcükte yer alan makul sayıda farklı ses lokmalarından oluştuğunu fark etti –yani bizim sonradan hece diyeceğimiz şeylerden. Önce 200 hece göstergesi buldu, giderek bunların sayısını 85'e indirdi, çoğu bir ünsüz bir ünlüden oluşan bileşimleri gösteriyordu.

Göstergelerin tek yaratıcısı olarak Sequoyah bir öğretmenin kendisine verdiği İngilizce bir yazım kitabından harfleri kopya etme alıştırmaları yaptı. Onun heceli Çeroki göstergelerinin iki düzine kadarı doğrudan doğruya bu harflerden alınmıştı ama kuşkusuz Sequoyah İngilizce anlamlarını bilmediği için anlamları tamamıyla farklıydı. Örneğin, Çeroki heceleri *a, e, si* ve *ni* için sırasıyla D, R, b, h'yi seçmişti, 4 sayısının biçimini *se* hecesi için ödünç almıştı. Ayrıca İngilizce harfleri değiştirerek *yu, sa, na* hecelerini temsil etmek üzere sırasıyla Ꮿ Ꮜ Ꮎ, göstergeleri gibi yeni göstergeler tasarımlamıştı. Tamamıyla kendi ürünü olan başka göstergeler de vardı, örneğin, *ho, li, nu* heceleri için, aynı sıraya göre, Ꮀ, Ꮅ, Ꮒ işaretleri gibi. Sequoyah'nın heceli yazımını dilci uzmanlar çok beğenir çünkü Çeroki seslerine çok iyi uyar ve öğrenilmesi kolaydır. Kısa bir süre içinde Çerokiler bu hece yazımıyla yüzde yüze yakın bir okuryazarlık oranına ulaştılar, bir baskı makinesi satın aldılar, Sequoyah'nın işaretlerini dökme matbaa harflerine dönüştürdüler, kitaplar ve gazeteler basmaya başladılar.

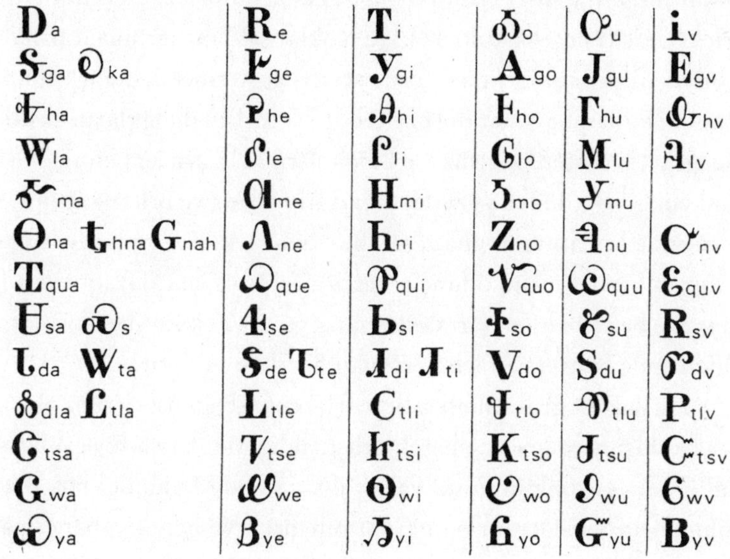

Çeroki dilindeki heceleri temsil etmek üzere Sequoyah'nın bulduğu göstergeler.

Çeroki yazısı, düşüncenin yayılımı yoluyla geliştirilmiş yazıların en iyi belgelenmiş örneklerinden biridir. Sequoyah'nın kâğıdı, öteki yazı malzemelerini, yazma sistemi düşüncesini, ayrı ayrı işaretler kullanma düşüncesini, onlarca işaretin biçimini dışarıdan aldığını biliyoruz. Bununla birlikte İngilizce konuşmayı ve yazmayı bilmediği için çevresindeki yazılardan hiçbir ayrıntı ya da ilke öğrenmesine olanak yoktu. Anlamadığı alfabelerin ortasında o kendi başına, Girit'teki Minos uygarlığı zamanında, 3500 yıl önce icat edilmiş heceli yazımdan habersiz başka bir heceli yazım icat etti.

Sequoyah örneği, eski zamanlardaki yazı sistemlerinin çoğunun belki de düşüncenin yayılması sonucu nasıl ortaya çıktıklarını gösteren bir model olabilir. MS 1446'da Kore Kralı Sejong'un Kore dili için icadı olan han'gul alfabesi besbelli ki Çin yazısının bloklardan oluşan genel biçiminden ve Moğol ya da Tibet Budist yazısının alfabe ilkesinden esinlenmişti. Bununla birlikte Kral Sejong, han'gul harflerinin biçimlerini, alfabesinin daha başka kendine özgü özelliklerini, ayrıca harfleri heceler yoluyla kare bloklar şeklinde gruplandırmayı, birbiriyle ilişkili ünlü ya da ünsüz sesleri göstermek için ilişkili harf biçimleri kullanmayı, bir ünsüzü telaffuz ederken dudakların ve dilin alacağı şekli gösteren ünsüz harf biçimlerini kendisi icat etmişti. MS aşağı yukarı dördüncü yüzyıldan beri İrlanda'da ve Britanya'nın Kelt bölgesinde kullanılan ogham alfabesi aynı şekilde (bu kez var olan Avrupa alfabelerinden) ödünç alınmış alfabe ilkesine dayanmaktadır ama yine besbelli ki el işaretlerinin beş parmak sistemine dayanarak geliştirilmiş benzersiz biçimleri olan harflere sahiptir.

Han'gul ve ogham alfabelerinin tek başına bağımsız icatlar olmaktan çok düşünceden esinlenerek geliştirildiğini rahatça söyleyebiliriz çünkü her iki toplumun da yakın ilişki içinde bulundukları öteki toplumların yazılarının olduğunu biliyoruz ve hangi yabancı yazı biçiminden ilham aldıkları açıkça belli. Öte yandan Sümer çiviyazısı ile en eski Mezoamerika yazısının bağımsız icatlar olduğunu da rahatça söyleyebiliriz çünkü söz konusu yazılar ortaya ilk çıktığında onların bulunduğu yarımkürelerde onlara ilham kaynağı olabilecek başka yazı biçimi yoktu. Yine de Paskalya Adası'nda, Çin'de ve Mısır'da kullanılan yazı biçiminin kaynağı konusu hâlâ tartışmalıdır.

Büyük Okyanus'taki Paskalya Adası'nda yaşayan Polinezyalıların benzersiz bir yazı biçimleri vardı, bu yazının günümüze kalmış ilk örnekleri MS 1851, yani 1722'de Avrupalıların Paskalya'ya gelişinden çok sonraki bir tarihe aittir. Günümüze kalmış hiçbir örnek olmamasına karşın belki de Paskalya da yazı Avrupalılar gelmeden önce bağımsız olarak başlamıştı. Ama en doğru yorum, olguları görünüşteki anlamlarıyla almak ve Paskalya Adası sakinlerinin bir yazı icat etme düşüncesine, ancak 1770 yılında bir İspanyol keşif heyetinden kendilerine uzatılan ve adanın ilhak edildiğini bildiren yazılı bir belgeyi gördükten sonra kapıldıkları varsayımında bulunmaktır.

En eski belgeleri 1300 yılına ait olan ama daha da eski müjdecilerinin de bulunabileceği Çin yazısıysa benzersiz yerel göstergelere ve bazı benzersiz ilkelere sahiptir ve pek çok bilim insanı bu yazının bağımsız olarak geliştirildiği kanısındadır. Yazı Sümer'de, yani Çin'in ilk kent merkezlerinden 6500 kilometre uzakta bir yerde MÖ 3000'den önce ortaya çıkmış, 4000 kilometre batıda İndus Vadisi'nde MÖ 2200 öncesi görülmüştü ama İndus Vadisi ile Çin arasında kalan bölgede daha öncesine ait bildiğimiz bir yazı sistemi yok. Dolayısıyla elimizde ilk Çinli yazıcılara esin kaynağı olmuş olabilecek başka bir yazı sisteminin varlığına dair bir kanıt bulunmuyor.

Eski yazı sistemlerinin en ünlüsü olan Mısır hiyerogliflerine de bağımsız bir icat gözüyle bakılır ama düşünceden türetildiği yorumu Çin yazısından çok Mısır yazısı için geçerlidir. Hiyeroglif yazısı MÖ 3000 dolaylarında neredeyse tam biçimini almış halde birden ortaya çıkmıştı. Mısır, Sümer'in topu topu 1300 kilometre batısındaydı, Sümer ile aralarında ticaret ilişkileri vardı. Hiyeroglifin gelişim evreleriyle ilgili elimizde hiçbir belge olmaması bana kuşkulu görünüyor, oysa Mısır kurak bir iklime sahipti, iklimi en eski yazı denemelerinin korunmasına elverişliydi, beri yandan aynı şekilde kurak bir iklime sahip olan Sümer'den günümüze kalmış olan, Sümer çiviyazısının MÖ 3000 yılından evvel hiç değilse birkaç yüzyıllık evrimini gösteren çok sayıda belge var. Sümer ve Mısır yazılarının ortaya çıkmasından sonra İran'da, Girit'te, Türkiye'de ortaya çıkmış olan, görünüşte bağımsız olarak tasarımlanmış başka yazı sistemleri (aynı sıraya göre, Elamit öncesi adı verilen yazı sistemi, Girit resim-yazısı, Hitit hiyeroglifi) de aynı derecede kuşkuludur. Bütün bu sistemlerde Sümer ve Mısır'dan ödünç alınmamış olan apayrı gösterge takımları kullanılmasına karşın, söz konusu halkların ticaret ortağı olan komşularının yazılarından habersiz olmaları pek olası görünmüyor.

산 유 화

산에는 꽃피네
꽃이 피네
갈 봄 여름 없이
꽃이 피네

산에
산에
피는 꽃은
저만치 혼자서 피어있네

산에서 우는 작은 새요
꽃이 좋아
산에서
사노라네

산에는 꽃지네
꽃이 지네
갈 봄 여름 없이
꽃이 지네

김 소 월

O olağanüstü Hangul yazı sistemini örnekleyen bir Kore metni (So-Wol Kim'in yazdığı "Dağlardaki Çiçekler" şiiri). Her kare blok bir heceyi gösterir, ama her karenin içindeki her bir gösterge de bir harfi.

İnsanlar milyonlarca yıl yazısız yaşadıktan sonra bütün bu Akdeniz ve Ortadoğu toplumlarında birbirlerine göre birkaç yüzyıllık farklarla bağımsız olarak yazı düşüncesi birden boy göstermiş olsaydı bu çok şaşırtıcı bir rastlantı olurdu. Bu yüzden de, Sequoyah'nın hece yazımında olduğu gibi, düşüncenin duyulmasıyla yazının yayıldığı yorumu bana olanaklı görünüyor. Yani Mısırlılar ya da başka halklar Sümerlerden yazı düşüncesini ve belki de bazı ilkelerini öğrenmiş, daha sonra daha başka ilkeleri ve harflerin belli biçimlerini kendileri bulmuş olabilirler.

Biz şimdi bu bölümün başındaki sorumuza dönelim: Acaba yazı niçin bazı toplumlarda ortaya çıktı ve bazı toplumlara yayıldı da birçoklarına ulaşmadı? Tartışmaya, kolaylık sağlamak için, ilk yazı sistemlerinin tam gelişmemiş olmasından, kullanım yerlerinin ve kullanıcıların sınırlılığından başlayalım.

İlk yazı biçimleri tam anlamıyla bitmiş ve açıklık kazanmış durumda değildi veya karmaşıktı, ya da bunların üçü de söz konusuydu. Örneğin, en eski Sümer çiviyazısıyla normal düzyazı yazma olanağı yoktu, telgrafsı bir stenoydu, adlar, sayılar, ölçü birimleri, sayıları verilen nesnelerin adları ve birkaç sıfat gibi sınırlı bir sözcük dağarı vardı. Bu sanki çağdaş Amerikalı bir mahkeme kâtibinin, İngilizcede gerekli sözcükler ve dilbilgisi eksik olduğundan "John'a, besili 27 koyununu vererek devlete borcunu ödemesini emrediyoruz," yazamadığı için "John 27 besili koyun" yazmasına benziyor. Daha sonra Sümer çiviyazısı düzyazı yazmaya elverişli hale gelmedi değil ama bu iş, benim daha önce açıkladığım gibi, logogramların, sesçil göstergelerin, söylenmeyen tamamlayıcıların, yani yüzlerce ayrı işaretin eklenmesiyle oluşan karmakarışık bir sistem sayesinde oldu. Yunan Miken uygarlığına ait Çizgisel B yazı sistemi, aşağı yukarı 90 göstergeden oluşan bir hece yazımı ile logogramlara dayandığı için hiç değilse daha basitti. Bu erdemine karşılık hayli kapalıydı. Sözcüklerin sonundaki ünsüzler eksik bırakılırdı, çeşitli yakın ünsüzler için aynı gösterge kullanılırdı (örneğin, hem *l* hem *r* için aynı gösterge, *p, b, ph* için bir başkası, *g, k, kh* için bir başkası). Japonya'da doğmuş, *l* ile *r*'yi ayırt etmeden İngilizce konuşan Japonların konuşmalarını ne kadar kafa karıştırıcı bulduğumuzu biliyoruz: Bizim alfabemiz de aynı şeyi yapsaydı, ayrıca yukarıda sözünü ettiğim öteki ünsüzler de tek bir işaretle gösterilseydi, ne büyük karışıklıklar çıkardı düşünün siz! O zaman "*rap*", "*lap*", "*lab*", "*laugh*" sözcüklerinin hepsini aynı şekilde yazacaktık.

Bununla ilişkili bir başka engel de bu ilk yazıları öğrenip kullanan insan sayısının az olmasıydı. Yazı yazmayı ancak kralın ya da tapınağın hizmetinde çalışan uzman yazıcılar bilirdi. Örneğin, Miken uygarlığı döneminde saray bürokratlarından oluşan dar bir kadro dışında Çizgisel B yazısını kimsenin kullanıp anladığına dair elimizde hiçbir ipucu yok. Günümüze kadar ulaşmış belgeleri kimlerin yazdığı el yazılarından saptanabildiği için Knossos Sarayı'ndan kalma belgeler topu topu 75 yazıcının kaleminden çıkmıştır, Pylos Sarayı'ndan kalma belgelerse 40.

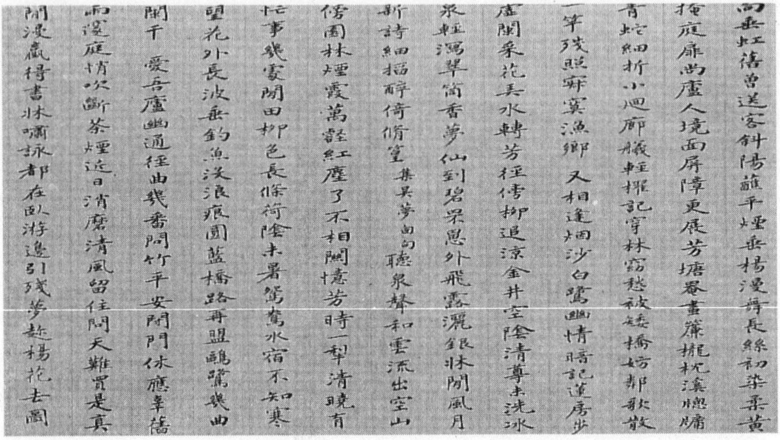

Çin yazısı örneği: MS 1679 yılına ait bir parşömen ve Wü Li'nin el yazısı.

Başlangıçtaki bu telgrafsı, acemi, kapalı yazıların kullanıldığı yerler sınırlı olduğu gibi kullananların sayısı da sınırlıydı. MÖ 3000 yılında Sümerlerin neler düşündüklerini, neler hissettiklerini öğrenmeyi uman kişi hayal kırıklığına uğrayacaktır. İlk Sümer metinleri saray ve tapınak bürokratlarının, içinde en küçük bir duygu bulunmayan hesap tutanaklarıdır. Uruk şehrine ait, bilinen en eski Sümer arşivlerindeki tabletlerin aşağı yukarı yüzde doksanı katiplerin tuttukları, mallara yatırılmış paraların, işçilere dağıtılmış tayının, dağıtılan tarım ürünlerinin miktarını gösteren kayıtlardır. Ancak Sümerler daha sonra, logogramların ötesinde sesçil yazıya geçtikleri zaman propaganda ve efsane gibi düzyazı metinler yazılmaya başlandı.

Miken döneminin Yunanları bu propaganda ve efsane evresine bile ulaşamadılar. Çizgisel B'yle yazılmış, Knossos Sarayı'ndan kalma tabletlerin üçte biri muhasebecilerin tuttukları koyun ve yün kayıtlarıdır, Pylos Sarayı'nda yazılmış belgelerin büyük çoğunluğu keten kayıtlarından oluşur. Çizgisel B doğası gereği öylesine kapalıydı ki saray hesaplarıyla sınırlı kaldı; öte yandan bu hesapların bağlamı ve kullanılan sözcüklerin sınırlılığı onları anlamamızı kolaylaştırdı. Edebiyat için kullanıldığını gösteren en küçük bir ipucu yok elimizde. *İlyada* ve *Odysseia* okuryazar olmayan dinleyiciler için okuryazar olmayan ozanlar tarafından söylenmiş, kulaktan kulağa aktarılmıştı, yüzlerce yıl sonra Yunan alfabesi ortaya çıkıncaya kadar yazıya dökülemedi.

Aynı şekilde eski Mısır, Mezoamerika, Çin yazılarının belirleyici özelliği kullanım yerlerinin sınırlı oluşuydu. Mısır hiyeroglifinin kullanıldığı en eski belgeler dinsel propaganda, devlet propagandası, bürokratik hesap tutanakları niteliğindeydi. Günümüze kadar ulaşmış yazılı Maya belgeleri de aynı şekilde propagandaya, kralların doğumlarına, tahta çıkışlarına, zaferlerine, rahiplerin yıldızlarla ilgili gözlemlerine ayrılmıştı. Şeng Hanedanlığı dönemi sonlarına ait, günümüze ulaşmış yazılı en eski Çin belgeleri, kehanet kemikleri adı verilen kemiklere kazınmış, hanedanlık işleriyle ilgili dinsel ululamalardan oluşmaktadır. Örnek bir Şeng metni: "Kral [sıcaktan çatlamış bir kemikteki] çatlağın anlamını okudu ve şöyle dedi: 'Çocuk keng günü doğarsa o çocuk çok hayırlı olacak.'"

Bugün biz şöyle bir soru sormak isteği duyuyoruz: İlk yazı sistemlerine sahip toplumlar yazının birkaç işlevle ve birkaç yazıcıyla sınırlı kalmasına yol açan kapalılıklarına niçin razı oldular? Ama bu soruyu sormak bile eski bakış açılarıyla bizim kendi kitlesel okuryazarlık beklentimiz arasındaki uçurumu ortaya koymak oluyor. İlk yazıların kullanım alanlarının sınırlılığı istenen bir şey olduğu için daha az kapalı bir yazı sistemi geliştirme dürtüsü vermiyordu kimseye. Eski Sümer kralları ve rahipleri yazının uzman yazıcılar tarafından vergi borcu olarak koyunların kayıtlarının tutulması için kullanılmasını istiyordu, yoksa kitlelerin şiirler yazmasını, kumpaslar kurmasını değil, insanbilimci Claude Levi-Strauss un dediği gibi, eski zamanlarda yazının en önemli işlevi "öteki insanları köle etmeyi" kolaylaştırmaktı. Yazının uzman olmayan kişilerce kişisel olarak kullanılması çok sonra, yazı sistemlerinin giderek basitleşmesi ve daha fazla anlatım gücü kazanması sonucunda oldu.

Mısır hiyeroglifi örneği: Prenses Entiu-ny'nin cenazesine ait bir papirüs.

Örneğin, MÖ 1200 dolaylarında Yunan Miken uygarlığının sona ermesi üzerine Çizgisel B yok oldu ve Yunanistan okuryazarlık öncesi bir çağa geri döndü. MÖ sekizinci yüzyılda yazı tekrar Yunanistan'a geri döndüğünde yeni Yunan yazısı da, o yazının kullanıldığı yerler de, kullanıcıları da çok farklıydı. O yazı artık logogramlarla karışık kapalılıklarla dolu bir hece yazımı değil, Fenike ünsüzler alfabesinden alınmış, Yunanların icadı olan ünlülerle geliştirilmiş bir alfabeydi.

Ancak yazıcıların okuyabildiği, yalnızca saraylarda okunan koyun listeleri yerine, alfabeye dayanan Yunan yazısı ortaya çıktığı andan başlayarak, özel evlerde okunan şiirlerin ve mizahın aracı oldu. Örneğin, MÖ 740 dolaylarında bir Yunan vazosunun üzerine çiziktirilmiş, günümüze kadar ulaşmış ve Yunan alfabesiyle yazılmış olan ilk yazı örneği bir dans yarışmasını duyuran şiir dizesidir: "Dansçıların en kıvrağı kimse o kazanacak bu vazoyu." İkinci bir örnekse bir içki bardağının üzerine çiziktirilmiş olan bir açık, iki kapalı hece ölçüsüyle yazılmış, altı ayaklı üç dizeden oluşmaktadır: "Nestor'un o güzel içki bardağıyım ben. Kim bu kadehten hızla içerse, onurlu Aphrodite'in arzu ateşi sarar onu." Etrüsk ve Latin alfabelerinin günümüze kadar ulaşmış en eski örnekleri de içki bardakları ve şarap sürahileri üzerine çiziktirilmiş olanlardır. Önceleri kolayca öğrenilen özel iletişim aracı olarak ortaya çıkan alfabe ancak daha sonra toplumsal ya da bürokratik örgütün aleti haline geldi. Yani alfabe yazımının kullanım alanlarının gelişim halkalarının sırası ilk logogramların ve hece yazımlarınınkinin tam tersiydi.

İlk yazıların kullanım alanlarının ve kullanıcıların sayısının sınırlı olması insanlık tarihinde yazının niçin bu kadar geç ortaya çıktığı konusunda bize fikir verir. Bağımsız olarak icat edilmiş olma olasılığı ya da olanağı bulunan yazıların (Sümer, Meksika, Çin, Mısır yazılarının) hepsi, bu icat edilmiş sistemlerin bütün ilk uyarlamaları (örneğin, Girit'teki, İran'daki, Türkiye'deki, İndus Vadisi'ndeki, Maya bölgesindeki), karmaşık ve merkezî siyasal kurumları olan, toplumsal bakımdan katmanlı toplumlar gerektiriyordu, bu toplumların yiyecek üretimiyle ilişkilerini daha sonraki bir bölümde inceleyeceğiz. İlk yazı (kayıt tutmak, krallık propagandası gibi) o siyasal kurumların gereksinimlerine hizmet etti, yazıyı kullananlar yiyecek üreten köylülerin yetiştirdikleri depolanmış yiyecek fazlasıyla beslenen tam zamanlı bürokratlardı. Avcı/yiyecek toplayıcı toplumlar hiçbir zaman ne kendileri yazı diye bir şey geliştirdiler ne de başkalarından aldılar çünkü ilk yazının kullanılacağı kurumlardan da yoksundular, yazıcıları beslemek için yiyecek fazlası üretmeye yarayacak toplumsal ve tarımsal düzeneklerden de.

Dolayısıyla, salgın insan hastalıklarına yol açan mikropların gelişmesi için nasıl yiyecek üretimiyle, yiyecek üretimini izleyen binlerce yıllık toplumsal gelişme gerekiyorsa yazının gelişmesi için de gerekiyordu. Yazı bağımsız olarak Bereketli Hilal'de, Meksika'da ve belki de Çin'de ortaya çıktı çünkü bu bölgelerin her biri bulundukları yarım kürede yiyecek üretiminin ilk başladığı yerlerdi. Yazı o birkaç toplum tarafından bir kez icat edildikten sonra, ticaret, fetih ve din yoluyla, aynı ekonomik ve toplumsal örgütlere sahip başka toplumlara yayılmaya başladı.

Yazının ortaya çıkışı ve başlangıçta başkalarınca benimsenmesi için yiyecek üretimi sonuç olarak gerekli bir koşuldu ama yeterli bir koşul değildi. Bu bölümün başında, karmaşık siyasal düzenleri olan ve yiyecek üreten bazı toplumların yakın çağlara kadar yazı geliştirmeyi ya da başkalarından ödünç almayı başaramadıklarından söz etmiştim. Yazıyı karmaşık bir toplumun ayrılmaz bir parçası olarak görmeye alışmış bizim gibi çağdaş insanlar için öncelikle çok şaşırtıcı olan bu tür toplumların arasında MS 1520'de Güney Amerika'da İnka İmparatorluğu, yani dünyanın en büyük imparatorluğu vardı. Ayrıca Tonga deniz imparatorluğu, 18. yüzyıl sonlarında ortaya çıkan Hawaii devleti, İslam öncesi Afrika'nın Ekvator altı ve Batı Afrika'da Sahra'nın güneyindeki bütün devletler ve şeflikler, Mississippi Vadisi ve çevresinde yaşayan en büyük Kuzey Amerika toplumları da bunların arasındaydı. Yazıları olan toplumlar ile aynı önkoşullara sahip olmalarına karşın bu toplumlar niçin yazı sahibi olmayı başaramadılar?

Burada kendimize şunu hatırlatmalıyız: Yazıları olan toplumların büyük çoğunluğu yazıyı ya komşularından ödünç almışlar ya da kendi başlarına icat etmekten ziyade ötekilerden esinlenerek geliştirmişlerdi. Biraz önce adlarını andığım yazısız toplumlar Sümerlere, Meksikalılara ve Çinlilere göre yiyecek üretimine daha geç başlamış olan toplumlardır (Bu konuda tek belirsizlik, sonradan İnka ülkesi olacak olan Andlar'da ve Meksika'da yiyecek üretiminin göreli tarihleriyle ilgilidir). Yeterince zamanları olsaydı yazısı olmayan toplumlar da sonunda kendi başlarına yazı geliştirebilirlerdi. Sümer'e, Meksika'ya, Çin'e yakın bir yerde yaşasalardı, tıpkı Hindistan'ın, Mayaların, yazıları olan pek çok toplumun yaptığı gibi bu merkezlerden yazıyı ya da yazı düşüncesini alabilirlerdi. Ama ilk yazı merkezlerinden çok uzak yerlerde yaşıyorlardı, yakın çağlardan önce yazıyı almalarına olanak yoktu.

Yazısı olan en yakın toplumdan en azından 6500 kilometrelik bir okyanusla ayrılmış olan Hawaii ve Tonga, yalıtılmışlığın önemini bize en iyi gösteren yerlerdir. Öteki toplumlar kuş uçuşu uzaklığın yalıtılmışlığın ölçütü olmadığını örnekler. Andlar, Batı Afrika krallıkları, Mississippi Irmağı'nın ağzı, sırasıyla, Meksika'da, Kuzey Afrika'da ve yine Meksika'da yazısı olan toplumların yaşadıkları yerlerden fazla uzak değildi, birincisinin uzaklığı aşağı yukarı 2000, ikincisinin 2400, sonuncusunun 1100 kilometreydi. Alfabenin icadından itibaren 2000 yıl içinde Akdeniz'in doğu kıyılarındaki anayurdundan çıkıp İrlanda'ya, Etiyopya'ya, Güneydoğu Asya'ya ulaşmak için ne kadar yol gitmesi gerektiğini düşünürseniz bu uzaklıklar hiç de fazla değildi. Ama kuşların kolayca aşacağı doğal engeller ve su engeli insanları yavaşlatır. Kuzey Afrika'nın (yazısı olan) devletleriyle (yazısı olmayan) Batı Afrika'yı, kentler kurmaya ve tarıma hiç elverişli olmayan Sahra Çölü ayırıyordu. Aynı şekilde Güney Meksika'nın kent merkezleri ile Mississippi Vadisi nin şeflikleri arasında Kuzey Meksika'nın çölleri vardı. Güney Meksika ile Andlar arasında iletişim ya deniz yolculuğu gerektiriyordu ya da karadan dar, ormanlık, hiçbir zaman şehirleşmemiş Darien Kıstağı üzerinden birbiri ardına pek çok ilişki gerektiriyordu. Bu bakımdan Andlar, Batı Afrika, Mississippi Vadisi aslına bakarsanız yazıları olan toplumlara uzak yerlerdi.

Yazısı olmayan toplumların tamamıyla yalıtılmış toplumlar olduğunu söylemek anlamına gelmiyor bu. Bereketli Hilal'in evcil hayvanları sonunda Sahra'yı aşarak Batı Afrika'ya gelmedi değil, daha sonra İslam âleminin etkileri ve Arapça yazı da geldi. Mısır bitkisi Meksika'dan Andlar'a yayıldı, biraz daha yavaş bir şekilde Meksika'dan Mississippi Vadisi'ne yayıldı. Ama daha önce X. Bölüm'de gördüğümüz gibi, Afrika'da ve Amerika'da kuzey-güney ekseniyle ekolojik engeller tarım ürünlerinin ve evcil hayvanların yayılma hızını yavaşlatmıştı. Yazının tarihi de bize insan icatlarının yayılmasını çevrenin ve coğrafyanın benzer şekilde etkilediğini çarpıcı bir biçimde gösteriyor.

XIII. Bölüm

İhtiyacın Anası

3 Temmuz 1908'de Girit Adası'nda, Phaistos'ta eski Minoa sarayında kazı yapan arkeologlar teknoloji tarihinin en olağanüstü nesnesini buldular. İlk bakışta hiçbir olağanüstülüğü yoktu: 16 santimetre çapında, pişmiş tuğladan, yuvarlak, küçük, yassı, boyasız bir diskti. Yakından bakılınca her iki yüzünde de diskin kenarından merkezine doğru saat yönünde sarmallar oluşturan beş çizgi ile o beş çizginin üzerinde yazılar görülüyordu. Toplam olarak 241 gösterge ya da harf dikey çizgilerle, belki de sözcükleri oluşturan göstergeler halinde, düzgün bir biçimde çeşitli öbeklere ayrılmıştı. Bu diske yazı yazan kişi işini çok dikkatli bir biçimde planlamış ve uygulamış olmalıydı, yazı kenardan başlıyor, sarmal oluşturan çizgi üzerinde kullanılabilecek yerler tamamıyla kullanılıyor ama tam ortaya ulaşıldığında da yer kalmaması gibi bir sorunun çıkmadığı görülüyordu.

Bu disk toprak altından çıkarıldığı günden bu yana yazı tarihçileri için bir sır olarak kaldı. İşaretlerin sayısına bakılırsa (45) bir alfabeden çok hece yazımı olmalı ama hâlâ şifresi çözülmüş değil, işaretlerin biçimleriyse bilinen hiçbir yazı sistemindekine benzemiyor. Bu disk keşfedildikten sonraki 89 yıl içinde bu tuhaf yazıyla yazılmış en küçük bir şey bulunmadı. Bu nedenle yerel bir Girit yazısını mı yoksa Girit'e dışarıdan gelmiş yabancı bir yazıyı mı temsil ettiği konusu çözülebilmiş değil.

İki yüzü olan Phaistos diskinin bir yüzü.

Teknoloji tarihçileri için Phaistos diski daha da kafa karıştırıcı; MÖ 1700 olarak hesaplanan tarihine bakılırsa dünyada ilk basılı belge olması gerekiyor. Diskteki işaretler Girit'in daha sonraki Çizgisel A ve Çizgisel B yazıları gibi elle kazınmak yerine, kabartma matbaa harfleri gibi göstergeler taşıyan damgalarla (daha sonra pişirilen ve katılaşan) yumuşak kilin üzerine basılmış. Baskıyı yapan kişinin diskte görülen her bir işaret için bir damga olmak üzere besbelli ki 45 damgası vardı. Bu damgaları yapmak için herhalde çok emek harcanmıştı ve damgalar hiç kuşkusuz yalnızca bu tek belgeyi basmak için yapılmamıştı. Bunları kim kullanıyor idiyse o kişi pek çok yazı yazıyor olmalıydı. Bu damgaların sahibi bu damgalarla çok daha hızlı ve düzgün bir biçimde başka kopyalar yapabilirdi, yazılı metindeki her bir karmaşık göstergeyi her seferinde eliyle yazmaya benzemezdi bu iş.

Phaistos diski insanoğlunun bir sonraki adımının öncüsü, ilk basım girişimiydi, matbaacılıkta da aynı şekilde kesme matbaa harfleri ya da bloklar kullanılmıştı ama kâğıt üzerine ve mürekkeple basılıyordu, mürekkepsiz ve kil üzerine değil. Bununla birlikte o bir sonraki adım Çin'de 2500, Orta Çağ Avrupası'nda daha da geç, 3100 yıl sonrasına kadar atılmadı. O diskin erken geliştirilmiş teknolojisi Girit'te ya da eski Akdeniz'de niçin yaygın olarak benimsenmedi? Mürekkep ve baskı düşüncesini ekleyip matbaa makinesine sıçramak niçin binlerce yıl aldı? Disk dolayısıyla tarihçiler için tehdit edici bir sorun oluşturuyor. Bu diskin bize gösterdiğini sandığımız gibi icatlar kişiye bağlı ve öngörülemez şeylerse teknoloji tarihiyle ilgili genellemeler yapma çabaları daha başında başarısızlığa yazgılıdır.

Silah ve ulaşım teknolojileri bazı halkların kendi topraklarını genişletmelerinde ve başkalarının topraklarını fethetmelerinde doğrudan etkili olmuştur. Tarihin en genel seyrinin en önemli nedenidir bu. Peki ama ateşli silahları, okyanusları aşan gemileri, çelik gereçleri icat edenler niçin Amerikan yerlileri ya da Sahra'nın güneyinde yaşayan Afrikalılar değil de Avrasyalılar oldu? Aradaki farklar matbaa makinesinden tutun da cama, buharlı makineye kadar daha pek çok önemli teknolojik gelişmeye uzanır. Niçin bütün bu icatlar Avrasyalılara aitti? Yeni Gineliler ve Avustralya yerlileri, niçin Yeni Gine'de dünyanın en zengin bakır, Avustralya'da en zengin demir yataklarından bazılarına sahip olmalarına karşın, Avrasya'da ve Afrika'nın çoğu bölgesinde binlerce yıl önce kullanılıp bırakılmış taş aletleri MS 1800'de hâlâ kullanıyorlardı? Bütün bu olgular, konunun uzmanı olmayan pek çok insanın niçin Avrasyalıların mucitlik ve zekâ bakımından başka halklardan üstün olduklarını varsaydıklarını açıklar.

Öte yandan, teknolojik gelişme açısından kıtalar arasındaki farklılıkları açıklayacak bu tür nörobiyolojik farklılıklar yoksa, bu farklılıkları neyle açıklayabiliriz? Bir başka görüş de icatların kahramanların işi olduğu varsayımına dayanır. Teknolojik icatlar Johannes Gutenberg, James Watt, Thomas Edison, Wright Kardeşler gibi az bulunur üç beş dâhinin kafasından çıkmıştır. Onlar Avrupalıydı ya da Amerika'ya göç etmiş Avrupalıların torunlarıydı. Eski çağlarda Arşimet gibi başka ender görülen dahiler de öyleydi. Bu dâhiler aynı şekilde Tazmanya'da ya da Namibya'da da doğmuş olabilirler miydi? Teknoloji tarihi yalnızca birkaç mucidin doğum yeriyle ilgili rastlantılara mı dayanıyordu?

Yine de bir başka görüşe göre bu iş bireysel icatçılık sorunu değildi, toplumların bütün olarak yeniliklere açık olup olmamasıyla ilgiliydi. Bazı toplumlar fena halde tutucudur, içe dönüktür, değişikliğe düşmandır. Üçüncü Dünya halklarına yardım etme girişiminde bulunan ve cesaretleri kırılan Batılıların izlenimi böyle. Tek tek birey olarak insanlar son derece zeki görünmektedir; sorun onlarda değil onların toplumlarında gibidir. Torres Boğazı adalarında yaşayan insanlarla ticaret yapan, onların ok ile yay kullandığını gören Kuzeydoğu Avustralya yerlilerinin onlardan ok ile yayı almamasını başka nasıl açıklarsınız? Koca bir kıtadaki bütün toplumlar yeniliğe kapalı olabilir mi, teknolojinin oralarda yavaş gelişmesini böyle açıklayabilir misiniz? Bu bölümde nihayet bu kitabın temel sorusunu ele alacağız: Farklı kıtalarda teknoloji niçin farklı hızlarda gelişti?

Tartışmamıza bir deyişle, o deyişte dile getirilen bir görüşle başlayacağız: "İcadın anası ihtiyaçtır." Yani varsayımsal olarak icatlar toplumun giderilemeyen bir ihtiyacı olduğu zaman yapılır: Bir teknolojinin yetersiz ya da sınırlayıcı olduğu herkesçe kabul edilmektedir. Olası mucitler, para ya da ün kazanma umuduyla güdülenerek o ihtiyacı saptar ve karşılamaya çalışırlar. Sonunda bir mucit, mevcut yetersiz teknolojiden daha üstün bir çözümle ortaya çıkar. Çözüm toplumun değerleriyle ve başka teknolojileriyle uyuşuyorsa toplum çözümü benimser.

İcadın anasının ihtiyaç olduğu yönündeki sağduyulu görüşe gerçekten uyan hayli az icat vardır. 1942'de, İkinci Dünya Savaşı'nın ortasında, ABD hükümeti atom bombasını yapmak için gerekli teknolojiyi Almanlardan önce bulmak gibi açık bir amaçla Manhattan Projesi'ni oluşturdu. Proje üç yıl içinde başarıya ulaştı, maliyeti 2 milyar dolardı (bugünün parasıyla 20 milyar dolar). Bunun dışında anılması gereken icatlardan biri Amerika Birleşik Devletleri'nde yetişen ve çok zahmetli bir şekilde elle ayrılan pamuğun çekirdeklerini ayırmak için Eli Whitney'in 1794'te icat ettiği çırçır, ötekiyse James Watt'ın İngiliz kömür madenlerinden su pompalama sorununu çözen 1769'daki icadı buharlı makinedir.

Bu iyi bilinen örnekler bizi yanıltır, öteki önemli icatların da fark edilen ihtiyaçları gidermek amacıyla yapıldığını düşünürüz. Aslında icatların pek çoğu ya da büyük çoğunluğu, sırf merak ya da tamircilik aşkının etkisiyle harekete geçen kişilerin eseriydi, onların kafalarındaki ürüne başlangıçta hiçbir talep yoktu. Bir şey icat edildikten sonra mucidin o şey için bir uygulama alanı bulması gerekiyordu. Ancak uzunca bir süre kullanıldıktan sonra tüketiciler o şeye "ihtiyaçları" olduğunu hissetmeye başlıyorlardı. Yine, bir tek amaca hizmet etmek üzere icat edilmiş şeylerin başka, öngörülmemiş amaçlar için yararları daha sonra anlaşılıyordu. Ne işe yarayacağı belli olmayan şeyler arasında uçaktan otomobile, içten yanmalı motorlardan elektrik ampulüne, pikaptan transistöre kadar yakın çağların belli başlı teknolojik icatlarının bulunduğunu öğrenmek sizi şaşırtabilir. Çoğu kez icat ihtiyacın anasıdır, ihtiyaç icadın değil.

Buna iyi bir örnek yakın çağların en büyük mucidi Thomas Edison'un en özgün icadının tarihidir. Edison 1877'de ilk gramofonunu yaptığı zaman bir makale yayımladı, bu makalede icadının kullanılabileceği yerleri on madde halinde belirtti. Bunların arasında ölmekte olan kişilerin son sözlerini kaydetmek, görme özürlü kişilerin dinlemesi için kitapları plağa almak, saatin kaç olduğunu duyurmak, hecelemeyi öğretmek vardı. Edison'un öncelikler listesinde müziğin yeniden üretimi ilk sıralarda yer almıyordu. Birkaç yıl sonra Edison yardımcısına icadının hiçbir ticari değerinin olmadığını söylemişti.

Daha sonraki birkaç yıl içinde düşüncesini değiştirdi, gramofon satmak üzere iş hayatına atıldı – ama bürolarda dikte ettirme makinesi olarak. Başka girişimciler madeni bir para atıldığı zaman popüler müzik çalacak şekilde gramofonu değiştirip müzik kutusu adı verilen şeyi türettikleri zaman, ciddi büro işlerinde kullanılan icadının değerini düşürdüğü için olsa gerek, Edison buna karşı çıktı. Ancak 20 yıl kadar sonra istemeye istemeye gramofonunun aslında müzik kaydetmeye ve çalmaya yaradığını kabul etti.

Motorlu araç bugün bizim için yararları apaçık ortada olan bir icattır. Gelgelelim herhangi bir talebe yanıt vermek üzere icat edilmiş bir şey değildir. Nikolaus Otto 1866'da ilk benzinli motorunu yaptığı zaman insanların kara ulaşımı gereksinimini 6000 yıldır atlar sağlıyordu, buna ek olarak buharlı trenler giderek daha çok kullanılıyordu.

Otto'nun motoru güçsüz ve ağır olduğu, boyu iki metreyi aştığı için bu motorun atlara yeğlenecek bir yanı yoktu. Motorların gelişmesi, Gottfried Daimler'in motoru bir bisiklete yükleyerek motosiklet yapacağı noktaya gelmesi, 1885 yılını buldu; ilk kamyonu yapmak için Daimler 1896 yılını bekledi.

Motorlu araçlar 1905 yılında hâlâ çok pahalıydı, zenginlerin güvenilmez oyuncaklarıydı. Halk Birinci Dünya Savaşı'na kadar atlardan da demiryollarından da memnundu ancak ordu o günlerde kamyonlara gereksinimi olduğuna karar vermişti. Savaştan sonra kamyon üreticilerinin ve ordunun yoğun kulisleri sonucunda kamuoyu buna gereksinimi olduğuna inanır hale geldi ve sanayileşmiş toplumlarda at arabalarının yerini kamyonlar almaya başladı. Amerika'nın en büyük kentlerinde bile bu değişikliğin gerçekleşmesi 50 yıl sürdü.

Mucitler toplumdan gelen bir talep olmadığında çoğu kez uzun süre tamirciliği elden bırakmamak zorundadırlar, çünkü ilk modeller hiçbir işe yaramayacak kadar kötü çalışır. İlk fotoğraf makineleri, daktilolar, televizyonlar Otto'nun iki metre boyundaki benzinli motoru kadar korkunçtu. Bu bakımdan bir mucidin elindeki o korkunç ilk örneğin sonunda bir gün bir işe yarayıp yaramayacağını ve dolayısıyla onu geliştirmek için daha fazla emek ve para gerekip gerekmediğini önceden kestirmesi güçtür. Amerika Birleşik Devletleri'nde her yıl aşağı yukarı 70.000 patent veriliyor, bunların ancak pek azı ticari üretim aşamasına ulaşabiliyor. Sonunda bir kullanım alanı bulan her büyük icada karşılık bulamayan sayısız icat var. Başlangıçta tasarımlanırken amaçladıkları gereksinimi karşılayan icatların bile daha sonra bazı öngörülmemiş daha önemli gereksinimleri karşıladıkları ortaya çıkabilir. James Watt buharlı motorunu madenlerden su pompalamak için tasarımlamıştı ama çırçır fabrikalarına ve daha sonra kısa zamanda (çok daha büyük bir yarar olarak) lokomotiflere, gemilere gerekli gücü sağlayan bir motor haline geldi.

O halde, bize başlangıç noktası oluşturan icatlarla ilgili sağduyuya dayalı görüş icat ile gereksinimin olağan rollerini tersyüz ediyor. Watt ve Edison örneğinde görüldüğü gibi, ender görülen dâhilerin önemini fazlaca abartıyor. "İcatların kahramanların işi olduğu" kuramı patent yasasıyla destekleniyor çünkü patent başvurusunda bulunan kişi teslim ettiği icadının yeniliğini kanıtlamak zorunda. Bu nedenle mucitler parasal nedenlerden dolayı daha önceki çalışmalara çamur atmak ya da onları göz ardı etmek eğilimindeler. Bir patent avukatının gözüyle bakarsak en kusursuz icat, tam biçimini almış olarak Zeus'un alnından fırlayan Athena gibi, öncesi olmayan bir icattır.

Aslında çağdaş icatların en ünlüleri ve görünüşte en belirleyicileri için bile ileri sürülen "Falan şeyi falanca icat etti," gibi çıplak bir iddianın gerisinde o icadın göz ardı edilen ilk habercileri yatmaktadır. Örneğin, bize hep "James Watt buharlı makineyi 1769'da icat etti," denir; güya bir çaydanlığın emziğinden çıkan buharı seyrederek ondan esinlenmiş. Bu harika öykü iyi hoş ama Watt'ın kafasında aslında kendi buharlı makine düşüncesi Thomas Newcomen'ın bir buharlı makine modelini tamir ederken doğdu, Newcomen o makineyi 57 yıl önce icat etmişti ve Watt'ın tamir ettiği zamana gelinceye kadar İngiltere'de söz konusu makineden yüzden fazla üretilmişti.

Beri yandan Newcomen'ın buharlı makinesi de İngiliz Thomas Savery'nin 1698 patentli makinesine dayanıyordu, Savery'ninki 1680 dolaylarında Fransız Denis Papin'in tasarımladığı (ama yapmadığı) buharlı makineye dayanıyordu, Papin'inki ise Hollandalı bilim insanı Christiaan Huygens ve başkalarının düşüncelerinden esinlenmişti. Newcomen'ın makinesini (makineye ayrı bir buhar yoğunlaştırıcı ve iki yönlü çalışan bir silindir ekleyerek) Watt'ın büyük oranda geliştirdiğini yadsımak anlamına gelmiyor bu ama Newcomen da Savery'ninkini hayli geliştirmişti.

Yeterli şekilde belgelenmiş çağdaş icatların hepsi için buna benzer öyküler anlatılabilir. Âdet olduğu üzere icadın sahibi olma sıfatı verilen kahraman, kendisininkine benzer amaçları olan, tasarımlar, işleyen modeller ya da (Newcomen'ın buharlı makinesi örneğinde olduğu gibi) ticari başarı sağlamış modeller ortaya koymuş daha önceki mucitlerin izinden gitmişti. Edison 21 Ekim 1879 gecesi "icat" ettiği ünlü elektrik ampulünü, 1841 ile 1878 yılları arasında pek çok başka mucidin patentli elektrik ampullerine dayanarak geliştirmişti. Aynı şekilde Wright kardeşlerin insanlı ve motorlu uçaklarından önce Otto Lilienthal'ın insanlı motorsuz planörleri ile Samuel Langley'nin insansız motorlu uçağı vardı; Samuel Morse'un telgrafından önce Joseph Henry'nin, William Cooke'un, Charles Wheatstone'unkiler vardı; kısa lifli (iç bölgelerde yetişen) pamuğun çekirdeğini ayırmaya yarayan Eli Whitney'in çırçırı binlerce yıldır uzun lifli (Sea Adası'nda yetişen) pamuğun çekirdeğini ayıran çırçırların geliştirilmişiydi.

Bütün bunları Watt'ın, Edison'un, Wrigth kardeşlerin, Morse'un, Whitney'in önemli gelişmelere imza attıklarını, bunun sonucunda da ticari başarının kapısını araladıklarını ya da başarıyı artırdıklarını yadsımak için söylemiyorum. Sonunda benimsenen icadın biçimi, mucidin katkısı olmasa biraz farklı olabilirdi. Ama bizi ilgilendiren soru, dâhi bir mucit belli bir zamanda, belli bir yerde doğmamış olsaydı acaba dünya tarihinin seyri önemli derecede farklı olur muydu sorusu. Yanıt açık: Hiç böyle bir mucit olmadı. Mucit olarak bilinen bütün ünlü kişilerin yetenekli öncülleri ve ardılları vardı, onlar getirdikleri yenilikleri toplum onların ürününü kullanabilecek hale geldiği zaman getirdiler. Daha sonra göreceğimiz gibi, Phaistos diski için kullanılan damgaları kusursuzlaştıran kahramanın acınası yanı, yaptığı şeyi toplumun yaygın olarak kullanamayacağı bir zamanda yapmış olmasıydı.

Şimdiye kadarki örnekleri çağdaş teknolojiden verdim çünkü onların tarihi iyi biliniyor. Benim çıkardığım iki temel sonuç var: Birincisi, teknoloji toplam olarak gelişen bir şey, tek tek kahramanların eylemleriyle değil; ikincisi, teknoloji öngörülmüş bir gereksinimi karşılamak için icat edilmiyor, icat edildikten sonra kullanım alanı bulunuyor. Bu sonuçlar hiç kuşkusuz geçmiş çağlardaki belgelenmemiş teknoloji için daha da geçerli. Buzul Çağı avcılarının ve yiyecek toplayıcılarının ocaklarında yanmış kum ile kireçtaşı kalıntılarını gördükleri zaman, uzun yıllar sürecek hiç akla gelmedik nice icatlardan sonra bu işin sonunun (MÖ 4000 dolaylarında) ilk kez sırlanan nesnelere, (MÖ 2500 dolaylarında) Mısır ve Mezopotamya'da bir yere yapışık olmayan ilk cam eşyalara, (MÖ 1500 dolaylarında) ilk cam kaplara, (MS 1 dolaylarında) Roma'daki cam pencerelere varacağını düşünmelerine olanak yoktu.

Bildiğimiz en eski sırların nasıl yapıldığı konusunda hiçbir şey bilmiyoruz. Yine de, günümüzde teknoloji bakımından "ilkel" insanları, örneğin birlikte çalıştığım Yeni Ginelileri, gözleyerek tarihöncesi dönemdeki icatların hangi yöntemlerle yapıldığını çıkarsayabiliriz. Yüzlerce yerel bitki ve hayvan türü konusunda, bunların yenebilirliğiyle, tıbbi değeriyle, başka ne işe yaradıklarıyla ilgili ne çok şey bildiklerinden daha önce söz etmiştim. Yeni Gineliler aynı şekilde bana çevrelerinde bulunan onlarca kaya türüyle, her türün sertlik derecesiyle, rengiyle, bir şeyle vurulduğu ya da kazındığı zaman ne olduğuyla, nerede kullanıldığıyla ilgili bilgiler de verdiler. Bütün bu bilgiler gözlem, deneme ve yanılma yoluyla edinilmiştir. Yeni Ginelileri evlerinden uzak bir yerde benimle çalışmak üzere yanımda götürdüğüm zaman bu "icat" sürecini gözlerimle görüyorum. Ormanda tanımadıkları bir şey gördüklerinde hemen ellerine alıyor, evirip çeviriyor, bazen eve götürecek kadar yararlı buluyorlar. Aynı sürece bir kamp yerini terk ederken, yerli halk geride bıraktığımız çöpleri karıştırmaya geldiği zaman da tanık oluyorum. Benim çöpe attığım nesnelerle oynuyorlar, Yeni Gine toplumunda bir işe yarayıp yaramayacağına karar vermeye çalışıyorlar. Çöpe atılmış konserve kutuları kolay: Onları kap olarak kullanıyorlar. Öteki nesneler üretiliş amaçlarından çok farklı amaçlar için gözden geçiriliyor. Şu iki numara sarı kurşunkalem süs eşyası olarak nasıl durur acaba, kulak memesindeki deliğe ya da burna geçirildiğinde? Şu cam kırığını bıçak olarak kullanabilir miyim; yeterince keskin ve dayanıklı mı? Buldum!

Eski insanların bulabildikleri hammaddeler, taş, odun, kemik, deri, lif, kil, kum, kireçtaşı, mineral gibi çok çeşitli doğal malzemelerdi. İnsanlar yavaş yavaş bu malzemeler içinde belli türde taşları, odunu, kemiği işleyip alet yapmayı öğrendi; belli türde kilden çömlek ve tuğla yapmayı; kum, kireçtaşı ve başka "çamur"lardan oluşan bir karışımdan cam yapmayı; bakır ve altın gibi mevcut yumuşak saf metalleri işlemeyi, daha sonra maden yataklarından maden çıkarmayı, en sonunda da bronz ve demir gibi sert metalleri işlemeyi.

Hammaddelerden barut ve benzinin elde edilişi deneme yanılma yöntemi öykülerine iyi bir örnek oluşturur. Doğada bulunan yanıcı ürünler, bir kamp ateşindeki reçineli kütüğün patladığı zamanki gibi ister istemez kendilerini ele verirler. MÖ 2000 yılına gelindiğinde Mezopotamyalılar asfaltlı kayaları ısıtarak tonlarca petrol elde ediyorlardı. Eski Yunanlar petrol, zift, reçine, kükürt, sönmemiş kireç kullanarak hazırladıkları çeşitli karışımları yangın çıkarma silahı olarak kullanmayı keşfetmişlerdi, mancınıkla, oklarla, yangın bombalarıyla, gemilerle hedefe ulaştırıyorlardı. Alkol ve koku üretmek için Orta Çağ İslam simyacılarının geliştirdikleri damıtmacılıkta kazanılan uzmanlık petrolün ayrıştırılmasına da yaradı, hatta bazı petrol bileşiklerinin yanıcılık özelliğinin daha güçlü olduğu anlaşıldı.

Müslümanların Haçlıları en sonunda yenilgiye uğratmalarında el bombalarıyla, roketlerle, torpillerle atılan bu yanıcılar çok önemli bir rol oynadılar. O sıralarda Çinliler, daha sonra barut adı verilecek olan ve içinde kükürt, odunkömürü ve güherçile bulunan bir karışımın özellikle çok patlayıcı olduğunu fark ettiler. MS 1100 dolaylarında kimyayla ilgili bir İslam eserinde yedi değişik barut tarifi verilmektedir, MS 1280 yılına ait bir eserdeyse farklı amaçlara göre (biri roketlerde, öteki toplarda) kullanılması gereken 70 tarif vardır.

Orta Çağ sonrası petrol damıtma işine gelince, 19. yüzyıl kimyacıları imbikten geçmiş sıvının orta kısmını gaz lambalarında yakacak olarak kullanılmaya elverişli buldular. Kimyacılar en uçucu sıvıyı (benzini) ne yazık ki kullanılmaz bir ürün olarak çöpe atıyorlardı – içten yanmalı motorlar için eşi bulunmaz bir yakıt olduğu anlaşılıncaya kadar bu böyle sürdü. Çağdaş uygarlığın yakıtı olan benzinin, nerede kullanılacağı bilinmeyen bir icat olarak ortaya çıktığı bugün kimin aklına gelir?

Bir mucit yeni bir teknoloji için bir kullanım alanı keşfettiği zaman, bundan sonra yapacağı ilk şey toplumu bunu benimsemeye ikna etmektir. Bir işi yapmak için daha büyük, daha hızlı, daha güçlü bir aygıta sahip olmak onu hemen herkesin kabul etmeye hazır olduğu anlamına gelmez. Bu tür nice teknoloji ya hiç benimsenmemiştir ya da ancak uzun direnişlerden sonra benimsenmiştir. Ünlü örneklerin arasında Amerika Birleşik Devletleri Kongresi'nin 1971'de sesten hızlı bir araç geliştirme projesine para ayrılmasını kabul etmemesi, yüksek becerili bir daktilo klavyesi tasarımının dünyada sürekli geri çevrilmesi, Britanya'nın uzun süre elektrikle aydınlanmayı kabul etme konusundaki gönülsüzlüğü var. Bir icadın toplum tarafından kabul edilmesini sağlayan şey nedir?

Gelin işe aynı toplumda çeşitli icatların kabul edilirlik derecelerini karşılaştırarak başlayalım. Kabul edilirliği etkileyen en az dört neden göreceğiz.

Birinci ve en açık etken mevcut teknolojiyle karşılaştırıldığı zaman ortaya çıkan göreli ekonomik üstünlüktür. Çağdaş sanayi toplumlarında tekerlek çok yararlıyken, bazı başka toplumlarda bu hiç de böyle değildi. Eski Meksika yerlileri dingilleri olan tekerlekli araçları icat etmişlerdi ama oyuncak olarak kullanmak üzere, ulaşım aracı olarak değil. Bu bize inanılmaz geliyor ama unutmayalım ki o tekerlekli araçları çekecek evcil hayvanları yoktu, bu yüzden de taşıma işinde bu araçlar insanlara karşı bir üstünlüğe sahip değillerdi.

İkinci bir kaygı da toplumsal değer ve saygınlıktır, bu (ya da bunun eksikliği) ekonomik yararın önüne geçebilir. Bugün milyonlarca insan iki misli para verip özel tasarımlanmış kotları satın alıyor, aynı derecede dayanıklı markasız kotları değil –çünkü tasarımcının etiketinin toplumsal damgasını taşımak, ödedikleri fazla paradan daha önemli. Aynı şekilde, Japonya yüksek verimli alfabeler ya da Japonya'nın iş gören kendi kana hece yazımı yerine korkunç derecede hantal kanji yazı sistemini kullanmaya devam ediyor – çünkü kanji yazısının saygınlığı çok fazla.

Yine bir başka etmen kazanılmış haklara uygunluktur. Bu kitap, belki de şimdiye kadar okuduğunuz basılı başka pek çok kitap gibi, QWERTY klavyeyle yazıldı, yani en üst sırada, en soldan itibaren altı harfin adıyla anılan klavyeyle. Şimdi belki inanmayacaksınız ama bu klavye 1873'te bir karşı-mühendislik tasarımıydı: Daktilo kullananları olabildiğince ağır yazmaya zorlamak için olmadık hilelere başvurulmuş, en çok kullanılan harfler klavyenin her sırasına dağıtılmış, (sağ elini kullanan insanları zayıf ellerini kullanmak zorunda bırakacak şekilde) harfler solda toplanmıştı. Göründüğü kadarıyla verimliliğe aykırı olan bütün bu özelliklerin gerisinde yatan neden, 1873'te daktilo kullanıcılarının yan yana iki tuşa art arda hızla bastığında harflerin birbirine karışmasıydı, bu yüzden üreticiler daktilo yazanları yavaşlatmak zorundaydı. Daktilolardaki gelişmeler bu karışma sorununu ortadan kaldırınca 1932'de daha verimli olacak şekilde düzenlenmiş klavyelerle yapılan denemeler yazı yazma hızımızın iki katına çıkacağını ve harcanacak çabanın % 95 azalacağını gösterdi. Ama artık QWERTY klavyeler siperlere yerleşmişti. QWERTY klavyeyle yazan yüz binlerce daktilocunun, daktilo öğretmeninin, daktilo ve bilgisayar satıcısının, üreticisinin kazanılmış hakları, 60 yılı aşkın bir süredir klavyeleri etkili hale getirme yönündeki bütün girişimlerle çatışıyor.

QWERTY klavyelerinin öyküsü size komik gelebilir ama buna benzer pek çok durumda daha ağır ekonomik sonuçlar söz konusu olmuştur. Transistör Amerika Birleşik Devletleri'nde icat edilmiş olmasına karşın, niçin dünyadaki transistörlü elektronik eşya pazarına, Amerika'nın Japonya'yla ödemeler dengesini bozacak derecede, Japonya hâkim? Çünkü Amerikan elektronik eşya sanayisinin lambalı modeller ürettiği ve kendi ürünleriyle rekabet etmeye istekli olmadığı bir zamanda Sony, Western Electric'ten transistörün lisans haklarını almıştı. Alman ve Amerika Birleşik Devletleri kentlerinde sokakların aydınlatılmasında elektrik çoktan kullanılmaya başlandığı halde niçin Britanya kentlerinin sokakları ta 1920'lere kadar gaz lambalarıyla aydınlatıldı? Çünkü Britanya'daki belediye idareleri gazla aydınlatmaya büyük yatırımlar yapmışlardı, rakipleri olan elektrik ışığı şirketlerinin önüne yasal engeller çıkardılar.

Yeni teknolojilerin kabul edilmesini etkileyen son etmen yararlarının kolayca görülüp görülmemesiyle ilgili. MS 1340'ta ateşli silahların çoğu henüz Avrupa'da bilinmezken İngiltere'nin Derby kontu ile Salisbury kontu Tarifa Savaşı sırasında bir rastlantı sonucu İspanya'daydılar, o savaşta Araplar İspanyollara karşı top kullanmışlardı. Gördüklerinden etkilenen kontlar İngiliz ordusuna topu tanıttılar, ordu hemen benimsedi ve altı yıl sonra Crecy Savaşı'nda Fransız askerlerine karşı kullandı.

Böylece, tekerlek, tasarımcının imzasını taşıyan kotlar, QWERTY klavyeleri, aynı toplumun bütün icatlara eşit derecede açık olmayışının gerisinde yatan çeşitli nedenleri örnekliyor. Beri yandan aynı icadı kabul etme konusunda çağdaş toplumların tutumu da büyük farklılıklar gösteriyor. Üçüncü Dünya'nın köylü toplumlarının batılılaşmış sanayi toplumları kadar yeniliklere açık olmadığı genellemesini bilmeyenimiz yok. Sanayileşmiş ülkeler dünyasında bile bazı bölgeler ötekilere göre çok daha açık. Kıtalar düzeyinde de bu tür farklılıklar varsa teknolojinin bazı kıtalarda ötekilere göre niçin daha hızlı geliştiği açıklanabilir. Örneğin, Avustralya'nın yerli toplumlarının hepsi herhangi bir nedenle her zaman değişikliğe direniyorduysa, bütün öteki kıtalarda metal aletler ortaya çıktıktan sonra hâlâ taş aletler kullanmaya devam etmelerinin açıklaması bu olabilirdi. Toplumlar arasında yeniliğe açıklık farkları nasıl ortaya çıkıyor?

Teknoloji tarihçileri en azından on dört açıklayıcı etmenden oluşan uzun bir liste sunuyorlar bize. Birincisi ortalama ömür uzunluğudur. Yani ilke olarak, olası mucitlerin gerekli teknik bilgi birikimini sağlayabilmeleri için zamana gereksinimleri vardır; aynı zamanda, çok geç sonuç veren uzun gelişim programları üzerinde çalışmaya başlayabilmek için sabır ve güvenliğe. Bu yüzden de çağdaş tıp sayesinde çok fazla artmış olan ömür ortalaması yakın zamanlardaki icatların artmasına katkıda bulunmuş olabilir.

Daha sonraki beş etmen ekonomiyle ve toplumun örgütlenme biçimiyle ilgilidir: (1) Klasik çağlarda kölelerin emeğinin ucuz olması görünüşe bakılırsa yenilikleri baltalıyordu, oysa şimdi ücretlerin yüksek oluşu ya da insan emeği açığı, teknolojik çözüm arayışlarını kamçılıyor. Örneğin, California'daki çiftliklere Meksika'dan gelen mevsimsel ucuz emeğin göç politikalarında yapılması planlanan bir değişiklikle artık gelmeme olasılığı belirince, California'da hemen makineyle toplanabilecek bir domates cinsi geliştirme girişimleri başladı. (2) Mucitlerin sahiplik haklarını koruyan patent ve öteki telif hakları yasalarıyla çağdaş Batı'da yeniliklere kanat gerilirken çağdaş Çin'de bu tür bir korumanın olmaması yenilik heveslerini kırıyor. (3) Çağdaş sanayi toplumları teknik eğitime büyük olanaklar sağlamaktadır, Orta Çağ'da İslam âlemi de öyle yapmıştı, çağdaş Zaire'yse yapamıyor. (4) Çağdaş kapitalizm teknolojik gelişmeye para yatırmayı özendirecek şekilde örgütlenmiştir, eski Roma ekonomisi böyle değildi. (5) Amerikan toplumundaki güçlü bireycilik başarılı mucitlerin kendi kazançlarını kendilerine saklamalarına izin verir, oysa Yeni Gine'deki güçlü aile bağları, para kazanmaya başlayan birinin onlarca akrabasının kendilerini evine alması, karınlarını doyurması, ceplerine para koyması beklentisiyle kapısına dayanmalarını sağlama alır.

Öne sürülen bundan sonraki dört açıklama ekonomiyle ya da örgütlenmeyle ilgili olmaktan ziyade ideolojiktir: (1) Yeni bir icatta bulunma çabasının temelinde yatan zarara uğrama tehlikesini göze alma davranışı bazı toplumlarda ötekilere göre daha yaygındır. (2) Bilimsel bakış Aydınlanma sonrası Avrupa toplumlarının biricik özelliğidir, Avrupa'nın bugünkü teknolojik üstünlüğüne bunun önemli katkısı olmuştur. (3) Görüş ve inanış farklılıklarına gösterilen hoşgörü yenilikleri besler, oysa (Çin'de eski Çin klasikleri üzerindeki ısrarda olduğu gibi) güçlü geleneksel bakış yenilikleri boğar. (4) Dinlerin teknolojik yenilikler karşısındaki tutumları büyük değişiklikler gösterir: Musevilik'in ve Hıristiyanlık'ın bazı kollarının teknolojiyle arasının özellikle iyi olduğu, İslam'ın, Hinduizm'in, Brahma dininin bazı kollarınınsa özellikle olmadığı söylenir.

Bu on varsayımın hepsi doğru olabilir. Ama bunların hiçbirinin coğrafyayla zorunlu bir ilişkisi yoktur. Patent hakları, kapitalizm, bazı dinler gerçekten de teknolojinin gelişimini sağlıyorsa, Orta Çağ sonrası Avrupa'sında bunlar yönünde tercih yapılmasına, Çin'de ya da Hindistan'da yapılmamasına yol açan şey nedir?

Bu on etmenin hiç değilse teknolojiyi hangi yönde etkilediği apaçık ortadadır. Önerilen etmenlerden geriye kalan dört tanesi –savaş, merkezî yönetim, iklim ve kaynak bolluğu– tutarlı davranmazmış gibi görünüyor: Bazen teknolojiyi teşvik ediyor, bazen engelliyorlar. (1) Tarih boyunca savaş genellikle teknolojik yeniliklerin başlıca nedeni olmuştur. Örneğin, İkinci Dünya Savaşı sırasında nükleer silahlara, Birinci Dünya Savaşı sırasında uçaklara ve kamyonlara yapılan dev yatırımlar bütün yeni teknoloji alanlarını ateşledi. Ama savaşlar aynı zamanda teknolojiyi önemli ölçüde engelleyebilir de. (2) Merkezî yönetim 19. yüzyılda Almanya'da ve Japonya'da teknolojik patlamaya yol açarken Çin'de MS 1500'den sonra teknolojiyi yok etti. (3) Kuzey Avrupalıların çoğu, teknolojisiz yaşamanın olanaksız olduğu sert iklimli bölgelerde teknolojinin geliştiği, fazla giyim kuşama gerek bırakmayan, ağaçlardan güya muzların yağdığı iyi iklimli bölgelerdeyse gelişme gösteremediği kanısındadırlar. Bunun tam tersi bir görüşe göreyse, çevre koşullarının iyi olduğu bölgelerde yaşayan insanlar varlıklarını sürdürebilmek için sürekli savaşmak zorunda değildirler, bir şeyler icat etmekle uğraşma olanakları vardır. (4) Çevre kaynaklarının bolluğunun mu yoksa kıtlığının teknolojiyi ateşlediği konusunda da tartışmalar vardır. Kaynakların bolluğu, bu kaynakları kullanacak olan teknolojilerin gelişmesinde etkili olabilir, örneğin fazla yağış alan, pek çok ırmakların bulunduğu Kuzey Avrupa'da su değirmeni teknolojisinin geliştirilmesi gibi – peki ama su değirmeni teknolojisi daha da yağışlı olan Yeni Gine'de niçin gelişmedi? Britanya'da kömür teknolojisinin gelişmesinin nedeni olarak orada ormanların yok edilmiş olması ileri sürülür ama ormansızlaşma Çin'de niçin aynı etkiyi yaratmadı?

Toplumların yeni teknolojileri kabul etme konusunda gösterdiği farkları açıklamak için öne sürülen nedenlerin listesinin sonu bu tartışmayla gelmez. İşin daha da kötüsü, bütün bu açıklamaların en yakın nedenlere dayanması, bunların hepsinin kökeninde yatan nedenin ne olduğu sorusuna hiç değinmemeleridir. Tarihin gelişme biçimini anlamaya çalışırken bu bize cesaret kırıcı bir engel gibi görünebilir çünkü teknoloji, tarihin en önemli devindirici gücü olagelmiştir. Bununla birlikte ben şimdi teknolojik yeniliklerin ardında yatan bağımsız etmenlerin çeşitliliğinin aslında tarihin genel seyrini anlamamızı zorlaştırmak şöyle dursun kolaylaştırdığını ileri süreceğim.

Bu kitabın amaçları açısından, bu uzun liste konusundaki temel soru, bu tür etmenlerin yöntemli olarak her kıtada farklılık gösterip göstermediği, bu yüzden de kıtalarda teknolojik gelişim farklılıklarına yol açıp açmadığıdır. Sıradan insanların çoğu için ve pek çok tarihçi için bu sorunun gizli ya da açık yanıtı evettir. Örneğin, bir topluluk olarak Avustralya yerlilerinin teknoloji bakımından geri kalmalarında etkili olan ortak ideolojik özellikleri bulunduğuna yaygın olarak inanılır: Onlar güya hayalî bir geçmişte, dünyanın yaratıldığı Düş Çağı'nda yaşarlar, içinde yaşadıkları zamanı iyileştirmek için somut şeyler yapmaya yönelmezler. Önde gelen Afrika tarihçilerinden biri Afrikalıları gözleri içe dönük, Avrupalıların genişleme itkisini duymayan insanlar olarak tanımlamıştı.

Ama bütün bu savlar varsayımdan öte bir anlam taşımaz. İki kıtada benzer sosyoekonomik koşullar altında pek çok toplumla ilgili yapılmış, iki kıtanın halkları arasındaki ideolojik farklılıkları yöntemli bir biçimde gösteren hiçbir araştırma yoktur. Bunun yerine yürütülen mantık aynı merkez çevresinde daireler çizer: Teknolojik farklılıklar olduğuna göre, bu farklılıkların karşılığı olan ideolojik farklılıklar da vardır.

Aslında Yeni Gine'de sürekli olarak gözlemlediğim bir şey var: Oradaki yerli toplumlara egemen olan hayata bakış tarzları büyük farklılıklar gösteriyor. Tıpkı sanayileşmiş Avrupa'da ve Amerika'da olduğu gibi, geleneksel Yeni Gine'de de yeni tarzlara direnen tutucu toplumlar var, yeni tarzları elekten geçirerek benimseyen yenilikçi toplumlarla yan yana yaşıyorlar. Batı teknolojisinin gelmesiyle birlikte şimdi bu daha girişimci olan toplumlar tutucu komşularını ezmek için Batı teknolojisinden yararlanıyorlar.

Örneğin, 1930'larda Yeni Gine'nin doğusundaki yüksek bölgelere Avrupalılar ilk kez geldiğinde daha önce hiç başkalarıyla ilişkisi olmamış onlarca Taş Çağı kabilesi "keşfettiler", bunların arasında Chimbu kabilesi Batı teknolojisini benimseme konusunda özellikle atak davrandı. Beyazların kahve yetiştirdiğini gören Chimbular para eden bir ürün olarak kendileri kahve yetiştirmeye başladı. 1964'te elli yaşında bir Chimbu erkeği tanımıştım, okuma bilmiyordu, ottan yapılma geleneksel bir etek vardı üstünde, hâlâ taş aletler kullanan bir ailenin çocuğu olarak doğmuş ama kahve yetiştirerek zengin olmuştu, kazancıyla 100.000 dolar nakit ödeyerek bir bıçkıhane aldı, ürettiği kahve ve keresteyi pazara taşımak üzere de çok sayıda kamyon aldı. Bunun tam tersine, komşu bir halk, Daribiler (onlarla birlikte sekiz yıl çalıştım), özellikle tutucudurlar, yeni teknolojiyle hiç ilgilenmezler. Daribi bölgesine ilk kez bir helikopter indiğinde helikoptere şöyle bir bakıp yapmakta oldukları işlerine döndüler; Chimbular olsa onu kiralamak için hemen pazarlığa otururlardı. Sonuçta Chimbular şimdi Daribi bölgesine yayılıyor, tarım çiftlikleri yapmak için toprakları ele geçiriyorlar, Daribiler de Chimbular için çalışan işçilere dönüşüyorlar.

Başka kıtalarda da bazı yerli toplumların yeniliklere, yabancı usullere çok açık oldukları, bunların bazılarını seçerek benimsedikleri, başarılı bir biçimde kendi toplumlarıyla bütünleştirdikleri biliniyor. Örneğin Nijerya'da yerel girişimcilikte Yeni Gine Chimbularının eşiti olarak İbo halkı var. Bugün Amerika Birleşik Devletleri'nde en kalabalık yerli kabilesi Navaho'dur, Avrupalılar geldiğinde birkaç yüz kabileden yalnızca biriydi. Ama Navaholarn yeniliklere karşı seçici bir biçimde hareket etmeyi bilen son derece esnek insanlar oldukları ortaya çıktı. Batılıların boyalarını kendi dokumalarına kattılar, gümüş işçiliğine, hayvan yetiştiriciliğine başladılar, şimdi de geleneksel barınaklarında yaşamaya devam etmelerine karşın kamyon sürüyorlar.

Sözüm ona tutucu Avustralya yerlileri arasında da tutucu toplumların yanı sıra yeniliğe açık toplumlar da var. Aşırı uçlardan birinde Tazmanyalılar yer alıyor; on binlerce yıl önce Avrupa'da terk edilmiş, Avustralya anakarasının büyük bir bölümünde de yerini başka aletlere bırakmış olan taş aletler kullanmaya devam ediyorlardı. Bunun tam karşı ucundaysa Güneydoğu Avustralya'nın bazı yerli balıkçı toplulukları bulunuyor; kanallar, çit dalyanları, sabit tuzaklar yapmak gibi balıkçı toplumların geçimini kolaylaştıran ileri teknolojiler geliştirdiler.

O halde, icatlar yapma ve icatları kabul etme bakımından aynı kıtanın üzerinde bile topluluklar farklılık gösterir. Öte yandan aynı toplum da zamanla değişiklik gösterebilir. Bu günlerde Ortadoğu'daki Müslüman toplumlar göreceli olarak tutucu, teknolojide ön saflarda yer almıyorlar. Ama Orta Çağ'da aynı bölgedeki Müslümanlar teknoloji bakımından ileriydiler, yeniliklere açıktılar. Çağdaş Avrupa'dakinden daha yüksek okuryazarlık oranına ulaşmışlardı; Eski Yunan uygarlığının mirasını öylesine özümlemişlerdi ki bugün biz Eski Yunan'a ait kitapların çoğunu Arapça kopyaları aracılığıyla tanıyoruz; yel değirmenlerini, trigonometriyi, üç köşeli yelkenleri geliştirdiler ya da icat ettiler; metal sanayisinde, mekanik mühendislikte, kimya mühendisliğinde, sulama yöntemlerinde önemli adımların atılmasına öncülük ettiler; Çin'den barutu ve kâğıdı alıp Avrupa'ya aktardılar. Orta Çağ'da teknoloji akışının yönü bugünkü gibi Avrupa'dan İslam âlemine doğru değil, büyük oranda İslam âleminden Avrupa'ya doğruydu. Ancak MS aşağı yukarı 1500 yılından başlayarak bu akışın yönü yüz seksen derece değişti.

Çin'de de yenilikler zamanla önemli dalgalanmalar gösterdi. MS yaklaşık 1450 yılına kadar Çin teknolojisi Avrupa'nınkinden çok daha ileriydi, Orta Çağ İslam teknolojisinden de daha çok. Çinlilerin icat ettikleri şeylerin o uzun listesinde kanallarda kullanılan alavere havuzu kapıları, dökme demir, delgi, tam takım hayvan koşumları, barut, uçurtmalar, manyetik pusulalar, sabit olmayan matbaa harfleri, kâğıt, porselen, (Phaistos diski dışında) baskı aletleri, kıç direği dümenleri, tekerlekli el arabaları vardır. Daha sonra sondeyiş üzerinde duracağımız bazı nedenlerden dolayı Çin'de yenilikler durdu. Bizlerse tam tersine, teknolojik yenilikler bakımından çağdaş dünyaya Batı Avrupa toplumlarının ve Avrupa'dan türeme Kuzey Amerika toplumlarının öncülük ettiğini sanırız ama Orta Çağ sonlarına kadar teknoloji Eski Dünya'nın herhangi bir "uygar" bölgesindekine göre Batı Avrupa'da daha az gelişmiş durumdaydı.

O halde, genel olarak yenilikçi toplumların yaşadığı kıtalar, genel olarak tutucu toplumların yaşadığı kıtalar diye bir şey yoktur. Her kıtada, belli bir zamanda tutucu toplumlar da vardır, yenilikçi toplumlar da. Ayrıca yeniliğe açıklık eğilimi aynı bölgede zaman içinde dalgalanma gösterebilir.

Düşünürsek, bir toplumun yenilikçiliği pek çok bağımsız etmen tarafından belirleniyorsa, bu sonuçlar insanın tam da beklediği sonuçlardır. Bu etmenlerle ilgili ayrıntılı bilgi olmadan yenilikçilik konusunda kehanette bulunmak olanaksızdır. Bu yüzden de toplumbilimciler İslam âleminde, Çin'de, Avrupa'da yeniliğe açıklığın değişmesinin, Chimbuların, İboların, Navaholarn yeni teknolojilere, komşularından daha açık oluşunun nedenlerini tartışmayı sürdürüyorlar. Yine de genel tarihsel seyirleri inceleyen bir tarih öğrencisi için yukarıdaki olguların özel nedenlerinin neler olduğu önemli değildir. Yenilikçiliği etkileyen sayısız etmen tarihçinin işini, ne tuhaftır ki, kolaylaştırır, yenilikçilik konusundaki toplumsal farkların temelde rasgele bir değişkene dönüştürülmesine yol açar. Bu demektir ki (koca bir kıta gibi) yeterince büyük bir bölgede, belli bir zamanda toplumların bir bölümünün yenilikçi olması olasılığı vardır.

Yenilikler aslında nereden çıkar? Geçmişte tamamıyla yalıtılmış haldeki birkaç toplum dışında bütün toplumlarda yeni teknolojilerin çoğu ya da büyük bir bölümü yerel olarak icat edilmiş değildir, başka toplumlardan ödünç alınmış teknolojilerdir. Yerel icat ile ödünç almanın göreli önemi başlıca iki etmene dayanır: Bunlardan biri, söz konusu teknolojinin icadının kolaylığı, ikincisiyse söz konusu toplumun öteki toplumlara yakınlığıdır.

Bazı icatlar doğrudan doğruya doğal hammaddenin el altında olmasıyla ilgilidir. Bu tür icatlar dünya tarihinde pek çok kereler, farklı yerlerde ve zamanlarda yapılmıştı. Daha önce uzun uzun üzerinde durduğumuz bir örnek, bitkilerin, en azından dokuz tane bağımsız merkezde evcilleştirilmiş olmasıdır. Bir başka örnek çömlekçiliktir, çok yaygın olarak bulunan kil hammaddesinin kuruduğu ya da ısıtıldığı zamanki hallerine tanık olmak çömlekçiliğin gelişmesinde etkili olmuş olabilir. Çömlekçilik Japonya'da 14.000 yıl önce, Bereketli Hilal'de 10.000 yıl önce, Amazon'da, Afrika'nın Sahel kuşağında, Amerika Birleşik Devletleri'nin güneydoğusunda ve Meksika'da daha sonra ortaya çıktı.

Çok daha güç bir icat örneği yazıdır, hiçbir doğal maddeye bakarak esinlenilecek bir şey değildir. XII. Bölüm'de gördüğümüz gibi, ancak birkaç bağımsız merkezde başladı, alfabeyse dünya tarihinde görünüşe göre topu topu bir merkezde. Öteki güç icatların arasında sudolabı, el değirmeni, dişli çark, manyetik pusula, yel değirmeni, fotoğraf makinesinin atası olan karanlık kutu vardı, bunların hepsi Eski Dünya'da bir ya da iki kez icat edilmişti, Yeni Dünya'daysa hiç edilmemişti.

Bu tür karmaşık icatlar genellikle hazıra konma yoluyla dağılıyordu çünkü yerel olarak bağımsız biçimde icat edilmek yerine böyle çok daha çabuk yayılıyorlardı. Bunun en açık örneği tekerlektir, ilk kez MÖ yaklaşık 3400 yılında Karadeniz yakınlarında kullanıldığına dair kanıtlar var, daha sonraki birkaç yüzyıl içinde tekerlek Avrupa'nın ve Asya'nın büyük bir bölümünde dönmeye başladı. Eski Dünya'daki bütün o ilk tekerleklerin tuhaf bir biçimi var: Çember biçiminde bir dış çerçeveyle bu çerçeveyi merkeze bağlayan çubuklar yerine, birbirine tutturulmuş üç kalın tahtadan yapılmış bir daireden oluşuyorlar. Oysa Amerika'nın yerli toplumlarına özgü (Meksika seramik kaplarının üzerinde resmedilmiş) biricik tekerlek tek bir parçadan oluşuyor, bu da bize tekerleğin bağımsız olarak ikinci bir kez icat edilmiş olduğunu düşündürüyor – Yeni Dünya'nın Eski Dünya uygarlığından yalıtılmışlığıyla ilgili başka kanıtlara bakarak insan zaten bunun böyle olmasını bekliyor.

İnsanlık tarihinde tekerleksiz geçmiş yedi milyon yıllık bir süreden sonra, birkaç yüzyıl içinde Eski Dünya'nın birbirinden ayrı pek çok yerinde, o aynı tuhaf tekerlek biçiminin bir rastlantı sonucu ortaya çıkmış olduğunu hiç kimse düşünmüyor. Bunun tersine, tekerlek yararlılığı dolayısıyla icat edildiği tek merkezden hızla Eski Dünya'nın doğusuna da batısına da yayılmıştı. Batı Asya'daki bir merkezden eski çağlarda Eski Dünya'nın doğusuna da batısına da yayılmış karışık teknolojilerin başka örnekleri arasında kapı kilitleri, makaralar, el değirmenleri, yel değirmenleri bulunmaktadır – bir de alfabe. Yeni Dünya'da yayılmış bir teknoloji örneği metal işleme teknolojisi, Panama aracılığıyla Andlar'dan Mezoamerika'ya yayılmıştır.

Çok işe yarar bir icat bir toplumda ortaya çıktığı zaman bu icat genellikle iki şekilde yayılır. Biri, o icadı gören ya da duyan başka toplumların beğenip almalarıdır. İkincisi, icadın yapıldığı toplum karşısında o icattan yoksun toplumlar kendilerinin zayıf kaldıklarını görürler, bu zayıflık yeterince önemliyse o topluma yenik düşerler, yerlerini onlara bırakırlar. Basit bir örnek olarak Yeni Zelanda'nın Maori kabileleri arasında asker tüfeğinin yayılışını verebiliriz. Bir kabile, Ngapuhi kabilesi, 1818 dolaylarında Avrupalı tacirlerin tüfeklerini alıp kullanmaya başlamıştı.

Bunu izleyen on beş yıl içinde Yeni Zelanda, Tüfek Savaşları denen savaşlarla çalkalandı, bu arada tüfeksiz kabileler ya tüfek sahibi oldular ya da tüfeklerle silahlanmış kabilelere teslim bayrağını çektiler. Bunun sonucunda tüfek teknolojisi 1833 yılına kadar bütün Yeni Zelanda'ya yayıldı: Bugün hâlâ varlığını sürdüren Maori kabilelerinin tüfekleri var.

Toplumlar yeni bir teknolojiyi, o teknolojiyi icat etmiş toplumlardan çok farklı şekillerde alabilirler. Bunların arasına (1954'te transistörün Amerika Birleşik Devletleri'nden Japonya'ya yayılmasında olduğu gibi) barışçı ticaret, (MS 552'de ipekböceğinin Güneydoğu Asya'dan Ortadoğu'ya kaçırılmasında olduğu gibi) casusluk, (Fransa'dan 1685'te kovulan 200.000 Fransız Protestanı aracılığıyla Fransız cam ve giyim üretimi yöntemlerinin Avrupa'ya yayılışında olduğu gibi) göç ve bir de savaş girer. Çin'deki kâğıt üretimi yöntemlerinin Müslümanların eline geçmesi bu sonuncu yoldan olmuştur: Bir Arap ordusu Çin ordusunu MS 751 yılında Orta Asya'da Talas Irmağı çarpışmasında yenilgiye uğratmıştır, Araplar savaş esirlerinin arasında bazı kâğıt yapımcılarının olduğunu görmüş ve Semerkand'da kâğıt yapımını başlatmak üzere onları alıp getirmişlerdir.

XII. Bölüm'de kültürel yayılmanın ya ayrıntılı "kopyalara" ya da ayrıntıların yeniden icadına yol açan temel düşünceye dayandığını görmüştük. XII. Bölüm'de yazının yayılması konusunda örneklenen bu seçenekler teknolojinin yayılmasında da geçerlidir. Bundan önceki paragrafta kopya örnekleri verilmişti oysa Çin porselen teknolojisinin Avrupa'ya taşınması, temel düşüncenin uzun zaman içinde yayılmasının bir örneğidir. İnce dokulu yarı saydam çömlek demek olan porselen MS 7. yüzyıl dolaylarında Çin'de icat edilmişti. On dördüncü yüzyılda İpek Yolu'yla Avrupa'ya (nasıl yapıldığı konusunda hiçbir bilgi olmadan) ulaştığı zaman Avrupalılar porselene hayran kaldılar, benzerini yapmak için pek çok başarısız girişimde bulundular.

Bu girişimler, Alman simyacı Johann Böttger'in çeşitli minerallerle killeri karıştırarak, çeşitli işlemler deneyerek yaptığı uzun çalışmalardan sonra ancak 1707'de çözümü bulmasına kadar sürdü ve bugün o ünlü Meissen porselen işleri böyle başladı. Fransa'da, İngiltere'de daha sonra yapılan az çok bağımsız deneylerden sonra Sevres, Wedgwood, Spode porselenleri ortaya çıktı. Sonuç olarak Avrupalı çömlekçiler Çin'deki üretim yöntemlerini kendi başlarına icat etmek zorunda kaldılar ama onları bunu yapmaya iten şey çok beğendikleri ürünün önlerinde duran modelleriydi.

Coğrafi konumlarına bağlı olarak toplumlar başka toplumlardan yayılan teknolojiyi sahiplenmeye hazır olma konusunda farklılıklar gösterirler. Yakın geçmişte yeryüzündeki en yalıtılmış halk Tazmanya halkıydı, en yalıtılmış kıta olan Avustralya'dan 100 deniz mili uzaktaki bir adada okyanusu aşabilecek gemileri olmadan yaşıyorlardı. Tazmanyalıların öteki toplumlarla 10.000 yıldan fazla bir süre ilişkileri olmamıştı, kendi icat ettikleri şeyler dışında dışarıdan hiçbir yeni teknoloji almamışlardı. Asya anakarasından Endonezya adaları zinciriyle ayrılmış olan Avustralyalılara ve Yeni Ginelilere Asya'daki icatların ancak serpintileri geliyordu. İcatların yayılmasından en çok yararlanabilecek ülkeler büyük kıtalardaki ülkelerdi. Bu toplumlarda teknoloji çabuk gelişti çünkü toplumların kendi icatlarıyla başka toplumların icatları bir araya geldi. Örneğin, Avrasya'da merkezi bir konumda bulunan İslam âlemine Orta Çağ'da Çin'den de Hindistan'dan da icatlar ulaşıyordu ve Eski Yunanların bilgileri onlara miras kalmıştı.

Yayılmanın ve yayılmaya olanak sağlayan coğrafi konumun önemini, güçlü teknolojileri terk etmiş olan toplumların başka türlü anlayamayacağımız bazı durumları çarpıcı biçimde gösterir. Genellikle, yararlı teknolojilerin bir kez alındıktan sonra, yerini daha iyisi alıncaya kadar kaçınılmaz olarak terk edilmediklerini sanırız. Aslında teknolojilerin alındıktan sonra sürdürülmesi gerekir, bu da önceden kestirilemeyecek pek çok etkene bağlıdır. Her toplumda, ekonomik olarak yararsız şeylere değer verilmesine ve değerli şeylerinse bir süre değersiz görülmesine yol açan toplumsal hareketler ya da modalar olur. Yeryüzündeki hemen hemen bütün toplumların birbiriyle ilişkide olduğu günümüzde, modanın önemli bir teknolojinin gerçekten de çöpe atılmasına yol açacak kadar güçlü olabileceğini düşünemeyiz. Güçlü bir teknolojiye bir süre sırtını dönmüş olan toplum komşu toplumların o teknolojiyi kullandığını görmeye devam edecek ve yayılma yoluyla yeniden aynı teknolojiyi edinme şansına sahip olacaktır (ya da bunu başaramazsa komşularına yenik düşecektir). Ama bu tür modalar ancak yalıtılmış toplumlarda sürebilir.

Çok bilinen bir örnek de Japonların tüfekleri terk etmesidir. Japonlar MS 1543 yılında iki Portekizli serüvenci arkebüslerle (ilkel tüfeklerle) silahlanmış olarak bir Çin yük gemisiyle Japonya'ya geldiği zaman ateşli silahlarla tanıştılar. Bu yeni silahtan öylesine etkilendiler ki hemen yerli tüfek üretimine başladılar, tüfek teknolojisini önemli ölçüde geliştirdiler, MS 1600 yılına gelindiğinde dünyada onlarınki kadar çok ve iyi tüfeklere sahip olan başka bir ülke yoktu.

Ama Japonya'da aynı zamanda tüfeklerin kabul görmesini engelleyen etmenler de vardı. Ülkede samuray denen bir savaşçı sınıfı bulunuyordu, onlar için kılıç hem bir sınıf simgesiydi hem de sanat yapıtı (ve alt sınıflara boyun eğdirme aracı). Japon savaşları daha önceleri kılıçlı samuraylar arasında teke tek çarpışmalar gerektiriyordu, samuraylar er meydanına çıkar, törensel konuşmalar yapar, daha sonra zarafetle dövüşmekten gurur duyarlardı. Bu tür davranışlar hiç zarafeti falan düşünmeden tüfeklerin tetiğini çeken köylülerin önünde öldürücü olmaya başladı. Ayrıca tüfekler yabancıların icadıydı, 1600'den sonra Japonya'da yabancı olan her şey gibi hor görülmeye başlandı. Samurayların denetimindeki yönetim tüfek üretimini birkaç kentle sınırlayarak işe başladı, sonra tüfek üretebilmek için hükümetten izin alma koşulunu getirdi, daha sonra yalnızca hükümet için tüfek üretecek olanlara üretim izni verdi, en sonunda da hükümetin tüfek siparişlerini azalttı, böylece Japonya neredeyse yeniden, işler halde tüfeğin görülmediği bir ülke haline geldi.

Çağdaş Avrupa yöneticileri arasında da tüfeklere karşı olan, tüfek piyasasına kısıtlamalar getirmeye çalışanlar oldu. Ama bu tür önlemler Avrupa'da fazla sürmedi çünkü orada herhangi bir ülke ateşli silahlara burun kıvırmayagörsün hemen tüfek sever komşularının istilasına uğrardı. Japonya kalabalık nüfuslu ve çok yalıtılmış bir ada olduğu için bu güçlü ve yeni askerî teknolojiyi yadsımanın bedelini ödemekten kurtuldu. Yalıtılmışlığının getirdiği güvenlik, 1853'te diken diken toplarla dolu Amerika Birleşik Devletleri gemileriyle Kumandan Perry'nin ziyareti Japonları tüfek üretimine yeniden başlamalarının gerektiğine inandırıncaya kadar sürdü.

Japonların tüfekleri, Çin'in okyanus gemilerini (aynı zamanda mekanik saatleri, suyla çalışan iplik eğirme makinelerini) terk edişleri, tarihte tamamıyla ya da yarı yarıya yalıtılmış toplumlarda teknolojide görülen tersine dönüşlerin en iyi bilinen örneklerdir. Tarihöncesi zamanlarda da böyle tersine dönüşler oldu. Bunun en aşırı örneği Tazmanya yerlilerinin kemik aletleri ve balıkçılığı bile bırakıp çağdaş dünyada en ilkel teknolojiye sahip bir toplum haline gelmeleridir (XV. Bölüm). Avustralya yerlileri ok ile yayı önce benimsemiş, daha sonra terk etmiş olabilirler. Torres Adası halkı kanoları terk etti, oysa Gaua Adası halkı terk ettikten sonra yeniden kanolara döndü. Çömlekçilik bütün Polinezya'da terk edildi. Polinezyalıların çoğu, Melanezyalıların büyük bir bölümü savaşta ok ile yay kullanmayı bıraktı. Kuzey Kutbu'ndaki Eskimolarda ok ile yay, balıkçı kayıkları kayıplara karıştı, Dorset Eskimolarındaysa ok ile yay, yaylı matkap, köpekler.

Bize ilk bakışta çok tuhaf gelen bu örnekler teknoloji tarihinde coğrafyanın ve yayılmanın önemini göstermektedir. Yayılma olmazsa daha az teknolojiye sahip olunur ve var olan teknoloji daha çok kaybedilir.

Teknoloji teknoloji doğurduğu için, bir icadın yayılması, gelecek açısından, yapılmasından daha önemlidir. Teknoloji tarihi kendi kendini hızlandırma süreci denen şeyin örnekleriyle doludur: Yani zamanla artan bir oranda hızlanan bir süreçtir bu çünkü süreç kendi kendinin hızlandırıcısı olur. Sanayi Devrimi'nden bu yana teknolojideki patlama bugün bizi etkiliyor ama Orta Çağ'daki patlama da Bronz Çağı'ndakiyle karşılaştırıldığında aynı derecede etkileyicidir, Bronz Çağı'nın yanında Cilalı Taş Çağı cüce kalır.

Teknolojinin genelde kendi kendini hızlandırmasının bir nedeni ilerlemelerin ilk önce daha basit sorunların aşılmasına bağlı olmasıdır. Örneğin, Taş Çağı çiftçileri doğrudan demir ayrıştırmaya ve demiri işlemeye geçemediler çünkü bu iş yüksek sıcaklıkta fırınlar gerektirir. Bunun yerine demir madeni işçiliği, ısıya gerek kalmadan çekiçle dövülerek biçim verilebilecek kadar yumuşak olan ve kendiliğinden yeryüzüne çıkan saf metallerin (bakır ve altının) işlenmesiyle elde edilmiş binlerce yıllık deneyimden sonra gelişti. Ayrıca önce çömlek yapmak için, daha sonra da demir kadar yüksek sıcaklık gerektirmeyen bakır madenini ayrıştırmak ve bakır alaşımları (bronz) elde etmek için kullanılan ve binlerce yılda geliştirilen basit fırınlardan sonra ortaya çıktı. Hem Bereketli Hilal'de hem de Çin'de demirden yapılma eşyalar ancak 2000 yıllık bir bronz madeni işçiliği döneminden sonra yaygınlaştı. Avrupalıların gelişiyle Yeni Dünya'nın bağımsız yörüngesi üzerindeki yolculuğu yarıda kesildiğinde, Yeni Dünya toplumları bronz eşyalar yapmaya daha yeni başlamışlardı, demir eşyalara henüz geçmemişlerdi.

Kendi kendini hızlandırmanın bir başka nedeni, yeni teknolojilerin ve malzemelerin yeni bileşimlerle daha başka yeni teknolojiler üretmeye olanak sağlamasıdır. Örneğin, niçin matbaacılık MS 1455'te Gutenberg Kitabı Mukaddes'i bastıktan sonra Orta Çağ Avrupa'sında hızla yayıldı da, o adı bilinmeyen matbaacı MÖ 1700'de Phaistos diskini bastığında yayılmadı? Bunun bir açıklaması Orta Çağ'da Avrupalı matbaacıların altı teknolojik gelişmeyi (kâğıt, sabit olmayan matbaa harfi, metal işleme teknolojisi, baskı makineleri, mürekkep, yazı) birleştirme olanağına sahip olmasıdır; Phaistos diskini yapan kişi için bu teknolojilerin çoğu söz konusu değildi. Bu gelişmelerden kâğıt ile sabit olmayan matbaa harfi düşüncesi Çin'den Avrupa'ya ulaştı. Gutenberg'in, matbaa harfi büyüklüklerinin birörnek olmaması gibi ileride karşılaşılması kaçınılmaz olan sorunun üstesinden gelmek için metal kalıplardan dökme matbaa harfleri geliştirmesi, metal teknolojisiyle ilgili pek çok gelişmeye bağlıydı: Basılacak harfler için çelik ve kalay-çinko-kurşun alaşımı, kalıplar için (daha sonra yerlerini çeliğe bırakacak olan) pirinç ya da bronz alaşımları ve kurşun gerekiyordu. Gutenberg'in baskı makinesi şarap ve zeytinyağı yapmak için kullanılan cenderelerin bir türeviydi, kullandığı mürekkepse mevcut mürekkeplerin yağ esasına dayanan bir türevi. Alfabenin üç bin yıllık gelişiminin ardından Orta Çağ Avrupa'sının sahiplendiği alfabeli yazı biçimleri sabit olmayan matbaa harfleriyle matbaacılığa elverişli hale geldi çünkü metalden 30-40 harf dökmek yetiyordu, Çin yazısı gibi binlerce göstergeye gerek yoktu.

Bu altı bakımdan da Phaistos diskini yapan kişinin Gutenberg'e göre bir matbaa sistemi kurmak için birleştirebileceği çok daha güçsüz teknolojiler vardı elinin altında. Diskte yazı kâğıttan çok daha hacimli ve ağır bir şeye, kile yazılıyordu. MÖ 1700'de Girit'te metal işleme becerileri, mürekkepler, mengeneler 1455 Almanya'sındakine göre daha ilkeldi; bu yüzden de metal bir çerçevenin içine yerleştirilmiş, mürekkeplenip basılabilen metalden dökülerek yapılmış sabit olmayan harfler yerine o diskin elle bastırılması gerekiyordu. Diskte kullanılan yazı hece yazımıydı, Gutenberg'in kullandığı Latin alfabesine göre daha çok sayıda göstergeye, daha karmaşık bir yapıya sahipti. Bunun bir sonucu olarak Phaistos diskinin basma teknolojisi, Gutenberg'in matbaa makinesine göre hem daha acemiceydi, hem de elle yazmaya göre fazla bir üstünlüğü yoktu. Bütün bu teknolojik eksikliklere ek olarak Phaistos diski, yazı yazmayı bilenlerin birkaç saray ya da tapınak yazıcısıyla sınırlı olduğu bir zamanda basılmıştı. Bu yüzden de diskin yapımcısının o güzel ürününe çok az talep vardı, onlarca disk üretme işine yatırım yapmaya insanları yüreklendirecek de çok az şey. Oysa Orta Çağ Avrupa'sında matbaacılık piyasasının hacmi sayısız yatırımcıyı Gutenberg'e borç para vermeye yönlendirmişti.

İnsan teknolojisi iki buçuk milyon yıl önce kullanılmış olan ilk taş aletten başlayarak gelişti ve benim modası geçmiş 1992 lazer baskı cihazımın yerini alan ve bu kitabın matbaa öncesi kopyasını basmak için de kullanılmış olan 1996 lazer baskı cihazına kadar geldi. Başlangıçtaki gelişme hızı tahmin edilemeyecek kadar yavaştı; taş aletlerimizde hiçbir fark edilir değişiklik olmadan yüz binlerce yıl geçti, bu arada başka malzemelerden yapılmış eşyaların bulunduğuna dair elimizde hiçbir kanıt da yok. Bugün teknoloji o kadar çabuk gelişiyor ki bu gelişmelerin haberleri günlük gazetelerde yer alıyor.

Giderek ivme kazanan bu gelişim tarihi içinde özellikle iki sıçramaya dikkat çekebiliriz. Birincisi, bundan 100.000 ile 50.000 yıl öncesi arası, belki de vücudumuzda meydana gelen bir değişim sonucu, yani çağdaş konuşma yetisine ya da beyin işlevlerine ya da her ikisine birden elveren çağdaş anatominin evrimi sonucu olmuştur. Bu sıçramadan sonra kemik aletlerin, tek bir işe yarayan taş aletlerin, bileşik aletlerin yolu açılmıştır, ikinci sıçrama bizim yerleşik hayata geçişimiz üzerine oldu, insanlar dünyanın farklı yerlerinde farklı zamanlarda yerleşik hayata geçtiler, bazı bölgelerde 13.000

yıl önce geçtiler, bazılarındaysa bugün bile geçmiş değiller. Büyük oranda bu geçiş bizim yiyecek üretimine geçişimizle bağlantılıdır çünkü yiyecek üretimi tarım ürünlerimize, meyve bahçelerimize, yedek yiyecek depolarımıza yakın olmamızı gerektiriyordu.

Yerleşik hayat teknoloji tarihi bakımından çok önemliydi çünkü insanların taşınamaz mülkler edinmelerine olanak veriyordu. Göçebe avcılar ve yiyecek toplayıcılar taşınabilir teknolojilerle yetinmek zorundaydılar. Sık sık yer değiştiriyorsanız ve ne taşıtınız ne de yük hayvanınız varsa küçük bebeklerden, silahlardan, kesin olarak gerekli, taşınabilecek kadar küçük en az sayıda eşyadan başka bir mülkünüz olmaz. Konar göçer haldeyken sırtınıza bir de çömlekler, matbaa makineleri yüklenemezsiniz. Bazı teknolojilerin insanı hayrete düşürecek derecede erken ortaya çıkışını ve uzun süre bu teknolojilerde hiçbir gelişmenin olmamasını belki de bu somut güçlükle açıklayabiliriz. Örneğin, seramiğin belgelenmiş ilk örnekleri bugünkü Çekoslavakya'nın bulunduğu bölgede 27.000 yıl önce ateşte pişirilmiş küçük kil heykelciklerdir, bunlar bilinen en eski (Japonya'da 14.000 yıl önce) ateşte pişirilmiş kil kaplardan da eskidir. Çekoslavakya'nın aynı bölgesinde, aynı döneme ait olarak ilk örmecilik örnekleri de bulunmuştur, oysa bilinen belgelenmiş en eski sepet 13.000 yıl öncesine, bilinen en eski kumaş dokuması yaklaşık 9000 yıl öncesine aittir. Bu çok eskiye ait ilk adımlara karşın ne çömlekçilik ne de dokumacılık, insanlar yerleşik hale gelene ve çömlekleri, dokuma tezgâhlarını taşıma sorunundan kurtulana kadar kanatlanmadı.

Yiyecek üretimi yerleşik hayata ve mülk edinmeye olanak sağlamanın yanı sıra bir başka nedenden dolayı da teknoloji tarihinde önemli rol oynadı. İnsanlık tarihinde ilk kez yiyecek üreten köylülerin beslediği, yiyecek üretmeyen uzmanlardan oluşan, ekonomik bakımdan uzmanlaşmış toplumların ortaya çıkması mümkün oldu. Ama bu kitabın ikinci kısmında yiyecek üretiminin farklı kıtalarda farklı zamanlarda ortaya çıktığını görmüştük. Ayrıca bu bölümde gördüğümüz gibi, yerel teknoloji hem asıl kaynağı hem de sürdürülmesi bakımından yalnızca yerel icatlara bağlı değildir, başka yerlerden yayılacak teknolojilere de bağlıdır. Böyle olduğu için de teknoloji genelde, yayılmayı engelleyecek coğrafi ya da çevresel engellerin bulunmadığı kıtalarda çok hızlı yayıldı, hem kıtanın kendisinde hem de başka kıtalarda. Son olarak da, bir kıta üzerindeki her toplum bir teknolojinin icat edilmesi, sahiplenilmesi için yeni bir fırsatı temsil eder çünkü toplumlar başka başka pek çok nedenden dolayı yenilikçilikte büyük farklılıklar gösterirler. Bu yüzden de diğer bütün her şeyin eşit olduğunu kabul edersek, teknolojinin en hızlı geliştiği yerler, çok kalabalık nüfuslu, olası pek çok mucidin, birbiriyle yarışan pek çok toplumun yaşadığı geniş, verimli bölgelerdir.

Şimdi şu üç etmen konusundaki farklılıkların –yiyecek üretiminin başlama tarihinin, yayılmayı önleyen engellerin, nüfus büyüklüğünün– kıtalararasında gözlemlenen teknolojik gelişme farklılıklarına nasıl doğrudan doğruya yol açtığını özetleyelim. Avrasya (aslında Kuzey Afrika da içinde olmak üzere) dünyadaki en büyük kara parçasıdır, üzerinde birbiriyle yarışan en çok sayıda toplumu barındırır. Yiyecek üretiminin ilk kez başladığı iki merkez de bu kara parçası üzerindedir: Bereketli Hilal ve Çin. Ana ekseninin doğu-batı yönünde olması, Avrasya'nın bir köşesinde benimsenmiş pek çok icadın Avrasya'nın başka yerlerinde benzer enlemlerde, benzer iklimlerde yaşayan toplumlara bir oranda hızlı bir biçimde yayılmasına olanak vermiştir. Kuzey-güney ekseni yönündeki genişliği Amerika kıtalarının Panama Kıstağı'ndaki darlığıyla karşıtlık oluşturur. Amerika ve Afrika'nın ana eksenleriyle kesişen aşılmaz çevresel engeller orada yoktur. Sonuç olarak Avrasya'da teknolojinin yayılmasını önleyecek coğrafi ve çevresel engeller öteki kıtalardakilere göre daha aşılabilir cinsindendir. Bütün bu etmenler sayesinde Avrasya Pleyistosen sonrası dönemde teknolojinin ivme kazanmaya ilk başladığı yer ve sonuçta en büyük yerel teknoloji birikiminin oluştuğu kıtaydı.

Kuzey ve Güney Amerika genellikle ayrı kıtalar olarak görülürler ama milyonlarca yıldır birleşiktirler, benzer tarihsel sorunları vardır, Avrasya'yla karşılaştırılırken birlikte ele alınabilirler. Amerika kıtaları dünyanın, Avrasya'dan hayli küçük, ikinci büyük kara parçasını oluştururlar. Bununla birlikte coğrafi ve çevresel olarak parçalanmış durumdadırlar: Yalnızca 65 kilometre genişliğinde olan Panama Kıstağı aslında Amerika'yı coğrafi olarak ikiye böler, o bölgedeki Darien yağmur ormanları ile Kuzey Meksika çölleri de çevresel olarak aynı şeyi yapar. Çöl, Mezoamerika'nın ileri insan topluluklarını Kuzey Amerika topluluklarından ayırırken, kıstak da Mezoamerika'nın ileri toplumlarını Andlar'daki ve Amazon'daki toplumlardan ayırır. Ayrıca Amerika kıtalarının ana ekseni güney-kuzey eksenidir, bu da yayılmanın çoğunlukla aynı enlem kuşağı boyunca sürmek yerine derece derece enlem (ve iklim) değiştirerek ilerlemesine yol açar. Örneğin, tekerlek Mezoamerika'da bulundu, lamalar Orta Andlar'da MÖ 3000'den önce evcilleştirildi ama 5000 yıl sonra Amerika'nın biricik yük hayvanıyla biricik tekerleği hâlâ buluşamamıştı; oysa Mezoamerika'nın Maya toplumlarıyla İnka imparatorluğu'nun kuzey sınırı arasındaki uzaklık (2000 km) tekerlek ile atı paylaşan Fransa ile Çin'in arasındaki uzaklıktan (10.000 km) çok daha azdı. Bu nedenler bana kalırsa Amerika'nın teknolojik bakımdan niçin Avrasya'nın gerisinde kaldığını açıklıyor.

Afrika'da Sahra'nın güneyi dünyanın üçüncü büyük kara parçasıdır, Amerika kıtalarından hayli küçüktür. İnsanlık tarihinin çok büyük bir bölümünde Avrasya açısından Afrika, Amerika kıtaları için olmadığı kadar ulaşılabilir bir yerdi ama Sahra Çölü Güney Afrika'yı Avrasya'dan ve ayrıca Kuzey Afrika'dan ayıran hâlâ en önemli çevresel engeldir. Afrika'nın kuzey-güney ekseni de teknolojinin hem Avrasya ile Sahra'nın güney bölgesi arasında hem de Sahra'nın güneyinde yayılmasını ayrıca engeller. Bu ikinci engellemeye bir örnek vereyim: Çömlekçilik ile demir madenciliği Avrupa'ya ne zaman geldiyse Afrika'da Sahra'nın güney bölgesinde (Ekvator'un kuzeyindeki) Sahel kuşağına da o zaman geldi ya da orada o zaman ortaya çıktı. Bununla birlikte çömlekçilik Afrika'nın güney ucuna MS 1 yılına kadar ulaşamadı, metal işleme teknolojisi ise Avrupa'dan gemilerle en güney uca gelinceye kadar karayı aşıp oraya ulaşamamıştı.

Son olarak Avustralya en küçük kıtadır. Yağış ve verimlilik oranının Avustralya'nın çoğu yerinde düşük olması besleyebileceği insan sayısı bakımından aslında o kıtayı daha da küçük hale getirir. Ayrıca en yalıtılmış kıtadır. Bir de yiyecek üretimi orada yerel olarak hiç başlamamıştır. Bu etmenler bir araya gelince Avustralya yakın çağlarda hâlâ metal ürünlere geçememiş tek kıta olarak kalmıştır.

Tablo 13.1'de bu etmenler, kıtaların yüzölçümleri ve günümüz insan nüfusları bakımından karşılaştırılması yoluyla sayılara çevrilmiştir. Kıtaların 10.000 yıl önceki, yani yiyecek üretimi tam başlamadan önceki nüfusları bilinmiyor ama hiç kuşku yok ki hepsi aynı sıraya göre diziliyorlardı çünkü bugün en verimli bölgelerin pek çoğu 10.000 yıl önce avcılar ve yiyecek toplayıcılar için de verimli bölgelerdi. Nüfus farklılıkları apaçık ortada: (Kuzey Afrika da dâhil) Avrasya'nın nüfusu hemen hemen Amerika'nınkinin 6 katı, Afrika'nınkinin hemen hemen 8 katı, Avustralya'nınkinin 230 katı. Kalabalık nüfus demek daha fazla sayıda mucit, birbiriyle yarışan daha fazla sayıda toplum demektir. Avrasya'da tüfeklerin ve çeliğin kökenlerini Tablo 13.1 tek başına büyük oranda açıklıyor.

Yüzölçümü, yayılma kolaylığı, yiyecek üretiminin başlama tarihi bakımından kıtalar arasındaki farkların teknolojinin ortaya çıkışı üzerindeki bütün bu etkileri, teknoloji kendi kendisini hızlandırdığı için daha da abartılı boyutlara ulaşmıştır. Avrasya'nın başlangıçtaki hayli önemli üstünlüğü böylece 1492'de çok öne geçmesini sağladı – insan zekâsının değil Avrasya'nın belli coğrafi özellikleri sağladı bunu. Benim tanıdığım Yeni Gineliler arasında da gizli Edison'lar var. Ama onlar yaratıcılıklarını kendi durumlarıyla ilişkili teknolojik sorunları çözmeye yönlendiriyorlar: Onların sorunu gramofon icat etmek değil, Yeni Gine'nin sık ormanlarında, dışarıdan hiçbir şey almadan hayatta kalmak.

Tablo 13.1 Kıtaların İnsan Nüfusları

Kıtalar	*1990 Nüfusu*	*Yüzölçümü (km²)*
Avrasya ve Kuzey Afrika	4.120.000.000	62.678.000
(Avrasya)	(4.000.000.000)	(55.685.000)
(Kuzey Afrika)	(120.000.000)	(6.993.000)
Kuzey ve Güney Amerika	736.000.000	42.476.000
Afrika, Sahra'nın güneyi	535.000.000	23.569.000
Avustralya	18.000.000	7.770.000

XIV. Bölüm

Eşitlikçilikten Hırsızkrasiye*

1979 yılında misyoner arkadaşlarla Yeni Gine'de uzak, bataklık bir havzanın üzerinde uçuyorduk, gözüme birbirlerinden kilometrelerce uzakta birkaç kulübe ilişti. Pilotun açıklamasına göre, Endonezyalı bazı timsah avcıları altımızdaki o çamurlu düzlükte bir yerde Yeni Gineli birtakım göçebelere rastlamışlar. Her iki taraf da korkmuş ve bu karşılaşma Endonezyalıların üç beş göçebeyi tüfekle vurup öldürmesiyle son bulmuş.

Misyoner arkadaşların tahminine göre bu göçebeler Fayu adı verilen, dışarıyla hiç ilişkileri olmayan bir topluluğun üyeleri olmalıydı; dış dünya onları, Kirikiri adı verilen, eskiden kendileri de göçebe olan, Hıristiyanlaştırılmış komşularının korkulu öykülerinden tanıyordu. Yeni Gineli topluluklarla yabancıların ilk karşılaşmaları genellikle tehlikeli olabilir ama bu başlangıç özellikle uğursuz bir başlangıçtı. Her neyse, arkadaşım Doug, Fayularla dostluk kurmak için helikopterle onların arasına gitti. Sağ salim döndü ama çok şaşırmıştı, bize olağanüstü bir öykü anlattı.

Anlaşıldığına göre Fayular normal olarak bataklığa yayılmış tek tek aileler halinde yaşıyorlardı, yılda bir ya da iki kez toplanıyor, gelin alışverişi pazarlığı yapıyorlardı. Doug'ın ziyareti böyle

---

* İngilizce "kleptocracy" sözcüğünün karşılığı olarak, hırsızlar yönetimi anlamında "hırsızkrasi"; "kleptocrat" sözcüğü için de benzer biçimde "hırsızkrat" sözcüğünü kullandım. (ç. n.)

30-40 Fayu'nun toplandığı bir zamana rastladı. Bizim için 30-40 kişi küçük, sıradan bir topluluk oluşturur ama Fayular için bu sık sık rastlanmayacak korkutucu bir olaydı. Katiller birdenbire kendilerini kurbanlarının akrabalarıyla karşı karşıya buluyorlardı. Örneğin Doug'ın anlattığına göre, bir Fayu erkeği kendi babasını öldüren adamı görüvermişti. Oğul baltasını kapıp katilin üzerine yürümüş ama arkadaşları onu yaka paça yere yıkmışlardı; daha sonra katil baltasını alıp yerde yüzükoyun yatan oğulun üzerine saldırmış, onu da yere devirmişlerdi. İki adamı da sımsıkı tutmuşlardı, adamlar öfkeyle bağrışmış, sonunda ikisinin nefesi tükenince onları serbest bırakmışlardı. Öteki adamlar düzenli aralarla birbirlerine hakaret etmiş, öfkeden, bir şey yapamamaktan dolayı tir tir titremiş, baltalarıyla yeri dövmüşlerdi. Bu gerilim toplantının devam ettiği birkaç gün boyunca sürmüş ve Doug bu ziyaretin şiddetle sona ermemesi için dua etmişti.

Fayular dört klana ayrılmış 400 avcı ile yiyecek toplayıcısından oluşuyor, üç beş yüz kilometrekarelik bir yerde dolaşıp duruyorlar. Kendi anlattıklarına göre eskiden 2000 kişi kadarlarmış ama Fayuların Fayuları öldürmesi sonucu nüfusları çok azalmış. Ciddi anlaşmazlıkları barışçıl yollardan çözebilmelerini sağlayacak toplumsal ve siyasal düzeneklerden yoksundular, biz de zaten onlardan başka türlüsünü beklemiyorduk. En sonunda, Doug'ın ziyaretinin bir sonucu olarak Fayuların bir bölümü yürekli bir çifti, misyoner bir karı kocayı kendileriyle birlikte yaşamaya davet etti. O çift on iki yıldır orada yaşıyor, Fayuları yavaş yavaş şiddetten vazgeçirmeyi başarmışlar. Böylece Fayular kendilerini belirsiz bir geleceğin beklediği çağdaş dünyanın bir parçası oluyorlar.

Daha önce dışarıyla ilişkileri olmayan Yeni Gine ve Amazon yerli topluluklarının pek çoğu, aynı şekilde, çağdaş toplumla bütünleşmelerini misyonerlere borçlular. Misyonerlerden sonra öğretmenler, doktorlar, bürokratlar, askerler geldi. Devlet yönetiminin ve dinin yayılması, ister (sonunda Fayularda olduğu gibi) barışçıl yollardan, ister zorla olsun, kayıtlı tarih boyunca kol kola yürüdü. Zorla olduğunda, genellikle devlet yönetimleri fetihleri yapar, din de bunun haklı gerekçelerini sağlar. Göçebeler ve kabile halkları bazen örgütlü devletleri ve dinleri yenilgiye uğratır ama geçen son 13.000 yıl içinde genellikle kaybedenler göçebeler ile kabile halklarıdır.

Son Buzul Çağı'nın sonlarında dünya nüfusunun çoğu bugünkü Fayularınkine benzer toplumlarda yaşıyordu, o zamanlar daha karmaşık bir toplumda yaşayan insanlar yoktu. MS 1500 gibi yakın bir geçmişte, dünyadaki toprakların, işleri bürokratların yürüttüğü, yasalarla yönetilen devletler halinde, sınırlarla bölünmüş kısmı % 20'yi bulmuyordu. Bugün Antarktika dışında bütün topraklar böyle bölünmüş durumda. Merkezî yönetim ile örgütlü bir din sahibi olmayı en erken başaran toplumların torunları sonunda çağdaş dünyanın hâkimi oldular. Yönetim ile din bileşimi, mikroplar, yazı ve teknolojiyle birlikte tarihin genel seyrini belirleyen en yakın dört ana etmenden biri olarak işte böyle işlev gördü. Devlet ile din nasıl ortaya çıktı?

Fayu güruhlarıyla çağdaş devletler, insan toplumları yelpazesinde iki aşırı ucu temsil eder. Çağdaş Amerika toplumuyla Fayuları birbirinden ayıran şey, resmî polis gücünün, kentlerin, paranın, zengin yoksul farkının, daha başka pek çok siyasal, ekonomik, toplumsal kurumun varlığı ya da yokluğudur. Bütün bu kurumların hepsi birden mi yoksa bazıları ötekilerden daha önce mi ortaya çıktı? Bu sorunun yanıtını farklı örgütlenme düzeylerine sahip çağdaş toplumları karşılaştırarak, geçmiş toplumlarla ilgili yazılı belgeleri ya da arkeolojik kanıtları inceleyerek, zamanla bir toplumun kurumlarının nasıl değiştiğini gözlemleyerek bulabiliriz.

İnsan toplumlarının çeşitliliğini betimleme girişiminde bulunan kültür antropologları genellikle toplumları altı sınıfa ayırırlar. Söz konusu olan ister müzik biçemleri olsun, ister insanın hayat evreleri, ya da insan toplumları, kesintisiz bir evrim ya da gelişme sürecini evreler halinde betimleme girişimi kusurluluğa yazgılıdır. Birincisi, her evre daha önceki bir evrenin ürünüdür, sınır çizgileri kaçınılmaz olarak özneldir. (Örneğin, 19 yaşında bir insan yeniyetme midir yoksa genç bir erişkin mi?) İkincisi, gelişim zinciri değişmez değildir, bu yüzden aynı evre içinde aynı kutuya yerleştirilen örnekler kaçınılmaz olarak ayrışıktır (Brahms ile Liszt kendilerini bugün romantik dönem bestecileri olarak aynı gruba koyduğumuzu bilselerdi mezarda kemikleri sızlardı). Yine de öznel bir biçimde betimlenen evreler müziğin ve insan toplumlarının çeşitliliğini tartışmamıza olanak sağlayan yararlı bir özet yerine geçer, yeter ki insan yukarıdaki uyarıları aklından çıkarmasın. Bu anlayış çerçevesinde, toplumları anlamak için basitçe dört sınıfa ayıracağız – oba, kabile, şeflik, devlet (bkz. Tablo 14.1).

Obalar en küçük toplumlardır, 5 ila 80 kişiden oluşur, çoğu ya da hepsi kan ya da evlilik bağıyla birbirleriyle yakın akrabadırlar. Aslında oba büyük bir ailedir ya da birkaç akraba aile. Bugün hâlâ özerk olarak yaşayan obalar hemen hemen yalnızca Yeni Gine'nin ve Amazon'un en uzak köşelerinde görülürler, ama yakın çağlarda devlet denetimi altına ancak yakın geçmişte girmiş, özümsenmiş ya da ortadan kaldırılmış daha pek çok başka oba vardı. Bunlara örnek olarak Afrikalı Pigmeleri, Güney Afrika San avcılarını ve yiyecek toplayıcılarını (yani Buşmanları), Avustralya yerlilerini, Eskimoları (Inuitleri), Amerika kıtalarının Tierra del Fuego gibi, kuzey ormanları gibi kıt kaynaklı bölgelerinde yaşayan yerlileri anabiliriz. Bütün bu obalar yiyecek üreticisi değildir, göçebe avcılardır, doğadan yiyecek toplarlar ya da öyleydiler. Belki de bütün insanlar en azından 40.000 yıl öncesine kadar obalar halinde yaşıyorlardı, çoğu da 11.000 yıl öncesine kadar hâlâ öyleydi.

Tablo 14.1 Toplum Türleri

	Oba	*Kabile*	*Şeflik*	*Devlet*
Üyelik				
İnsan sayısı	yüzden az	binden az	binlerce	50.000 ve
Yerleşme şekli	göçebe	yerleşik: 1 köy	yerleşik: 1 ya da daha fazla köy	üstü yerleşik: pek çok köy ve şehir
İlişki temeli	akrabalık	akrabalığa dayalı klanlar	sınıf ve hane	sınıf ve hane

Tablo 14.1 Toplum Türleri devamı

Irk ve dil	1	1	1	1 ya da daha fazla
Yönetim				
Karar alma, başa geçme	"eşitlikçi"	"eşitlikçi" ya da ulu kişi	merkezî, babadan oğula	merkezî
Bürokrasi	yok	yok	yok ya da 1-2 düzey	pek çok düzey
Güç ve bilgi tekeli	yok	yok	var	var
Anlaşmazlıkların çözümü	resmî değil	resmî değil	merkezî	yasalar ve yargıçlar
Yerleşmenin aşamaları	yok	yok	yok→en önemli köy	başkent
Din				
Hırsızkrasiyi haklı mı çıkarıyor?	hayır	hayır	evet	evet→hayır
Ekonomi				
Yiyecek üretimi	hayır	hayır→evet	evet→yoğun	yoğun
İşbölümü	yok	yok	yok→var	var
Alıp verme	karşılıklı	karşılıklı	yeniden dağıtım ("haraç")	yeniden dağıtım ("vergi)
Toprağın denetimi	grup	klan	şef	çeşitli
Toplum				
Katmanlı	hayır	hayır	evet, akrabalıkla	evet, akrabalıkla değil
Kölelik	yok	yok	az	çok
Kaymak tabaka için lüks eşyalar	yok	yok	var	var
Kamuya ait yapılar	yok	yok	yok→var	var
Yerli okuryazarlık	yok	yok	yok	genellikle

Yatay ok o niteliğin, o türdeki toplumların daha çok ya da az karmaşık oluşuna göre değiştiği anlamına gelir.

Obalar bugün bizim kendi toplumlarımızda kaçınılmaz gördüğümüz pek çok kurumdan yoksundur. Sürekli oturdukları tek bir üs yoktur. Obanın topraklarını bütün herkes ortaklaşa kullanır, topraklar alt öbekler ya da bireyler arasında bölünmemiştir. Yaş ve cinsiyet dışında düzenli bir ekonomik uzmanlaşma yoktur: Gücü kuvveti yerinde herkes yiyecek peşinde koşar. Obaların içindeki ya da obalar arasındaki anlaşmazlıkları çözmek için yasalar, polis, sözleşmeler ve benzeri hiçbir resmî kurum yoktur. Oba örgütlenmesi genellikle "eşitlikçi" olarak tanımlanır: Alt ve üst sınıflar gibi resmileşmiş toplumsal katmanlar yoktur, resmileşmiş ya da babadan oğula geçen liderlik yoktur, resmileşmiş bilgi ve karar tekeli yoktur. Yine de "eşitlikçi" teriminin bütün oba üyelerinin saygınlık bakımından eşit olduğu, kararların alınmasında eşit derecede söz sahibi olduğu anlamına geldiği sanılmasın. Bu terimin anlamı, oba "liderliğinin" resmî olmadığı, kişilik, güç, zekâ, dövüşme becerisi gibi niteliklerle elde edildiğidir.

Benim obalarla ilgili deneyimlerim Yeni Gine'de Fayuların yaşadıkları Lakes Plains diye bilinen bataklık ve ovalık arazi bölgesine dayanıyor. Oralarda ben hâlâ birkaç yetişkin ile onların bakımına muhtaç çocuklardan ve yaşlılardan oluşan, akarsu kıyılarında derme çatma geçici barınaklarda yaşayan ve yaya olarak ya da kanoyla yolculuk eden büyük ailelerle karşılaşıyorum. Yeni Gine'deki insanların çoğu ve dünyanın başka yerlerindeki insanların hemen hemen hepsi artık yerleşik ve daha büyük öbekler halinde yaşarken Lakes Plains'teki insanlar niçin göçebe obalar halinde yaşamaya devam ediyorlar? Bir kere o bölge pek çok insanın bir arada yaşamasına olanak verecek yoğunluklu bir biçimde bir araya gelmiş yerel kaynaklardan yoksun, sonra (tarım ürünlerini getiren misyonerlerin gelişine kadar) verimli bir çiftçiliğe elverecek yerli tarım ürünleri yoktu. Obaların başlıca besin kaynağı sagu palmiyeleriydi; palmiye ağacı tam olgunluğa erdiği zaman göbeğinde nişastalı bir öz olur. Obalar göçebedir çünkü bir bölgede olgunlaşan palmiye ağaçlarını kestikten sonra başka yere gitmek zorundadırlar. Obalardaki insan sayısı hastalıklar (özellikle sıtma), bataklıkta hammadde yokluğu (taş aletlerin bile ticaret yoluyla elde edilmesi), bataklığın insanlara çok sınırlı miktarda yiyecek sağlaması gibi nedenlerle düşük kalır. Mevcut insan teknolojilerine açık kaynaklar konusunda bunların benzeri sınırlamalar, dünyada son günlerde başka obaların oturdukları bölgelerde de söz konusudur.

Bizim en yakın akrabalarımız olan Afrika gorilleri, şempanzeleri, bonoboları da obalar halinde yaşarlar. Gelişen yiyecek elde etme teknolojileri avcıların ve yiyecek toplayıcıların kaynak bakımından zengin bazı bölgelerde sürekli ikâmet etmelerine olanak sağlayıncaya kadar insanların da böyle yaşadığı düşünülüyor. Oba bize milyonlarca yıllık evrim tarihimizden miras kalmış siyasal, ekonomik ve toplumsal bir düzendir. Bunun ötesinde bizim bütün gelişmelerimiz son birkaç on bin yılın ürünüdür.

Obadan sonraki evrelerin birincisi kabiledir, kabilenin farkı (genelde onlu sayılarla değil yüzlü sayılarla ölçülen) daha büyük bir topluluk olması, çoğu kez değişmez bir yerleşim yerinin bulunmasıdır. Bununla birlikte bazı kabileler, hatta şeflikler mevsimlere göre yer değiştiren sürü sahiplerinden oluşur.

Yeni Gine'nin yüksek bölgelerinde yaşayanlar kabile düzenine örnek oluştururlar; sömürge yönetimi gelmeden önce onların siyasal birimi bir köy ya da birbirine yakın kurulmuş köylerden oluşan bir öbekti. Bu siyasal tanımıyla "kabile", dilcilerin ve kültür antropologlarının "kabile" olarak tanımladıkları –yani dil ve kültür birliği olan bir topluluk olarak tanımladıkları– şeyden genellikle çok daha küçüktür. Örneğin, 1964'te ben Foreler olarak bilinen dağlık bölge insanları arasında çalışmaya başladım. Dilsel ve kültürel ölçülere göre o zamanlar Foreler 12.000 kişiydiler, konuşulan iki lehçe vardı, bunları konuşanlar birbirlerini anlayabiliyorlardı, birkaç yüz kişilik 65 köyleri vardı. Ama Fore dil topluluğunun köyleri arasında siyasal birlik diye bir şey yoktu. Köyler arasındaki savaşlar da ittifaklar da çiçek dürbünü gibi değişiyordu, hiçbir köy için komşularının Fore dili mi yoksa başka bir dil mi konuştuğu önemli değildi.

Yeni Gine'nin, Melanezya'nın, Amazon'un büyük bir bölümünde, son yıllarda bağımsız olan, şimdiyse değişik şekilde ulusal devletlerin denetimine girmiş kabileler hâlâ yaşıyor. Büyük ama şefliklerin aşağıda açıklayacağım arkeolojik özelliklerini taşımayan yerleşim yerlerinin bulunduğunu gösteren arkeolojik kanıtlara bakarak, geçmişte buna benzer kabile düzenlerinin var olduğu sonucunu çıkarıyoruz. Bu kanıtlar kabile düzenlerinin Bereketli Hilal'de, daha sonra başka yerlerde 13.000 yıl önce başladığına işaret ediyor. Yerleşik yaşamanın önkoşulu ya yiyecek üretimidir ya da küçük bir bölge içinde avlanabilecek, toplanabilecek şeylerin bir araya toplandığı bir çevredir. Yerleşim yerlerinin, buradan hareketle kabilelerin, iklim değişikliğiyle gelişmiş teknolojinin birleşmesi sonucu yaban tahıl ürünün bol olduğu bir zamanda serpilmesinin nedeni budur.

Bir yerde yerleşik ve daha kalabalık bir topluluk olarak obadan farklı olmasının yanı sıra kabile, aralarında kız alıp veren, klan denen, resmen tanınan birden fazla gruptan oluşması açısından da farklıdır. Toprak bütün kabileye değil belli bir klana aittir. Yine de bir kabiledeki insan sayısı herkesin birbirini adıyla ve ilişkileriyle tanımasına elverecek kadar azdır.

Başka türde insan öbekleri için de 'birkaç yüz", herkesin herkesi tanıma ölçüsünün en üst sınırı gibidir. Bizim devlet evresindeki toplumlarımızda, örneğin, bir okul müdürünün okulda birkaç yüz öğrenci varsa hepsini adıyla tanıma olasılığı vardır ama birkaç binse yoktur. İnsanları yönetim örgütlenmesinin, birkaç yüzden fazla üyesi olan toplumlarda genellikle kabile örgütlenmesinden şefliğe dönüşmesinin nedeni, büyük topluluklarda yabancılar arasındaki anlaşmazlıkları çözme sorununun son derece güçleşmesidir. Anlaşmazlıkları çözme konusunda sorun çıkaran bir başka şey de kabilelerde hemen hemen herkesin herkesle ya kan bağı ya evlilik ya da her ikisi aracılığıyla hısım akraba olmasıdır. Kabile üyelerini birbirine bağlayan bu bağlar polisi, yasaları, daha büyük hacimli toplumların anlaşmazlıkları çözmeye yarayan kurumlarını gereksiz hale getirir çünkü anlaşmazlığa düşen herhangi iki köylünün pek çok ortak akrabası vardır, onlar anlaşmazlığın sertleşmemesi için her iki tarafa da baskı yaparlar. Geleneksel Yeni Gine toplumunda bir Yeni Gineli tanımadığı bir Yeni Gineliyle karşılaşırsa, kendi köylerinden başka bir yerde karşılaşmışlarsa, her ikisi de birbirinin akrabalarını uzun uzun soruştururdu. Niyetleri, aralarında bir bağ saptamak, böylece birbirlerini öldürmeye kalkışmamak için geçerli bir neden bulmaktı.

Obalarla kabileler arasındaki bütün bu farklılıklara karşın pek çok benzerlik vardır. Kabilelerde hâlâ resmî olmayan, "eşitlikçi" bir yönetim söz konusudur. Bilgi de karar alma yetkisi de toplumun malıdır. Yeni Gine'nin dağ köylerinde köy toplantılarına tanık oldum, köyün bütün yetişkin insanları oradaydı, yerde oturuyorlardı, bazı kişiler konuşma yaptılar, oturumu yöneten bir "başkan" falan yoktu. Dağ köylerinin çoğunda "ulu kişi" olarak bilinen bir adam vardır, köyün en etkili kişisi. Ama bu doldurulması gereken resmî bir mevki değildir, sınırlı bir yetki söz konusudur. Ulu kişinin kendi başına karar alma yetkisi yoktur, bildiği diplomatik sır falan yoktur, halka ait kararları yönlendirmekten başka bir şey yapamaz. Ulu kişi bu sıfatı kendi nitelikleri sayesinde kazanır; babadan oğula geçmez.

Kabilelerde de obalardaki gibi "eşitlikçi" bir toplumsal sistem vardır, rütbeli soylar ya da sınıflar yoktur. Toplumsal konum babadan oğula geçmediği gibi geleneksel bir kabilenin veya obanın hiçbir üyesi kendi çabalarıyla çok zengin olamaz çünkü her bir bireyin başka pek çok kişiye karşı sorumlulukları, onlara borçlu olduğu şeyler vardır. Bu yüzden dışarıdan bakan birinin bir köydeki yetişkin erkeklerden, görünüşe göre, hangisinin ulu kişi olduğunu kestirmesine olanak yoktur: O da aynı tür bir kulübede yaşar, aynı tür giysiler giyer ya da takılar takar veya herkes gibi çıplaktır.

Obalar gibi kabilelerde de bürokrasi yoktur, polis gücü, haraç yoktur. Onların ekonomisi merkezî bir otoriteye ödenen verginin yeniden dağıtılmasına değil bireyler ya da aileler arasındaki karşılıklı değiş tokuşa dayanır. Ekonomik uzmanlaşma çok azdır: Tam zamanlı zanaatkâr yoktur, gücü kuvveti yerinde bütün yetişkinler (aralarında ulu kişi de olmak üzere) yiyecek yetiştirme, toplama ya da avlanma işine katılır. Bir keresinde, hatırlıyorum, Solomons Adaları'nda bir bahçenin önünden geçiyordum, uzakta çapa yapan ve bana el sallayan bir adam gördüm, onun Faletau adlı arkadaşım olduğunu fark edince çok şaşırdım. Solomons'un en ünlü tahta oymacısıydı, çok özgün bir sanatçı – ama bu onu kendi tatlı patateslerini yetiştirme zorunluluğundan kurtarmıyordu. Kabilelerde böyle ekonomik uzmanlıklar olmadığı için kölelik de yoktur çünkü bir kölenin yapabileceği uzmanlık gerektiren işler yoktur.

Klasik dönem bestecileri nasıl Carl Philipp Emanuel Bach'tan başlayıp Schubert'te son bularak, barok bestecilerden romantik bestecilere kadar bir yelpaze oluşturuyorsa, kabileler de bir uçta obalar, öteki uçta şeflikler olmak üzere bir yelpaze oluştururlar. Özellikle kabilenin ulu kişisine verilen, şölenler için kesilmiş domuzların etini dağıtma görevi, şefliklerde şeflere düşen, yiyecek ve malları –bugünkü anlamıyla vergiyi– toplayıp yeniden dağıtma görevine işaret eder. Aynı şekilde halka ait binaların varlığı ya da yokluğu güya kabileler ile şeflikler arasındaki farklardan biridir ama Yeni Gine'deki büyük köylerde şefliklerdeki tapınakların habercisi olan (Sepik Irmağı kıyısında, *haus tamburan* olarak bilinen) tapınç evleri vardır.

Bugün ekonomik açıdan önemsiz uzak topraklarda devlet denetimi dışında birkaç oba ve kabilenin hâlâ varlığını sürdürmesine karşın, tamamıyla bağımsız şeflikler yirminci yüzyıl başlarında ortadan yok oldu çünkü genellikle devletlerin göz koyduğu en iyi toprakları işgal ediyorlardı. Yine de MS 1492'de Amerika Birleşik Devletleri'nin doğusunda, ulusal devletlerin denetimine henüz geçmemiş Güney ve Orta Amerika'nın, Afrika'da Sahra'nın güneyinin verimli bölgelerinde, bütün Polinezya'da çoğunlukla şeflikler hâlâ yaygındı. Arkeolojik bulgulara bakılırsa şeflikler Bereketli Hilal'de MÖ 5500 dolaylarında, Mezoamerika ve Andlar'da MÖ 1000 dolaylarında ortaya çıktı. Şimdi gelin şefliklerin ayırıcı özelliklerine bakalım, bu özellikler çağdaş Avrupa ve Amerikan devletlerininkinden, aynı zamanda obalarınkinden, basit kabile toplumlarınınkinden çok farklıdır.

Nüfus açısından şeflikler kabilelerden hayli büyüktü, nüfusları birkaç bin ile birkaç on bin arasında değişirdi. Bu büyüklük iç çatışmalara ciddi bir zemin oluşturuyordu çünkü şeflikte yaşayan herhangi bir kimse için şeflikteki öteki insanların büyük bir çoğunluğu kendisiyle ne kan ne evlilik bağı olan, ne de adlarını bildiği kişilerdi. Aşağı yukarı 7500 yıl önce şefliklerin ortaya çıkmasıyla birlikte insanlar, tarihte ilk kez, yabancılarla düzenli olarak karşılaşmayı ve onları nasıl öldürmeleri gerektiğini öğrenmek zorunda kaldılar.

Bu sorunun bir çözümü bir kişinin, yani bir şefin güç kullanma hakkını tekelinde tutmasıdır. Kabilenin ulu kişisinin tersine bir şef resmen kabul edilen bir görevi yürütürdü, şeflik babadan oğula geçerdi. Bir köy toplantısının merkezsiz başıbozukluğuna karşın şef değişmeyen merkez otoriteydi, bütün önemli kararları o alırdı, önemli bilgiler onun tekelinde olurdu (örneğin, komşu bir şefin gizlice ne tehditinde bulunduğu ya da tanrıların sözüm ona ne hasadı sözü verdikleri gibi). Ulu kişilerin tersine şefleri, Büyük Okyanus'un güneybatısındaki Rennell Adası'nda sırtlarına taktıkları koca bir yelpaze gibi, görünür ayırıcı özelliklerine bakarak, ta uzaktan tanıyabilirdiniz. Basit halktan biri bir şefle karşılaştığı zaman törensel saygı gösterisi hareketlerinde bulunmak zorundaydı, örneğin (Hawaii'de) yüzükoyun yere kapanmak gibi. Şeflerin buyrukları bir ya da iki düzeydeki bürokrat aracılığıyla aktarılırdı, bu bürokratların çoğunun kendisi de düşük rütbeli şeflerden oluşurdu. Yine de devlet bürokratlarından farklı olarak şeflik bürokratları özel değil genel işler yaparlardı. Polinezya'nın Hawaii Adası'nda (*konohiki* denen) bürokratlar haraç toplar, sulama işlerine bakar, şef için ücretsiz çalıştırılacak işgücünü örgütlerdi, oysa devlet düzeni olan toplumlarda vergi memurları ayrıdır, su işleri bölge yöneticisi ayrıdır, zorunlu hizmet kurulları ayrı.

Küçük bir bölgede kalabalık nüfuslu şeflikler çok fazla yiyeceğe gereksinim duyuyordu, bu gereksinim de çoğu kez yiyecek üreticileri tarafından karşılanıyordu, ancak özellikle zengin birkaç bölgedeyse avcılar ve yiyecek toplayıcıları tarafından. Örneğin Kuzeybatı Büyük Okyanus kıyısındaki, Kwakiutl, Nootka, Tlingit gibi Amerikan yerlileri ne tarım yapılan ne de evcil hayvanları olan köylerde şeflerin yönetiminde yaşarlardı çünkü ırmaklar da deniz de sombalığı ve pisibalığı bakımından çok zengindi. Sıradan insanlara havale edilen yiyecek üretme işinden elde edilen fazla ürün şefleri, şeflerin ailelerini, bürokratları ve kanoları, keserleri ya da tükürük hokkalarını yapan veya kuş yakalayan, dövme yapan zanaatkârları beslemeye gidiyordu.

Uzmanlaşmış zanaatkârların el ürünleri ya da uzak ülkelerle yapılan ticaret yoluyla gelen ender nesneler gibi lüks mallar yalnızca şeflere saklanırdı. Örneğin Hawaiili şeflerin kuş tüylerinden yapılmış pelerinleri vardı, bu pelerinlerin yapılması için on binlerce tüy kullanılmış ve üretilmesi kim bilir kaç kuşak sürmüştü (halktan insanlar tarafından elbette). Lüks eşyaların bir merkezde toplanmış olması arkeolojik kazılarda şeflikleri tanımamıza yardımcı oluyor çünkü bazı mezarlardakine (halktan insanların mezarları) göre bazı mezarlarda (şeflerinkinde) daha değerli eşyalar bulunuyor, insanlık tarihinin daha önceki eşitlikçi döneminin tersine. Bazı eski karmaşık şeflikleri, halka ait güzel binaların (örneğin tapınakların) kalıntılarına, yerleşim yerlerinin bölgesel aşama sırasına, yerleşim yerleri arasında birinin (büyük şefin ikamet ettiği yerin) ötekilerden büyük oluşuna, orada daha fazla yönetim binasının ve el ürünlerinin bulunmasına bakarak kabile köylerinden de ayırabiliriz.

Kabileler gibi şeflikler de bir tek yerleşim yerinde yaşayan çok sayıda soydan oluşur. Yine de kabile köylerindeki soylar eşit düzeyde klanlarken bir şeflikte şefin soyunun bütün üyelerinin kalıtsal ayrıcalıkları vardır. Aslında toplum, şefliği miras yoluyla edinen şef ile halk tabakası olarak ikiye ayrılmıştır. Hawaii'deyse şefler aşamalı olarak sıralanan sekiz soya bölünmüşlerdir, her birinde soy içinde evliliklere yoğunluk verilir. Dahası, şeflerin uzman zanaatkârlar kadar köle hizmetkârlara da gereksinimleri olduğu için, şeflikler genellikle baskınlarda yakalanan kölelere yaptırılacak pek çok işin olması açısından kabilelerden ayrılırlar.

Şefliklerin en ayırıcı ekonomik niteliği, obalara ve kabilelere özgü olan yalnızca karşılıklı değiş tokuşa, yani A'nın B'ye bir armağan vermesine ve B'nin de belirsiz bir gelecekte A'ya aynı değerde bir armağan vereceği beklentisine dayalı ekonomiyi terk etmeleridir. Çağdaş devlet düzeninde yaşayan bizler bu davranışları doğum günlerinde, bayramlarda gösteririz; mal akışı çoğunlukla arz ve talep yasalarına göre para karşılığı alıp satmaya dayanır. Şeflikler bir yandan alışverişsiz ya da parasız karşılıklı değiş tokuş sistemini sürdürürken, bir yandan da yeniden dağıtım ekonomisi denen bir sistem geliştirdiler. Bunun en basit örneğine göre, bir şefe şeflikteki her çiftçiden hasat zamanı buğday gelir, daha sonra o şef herkese bir ziyafet verir ve ekmek ikram eder ya da buğdayı depo eder, iki hasat arasındaki aylarda yavaş yavaş yeniden dağıtırdı. Halk tabakasından alınmış çok miktardaki şey onlara yeniden dağıtılmayıp da saklandığı ve şef soyu ile zanaatkârlar tarafından tüketildiği zaman yeniden dağıtım bir armağan durumuna geldi ve böylece vergilerin temeli şefliklerde atıldı. Şefler halktan yalnızca ürün değil, aynı zamanda halka ait binaların yapımında da çalışmasını istiyorlardı, bu durumda da kazanç ya halka dönebilirdi (örneğin, herkesi doyurmaya yardımcı olan sulama sistemlerinde olduğu gibi) ya da bundan yalnızca şefler de yararlanabilirdi (süslü püslü mezarlar örneğinde olduğu gibi).

Genel olarak şefliklerden söz edip duruyoruz sanki hepsi birbirinin aynıymış gibi. Aslında şeflikler hayli büyük farklılıklar gösteriyordu. Daha büyük şefliklerde genellikle daha güçlü şefler, şef soyları arasında daha fazla sınıf farkı, şeflerle halk tabakası arasında daha büyük ayrımlar, şeflerin el koydukları şeylerde daha yüksek oranlar, bürokraside daha çok katman, kamuya ait daha görkemli yapılar söz konusuydu. Örneğin küçük Polinezya adalarındaki toplumlar bir ulu kişiye sahip kabile toplumlarına benziyorlardı, tek fark şefliğin babadan oğula geçmesiydi.. Şefin kulübesinin bütün öteki kulübelerden bir farkı yoktu, bürokratlar yoktu, genel görevler yoktu, şef topladığı şeylerin çoğunu yeniden halka dağıtıyordu, toprak bütün toplumun malıydı. Ama Polinezya adalarının en büyüklerinden olan Hawaii'de, Tahiti'de, Tonga'da şefleri bir bakışta süslerinden tanıyabilirdiniz, oralarda büyük emek gücüyle kamuya ait yapılar dikilmişti, şefler üretilen şeylerin büyük bölümüne el koyuyorlardı, topraklar da onların malıydı. Soyların sınıflandırıldığı toplumlar da derece derece farklılıklar gösteriyordu, siyasal birimi tek bir özerk köy olan toplumlar da vardı, bir bölgede bir araya toplanmış çeşitli köylerden oluşan topluluklar da; bunların köylerinin en büyüğünde en büyük şefleri otururdu, daha önemsiz şeflerin yönetimindeki daha küçük köyler şefin köyüne bağlıydı.

Yönetim biçimi merkezî olan ve eşitlikçi olmayan bütün toplumların ikilemini şefliklerin başlatmış olduğu artık apaçık ortaya çıkmış olmalı. İşin iyi yanı, şeflikler bireysel düzeyde sözleşmeye bağlanması olanaksız pahalı hizmetleri getirerek iyi bir şey yaptılar. Kötü yanı ise, hiç utanmadan hırsızkrasi biçiminde çalışmaları, zenginliği halktan alıp üst sınıflara aktarmalarıdır. Bu soylu ve bencil işlevler ayrılmaz biçimde birbiriyle iç içedir, ama bazı yönetimler bir işlevi ötekine göre çok daha fazla vurgular. Hırsızkrasiyi savunan biri ile bilge bir devlet adamı arasındaki fark, hırsız bir kral ile halkın iyiliğini düşünen bir kral arasındaki fark yalnızca bir derece farkıdır: Sorun, üretenlerden alınan haracın ne kadar büyük bir yüzdesinin kaymak tabakaya ayrılacağı, halkın yeniden dağıtılacak haracın ne kadarını kullanabileceği sorunudur. Zaire'nin başkanı Mobutu'nun bir hırsızkrat olduğunu düşünüyoruz çünkü üretilen değerlerin (milyonlarca dolara eşit) çok büyük bir bölümüne el koyuyor ve çok azını yeniden dağıtıyor (Zaire'de çalışan bir telefon sistemi yok). George Washington'u bir devlet adamı olarak görüyoruz çünkü toplanan vergileri herkesin çok beğendiği programlara yatırdı, başkan olarak kendi kesesini doldurmadı. Ne var ki George Washington zenginliğin Yeni Gine'dekine göre çok daha eşitsiz dağıldığı Amerika Birleşik Devletleri'nde zengin bir ailenin oğlu olarak doğmuştu.

İster bir şeflik olsun, ister bir devlet, herhangi bir sınıflı toplum için insan şunu sormalıdır: Halk kendi çileli emeğinin ürünlerinin hırsızkratlara aktarılmasına niçin göz yumuyor? Platon'dan Marx'a kadar çeşitli siyasal kuramcılar tarafından sorulan bu soru her çağdaş seçimde seçmenler tarafından bir kez daha sorulmaktadır.

Halk desteği zayıf olan hırsızkrasiler ya ezilen halk tarafından ya da çalınan ürünlere karşılık daha fazla hizmet sözü vererek halkın desteğini kazanmak isteyen türedi hırsızkratlar tarafından alaşağı edilme tehlikesiyle karşı karşıyadırlar. Örneğin, Hawaii tarihi baskıcı şeflere karşı başkaldırılarla doludur, genellikle de o şeflerin yerini daha az baskıcı olacaklarına söz veren erkek kardeşleri alır. Eski Hawaii bağlamında bu bize komik gelebilir, ancak çağdaş dünyada bu tür savaşımların yol açtığı mutsuzlukları düşünürsek iş değişir.

Halktan çok daha rahat bir hayat sürdürürken halkın desteğini kazanmak için bir seçkinin ne yapması gerekir? Hırsızkratların tarih boyunca başvurdukları dört çözüm yolu vardır:

1. Halkı silahsızlandırmak, seçkinleri silahlandırmak. Mızrakların, sopaların evde kolayca yapılabildiği çağlara göre, yüksek teknoloji silahlarının yalnızca sanayi kuruluşlarında üretilebildiği ve seçkinlerin tekelinde olduğu günümüzde bu çok daha kolaydır.

2. Toplanan haraçların çoğunu herkesin hoşuna gidecek şekilde dağıtarak kitleleri mutlu etmek. Bu ilke Hawaii şefleri için geçerli olduğu kadar bugün Amerikan siyasetçileri için de geçerlidir.

3. Genel düzeni koruyarak ve şiddeti durdurarak sahip olunan gücü insanların mutluluğu için kullanmak. Bu, merkezileşmiş toplumların merkezileşmemiş toplumlara göre büyük ve değeri anlaşılmayan bir üstünlüğüdür. Antropologlar daha önceleri oba ve kabile toplumlarını yumuşak başlı, şiddetten uzak oldukları için yüceltiyorlardı çünkü 25 kişilik bir obayı ziyaret eden antropologlar üç yıllık bir inceleme dönemi içinde hiçbir cinayetin işlenmediğine tanık oluyorlardı. Elbette işlenmezdi: On iki yetişkin ile on iki çocuktan oluşan bir obada, cinayet dışında alışılmış nedenlerden dolayı kaçınılmaz olarak insanlar ölürken, on iki yetişkinden biri her üç yılda bir bir başka yetişkini öldürse, o obanın varlığını sürdürmesine olanak olmadığını hesaplamak çok kolay. Oba ve kabile toplumlarıyla ilgili çok daha uzun vadeli geniş bilgiler bize cinayetin başlıca ölüm nedeni olduğunu gösteriyor. Örneğin, kadın bir antropolog Yeni Gine'nin İyau kadınlarıyla hayat hikâyeleri konusunda söyleşi yaparken ben

de bir rastlantı sonucu İyau halkını ziyarete gitmiştim. Kendisine kocasının adı sorulan pek çok kadın arka arkaya, çok kötü ölümlerle ölmüş kocalarının adını sıraladı. Örnek bir yanıt şöyleydi: "Birinci kocamı Elopi saldırganları öldürdü. İkinci kocamı beni isteyen bir adam öldürdü, benim üçüncü kocam oldu. Üçüncü kocamı ikinci kocamın intikamını almak isteyen erkek kardeşi öldürdü." Sözde yumuşak başlı kabile insanları arasında bu tür olaylar yaygındı ve bu olayların kabile toplumları büyüdükçe merkezi bir otoritenin gerekli olduğunun kabul edilmesine katkısı olmuştu.

4. Hırsızkratların halkın desteğini kazanmalarının son çaresi hırsızkrasiyi haklı çıkaracak bir ideoloji ya da din inşa etmeleridir. Obaların ve kabilelerin zaten kör inançları vardı, çağdaş kurumsal dinlerin de var. Ama obaların ve kabilelerin kör inançları merkezî otoritenin, zenginliğin el değiştirmesinin ya da akraba olmayan insanlar arasında barışı korumanın haklı gerekçesini sağlamaya hizmet etmiyordu. Kör inançlar bu işlevleri kazandığı ve kurumlaştığı zaman din dediğimiz şeye dönüştüler. Hawaii şefleri başka yerlerdeki şeflerin tipik örneğiydi, tanrı olduklarını, tanrıdan geldiklerini ya da hiç değilse tanrıyla doğrudan ilişki kurduklarını iddia ediyorlardı. Şef halk adına tanrılarla ilişki kurarak, çok yağmur yağdırmak, iyi ürün almak, bol balık yakalamak için gerekli tören kurallarını halka vererek hizmet ettiğini iddia ediyordu.

Şefliklerin ayırıcı özelliği, şeflerin otoritesini destekleyici, kurumsallaşmış bir dinin ilk işareti demek olan bir ideolojilerinin bulunmasıdır. Şef isterse siyasal önderlik göreviyle rahipliği tek kişide birleştirir, isterse işlevi şefe haklı ideolojik gerekçeler sağlamak olan ayrı bir hırsızkratlar kalabalığı (yani rahipler) besleyebilir. Şefliklerin, toplanan haracın büyük kısmını şefin gücünün görünür işareti ve resmî dinin merkezleri olan tapınaklar ile başka kamuya ait yapılar inşa etmeye harcamalarının nedeni budur.

Kurumsallaşmış din, zenginliğin hırsızkratlara aktarılmasını haklı gösterirken merkezileşmiş toplumlara iki önemli yarar sağlar. Birincisi, ortak ideoloji ya da din, birbiriyle akraba olmayan insanların birbirlerini öldürmeden bir arada yaşayabilmesi sorununu çözer – akrabalığa dayanmayan bir bağla onları birbirlerine bağlayarak. İkincisi, insanların başka insanlar adına hayatlarını feda etmeleri için kendi genetik öz çıkarları dışında gerekli güdüyü sağlar. Çarpışmalarda asker olarak ölen birkaç toplum üyesi pahasına bütün toplum başka toplumları yenilgiye uğratmak ya da saldırılara karşı direnmek için canını dişine takar.

Bugün bizim en iyi tanıdığımız siyasal, ekonomik ve toplumsal kurumlar, şu anda Antarktika dışında dünyanın bütün karalarında hüküm süren devletlerin kurumlarıdır. İlk devletlerin büyük çoğunluğu ile çağdaş devletlerin hepsinin bir okuryazar tabakası hep olmuştur, çağdaş devletlerin pek çoğunda halk kitleleri de okuryazardır. Yok olmuş olan devletler de görünür arkeolojik kanıtlar bırakmışlardır, örneğin, tek tip tasarımlanmış tapınakların kalıntıları, en azından dört değişik boyuttaki yerleşim yerleri, on binlerce kilometrekareyi kaplayan çömlek çeşitleri. Buradan hareketle devletlerin Mezopotamya'da MÖ yaklaşık 3700 yılında, Mezoamerika'da yaklaşık MÖ 300 yılında, Andlar'da, Çin'de, Güneydoğu Asya'da 2000 yıldan fazla bir süre önce, Batı Afrika'da 1000 yıldan fazla bir süre önce ortaya çıktığını biliyoruz. Yakın çağlarda şefliklerin devletlere dönüştüğüne pek çok kez tanık olduk. Bu nedenle, geçmişteki devletlerle ilgili bilgilerimiz, şefliklerle, kabilelerle, obalarla ilgili bilgilerimize göre çok daha fazla.

İlk devletler (çok köyden oluşan) en belli başlı büyük şefliklerin pek çok özelliğini sürdürür. Obadan kabileye, kabileden şefliğe geçişte büyüyen nüfus hacmi devlete geçerken de büyür. Ancak şefliklerin nüfusu birkaç bin ile birkaç on bin arasında değişirken çağdaş devletlerin çoğunun nüfusu bir milyonu aşar, Çin'inkiyse bir milyarı. En büyük şefin ikamet ettiği köy, devletin başkenti haline gelebilir. Başkent dışında devletin öteki nüfus merkezleri de gerçek birer kent niteliği taşıyabilir, bu, şefliklerde olmayan bir şeydir. Kentler bazı bakımlardan köylerden farklıdırlar: Kentlerde kamuya ait anıtsal yapıtlar, hükümdarların sarayları, haraçlardan ya da vergilerden elde edilen sermaye birikimi vardır, yiyecek üreticileri dışındaki insanlar toplanmışlardır.

İlk devletlerde krala denk, en yüksek şef gibi bir unvanı olan, bilgi, karar verme yetkisi ve iktidar tekelini daha da fazla elinde tutan, soy yoluyla başa geçen bir önder vardı. Bugünkü demokrasilerde bile önemli bilgiler ancak birkaç bireye açıktır, hükümetin geri kalan üyelerine bilgi akışının denetimini, sonuçta da karar verme yetkisini bu birkaç kişi kendi ellerinde tutar. Örneğin, 1962'deki Küba Füze Krizi sırasında nükleer savaşın yarım milyar insanı içine çekip çekmeyeceğini belirleyen bilgiler ve tartışmalardan, başlangıçta Başkan Kennedy kendi atadığı Ulusal Güvenlik Konseyi'nin yürütme komitesinin yalnızca on üyesini haberdar etmişti, son kararı da kendisiyle birlikte üç kabine üyesinden oluşan dört kişilik bir gruba bırakmıştı.

Şefliklere göre devletlerde merkezî denetim ile ekonomik olarak haraçların (yeni adıyla vergilerin) yeniden dağıtımı çok büyük boyutlardadır. Ekonomik uzmanlık öyle uç noktalardadır ki bugün çiftçiler bile kendi kendilerine yeter durumda değildir. Bu yüzden, MS 407 ile 411 arasında Roma birlikleri, yönetimi, parası Britanya'dan çekildiği zaman olduğu gibi, hükümetler çöktüğü zaman bunun toplum üzerindeki etkisi tam bir felakete dönüşür. En eski Mezopotamya devletleri bile ekonomiyi tek merkezden denetliyorlardı. Yiyeceklerini dört grup uzman üretiyordu (tahıl üreticileri, çobanlar, balıkçılar, bahçe bitkileri ve meyve ağacı yetiştirenler), devlet bunların her birinden ürünlerini alır, her birine gerekli şeyleri, aletleri, kendi yetiştirdikleri dışındaki ürünleri verirdi. Tahıl üreticilerine devlet tohum, saban sürmek için hayvan sağlar, çobanlardan yün alır, yünü uzak ülkelerle yaptığı ticarette metallerle, öteki temel hammaddelerle değiş tokuş eder, çiftçiler için hayat demek olan sulama sistemlerinin başında duran emekçilere günlük tayınlarını verirdi.

En eski devletlerin pek çoğu, belki de büyük çoğunluğu köleliği şefliklere göre daha büyük boyutlarda benimsemişlerdi. Bunun nedeni şefliklerin yenilgiye uğrattıkları düşmanlarına karşı daha yumuşak yürekli olması değildi, devletlerde ekonomik uzmanlık artmış, seri üretim artmış, kamu görevleri çoğalmış, köle emeğinin kullanılmasını gerektiren alanlar da artmıştı. Buna ek olarak, devletlerin savaşlarının boyutları da büyüdüğü için alınan köle sayısı da büyümüştü.

Herhangi bir yönetimin örgütlenme planını görmüş olanların bileceği gibi, şefliklerdeki bir ya da iki yönetim kademesi devletlerde büyük oranda artmıştır. Dikey bürokrat kademelerindeki büyük artışın yanı sıra yatay uzmanlaşma da söz konusudur. Hawaii'de bir bölgedeki her türlü yönetsel işle ilgilenen *konohiki*'nin yerine, devlet yönetimlerinde, her birinin kendi aşama sırası olan, su işlerine, vergilere, askere almak falan gibi işlere bakan ayrı ayrı kurumlar vardır. Küçük devletlerin bile büyük şefliklerinkinden daha karmaşık bürokrasileri vardır. Örneğin, Batı Afrika devleti Maradi'de ayrı ayrı adlarla 130 daireden oluşan merkezî bir yönetim vardı.

Devletlerin içinde anlaşmazlıkların çözümü yasalarla, hukuk sistemiyle, polisle giderek daha fazla resmileşmektedir. Yasalar genellikle yazılıdır çünkü (İnka devleti gibi dikkat çekici örnekler dışında) pek çok devletin (yazı hem Mezopotamya'da hem de Mezoamerika'da hemen hemen en eski devletlerin ortaya çıktığı bir zamanda bulunduğu için) okuryazar seçkinleri vardır. Oysa en eski şefliklerden devlet olma sınırına gelmemiş olanların hiçbirinde yazı ortaya çıkmadı.

En eski devletlerin devlet dinleri ve tek tip tapınakları vardı, İlk kralların çoğu kutsal sayılıyordu ve onlara sayısız açıdan özel davranılıyordu. Örneğin, Aztek ve İnka imparatorları her yere tahtırevanla taşınıyordu; İnka imparatorunun geçeceği yolu önden giden hizmetkârlar süpürürdü; Japon dilinde "siz" adılının yalnızca imparatorla konuşurken kullanılan özel biçimleri vardır. Devlet dininin başı en eski kralların kendileriydi, değillerse yüksek rahipler yapardı bu işi. Mezopotamya'da tapınak yalnızca bir din merkezi değil, toplanan şeylerin yeniden dağıtımının, yazının, zanaat teknolojisinin de merkeziydi.

Devletin bütün bu özellikleriyle kabilelerden şefliklere geçişe yol açan gelişmeler en uç noktalara taşınmıştır. Ama ayrıca devletler çeşitli yeni yönleriyle şefliklerden ayrılmışlardır. Bu ayrımlardan en temel olanı devletlerin siyaset ve ülke toprağı sınırlarına dayanarak örgütlenmesidir, obaları, kabileleri, basit şeflikleri tanımlayan akrabalık sınırlarına değil. Dahası obalar ve kabileler her zaman, şefliklerse genellikle tek bir kökene ve dile bağlı bir gruptan oluşur. Oysa devletler –özellikle devletlerin harmanlanması ya da fethi yoluyla oluşmuş imparatorluklar– her zaman farklı kökenli ve çok dillidir. Devlet bürokratlarının seçiminde ölçü şefliklerde olduğu gibi genelde akrabalık değildir, bürokratlar hiç değilse bir oranda eğitimlerine ve yeteneklerine göre seçilmiş uzmanlardır. Daha sonraki devletlerde, bugünkü devletlerin çoğunda, liderlik babadan oğula geçmez, pek çok devlette de şefliklerden kalma biçimsel sınıf sistemi bütünüyle terk edilmiştir.

Geçen 13.000 yıl içinde insan toplumunda egemen olan eğilim küçük, daha az karmaşık birimlerin yerini daha büyük ve karmaşık olanların almasıdır. Kuşkusuz bu uzun vadeli ortalama bir eğilimden öte bir şey değildir, her iki yönde de sayısız kaymalar vardır: Uyuşmayan 999 taneye karşılık uyuşan 1000 tane. Günlük gazetelerimizden öğrendiğimize göre büyük birimler (örneğin, eski Sovyetler Birliği, Yugoslavya, Çekoslovakya), bundan 2000 küsur yıl önce Büyük İskender'in imparatorluğunun yaptığı gibi küçük birimlere bölünebilir. Daha karmaşık birimler her zaman daha az karmaşık birimleri alt etmez, "barbarların" Roma İmparatorluğu'nu, Moğol şefliklerinin Çin'i istila ettikleri zaman olduğu gibi, onlara yenik düşebilirler. Ama uzun vadeli eğilim hâlâ, devletlerde son bulan büyük ve karmaşık toplumlara doğru gitmektir.

Daha basit birimler karşısında devletlerin zafer kazanmasının nedenlerinden biri, iki taraf çatıştığı zaman devletlerin genellikle gerek silah ve başka teknolojiler, gerek nüfuslarının sayısal fazlalığı bakımından üstün olmasıdır. Ama şefliklerin ve devletlerin yapısında mevcut iki başka olası üstünlük daha vardır. Birincisi, karar alma yetkisine sahip olan tek kişi, birlikleri ve kaynakları bir noktada toplama şansına sahiptir. İkincisi, devletlerde resmî din ile yurtseverlik, askerleri savaşta ölümüne dövüşmeye koşullar.

Biz çağdaş devletlerin vatandaşlarını okullar, dinî kurumlar, hükümetler buna öylesine koşullamıştır ki bunun daha önceki insanlık tarihinden ne müthiş bir kopuş olduğunu unuturuz. Her devletin vatandaşlarını gerektiğinde devletleri için canlarını vermeye zorlayan sloganları vardır: Britanya'nınki "Kralım ve Ülkem Uğruna"dır, İspanya'nınki "Tanrı ve İspanya Adına"dır vb. Aztek savaşçılarını da 16. yüzyılda bunun benzeri duygulanımlar güdülüyordu: "Savaşta ölmek gibisi yoktur, her şeye hayat veren onun [Azteklerin ulusal tanrısı Huitzilopochtli] gözünde bu gösterişli ölümden aziz bir ölüm yoktur: Uzakta görüyorum ölümü, kavuşmak istiyorum ona!"

Bu tür duygular obalarda ve kabilelerde düşünülemeyecek duygulardır. Yeni Gineli dostlarımın daha önceki kabile savaşlarıyla ilgili olarak anlattıklarında kabile yurtseverliğiymiş, canını feda etmekmiş ya da öldürülme tehlikesinin kabullenilmesini içeren herhangi bir askerî hareketmiş, bunların izi yoktu. Tam tersine baskınlar, her ne pahasına olursa olsun köyü uğruna birinin ölmesi tehlikesini en aza indirmek için, pusuyla ya da çok üstün güçlerle başlar. Ama bu tavır devlet toplumlarına göre kabilelerin askerî seçeneklerini çok sınırlar. Kuşkusuz yurtsever ya da dinci fanatikleri böyle tehlikeli hale getiren şey fanatiklerin kendilerinin ölümü değildir; onların, kâfir düşmanlarını ezmek ya da yok etmek için kendi yandaşlarından bir bölümünün ölümünü kabul etmekten çekinmemeleridir. Tarihte sözü geçen Hıristiyan ve Müslüman fetihlerine yol açan savaş fanatikliği son 6000 yıl içinde şeflikler ve özellikle devletler ortaya çıkıncaya kadar yeryüzünde görülmemiş bir şeydi.

Merkezî olmayan, akrabalığa dayanan küçük toplumlar nasıl evrimleşip üyelerinin çoğunun yakın bağlarla bağlı olmadığı büyük, merkezî toplumlara dönüştü? Obalardan devletlere dönüşümün evrelerini gözden geçirdikten sonra şimdi toplumları böyle değişmeye iten şeyin ne olduğunu sorabiliriz.

Tarihte pek çok değişik zamanda devletler bağımsız olarak ortaya çıkmıştı – ya da kültür antropologlarının dediği gibi "örneksiz" olarak, yani çevrelerinde mevcut eski herhangi bir devlet olmadan. Avustralya ve Kuzey Amerika dışında bütün kıtalarda örneksiz devletler en az bir kez, belki de birçok kez ortaya çıktı. Tarihöncesi devletleri arasına Mezopotamya, Kuzey Çin, Nil ve İndus Vadisi, Mezoamerika, And, Batı Afrika devletleri giriyordu. Avrupa devletleriyle ilişkisi olan yerli devletler Madagaskar'da, Hawaii'de, Tahiti'de, Afrika'nın birçok bölgesinde son üç yüzyılda şefliklerden çeşitli kereler türedi. Bu bölgelerin hepsinde, Kuzey Amerika'nın güneydoğusunda, Büyük Okyanus'un kuzeybatısında, Amazon'da, Polinezya'da, Afrika'da Sahra'nın güney bölgesinde şeflikler bağımsız olarak daha sık ortaya çıkmıştı. Karmaşık toplumların bütün bu çıkış yerleri bize onların gelişmelerini anlamamıza yarayacak bir veri tabanı sağlar.

Devletlerin nereden kaynaklandığı sorusunu ele alan kuramlardan en basiti çözülecek herhangi bir soru olduğunu yadsıyanıdır. Aristoteles devletin insan toplumunun doğal bir durumu olduğunu, bir açıklamaya gerek olmadığını düşünüyordu. Onun hatası anlaşılabilir bir şeydir çünkü onun tanıyor olabileceği bütün toplumlar –MÖ dördüncü yüzyıldaki Yunan toplumları– devletti. Oysa biz MS 1492'de dünyanın çoğu bölgesinin şeflikler, kabileler, obalar şeklinde örgütlendiğini biliyoruz. Devlet oluşumu gerçekten de bir açıklama gerektiriyor.

İkinci kuram en iyi bildiğimiz kuramdır. Fransız filozofu Jean-Jacques Rousseau devletlerin toplumsal bir sözleşmeyle, insanların kendi çıkarlarının hesabını yaptıkları, daha basit toplumlarda değil de bir devlet sisteminde yaşadıkları zaman durumlarının daha iyi olacağı konusunda anlaşmaya vardıkları ve kendi istekleriyle daha basit toplumları ortadan kaldırdıkları zaman varılan akılcı bir kararla kurulduğunu ileri sürdü. Ama serinkanlılığın ve uzak görüşlülüğün egemen olduğu böyle göksel bir atmosfer içinde kurulmuş tek bir devletin varlığını gösteren gözlemler ve tarihsel kayıtlar yok. Küçük birimler kendi istekleriyle kendi egemenliklerine son verip daha büyük birimler oluşturmak üzere birleşmezler. Bu iş ancak fetihlerle ya da dış zorlamayla olur.

Bazı tarihçilerin ve ekonomistlerin hâlâ benimsedikleri üçüncü kuram hiç kuşku duyulmayacak bir olgudan, hem Mezopotamya'da hem de Kuzey Çin ile Meksika'da geniş çaplı sulama sistemlerinin, devletlerin boy gösterdiği bir zamanda inşa edilmeye başladığı olgusundan yola çıkar. Bu kurama göre büyük, karmaşık bir sulama sistemi ya da suya dayalı bir yönetim kurmak için merkezî bir bürokrasiye gerek vardır. Kuram daha sonra zamanla gözlemlenmiş kaba bir bağlaşıklığı varsayımsal bir neden-sonuç zincirine dönüştürür. Güya Mezopotamyalılar, Kuzey Çinliler, Meksikalılar geniş çaplı bir sulama ağının onlara sağlayacağı yararları, o tarihte onlara böyle bir ağın yararını gösterecek benzer bir şey binlerce kilometre ötelerinde bile (ya da hatta dünyanın hiçbir yerinde) olmamasına karşın, gördüler. Bu uzak görüşlü insanlar kendi yetersiz küçük şefliklerini birleştirip geniş çaplı sulama ağları kurmalarına olanak sağlayacak büyük bir devlet kurmayı seçtiler.

Bununla birlikte, devletlerin oluşumuyla ilgili bu "suya dayalı kuram"a da toplumsal sözleşme kuramlarına genelde yöneltilen eleştiriler yöneltilebilir. Daha açık söylersek, bu kuram karmaşık toplumların evriminde yalnızca son evreyi ele alır. Geniş çaplı sulama projesi ufukta görünmeden önceki bin yıllar boyunca obalardan kabilelere, kabilelerden şefliklere geçişi sağlayan itici gücün nereden kaynaklandığı konusunda hiçbir şey söylemez. Tarihsel ve arkeolojik dönemler ayrıntısıyla incelendiğinde bunlar, devletlerin oluşumunun itici gücünün sulama olduğu görüşünü desteklemez. Mezopotamya'da, Kuzey Çin'de, Meksika'da, Madagaskar'da devletler ortaya çıkmadan önce küçük çaplı sulama sistemleri zaten vardı. Geniş çaplı sulama sistemlerinin inşası devletlerin doğuşuna eşlik etmedi, bütün bu söz konusu bölgelerin her birinde hayli sonra başladı. Mezoamerika'nın ve Andlar'ın Maya bölgesinde kurulmuş devletlerin çoğunda sulama sistemleri yerel toplulukların kendi kendilerine inşa edebilecekleri, aynı şekilde koruyabilecekleri küçüklükte kaldılar. Dolayısıyla suya dayalı karmaşık yönetim sistemlerinin gerçekten ortaya çıktığı bu bölgelerde bile bunlar başka nedenlerden dolayı oluşmuş olan devletlerin ikincil sonuçlarıydı.

Bazı devletlerin oluşumuyla sulama arasındaki bağlaşıklıktan çok daha geniş oranda geçerliliği olan, bence devletlerin oluşumuyla ilgili temelde doğru bir görüşe işaret ediyor gibi görünen, kuşku götürmeyecek bir olgu var: Belli bir bölgedeki nüfus hacminin toplumsal karmaşıklığın biricik ön habercisi olması. Daha önce gördüğümüz gibi obaların nüfusu 30-40, kabilelerin nüfusu birkaç yüz, şefliklerin nüfusu birkaç bin ile birkaç on bin, devletlerinki de genellikle 50.000'den fazladır. Bölgenin nüfus hacmi ile toplum türü (oba, kabile, vb.) arasındaki bu kaba bağlaşıklığın yanı sıra, bütün bu kategorilerin her birinin içinde, nüfus ile toplumun karmaşıklığı arasında daha duyarlı bir eğilim vardır: örneğin, nüfusu kalabalık şefliklerin en merkezî, en katmanlı, en karmaşık olması.

Bu bağlaşıklıklar bize bölgesel nüfus hacminin ya da nüfus yoğunluğunun ya da nüfus baskısının karmaşık toplumların oluşumuyla bir ilişkisinin olması gerektiğini güçlü bir şekilde gösteriyor. Ama bu bağlaşıklıklar bize nüfus değişkenlerinin sonunda karmaşık bir toplumla noktalanacak neden-sonuç zinciri içinde nasıl bir işlevinin olduğunu tam olarak açıklamıyor. Bu zinciri izleyebilmek için şimdi biz yoğun nüfuslu toplumların nasıl ortaya çıktığını anımsayalım. Sonra büyük ama basit bir toplumun niçin aynen devam edemeyeceğini inceleyebiliriz. Böyle bir arka plandan sonra, daha basit bir toplumun bölgesel nüfus artarken nasıl daha karmaşık hale geldiği sorusuna döneceğiz.

Hacimli ve yoğunluklu nüfusların ancak yiyecek üretiminin yapılması durumunda ya da hiç değilse avcılar, yiyecek toplayıcıları için görülmemiş derecede iyi koşullar söz konusu olduğunda ortaya çıktığını daha önce görmüştük. Bazı üretici avcı/yiyecek toplayıcı toplumları şeflik düzeyinde örgütlenme evresine ulaştılar ama devlet düzeyine ulaşan olmadı: Bütün devletler vatandaşlarını yiyecek üretimiyle beslerler. Biraz önce sözü edilen bölgesel nüfus hacimleriyle toplumsal karmaşıklık arasındaki bağlaşıklığın yanı sıra bu nedenler, yiyecek üretimi, nüfus değişkenleri ile toplumsal karmaşıklık arasındaki nedensel ilişkiler konusunda sonu gelmez bir yumurta/tavuk tartışmasına yol açmıştır. Yoğun yiyecek üretimi mi nüfus artışını tetikler, bir şekilde karmaşık bir toplumun yolunu açar? Yoksa büyük hacimli nüfuslar ile karmaşık toplumlar mı bir şekilde yiyecek üretiminin artmasına yol açar?

Soruyu böyle, o mu yoksa bu mu diye sorarsak asıl önemli noktayı gözden kaçırırız. Yoğun yiyecek üretimi ile toplumsal karmaşıklık birbirlerini ateşlediler, birbirlerini hızlandırdılar. Yani nüfus artışı toplumsal karmaşıklığa yol açar, daha sonra tartışacağımız düzenekler aracılığıyla, toplumsal karmaşıklık da yoğun yiyecek üretimine ve giderek nüfus artışına. Karmaşık merkezileşmiş toplumların, (sulama sistemleri de içinde olmak üzere) kamu görevlerini, (daha iyi tarım aletleri yapmak için metal ithal etmek de içinde olmak üzere) uzak yerlerle ticareti, (çiftçilerin tahıllarıyla çobanları beslemek, çobanların hayvan varlığını saban hayvanı olarak kullanmaları için çiftçilere aktarmak gibi) farklı ekonomik uzmanlık gruplarının etkinliklerini düzenlemekte eşi yoktur. Merkezileşmiş toplumlara özgü bütün bu olanaklar tarih boyunca yiyecek üretiminin artmasına, bunun sonucunda da nüfus artışının hızlanmasına yol açmıştır.

Buna ek olarak yiyecek üretimi karmaşık toplumların belli yönlerine en azından üç şekilde katkıda bulunur. Birincisi, mevsimsel olarak emek girdisinin artması söz konusudur. Merkezileşmiş siyasal otorite ürün kaldırıldıktan sonra çiftçilerin emek gücünden istediği gibi yararlanabilir; (Mısır piramitleri gibi) devletin gücünü gösteren kamuya ait yapıtların ya da (Polinezya'nın Hawaii Adası'ndaki sulama sistemi ya da balık havuzları gibi) daha fazla insanın karnının doymasına yol açacak kamuya ait yapıtların inşasında kullanabilir ya da daha büyük siyasal birimler oluşturmak için fetih savaşlarına gönderebilir.

İkincisi, yiyecek üretimi, depolanmak üzere yiyecek fazlası yaratacak şekilde düzenlenebilir, bu da ekonomik uzmanlaşmaya ve toplumsal katmanlaşmaya olanak sağlar. Ürün fazlası karmaşık bir toplumun bütün katmanlarını beslemek için kullanılabilir: şefleri, bürokratları, seçkin sınıfın öteki üyelerini; yazıcıları, zanaat erbabını, yiyecek üreticisi olmayan öteki uzmanları; kamuya ait yapılarda çalıştırıldıkları zaman çiftçilerin kendilerini.

Son olarak da yiyecek üretimi insanların yerleşik hayatı benimsemelerine izin verir ya da bunu gerekli kılar, bu da büyük miktarda kişisel eşya sahibi olmanın, ileri teknoloji ve el sanatları geliştirmenin, kamuya ait yapılar inşa etmenin önkoşuludur. Karmaşık bir toplumda yerleşikliğin önemi, misyonerlerin ve hükümetlerin Yeni Gine'de ya da Amazon'da, daha önce başkalarıyla hiç ilişkisi olmamış göçebe kabilelerle ya da obalarla ilişki kurar kurmaz niçin hemen ilk amaçlarının hep aynı şey olduğunu açıklar. Birinci amaçları elbette göçebeleri "yatıştırmak"tır, yani misyonerleri, bürokratları ya da birbirlerini öldürmemeleri gerektiğine inandırmak. İkinci amaçları ise göçebeleri köylere yerleşmeye razı etmektir, böylece göçebeleri bir yerde bulabilecek, onları tıp hizmeti, okul gibi olanaklardan yararlandırabilecek, denetim altında tutabilecek, dinlerini değiştirebileceklerdir.

Dolayısıyla nüfus hacminin büyümesine yol açan yiyecek üretimi aynı zamanda karmaşık toplumların pek çok belirleyici özelliğini kazanmasına da olanak sağlar. Ama bu, yiyecek üretimi ile büyük hacimli nüfusların karmaşık toplumları kaçınılmaz kıldığını kanıtlamaz. Oba ya da kabile düzeninin yüz binlerce kişiden oluşan toplumlarda işe yaramadığı bütün büyük hacimli mevcut toplumların karmaşık, merkezi örgütlenmeye sahip olmasını nasıl açıklayabiliriz? En azından dört nedenden söz edebiliriz.

Nedenlerden biri akraba olmayan yabancılar arasındaki çatışma sorunudur. Toplumu oluşturan insanların sayısı arttıkça bu sorun astronomik şekilde büyür. Yirmi kişilik bir oba içindeki ilişkiler 190 ikili ilişki içerir (20 kişi çarpı 19 bölü 2) ama 2000 kişilik bir obada bu sayı 1.999.000'e yükselir. Her bir ikili kanlı bir tartışmada patlamaya hazır saatli bir bomba demektir. Oba ve kabile toplumlarında her öldürme olayı genellikle bir intikam girişimine yol açar, böylece toplumun huzurunu kaçıran sonu gelmez bir cinayet ve karşı cinayet döngüsünü başlatır.

Herkesin herkesle akraba olduğu bir oba toplumunda kavga eden her iki tarafın akrabaları da aynı anda aracılık etmek için işe karışır. Pek çok kişinin hâlâ birbiriyle akraba olduğu ve herkesin en azından birbirini adıyla tanıdığı kabile toplumlarında ortak akrabalar ve dostlar kavgada arabuluculuk eder. Ama herkesin herkesi tanımasına olanak veren "birkaç yüz" eşiği bir kez aşıldıktan sonra sayısı artan ikililer birbiriyle ilişkisi olmayan yabancılardan oluşur. Yabancılar kavga ettiği zaman orada bulunan insanlardan pek azı kavgayı durdurmakta özel çıkarı olan, her iki tarafın da dostu ya da akrabası olacaktır. Bunun yerine seyredenlerin çoğu kavga edenlerden birinin dostu ya da akrabası olacak, onun tarafını tutacak, iki kişilik bir kavgayı genel bir arbedeye dönüştürecektir. Bu yüzden de anlaşmazlıkların çözümünü üyelerine bırakan büyük hacimli bir toplumun patlayıp havaya uçması kaçınılmazdır. Binlerce insandan oluşan toplumların, ancak gücü tek elde toplamak ve anlaşmazlıkları çözmek için merkezî otorite geliştirirlerse ayakta kalabileceklerini bu olgu bile tek başına açıklayabilir.

İkinci bir neden, nüfus hacminin büyümesiyle hep birlikte karar almanın giderek olanaksızlaşmasıdır. Yeni Gine'de haberlerin ve bilgilerin hızla herkese yayıldığı, bütün köy halkının bir araya geldiği toplantılarda herkesin birbirini duyabildiği, toplantıda konuşmak isteyen herkesin konuşma fırsatının olduğu küçük köylerde yetişkin nüfusun hepsinin bir arada karar alması hâlâ olanaklıdır. Ama çok daha büyük toplumlarda herkesin bir araya gelip karar almasının önkoşullarının hepsinin sağlanması olanaksızdır. Mikrofonların, hoparlörlerin bulunduğu günümüzde bile bin kişilik bir grubun sorununu çözmenin yolunun o bin kişiyle bir toplantı yapmak olmadığını hepimiz biliyoruz. Bu yüzden de kararların etkili bir şekilde alınması isteniyorsa büyük hacimli bir toplumun yapılandırılması ve merkezileşmesi gerekir.

Üçüncü neden ekonomik kaygılarla ilgilidir. Her toplumun üyeleri arasında malları aktarma araçlarına gereksinimi vardır. Bir bireyin elinde bir gün bir ticaret ürününden fazla miktarda bir başka üründen az miktarda bulunabilir. Çünkü bireylerin yetenekleri farklıdır, bir birey sürekli olarak bir gereksinim maddesi fazlasına sahip olurken bir başka gereksinim maddesi açığıyla karşı karşıya kalabilir. Az sayıda üye çiftine sahip küçük toplumlarda ortaya çıkan mal aktarımı gereksinimi çiftler ya da aileler arasında doğrudan karşılıklı değiş tokuşla düzenlenebilir. Ama büyük hacimli toplumlarda anlaşmazlıkların doğrudan doğruya çiftler arasında çözülmesini etkisiz kılan aynı matematik, doğrudan doğruya çiftler arasında ekonomik aktarımı da işlemez hale getirir. Büyük hacimli toplumlar ancak karşılıklı ekonomiye ek olarak yeniden dağıtım ekonomisine sahip olurlarsa ekonomik işlevlerini yerine getirebilirler. Bir bireyin gereksiniminden fazla olan ürün o bireyden merkezî bir otoriteye aktarılmalı, o otorite de o ürünü açığı olan bireylere dağıtmalıdır.

Büyük hacimli toplumlarda karmaşık örgütlenmeyi zorunlu kılan son bir neden de nüfus yoğunluklarıyla ilgilidir. Yiyecek üreticilerinin büyük hacimli toplumlarının daha fazla sayıda üyeleri olduğu gibi, avcı/yiyecek toplayıcıların küçük obalarına göre daha yüksek nüfus yoğunlukları vardır. Otuz kırk avcıdan oluşan her bir oba geniş bir alana yayılmıştır, kendilerine gerekli kaynakların çoğu bu alan içinde vardır. Geriye kalan gereksinimlerini oba savaşlarına ara verildiği dönemlerde komşu obalarla ticaret yaparak elde ederler. Nüfus yoğunluğu arttıkça otuz kırk kişilik oba büyüklüğündeki nüfusun toprağı da gittikçe küçülür, gereksinimleri o bölge dışından elde etme zorunluluğu artar. Örneğin, Hollanda'da 40.000 kilometrekareyi ve 16.000.000 kişiyi, her biri 20 kişilik özerk bir obaya yurtluk edecek, her birinin sınırları içinde obaların kendi kendine yeterli olacağı, geçici ateşkes dönemlerinden yararlanarak ara sıra kendi küçük topraklarının sınırlarına gidip komşu obayla bazı ticaret ürünleri ve kız alışverişi yapacakları 50 dönümlük 800.000 özel arazi parçasına bölemezsiniz. Mekânla ilgili bu tür gerçekler yoğun nüfuslu bölgelerde karmaşık olarak örgütlenmiş büyük hacimli toplumların olmasını gerektirir.

Anlaşmazlıkların çözümüyle, kararların alınmasıyla, ekonomiyle, mekânla ilgili nedenler büyük hacimli toplumların merkezileşmesi gereğini doğurmakta birleşir. Ama gücün merkezileşmesi, gücü elinde bulunduran, bilgi alma tekelini elinde tutan, kararları veren, malların yeniden dağıtımını yapanların, fırsatlardan yararlanmasının ve yakınlarını yararlandırmasının yolunu açar. Çağdaş insan öbekleşmelerini bilen herkes için bu çok açıktır. En eski toplumlar gelişirken merkezileşen gücü ele geçirenler yavaş yavaş kendilerini seçkinler olarak kabul ettirdiler, belki de onlar eşit düzeydeki köy klanları arasında ötekilere göre "daha eşit" duruma gelen bir klanın üyeleriydi.

Büyük hacimli toplumların oba düzenini sürdürmemelerinin, karmaşık hırsızkrasiler haline gelmelerinin nedenleri işte bunlardır. Ama küçük basit toplumların aslında nasıl evrimleşip ya da birleşip büyük toplumlar haline geldikleri sorusu hâlâ duruyor. Toplulukların birleşmesi, anlaşmazlıkların tek merkezden çözümü, karar alma, ekonomik olarak yeniden dağıtım, hırsızkratlara özgü din, Rousseauvari bir toplumsal sözleşmeyle hemen kendiliğinden gelişmez. Toplulukların birleşmesinin itici gücü nereden gelir?

Bunun yanıtı bir oranda evrim mantığında yatmaktadır. Bu bölümün başında söylemiştim, aynı kategoride toplanan toplumların birbirine özdeş olmadığını çünkü insanlar ve insan toplulukları sonsuz çeşitlilik gösterir. Örneğin, obalar ve kabileler arasında bazılarının ulu kişileri başka toplumların ulu kişilerine göre ister istemez daha etkileyici, güçlü ve karar almakta daha yeteneklidir. Büyük kabileler arasında daha güçlü ulu kişilere, bunun sonucunda da daha geniş çaplı merkezileşmeye sahip olanlar genellikle daha küçük çaplı bir merkezileşmeye sahip olanlara göre üstün durumdadırlar. Anlaşmazlıkları Fayular gibi çok kötü bir biçimde çözen kabileler yeniden parçalanıp obalara bölünme eğilimi gösterirler, oysa kötü yönetilen şeflikler daha küçük şefliklere ya da kabilelere bölünürler. Anlaşmazlıkları çözmeyi, sağlıklı karar almayı, ekonomik anlamda uyumlu bir yeniden dağıtım yapmayı iyi beceren toplumlar daha iyi teknolojiler geliştirebilir, askerî güçlerini bir noktada toplayabilir, daha geniş, daha verimli toprakları ele geçirebilir ve daha küçük özerk toplumları tek tek ezebilir.

Böylece, belli bir karmaşıklık düzeyindeki toplumlar arasındaki yarış, eğer koşullar elverirse, toplumları bir sonraki karmaşıklık düzeyine genellikle taşıyabilir. Kabileler şeflik düzeyine ulaşmak için başka kabileleri ele geçirir ya da onlarla birleşirler, şeflikler şeflikleri ele geçirerek ya da onlarla birleşerek devlet büyüklüğüne ulaşır, devletler başka devletleri ele geçirerek ya da onlarla birleşerek imparatorlukları oluşturur. Daha genel olarak, büyük birimler eğer –bu büyük bir "eğer"dir– her zaman ortaya çıkan türedilerin liderlik talepleri, halk kitlelerinin hırsızkrasiden yaka silkmesi, ekonomik bütünleşmeyle ilişkili olarak sorunların artması biçimindeki tehditleri ortadan kaldırabilir, yani büyüklüğün getirdiği sorunları çözebilirlerse tek tek küçük birimlere göre üstünlük kazanabilirler.

Küçük birimlerin birleşmesiyle büyük birimlerin oluşması tarihsel ya da arkeolojik olarak belgelenmiştir. Rousseau'nun dediği gibi, bu birleşmeler, hiçbir tehdit altında olmayan küçük toplumların vatandaşlarının mutluluğunu artırmak için özgürce birleşme kararı almalarıyla oluşmamıştır. Küçük toplumların liderleri, büyüklerinki gibi, kendi bağımsızlıklarını ve yetkilerini çok kıskanırlar. Oysa birleşme iki şekilde olur: ya dış bir gücün tehdidiyle ya da gerçek bir fetihle. Bu iki yolu örnekleyen sayısız durum vardır.

Dış bir gücün tehditiyle birleşmeye en iyi örnek Amerika Birleşik Devletleri'nin güneydoğusunda kurulan Çeroki konfederasyonudur. Çerokiler aslında otuz ya da kırk bağımsız şefliğe bölünmüşlerdi, şefliklerin her biri aşağı yukarı dört yüz kişilik bir köyden oluşuyordu. Beyazlar gelip yerleştikçe Çerokilerle beyazlar arasında anlaşmazlıklar çıktı. Çerokilerin arasında bazı kişiler beyaz bir göçmenc ya da tacire saldırdığı zaman beyazlar farklı Çeroki şefliklerini birbirinden ayıramadıkları için ya askerî bir eylemle ya da ticarete son vererek Çerokilerden ayrım gözetmeden intikam alıyorlardı. Buna karşılık Çeroki şeflikleri de 18. yüzyıl boyunca yavaş yavaş kendilerini tek bir konfederasyon halinde birleşmek zorunda buldular. İlkin bu büyük şeflikler 1730'da Moytoy adında genel bir lider seçtiler, daha sonra onun yerine 174l'de oğlu geçti. Bu liderlerin ilk işi beyazlara kendi başlarına saldıran Çerokileri cezalandırmak ve beyaz hükümetle başa çıkmaktı. 1758 dolaylarında Çerokiler daha önceki köy meclislerine benzeyen yıllık bir meclis kurdular, bu meclis bir köyde (Echota'da) toplanıyordu, böylece bu köy fiilen "başkent" oldu. En sonunda (XII. Bölüm'de gördüğümüz gibi) Çerokiler okuryazar hale geldiler ve yazılı bir anayasa benimsediler.

Çeroki konfederasyonu böylece fetih yoluyla değil, daha önce paylaşımcı olmayan daha küçük birimlerin, ancak daha güçlü dış güçler tarafından yok edilme tehdidi karşısında birleşmesiyle oluştu. Buna çok benzer bir şekilde, bütün Amerikan tarih kitaplarında anlatılan bir devlet oluşumu örneğinde, aralarında Çeroki devlet oluşumunu hızlandıran bir koloninin (Georgia'nın) de bulunduğu beyaz Amerikan kolonilerinin kendileri Britanya Krallığı gibi bir dış gücün tehdidiyle karşı karşıya kaldıkları zaman kendi devletlerini oluşturmak zorunluluğunu duydular. Başlangıçta Amerikan kolonileri kendi özerklikleri konusunda Çeroki şeflikleri kadar kıskançtı ve bir Konfederasyon Akdi'yle birleşik bir yapı oluşturma konusundaki ilk girişimin (1781) sonuç vermesi olanaksızdı çünkü eski kolonilere çok fazla özerklik tanınmıştı. Ancak daha başka tehditler, 1786'da Shays Ayaklanması ile savaş borçları sorununun çözülememiş olması, eski kolonileri özerkliklerinden fedakarlık etmeye ve bizim güçlü federal anayasamızı 1787'de kabul etmeye zorladı. Almanya'nın paylaşımcı olmayan prensliklerinin 19. yüzyılda birleşmesi de aynı derecede güç oldu. İlk üç girişim (1848 Frankfurt Parlamentosu, yeniden kurulan 1850 Alman Konfederasyonu, 1866 Kuzey Alman Konfederasyonu) 1870'de Fransa'nın savaş ilan etmesi gibi bir dış tehdit üzerine en sonunda prensliklerin egemenliklerinin çoğunu 1871'de merkezî Alman imparatorluk hükümetine devretmesinden önce başarısızlıkla sonuçlanmıştı.

Dış bir gücün tehditi altında birleşmenin yanı sıra karmaşık toplum oluşturma yollarından ikincisi fetihler aracılığıyla birleşmektir. Bunun belgelerle kanıtlanmış bir örneği Güneydoğu Afrika'da Zulu devletinin kuruluşudur. Beyaz göçmenler Zuluları ilk tanıdıklarında Zulular onlarca küçük şefliğe bölünmüş durumdaydı. 1700'lerin sonlarında nüfus baskısı arttıkça şeflikler arasındaki kavgalar da arttı. Bu şeflikler arasında her zaman var olan merkezî güç yapılarını kurma sorununu en başarılı biçimde çözen şef Dingiswayo'ydu, 1807'de rakibini öldürerek Mtetwa şefliğinin başına geçmişti. Dingiswayo bütün köylerden gençleri toplayıp askere alarak ve onları köylerine göre değil yaşlarına göre alaylar halinde gruplayarak yüksek merkezî bir askerî örgüt oluşturdu. Ayrıca başka şeflikleri yenilgiye uğrattığında kan dökmekten kaçınarak, yenilgiye uğrattığı şefin ailesine dokunmayarak, yenilgiye uğrattığı şefin yerine onun Dingiswayo'yla işbirliği yapmaya hazır bir akrabasını geçirerek yüksek bir merkezi siyasal örgüt kurdu. Anlaşmazlıkların dinlenip hükme bağlanmasını genişleterek yüksek bir anlaşmazlık çözme merkezi oluşturdu. Böylece Dingiswayo öteki otuz Zulu şefliğini ele geçirip birleştirmeye başladı. Ondan sonra gelenler hukuk sistemini, denetimi, kuralları genişleterek bu Zulu devleti embriyosunu güçlendirdiler.

Fetihlerle oluşan bu Zulu devleti örneği neredeyse sonsuza kadar çoğaltılabilir. Avrupalıların 18. ve 19. yüzyıllarda oluşumuna tanık oldukları, şefliklerden türemiş devletlerin arasında Polinezya'da Hawaii devleti, Polinezya'da Tahiti devleti, Madagaskar'da Merina devleti, Zulularınkinin yanı sıra Güney Afrika'da kurulan Lesotho, Swazi ve başka devletler, Batı Afrika'da Ashanti devleti, Uganda'da Ankole ve Buganda devletleri bulunuyor. Aztek ve İnka İmparatorlukları 15. yüzyıl fetihlerinden, yani Avrupalılar gelmeden önce kurulmuştu ama onların oluşumuyla ilgili olarak ilk gelen İspanyol göçmenleri tarafından yazıya geçirilmiş sözlü yerli tarihleri aracılığıyla çok şey biliyoruz. Roma devletinin oluşumu ve İskender'in Makedonya İmparatorluğu'nun yayılışı o çağın klasik yazarları tarafından ayrıntılarıyla anlatılmıştır.

Bütün bu örnekler bize savaşların ya da savaş tehditlerinin toplumların hepsinin değilse bile çoğunun birleşmesinde önemli bir rol oynadığını gösteriyor. Ama savaşlar, obalar arasında bile, insanlık tarihinin değişmeyen olgusuydu. Peki o zaman savaşlar niçin yalnızca son 13.000 yıl içinde toplumların birleşmesine yol açmaya başladı? Daha önce karmaşık toplumların oluşumunun bir şekilde nüfus baskısıyla ilişkili olduğu sonucuna varmıştık, şimdi bu yüzden nüfus baskısıyla savaşların çıkması arasında bir bağ aramalıyız. Savaşlar niçin nüfuslar yoğun olduğu zaman toplumların birleşmesine yol açsın, seyrek oldukları zaman açmasın? Yanıtı şu: Yenilgiye uğrayan halkların yazgısı olası üç sonuç bakımından nüfus yoğunluğuna bağlıdır.

Nüfus yoğunluklarının çok düşük olduğu yerlerde –avcı/yiyecek toplayıcısı obaların bulundukları yerler genellikle böyledir– yenilgiye uğramış topluluğun sağ kalan üyelerinin tek yapması gereken şey düşmanlarından uzak bir yere gitmektir. Yeni Gine'de ve Amazon'da göçebe obaların arasındaki savaşların sonucu genellikle budur.

Nüfus yoğunluklarının orta düzeyde olduğu yerlerde –yiyecek üreticisi kabilelerin bulundukları yerlerde– yenilgiye uğramış bir kabilenin sağ kalan üyelerinin kaçabilecekleri büyüklükte boş alanlar yoktur. Öte yandan, yiyecek üretiminin yoğun olmadığı kabile toplumlarında kölelere yaptırılacak iş yoktur, fazla haracın birikmesine yetecek miktarda yoktur. Bu yüzden savaşı kaybeden kabilenin sağ kalan üyeleri savaşı kazananların hiçbir işine yaramaz, olsa olsa kadınlarıyla evlenirler. Yenilgiye uğrayan adamlar öldürülürler, topraklarına da savaşı kazananlar el koyabilir.

Nüfus yoğunluklarının yüksek olduğu yerlerde –şefliklerin ya da devletlerin bulunduğu yerlerde– yenilgiye uğrayanların yine kaçacakları bir yer yoktur ama savaşı kazananların, yenilgiye uğrayanların yaşamasına izin verirken onlardan yararlanmak için şimdi iki seçenekleri vardır. Şeflik ve devlet toplumlarında ekonomik uzmanlık olduğu için yenilenler Kitabı Mukaddes çağında çoğunlukla yapıldığı gibi köle olarak kullanılabilirler. Bunun dışında, bu tür toplumların çoğunda büyük miktarda artıdeğer getiren yoğun yiyecek üretme sistemleri olduğu için, savaşı kazananlar kaybedenleri yerlerinde bırakır ama onların siyasal özerkliklerini ellerinden alırlar, yiyecek ya da mal olarak düzenli şekilde haraç alırlar, onların toplumunu kazanan devletin ya da şefliğinkiyle birleştirirler. Kayıtlı tarih boyunca devletlerin ya da imparatorlukların kuruluşuyla ilişkilendirilen çarpışmaların genellikle sonucu budur. Örneğin, İspanyol fatihler Meksika'nın yenilen yerli halklarından haraç almak istiyorlardı, bu yüzden Aztek İmparatorluğu'nun haraç listesi onları çok ilgilendiriyordu. Azteklerin kendilerine bağlı halklardan her yıl topladıkları haraç 7000 ton mısır, 4000 ton fasulye, 4000 ton horozibiği bitkisi tanesi, 2.000.000 pamuklu manto, büyük miktarlarda kakao tohumu, savaş giysisi, kalkan, tüylü başlık ve amberden oluşuyordu.

Böylece yiyecek üretimi, toplumlar arasındaki yarış ve yayılma, en sonuncu nedenler olarak, ayrıntıda farklı ama hepsi de büyük hacimli yoğun nüfuslar ve yerleşik yaşamla ilişkili nedensellik zincirleri aracılığıyla, fetihlerde etkili olan en yakın nedenlerin ortaya çıkmasına yol açtılar: Mikroplar, yazı, teknoloji, merkezî siyasal örgütlenme. Bu en sonuncu nedenler farklı kıtalarda farklı şekilde geliştiği için fetihlerde etkili olan ögeler de öyle gelişti. Bu yüzden bu etkili ögeler genellikle birbiriyle ilişkili olarak ortaya çıktı ama aralarındaki ilişki kesin bir ilişki değildi: Örneğin, İnkaların yazısı olmamasına karşın bir İnka imparatorluğu, Azteklerin pek az salgın hastalığı olmasına karşın bir Aztek yazısı ortaya çıktı. Dingiswayo'nun Zuluları bu ögelerin her birinin tarihin genel seyrine biraz bağımsız şekilde katkıda bulunduğunu örnekliyor. Onlarca Zulu şefliği arasında Mtetwa şefliğinin öteki şefliklere göre ne teknoloji, ne yazı, ne de mikroplar bakımından bir üstünlüğü vardı ama yine de onları yenmeyi başarmıştı. Tek üstünlüğü yönetim ve ideoloji üstünlüğüydü. Sonuçta ortaya çıkan Zulu devleti bu yüzden bir kıtanın bir parçasını neredeyse bir yüzyıl elinde tutabilmişti.

4

ALTI BÖLÜMDE DEVRİÂLEM

XV. Bölüm

Yali'nin Halkı

Karım Marie ile ben bir yaz Avustralya'da tatil yaparken, Menindee kasabası yakınlarındaki çölde yerlilere ait iyi korunmuş kaya resimlerini görmeye gitmeye karar verdik. Avustralya çöllerinin kuruluğuyla ve sıcağıyla ünlü olduğunu biliyordum, ama California çölünün ve Yeni Gine savanasının kuru sıcağında uzun saatler çalışarak geçirmiştim bu yüzden Avustralya'da turist olarak karşılaşacağımız önemsiz sorunlarla baş edebilecek kadar deneyimli olduğumu düşünüyordum. Yanımıza epeyce su alarak Marie ile ikimiz üç beş kilometre ötedeki duvar resimlerini görmeye gitmek üzere öğleyin yaya olarak yola çıktık.

Yol, bulutsuz bir göğün altında, gölge namına hiçbir şeyin olmadığı açık bir arazide korucu istasyonundan başlayarak tepeye doğru gidiyordu. Soluduğumuz hava öylesine kuru ve sıcaktı ki sanki bir Fin hamamında oturmuş soluyordum. Resimlerin bulunduğu kayalıklara vardığımızda suyumuz bitmişti. Resimlere duyduğumuz ilgiyi de kaybetmiştik, yamaca tırmanıyor, düzenli şekilde ağır ağır soluyorduk. Derken, kesinlikle timalya kuşunun bir türü olan bir kuş gördüm ama bilinen bütün timalya kuşu türlerine göre çok büyük görünüyordu. O zaman hayatımda ilk kez sıcaktan sanrı gördüğümü fark ettim. Marie ile ikimiz hemen geri dönmemiz gerektiğine karar verdik.

İkimiz de konuşmuyorduk. Yürürken olanca dikkatimizle soluklarımızı dinliyor, bir sonraki işaret noktasından ne kadar uzakta olduğumuzu hesaplamaya, ne kadar zaman alacağını tahmin etmeye çalışıyorduk. Benim ağzım, dilim kupkuruydu artık, Marie'nin de yüzü kıpkırmızı olmuştu. Sonunda havalandırmalı korucu istasyonuna vardığımızda su soğutucusunun yanındaki sandalyelere yığıldık, su soğutucusunda kalmış olan iki litre suyu içtik, korucudan bir şişe daha istedik. Orada öyle hem fiziksel hem duygusal olarak bitkin halde otururken, o resimleri yapmış olan yerlilerin bütün hayatlarını, böyle başlarını sokacak havalandırmalı bir sığınak olmadan, bir şekilde bu çölde geçirdiklerini, su da yiyecek de bulmayı başardıklarını düşündüm.

Beyaz Avustralyalılar için Menindee, bir yüzyıl önce çölün kuru sıcağı yüzünden felaketlerin en kötüsüne uğramış iki beyazın ana kamp yeri olarak ünlüdür: İrlandalı polis Robert Burke ile İngiliz astronom William Wills, Avustralya'yı güney-kuzey doğrultusunda bir baştan bir başa geçmek isteyen Avrupalıların ilk keşif yolculuğunun kötü yazgılı liderleri. Üç ay yetecek yiyecek yüklü altı deveyle yola çıkan Burke ile Wills'in Menindee'nin kuzeyindeki çölde yiyecekleri tükendi. Arka arkaya üç kez iyi beslenen yerlilere rastladılar ve üç kez bu yerliler tarafından kurtarıldılar, o çölde yaşayan bu yerliler kâşiflere balık, eğreltiotu çöreği, kızarmış besili fareler verdiler. Ama sonra Burke bir aptallık edip yerlilerden birine tüfeğiyle ateş etti, bunun üzerine yerlilerin hepsi kaçtı. Burke ile Wills hayvan avlayabilecekleri tüfekleri olmasına, yerlilerden daha üstün durumda bulunmalarına karşın aç kaldılar, güçten düştüler, yerlilerin çekip gidişinden bir ay sonra öldüler.

Karımla ikimizin Menindee deneyimi, Burke ile Wills'in yazgısı benim için Avustralya'da bir insan toplumu kurmanın güçlüklerinin canlı örneği oldu. Avustralya bütün öteki kıtalardan farklı bir kıta: Avrasya, Afrika, Kuzey Amerika, Güney Amerika arasındaki farklar, Avustralya ile bu kara parçalarının herhangi biri arasındaki farkların yanında önemsiz kalıyor. Avustralya hepsinden çok daha kurak, küçük, düz, verimsizin verimsizi, iklimi belli olmayan, canlılar yönünden en yoksul kıta. Avrupalıların en son fethettikleri kıta. Avrupalılar fethedinceye kadar en farklı ve nüfusu en az insan topluluklarının yaşadığı bir kıtaydı. Birincisi mi ikincisine yol açtı? Öyleyse, nasıl? Bizim için en mantıklısı dünya çevresindeki yolculuğumuza Avustralya'dan başlamak ve bütün kıtaların farklı tarihlerini anlamak için 2. ve 3. kısımlardan çıkan dersleri uygulamak.

Konunun uzmanı olmayan insanların çoğu için Avustralya'nın yerli toplumlarının en göze çarpan özelliği görünürdeki "gerilik"leridir. Çağımızda sözüm ona uygarlığın damgalarından hiçbirini taşımayan yerli halkların hâlâ yaşadığı tek kıta Avustralya'dır – ne çiftçilik ne hayvancılık ne metal işleme ne ok ve yay; büyük yapılar, yerleşik köyler, yazı, şeflikler ya da devletler, hiçbiri olmadan. Avustralya yerlileri göçebe ya da yarı göçebe avcı/yiyecek toplayıcısıydılar, obalar halinde örgütlenmişlerdi, geçici barınaklarda ya da kulübelerde yaşıyorlardı, hâlâ taş aletler kullanıyorlardı. Son 13.000 yıl içinde öteki kıtalara göre Avustralya'daki kültürel değişim çok daha az olmuştu. Avrupalıların Avustralya yerlileriyle ilgili görüşlerini ilk Fransız kâşiflerden birinin şu sözleri çok iyi özetliyor: "Dünyanın en sefil insanları, vahşi hayvanlara en yakın olan insanlar."

Oysa 40.000 yıl önce Avustralya yerlileri Avrupa ile öteki kıtalardaki toplumlara göre büyük bir sıçrama yapmışlardı. Dünyada bilinen ağızları keskinleştirilmiş ilk taş aletlerden bazılarını, saplı ilk taş aletleri (yani bir sapın ucuna takılmış taş başlardan oluşan baltaları), en eski deniz taşıtlarını geliştirmişlerdi. Bilinen en eski kaya resimlerinden bazıları Avustralya'da bulunmuştur. Çağdaş insanın vücut yapısına sahip insanlar Batı Avrupa'ya yerleşmeden önce Avustralya'ya yerleşmiş olabilirler. Peki, bütün bu gelişmelere karşılık niçin Avrupalılar Avustralya'yı ele geçirdi de bunun tersi olmadı?

Bu sorunun içinde bir başka soru yatıyor. Pleyistosen Buzul Çağı sırasında okyanusların suyunun çoğunu kıtalardaki buz tabakası tutuyordu, su düzeyi bugünkü düzeyinin çok altına düşmüştü; bugün Avustralya'yı Yeni Gine'den ayıran sığ Arafura Denizi ovalık, kuru bir araziydi. Bundan yaklaşık 12.000 ile 8000 yıl önce buz tabakalarının erimesiyle deniz yükseldi, ovalık araziyi sular bastı, eski Büyük Avustralya kıtası Avustralya ve Yeni Gine olmak üzere iki yarı kıtaya bölündü (Şekil 15.1).

Eskiden birleşik olan bu iki kara kütlesindeki insan toplulukları yakın çağlarda birbirlerinden çok farklıydı. Avustralya yerlileri üzerine biraz önce söylediklerimin tersine, Yeni Ginelilerin çoğu, örneğin Yali'nin halkı çiftçi ve domuz çobanıydı. Yerleşik köylerde yaşıyorlardı ve siyasal olarak obalar halinde değil daha çok kabileler halinde örgütlenmişlerdi. Yeni Ginelilerin hepsinde ok ve yay vardı, çoğu çanak çömlek kullanıyordu. Avustralyalılara göre Yeni Gineliler genellikle çok daha sağlam evlere, denize dayanıklı gemilere, çok daha fazla sayıda ve çeşitlilikte kap kacağa sahipti. Yeni Gineliler avcı/yiyecek toplayıcısı değil de yiyecek üreticisi oldukları için Avustralyalılara göre nüfus yoğunluğu ortalaması çok daha yüksek toplumlarda yaşıyorlardı: Yeni Gine'nin yüzölçümü Avustralya'nınkinin onda biriydi ama Avustralya'daki yerel nüfusun birkaç kat fazlasını barındırıyordu.

Pleyistosen Bölüm'ün Büyük Avustralyası'ndan kopmuş daha büyük kara parçasındaki insan toplulukları gelişmekte niçin bu kadar "geri" kaldılar da, daha küçük kara parçasındakiler bu kadar hızla "ileri" gitti? Yeni Gine'deki bütün bu yenilikler Yeni Gine'den topu topu 150 kilometrelik bir denizle, Torres Boğazı'yla ayrılmış olan Avustralya'ya niçin yayılmadı? Kültürel antropoloji açısından Avustralya ile Yeni Gine arasındaki uzaklık 150 kilometreden bile azdır çünkü Torres Boğazı'na serpiştirilmiş adalarda ok ve yay kullanan, kültürel bakımdan Yeni Ginelilere benzeyen çiftçiler yaşar. Torres Boğazı adalarının en büyüğü Avustralya'dan 16 kilometre uzaktadır. Adalılar Yeni Ginelilerle olduğu kadar Avustralya yerlileriyle de çok canlı bir ticaret hayatı sürdürmüşlerdi. Yalnızca 16 kilometre genişliğinde olan ve sürekli kanoların mekik dokuduğu sakin bir suyun iki kıyısında nasıl bu kadar farklı iki kültür evreni varlığını sürdürebilir?

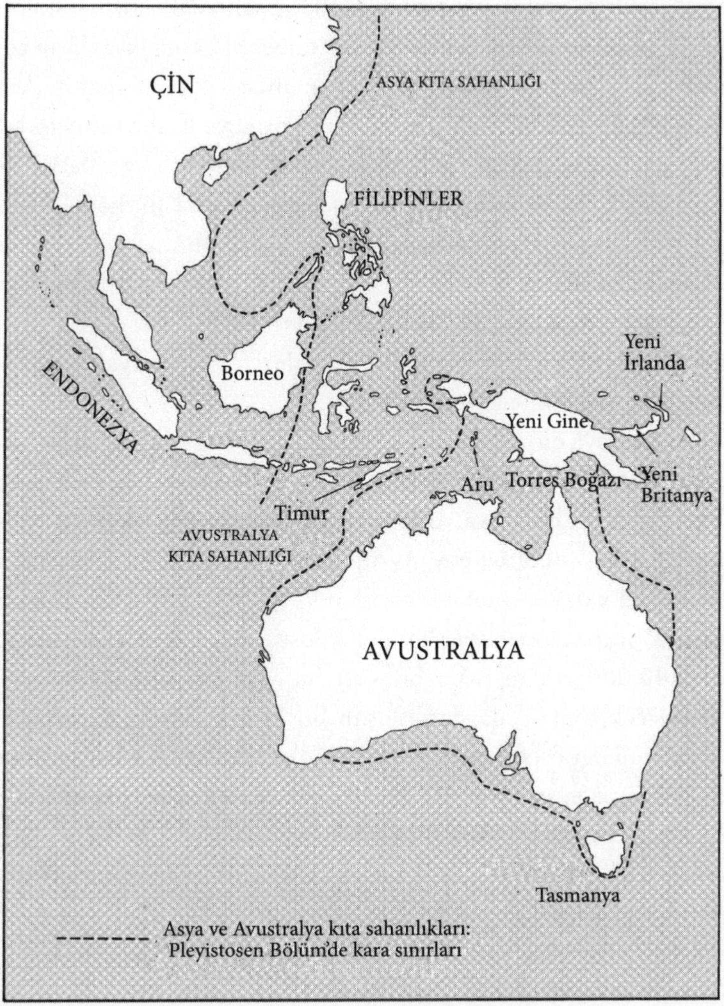

Şekil 15.1. Güneydoğu Asya'dan Avustralya ve Yeni Gine'ye kadar bölge haritası. Kesiksiz çizgiler bugünkü kıyıları gösteriyor; kesik çizgilerse deniz seviyesinin Pleyistosen Bölüm'de, bugünkü düzeyinin –yani Asya ve Büyük Avustralya sığlıklarının– altına düştüğü zamanki kıyıları. Pleyistosen Bölüm'de Yeni Gine ve Avustralya birleşik durumda tek bir kıtaydı ve Büyük Avustralya'yı oluşturuyordu; Borneo, Cava, Sumatra ve Tayvan'sa Asya anakarasının parçasıydı.

Avustralya yerlileriyle karşılaştırıldığında Yeni Gineliler kültürel olarak "ileri" düzeydedirler. Ama çağımızdaki başka insanların çoğu onları "geri" olarak görür. On dokuzuncu yüzyıl sonunda Avrupalılar Yeni Gine'yi sömürge haline getirmeye başlayıncaya kadar Yeni Ginelilerin hiçbiri okuma yazma bilmiyordu; taş aletler kullanıyorlardı, siyasal olarak henüz devletler ya da (birkaçı dışında) şeflikler halinde örgütlenmiş değildiler. Varsayalım ki Yeni Gineliler Avustralya yerlilerinden çok daha "gelişmiş" durumdaydı, peki yine de niçin Avrasyalılar, Afrikalılar, Amerikan yerlileri kadar "gelişmediler"? Böylece Yali'nin halkı ve onların Avustralyalı kuzenleri bilmece içinde bilmece sunuyorlar.

Avustralya'daki yerli toplumların kültürel olarak "geri" kalmasının nedenleri sorulduğunda beyaz Avustralyalıların basit bir yanıtı var: kabahat güya yerlilerin kendisinde. Yüz çizgileri ve deri rengi olarak yerliler elbette Avrupalılardan farklı, bu fark bazı on dokuzuncu yüzyıl sonu yazarlarını onların insansı-maymunlarla insanlar arasındaki eksik halkayı oluşturduğunu düşünmeye itti. Halkı 40.000 yıldan fazla bir süredir okuması yazması olmayan avcı/yiyecek toplayıcılardan oluşan bir kıtayı sömürgeleştirmelerinin üzerinden birkaç on yıl geçmeden, beyaz İngiliz sömürgecilerin okuryazar, yiyecek üreticisi bir sanayi demokrasisi yaratmalarını insan başka nasıl açıklayabilir? Avustralya'da zengin bakır, kalay, kurşun, çinko yataklarının yanı sıra dünyanın en zengin demir ve alüminyum yataklarının bulunması da özellikle dikkat çekicidir. Öyleyse Avustralya yerlileri niçin metal aletlerden hâlâ habersizdi ve Yontma Taş Çağı'nda yaşıyorlardı?

İnsan toplumlarının evriminde bu son derece denetimli bir deneye benziyor. Kıta aynı kıta ancak insanlar farklı. Bundan dolayı, Avustralya yerli toplumlarıyla Avrupalı Avustralya toplumların arasındaki farkın açıklaması bu toplumları oluşturan insanlardaki farkta aranmalı. Öte yandan bunda küçük bir yanılgı olduğunu göreceğiz.

Bu mantığı irdelemenin ilk adımı olarak halkların kendilerinin kökenlerini inceleyelim. Hem Avustralya'ya hem de Yeni Gine'ye insanlar en azından 40.000 yıl önce, bu ikisinin Büyük Avustralya olarak birleşik oldukları bir zamanda geldiler. Haritaya şöyle bir göz atarsak (Şekil 15.1) sömürgecilerin en son kökenlerinin en yakın kıta, Güneydoğu Asya olması, adadan adaya atlayarak Endonezya Takımadaları yoluyla gelmiş olmaları gerektiği kanısına varırız. Bu sonucu çağdaş Avustralyalıların, Yeni Ginelilerin ve Asyalıların arasındaki genetik akrabalıklar ile bugün Filipinler'de, Malaya Yarımadası'nda, Myanmar açıklarındaki Andaman Adaları'nda fiziksel görünüşleri az çok birbirine benzeyen birkaç toplumun varlığını sürdürmesi gerçeği desteklemektedir.

Sömürgeciler Büyük Avustralya'nın kıyılarına ayak basar basmaz kıtanın her yerine, en uzak köşelerine, koşulları en olumsuz olan yaşam çevrelerine kadar hızla yayıldılar. Fosiller ve yontma taş aletler onların 40.000 yıl önce Avustralya'nın güneybatı köşesinde; 35.000 yıl önce Avustralya'nın güneydoğu köşesinde ve Tazmanya'da, yani sömürgecilerin Batı Avustralya'da ya da Yeni Gine'de çıkarma yapmış olabilecekleri noktadan (Endonezya'ya ve Asya'ya en yakın bölümlerden) en uzak köşede; 30.000 yıl önce Yeni Gine'nin soğuk yaylalarında var olduklarını gösteriyor. Bütün bu yerlere batıdaki çıkarma noktasından kara yoluyla gitmiş olabilirler. Bununla birlikte 35.000 yıl önce Yeni Gine'nin kuzeydoğusundaki Bismarck ve Solomon takımadalarında sömürge kurabilmek için onlarca kilometre genişliğindeki denizleri aşmak gerekiyordu. İnsanların yerleşmesi 40.000 yıl öncesinden 30.000 yıl öncesine kadar geniş bir aralığa yayılmamış daha hızlı gerçekleşmiş de olabilir çünkü çeşitli tarihler radyokarbon yönteminin deneysel hata payı içinde kesin olarak belirlenemiyor.

Avustralya ile Yeni Gine'nin başlangıçta birleşik olduğu Pleyistosen Bölüm'de Asya kıtası doğuya doğru bugünkü Borneo, Cava ve Bali adalarını içine alacak şekilde uzanıyordu, Avustralya ve Yeni Gine'ye bugünkü Güneydoğu Asya'nın kıyı çizgisinden neredeyse 1600 kilometre daha yakındı. Yine de Borneo'dan ya da Bali'den Pleyistosen Bölüm'ün Büyük Avustralyası'na ulaşmak için aralarında genişlikleri 80 kilometreyi bulan boğazların da bulunduğu en azından sekiz boğazdan geçmek gerekiyordu. 40.000 yıl önce bambu sallarla, düşük teknolojiyle bu iş başarılmış olabilir ama denize dayanıklı gemiler Güney Çin kıyılarında bugün hâlâ kullanılıyor. Bu yolculuklar yine de çok güç olmuş olmalı çünkü 40.000 yıl önceki o ilk çıkarmadan sonra on binlerce yıl boyunca Asya'dan Büyük Avustralya'ya gelen başka insanların olduğuna dair arkeolojik bir kayıt yok. Yeni Gine'de Asya kaynaklı domuzların ve Avustralya'da Asya kaynaklı köpeklerin görülmesi şeklindeki güçlü bir kanıta ancak son birkaç bin yıl içinde rastlıyoruz.

Dolayısıyla Avustralya ve Yeni Gine'deki insan toplulukları kendi kökenlerini oluşturan Asya toplumlarından kesin bir yalıtılmışlık içinde geliştiler. Bu yalıtılmışlık bugün konuşulan dillere yansımaktadır. Bu binlerce yıllık yalıtılmışlıktan sonra, ne çağdaş Avustralya yerlilerinin dillerinin ne de (Papua dilleri denen) başlıca çağdaş Yeni Gine dil grubunun herhangi çağdaş bir Asya diliyle ilişkisi vardır.

Yalıtılmışlık genlere ve fiziksel yapıya da yansımıştır. Genetik incelemeler Avustralya yerlileri ile Yeni Gine'nin dağ insanlarının başka kıtaların insanlarına göre çağdaş Asyalılara biraz daha fazla benzediğini gösteriyor ama aralarında yakın akrabalık ilişkisi yok. İskelet ve fiziksel görünüm olarak Avustralya yerlileri ile Yeni Gineliler Güneydoğu Asyalılardan da farklılar; Avustralyalıların ya da Yeni Ginelilerin fotoğraflarıyla Endonezyalıların ya da Çinlilerinkini karşılaştırırsanız apaçık görürsünüz. Bütün bu farkların bir nedeni, başlangıçta Asya'dan Büyük Avustralya'ya gelen sömürgecilerin, gerideki yurtlarında bıraktıkları Asyalı kuzenlerinden farklılaşmak için çok zamanları olması, bu sürenin büyük bir bölümünde kuzenlerinin pek az genetik alışveriş yapmış olmalarıdır. Ama belki de daha önemli bir nedeni Büyük Avustralya sömürgecilerinin kökenini oluşturan Güneydoğu Asya insan ailesinin yerini Çin'den yayılan başka Asyalıların almasıdır.

Avustralya yerlileriyle Yeni Gineliler genetik olarak, beden yapısı ve dil olarak birbirlerinden farklılaşmışlardı. Örneğin, insanların (genetik olarak belirlenen) belli başlı kan grupları arasında ABO denen sistemin B gruplarıyla MNS sisteminin S grupları Yeni Ginelilerde ve dünyadaki geri kalan insanların çoğunda görülür ama her ikisi de Avustralyalılarda çoğunlukla görülmez. Yeni Ginelilerin çoğunun saçları ince kıvırcıktır, Avustralyalıların çoğununkiyse düz ya da dalgalı. Avustralya dilleriyle Yeni Gine Papua dilleri Asya dilleriyle ilişkili olmadığı gibi birbiriyle de ilişkili değildir ancak Torres Boğazı'nın her iki kıyısına doğru yayılmış bazı sözcükler vardır.

Avustralyalılar ile Yeni Gineliler arasındaki bütün bu farklar çok farklı yaşama çevrelerinde uzun yıllar sürmüş yalıtılmışlığı yansıtmaktadır. Arafura Denizi sonunda Avustralya'yı Yeni Gine'den aşağı yukarı 10.000 yıl önce ayırdı ayıralı gen alışverişi Torres Boğazı adaları aracılığıyla pek seyrek olarak kurulacak ilişkilerle sınırlı kalmıştır. Bu olgu kıtanın iki yarısındaki insanların kendi yaşama çevrelerine uyum sağlamalarına olanak vermiştir. Yeni Gine'nin güney kıyılarının savanaları, mangrovları Kuzey Avustralya'dakilere benzer ama iki yarı kıtanın yaşama çevreleri bütün öteki önemli özellikleri açısından farklıdır.

Farklardan bazıları şunlardır: Yeni Gine neredeyse ekvatorun üzerindedir, Avustralya ise ta ılıman kuşaklara kadar uzanır, Ekvator'un neredeyse 40 derece güneyine kadar ulaşır. Yeni Gine dağlıktır, son derece girintili çıkıntılıdır, dağların yüksekliği 5000 metreyi bulur, en yüksek tepelerin üzeri buzla kaplıdır, Avustralya ise çoğunlukla düz ve yüksek olmayan bir kıtadır – topraklarının % 94'ünün deniz seviyesinden yüksekliği 650 metrenin altındadır. Yeni Gine dünyanın en çok yağış alan yerlerinden biridir, Avustralya ise en kurak. Yeni Gine'nin çoğu bölgesi yılda 2500 milimetre yağış alır, yüksek yerler 5000 milimetreden fazla yağış alır, Avustralya'nın çoğu bölgesiyse 500 milimetreden az. Yeni Gine'nin ekvator iklimi mevsimden mevsime, yıldan yıla az değişiklik gösterir, ama Avustralya'nın iklimi mevsimliktir, öteki kıtaların hiçbirinde iklim yıldan yıla bu kadar değişmez. Bu nedenle, kurumayan büyük ırmaklar Yeni Gine'yi dantel gibi süslerken, Avustralya'da sürekli akan ırmaklar çoğu zaman yalnızca Doğu Avustralya'da görülür; Avustralya'nın en büyük ırmak sistemi (Murray-Darling) kuraklık sırasında aylarca susuz kalmıştır. Yeni Gine'de karaların çoğu sık yağmur ormanlarıyla kaplıdır, Avustralya'daki karaların çoğu yalnızca çöllerle ve kabaklaşmış kuru ormanlıklarla.

Volkanik hareketlerin sonucu olarak Yeni Gine genç ve verimli toprakla kaplıdır, buzullar durmadan bir ileri, bir geri gider, yüksek bölgelerdeki araziyi aşındırırlar, dağlardan inen akarsular ovalara büyük miktarda alüvyon taşır. Oysa Avustralya kadar toprakları yaşlı, verimsiz, besleyicilikten yoksun bir kıta yoktur çünkü Avustralya'da fazla volkanik hareket yoktur, yüksek dağlar ve buzullar da yoktur. Avustralya'nın topraklarının onda birine sahip olmasına karşın Yeni Gine'de Avustralya'daki memeli türlerinin ve kuş türlerinin neredeyse hepsi vardır – Yeni Gine'nin Ekvator bölgesinde bulunmasının, çok daha fazla yağış almasının, daha verimli, daha yüksek tepeli olmasının bir sonucu. Bütün bu çevresel farklar bu iki yarı kıtanın şimdi ele alacağımız birbirinden çok farklı kültürel tarihlerini etkiledi.

Büyük Avustralya'da en eski en yoğun yiyecek üretimi ile en yoğunluklu nüfuslar Yeni Gine'nin dağlık bölgesindeki vadilerde, deniz seviyesinden 1300 ile 3000 metre yükseklikte ortaya çıktı. Yapılan kazılar sonucunda 9000 yıl önceye kadar giden ve 6000 yıl önce yaygınlık kazanan karmaşık bir kanalizasyon hendeği sistemi ve daha kuru bölgelerde toprağı nemli tutmaya yarayan setler ortaya çıktı. Hendek sistemleri bugün yüksek bölgelerde bahçe yapmak üzere bataklık arazileri kurutmakta kullanılanlara benziyordu. Polen incelemeleri yaklaşık 5000 yıl önce yüksek bölgelerdeki vadilerde yaygın ormansızlaştırmalar olduğunu kanıtlıyor, demek ki tarım yapmak için ormanları kesip tarla açıyorlardı.

Bugün yüksek bölge tarımının belli başlı ürünleri taro, muz, yam, şekerkamışı, yenebilir ot sapları, çeşitli yapraklı bitkiler ile yeni yeni yetiştirilen tatlı patatestir. Taro, muz ve yam, bir bitki evcilleştirme bölgesi olduğuna kuşku bulunmayan Güneydoğu Asya'nın yerli ürünleri olduğu için, Yeni Gine'nin yüksek bölge ürünlerinin, tatlı patates dışında, Asya'dan geldiğine inanılıyordu. Ama sonunda şekerkamışının, yapraklı sebzelerin, yenebilir ot saplarının Yeni Gineli türler oldukları, Yeni Gine'de yetiştirilen belli muz türlerinin Asyalı değil daha çok Yeni Gineli atalara sahip oldukları, taro ile bazı yam bitkilerinin Asya'nın yerli bitkisi olduğu kadar Yeni Gine'nin de olduğu anlaşıldı. Yeni Gine tarımı gerçekten de Asya kökenli olsaydı yüksek bölge ürünlerinin kesin olarak Asya'dan gelmiş olması gerekirdi ama böylesi hiç yok. Bu nedenlerden dolayı Yeni Gine'nin yüksek bölgelerinde tarımın Yeni Gine'de bulunan yabani bitki türlerinin evcilleştirilmesiyle yerel olarak başladığı genel olarak kabul ediliyor.

Böylece Yeni Gine dünyada bitkilerin bağımsız olarak evcilleştirildiği merkezlerden biri olarak Bereketli Hilal'in, Çin'in ve birkaç başka bölgenin yanında yerini alıyor. Arkeolojik kazı yerlerinde 6000 yıl önce yüksek bölgelerde yetiştirilen gerçek bitkilerin hiçbir kalıntısına rastlanmadı. Yine de bu hiç şaşırtıcı değil çünkü yüksek bölgelerin bugünkü ana ürünleri, özel koşullar altında olmadıkça görünür arkeolojik kalıntı bırakacak cinsten bitkiler değil. Bu yüzden de bunların bazılarının (özellikle de günümüze kalmış olan eski kanal sistemi bugün taro yetiştirmek için kullanılan sisteme çok benzediği için), yüksek bölge tarımının ilk temel taşları olması olasılığı var.

Yeni Gine'nin yüksek bölgelerindeki yiyecek üretiminde, ilk Avrupalı kâşiflerin gördükleri gibi, su götürmez şekilde yabancı olan üç öge tavuk, domuz ve tatlı patatestir. Tavuk ve domuz Güneydoğu Asya'da evcilleştirilmiş ve XVII. Bölüm'de tartışacağımız, son kertede Güney Çin kaynaklı Avustronezyalılar tarafından yaklaşık 3600 yıl önce Yeni Gine'ye ve öteki Büyük Okyanus adalarına taşınmıştır (Domuzlar daha önce gelmiş olabilir). Anavatanı Güney Amerika olan tatlı patatese gelince, anlaşılan İspanyollar tarafından Filipinler'e taşındıktan sonraki birkaç yüzyıl içinde Yeni Gine'ye ulaştı. Yeni Gine'ye ulaştıktan sonra da tatlı patates yüksek bölgelerin baş ürünü olan taronun yerini aldı çünkü daha kısa zamanda yetişiyor, dönüm başına daha fazla ürün veriyor ve kötü toprak koşullarına karşı daha fazla dayanıklılık gösteriyordu.

Yeni Gine'nin yayla tarımı binlerce yıl önce büyük bir nüfus patlamasını tetiklemiş olsa gerekir çünkü Yeni Gine'nin dev keseli hayvanlarının oluşturduğu başlangıçtaki mega-fauna yok olduktan sonra yüksek bölgeler herhalde ancak çok düşük yoğunlukta avcı/yiyecek toplayıcısı nüfusları barındırabilirdi. Tatlı patatesin gelişi son yüzyıllarda bir başka patlamaya daha yol açtı. Avrupalılar 1930'larda uçakla yüksek bölgelerin üstünde ilk uçtuklarında aşağıda Hollanda manzarasına benzer bir manzara görünce çok şaşırmışlardı. Ormanları tamamıyla yok edilmiş geniş vadilerde benek benek köyler vardı, bütün vadi tabanı yoğun yiyecek üretimi için kullanılan, suyu kurutulmuş ve çevresine çit çekilmiş tarlalarla kaplıydı. Bu manzara yontma taş aletlere sahip çiftçilerin yüksek bölgelerde yoğun nüfus düzeyine ulaştıklarının bir kanıtıdır.

Yüksek olmayan yerlerde dik araziler, sürekli bir bulut örtüsü, sıtma, kuraklık tehdidi yüzünden Yeni Gine'nin yüksek bölge tarımı 1300 metrenin üzerindeki tepelerle sınırlı kalmak zorundadır. Aslında Yeni Gine'nin yüksek bölgeleri, bir bulut denizinin ortasından göge doğru çıkıntı yapan, kalabalık bir çiftçi nüfusunu barındıran birer adadır. Sahildeki ya da ırmak kıyılarındaki ovalarda yaşayan Yeni Gineliler daha çok balıkla geçinen köylülerdir, deniz ve ırmak kıyılarından uzak, kuru topraklarda yaşayanlarsa muz ve yam temeline dayanan orman açma ve kök yakma tarımıyla geçinirler, buna ek olarak avcılık ve yiyecek toplayıcılığı da yaparlar. Bunun tersine Yeni Gine'nin bataklık düzlüklerinde yaban sagu palmiyelerinin nişastalı özüyle beslenen göçebe avcılar ve yiyecek toplayıcılar yaşar, çok verimli olan bu palmiyeler bir saatlik emek karşılığında bahçecilikte elde edilen kalorinin üç katını verirler. Dolayısıyla Yeni Gine bataklıkları, çiftçiliğin avcılık ve yiyecek toplayıcılığıyla rekabet edememesi nedeniyle insanların avcı/yiyecek toplayıcısı olarak kaldıkları bir yaşam çevresi örneğidir.

Düzlüklerdeki bataklıklarda sagu ile hayatlarını sürdürenler, eskiden bütün Yeni Gine'nin ayırıcı özelliği olması gereken göçebe avcı/yiyecek toplayıcı oba örgütüne örnek oluşturur. XIII. ve XIV.

bölümlerde tartıştığımız bütün nedenler yüzünden daha karmaşık teknolojileri, toplumları, siyasal örgütlenmeyi geliştiren halklar çiftçi ve balıkçı halklar oldu. O toplumlar yeri değişmeyen köylerde, genellikle ulu bir kişinin önderliğinde kabile toplumu halinde yaşarlar. Bazıları büyük, güzel süslemeli tören evleri inşa ettiler. Onların tahta heykel ve mask sanatı dünyadaki bütün müzeler için çok değerlidir. Yeni Gine böylece en gelişmiş teknolojisiyle toplumsal ve siyasal düzeniyle, sanatıyla Büyük Avustralya'nın bir parçası haline geldi. Bununla birlikte, kentli bir Amerikalı ya da Avrupalı gözüyle Yeni Gine hâlâ "ileri" değil "ilkel" sınıfına girer. Yeni Gineliler niçin metal aletler yapmak yerine yontma taş aletler kullanmaya devam ettiler, okuryazar olmadılar, şeflikler ya da devletler halinde örgütlenmeyi başaramadılar? Yeni Gine'nin aşamadığı çeşitli biyolojik ve coğrafi engeller olduğu anlaşılıyor.

Birincisi, yiyecek üretimi Yeni Gine'nin yüksek bölgelerinde başlamasına başladı ama VIII. Bölüm'de gördüğümüz gibi protein oranı düşük bir üretimdi bu. Başlıca besin kaynakları düşük proteinli kök bitkileriydi, biricik evcil hayvan türlerinin (domuz ve tavuğun) üretimi insanların protein gereksinimine fazla katkıda bulunamayacak kadar düşüktü. Ne tavukları ne de domuzları arabalara koşmak olanağı olduğu için yüksek bölgelerdeki halklar insan gücü dışındaki güç kaynaklarından yoksundular, aynı zamanda kendi topraklarına gelen Avrupalıları geri püskürtmeye yetecek salgın hastalıkları geliştirmeyi başaramadılar.

Yüksek bölgelerde nüfus büyüklüklerini sınırlayan ikinci bir etmen de yer darlığıydı: Yeni Gine'nin yüksek bölgelerinde kalabalık nüfusları besleyebilecek ancak birkaç geniş vadi vardır, özellikle de Wahgi ve Baliem vadileri. Üçüncü bir sınırlama da Yeni Gine'de yoğun yiyecek üretimine elverişli yükseklikte tek dağ kuşağının 1300 ile 3000 metre arasındaki orta kuşak olması gerçeğidir. Yeni Gine'de 3000 metreden yüksek olan dağlık yaşam bölgede hiç yiyecek üretimi yoktu, 1300 ile 300 metre arasındaki yamaçlarda biraz vardı, ovalık arazide de yalnızca düşük yoğunluklu orman açma ve kök yakma yoluyla tarım yapılıyordu. Bu nedenle Yeni Gine'de farklı yüksekliklerde, farklı türde yiyecek üretiminde uzmanlaşmış topluluklar arasında büyük çaplı ekonomik yiyecek değiş tokuşu hiç gelişmedi. Andlar'daki, Alpler'deki, Himalayalar'daki bu tür alışverişler bu bölgelerdeki nüfus yoğunluklarının artmasına yol açtığı gibi, her yükseklik kuşağındaki insanlara daha dengeli bir beslenme olanağı sağlayarak bölgesel ekonomik ve siyasal bütünleşmeye de katkıda bulundu.

Bütün bu nedenlerden dolayı geleneksel Yeni Gine'nin nüfusu, Avrupalı sömürge yönetimleri buraya batı tıbbını getirinceye ve kabile savaşlarına son verinceye kadar bir milyonu asla aşmadı. V. Bölüm'de ele aldığımız dünyadaki yaklaşık dokuz *yiyecek* üretim merkezi arasında nüfusu en az olanı Yeni Gine'ydi. Topu topu bir milyonluk bir nüfusla Yeni Gine, nüfusları on milyonları bulan Çin'de, Bereketli Hilal'de, Andlar'da, Mezoamerika'da ortaya çıkmış olan teknolojiyi, yazıyı, siyasal sistemleri geliştiremezdi.

Yeni Gine'nin nüfusu toplam olarak az olduğu gibi, engebeli arazi yüzünden binlerce küçük nüfusa bölünmüştü: ovalık arazinin büyük bölümünde bataklıklar, yüksek bölgelerde birbirini izleyen dik yamaçlı dağ sırtları, dar kanyonlar, hem ovaları hem yaylaları çevreleyen sık ormanlar. Yeni Gine'de alan çalışması yaparken yanıma aldığım Yeni Gineli yardımcılarımla, açılmış bir yol üzerinde bile olsa, günde beş kilometre yol almayı büyük başarı sayıyordum. Geleneksel Yeni Gine'deki dağlıların çoğu hayatlarında evlerinden 15 kilometreden fazla uzaklaşmamıştır.

Araziden kaynaklanan güçlüklerle, Yeni Gine'deki obalar ya da kabileler arasındaki ilişkilerin tipik özelliği olan ve aralıklarla sürüp giden savaşlar, Yeni Gine'nin dilsel, kültürel, siyasal parçalanmışlığının nedenlerini oluşturmaktadır. Dünyada Yeni Gine deki kadar çok sayıda dilin bir araya toplandığı bir yer yoktur:

Dünyadaki 6000 dilin 1000 tanesi Teksas'tan biraz daha büyük bir bölgenin içine sığışmış ve onlarca dil ailesiyle birbirinden İngilizce ile Çince kadar farklı tek tek dillere bölünmüştür. Yeni

Gine dillerinden yarısı neredeyse 600 kişinin konuştuğu dillerdir, en büyük (yine de alt tarafı 100.000 kişinin konuştuğu) dil grupları bile siyasal olarak yüzlerce köye bölünmüştür, bu köyler de başka dilleri konuşan köylerle savaştıkları gibi birbirleriyle de amansızca savaşmaktadır. Bu küçük toplumların her biri kendi başına şefleri ve zanaat erbabını besleyemeyecek ya da metal işleme teknolojisini ve yazıyı geliştiremeyecek kadar küçüktü.

Az ve parçalanmış nüfusun yanı sıra Yeni Gine'de gelişmeyi engelleyen bir başka şey de teknolojilerin ve düşüncelerin başka yerlerden Yeni Gine'ye akın etmesini engelleyen coğrafi yalıtılmışlıktı. Yeni Gine'nin üç komşusu Yeni Gine'den sularla ayrılıyordu ve birkaç binyıl öncesine kadar teknoloji ve yiyecek üretimi açısından hepsi Yeni Gine'den (özellikle Yeni Gine'nin dağlık bölgelerinden) daha da geriydiler. Bu üç komşudan biri olan Avustralya yerlileri, Yeni Ginelilere sunabilecekleri (Yeni Ginelilerin sahip olmadığı) hiçbir şeyleri bulunmayan avcı/yiyecek toplayıcılar olarak kaldılar. İkinci komşuları doğudaki Bismarck Adaları ile Solomon Takımadaları'ydı. Yeni Gine'nin üçüncü komşusu olarak geriye Doğu Endonezya adaları kalıyordu. Ama bu bölge de tarihinin büyük bir bölümünde avcı/yiyecek toplayıcıların yaşadığı kültürel bir durgunluk bölgesi olarak kaldı. Yeni Gine'de 40.000 yıl önce ilk koloni kurulduktan sonra, MÖ yaklaşık 1600'de Avustronezya'nın genişleme dönemine kadar Yeni Gine'ye Endonezya yoluyla geldiği saptanabilen tek bir şey yok.

Bu genişlemeyle birlikte Endonezya'ya evcil hayvanlarıyla, en azından Yeni Gine'ninki kadar karmaşık tarım ve teknolojileriyle, Asya'dan Yeni Gine'ye gitmek için çok daha yeterli gemicilik becerileriyle birlikte Asya kökenli yiyecek üreticileri geldiler. Avustronezyalılar Yeni Gine'nin batısındaki, kuzeyindeki ve güneyindeki adalara ve Yeni Gine'nin batı, kuzey ve güneydoğu kıyılarına yerleştiler. Avustronezyalılarla birlikte Yeni Gine'ye çömlekçilik, tavuk, belki de köpek ve domuz da geldi (ilk arkeolojik araştırmalarda Yeni Gine'nin yüksek bölgelerinde MÖ 4000 yılına ait domuz kemiklerine rastlandığı iddia edildi ama bu iddialar doğrulanmış değil). Hiç değilse son bin yıldır ticaret aracılığıyla Yeni Gine teknolojik açıdan çok daha gelişmiş Cava ve Çin toplumlarıyla ilişki içindeydi. Yeni Gineliler cennetkuşu tüyleri ve baharat ihraç edip karşılığında Dong Son bronz davulları ve Çin porselenleri gibi lüks şeyler de içinde olmak üzere Güneydoğu Asya mallarını alıyorlardı.

Avustronezya'nın genişlemesi zamanla mutlaka Yeni Gine'yi etkileyecekti. Batı Yeni Gine sonunda Doğu Endonezya'nın sultanlıklarıyla siyasal olarak bütünleşecekti, metal aletler Doğu Endonezya aracılığıyla Yeni Gine'ye yayılabilirdi. Ama MS 1511 yılına, yani Portekizlilerin Moluccas'a geldiği ve Endonezya'nın ilerlemeler kervanının önünü kestiği zamana kadar böyle bir şey olmadı. Bundan kısa bir süre sonra Avrupalılar Yeni Gine'ye geldiğinde oradaki insanlar hâlâ obalar ya da tamamen bağımsız küçük köyler halinde yaşıyor, hâlâ yontma taş aletler kullanıyorlardı.

Büyük Avustralya kıtasının Yeni Gine yarıkıtasında hem hayvancılık hem tarım gelişmişken Avustralya yarıkıtasında ikisi de yoktu. Buzul Çağı sırasında Avustralya'da Yeni Gine'dekinden de daha büyük keseli hayvanlar vardı, bunların arasında (ineklerin ve gergedanların eşiti) *diprotodon*lar, dev kangurular, dev vombatlar bulunuyordu. Ama hayvan yetiştiriciliğinde kullanılmaya aday bütün bu keseli hayvanlar Avustralya'ya insanların gelmesiyle başlayıp süren yok olma (ya da yok edilme) dalgasıyla kayıplara karıştılar. Bunun sonucunda Yeni Gine gibi Avustralya da evcilleştirilebilecek yerli memeli hayvanlardan yoksun kaldı. Avustralyalıların sahip olduğu tek yabancı evcil hayvan MÖ 1500 dolaylarında Asya'dan (tahmin edildiğine göre Avustronezya kanolarıyla) gelmiş olan ve Avustralya'da yaban doğaya yerleşip dingoya dönüşecek olan köpekti. Avustralya yerlileri yakaladıkları dingoları yol arkadaşı, bekçi köpeği hatta canlı battaniye olarak kullanıyorlardı; "beş köpek gecesi" deyimi de buradan çıkmıştı, çok soğuk bir gece anlamında. Ama onlar Polinezyalılar gibi dingoları/köpekleri yiyecek olarak ya da Yeni Gineliler gibi yabani hayvan avında yardımcı olarak kullanmıyorlardı.

En kurak kıta olduğu kadar en verimsiz topraklara sahip kıta olan Avustralya'da başlamamış şeylerden biri de tarımdı. Buna ek olarak, kıtanın büyük bir bölümünde, dünyanın geri kalan bölgelerinin çoğunda çok iyi bilinen düzenli yıllık mevsim döngüsünün yerine düzensiz ve yıllık olmayan döngünün, yani (El Niño Southern Oscillation'ın kısaltılmışı olan) ENSO'nun iklim üzerindeki dayanılmaz etkisi Avustralya'yı dünyada benzersiz kılar. Beklenmedik şiddetli kuraklıklar yıllarca sürebilir, bu kuraklıklar aynı derecede beklenmedik sağanak yağmurlar ve sellerle kesilebilir. Bugün bile Avustralya'da Avrasya tarım bitkilerine, üretilen şeyleri taşıyacak kamyonlara, demiryollarına karşın yiyecek üretimi sonucu belirsiz bir iştir. İyi giden yıllarda hayvan sürüleri alabildiğine çoğalır, ancak kuraklıklarla telef olurlar. Eski Avustralya'nın ilk çiftçileri de buna benzer döngülerle karşı karşıya kalmış olmalılar. İyi giden yıllarda köylere yerleştiler, bitki yetiştirdiler, bebek yaptılar diyelim, kurak giden, toprağın daha az sayıda insanı besleyebileceği yıllarda bu kalabalık nüfuslar açlık çekip ölecekti.

Avustralya'da yiyecek üretiminin gelişmesine izin vermeyen bir başka engel de evcilleştirilebilecek yabani bitkilerin azlığıydı. Avrupa'nın çağdaş bitki genetikçileri bile Avustralya'nın yerli yabani bitki örtüsünden *macadamia* dışında bir tarım bitkisi geliştirmeyi başaramadılar. Dünyanın gelecek için en değerli tahıllarının listesi –en ağır tanelere sahip 56 yabani ot türü– içinde Avustralya kaynaklı yalnızca iki tür vardır, bunların her ikisi de listenin sonlarında yer alır (dünyanın başka yerlerindeki kırk miligramlık iri tanelerin yanında bu iki türün tanelerinin ağırlığı topu topu on üç miligramdır). Bu, Avustralya'da tarım bitkisi olabilecek hiçbir şey yoktu, demek değildir, Avustralya yerlileri asla yiyecek üretimi geliştiremeyeceklerdi anlamına da gelmiyor. Yam, taro, ararotun belli türleri gibi bazı bitkiler hem Güney Yeni Gine'de yetiştirilir hem de Kuzey Avustralya'da yaban olarak yetişir ve yerliler onları toplarlardı. Daha sonra göreceğimiz gibi Avustralya'nın iklim olarak en elverişli bölgelerinde yerliler yiyecek üretimiyle son bulabilecek bir yönde evrimleşiyorlardı. Ama Avustralya'da yerel olarak herhangi bir *yiyecek* üretimi ortaya çıksaydı bile, evcilleştirilebilecek hayvanların bulunmayışı, evcilleştirilebilecek bitkilerin azlığı, toprak ve iklim sorunu yüzünden sınırlı kalacaktı.

Avcılık ve yiyecek toplayıcılığıyla geçinmek, mala mülke, barınağa fazla yatırım yapmamak ve göçebelik, ENSO yüzünden kaynaklarına bel bağlanamayan Avustralya'nın koşullarına uyumun en mantıklı yoluydu. Bir bölgedeki koşullar kötülediğinde yerliler koşulların bir süreliğine iyi olduğu bir başka yere gidiyorlardı. Ürün vermeme olasılığı olabilen birkaç tarım bitkisine bel bağlamak yerine, hepsinin aynı anda ürün vermeme olasılığının bulunmadığı çok çeşitli yaban yiyeceklere dayalı bir ekonomi geliştirerek tehlikeyi en aza indirdiler. Düzenli aralarla kaynak sıkıntısı ve açlık çeken dalgalı nüfuslara sahip olmak yerine, iyi giden yıllarda yiyecek bolluğundan yararlanan, kötü giden yıllarda idare edebilen küçük nüfuslara sahip oldular.

Avustralya yerlilerinin yiyecek üretiminin yerine yaptıkları şeye "yangın tarımı" denir. Yerliler toprağı işlemeksizin çevrelerindeki doğa parçasını yenebilir bitki ve hayvan verimini artıracak şekilde değiştirip kullanabiliyorlardı. Düzenli aralıklarda doğa parçasının büyük bölümünü bile bile yakıyorlardı. Bunun çeşitli işlevleri vardı: Yangın hayvanların kaçmasına yol açıyordu, böylece hemen öldürülüp yenebilirlerdi, sık çalılık bölgeler yangından sonra açık alan haline geliyordu, insanlar daha kolay dolaşabilirdi, bu açık alanlar Avustralya'nın başlıca av hayvanı olan kanguruların tam aradıkları yaşama alanıydı, yangınlar hem kanguruların besini olan taze otların hem de yerlilerin besini olan eğrelti köklerinin büyümesini hızlandırıyordu.

Avustralya yerlilerinin çöl insanları olduklarını düşünürüz ama çoğu öyle değildi. Nüfus yoğunlukları yağışlara (çünkü karada yetişen yabani bitkileri ve hayvansal yiyecekler üzerinde yağışlar etkiliydi) ve denizlerdeki, ırmaklardaki, göllerdeki su ürünlerinin bolluğuna bağlı olarak değişiyordu. Yerlilerin nüfusunun en kalabalık olduğu yerler Avustralya'nın en yağışlı, en verimli bölgeleriydi: Güneydoğudaki

Murray-Darling ırmak sistemi, doğu ve kuzey sahilleri, güneybatı köşesi. Bu bölgeler günümüz Avustralyasında da en kalabalık Avrupalı göçmen nüfusları barındıran yerlerdir. Yerlilerin çöl insanları olduklarını sanmamızın nedeni, Avrupalıların onları öldürmesi ya da beğendikleri bölgelerden kovmaları sonucu yalnızca Avrupalıların beğenmedikleri yerlerde yerli nüfusların kalmış olmasıdır.

Son 5000 yıl içinde bu verimli bölgelerin bazılarında yerlilerin yiyecek toplama yöntemlerinde ve nüfus yoğunluklarında bir artışa tanık olundu. Doğu Avustralya'da çok bol bulunan nişastalı ama son derece zehirli sagu palmiyelerinin tohumlarını, içindeki zehri çıkararak ya da mayalandırarak yenebilir duruma getirme yöntemi geliştirildi. Güneydoğu Avustralya'nın daha önce hiç kullanılmamış yüksek bölgelerini yerliler yazları düzenli olarak ziyaret etmeye, sagu palmiyelerinin sert kabuklu meyveleriyle, yamlarla, bogong gece kelebeği denen ateşte közlendiği zaman tadı közlenmiş kestaneye benzeyen, kış uykusuna yatmış koca koca yığınlar halindeki göçmen gece kelebekleriyle kendilerine ziyafet çekmeye başladılar. Geliştirilen bir başka yoğun yiyecek toplama etkinliği türü de, su seviyesinin bataklıklarda mevsimlik yağmurlara göre değiştiği Murray-Darling ırmak sistemindeki tatlısu yılanbalığı dalyancılığıydı. Avustralya yerlileri yılanbalıklarının yayılma alanını bir bataklıktan başka bir bataklığa kadar genişletmek için boyları iki kilometreyi bulan gelişkin kanal sistemleri kurdular. Aynı derecede gelişkin çit dalyanlarında, yan kanal çıkmazlarına kurulmuş kapanlarda, kanalların karşısından karşısına örülmüş taş duvarların açık bırakılmış yerine gerilmiş ağlarda yılanbalıkları yakalanıyordu. Bataklıklarda farklı düzeylere kurulmuş kapanlar su düzeyi alçalıp yükseldikçe çalışmaya başlıyordu. Başlangıçta bu "balık çiftlikleri"ni kurmak pek çok emeğe mal olmuş olsa da daha sonra bunlar pek çok insanı beslemişti. On dokuzuncu yüzyılda Avrupalı gözlemciler yılanbalığı çiftliklerinde yerlilere ait on iki evlik köyler bulmuşlardı; taş evlerin sayısı 146'yı bulan köylerin arkeolojik kalıntıları da mevcut, demek ki mevsimlik yerleşik nüfus yüzlerce kişiden oluşuyordu.

Doğu ve Kuzey Avustralya'da bir başka gelişmeyse, Çin tarımının ilk döneminde başlıca ürün olan süpürgedarısı ile aynı sınıfa giren yaban akdarı tohumlarını toplamaktı. Yabani akdarı yontma taş bıçaklarla biçiliyor, yığın haline getiriliyor, taneleri ayırmak için harman dövülüyordu, daha sonra taneler deri torbalara ya da tahta kaplara konuyor ve en sonunda değirmentaşıyla öğütülüyordu. Bu işlemler sırasında kullanılan yontma taştan ot biçme bıçakları ve değirmentaşları gibi çeşitli aletler Bereketli Hilal'de başka yabani otların taneleri için bağımsız olarak icat edilmiş aletlere benziyordu. Avustralya yerlilerinin kullandıkları yiyecek elde etme yöntemleri içinde belki de yiyecek üretimiyle noktalanma olasılığı taşıyan tek yöntem bu akdarı hasadıydı.

Son 5000 yılda toplanan yiyecek oranındaki artışlarla birlikte yeni aletler de ortaya çıktı. Büyük yontma taş aletlerin yerini alan küçük yontma taş yassı bıçaklar ve sivri uçlar sayesinde aletlere kilo başına daha fazla keskin ağız düşüyordu. Bir zamanlar Avustralya'da yalnızca bölgesel olarak kullanılan bilenmiş ağızlı taş baltalar yaygın olarak kullanılmaya başlandı. Son binyıl içinde su kabukluları için oltalar ortaya çıktı.

Avustralya'da metal aletler, yazı ve siyasal anlamda karmaşık toplumlar niçin gelişmedi? Bunun en önemli nedeni yerlilerin avcı/yiyecek toplayıcısı olarak kalmasıdır, oysa XII-XIII-XIV. bölümlerde gördüğümüz gibi, bu gelişmeler başka yerlerde ancak kalabalık nüfuslu, ekonomik açıdan uzmanlaşmış, yiyecek üreticisi toplumlarda ortaya çıktı. Ayrıca Avustralya'nın kuraklığı, verimsizliği, ikliminin ne olacağının belirsizliği avcı/yiyecek toplayıcı nüfusun birkaç yüz binle sınırlı kalmasına yol açtı. Eski Çin'deki ya da Mezoamerika'daki on milyonlarca kişiyle karşılaştırıldığında bunun anlamı Avustralya'nın olası mucitlerinin ve yenilikleri sahiplenme denemeleri yapacak toplumlarının sayısının çok düşük olmasıydı. Birkaç yüz bin kişinin, karşılıklı etkileşimin güçlü olduğu toplumlar halinde örgütlenmemiş olmasıydı. Avustralya çöllerle ayrılmış, çok seyrek nüfuslu verimli ekolojik "adalar" deniziydi, her bir adada kıtanın nüfusunun ancak bir kesimi yaşıyordu ve karşılıklı ilişkiler araya giren uzaklık yüzünden zayıftı. Kıtanın bir oranda daha nemli ve verimli olan doğu yakasında bile toplumlararası alışverişler kuzeydoğudaki Queensland'in tropik yağmur ormanları ile güneydoğudaki Victoria'nın ılıman yağmur ormanları arasındaki 3000 kilometre ile sınırlıydı, yani Los Angeles ile Alaska arası bir coğrafi ve çevresel uzaklıkla.

Avustralya'da apaçık görünen bazı bölgesel ya da kıtasal teknoloji kayıpları yalıtılmışlık ile nüfus merkezlerinde oransal olarak az insan yaşamasından kaynaklanabilir. Avustralya'nın en önemli silahı, bumerang, Kuzeydoğu Avustralya'nın Cape York Yarımadası'nda terk edilmişti. Avrupalılar yerlileri ilk gördüklerinde yerliler kabuklu deniz hayvanlarını yemiyorlardı. Avustralya'nın kazı bölgelerinde görülen 5000 yıl öncesine ait küçük yontma taştan sivri aletlerin ne işe yaradıkları belli değil: Mızrak başı ve ok ucu olarak kullanıldıklarını söylemek çok kolay bir açıklama olur ama dünyanın başka yerlerinde oklarda kullanılan taştan oyulma ok başlarına kuşku verici derecede benziyorlar. Gerçekten böyle kullanıldılarsa bugünkü Yeni Gine'de ok ve yayın olması Avustralya'daysa bulunmamasının gizemi daha da artabilir: Belki de ok ile yay Avustralya kıtasının bütününde bir süreliğine kullanıldı ve sonra terk edildi. Bütün bu örnekler bize Japonya'da tüfeklerin, Polinezya'nın çoğu bölgesinde ok ile yayın ve çömlekçiliğin, başka yalıtılmış toplumlarda başka teknolojilerin (XIII. Bölüm) terk edilişini hatırlatıyor.

Avustralya bölgesinde teknoloji kaybının en aşırı örneğini Güneydoğu Avustralya kıyısından 210 kilometre açıkta bulunan Tazmanya Adası'nda görüldü. Pleyistosen Bölüm'de deniz seviyesi düşükken, bugün Tazmanya'yı Avustralya'dan ayıran Bass Boğazı kuru topraktı, Tazmanya'da yaşayan insanlar kesintisiz olarak Avustralya kıtasına dağılmış insan nüfusunun bir parçasıydı. Yaklaşık 10.000 yıl önce boğazı sular bastığı zaman Tazmanyalılar ile anakarada kalan Avustralyalılar birbirlerinden koptular çünkü her iki tarafta da Bass Boğazı'nın karşısına geçebilecek gemiler yoktu. Daha sonra

Avustralya'daki 4000 avcı/yiyecek toplayıcısının dünyadaki bütün insanlarla bağı koptu, ancak bilimkurgu romanlarından bildiğimiz bir yalıtılmışlık içinde yaşadılar.

Avrupalılar MS 1642 yılında Tazmanyalılarla ilk kez karşılaştıklarında günümüz dünyasında Tazmanyalılar kadar basit bir maddi kültüre sahip bir halk yoktu. Anakaradaki yerliler gibi onlar da metal aletleri olmayan avcı/yiyecek toplayıcılarıydı. Ama aynı zamanda anakarada yaygın olan pek çok teknolojiden ve el sanatı ürünlerinden de yoksundular; ne ok başı ne herhangi bir kemik alet, ne bumerang, yontulmuş ya da cilalanmış taş alet, saplı taş alet çengel, ağ, çatallı mızrak, kapan ne de balık tutup yemek, dikiş dikmek, ateş yakmak vardı. Bu teknolojilerin bazıları ancak Tazmanya ayrıldıktan sonra Avustralya'ya gelmiş ya da orada icat edilmiş olabilir, bu durumda o küçük Tazmanya nüfusunun bu teknolojileri kendisi için bağımsız olarak icat etmediği sonucuna varabiliriz. Bu teknolojilerin bir kısmı da Tazmanya hâlâ Avustralya anakarasının bir parçasıyken Tazmanya'ya gelmişti, daha sonra Tazmanya'nın kültürel yalıtılmışlığı sırasında yok oldular. Örneğin, Tazmanya'da arkeolojik kayıtlar balıkçılığın, iğne ve bizin, öteki kemik aletlerin MÖ yaklaşık 1500 yılında yok olduklarını belgeliyor. Yaklaşık 10.000 yıl önce deniz seviyesinin yükselmesiyle Avustralya'dan ya da Tazmanya'dan ayrılan hiç değilse üç küçük adada (Flinders, Kanguru ve King adalarında) başlangıçta sayıları 200 ile 400 olan insan nüfusları tamamıyla yok oldu.

Tazmanya ile bu üç küçük ada, dünya tarihi için genel önemi olabilecek bir sonucun en aşırı örneğini oluşturuyorlar. Ancak birkaç yüz kişilik bir toplumun tam bir yalıtılmışlık içinde sonsuza kadar yaşamasına olanak yoktu. Dört bin kişilik bir halk 10.000 yıl ayakta kalabilirdi ama önemli kültürel kayıplara uğrar, icatlar konusunda hayli başarısız olur, maddi kültürü eşi görülmemiş derecede basit kalırdı. Avustralya anakarasındaki 300.000 avcı/yiyecek toplayıcısı Tazmanya'dakilerden sayıca daha fazlaydı ve onlar kadar yalıtılmış değillerdi ama yine de bütün öteki kıtalardakine göre en küçük ve en yalıtılmış nüfus onlarınkiydi. Avustralya anakarasında teknolojik olarak geriye dönüş olaylarıyla Tazmanya örneği bize, başka kıtalardaki halkların birikimine oranla Avustralya yerlilerinin birikiminin sınırlı kalmasının, bir oranda yalıtılmışlığın ve nüfus büyüklüğünün –aynı derecede aşırı olmasa da Tazmanya'da olduğu gibi– gelişme üzerinde, teknolojilerin sürdürülmesi üzerinde yarattığı etkiden kaynaklanıyor olabileceğini gösterir. Buradan hareketle, aynı etkilerin en büyük kıta (Avrasya) ile ondan sonra gelen daha küçük kıtalar (Afrika, Kuzey Amerika, Güney Amerika) arasındaki teknolojik farklılıklara katkısının olduğunu düşünebiliriz.

Avustralya'ya komşuları Endonezya ve Yeni Gine'den niçin daha ileri teknoloji gelmedi? Bir kere Endonezya Kuzeybatı Avustralya'dan denizle ayrılmıştı ve doğal çevre bakımından çok farklıydı. Ayrıca son birkaç binyıla kadar Endonezya'nın kendisi kültürel ve teknolojik bir durgunluk içindeydi. Avustralya'ya ilk insanların gelip yerleştiği 40.000 yıl öncesinden MÖ yaklaşık 1500 yılında dingo ortaya çıkıncaya kadar Avustralya'ya Endonezya'dan herhangi bir yeni teknoloji ya da yeni bir şeyin geldiğini gösteren hiçbir ipucu yok.

Dingo Avustralya'ya, Avustronezya'nın Güney Çin'den başlayıp Endonezya aracılığıyla yayılış hareketinin doruğuna ulaştığı zaman geldi. Avustronezyalılar Endonezya'nın bütün adalarına yerleşmeyi başardılar, bunların arasında Avustralya'ya en yakın iki ada da vardı – Avustralya'ya uzaklığı 440 kilometre olan Timor ile, 330 kilometre olan Tanimbar. Avustronezyalılar Büyük Okyanus'a yayılışları sırasında çok daha uzak deniz yolculukları yaptıklarına göre, onların Avustralya'ya pek çok kez ulaştıklarını varsaymak zorundayız, bunu dingoyla kanıtlayamasak bile durum değişmez. Bir Endonezya adası olan Sulawesi'nin (Selebes) Macassar bölgesinden her yıl yelkenli kanolar Kuzeybatı Avustralya'yı ziyarete gelirlerdi, ancak 1907 yılında Avustralya yönetimi bu ziyaretleri durdurdu. Arkeolojik ipuçları bu ziyaretlerin tarihini yaklaşık MS 1000 yılına dayandırıyor, bundan daha önce de yapılıyordu belki. Ziyaretlerin asıl amacı Macassar'dan Çin'e ünlü bir afrodizyak ve çok değerli bir çorba malzemesi olarak ihraç edilen, denizyıldızı ailesinden denizhıyarı almaktı.

Doğal olarak Macassanların yıllık ziyaretleri sırasında gelişen ticaretin Kuzeydoğu Avustralya'ya pek çok mirası kaldı. Macassanlar kıyıdaki kamp yerlerine demirhindi ağaçları diktiler ve yerli kadınlardan çocuk sahibi oldular. Ticaret maddesi olarak kumaş, metal aletler, çanak çömlek, cam eşya getirdiler ama yerliler bunları kendileri üretmeyi asla öğrenmedi. Yerlilerin Macassanlardan ödünç aldıkları şeyler de oldu: Bazı sözcükler, bazı törenler, içi oyulmuş kütükten yapılma kanolar, pipoyla tütün içmek.

Ama bu etkilerin hiçbirisi Avustralya toplumunun temel özelliğini değiştirmedi. Macassanların ziyaretlerinin sonucunda ne olduğu değil, ne olmadığı daha önemli. Macassanlar Avustralya'ya yerleşmediler – kuşkusuz bunun nedeni Avustralya'nın Endonezya'ya bakan kuzeybatı bölgesinin Macassan tarımı için fazla kurak olmasıydı. Endonezya Kuzeydoğu Avustralya'nın yağmur ormanlarına ve savanalarına bakıyor olsaydı, Macassanlar oraya yerleşebilirlerdi ama ta oralara kadar gittiklerine dair bir ipucu yok elimizde. Sonuç olarak, Macassanlar küçük gruplar halinde, geçici bir süre kalmak için geldiklerinden ve iç bölgelere hiçbir zaman geçmediklerinden, kısa bir kıyı şeridi boyunca birkaç grup Avustralyalının onlarla ilişkisi oldu. O az sayıdaki Avustralyalı da Macassan kültürünün ve teknolojisinin ancak bir kısmını biliyordu, pirinç tarlaları, domuzları, köyleri, işlikleriyle bütün bir Macassan toplumunu hiç görmemişti. Avustralyalılar göçebe avcı/yiyecek toplayıcı olarak kaldıkları için, ancak kendi hayat tarzlarıyla uyuşan üç beş Macassan ürününe ve uygulamasına kapılarını açmışlardı. İçi oyulmuş kütükten yapılma kanolar, pipolar, evet; demir ocakları, domuzlar, hayır.

Görünüşe göre, Avustralyalıların Endonezya etkisine karşı direncinden çok Yeni Gine etkisine karşı direnci şaşırtıcı. Torres Boğazı olarak bilinen dar bir deniz şeridinin karşı tarafında, Yeni Gine dilleri konuşan, domuzları, çanak çömlekleri, ok ve yayları olan Yeni Gine çiftçileri, boğazın öteki yakasında Avustralya dilleri konuşan, domuzları, çanak çömlekleri, ok ve yayları olmayan Avustralyalı avcı/yiyecek toplayıcılarıyla karşı karşıyaydılar. Dahası boğaz bir açık deniz engeli oluşturmuyordu, zincirleme adalarla doluydu, en büyüğü (Muralug) Avustralya kıyısından yalnızca on altı kilometre uzaklıktaydı. Avustralya ile adalar, adalar ile Yeni Gine arasında ticaret amacıyla düzenli ziyaretler yapılıyordu. Avustralyalı pek çok yerli kadın Muralug'a gelin gelmiş, orada bahçeler, oklar, yaylar görmüştü. Nasıl oldu da bu Yeni Gine özellikleri Avustralya'ya sıçramadı?

Avustralya kıyısından on altı kilometre ötede yoğun tarımı ve domuzlarıyla tam anlamıyla palazlanmış bir Yeni Gine toplumunu gözümüzün önüne getirme yanılgısına düştüğümüz için Torres Boğazı'ndaki bu kültürel engel bize şaşırtıcı gelir. Aslında Avustralya'nın Cape York yerlileri anakaralı bir Yeni Gineli hiç görmemişlerdi. Ticaret şöyle yapılıyordu: Önce Yeni Gine ile Yeni Gine'ye en yakın adalar arasında, sonra söz konusu adalar ile boğazın ortalarında bir yerdeki Mabuiag Adası arasında, sonra Mabuiag Adası ile boğazın daha aşağısındaki Badu Adası arasında, sonra Badu ile Muralug Adası arasında, en sonunda da Muralug ile Cape York arasında.

Yeni Gine toplumu bu ada zinciri boyunca suyunun suyu haline geliyordu. Adalarda domuz ya hiç yoktu ya çok azdı. Yeni Gine'nin ovalık güney bölgesinde Torres Boğazı boyunca Yeni Gine yüksek bölgelerinin yoğun tarımı yoktu, büyük oranda deniz ürünlerine, avcılığa, yiyecek toplamaya dayalı orman açma ve kök yakma tarımı vardı. Orman açma ve kök yakma uygulamalarının önemi bile Güney Yeni Gine'den ada zinciri boyunca Avustralya'ya yaklaşıldıkça azalıyordu. Avustralya'ya en yakın ada olan Muralug Adası'nın kendisi kuraktı, tarım için elverişli değildi, az sayıda insanı besleyebiliyordu, o insanların da başlıca besin kaynağı deniz ürünleri, yaban yam, mangrov meyvesiydi.

Torres Boğazı'nın iki kıyısındaki Yeni Gine ile Avustralya arasındaki etkileşim çocukların oynadığı kulaktan kulağa oyununu hatırlatıyor. Bu oyunda çocuklar bir halka oluşturarak otururlar, bir çocuk yanındaki çocuğun kulağına bir şey fısıldar, o da ne duyduğunu sanıyorsa onu üçüncü çocuğun kulağına fısıldar, en sonunda sonuncu çocuğun birinci çocuğa fısıldadığı sözlerin başlangıçtaki sözlerle hiçbir ilgisi yoktur. Tıpkı bunun gibi Torres Boğazı adaları aracılığıyla yapılan ticaret bir kulaktan kulağa oyunu gibiydi, sonunda Cape York yerlilerine ulaşan şeylerin Yeni Gine toplumuyla ilgisi yoktu. Hem sonra Muralug Adası sakinleriyle Cape York yerlilerinin arasındaki ilişkinin kesintisiz ve cennetlik bir ilişki olduğunu da düşünmemeliyiz, yerliler adalı öğretmenlerinin kültürünü mal bulmuş gibi kapışmıyorlardı. Ticaret dönemleriyle kafa avcılığı yapmak, kadın kaçırmak amacıyla yapılan savaş dönemleri birbirini izliyordu.

Uzaklık ve savaş dolayısıyla Yeni Gine kültürü sulandırılmış olarak da olsa Avustralya'ya ulaşmayı başardı. Karışık evlilikler yoluyla, Yeni Ginelilerin düz saçtan ziyade kıvırcık saç ve benzeri fiziksel özellikleri Cape York Yarımadası'na taşındı. Cape York'taki dört dilde, belki de Yeni Gine dillerinin etkisiyle, Avustralya için tuhaf olan sesbirimler vardı. Aktarılan şeylerin en önemlisi Yeni Gine'nin kabuklu deniz hayvanı kancalarıydı, Avustralya'nın içlerine kadar yayılmıştı; bir ikincisi de Cape York Yarımadası'na kadar yayılan denge kayıkçığı olan kanolardı. Yeni Gine'nin davulları, tören maskeleri, cenaze alayı direkleri, pipoları da Cape York'ta benimsendi. Ama Cape York sakinleri tarımı benimsemediler, bunun bir nedeni Muralug Adası'nda tarım olarak gördükleri *şeyin* suyunun suyu olmasıydı. Onlardan domuzu da almadılar, adalarda ya çok az domuz vardı ya da hiç yoktu, zaten alsalardı da tarım olmadığı için onları besleyemezlerdi. Ok ve yayı da almadılar, kendi mızrakları ve mızrak atıcılarıyla yetindiler.

Avustralya büyüktür, Yeni Gine de öyledir. Ama bu iki büyük kara parçası arasındaki ilişkiler, Cape York yerlilerinden birkaç küçük grupla alışverişte bulunan son derece sulandırılmış bir Yeni Gine kültürüne sahip Torres Boğazı sakinlerinden birkaç küçük grupla sınırlıydı. Hangi nedenle olursa olsun, Cape York'takilerin ok ve yay yerine mızrak kullanmak, gördükleri sulandırılmış Yeni Gine kültürünün bazı öteki özelliklerini benimsememek kararı, Yeni Gine'nin kültürel özelliklerinin Avustralya'nın geri kalan bütün öteki yerlerine ulaşmasını engelledi. Bunun sonucunda kabuklu deniz hayvanı kancası dışında Yeni Gine'nin özelliklerinden hiçbiri Avustralya'nın iç bölgelerine kadar yayılamadı. Yeni Gine'nin serin yüksek bölgelerindeki yüz binlerce çiftçi Güneydoğu Avustralya'nın serin yüksek bölgelerindeki yerlilerle sıkı ilişkiler kurmuş olsalardı, yoğun yiyecek üretimi ile Yeni Gine'nin kültürü tek parça halinde Avustralya'ya iletilebilirdi. Ama Yeni Gine'nin yüksek bölgeleri Avustralya'nın yüksek bölgelerinden 3200 kilometrelik, çevresel olarak çok farklı görünümlü bir doğa parçasıyla ayrılmıştır. Avustralyalıların aydaki dağları görme şansı ne kadarsa Yeni Gine'nin yüksek bölgelerini görme ve oradaki uygulamaları sahiplenme şansı da o kadardı.

Kısacası, Yontma Taş Çağı'nın Yeni Gineli çiftçileriyle ve Demir Çağı'nın Endonezyalı çiftçileriyle ticaret yapan Avustralya'daki Yontma Taş Çağı'nın göçebe avcı/yiyecek toplayıcılarının, avcı/yiyecek toplayıcı olarak kalması ilk bakışta Avustralya yerlilerinin tek taraflı inadı gibi görünebilir. Daha yakından baktığımızda bu durum, insan kültürü ve teknolojisinin yayılmasında coğrafyanın her yerde oynadığı rolü yansıtmaktadır.

Şimdi bize Yeni Ginelilerin ve Avustralya'nın Yontma Taş Çağı toplumlarının Demir Çağı Avrupalılarıyla karşılaşmalarına bakmak kalıyor. Yeni Gine'yi Portekizli bir gemici 1526'da "keşfetti", Hollanda 1828'de batı yarısı üzerinde hak iddia etti, Britanya ile Almanya 1884'te doğu yarısını bölüştüler. İlk gelen Avrupalılar kıyıya yerleşti, iç bölgelere yayılmaları uzun zaman aldı ama 1960'ta Avrupa yönetimleri Yeni Gine'nin büyük bir bölümünü siyasal denetimleri altına aldılar.

Avrupa'yı Yeni Ginelilerin değil de Yeni Gine'yi Avrupalıların sömürgeleştirmesinin nedenleri çok açıktır. Okyanusları aşabilecek gemileri, Yeni Gine'ye kadar gitmelerini sağlayacak pusulaları olanlar Avrupalılardı; harita basmak için gerekli yazı sistemleri, matbaa makineleri, betimsel anlatılar, Yeni Gine üzerinde egemenlik kurarken yararlanılacak yönetsel kırtasiyecilik onlarda vardı; gemileri, askerleri, yönetimi örgütlemeye yarayan siyasal kurumlar; ok ve yaylarla, sopalarla direnen Yeni Ginelileri vurup öldürecek tüfekler onlardaydı. Yine de yerleşmeye gelen Avrupalıların sayısı her zaman çok azdı, bugün hâlâ Yeni Gine'de daha çok Yeni Gineliler yaşamaktadır. Avustralya'daki, Amerika kıtalarındaki, Güney Afrika'daki durumun tam tersidir bu; oralara çok sayıda Avrupalı gelip yerleşmişti, göçler uzun sürmüştü ve geniş bölgelerde yerli nüfusun yerini yeni gelenler almıştı. Yeni Gine niçin farklıydı?

Bunun en önemli nedeni Avrupalıların 1880'e kadar Yeni Gine'nin ovalık bölgelerine yerleşme girişimlerinin başarısızlıkla sonuçlanmasına yol açan etmendi: Sıtma ile öteki tropik hastalıklar; bunlardan hiçbiri XI. Bölüm'de tartışıldığı gibi ciddi bir kalabalık hastalığı değildir. Ovalık bölgelere yerleşme planlarından başarısızlığa uğrayanların en büyüğü Fransız marki de Rays'ın 1880'de yakın adalardan biri olan New Ireland'a yerleşme planıydı; 1000 sömürgeciden 930'u üç yıl içinde ölmüştü. Bugünkü çağdaş tıbbın tedavi olanaklarıyla bile Yeni Gine'deki Amerikalı ve Avrupalı arkadaşlarımın pek çoğu sıtma, hepatit ya da başka hastalıklar yüzünden oradan ayrılmak zorunda kaldılar, bana da Yeni Gine'den sağlık mirası olarak bir yıllık sıtma ile bir yıllık dizanteri kaldı.

Yeni Gine'nin ovalık bölgelerindeki mikroplar yüzünden Avrupalılar telef olurken niçin Avrasya mikroplarıyla Yeni Gineliler de telef olmuyordu? Bazı Yeni Gineliler mikrop almadı değil, ama bu iş Avustralya'da ve Amerika kıtalarında olduğu gibi, yerli halkların büyük çoğunluğunun ölümüyle son bulacak şekilde dev boyutlarda olmadı. Yeni Ginelilerin bir şansı 1880'e kadar Yeni Gine'de sürekli oturan bir Avrupalı nüfusun olmayışıydı; 1880'e gelindiğindeyse halk sağlığı konusundaki gelişmeler Avrupalı nüfuslara özgü çiçek hastalığıyla öteki bulaşıcı hastalıkları denetim altına alma aşamasına gelmişti. Ayrıca Avustronezya'nın genişlemesi sonucunda 3500 yıldır Yeni Gine'ye sürekli Endonezyalı göçmenler ve tacirler geliyordu. Asya anakarasının bulaşıcı hastalıkları Endonezya'ya iyice yerleştikleri için Yeni Gineliler uzun zamandır bu mikroplara maruzdular ve Avrasya mikroplarına karşı Avustralya yerlilerinden daha fazla direnç kazanmışlardı.

Avrupalıların Yeni Gine'de büyük sağlık sorunları yaşamadıkları tek yer yüksek bölgelerdir, sıtmanın yayılabileceği yüksekliğin üzerinde kalan kısımlar. Ama kalabalık Yeni Gineli nüfusların yaşadığı yüksek bölgelere Avrupalılar 1930'lara kadar erişemediler. O tarihteyse artık Avustralya ve Hollanda sömürge yönetimleri, Avrupa sömürgeciliğinin ilk başladığı yüzyıllarda yapıldığı gibi, yerli halkı kitleler halinde öldürerek ya da onları kendi topraklarından kovarak beyazlara yer açmak istemiyordu.

Avrupalı olası göçmenleri engelleyen son bir şey de Avrupa tarım bitkilerinin, hayvan varlığının, geçim yöntemlerinin, Yeni Gine'nin doğal çevresi ve iklimi içinde her yerde başarısız olmasıdır. Balkabağı, mısır, domates gibi Amerika'dan gelen tropik tarım bitkileri bugün küçük miktarlarda yetiştiriliyor, kahve ve çay tarımı işletmeleri Papua Yeni Gine'nin yüksek bölgelerinde iyice benimsenmiş durumda ama buğday, arpa, bezelye gibi Avrupalıların temel tarım bitkileri burada tutunamadı. Yeni Gine'ye sokulmuş olan sığır ve keçi az sayıda üretiliyor ve tıpkı Avrupalı insanlar gibi tropik hastalıklardan zarar görüyor. Yeni Gine'deki yiyecek üretimine Yeni Ginelilerin yüz binlerce yıl içinde kusursuzlaştırdıkları tarım bitkileri ve tarım yöntemleri egemen.

Avrupalıların Doğu Yeni Gine'yi (bugünkü bağımsız Papua Yeni Gine) ve yönetimini Yeni Ginelilere bırakmalarında bütün bu sorunların, yani hastalıkların, engebeli arazinin, geçimin katkısı vardır; Papua Yeni Gineliler bugün yine de resmî dil olarak İngilizceyi kullanıyorlar, İngiliz alfabesiyle yazı yazıyorlar, İngilizlerin demokratik devlet kurumlarını örnek almış demokratik devlet kurumlarıyla yönetiliyorlar, denizaşırı ülkelerde üretilen tüfekleri kullanıyorlar. Batı Yeni Gine'de durum farklı, Endonezya 1963'te Gine'yi Hollandalılardan devraldı, oraya Batı Irian ili adını verdi. Bu il bugün Endonezyalılar için Endonezya tarafından yönetiliyor. Kırsal kesimde yaşayan nüfus hâlâ ezici çoğunlukla Yeni Gineli ama kent nüfusu, Endonezyalıları oraya göçe yüreklendirmeye yönelik devlet siyasetinin sonucu olarak Endonezyalı. Endonezyalılar Yeni Ginelilerle birlikte sıtmaya ve öteki tropik hastalıklara uzun yıllar maruz kaldıkları için Avrupalılar gibi önemli bir mikrop engeliyle karşılaşmadılar. Yeni Gine'de karınlarını doyurma konusunda da Avrupalılardan daha hazırlıklıydılar çünkü Endonezya tarımında Yeni Gine tarımının başlıca yiyecek maddeleri muz, tatlı patates ve daha başka ürünler zaten vardı. Merkezî bir yönetimin bütün kaynaklarıyla desteklenen Batı Irian'da sürmekte olan değişiklikler, 3500 yıl önce Yeni Gine sınırına dayanmış olan Avustronezya'nın genişlemesinin devamını temsil ediyor. Endonezyalılar çağdaş Avustronezyalılardır.

Biraz önce Yeni Gine'nin durumunda söz konusu olduğunu gördüğümüz nedenlerden dolayı Avustralya yerlileri Avrupa'yı değil de Avrupalılar Avustralya'yı sömürgeleştirdi. Bununla birlikte Yeni Ginelilerin yazgılarıyla Avustralya yerlilerinin yazgıları birbirinden çok farklı oldu. Bugün Avustralya'da yerli olmayan 20 milyon kişi yaşıyor ve Avustralya'yı yönetiyor; bunların çoğu Avrupa kökenli, ayrıca Avustralya 1973'te Beyaz Avustralyalı göç siyasetini bıraktığı günden bu yana gelen ve sayıları durmadan artan Asyalılar da var. Yerli nüfus % 80 azalmış durumda, Avrupalıların yerleşmeye başladıkları günlerde aşağı yukarı 300.000 olan nüfus 1921'de en düşük düzeyine, 60.000'e inmişti. Bugün yerliler Avustralya toplumunda en alt sınıfı oluşturuyor. Pek çoğu misyon istasyonlarında ya da devlet koruma merkezlerinde yaşıyorlar ya da sığır merkezlerinde beyazlara çobanlık yapıyorlar. Avustralyalılar niçin Yeni Ginelilerden daha başarısız oldular?

Bunun temel nedeni Avustralya'nın (bazı bölgelerde) Avrupa yiyecek üretimine ve Avrupalıların yerleşmesine uygunluğudur, buna bir de Avrupalıların yollarının üzerine çıkan yerlileri ortadan kaldırmalarına yarayan tüfeklerini, mikroplarını ve çeliği ekleyin. Avustralya'nın ikliminin ve toprağının yarattığı sorunları daha önce zaten vurgulamıştım ama verimli ya da bereketli bölgeleri yine de Avrupa çiftçiliğini kaldıracak durumdaydı. Bugün Avustralya'nın ılıman bölgelerinde daha çok Avrasya ılıman bölge tarımı yapılıyor, (Avustralya'nın en önemli ürünü olan) buğday, arpa, yulaf, elma, üzüm gibi başlıca yiyecek maddeleri, bunların yanı sıra süpürgedarısı Afrika Sahel pamuğu, kökeni Andlar olan patates yetiştiriliyor. Avustralya'nın kuzeydoğusunda (Queensland'de), Bereketli Hilal tarım bitkilerinin erişim alanının ötesinde Avrupalı çiftçiler Yeni Gine kökenli şekerkamışı, Güneydoğu Asya kökenli muz ve turunçgil meyveleri, tropik Güney Amerika kökenli yerfıstığı tarımını başlattılar. Hayvan varlığına gelince, Avrasya koyunları yiyecek üretiminin Avustralya'nın tarıma elverişli olmayan kurak bölgelerine yayılmasını sağladı, Avrasya sığırları daha yağışlı bölgelerde tarım ürünlerine eşlik etti.

Demek oluyor ki Avustralya'da yiyecek üretiminin gelişmesi için, dünyada iklimi Avustralya'nın iklimine benzeyen başka bölgelerde evcilleştirilmiş olan ama okyanusları aşan gemiler olmadıkça Avustralya'ya ulaşamayacak kadar uzakta bulunan evcil bitki ve hayvanların gelmesi gerekiyordu. Yeni Gine'nin tersine Avustralya'da Avrupalıları geri püskürtecek kadar ciddi hastalıklar yoktu. Ancak kuzey tropik Avustralya'da sıtma ile öteki tropik hastalıklar Avrupalıların 19. yüzyıldaki yerleşme girişimlerinden vazgeçmesine yol açtı; Avrupalılar bu işi ancak 20. yüzyılda tıbbın gelişmesiyle başarabildiler.

Avustralyalı yerliler kuşkusuz Avrupalıların yiyecek üretiminin önünü tıkıyordu, özellikle de en üretken olabilecek çiftlik arazisi ve süt ülkesi olan bölgeler Avustralya'nın en yoğun nüfuslu yerli avcı/yiyecek toplayıcılarını barındırdığı için. Avrupalı göçmenler yerli nüfusu iki şekilde azalttı. Birincisi, düpedüz tüfekle vurdular; 19. yüzyılda ve 18. yüzyıl sonlarında Avrupalılar için, 1930'da Yeni Gine'nin yüksek bölgelerine girdikleri zamana göre daha kabul edilebilir bir şeydi bu. Otuz bir yerlinin ölümüyle sonuçlanan en son kitle katliamı 1928'de

Alice Springs'te yapılmıştı. İkincisi, Avrupalılar yerlilerin hiç tanımadıkları, bağışıklık ya da genetik dirençlerinin olmadığı mikroplan getirdiler. İlk Avrupalı göçmenler 1778'de Sidney'e geldikten sonraki bir yıl içinde salgın hastalıklardan ölen yerlilerin cesetleri alışılmış görüntülerdendi. Kayıtlara göre başlıca ölüm nedenleri çiçek, grip, kızamık, tifo, tifüs, suçiçeği, boğmaca, verem ve frengiydi.

Bağımsız yerli toplumlar işte bu iki yolla Avrupa yiyecek üretimine elverişli bütün bölgelerde saf dışı bırakıldı. Aşağı yukarı hiç dokunulmadan kalan toplumlar Avustralya'nın Avrupalıların işine yaramayan kuzey ve batı bölgelerindeki toplumlardı. Avrupa sömürgesi olduktan sonra bir yüzyıl içinde 40.000 yıllık yerli gelenekleri büyük oranda yok oldu.

Şimdi artık bu bölümün başlarında sorduğum soruya dönebiliriz. İnsanları 40.000 yılı aşkın bir süredir okuma/yazma bilmeyen göçebe avcı/yiyecek toplayıcı olan bir kıtayı sömürgeleştiren beyaz İngiliz sömürgecilerin birkaç yüz yıl içinde görünüşe göre okuryazar, yiyecek üreten, sanayi demokrasisi yaratmış olmaları gerçeğini, bunu yerlilerin kendi kabahati saymak dışında, nasıl açıklayabiliriz? İnsan toplumlarının evriminde bu tam bir denetimli deney niteliği taşımıyor mu, bizi basit ırkçı bir sonuç çıkarmaya itmiyor mu?

Bu sorunun yanıtı çok basit. Beyaz İngiliz sömürgeciler Avustralya'da okuryazar, yiyecek üreten insanlar ve sanayi demokrasisi yaratmadılar. Her şeyi Avustralya dışından getirdiler: hayvan varlığı, (*macadamia* yemişi dışında) bütün tarım bitkileri, metal işleme bilgisi, buharlı makineler, tüfekler, alfabe, siyasal kurumlar, hatta mikroplar. Bütün bunlar Avrasya doğal çevresi içinde 10.000 yıllık gelişmenin sonuç ürünleriydi. Sidney'e 1778'de ayak basan sömürgeciler bir rastlantı sonucu bütün bu ögelerin mirasçısıydı. Avrupalılar Avrasya teknoloji mirasları olmadan Avustralya'da ya da Yeni Gine'de yaşamayı asla öğrenemediler. Robert Burk ile William Wills yazacak kadar zekiydiler ama yerlilerin yaşadıkları çöl bölgelerinde hayatta kalmayı başarabilecek kadar zeki değildiler.

Avustralya'da bir toplum yaratmayı başaranlar olduysa onlar da Avustralya yerlileriydi. Kuşkusuz onların yarattıkları toplum okuryazar değildi, yiyecek üretmiyordu, sanayi demokrasisine sahip değildi. Bunların nedenleri doğrudan doğruya Avustralya'nın doğal çevresinin özellikleriyle ilgili.

XVI. Bölüm

Çin Nasıl Çinli Oldu?

Göç, ayrımcılık karşıtı siyaset, çokdillilik, kökensel çeşitlilik – bizim California eyaleti bu tartışmalı siyasetlerin öncüsüydü, şimdi de bunlara karşı tepkinin öncülüğünü yapıyor. Oğullarımın eğitim gördüğü Los Angeles'ın parasız okullarındaki sınıflardan birine göz atarsanız soyut tartışmaların yerini çocukların yüzleri dolduracaktır. Çocuklar evlerde konuşulan 80'in üzerindeki dili temsil ediyorlar, İngilizce konuşan beyazlar azınlıkta. Oğullarımın okul arkadaşlarından her birinin Amerika Birleşik Devletleri dışında doğmuş en azından bir annesi ya da babası, bir büyükannesi ya da babası var; bu benim üç oğlumun büyükanne ve büyükbabaları için de doğru. Ama göç Amerika'nın binlerce yıldır sahip olduğu çeşitliliği Amerika'ya yeniden kazandırmaktan başka bir şey yapmıyor. Avrupalılar gelip yerleşmeden önce Amerika Birleşik Devletleri anakarası Amerika'nın yüzlerce yerli kabilesinin ve dilin anavatanıydı ancak son yüzyıl içinde tek bir yönetimin denetimi altına girmişti.

Bu bakımlardan Amerika Birleşik Devletleri tamamıyla "normal" bir ülkedir. Biri dışında dünyanın en kalabalık nüfuslu altı ülkesinin hepsi siyasal birliğini ancak yakın zamanlarda sağlamış birer potadır, hâlâ da içlerinde yüzlerce dili ve etnik topluluğu barındırırlar. Örneğin, bir zamanlar Moskova merkezli küçük bir Slav devleti olan Rusya, MS 1582'ye kadar Ural Dağları'nın ötesindeki genişlemesine başlamamıştı bile. O zamandan 19. yüzyıla kadar Rusya, Slav olmayan onlarca halkı yuta yuta ilerledi, bu halkların çoğu ana dillerini ve kültürel kimliklerini korudular. Bizim Amerikan tarihimiz nasıl kıtamızın yayılım alanının Amerikanlaşmasının öyküsüyse, Rus tarihi de Rusya'nın Ruslaşmasının öyküsüdür. Hindistan, Endonezya, Brezilya da yakın zamanlarda ortaya çıkmış siyasal oluşumlardır (ya da Hindistan bir kez daha doğmuş bir oluşumdur), bunlar içlerinde sırasıyla 850, 670 ve 210 dil barındırırlar.

Yakın geçmişteki pota kuralına uymayan tek örnek dünyanın en kalabalık nüfuslu ülkesi Çin'dir. Bugün Çin siyasal, kültürel, dilsel olarak tekparça bir ülke görünümündedir, hiç değilse konunun yabancısı için bu böyledir. MÖ 221'de Çin'de siyasal birlik sağlanmıştı ve Çin o zamandan bu yana yüzyıllar boyu çoğunlukla bu birliği korudu. Çin'de yazının başladığı zamandan bu yana tek bir yazı sistemi kullanıldı, oysa çağdaş Avrupa onlarca kez değişmiş alfabeler kullanıyor. Çin'deki bir milyar iki yüz milyon kişiden sekiz yüz milyonu Mandarin dilini kullanıyor, dünyada anadil olarak en yüksek sayıda insanın konuştuğu bir dil. Üç yüz milyon kadar kişi ise yedi farklı dil konuşuyor, bu diller Mandarinceye ve birbirlerine İspanyolcanın İtalyancaya benzediği kadar benziyorlar. Dolayısıyla Çin bir pota olmadığı gibi, Çin nasıl Çinli oldu diye sormak da saçma görünüyor. Çin neredeyse yazılı tarihinin ta başından beri hep Çinliydi.

Çin'in böyle olması bize öylesine doğal geliyor ki bunun ne kadar şaşırtıcı olduğunu unutuyoruz. Böyle bir birliği beklemememizin bir nedeni genetiktir. Dünya halkları ırklarına göre kabaca sınıflandırıldığı zaman, bütün Çinliler Moğol olarak adlandırılırlar, oysa bu sınıflandırmada Avrupa içindeki İsveçliler, İtalyanlar, Mandalılar arasındaki farklardan daha fazla fark gizlidir. Özellikle Kuzey ve Güney Çinlileri genetik olarak da fiziksel görünüm olarak da farklıdırlar: Kuzey Çinliler Tibetlilere ve Nepallilere çok benzer, Güney Çinlilerse Vietnamlılara ve Filipinlilere. Benim Güney ve Kuzey Çinli arkadaşlarım birbirlerini fiziksel görünüşlerinden bir bakışta tanırlar: Kuzey Çinliler genellikle daha uzun boyludur, daha iri yapılıdır, daha soluk benizlidir, daha sivri burunludur, (üst göz kapağı kıvrımı denen şey yüzünden) daha "çekik" görünen, daha küçük gözlere sahiptir.

Kuzey ve Güney Çin doğal çevre ve iklim bakımından da farklıdır: Kuzey daha kurak ve soğuktur; güney daha yağışlı ve sıcak. Bu farklı çevrelerde ortaya çıkan genetik farklılıklar güney ve kuzey halkları arasında orta dereceli uzun bir yalıtılmışlık tarihine işaret eder. Bu insanlar yine de nasıl oldu da sonunda aynı ya da çok benzer dillere ve kültürlere sahip oldular?

Çin'de dil yönünden görünüşe göre hemen hemen mevcut birlik de, dünyada uzun zamandır insanların yaşadıkları öteki bölgelerdeki dil ayrılıkları dikkate alındığında şaşırtıcıdır. Örneğin, son bölümde Çin'in yüzölçümünün onda birine ve ancak kırk bin yıllık bir insanlık tarihine sahip olan Yeni Gine'de bin tane dil olduğunu görmüştük, ayrıca aralarında, başlıca sekiz Çin dilinin arasındaki farklardan daha büyük farklar olan onlarca dil grubu da vardı. Batı Avrupa, Hint-Avrupa dilleri Avrupa'ya ulaştıktan sonraki altı ile sekiz bin yıl içinde aşağı yukarı kırk dil geliştirdi ya da bunları başkalarından edindi; bunların arasında İngilizce, Fince, Rusça kadar birbirinden farklı diller vardı. Oysa fosiller Çin'de yarım milyon yıldan fazla bir süredir insanların varlığına tanıklık ediyor. Bu uzun süre içinde Çin'de ortaya çıkmış olması gereken on binlerce ayrı dile ne oldu?

Bu gariplikler, bütün öteki kalabalık nüfuslu ülkeler gibi Çin'in de bir zamanlar çeşitlilik gösterdiğine işaret ediyor. Çin'in tek farkı çok daha erken bir tarihte birlik kurması. Bu "Çinlileştirme" sırasında koca bir bölgenin eski bir potada kesin bir şekilde benzeştirilmesi, tropik Güneydoğu Asya'ya başka insanların yerleştirilmesi, Japonya, Kore, belki de Hindistan'ı ağır şekilde etkileme çabası söz konusuydu. Bu yüzden Çin tarihi bütün Doğu Asya tarihinin anahtarı olma özelliği taşıyor. Bu bölümde Çin'in nasıl Çinlileştiğinin öyküsü anlatılacak.

Çin'in ayrıntılı dil haritası yerinde bir başlama noktası olacaktır (bkz. Şekil 16.1). Haritaya şöyle bir bakmak, Çin'in tek parça olduğunu düşünmeye alışmış olan herkesin gözünün açılmasına yeter. Görüleceği gibi, Çin'deki sekiz büyük dile –her birini on bir milyon ile sekiz yüz milyon kişinin konuştuğu Mandarin dili ile bu dille yakın akraba (genellikle "Çince" denip geçilen) yedi dile– ek olarak yüz otuz "küçük" dil vardır, bunların çoğunu ancak birkaç bin kişi konuşur. "Büyük" ya da "küçük", bütün bu diller dört ana dil ailesi içinde toplanır, dağılışlarının yoğunluğu bakımından aralarında büyük farklar vardır.

Bir uçta Mandarin dili ile akrabaları bulunur, Çin-Tibet dil ailesinin Çince alt-ailesini oluştururlar, kesintisiz olarak Kuzey Çin'den güneye kadar yayılmışlardır. Kuzeydeki Mançurya'dan güneye, Tonkin Körfezi'ne kadar yürüyün, tamamıyla Mandarinceyle akraba dilleri anadilleri olarak konuşan insanların yaşadığı topraklar üzerinde yürüyor olacaksınız. Öteki üç dil ailesi parçalı şekilde dağılmıştır, bu diller Çince ya da başka aileden dilleri konuşan insanlar deniziyle sarılmış insan "adacıkları"nda konuşulur.

Özellikle parçalı şekilde dağılmış olan dil ailesi Miao-Yao'dur (bir başka adıyla Hmong-Mien), altı milyon kişinin konuştuğu bu dil ailesi, çok renkli adları olan beş dil –Kırmızı Miao, Beyaz Miao (bir başka adıyla Çizgili Miao), Siyah Miao, Yeşil Miao (bir başka adıyla Mavi Miao)– ile Yao diline ayrılır. Miao-Yao dilini konuşanlar çevresi başka dil ailelerine bağlı dilleri konuşanlarla sarılmış onlarca küçük yerleşme bölgesinde yaşarlar, Güney Çin'den Tayland'a kadar bir milyon kilometrekareden fazla bir alana yayılmışlardır. Miao konuşan yüz binden fazla Vietnam sığınmacısı bu dil ailesini Amerika Birleşik Devletleri'ne taşımıştır, Amerika'da bu diller daha çok öteki adıyla, Hmong olarak bilinir.

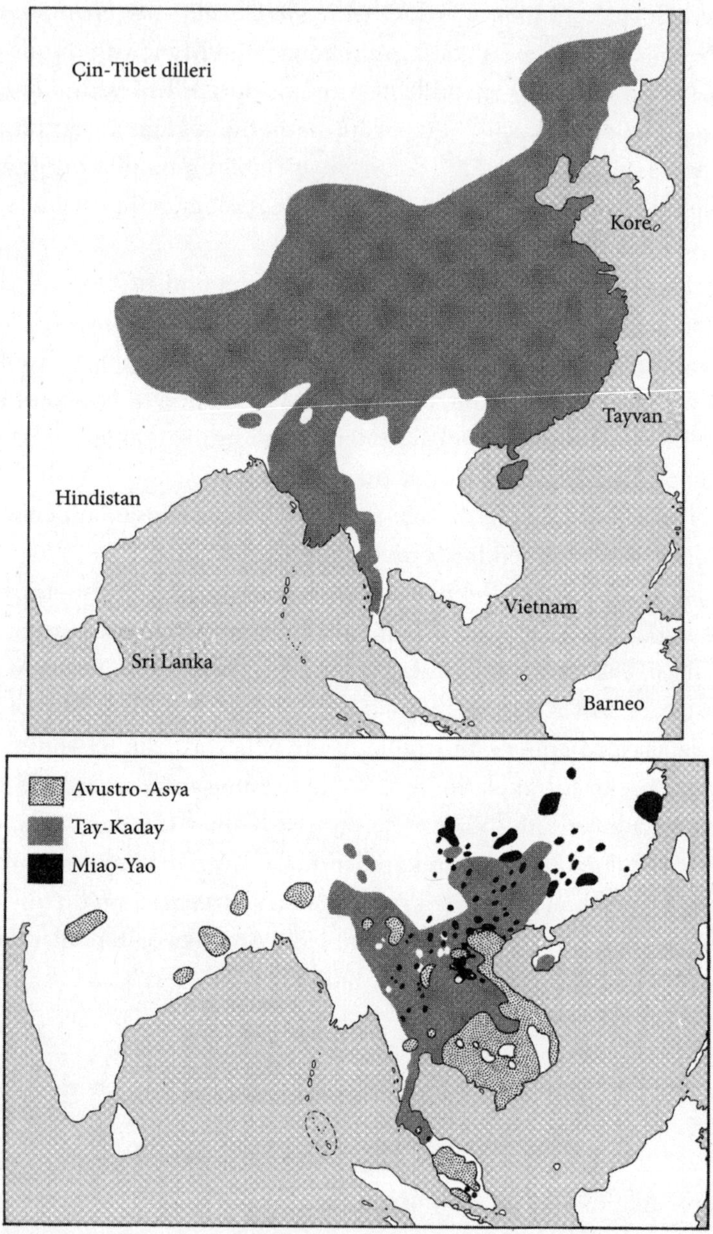

Şekil 16.1. Çin ve Güneydoğu Asya'daki dört dil ailesi

Parçalı dağılmış bir başka dil öbeği de Avustro-Asya ailesidir, bu ailede en çok konuşulan diller Vietnamca ile Kamboçyacadır. Avustro-Asya dillerini konuşan altmış milyon kişi doğuda Vietnam'dan, güneyde Malaya Yarımadası'na, batıda Hindistan'a kadar dağılmıştır. Çin'deki dördüncü ve sonuncu dil ailesi (Tay ve Lao dilleri de içinde olmak üzere) Tay-Kaday ailesidir, bu dilleri konuşan elli milyon kişi Güney Çin'den güneye, Tayland'ın yarımada bölümüne ve batıya, Myanmar'a kadar yayılmıştır (bkz. Şekil 16.1).

Hiç kuşkusuz Miao-Yao dillerini konuşanların dağılımı, eski zamanlarda helikopterler onları alıp Asya doğa sahnesinin orasına burasına havadan bıraktığı için böyle parçalı olmadı. İnsan onların bir zamanlar neredeyse kesintisiz bir dağılımı olduğunu, başka dil ailelerine bağlı dilleri konuşanlar yayıldığı ya da Miao-Yao konuşanlara dillerini bıraktırdıkları için böyle parçalı hale geldiğini kestirebilir. Aslında bu dilsel parçalanma süreci büyük oranda son iki bin beş yüz yıl içinde yaşandı ve tarihsel olarak çok iyi belgelenmiş durumda. Bugünkü Tay, Lao ve Birmanya dilini konuşanların hepsi tarihsel zamanlarda Güney Çin'den ve yakın çevresinden güneye, bugün yaşadıkları yerlere akın ettiler, daha önceki göçlerle gelmiş olanların yerleşik torunlarını akınlara boğdular. Çin dillerini konuşanlar, ilkel ve aşağı olarak küçümsedikleri başka kavimlere ait grupların yerini doldurmak ya da onlara dillerini değiştirtmek konusunda özellikle gayretliydiler. Çin'in Zhou Hanedanlığı'nın MÖ 1100 ile 221 arasındaki yazılı tarihi Çin'in Çince konuşmayan nüfusunun büyük bölümünün Çince konuşan devletler tarafından nasıl tutsak alındığını ve emildiğini anlatır.

Doğu Asya'nın üç beş bin yıl önceki dil haritasını yeniden oluşturmaya çalışmak amacıyla birkaç türlü akıl yürütebiliriz. Birincisi, son binyılda tarihsel olarak bilinen dilsel yayılmaları tersine çevirebiliriz. İkincisi, şöyle bir akıl yürütürüz: Tek bir dilin konuşulduğu bugünkü bölgeler ya da geniş, kesintisiz bir bölgede egemen olan ilişkili dil öbeği, o öbeğin yakın geçmişte coğrafi olarak yayıldığını, bu yüzden de farklılaşıp pek çok dile bölünmesi için yeterince zamanın geçmediğini gösterir. Son olarak bunun tersi bir mantık da yürütebiliriz: Belli bir dil ailesi içinde çok çeşitli dillerin konuşulduğu bugünkü bölgeler o dil ailesinin ilk dağılma merkezine daha yakın yerlerde bulunurlar.

Şekil 16.2. Doğu ve Güneydoğu Asya'da bugünkü siyasal sınırlar, dil ailelerinin Şekil 16.1'de görülen dağılımını yorumlamakta kullanılabilir.

Dil saatini tersine çalıştırmak için bu üç mantık yürütme yöntemini kullanırsak şu sonuçlara varabiliriz: Başlangıçta Kuzey Çin'de Çince ile başka Çin-Tibet dilleri konuşan insanlar yaşıyordu; Güney Çin'in çeşitli bölgelerinde Miao-Yao, Avustro-Asya, Tay-Kaday dillerini konuşan insanlar vardı; Çin-Tibet dillerini konuşanlar Güney Çin'de öteki ailelere ait dilleri konuşanların çoğunun yerlerini aldılar. Daha da büyük bir dil dalgası tropik Güneydoğu Asya'yı yalayıp geçerek Çin'in güneyine –Tayland, Myanmar, Laos, Kamboçya, Vietnam, Malezya Yarımadası'na– yayılmış olsa gerekir. Oralarda başlangıçta hangi dil konuşuluyorduysa konuşulsun, bunlar artık herhalde tamamıyla yok oldular çünkü bütün bu ülkelerin bugün konuştuğu diller en başta Güney Çin'den ya da birkaç durumda Endonezya'dan yakın geçmişte gelmiş gibi görünüyorlar. Miao-Yao dilleri günümüze kadar yaşamayı güç bela başarabildiğine göre, Güney Çin'de bir zamanlar Miao-Yao, Avustro-Asya, Tay-Kaday'ın yanı sıra başka dil ailelerinin de barındığını ama bu öteki ailelerden günümüze kadar ulaşan dillerin olmadığını kestirebiliriz. Daha sonra göreceğimiz gibi, (Filipin ve Polinezya dillerinin de ait olduğu) Avustronezya dil ailesi Çin anakarasında tamamıyla yok olmuş, Büyük Okyanus adalarına yayıldığı ve oralarda günümüze kadar yaşadığı için bildiğimiz öteki ailelerden biri olabilir.

Doğu Asya'da dillerin birbirinin yerini alışı bize, daha önce bin ya da binden fazla yerli Amerikan dilini barındıran Yeni Dünya'ya Avrupa dillerinin, özellikle İngilizce ve İspanyolcanın yayılışını hatırlatıyor. İngilizcenin Amerika Birleşik Devletleri'ndeki yerli dillerinin yerini salt yerlilere daha müzikal geldiği için almadığını yakın tarihimizden biliyoruz. Tam tersine İngilizce konuşan göçmenlerin savaşlarla, katliamlarla, getirdikleri hastalıklarla yerlilerin çoğunu öldürmeleri, sağ kalan yerlilerin de İngilizceyi, yeni çoğunluğun dilini, konuşmaya zorlanmasıyla oldu bu iş. Dil değiştirmenin en yakın nedenleri, istilacı Avrupalıların Amerikan yerlilerine karşı sahip oldukları teknoloji ve siyasal düzen üstünlüğüydü, ki bu da yiyecek üretimine erken başlamalarından kaynaklanıyordu. Avustralya yerlilerinin dilinin yerini

İngilizcenin alması, Afrika'nın ekvator altı bölgesindeki Pigme ve Koisan kaynak dillerinin yerini Bantu dillerinin alması da temelde aynı süreçle açıklanabilir.

Dolayısıyla Doğu Asya'daki dil karışıklıklarıyla ilgili olarak akla şu soru geliyor: Çin-Tibet dillerini konuşanların Kuzey Çin'den Güney Çin'e kadar, Avustro-Asya dilleriyle öteki Güney Asya kaynak dil ailelerine ait dilleri konuşanların tropik Güneydoğu Asya'ya kadar güneye doğru yayılmalarını olanaklı kılan neydi? Bazı Asyalıların öteki Asyalılar karşısında sahip oldukları teknolojik, siyasal, tarımsal üstünlüklerin kanıtları için arkeolojiye dönmemiz gerekiyor.

Dünyanın bütün başka yerlerinde olduğu gibi, Doğu Asya'da da insanlık tarihinin arkeolojik kayıtları çoğunlukla cilalı olmayan taştan aletler kullanan, çanak çömlekleri olmayan avcı/yiyecek toplayıcıların döküntülerini gözler önüne serer. Doğu Asya'da farklı bir şeyin ilk kanıtı Çin'de bulunmuştur, tarım bitkisi artıkları, evcil hayvan kemikleri, çanak çömlek, cilalı (Neolitik) taş aletler MÖ yaklaşık 7500'de görülmektedir. Bu tarih Cilalı Taş Çağı'nın ve Bereketli Hilal'de yiyecek üretiminin başlangıcından sonraki binyıl içindeki bir tarihtir. Ama Çin'in bir önceki binyılı arkeolojik olarak pek bilinmediği için, Çin'deki yiyecek üretiminin Bereketli Hilal'dekiyle aynı zamanda mı, biraz daha erken mi yoksa biraz daha geç mi başladığına insan şimdi karar veremez. En azından Çin'in dünyada bitkilerin ve hayvanların ilk evcilleştirme merkezlerinden biri olduğunu söyleyebiliriz.

Aslında Çin'de bağımsız olarak yiyecek üretiminin başladığı iki ya da daha fazla merkez olabilir. Çin'in soğuk ve kurak kuzeyiyle, ılık ve nemli güneyi arasındaki çevresel farklardan daha önce söz etmiştim. Belli bir enlem kuşağı üzerinde kıyıdaki ovalık bölgelerle içerideki dağlık bölgeler arasında da çevresel farklar vardır. Bu farklı çevrelerde farklı yerel yabani bitkiler bulunuyordu, böylece Çin'in çeşitli bölgelerinde ilk çiftçilerin bulabileceği bitkiler de farklı olacaktı. Aslında Kuzey Çin'de ne olduğu saptanmış en eski iki tarım bitkisi akdarının kuraklığa dayanıklı iki türüydü, Güney Çin'deyse pirinçti; buradan çıkardığımıza göre güneyde ve kuzeyde bitkilerin evcilleştirildiği iki merkez olabilir.

Çin'de tarım bitkilerinin ilk kanıtlarının bulunduğu yerlerde evcil domuz, köpek ve tavuk kemikleri de bulunmuştur. Bu evcil hayvanlar ve bitkiler giderek Çin'deki daha başka pek çok evcillerle birleşmiştir. Hayvanlar arasında manda (sabana koşulduğu için) çok önemliydi, daha sonra ipekböceği, ördek, kaz ve başkaları geliyordu. Tanıdığımız Çin kökenli daha sonraki tarım bitkileri arasında soya fasulyesi, kendir, turunçgil meyveleri, çay, kayısı, şeftali, armut vardır. Bunlara ek olarak, nasıl Avrasya'nın doğu-batı ekseni Çin'in bu hayvanlarının ve bitkilerinin eski zamanlarda batıya yayılmasına olanak verdiyse, Batı Asya'daki evcillerin de doğuya, Çin'e yayılmasına ve orada önemli hale gelmesine izin vermiştir. Eski Çin'in ekonomisine batının özellikle önemli katkısı buğday ile arpa, inek ile at, (biraz daha az önemli olmak üzere) koyun ve keçi olmuştur.

Dünyanın başka yerlerinde olduğu gibi Çin'de de yiyecek üretimi giderek "uygarlığın" XI-XIV. bölümlerde tartışılmış olan öteki belirtkelerinin ortaya çıkmasına yol açmıştır. Çinlilerin o eşsiz bronz sanatı geleneğinin kökleri MÖ üçüncü binyıla dayanır, bunun sonunda Çin MÖ yaklaşık 500 yılında dünyada dökme demir üretimini çok erken bir tarihte geliştirmiştir. Bunu izleyen 1500 yıl Çin'de, XIII. Bölüm'de sözü edildiği gibi, teknolojik icatların patladığı yıllar oldu; bu icatların arasında kâğıt, pusula, tekerlekli el arabası, barut da vardı. Duvarla çevrili kentler MÖ üçüncü binyılda ortaya çıktı, mezarlıklardaki basit süssüz mezarlarla çok süslü mezarlar yeni yeni ortaya çıkan sınıf farklılıklarına işaret ediyor. Hükümdarlarının halkın büyük emek gücünü harekete geçirebildiği çok katmanlı toplumların varlığını kanıtlayan bir başka şey de kentlerin çevresindeki kocaman koruma duvarları, büyük saraylar, son olarak da Kuzey Çin ile Güney Çin'i birbirine bağlayan (dünyanın en uzun, 1600 kilometre uzunluğundaki) Büyük Kanal'dır. Yazı MÖ ikinci binyıldan beri vardı ama belki de daha önce ortaya çıkmıştı. O zamanlar Çin'de boy gösteren kentler ve devletlerle ilgili arkeolojik bilgilerimize ek olarak Çin'in MÖ yaklaşık 2000 yılında ortaya çıkmış, ta Zia Hanedanlığı'na dayanan ilk hanedanlıklarının yazılı belgelerine de sahibiz.

Yiyecek üretiminin daha uğursuz yan ürünü olan bulaşıcı hastalıklara gelince, Eski Dünya içinde Eski Dünya kaynaklı en belli başlı hastalıkların nerede başladığını belirleyemiyoruz. Bununla birlikte, Avrupa'da Romalılar dönemine ve Orta Çağ'a ait yazılı belgelerde hıyarcıklı vebanın ve belki de çiçeğin doğudan gelmiş olduğu açıkça söyleniyor, o bakımdan bu mikroplar Çin ya da Doğu Asya kaynaklı olabilir. Grip hastalığının Çin'de ortaya çıkmış olma olasılığı daha yüksektir çünkü (grip mikrobunu insanlara geçirmiş olan) domuzlar Çin'de çok erken bir tarihte evcilleştirilmiş ve çok önemli duruma gelmiştir.

Büyüklüğü ve çevresel çeşitliliği yüzünden Çin içinde ayrı ayrı pek çok yerel kültürü barındırır, bunlar farklı çömlekçilik tarzları ve el ürünleri aracılığıyla arkeolojik olarak birbirlerinden ayırt edilebilirler. MÖ dördüncü binyılda bu yerel kültürler coğrafi olarak genişledi ve birbirleriyle etkileşmeye, yarışmaya ve birleşmeye başladılar. Çevresel olarak farklı bölgeler arasında evcillerin değiş tokuşu Çin'in yiyecek üretimini nasıl zenginleştirdiyse, kültürel bakımdan farklı bölgeler arasındaki değiş tokuş da Çin kültürünü, teknolojisini zenginleştirdi, birbiriyle savaşan şeflikler arasındaki şiddetli yarış daha büyük ve daha merkezi devletlerin oluşumunu körükledi (XIV. Bölüm).

Çin'in kuzey-güney eğimi tarım bitkilerinin yayılmasını geciktirdi ama bu eğim Amerika kıtalarında ya da Afrika'da olduğu gibi pek de önemli bir engel oluşturmadı, çünkü Çin'in kuzey-güney arası daha kısaydı; ayrıca Çin ne Afrika ve Kuzey Meksika'daki gibi bir çölle ne de Orta Amerika'daki gibi bir kıstakla ikiye bölünmüş durumdaydı. Tersine, Çin'deki doğu-batı yönündeki ırmaklar (kuzeyde Sarı Irmak, güneyde Yang-tze Irmağı) kıyı bölgeleriyle iç bölgeler arasında tarım ürünlerinin ve teknolojinin yayılmasını kolaylaştırıyordu, öte yandan bu iki ırmak sisteminin sonuçta kanallarla birleştirilmesine izin veren Çin'in doğu-batı yönündeki geniş toprakları ile nispeten

Fotoğraf 17. Güney Amerika'nın kuzey tropik bölgesinden bir Oyana erkeği 17-20. Fotoğraflar Güney Amerika yerlilerine ait.

Fotoğraf 18. Güney Amerika'nın kuzey tropik bölgesinde Yanomamö kabilesinden bir genç kız.

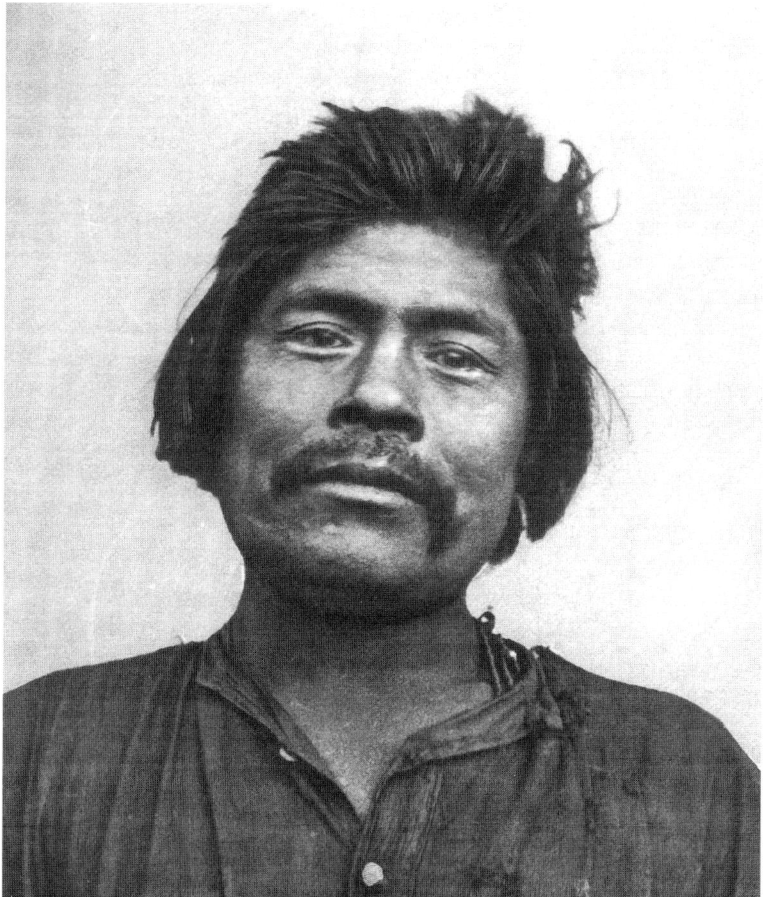

Fotoğraf 19. Güney Amerika'nın en güney ucundan bir Fuegialı erkek.

Fotoğraf 20. Güney Amerika'nın And dağlarından bir Quechua erkeği.

Fotoğraf 21. Batı Avrupalı (İspanyol) bir erkek. 21-24. fotoğraflar Avrasya'nın batı yarısında Hint-Avrupa dillerini konuşan insanlara ait.

Fotoğraf 22. Bir başka Batı Avrupalı: Charles de Gaulle, Fransız.

Fotoğraf 23. Üstte: İki İskandinav kadın (İsveçli oyuncu Ingrid Bergman ile kızı). Altta: Bir Ermeni erkeği, Batı Asyalı

Fotoğraf 24. Orta Asyalı Afgan askerleri.

Fotoğraf 25. Güney Afrika'nın, Botswana bölgesindeki Kalahari Çölü'nden bir Koisan kadını.

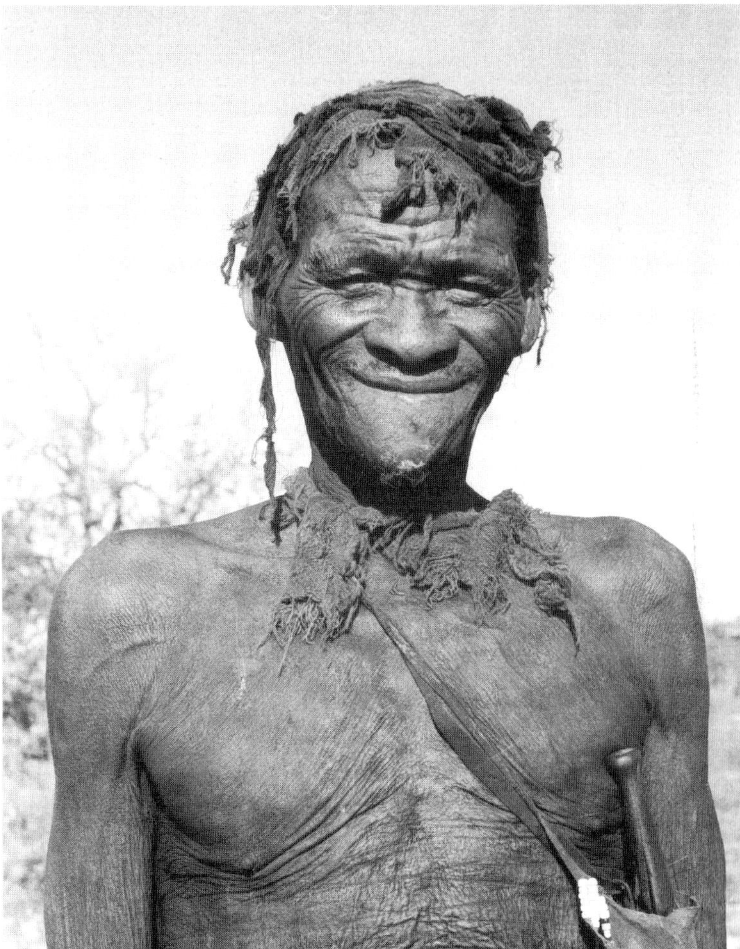

Fotoğraf 26. Güney Afrika'nın Botswana bölgesindeki
Kalahari Çölü'nden bir Koisan.

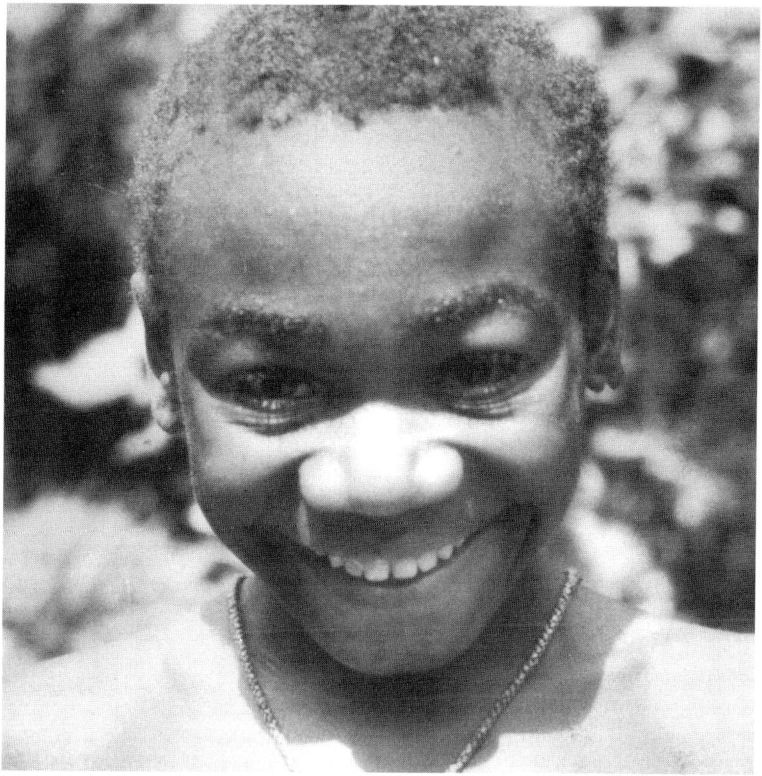

Fotoğraf 27. Afrika'nın Ekvator bölgesindeki
Ituri ormanında yaşayan bir Pigme.

Fotoğraf 28. Afrika'nın Ekvator bölgesindeki
Ituri ormanında yaşayan Pigmeler.

Fotoğraf 29. Doğu Afrika'da Nilo-Sahra dili konuşan
Sudanlı bir Nuer erkeği.

Fotoğraf 30. Afro-Asya dili konuşan bir Doğu Afrikalı: 1996 olimpiyatlarında Kenyalı Paul Tergat'ı geride bırakarak erkekler arası 10.000 metre koşusunu kazanan Etiyopyalı Haile Gebreselassie.

Fotoğraf 31. Doğu Afrika'da Bantu dışı bir Nijer-Kongo dili konuşan Sudanlı bir Zande kadını.

Fotoğraf 32. Bantu Nijer-Kongo dili konuşan
Güney Afrikalı Başkan Nelson Mandela.

yumuşak arazisi kuzey-güney doğrultusundaki değiş tokuşu da kolaylaştırıyordu. Bütün bu coğrafi etmenler Çin'in erken bir tarihte kültürel ve siyasal birliğini kurmasına katkıda bulunmuştur, oysa aynı yüzölçümüne ama daha engebeli bir araziye sahip, bu tür birleştirici ırmaklardan yoksun Batı Avrupa kültürel ve siyasal birleşmeye bugüne kadar direnmiştir.

Bazı gelişmeler Çin'de güneyden kuzeye yayılmıştır, özellikle demir eritmeciliği ve pirinç yetiştiriciliği. Ama asıl yayılma yönü kuzeyden güneye doğruydu. Bu eğilim yazı konusunda çok açık görülür: Batı Avrasya'da Sümer çiviyazısı, Mısır hiyeroglifi, Hitit, Minos, Sami alfabesi gibi yazı sistemleri bolluğundan geçilmezken Çin belgelerle kanıtlanmış tek bir yazı sistemi geliştirmiştir. Bu sistem Kuzey Çin'de olgunluğa ermiş, yayılmış ve yeni yeni gelişmeye başlayan başka sistemlerin ortaya çıkmasını engellemiş ya da onların yerini almış, evrimleşerek bugün Çin'de hâlâ kullanılan yazıya dönüşmüştür. Kuzey Çin toplumlarının güneye yayılan başka önemli özellikleri arasında bronz teknolojisi, Çin-Tibet dilleri, devlet oluşumu vardır. Çin'in ilk üç hanedanlığının hepsi de, Zia, Şang, Zou hanedanlıkları MÖ ikinci binyılda Kuzey Çin'de ortaya çıkmıştı.

Birinci binyıla ait olan ve günümüze kadar ulaşmış yazılı metinler Çin kökenli olanların Çin kökenli olmayan "barbarlar"a göre kendilerini genellikle üstün hissettiklerini (bugün hâlâ böyle hisseden pek çok insan var), Kuzey Çinlilerin Güney Çinlileri bile genellikle barbar saydıklarını gösteriyor. Örneğin, MÖ birinci binyılda Zou Hanedanlığının geç dönem yazarlarından biri Çin'in öteki halklarını şöyle tanımlıyor: "Bu beş bölgenin –Orta devletler ile Rong, Yi ve onların çevresindeki öteki yabani kabileler– halklarının hepsinin doğası değişik, doğalarını değiştirmeye de olanak yok. Doğudaki kabilelere Yi deniyor. Onlar saçlarını bağlamıyor ve gövdelerine dövme yaptırıyor. Bazıları yiyeceklerini ateşte pişirmeden yiyor." Zou yazarı güneyde, batıda, kuzeyde bulunan yaban kabileleri, ayaklarını içe basmak, alınlarına dövme yaptırmak, hayvan derisi giysiler giymek, mağaralarda yaşamak, tahıl yememek ve tabii yiyeceklerini çiğ çiğ yemek gibi aynı derecede barbarca işler yapan insanlar olarak anlatmaya devam ediyor.

Kuzey Çin'deki Zou Hanedanlığı tarafından ya da onları örnek alarak örgütlenmiş devletler MÖ birinci binyılda güneye doğru yayıldı, bu yayılma MÖ 221 yılında Çin'in Kin Hanedanlığı'nın yönetimi altında birleşmesiyle noktalandı. Bu dönemde okuryazar olmayan "barbarlar" okuryazar "uygar" Çin devletlerini kopya eder ya da özümserken, kültürel birlik de ivme kazandı. Bu kültürel birliğin bir kısmı çok sert bir şekilde sağlandı: Örneğin, ilk Kin imparatoru daha önce yazılmış bütün tarih kitaplarını işe yaramaz olarak niteleyip yakılmalarını emretti; bizim antik Çin tarihi ve yazısını anlayışımızı sarsan bir şey bu.

Kuzey Çin'deki Çin-Tibet dillerinin Çin'in çoğu bölgesine yayılmasında ve Miao-Yao ile öteki dil ailelerini bugünkü parçalı dağılıma zorlamasında bu ve bunun gibi sert önlemler rol oynamış olsa gerekir. Doğu Asya içinde Çin'in yiyecek üretimi, teknoloji, yazı, devlet oluşturma konusunda ilk adımları atması, Çin'deki yeniliklerin komşu bölgelerdeki gelişmelere büyük oranda katkısının olmasıyla sonuçlandı. Örneğin, MÖ dört bininci yıla kadar tropik Güneydoğu Asya'da hâlâ çoğunlukla, Vietnam'da Hoa Binh denen yerin adıyla anılan Hoabinh geleneğine uygun olarak çakıltaşlarından ve ince tabakalı taşlardan alet yapan avcı/yiyecek toplayıcıları yaşıyordu. Ondan sonra Çin kaynaklı tarım bitkileri, cilalı taş teknolojisi, köy hayatı, Güney Çin'dekine benzer çömlekçilik, belki de Güney Çin dil aileleriyle birlikte tropik Güneydoğu Asya'ya yayıldı. Burmaların, Laoların, Tayların Güney Çin'den güneye doğru o tarihsel genişleme hareketi Güneydoğu Asya'nın Çinlileştirilmesi olgusunun tamamlanmasını sağladı. Bugünkü bütün bu halklar Güney Çinli kuzenlerinin en son torunlarıdır.

Bu Çin silindiri öylesine eziciydi ki bölgenin bugünkü nüfusu arasında tropik Güneydoğu Asya'nın daha önceki halklarının çok az izi kaldı. Yok olan avcı/yiyecek toplayıcılardan geriye kalmış olan üç grup –Malaya Yarımadası'nın Semang Negritoları, Andaman Adaları halkları, Sri Lanka'nın Veddoid Negritoları– tropik Güneydoğu Asya'nın daha önceki sakinlerinin çağdaş Yeni Gineliler gibi esmer derili, kıvırcık saçlı olabileceğini, açık renk derili, düz saçlı Güney Çinlilere ve onların torunları olan tropik Güneydoğu Asyalılara benzemediğini düşündürtür bize. Güneydoğu Asya'daki o Negrito kalıntıları Yeni Gine'de koloni kuran kaynak nüfusun hayatta kalmış son üyeleri olabilir. Semang Negritoları komşu bölgelerdeki çiftçilerle ticaret yapan avcı/yiyecek toplayıcıları olarak kaldılar ama o çiftçilerden bir Avustro-Asya dili ödünç aldılar –tıpkı, daha sonra göreceğimiz, Filipin Negritolarının ve Afrika Pigmelerinin ticaret ortakları çiftçilerden aldıkları ödünç diller gibi. Yalnızca uzak Andaman Adaları'nda Güney Çin dil aileleriyle akraba olmayan diller yaşamaktadır – şimdiye kadar yüzlercesinin yok olmuş olması gereken yerli Güneydoğu Asya dillerinin yaşayan son örnekleri.

Kore ve Japonya bile Çin'den çok etkilenmiştir, ancak coğrafi olarak uzak oluşları, tropik Güneydoğu Asyalılar gibi dillerini, fiziksel ve genetik farklılıklarını kaybetmemelerinin güvencesi olmuştur. Kore ve Japonya MÖ ikinci binyılda Çin'den pirinci, MÖ birinci binyılda bronz madenciliğini, MS birinci binyılda yazıyı aldılar. Çin ayrıca Batı Asya'nın buğday ve arpasını da Kore ile Japonya'ya aktardı.

Doğu Asya uygarlığında Çin'in oynadığı ufuk açıcı rolü böylece belirtirken abartmamamız gerekir. Doğu Asya'daki bütün kültürel ilerlemelerin tohumu Çin'den gelmiş değildi, Koreliler, Japonlar, tropik Güneydoğu Asyalılar hiçbir katkıları bulunmayan, yaratıcılıkları olmayan barbarlar değillerdi. Dünyadaki en eski çömlekçilik işliklerinden bazılarını eski Japonlar geliştirmişti, yiyecek üretimi onlara ulaşmadan çok önce avcı/yiyecek toplayıcı olarak köylere yerleşmiş, Japonya'nın zengin deniz ürünü kaynaklarıyla geçimlerini sağlamışlardı. Bazı bitkiler belki de ilk ya da bağımsız olarak Japonya'da, Kore'de ve tropik Güneydoğu Asya'da evcilleştirilmişti.

Ama yine de Çin'in rolü ölçülemeyecek kadar büyüktür. Örneğin, Japonya'da ve Kore'de Çin kültürünün saygınlık derecesi hâlâ öylesine yüksektir ki Japonca sözleri gösterme açısından sakıncaları olmasına karşın Japonların Çin kökenli yazı sistemlerini terk etmek akıllarından bile geçmez; Kore ise o biçimsiz Çin kökenli yazısını ancak şimdi bırakıp o güzelim yerli han'gul alfabesine geçiyor. Japonya'da ve Kore'de yaşamayı sürdüren Çin yazısı 20. yüzyılda, aşağı yukarı 10.000 yıl önce Çin'de bitkilerin ve hayvanların evcilleştirildiğini gösteren canlı bir kalıttır. Doğu Asya'nın ilk çiftçilerinin başarıları sayesinde Çin Çinlileşti ve Tayland'dan (sonraki bölümde göreceğimiz gibi) Paskalya Adası'na kadar bütün halklar onların kuzenleri oldu.

XVII. Bölüm

Sürat Teknesiyle Polinezya'ya

Bana göre Büyük Okyanus adalarının tarihi, üç Endonezyalı arkadaşımla birlikte Endonezya Yeni Ginesi'nin başkenti Jayapura'da bir dükkâna girdiğimizde olan bir olayda gizlidir. Arkadaşlarımın adları Achmad, Wiwor ve Sauakari idi, dükkânı da Ping Wah adlı bir tüccar işletiyordu. Devletin bir subayı olan Achmad bir patron gibi davranıyordu çünkü onunla ikimiz yönetim adına bir çevre taraması gerçekleştiriyorduk ve Wiwor ile Sauakari'yi yerel birer yardımcı olarak tutmuştuk. Ama Achmad daha önce Yeni Gine'nin dağ ormanlarında hiç bulunmamıştı, neler satın alınması gerektiği konusunda hiç fikri yoktu. Çok komik şeyler oldu.

Arkadaşlarım dükkâna girdiğinde Ping Wah bir Çin gazetesi okuyordu. Wiwor ile Sauakari'yi görünce okumaya devam etti ama Achmad'ı fark eder etmez gazeteyi hemen tezgâhın altına tıkıştırdı. Achmad eline bir balta kafası aldı, Wiwor ile Sauakari gülmeye başladılar çünkü ters tutuyordu. Wiwor ile Sauakari ona nasıl tutması ve denemesi gerektiğini gösterdiler. Achmad ile Sauakari daha sonra Wiwor'un çıplak ayaklarına baktılar, hayat boyu çıplak ayakla gezmekten dolayı ayak parmakları yelpaze gibi yayılmıştı. Sauakari dükkânda bulunan en geniş ayakkabıyı aldı Wiwor'un ayağının yanına koydu ama ayakkabı yine de küçüktü, Achmad, Sauakari ve Ping Wah kahkahadan kırılıyorlardı. Achmad düz, siyah, kalın telli saçlarını taramak için plastik bir tarak aldı eline. Wiwor'un keçe gibi kıvırcık saçlarını görünce tarağı ona uzattı. Tarak hemen Wiwor'un saçına saplanıp kaldı, Wiwor çekince de kırıldı. Herkes güldü, Wiwor'un kendisi de. Altta kalmak istemeyen Wiwor, Achmad'a bol bol pirinç alması gerektiğini hatırlattı, çünkü Yeni Gine dağ köylerinde tatlı patatesten başka bir yiyecek bulamayacaktı, Achmad'ın midesi hapı yutacak demekti – daha çok gülüşüldü.

Bütün bu gülüşmelere karşın altta yatan gerilim hissedilebiliyordu. Achmad Cavalıydı, Ping Wah Çinli, Wiwor Yeni Gine'nin dağlık bölgesinden, Sauakari ise kuzey kıyıdaki ovalık bölgeden. Endonezya yönetimi Cavalıların elindeydi, Endonezya 1960'larda Batı Yeni Gine'yi kendisine bağlamış, Yeni Gine muhalefetini ezmek için bomba, makineli tüfek kullanmıştı. Achmad daha sonra kentte kalmaya karar verdi, ormandaki taramayı Wiwor ve Sauakari ile ben yapacaktım. Kararı bana Yeni Ginelilerin saçına hiç benzemeyen düz, kalın telli saçlarını göstererek açıkladı; bu saçlarla, arkasında ordu desteği olmadan uzak bir yerde Yeni Ginelilerle karşılaşırsa öldürülebileceğini söyledi.

Ping Wah gazeteyi saklamıştı çünkü Endonezya Yeni Gine'sine Çince yazılı şeyler ithal etmek sözde yasaktı. Endonezya'nın büyük bir bölümünde tüccarlar Çinli göçmenlerdir. Ekonomik üstünlüğü ellerinde tutan Çinlilerle siyasal üstünlüğü ellerinde tutan Cavalılar arasındaki gizli gizli süren karşılıklı korku 1966'da kanlı bir devrim şeklinde patlak vermişti, o zaman Cavalılar yüz binlerce Çinliyi kestiler. Yeni Gineli olarak hem Wiwor hem de Sauakari Cava diktatörlüğüne içerliyorlardı ama aynı zamanda birbirlerinin toplumlarını da küçümsüyorlardı. Dağlılar ovalıları sagu palmiyesi yiyen güçsüz insanlar diye horlarlar, ovalılar dağlıları –hem sık ve kıvırcık keçe saçları hem de saldırganlıkta ün salmışlıkları yüzünden– koca kafalı ilkeller olarak horlarlar. Wiwor ve Sauakari ile ormanda ıssız bir yerde kampımızı kurduktan bir iki gün sonra ikisi neredeyse balta baltaya geldiler.

Achmad'ın, Wiwor'un, Sauakari'nin ve Ping Wah'ın temsil ettiği gruplar arasındaki gerilimler, dünyanın dördüncü en kalabalık ülkesi

Endonezya'nın siyasetine de egemendir. Günümüzdeki bu gerilimlerin kökleri binlerce yıl öncesine dayanır. Belli başlı denizaşırı nüfus hareketlerini düşündüğümüz zaman genellikle Kolomb'un Amerika'yı keşfinden sonraki nüfus hareketleri ile bunun sonucunda tarihi kaydedilen zamanlarda Avrupalı olmayan nüfusun yerini Avrupalı nüfusun alışı üzerinde dururuz. Ama Kolomb'dan çok önce büyük denizaşırı hareketler ve Avrupalı olmayan halkların yerini yine Avrupalı olmayan başka halkların alması olayları da vardı. Achmad, Wiwor, Sauakari tarihöncesi dönemde Asya anakarasından Büyük Okyanus'a doğru hareket eden üç göç dalgasını simgeliyorlar. Wiwor'un dağlıları belki de 40.000 yıl önce ilk dalgayla Asya'dan gelip Yeni Gine'yi sömürgeleştirenlerin soyundan geliyorlar. Achmad'ın ataları Güney Çin kıyılarından yola çıkıp aşağı yukarı 4000 yıl sonra Cava'ya vardılar, orada Wiwor'un atalarının akrabası olan insanların yerini alma işini noktaladılar. Sauakari'nin ataları, Güney Asya'dan kalkan aynı dalganın parçası olarak Yeni Gine'ye yaklaşık 3600 yıl önce geldiler, Ping Wah'ın atalarıysa hâlâ Çin'de yaşıyor.

Achmad'ın atalarını Cava'ya, Sauakari'nin atalarını Yeni Gine'ye getiren, Avustronezya'nın genişlemesi olarak nitelenen hareket son 6000 yılın en büyük nüfus hareketiydi. Bu insanların bir kolu Polinezyalıları oluşturdu, Büyük Okyanus'un en uzak adalarına kadar gidip yerleştiler, Cilalı Taş Çağı halkları içinde denizcilikte en ileri halk onlardı. Bugün Avustronezya dilleri anadil olarak Madagaskar'dan Paskalya Adası'na kadar yeryüzünün yarısından fazla bir alanda konuşulmaktadır. Buzul Çağı'nın sona erişinden bu yana insanların nüfus hareketlerini konu alan bu kitapta, açıklanması gereken en önemli olgulardan biri olarak Avustronezya'nın genişlemesi olayı en önemli yere sahiptir. Niçin son kertede Çin anakarasından gelen Avustronezya halkı Cava'yı, Endonezya'nın geri kalanını kendi sömürgesi yaptı ve oranın asıl sahiplerinin yerini aldı da bunun tersi olmadı, yani Endonezyalılar Çin'i kendi sömürgeleri yapıp Çinlilerin yerini almadılar? Bütün Endonezya'ya yerleştikten sonra Avustronezyalılar niçin Yeni Gine'nin ovalık dar kıyı şeridi dışında başka yerlere yerleşemediler ve Wiwor'un halkını Yeni Gine'nin dağlık bölgesinden kovamadılar? Çin göçmenlerin torunları nasıl Polinezyalıya dönüştü?

Bugün Cava'nın, (en doğudakiler dışında) Endonezya adalarının, Filipinler'in nüfusu genellikle benzeşiktir. Dış görünüş ve gen bakımından bu adaların halkları Güney Çinlilere benzerler, hatta tropik Güneydoğu Asya insanlarına, özellikle de Malaya (Malakka) Yarımadası sakinlerine daha çok benzerler. Dilleri de aynı derecede benzeşiktir: Filipinler'de, Batı ve Orta Endonezya'da 374 dil konuşulur ama bunların hepsi yakın akraba dillerdir, Avustronezya dil ailesinin aynı alt-ailesine (Batı Malezya-Polinezya ailesine) girerler. Avustronezya dilleri Asya anakarasında ancak Malaya Yarımadası'na, Vietnam ve Kamboçya'da küçük birer cep kadar bir yere, Endonezya'nın en batıdaki Sumatra ve Borneo adalarına kadar ulaştı ama anakarada başka hiçbir yerde görülmüyorlar (bkz. Şekil 17.1). İngilizceye girmiş Avustronezyaca sözcükler arasında (Polinezyacadan) "taboo" (tabu) ve "tattoo" (dövme), (Filipinler'deki Tagalog dilinden) "boondoks" (ıssız yer), (Malaya dilinden) "amok" (cinnet), "batik" ve "orangutan" var.

Endonezya ve Filipinler'de görülen bu gen ve dil birliği her şeyden önce Çin'de egemen dil birliği kadar şaşırtıcı. Cava'da bulunan ünlü *Homo erectus* fosilleri hiç değilse Batı Endonezya'da bir milyon yıldır insanların yaşadığını kanıtlıyor. İnsanların genetik ve dilsel olarak evrimleşip farklılaşmak, tropik bölgeye uyum sağlamak (örneğin, pek çok öteki tropik bölge halkları gibi deri renklerinin siyahlaşması), için yeterince zamanları olmuştu – ama Endonezyalılar ve Filipinliler açık renk derili.

Avustronezya Dillerinin Dağılımı

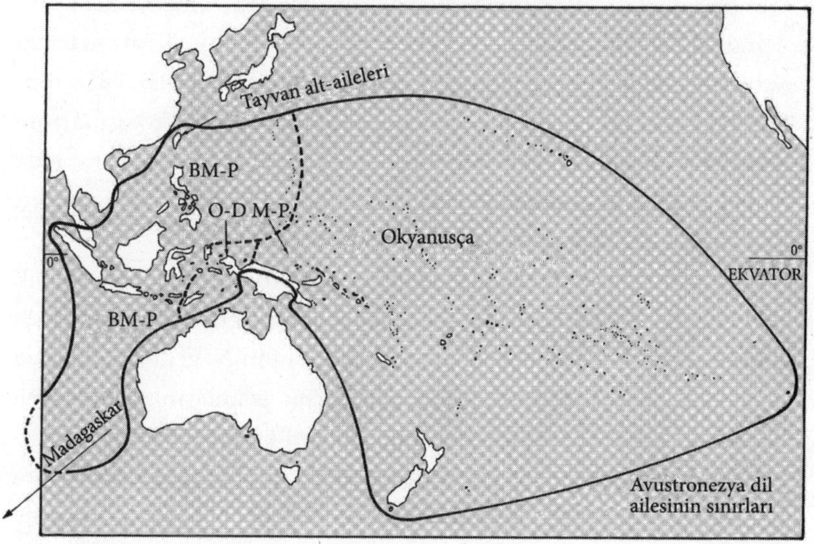

Şekil 17.1. Avustronezya dil ailesi dört alt-aileden oluşur, bunların üçü yalnızca Tayvan'da kullanılır, biri (Malezya-Polinezyaca) başka yerlere yayılmıştır. Bu alt-ailenin de iki alt-ailesi vardır, Batı Malezya-Polinezya dili (B M-P) ve Orta-Doğu Malezya-Polinezya dili (O-D M-P). Bu ikinci alt-alt-aile de dört alt-alt-alt-aileden oluşur: Doğuya çok yayılmış olan Okyanusça ile, Halmahera'yı, Doğu Endonezya'nın yakın adalarını, Yeni Gine'nin batı ucunu içine alan, batıda küçük bir bölgede kullanılan üç öteki dil.

Endonezyalıların ve Filipinlilerin açık renkli derileri ve genlerinin yanı sıra başka fiziksel özellikleri bakımından da tropik Güneydoğu Asyalılara ve Güney Çinlilere bu kadar benzemesi de şaşırtıcıdır. Bir haritaya şöyle bir göz atarsak, insanların 40.000 yıl önce Yeni Gine'ye ve Avustralya'ya ulaşmalarının tek yolunun Endonezya'dan geçtiğini açıkça görürüz, bu yüzden de bugünkü Endonezyalıların bugünkü Yeni Ginelilere ve Avustralyalılara benziyor olacaklarını safça umabiliriz. Aslında Filipin/Batı Endonezya bölgesinde Yeni Gineli benzeri ancak birkaç nüfus grubu vardır, en başta da Filipinler'in dağlık bölgesinde yaşayan Negritolar. Daha önce (XVI. Bölüm'de) tropik Güneydoğu Asya'dan söz ederken belirttiğim Yeni Gineliye benzeyen üç nüfus topluluğu nasıl eskinin kalıntısı ise, Filipin Negritoları da Wiwor'un halkının Yeni Gine'ye gelmeden önceki ataları olan toplumların kalıntıları olabilir. O Negritolar bile Filipinli komşularının konuştuğu Avustronezya dillerine benzer diller konuşuyorlar, bu da demektir ki (Malaya'nın Semang Negritoları ve Afrika'nın Pigmeleri gibi) onlar da ilk başlangıç dillerini kaybettiler.

Bütün bu olgular bize Avustronezya dillerini konuşan tropik Güneydoğu Asyalıların ya da Güney Çinlilerin yakın geçmişte Endonezya'ya ve Filipinler'e yayıldığını, Filipin Negritoları dışında o adalarda yaşayan nüfusun yerini aldıklarını, adalıların asıl dillerinin hepsinin yerine kendi dillerini kabul ettirdiklerini gösteriyor. Besbelli ki bu olay yakın bir geçmişte oldu ve sömürgecilerin derilerinin karalaşması için, ayrı dil ailelerinin ve genetik farklılıkların ya da genetik çeşitliliğin ortaya çıkması için zaman olmadı. Kuşkusuz Çin anakarasına egemen sekiz Çin diline göre çok daha fazla sayıda dilleri var, ama daha çeşitli değil. Filipinler'de ve Endonezya'da birbirine benzer pek çok dilin tomurcuklanması, adaların hiçbir zaman Çin gibi siyasal ve kültürel bir birlik yaşamadıklarını yansıtıyor yalnızca.

Dillerin dağılımının ayrıntıları Avustronezya'nın bu varsayılan genişlemesi sırasında izlediği yol konusunda bize değerli ipuçları sağlar. Avustronezya dil ailesi toplam 959 dilden oluşur, bu diller dört alt-aileye bölünmüştür. Ama bu alt-ailelerden biri, Malezya-Polinezyaca denen aile 959 dilin 945'ini kapsar ve Avustronezya ailesinin coğrafi yayılma alanının neredeyse bütününe yayılmıştır. Yakın geçmişte Hint-Avrupa dilleri konuşan Avrupalıların dünyaya yayılmasından önce Avustronezya dili dünyanın en çok konuşulan diliydi. Buradan anladığımıza göre, Malezya-Polinezyaca alt-ailesi Avustronezya ailesinin yakın geçmişte farklılaşmış bir koludur, anayurdu Avustronezya'dan çok uzak bölgelere yayılmıştır, pek çok yerel dilin ortaya çıkmasına yol açmıştır, bu yerel dillerin hepsi hâlâ birbiriyle yakın akraba dillerdir çünkü büyük dilsel farklılıkların gelişmesine elverecek kadar zaman geçmemiştir. Avustronezyacanın anayurdunu bu yüzden Malezya-Avustronezyacada değil öteki üç Avustronezyaca alt-ailesinde aramalıyız. Bu üç alt-aileyi hem birbirlerinden hem de Malezya-Polinezyacadan ayıran farklar, Malezya-Polinezyaca alt-ailelerinin aralarındaki farklılıklara göre hayli fazladır.

Malezya-Polinezyacanın dağılımıyla karşılaştırıldığında çok küçük kalan öteki üç alt-ailenin dağılımlarında bir tutarlılık göze çarpar. Hepsi Güney Çin anakarasının yalnızca 150 kilometre uzağında Tayvan Adası'ndaki yerlilerle sınırlıdır. Çinliler son bin yıl içinde büyük kitleler halinde yerleşmeye başlayıncaya kadar bu ada büyük oranda Tayvanlıların adasıydı. 1945'ten, özellikle de Çin komünistleri Çin milliyetçilerini 1949'da yenilgiye uğrattıktan sonra anakaradan daha çok insan geldi, bu yüzden şimdi yerliler Tayvan nüfusunun ancak yüzde ikisini oluşturuyorlar. Avustronezya dilinin dört alt-ailesinden üçünün Tayvan'da toplanmış olması bize, Avustronezya dillerinin en uzun süre konuşulduğu, bu yüzden faklılaşacak zamana sahip olduğu anayurdun, bugünkü Avustronezya ülkesi içinde, Tayvan Adası olduğuna işaret ediyor. O zaman Madagaskar Adası'ndaki dillerden tutun da ta Paskalya Adası'ndaki dillere kadar bütün öteki Avustronezya dilleri, Tayvan'dan başlayan bir nüfus genişlemesi sonucunda dal verecekti.

Şimdi arkeolojik kanıtlara dönebiliriz. Eskiden köylerin bulunduğu yerlerdeki kalıntıların arasında kemiklerin, çömlek kırıklarının yanı sıra fosilleşmiş sözcükler bulunmasa da bu kalıntılar, dillerle ilişkilendirilebilecek kültürel el ürünlerini ve insanların hareketlerini açığa çıkarır. Dünyadaki bütün öteki yerler gibi bugünkü –Tayvan, Filipinler, Endonezya, Büyük Okyanus adalarının pek çoğundan oluşan– Avustronezya ülkesinin büyük bir bölümünde de başlangıçta çanak çömlekleri, cilalı taş aletleri, evcil hayvanları, bitkileri olmayan avcı/yiyecek toplayıcılar yaşıyordu (Bu genellemenin dışında kalan örnekler Madagaskar, Doğu Malezya, Polinezya, Mikronezya gibi uzak adalardı; avcı/yiyecek toplayıcılar bu adalara asla ulaşmadılar, Avustronezya genişlemeye başlayıncaya kadar buralar boş kaldı).

Avustronezya ülkesi içinde farklı bir şeyin ilk işaretlerini Tayvan'da görüyoruz. MÖ yaklaşık dördüncü binyıldan başlamak üzere, Güney Çin anakarasındaki (Ta-p'en-k'eng adı verilen) çömlekçilikten türemiş olan farklı süslemelere sahip bir çömlekçilik üslubu ile cilalı taş aletler Tayvan'da ve Güney Çin anakarasının karşı kıyısında görüldü. Daha sonraki döneme ait eski Tayvan yerleşim yerlerinde bulunan pirinç ve akdarı kalıntıları tarımın varlığının kanıtlarıdır.

Tayvan'daki ve Güney Çin kıyısındaki Ta-p'en-k'eng yerleşim yerleri, balık ağlarını batırmaya yarayan taşların, kano oymaya yarayan keserlerin yanı sıra balık kemikleriyle ve yumuşakçaların kabuklarıyla doludur. Anlaşıldığına göre Tayvan'ın Cilalı Taş Çağı'ndaki bu ilk yerlileri derin deniz balıkçılığı yapacak ve adayı Çin kıyısından ayıran Tayvan Boğazı'nın iki yakası arasında düzenli bir deniz trafiğine sahip olacak kadar denizcilik biliyorlardı. Böylece Tayvan Boğazı, anakara Çinlilerinin daha sonra Büyük Okyanus'a yayılmalarına olanak sağlayacak olan açık deniz gemicilik becerilerini geliştirdikleri bir eğitim alanı olmuş olabilir.

Tayvan'ın Ta-p'en-k'eng kültürünü daha sonraki Büyük Okyanus adaları kültürüne bağlayan insan yapımı belli bir nesne vardır, o da ağaç kabuğu tokmağıdır. Taştan yapılan bu tokmak belli bazı ağaç türlerinin lifli kabuklarını döverek ip, balık ağı, giyecek yapmaya yarar. Büyük Okyanus halkları yün veren evcil hayvanların ve lifli bitkilerin ve dolayısıyla da dokuma kumaş giysilerin yayılma alanının dışında kalan yerlere yayıldıktan sonra, dövülen ağaç kabuklarından yapılan "kumaş"ları kullanmak zorunda kaldılar. 1930'a kadar batılılaşmayan geleneksel bir Polinezya adası olan Rennell Adası yerlileri bana Batılılaşmanın harika bir yan ürününün de adanın sessizleşmesi olduğunu söylemişlerdi. Her gün sabahın köründen akşama kadar ağaç kabuklarını dövüp kumaş yapanların gürültüsünden kurtulmuşlardı!

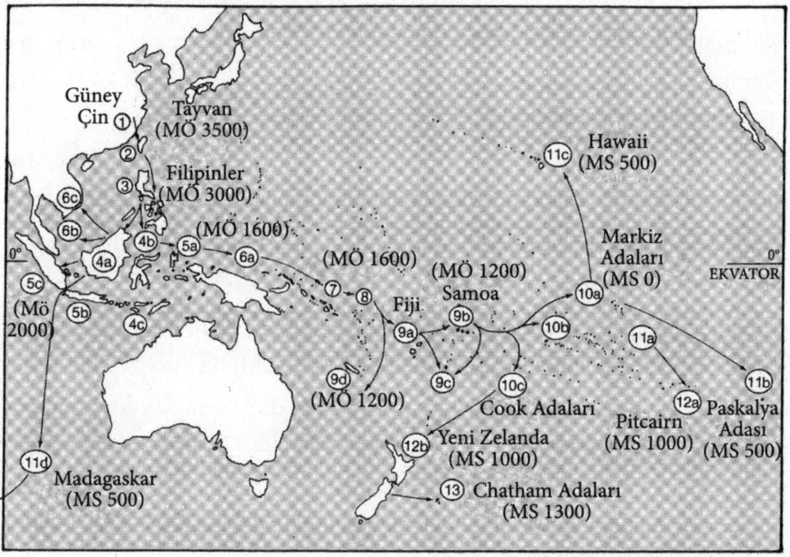

Şekil 17.2. Avustronezya'nın genişleme haritası, sınırlarının ulaştığı bölgeler ve yaklaşık tarihleri. 4a Borneo, 4b Selebes, 4c Timor (yaklaşık MÖ 2500). 5a Halmahera (MÖ yaklaşık 1600), 5b Cava, 5c Sumatra (MÖ yaklaşık 2000). 6a Bismarck Takımadaları (MÖ yaklaşık 1600), 6b Malaya Yarımadası, 6c Vietnam (MÖ yaklaşık 1000). 7 Solomon Takımadaları (MÖ yaklaşık 1600). 8 Santa Cruz. 9c Tonga, 9d Yeni Kaledonya (MÖ yaklaşık 1200). 10b Sosyete Adaları, 10c Cook Adaları. 11a Tuamotu Takımadaları (MS yaklaşık 1).

Ta-p'en-k'eng kültürü Tayvan'a ulaştıktan bir binyıl falan sonra arkeolojik kanıtlar bu kültürden türedikleri besbelli olan kültürlerin Tayvan'dan gittikçe daha uzaklara yayılıp bugünkü Avustronezya ülkesini kapladığını gösteriyor (Şekil 17.2). Kanıtlar arasında bilenmiş taş aletler, çanak çömlek, evcil domuzların kemik kalıntıları, tarım ürünü artıkları var. Örneğin, Tayvan'daki süslemeli Ta-p'en-k'eng çömleklerinin yerini, Filipinler'deki, Endonezya adaları Selebes ve Timor'daki kazı yerlerinde de bulunan süslemesiz ya da kırmızı çömlekler almış. Çömlekçilik, taş aletler, evcil hayvan ve bitkilerden oluşan bu kültür "paket"i MÖ yaklaşık 3000'de Filipinler'de, MÖ yaklaşık 2500'de Endonezya adaları olan Selebes, Kuzey Borneo ve Timor'da, MÖ yaklaşık 2000'de Cava ve Sumatra'da, MÖ yaklaşık 1600'de Yeni Gine bölgesinde görüldü. Daha sonra göreceğimiz gibi, bu kültür paketini taşıyanlar doğuya, Solomon Takımadaları'nın ötesinde Büyük Okyanus'un henüz yerleşilmemiş yerlerine doğru hızla yayılırken oralarda bu genişleme son hızına ulaştı. Genişlemenin MS 1'i izleyen binyıldaki son aşamaları insanları barındırabilme özelliğine sahip bütün Polinezya ve Mikronezya adalarının sömürgeleştirilmesiyle son buldu. Şaşırtıcı bir şekilde Hint Okyanusu'nu geçip Afrika'nın doğu kıyısına kadar batıya doğru da yayıldı, sonuçta Madagaskar Adası da sömürge oldu.

Hiç değilse bu genişleme Yeni Gine kıyısına dayanıncaya kadar, adalar arasındaki yolculuklar büyük olasılıkla, bugün hâlâ bütün Endonezya'da yaygın olarak kullanılan çift denge kayıkçığı olan yelkenli kanolarla yapılıyordu. Bu tekne tasarımı, dünyada denizlerden uzak iç bölgelerdeki su yollarında yaşayan geleneksel halklar arasında çok kullanılan basit, kütükten oyma kanolara göre önemli bir ilerlemeyi temsil ediyordu. Kütükten oyma kanolar büyük ağaç gövdelerinin içi oyularak ve uçları keserle biçimlendirilerek yapıldığı için, kanonun altı oyulduğu ağaç kütüğü kadar yuvarlak olur, bu yüzden içine yüklenen yüklerin dağılımı biraz dengesiz olduğunda kano ağır tarafa doğru yatar. Bu oyma kanolarla Yeni Gine ırmaklarında Yeni Gineliler beni ne zaman bir yere götürdülerse yolculuğum çoğunlukla korku içinde geçti: Sanki en küçük bir hareketimle kano alabora olacak, dürbünüm ile ben timsahların yanını boylayacaktık. Yeni Gineliler durgun ırmaklarda ve göllerde oyma kanoları kullanırken endişeliymiş gibi görünmemeyi başarırlar, ama orta derecede dalgalı bir denizde Yeni Gineliler bile oyma kanoları kullanamazlar. Bu yüzden de yalnızca Avustronezyalıların Endonezya'ya yayılması için değil Tayvan'da ilk sömürgenin kurulması için de dengeleyici bir alet çok önemli olsa gerekir.

Bunun çözümü teknenin iki yanına, tekneye paralel olarak ve 60-70 santim dışına iki küçük kütük ("denge kayıkçığı") bağlamak, denge kayıkçıklarına ve tekneye dik olarak mandallanmış sopalar aracılığıyla kayıkçıkları tekneye tutturmaktı. Tekne bir tarafa yatmaya başladığı zaman o taraftaki denge kayıkçığının su üzerinde yüzebilme özelliği sayesinde, teknenin alabora olması olanaksızlaşır. Çift denge kayıkçığı olan kanoların icadı Avustronezya'nın Çin anakarasından başlayan genişlemesini tetikleyen bir gelişme olmuş olabilir.

Arkeolojik ve dilsel kanıtların arasındaki çarpıcı tutarlılık, Tayvan'a, Filipinler'e, Endonezya'ya binlerce yıl önce cilalı taş kültürünü getiren insanların Avustronezya dillerini konuştukları, bugün hâlâ o adalarda oturan ve Avustronezya dilleri konuşan insanların ataları oldukları sonucunu desteklemektedir. Öncelikle, her iki türdeki kanıtlar da Güney Çin kıyısından başlayan yayılmanın ilk evresi olarak Tayvan'a yerleşildiğine, ikinci evre olarak Tayvan'dan sonra Filipinler'e ve Endonezya'ya geçildiğine işaret ediyor. Genişleme tropik Güneydoğu Asya'nın Malaya Yarımadası ndan başlayıp en yakın Endonezya adası Sumatra'ya, oradan öteki Endonezya adalarına, en sonunda da Filipinler ve Tayvan'a doğru ilerleseydi, Malaya Yarımadası ile Sumatra'nm bugünkü dilleri arasında, Avustronezya dil ailesinin (en büyük zaman aralığını yansıtan) en derin farklarını bulacaktık; Tayvan ve Filipin dilleri bir tek alt-aile içinde ancak yakın geçmişte farklılaşmış olacaktı. Oysa en derin farklar Tayvan'da görülmekte, Malaya Yarımadası'nda ve Sumatra'da konuşulan diller aynı alt-alt-aileye girmektedir: Malezya-Polinezya alt-ailesinin hayli yakın geçmişteki bir kolu olan Batı Malezya-Polinezya alt-ailesinin yine yakın geçmişteki bir kolu. Dilsel ilişkilerin bu ayrıntıları, Malaya Yarımadası'nın Tayvan, Filipinler, Endonezya'dan önce değil daha sonra ve yakın geçmişte istilaya uğradığını gösteren arkeolojik kanıtlarla uyuşuyor.

Arkeolojik kanıtlarla dilsel kanıtlar arasındaki bir başka tutarlılık da eski Avustronezyalıların kültürel bagajını oluşturan şeylerle ilgili. Arkeoloji bize çanak çömlek, domuz-balık kemikleri ve benzeri şeylerle kültürün dolaysız kanıtlarını sağlıyor. Yalnızca yazılı olmayan ana kaynakları bilinmeyen çağdaş dilleri inceleyen bir dilcinin, 6000 yıl önce Tayvan'da yaşayan Avustronezyalıların domuzlarının olup olmadığını nereden anlayabileceğini merak edebilir insan. Bunun yolu yok olmuş eski dillerin (öndillerin) sözcük dağarını, o dillerden türemiş çağdaş dillerin sözcük dağarlarını karşılaştırarak yeniden oluşturmaktır.

Örneğin, Hint-Avrupa dil ailesine giren, İrlanda'dan Hindistan'a kadar yayılmış dillerin çoğunda "koyun" anlamına gelen sözcükler birbirine hayli benzemektedir: Litvanyacada, Sanskritçede, Latincede, İspanyolcada, Rusçada, Yunancada, İrlandacada sırasıyla "avis", "avis", "ovis", "oveja", "ovtsa", "owis" ve "oi"dir (İngilizcedeki "sheep" [koyun] sözcüğü besbelli ki başka bir kökten gelmektedir ama İngilizce asıl kökü "ewe" [dişi koyun] sözcüğünde korumuştur). Çeşitli çağdaş Hint-Avrupa dillerinin tarihleri boyunca geçirdikleri ses değişmelerini karşılaştırmak bize yaklaşık 6000 yıl önce konuşulan ve bu dillerin atası olan Hint-Avrupa dilinde sözcüğün ilk biçiminin "owis" olduğunu gösteriyor. Yazılı olmayan bu ata dile Ön Hint-Avrupa dili denir.

Açıkça anlaşıldığına göre, Ön Hint-Avrupalıların 6000 yıl önce, arkeolojik kanıtların da gösterdiği gibi, koyunları vardı. Onların, "keçi", "at", "tekerlek", "erkek kardeş", "göz" gibi sözcükler de içinde olmak üzere yaklaşık 2000 başka sözcüğünü aynı şekilde ortaya koymak olasıdır. Ama "tüfek" sözcüğünün Ön Hint-Avrupa dilindeki haline ulaşamazsınız, bu sözcük çağdaş Hint-Avrupa dillerinde farklı köklerden gelir: İngilizcede "gun"dır, Fransızcada "fusil", Rusçada "ruzhyo", vb. Bunun bizi şaşırtmaması gerekir çünkü ancak son binyıl içinde icat edilmiş olan tüfek için 6000 yıl önce insanların bir sözcüğü olamazdı. "Tüfek" sözcüğü için eskiden kalma ortak bir kök olmadığı için her Hint-Avrupa dili tüfekler icat edildiği zaman kendi sözcüğünü icat etmek ya da ödünç almak zorunda kaldı.

Aynı yöntemle çağdaş Tayvan, Filipin, Endonezya ve Polinezya dillerini karşılaştırıp çok eski geçmişte konuşulan Ön Avustronezya diline ulaşabiliriz. Bu Avustronezya dilinde örneğin "iki", "kuş", "kulak", "baş biti" anlamına gelen sözcüklerin bulunması kimseyi şaşırtmaz, çünkü elbette Avustronezyalılar ikiye kadar sayabiliyor, kuşları biliyorlardı, kulakları ve bitleri vardı. İşin daha ilginç yanı bu yeniden oluşturulan dilde "domuz", "köpek", "pirinç" anlamına gelen sözcüklerin bulunması, demek ki bunlar Avustronezya kültürünün bir parçasıydı. Bu yeniden oluşturulan dil denizcilik ekonomisine işaret eden sözcüklerle dolu: "Denge kayıkçığı olan kano", "yelken", "dev istiridye", "ahtapot", "balık tuzağı", "deniz kaplumbağası" gibi. Her nerede ve ne zaman yaşamışlarsa, Ön Avustronezyalıların kültürüyle ilgili bu dilsel ipuçları, yaklaşık 6000 yıl önce Tayvan'da yaşamış, denize alışkın, yiyecek üreticisi insanlarla, çömlekçilikle ilgili arkeolojik ipuçlarına uyuyor.

Yine aynı yöntem kullanılarak Tayvan'dan göç ettikten sonra Avustronezyalıların konuştukları Malezya-Polinezya dilinin atası olan Ön Malezya-Polinezya dili de yeniden oluşturulabilir. Ön Malezya-Polinezya dilinde taro, ekmek meyvesi, muz, yam, kakao gibi pek çok tropik tarım bitkisi için sözcük var, Ön Avustronezya dilinde bu sözcüklerin asıllarını ekleştirip bulamazsınız. Bu bakımdan dilsel ipuçları Avustronezyalıların Tayvan'dan göç ettikten sonra dağarcıklarına pek çok tropik tarım bitkisini kattıklarını gösteriyor. Bu sonuç arkeolojik ipuçlarıyla da uyuşuyor: Sömürgeci çiftçiler (Ekvator'un aşağı yukarı 23 derece kuzeyinde bulunan) Tayvan'dan çıkıp güneye, ekvatorun tropik bölgelerine doğru yayılırken Büyük Okyanus'un tropik bölgesine götürdükleri tropik köklere ve ağaç ürünlerine gittikçe daha çok bel bağlar duruma geldiler.

Güney Çin'den Tayvan yoluyla gelen ve Avustronezya dili konuşan bu çiftçiler Filipinler'de ve Batı Endonezya'da yaşayan yerli avcı/yiyecek toplayıcı nüfusu, bu insanlardan pek az genetik ipucu kalacak ve hiç dilsel ipucu kalmayacak şekilde nasıl böyle bütünüyle yok ettiler? Bunun nedenleri, Avrupalıların son iki yüzyıl içinde Avustralya yerlilerinin yerini almasının ya da onları yok etmesinin nedenlerine, daha önce Güney Çinlilerin tropik Güneydoğu Asya'nın asıl nüfusunun yerini almasının nedenlerine benzemektedir: Çiftçilerin nüfuslarının çok daha kalabalık oluşu, üstün aletlere ve silahlara sahip olmaları, gemilerinin ve denizcilik becerilerinin daha gelişmiş olması, salgın hastalıklara karşı avcı/yiyecek toplayıcıların değil çiftçilerin biraz dirençli olması. Asya anakarasında Avustronezya dili konuşan çiftçiler aynı şekilde Malaya Yarımadası'nda daha önceki avcı/yiyecek toplayıcıların yerini alabildiler çünkü Avustronezyalılar yarımadaya güneyden ve doğudan (Endonezya adaları Sumatra ve Borneo'dan) gelip yarımadaya kuzeyden (Tayland'dan) gelen ve Avustro-Asya dili konuşan çiftçilerin sömürge kurdukları zamanda sömürge kurdular. Öteki Avustronezyalılar Güney Vietnam'ın ve Kamboçya'nın güney bölgelerine demir atmayı başardılar ve bu ülkelerde bugünkü Han azınlığının ataları oldular.

Bununla birlikte Avustronezya çiftçileri daha öteye, Asya anakarasının güneydoğusuna yayılamadılar çünkü Avustro-Asya ve Tay-Kaday çiftçileri daha önceki avcı/yiyecek toplayıcıların yerine yerleşmişlerdi ve çünkü Avustronezya çiftçilerinin Avustro-Asya ve Tay-Kaday çiftçileri karşısında hiçbir üstünlükleri yoktu. Avustronezya dillerini konuşanların kökenlerinin Güney Çin kıyıları olduğu sonucuna varmamıza karşın Avustronezya dilleri bugün Çin anakarasının hiçbir yerinde konuşulmamaktadır, bunun nedeni Çin-Tibet dillerini konuşanların güneye doğru yayılışları sırasında bu dillerin elenmiş yüzlerce eski Çin dili arasında bulunması olabilir. Ama Avustronezya dil ailesine en yakın dil ailelerinin Tay-Kaday, Avustro-Asya, Miao-Yao olduğuna inanılmaktadır. Dolayısıyla, Çin'deki Avustronezya dilleri Çin hanedanlıklarının sert saldırılarına dayanamamış olabilir, ama onların kardeşleri ve kuzenleri olan bazı diller bunu başardılar.

Avustronezya'nın Güney Çin kıyılarından başlayan, Tayvan ve Filipinler üzerinden batıya ve Orta Endonezya'ya kadar 4000 kilometrelik genişleme sürecinin ilk evrelerini gözden geçirmiş bulunuyoruz. Bu genişleme sırasında Avustronezyalılar bu adalarda, deniz kıyısından tutun da iç bölgelere kadar, ovalık yerlerden tutun da dağlık bölgelere kadar yerleşilebilecek ne kadar yer varsa hepsine yerleştiler. Domuz kemikleri, düz kırmızı süslemeli çömlekler de içinde olmak üzere bilinen arkeolojik işaretlerine bakılırsa onlar MÖ 1500'de, yüksek dağları olan Yeni Gine Adası'nın batı kıyısından uzaklığı 320 kilometreyi bile bulmayan Doğu Endonezya adası Halmahera'ya ulaşmış olmalılar. Tıpkı yüksek dağları olan Selebes, Borneo, Cava, Sumatra adalarını istila ettikleri gibi onu da istila etmeye kalkıştılar mı?

Kalkışmadılar, bunu anlamak için bugünkü Yeni Ginelilerin yüzlerine şöyle bir bakmak yeter, ayrıca Yeni Gineliler üzerinde yapılan ayrıntılı incelemeler de bunu doğruluyor. Arkadaşım Wiwor ile bütün öteki Yeni Gineli dağlılar, kara derileri, sık kıvırcık saçları ve yüz şekilleri bakımından Endonezyalılardan, Filipinlilerden, Güney Çinlilerden açıkça farklılar. Yeni Gine'nin iç ovalık bölgesinde ve güney kıyısında yaşayanların çoğu dağlılara benzer ama tek farkları genellikle boylarının daha uzun olmasıdır. Genetikçiler Yeni Gine dağlılarının kan örneklerinde Avustronezyalılara özgü bir gen özelliği bulmayı başaramadılar.

Ama Yeni Gine'nin kuzey ve doğu kıyılarının, Yeni Gine'nin kuzey ve doğusundaki Bismarck ve Solomon Takımadaları'nın halkları çok daha karmaşık bir tablo oluştururlar. Görünüşte benzerlik oranı değişmekle birlikte Wiwor gibi dağlılarla Achmad gibi Endonezyalılar arası bir görünüşleri vardır ama ortalama olarak Wiwor'a hayli yakındırlar. Örneğin, kuzey kıyılı arkadaşım Sauakari'nin saçları dalgalı, ne Achmad'ınki gibi düz ne de Wiwor'unki gibi kıvırcık; derisinin rengi Wiwor'unkinden biraz açık ama Achmad'ınkine göre hayli koyu. Bismarck ve Solomon'da yaşayan adalılar ile kuzey kıyı bölgesinin Yeni Ginelileri genetik olarak % 15 Avustronezyalı, % 85 Yeni Gine dağlılarına benziyorlar. Demek ki Avustronezyalılar Yeni Gine bölgesine kadar ulaştılar ama adanın iç bölgelerine kadar tamamıyla sokulmayı başaramadılar ve Yeni Gine'nin kuzey kıyısı ile adalarda yaşayan bir önceki halk tarafından seyreltildiler.

Çağdaş diller aslında bize aynı öyküyü anlatıyor ama bazı ayrıntılar ekliyor. Papua dilleri denen Yeni Gine dillerinin çoğunun dünyanın başka yerlerindeki hiçbir dil ailesiyle akrabalıklarının olmadığını XV. Bölüm'de açıklamıştım. Yeni Gine dağlarında, Yeni Gine'nin bütün güneybatı, güney orta ovalık bölgesinde, Yeni Gine'nin kuzey kıyı ve iç bölgelerinde konuşulan her dil, hiç istisnasız, Papua dilidir. Ama Avustronezya dilleri hemen kuzey ve güneydoğu kıyılarında dar bir şerit oluşturan bir bölgede konuşulur. Bismarck ve Solomon adalarında konuşulan dillerin çoğu Avustronezya dilidir: Papua dilleri ancak birkaç adada bazı yalıtılmış köşelerde konuşulur.

Bismarck ve Solomon adaları ile Yeni Gine'nin kuzey kıyılarında konuşulan diller, Halmahera'da ve Yeni Gine'nin batı ucunda konuşulan dillerin alt-alt-ailesinin, Okyanus Dili denen alt-alt-ailesi olarak birbiriyle akrabadır. Bu dilsel ilişki Yeni Gine bölgesinde Avustronezya dili konuşanların, bir haritanın da göstereceği gibi, Halmahera yoluyla geldiklerini doğrular. Avustronezya ve Papua dillerinin ayrıntıları ve bu dillerin Kuzey Yeni Gine'deki dağılımları Avustronezyalı istilacılar ile Papuaca konuşan yerliler arasında uzun yıllar sürmüş bir ilişkiye tanıklık etmektedir. Bölgedeki hem Avustronezya hem de Papua dilleri birbirlerinin sözcük dağarcıklarından ve dilbilgisinden öyle çok etkilenmişlerdir ki bazı dillerin temelde Papua dilinden etkilenmiş bir Avustronezya dili mi yoksa Avustronezya dilinden etkilenmiş Papua dili mi olduğunu bilmek güçtür. Kuzey kıyı boyunca ya da kıyıyı çevreleyen adalarda köy köy dolaşırken Avustronezya dilinin konuşulduğu bir köyden sonra Papua dilinin konuşulduğu bir köye, arkasından yine Avustronezya dilinin konuşulduğu bir köye gelirsiniz, dilsel sınırlarda hiçbir genetik kopuşma da olmaz.

Bütün bunlar bize Avustronezyalı istilacılarla Yeni Gine'nin asıl sahiplerinin Yeni Gine'nin kuzey kıyılarında ve kuzey adalarında binlerce yıldır ticaret yaptıklarını, birbirleriyle evlendiklerini, birbirlerinin genlerini ve dillerini devraldıklarını gösteriyor. Uzun sürmüş bu ilişkiler sonunda Avustronezyalıların genlerinden çok dilleri yayıldı, o yüzden bugün Bismarck ve Solomon adalarında yaşayanlar, görünüşleri ve genlerinin çoğu bakımından hâlâ Papualı olmasına karşın Avustronezya dillerini konuşuyorlar. Ama Avustronezyalıların ne genleri ne de dilleri Yeni Gine'nin iç bölgelerine kadar yayılabildi. Yeni Gine istilası böylece Borneo, Selebes, öteki büyük Endonezya adalarının istilasına hiç benzemedi, oraların daha önceki sahiplerinin genlerinin de dillerinin de neredeyse bütün izlerini silindir gibi ezip geçmişlerdi. Yeni Gine'de nelerin olduğunu anlamak için gelin şimdi arkeolojik kanıtlara dönelim.

Yaklaşık MÖ 1600'de, Avustronezyalıların yayılışlarının işaretleri olan şeylerin –domuzların, tavukların, köpeklerin, kırmızı süslü çanak çömleklerin, bilenmiş taş keserlerin, dev istiridye kabuklarının– Halmahera'da görüldüğü hemen hemen aynı zamanlarda bunlar Yeni Gine bölgesinde de görüldü. Ama Avustronezyalıların oraya gelişlerini daha önce Filipinler'e ve Endonezya'ya gidişlerinden ayıran iki özellik var.

Bunların birincisi, ekonomik yönden önemi olmayan ama arkeologların erken dönem Avustronezya yerleşim yerlerini hemen tanımalarını sağlayan estetik özelliklerle, çanak çömlek tasarımlarıyla ilgili. Filipinler'deki ve Endonezya'daki erken dönem Avustronezya çanak çömlekleri süslemesizken Yeni Gine bölgesindeki çanak çömlekler yatay bantlar halinde geometrik şekillerle süslüydü. Bunun dışında çanak çömleklerde Endonezya'daki erken dönem Avustronezya çömleklerinin ayırıcı özelliği olan tas biçimi ve kırmızı kil kullanımı devam ediyordu. Besbelli ki Yeni Gine bölgesine yerleşen Avustronezyalıların aklına, belki de ağaç kabuklarından yaptıkları kumaşlarda ve gövdelerine yaptıkları dövmelerde zaten kullandıkları geometrik şekillerden esinlenerek çömleklerine "dövme" yapmak geldi. Bu üsluba Lapita üslubu deniyor, Lapita adı bu üslubun tanımlandığı yer olan arkeolojik kazı yerinin adından geliyor.

Yeni Gine bölgesindeki erken dönem Avustronezya yerleşim yerlerinin çok daha önemli bir ayırıcı özelliği dağılımlarıdır. Filipinler ve Endonezya'da bilinen en eski Avustronezya yerleşim yerleri bile Luzon, Borneo ve Selebes gibi büyük adalarda bulunur, oysa Yeni Gine bölgesinde bunun tam tersine Lapita çanak çömlekleri gerçekten de yalnızca uzak ve büyük adaları çevreleyen küçük adacıklarda görülür. Bugüne kadar Lapita çanak çömlekleri Yeni Gine'nin kendisinin yalnızca kuzey kıyısında yalnızca bir tek yerde (Aitape'de), Solomon adalarındaysa iki yerde bulunmuştur. Yeni Gine bölgesinde Lapita merkezlerinin çoğu Bismarcklar'da, büyük Bismarck adalarının açıklarındaki adacıklarda, pek ender olarak da büyük adaların kıyı bölgelerindedir. Lapita çanak çömleklerini yapanlar (daha sonra göreceğimiz gibi) denizlerde binlerce kilometrelik yolculuklar yapabilen insanlardı, bu bakımdan köylerini birkaç kilometre ötedeki büyük Bismarck adalarına ya da 40-50 kilometre ötedeki Yeni Gine'ye taşıyamamaları kuşkusuz oralara gidemediklerinden değildi.

Lapita merkezlerinde yapılan arkeolojik kazılarda çıkan çöplere bakarak Lapita geçim kaynaklarının neler olduğunu kestirebiliriz. Lapita insanları büyük oranda geçimlerini denizden sağlıyor, balık, yunus, deniz kaplumbağası, köpekbalığı, kabuklu deniz hayvanları yiyorlardı. Domuzları, tavukları, köpekleri vardı, (Hindistan ceviziyle birlikte) pek çok ağacın kabuklu meyvelerini yerlerdi. Belki de taro, yam gibi alışılmış Avustronezya kök bitkilerini de yiyiyorlardı ama bu ürünlerin kanıtlarını bulmak güç çünkü çöp yığınları içinde yumuşak köklerin küçük kabuklu meyvelerin kabukları kadar direnme şansı yoktur.

Doğal olarak Lapita çömleklerini yapan kişilerin bir Avustronezya dili konuştuğunu doğrudan doğruya kanıtlamak olanaksız. Yine de bu çıkarımı fiilen kesinleştiren iki olgu var. Birincisi, çömleklerin üzerindeki süslemeler dışında çömleklerin kendisi ve onlarla ilişkili kültürel araç gereçler, bugün Avustronezya dili konuşan toplumların atalarının Endonezya ile Filipinler'deki yerleşim yerlerinde bulunan kültürel kalıntılarla benzeşiyor. İkincisi, Lapita çanak çömlekleri daha önce yerleşmiş insanların bulunmadığı uzak Büyük Okyanus adalarında da görülüyor, Lapita çömlekçiliğini getiren yerleşim dalgasından sonra ikinci önemli bir yerleşim dalgasının geldiğine dair kanıtlar da yok, bugünkü halkı (aşağıda görüleceği gibi) bir Avustronezya dili konuşuyor. Böylece Lapita çanak çömleklerini Avustronezyalıların Yeni Gine bölgesine geldiklerinin bir işareti saymak yanlış olmaz.

Büyük adaların yanı başındaki adacıklarda o Avustronezya çömlekçileri ne yapıyordu? Belki de Yeni Gine bölgesinde yakın zamanlara kadar yaşamış olan bugünkü çömlekçiler gibi yaşıyorlardı. 1972'de, Büyük bir Bismarck adası olan New Britain Adası'nın açıklarında bulunan orta büyüklükteki Umboi Adası'nın açıklarındaki Siassi ada topluluğunda yer alan Malai Adacığı'ndaki bir köyü ziyaret etmiştim. Kuşları araştırmak üzere Malai kıyılarına ayak bastığımda karşılaştığım manzara beni çok şaşırtmıştı. Bütün köyü besleyecek kadar büyük bahçelerle sarılmış alçak kulübelerden, kumsala çekilmiş birkaç kanodan oluşan bir köy yerine karşımda çoğunlukla iki katlı, bahçe yapılacak yeri olmayan bitişik evlerle dolu bir Malai vardı – Manhattan şehir merkezinin Yeni Gine eşdeğeri. Kumsalda yan yana dizilmiş büyük kanolar duruyordu. Meğer Malai Adası'nda balıkçılık kadar çömlekçilik, oymacılık, ticaret de çok gelişmiş durumdaymış, insanlar hayatlarını güzel süslemeli çanak çömlekler, tahta kâseler yaparak, onları kanolarıyla büyük adalara götürerek, mallarının karşılığında domuz, köpek, sebze, daha başka gerekli şeyler alarak geçiriyorlarmış. Malai kanolarının kerestesini bile, Malai Adası'nda kano olarak oyulabilecek büyüklükte ağaç olmadığı için, biraz ötede Umboi Adası'ndaki köylülerle yaptıkları ticaret aracılığıyla elde ediyorlarmış.

Avrupa'da gemicilik gelişmeden önce Yeni Gine bölgesinde adalar arasındaki ticaret böyle kano yapabilen, gemicilik aletleri olmadan denizlerde seyretmeyi becerebilen, kıyıların açıklarındaki adacıklarda ya da bazen anakaraların kıyı köylerinde yaşayan çömlekçilerin tekelindeydi. Ben 1972'de Malai'ye gittiğimde bu yerli ticaret ağları yok olmuş ya da küçülmüştü, bunun bir nedeni Avrupalıların motorlu tekneleriyle ve alüminyum kaplarıyla yarışmanın olanaksızlığıydı; bir başka nedeni ise Avustralya sömürge yönetiminin kanolarla uzun mesafeli yolculukları, tüccarların bazı deniz kazalarında hayatlarını kaybetmeleri üzerine yasaklamış olmasıydı. Bir tahminde bulunup

MÖ 1600'den sonraki yüzyıllarda Yeni Gine bölgesinde adalar arası ticareti Lapita çömlekçilerinin ellerinde bulundurduklarını söyleyeceğim.

Avustronezya dilleri Yeni Gine'nin kuzey kıyı bölgesine, hatta en büyük Bismarck ve Solomon adalarına daha çok ancak Lapita döneminden sonra yayılmış olsa gerekir, çünkü Lapita yerleşim yerleri Bismarck adacıklarında toplanmış durumdaydı. Lapita üslubundan türemiş olan çömlekçilik Yeni Gine'nin güneydoğu yarımadasının güney tarafında yaklaşık MS 1 yılına kadar görünmedi. Avrupalılar 19. yüzyıl sonlarında Yeni Gine'yi keşfe başladıkları zaman Yeni Gine'nin güney kıyısının geri kalan her yeri hâlâ yalnızca Papua dilleri konuşan insanlar barındırıyordu, oysa Avustronezya dilleri konuşan nüfuslar yalnızca güneydoğu yarımadasına değil, aynı zamanda (Batı Yeni Gine'nin güney kıyısından 110-120 kilometre açıklardaki) Aru ve Kei adalarına da yerleşmişlerdi. Böylece Avustronezyalıların yakın üslerden gelerek Yeni Gine'nin iç bölgelerinde ve güney kıyılarında sömürge kurmak için binlerce yılları olmuştu ama bunu asla yapmadılar. Hatta Kuzey Yeni Gine'nin kıyı şeridini sömürgeleştirdilerse, genetik olarak değil dilsel olarak yaptılar bu işi: Kuzey kıyı bölgesindeki bütün halklar gen bakımından büyük oranda Yeni Gineli olarak kaldı. En fazla bazıları, toplumları birbirine bağlayan sınırötesi ticaret erbabıyla iletişim kurabilmek için yalnızca Avustronezya dillerini kabul etti.

Dolayısıyla, Avustronezyalıların Yeni Gine bölgesine yayılmalarının sonucu Endonezya ve Filipinler'dekinin tam tersiydi. Bu ikincilerde yerli nüfus yok oldu – belki topraklarından atıldılar, öldürüldüler, hastalık kaptılar ya da istilacılar tarafından eritildiler. Yeni Gine bölgesindeyse yerli nüfus çoğunlukla istilacıları topraklarına sokmadı. İstilacılar (Avustronezyalılar) ikisinde de aynı insanlardı, daha önce benim ileri sürdüğüm gibi, Avustronezyalıların kovduğu Endonezya'nın asıl yerli halkı gerçekten de Yeni Ginelilerle akrabaysa, o zaman yerli nüfuslar da genetik olarak birbirlerinin benzeri olabilir. Farklı sonuçlar nereden çıkıyor?

Endonezya'nın ve Yeni Gine'nin farklı kültürel koşullarını göz önüne alırsanız yanıt apaçık ortaya çıkar. Avustronezyalılar gelmeden önce Endonezya'nın çoğu bölgesinde cilalı taş aletleri bile olmayan avcı/yiyecek toplayıcılar seyrek bir halde yaşıyordu. Oysa Yeni Gine'nin yüksek bölgelerinde belki de Yeni Gine'nin ovalık bölgelerinde ve ayrıca Bismarck, Solomon adalarında yiyecek üretimi binlerce yıldır yapılmaktaydı. Yeni Gine'nin yüksek bölgeleri çağdaş dünyanın herhangi bir yerindeki en kalabalık nüfuslu Taş Çağı halklarından bazılarını besliyordu.

Bu yerleşik Yeni Gine nüfuslarıyla yarışmak için Avustronezyalıların ellerinde pek az kozları vardı. Taro, yam, muz gibi Avustronezyalıların geçim kaynaklarını oluşturan tarım bitkilerinin bazıları belki de Avustronezyalılar gelmeden önce Yeni Gine'de bağımsız olarak evcilleştirilmişti. Yeni Gineliler Avustronezyalıların tavuklarını, köpeklerini, özellikle domuzlarını kendi yiyecek üretimi ekonomilerinin içine katmaya dünden hazırdılar. Ayrıca Yeni Gineliler taşları zaten cilalıyorlardı. Tropik hastalıklara karşı en azından Avustronezyalılar kadar dirençliydiler çünkü Avustralyalılar gibi onlar da sıtmaya karşı beş türlü genetik korumayla donatılmıştı, bu genlerin bazıları ya da hepsi Yeni Gine'de bağımsız olarak evrimleşmişti. Yeni Gineliler Lapita çömlekçileri kadar olmasa da zaten denizcilikten iyi anlıyorlardı. Yeni Gineliler Avustronezyalılar gelmeden on binlerce yıl önce Bismarck ve Solomon takımadalarını kendi sömürgeleri haline getirmişlerdi, Avustronezyalılar gelmeden en az 18.000 yıl önce Bismarcklar'da obsidiyen (keskin aletler yapmaya yarayan volkanik taş) ticareti serpilmişti. Yeni Gineliler Avustronezya dalgasına karşın yakın geçmişte bile batıya doğru, Doğu Endonezya'ya kadar yayılmış görünüyorlar, Doğu Endonezya'da Kuzey Halmahera ve Timor adalarında konuşulan diller Batı Yeni Gine'deki bazı dillerin akrabası olan tipik Papua dilleridir.

Kısacası, Avustronezyalıların yayılmalarından doğan farklı sonuçlar insanlarla ilgili nüfus hareketlerinde yiyecek üretiminin rolünü çarpıcı biçimde göstermektedir. Avustronezya yiyecek üreticileri, belki de birbirleriyle akraba olan yerleşik halkların yaşadıkları iki bölgeye (Yeni Gine ve Endonezya'ya) göç ettiler. Endonezya'da yaşayanlar hâlâ avcılık ve yiyecek toplayıcılığıyla geçiniyorlardı, oysa Yeni Gine'de oturanlar yiyecek üretmeye başlamışlardı, yiyecek üretimine eşlik eden şeyler de (kalabalık nüfus yoğunlukları, hastalıklara direnç, daha ileri teknoloji vb.) orada gelişmiş durumdaydı. Sonuçta yayılan Avustronezyalılar Endonezya'nın asıl yerli halkını silip süpürürken Yeni Gine bölgesinde fazla ilerleme sağlayamadılar, aynı şekilde tropik Güneydoğu Asya'daki Avustro-Asya ve Tay-Kaday yiyecek üreticileri karşısında da fazla ilerleyemediler.

Avustronezyalıların Endonezya aracılığıyla ta Yeni Gine ve tropik Güneydoğu Asya kıyılarına kadar yayılışlarını incelemiş bulunuyoruz. XIX. Bölüm'de Hint Okyanusu'nu aşıp Madagaskar'a kadar süren yayılmayı inceleyeceğiz, beri yandan XV. Bölüm'de Avustronezyalıların Kuzey ve Batı Avustralya'ya demir atmalarını çevresel güçlüklerin engellediğini görmüştük. Lapita çömlekçileri ta doğuya, Solomon Adaları'nın ötesine, daha önce insan ayağının basmadığı bir adalar ülkesine ulaştıkları zaman genişleme hamlesinin son menziline de girildi. MÖ yaklaşık 1200'de Lapita çömlek kırıkları, o bilinen domuz, tavuk ve köpek üçlüsü ile Avustronezyalıların her zamanki arkeolojik izleri Solomonlar'ın bin beş yüz kilometre kadar doğusunda Fiji, Samoa, Tonga adalarından oluşan Büyük Okyanus takımadalarında sahneye çıkmıştı. Hıristiyanlığın başlangıç döneminde (çömlekçilik dışında) aynı izler Sosyete ve Markiz adaları da içinde olmak üzere Doğu Polinezya adalarında görülüyor. Kanolarla yapılan uzun deniz yolculukları sayesinde Hawaii'nin kuzeyinde, Pitcairn ve Paskalya adalarının doğusunda ve Yeni Zelanda'nın güneybatısında bulunan adalara yerleşmeye gelenler oldu. Bu adaların çoğunun yerli halkı bugün Polinezyalıdır, yani Lapita çömlekçilerinin doğrudan doğruya torunlarıdır. Yeni Gine bölgesinde konuşulan dillerin yakın akrabası olan Avustronezya dillerini konuşurlar, belli başlı tarım bitkileri Avustronezya paketinin içinde bulunan taro, yam, muz, hindistancevizi ve ekmek meyvesidir.

MS 1400 dolaylarında, yani Avrupalı "kâşiflerin" Büyük Okyanus ta boy göstermelerinden neredeyse bir yüzyıl önce Yeni Zelanda açıklarındaki Chatham Adaları'nın istilasıyla birlikte Asyalıların Büyük Okyanus'u keşfi tamamlanmış oldu. Asyalıların on binlerce yıl süren keşif gelenekleri Wiwor'un ataları Endonezya aracılığıyla Yeni Gine'ye ve Avustralya'ya yayıldıkları zaman başlamıştı. Artık gidilecek bir yer kalmayınca ve yerleşilebilecek bütün Büyük Okyanus adalarına yerleşilince bitti.

Dünya tarihiyle ilgilenenler için Doğu Asya ve Büyük Okyanus toplumları çok öğreticidir çünkü bize çevrenin tarihi nasıl biçimlendirdiğini gösteren pek çok örnek sunarlar. Doğu Asya ve Büyük Okyanus halkları, coğrafi anayurtlarına bağlı olarak, evcilleştirilebilir mevcut bitki ve hayvan türleri ve başka halklarla bağlantıları açısından farklılık gösterirler. Yiyecek üretimi için gerekli önkoşullara sahip olan, başka yerlerden yayılan teknolojilerin kolay ulaşabileceği yerlerde yaşayan insanlar bu üstünlüklere sahip olmayanları her zaman ortadan kaldırdılar. Tek bir dalga halinde farklı çevrelere dağılan insanların torunları çevre farklılıklarına bağlı olarak her zaman farklı şekilde gelişti.

Örneğin, Güney Çinlilerin bağımsız olarak yerli yiyecek üretimi ve teknoloji geliştirdiklerini, Kuzey Çin'den yazı, daha başka teknolojiler, siyasal yapılar aldıklarını, daha sonra durmayıp tropik Güneydoğu Asya'yı ve Tayvan'ı istila ettiklerini, bu bölgelerin daha önceki sakinlerini büyük oranda ortadan kaldırdıklarını görmüştük. Güneydoğu Asya sınırları içinde, yiyecek üreticisi Güney Çinli sömürgecilerin akrabaları ya da torunları arasında Yumbriler, Kuzeydoğu Tayland'ın ve Laos'un dağlarındaki yağmur ormanlarında avcılığa ve yiyecek toplayıcılığına geri döndüler, oysa Yumbrilerin yakın akrabası (Yumbri diliyle aynı Avustro-Asya alt-alt-ailesine giren bir dil konuşan) Vietnamlılar Kızıl Delta'nın verimli topraklarında yiyecek üreticiliğini sürdürdüler ve metal temeline dayanan büyük bir imparatorluk kurdular. Aynı şekilde Tayvan'dan ve Endonezya'dan gelen Avustronezyalı göçmen çiftçiler arasında Punanlar Borneo'nun yağmur ormanlarında avcılık ve yiyecek toplayıcılığına geri dönmek zorunda kaldılar; beri yandan Cava'nın bereketli volkanik topraklarında yaşayan yakın akrabaları yiyecek üreticiliğini sürdürdüler, Hindistan'ın etkisiyle bir krallık kurdular, yazıyı aldılar, Borobudur'da kocaman Budist anıtını inşa ettiler. Polinezya'ya kadar giden ve orada koloni kuran Avustronezyalılar Doğu Asya'nın metal işleme teknolojisi ile yazısından kopuk olarak yaşadılar ve bu yüzden de ne metal ne yazı sahibi oldular. Ama II. Bölüm'de gördüğümüz gibi Polinezya'nın siyasal ve toplumsal örgütlenmesi, ekonomileri farklı çevre koşullarında büyük farklılıklar geçirdi. Bir binyıl içinde Doğu Polinezyalılar Chathamlar'da yeniden avcılığa ve yiyecek toplayıcılığına dönerken Hawaii'de yoğun yiyecek üretimiyle birlikte bir ön-devlet kurdular.

Sonunda Avrupalılar geldiğinde sahip oldukları teknolojik ve başka üstünlükler sayesinde tropik Güneydoğu Asya'nın ve Büyük Okyanus adalarının büyük bir bölümünde geçici olarak bir sömürge egemenliği kurdular. Ama yerli mikroplar ve yiyecek üreticileri bu bölgede pek çok yere önemli sayıda Avrupalının yerleşmesini engelledi. Bu bölge içinde bugün yalnızca Yeni Zelanda, Yeni Kaledonya ve Hawaii'de çok sayıda Avrupalı yaşamaktadır, bu adalar en büyük, ekvatora en uzak, bu yüzden iklimleri ılıman Avrupa iklimlerine en yakın adalardır. Sonuç olarak, Avustralya ve Amerika kıtalarının tersine Doğu Asya'da ve Büyük Okyanus adalarının çoğunda Doğu Asya ve Büyük Okyanus halkları yaşamaktadır.

XVIII. Bölüm

Çatışan Yarıküreler

Son 13.000 yılda en büyük nüfus hareketi Eski Dünya ile Yeni Dünya arasında yakın geçmişte meydana gelen çatışma sonucunda yaşandı. Bu olayın en can alıcı ve en belirleyici anı, III. Bölüm'de gördüğümüz gibi, Pizarro'nun küçücük İspanyol ordusuyla, yerli Amerikan devletlerinin en büyüğü, en zengini, en kalabalık nüfuslusu, yönetimsel ve teknolojik anlamda en gelişmişi olan İnka İmparatorluğu'nun mutlak egemeni imparator Atahualpa'yı esir aldığı andır. Atahualpa'nın esir alınışı Avrupalıların Amerika kıtalarını ele geçirişlerinin simgesidir, çünkü bu olayda etkili olan yakın nedenler karışımı Avrupalıların öteki yerli Amerikan toplumlarını esir alışlarında da etkili oldu. Şimdi gelin bu iki yarıküre arasındaki çatışmaya dönelim ve III. Bölüm'den bu yana öğrendiklerimizi uygulayalım. Yanıt verilmesi gereken temel soru şudur: Niçin Avrupalılar Amerika'ya kadar gidip yerli Amerikalıların topraklarını istila ettiler de bunun tersi olmadı? Bir karşılaştırma yaparak başlayacağız, Kolomb'un Amerika'yı "keşfettiği" yıl olan MS 1492'yi esas alarak Avrasya ve yerli Amerikan toplumlarını karşılaştıracağız.

Karşılaştırmamızın çıkış noktası da yiyecek üretimi olacak çünkü yiyecek üretimi yerel nüfus yoğunluklarını ve toplumların karmaşıklığını belirleyen en önemli nedendir –bu yüzden de istilanın gerisinde yatan nedenlerin en gerisinde bulunmaktadır. Avrasya'daki ve Amerika'daki yiyecek üretimleri arasındaki en açık fark büyük evcil memeli hayvanlarla ilgilidir. IX. Bölüm'de Avrasya'daki 13 türü görmüştük, bunlar Avrasya'da başlıca hayvansal protein (et ve süt), yün, deri kaynağı, insan ve eşya taşımacılığında başlıca kara taşıtı, savaşlarda vazgeçilmez bir araç, (saban sürerek ve gübre sağlayarak) yiyecek üretimini artırmanın yolu haline gelmişti. Orta Çağlarda Avrasya'nın memeli hayvanlarının yerini sudolapları, yel değirmenleri almaya başlayıncaya kadar insan kas gücü ötesinde başlıca "sanayi" gücü kaynağıydılar – örneğin, değirmen taşlarını döndürmekte, su kaldıraçlarını çalıştırmakta. Oysa Amerika kıtalarında büyük evcil memeli hayvan olarak tek bir tür vardı, lama/alpaka denen bu hayvanlar Andlar'da ve Andlar'ın hemen yanı başındaki Peru kıyılarında küçük bir bölgede bulunuyordu. Etinden, yününden, derisinden yararlanılıyordu, eşya taşımacılığında kullanılıyordu, ama bunlar insanların tüketeceği cinsten süt vermiyordu, sırtlarında insan taşımıyordu, araba ya da saban çekmiyordu, güç kaynağı ya da savaş taşıtı olarak asla kullanılmıyordu.

Bu Avrasya ile yerli Amerikan toplumları arasında –son Pleyistosen Bölüm'de Kuzey ve Güney Amerika'da bu zamandan önce var olan büyük memeli yabani hayvan türlerinin çoğunun büyük oranda yok olmasından (belki de yok edilmesinden?) kaynaklanan– büyük bir farklar toplamı demekti. Bu hayvanlar yok olmasaydı çağdaş tarihimiz başka türlü gelişebilirdi. Cortés ile onun yanındaki serüvenciler 1519'da Meksika kıyılarına ayak bastıkları zaman onları evcilleştirilmiş yerli Amerikan atlarına binmiş binlerce Aztek süvarisi denize dökebilirdi. Aztekler çiçek hastalığından öleceğine hastalığa dirençli Azteklerin bulaştırdıkları Amerikan mikroplarıyla İspanyolların kökü kazınabilirdi. Hayvan gücü temeline dayanan Amerikan uygarlığı kendi fatihlerini Avrupa'yı talan etmeye gönderebilirdi. Ama binlerce yıl önce memelilerin yok olmasıyla, bu olabilecek olan şeylerin önü kesilmişti.

Bu yok olma sürecinden sonra Avrupa, Amerika kıtalarına göre evcilleştirilmeye elverişli çok daha fazla sayıda hayvan barındırır duruma geldi. Evcilleştirilme adaylarından çoğu yarım düzine nedenden biri yüzünden elendi. Bundan dolayı sonuçta Avrupa'nın 13 tür büyük memeli evcil hayvanı oldu, Amerika kıtalarınınsa çok yerel tek bir tür. Her iki yarıkürede evcilleştirilmiş kuş ve küçük memeli türler de vardı – Amerika kıtalarında çok yerel olarak hindi, kobay, berberistan ördeği, daha yaygın olarak köpek; Avrasya'da tavuk, kaz, ördek, kedi, köpek, tavşan, balarısı, ipekböceği, bazı başka şeyler. Ama büyük evcil memelilerle karşılaştırıldığında bu küçük hayvanların önemi solda sıfırdı.

Avrasya ile Amerika kıtaları bitkisel besin üretimi bakımından da farklıydı ama bu konudaki farklılık hayvansal besin üretimine göre daha az dikkat çekiciydi. Tarım 1492'de Avrupa'da yaygın durumdaydı. Hem tarım bitkileri hem de evcil hayvanları olmayan pek az sayıdaki Avrasyalı avcı/yiyecek toplayıcıları arasında, bugünkü Japonya'nın Ainuları, Ren geyikleri olmayan Sibirya toplulukları, Hindistan'ın ve Güneydoğu tropik Asya'nın ormanlarına dağılmış halde yaşayan, komşu çiftçilerle ticaret yapan avcı/yiyecek toplayıcı küçük topluluklar vardı. Bazı başka Avrasya toplumları, bunların en başında da Orta Asya kır toplumları ile kuzey kutbunda hayvancılık yapan Laponlar ve Samoyedlerin evcil hayvanları vardı ama tarımları yok gibi bir şeydi. Hemen hemen bütün öteki Avrasya toplumları hayvancılık yanında tarımla da uğraşıyorlardı.

Tarım Amerika kıtalarında da yaygın olarak yapılıyordu ama avcı/yiyecek toplayıcılar Avrasya'dakilere göre Amerika kıtalarında daha büyük bir yüzölçümünü kaplıyorlardı. Amerika kıtalarında yiyecek üretimi yapılmayan bölgeler arasında Kuzey Amerika'nın bütün kuzeyi ile Güney Amerika'nın bütün güneyi vardı, Kanada'nın Great Plains bölgesi, Amerika Birleşik Devletleri'nin güneybatısında sulama tarımı barındıran küçük merkezler dışında Kuzey Amerika'nın bütün batısı vardı. Yerli Amerika'da yiyecek üretiminin yapılmadığı yerler arasında, Avrupalıların gelişinden sonra bugün artık Kuzey ve Güney Amerika'nın en verimli çiftlik toprakları ve otlakları haline gelmiş olan yerlerin –Amerika Birleşik Devletleri'nin Büyük Okyanus eyaletlerinin, Kanada'daki buğday kuşağının, Arjantin'in pampalarının,

Şili'nin Akdeniz kuşağının– bulunması şaşırtıcıdır. Bu topraklarda daha önce yiyecek üretiminin olmaması söz konusu yörelerde evcilleştirilebilir yaban bitki ve hayvan türlerinin az olmasına, Amerika kıtalarının başka yerlerinden buralara gelebilecek tarım bitkileri ile birkaç evcil hayvan türünün ulaşmasını önleyen coğrafi ve çevresel engellerin bulunmasına tamamıyla bağlanabilir. Avrupalılar uygun evcil hayvan ve bitki türlerini getirir getirmez bu topraklar yalnızca Avrupa'dan göç edenler için değil, bazı durumlarda Amerikan yerlileri için de verimli hale geldi. Örneğin, Great Plains'in, Amerika Birleşik Devletleri'nin batı kesiminin, Arjantin pampalarının bazı yörelerinde Amerika'nın yerli toplumları atlar konusundaki ustalıklarıyla, bazı yerlerdeyse sığır ve koyun besleyiciliğiyle ünlendiler. O atlı ova savaşçıları, Navaho koyun çobanları ve dokumacıları bugün beyaz Amerikalıların kafasındaki Amerikan yerlisinin resmini çizmektedir ama bu resim ancak 1492'den sonra yaratılmış bir resimdir. Bu örnekler Amerika kıtalarında büyük arazilerde yiyecek üretimini sürdürmek için gerekli olup da bulunmayan şeyin evcil hayvanların ve bitkilerin kendisi olduğunu gösteriyor.

Amerika kıtalarının yerli Amerikan tarımına olanak tanıdığı bu bölgelerde Avrasya tarımıyla karşılaştırıldığında beş büyük sakınca söz konusuydu: Avrupa'nın protein bakımından zengin çeşitli tahıllarının yerine protein bakımından yoksul mısıra büyük oranda bel bağlamak, serpme ekim yapmak yerine tohumları elle tek tek ekmek, bir kişinin çok daha geniş bir araziyi, aynı zamanda (Kuzey Amerika'nın Great Plains bölgesinde olduğu gibi) elle işlemesi zor olan bazı verimli fakat sert toprakları işlemesini sağlayan hayvanlarla saban sürmek yerine toprağı elle işlemek, toprağın verimini artıracak hayvan gübresinden yoksun kalmak, ürün kaldırma, öğütme, sulama gibi tarım işlerinde hayvan gücü yerine yalnızca insan gücüne dayanmak. Bu farklar 1492'de Avrasya tarımının, yerli Amerikan tarımına göre ortalama olarak kişi-saat başına daha fazla kalori ve protein elde ettiğini gösteriyor.

Yiyecek üretimindeki bu tür farklar Avrasya ile yerli Amerikan toplumları arasındaki eşitsizliklerin en gerisinde yatan nedeni oluşturuyordu. Bunun sonucunda fethin gerisindeki en yakın nedenler arasında en önemlileri mikroplar, teknoloji, siyasal örgütlenme ve yazı konusundaki farklardı. Kuşkusuz bunların arasında yiyecek üretimiyle en dolaysız ilişkisi olan mikroplardı. Kalabalık Avrasya toplumlarını düzenli olarak ziyaret eden ve sonuçta pek çok Avrupalının bağışıklık ya da genetik direnç kazandığı salgın hastalıklar arasında tarihin en öldürücü hastalıkları vardı: çiçek, kızamık, grip, veba, verem, tifüs, kolera, sıtma vb. Bu ürkütücü listeye karşılık kesin olarak Kolomb öncesi yerli Amerikan toplumlarına mal edilebilecek tek bulaşıcı kalabalık hastalığı frengisiz treponemadır (XI. Bölüm'de açıkladığım gibi, frenginin Avrasya'da mı yoksa Amerika kıtalarında mı ortaya çıktığı belli değildir, Kolomb'dan önce veremin Amerika kıtalarında var olduğu da bence kanıtlanmamıştır).

Kıtalar arasında zararlı mikroplar bakımından ortaya çıkan bu fark, garip kaçacak ama yararlı hayvan varlığı konusundaki farklardan doğdu. Kalabalık insan toplumlarında görülen bulaşıcı hastalıkların nedeni olan mikropların çoğu, yiyecek üreticilerinin yaklaşık 10.000 yıl önce her gün yakın ilişki kurmaya başladığı evcil hayvanlarda bulaşıcı hastalıklara yol açmış olan mikropların evrimleşmesi sonucunda türedi. Avrasya'da pek çok evcil hayvan türü vardı, bu yüzden de bu tür pek çok mikrop gelişmişti, oysa Amerika kıtalarında bunların ikisi de azdı. Yerli Amerikan toplumlarında bu kadar az sayıda ölümcül mikrop geliştirilmiş olmasının başka nedenleri de vardı: Salgın hastalıklar için eşi bulunmaz bir üreme alanı oluşturan köyler Avrasya'ya göre Amerika kıtalarında binlerce yıl sonra ortaya çıkmıştı; Yeni Dünya'da şehirli toplumları barındıran üç bölgeyi (Andlar, Mezoamerika, Amerika Birleşik Devletleri'nin güneydoğusu) birleştiren, Asya'dan Avrupa'ya vebanın, gribin, belki de çiçeğin gelmesine yol açmış olan ticaret ölçeğinde hızlı ve büyük hacimli bir ticaret asla olmamıştı. Sonuçta Amerika'nın tropik bölgelerinde Avrupalıların sömürge kurmalarını önleyen, Panama

Kanalı'nın açılmasını geciktiren en önemli engel olan bulaşıcı hastalıklar, yani sıtma ve sarıhumma, hiç de Amerikan hastalıkları değildi, Amerika'ya Avrupalıların getirdiği, Eski Dünya'nın tropik mikroplarının yol açtığı hastalıklardı.

Avrupa'nın Amerika kıtalarını istilasının gerisinde yatan ve mikroplardan aşağı kalmayan yakın nedenler arasında teknolojideki farklılıklar vardı. Bu farklılıklar da son çözümlemede Avrasya'nın yiyecek üretimine dayalı, kalabalık nüfuslu, ekonomik anlamda uzmanlaşmış, siyasal anlamda merkezileşmiş, karşılıklı etkileşim ve yarışma içindeki toplumlarının çok daha uzun bir geçmişlerinin olmasından kaynaklanmaktadır. Teknolojide beş alan belirlenebilir:

Birincisi, bütün karmaşık Avrasya toplumlarında 1492 yılına gelindiğinde aletler metalden –bakır, daha sonra bronz, son olarak da demirden– yapılıyordu. Oysa Andlar'da ve Amerika kıtalarının başka yerlerinde süs olarak bakır, gümüş, altın ve alaşımlar kullanılmasına karşın, bakır aletlerin çok sınırlı ve yerel olarak kullanıldığı bütün yerli Amerikan toplumlarında aletler hâlâ, başlıca malzeme olan taş, tahta ve kemikten yapılıyordu .

İkincisi, askerî teknoloji Avrasya'da Amerika kıtalarındakine göre çok daha güçlüydü. Avrupa silahları çelik kılıçlar, mızraklar ve kamalardan oluşuyordu; bunlara bir de küçük ateşli silahlar ile ağır toplar ekleniyor, som çelikten yapılmış ya da zincirden örülmüş vücuda giyilen zırhlar, miğferler yapılıyordu. Amerikan yerlileriyse çelik yerine taştan ya da tahtadan (Andlar'da bazen bakırdan) yapılmış sopalar, baltalar, sapanlar, ok ve yaylar, yün ya da pamuklu yorgan gibi zırhlar, yani çok daha etkisiz bir koruma sağlayan etkisiz silahlar kullanıyorlardı. Üstelik Amerikan yerlilerinin ordularında atlara karşı koyabilecek hiçbir hayvan yoktu; hızlı ulaşım ve saldırılar için çok önemli olan atlar, bazı yerli Amerikan toplumları bu atlara sahip oluncaya kadar Avrupalılara ezici bir üstünlük sağlamıştı.

Üçüncüsü, Avrasyalılar makineleri işletecek gücü sağlayan kaynaklar bakımından büyük bir üstünlüğe sahiptiler. İnsanın kas gücüne karşılık hayvanları –sığırları, atları, eşekleri– saban sürmede, buğday öğütmek için değirmen taşlarını döndürmede, su çıkarmada, tarlaları sulamakta ya da tarlaların sularını boşaltmakta kullanmaya başlayarak ilk adımı atmışlardı. Sudolapları Romalılar zamanında ortaya çıkmış, daha sonra gelgit değirmenleri, yel değirmenleriyle birlikte Orta Çağ'da iyice yayılmıştı. Su ve rüzgâr gücünü işe koşan bu makineler dişli çark sistemiyle birlikte yalnızca buğday öğütmekte, su çıkarmakta kullanılmadı, şeker ezmek, maden eritme ocağı körüklerini çalıştırmak, madenleri toz haline getirmek, kâğıt yapmak, taşları cilalamak, zeytinyağı çıkarmak, tuz üretmek, kumaş dokumak, odun kesmek gibi pek çok üretim amacına hizmet edecek şekilde kullanıldı. Sanayi Devrimi'ni rasgele bir şekilde 18. yüzyıl İngiltere'sinde buhar gücünün kullanılmasıyla başlatmak adettendir, ama aslında su ve rüzgâr gücüne dayalı bir sanayi devrimi Orta Çağ'da Avrupa'nın pek çok bölgesinde zaten başlamıştı. Avrasya'da 1492'de hayvan, su, rüzgâr gücünün uygulandığı bütün işler Amerika kıtalarında hâlâ kol gücüyle yapılıyordu.

Avrasya'da tekerlek güç dönüşümünde kullanılmaya başlamadan çok önce Avrasya kara taşımacılığının büyük oranda temel dayanağı haline gelmişti – yalnızca hayvanların çektiği arabalarda kullanılmakla kalmıyor, bir ya da birden fazla kişinin, yine salt kas güçlerine dayanan ama kas gücüyle taşıyabileceklerinden çok daha ağır yükleri taşımalarına olanak veren tekerlekli el arabalarında da kullanılıyordu. Tekerlekler Avrasya'da çömlek yapımında ve saatlerde de kullanılmıştı. Amerika kıtalarında tekerlekler bu tür işlerin hiçbirinde kullanılmıyordu, yalnızca Meksika'da seramik oyuncaklarda kullanıldığı resmen biliniyor.

Üzerinde durmamız gereken son teknoloji alanı deniz taşımacılığı. Pek çok Avrasya toplumunun büyük gemileri vardı, bazıları rüzgâra karşı yol alabiliyor, okyanusları aşabiliyordu, sekstant, manyetik pusula, kıç bodoslaması dümenleri ve toplarla donatılmıştı. Bu Avrasya gemileri hacim, hız, hareket yeteneği, denize dayanıklılık bakımından, Yeni Dünya'nın en gelişmiş And ve Mezoamerika toplumları arasında ticareti yürütmekte kullanılan sallardan kat kat üstündü. Bu sallar Büyük Okyanus kıyıları boyunca rüzgâr gücüyle yol alıyorlardı. Pizarro'nun gemisi ilk Peru yolculuğu sırasında böyle bir salın peşine düşüp onu kolayca yakalayarak ele geçirmişti.

Avrasya ve yerli Amerikan toplumları teknoloji ve mikroplar açısından olduğu kadar siyasal örgütlenme bakımından da farklıydı. Orta Çağ ya da Rönesans çağı sonlarında Avrasya çoğunlukla örgütlü devletlerle yönetiliyordu. Bunların arasında Habsburg, Osmanlı, Çin devletleri, Hindistan'daki Babür devleti ve 13. yüzyılda zirvesine ulaşmış olan Moğol devleti, başka devletlerin ele geçirilmesiyle oluşan büyük ve çokdilli birer alaşım olarak başlamıştı. Bu yüzden onlardan genellikle imparatorluk olarak söz edilir. Pek çok Avrasya devletinin ya da imparatorluğunun devleti bir arada tutmaya yarayan resmî bir dini vardı, siyasal önderler bu dinin kanatları altında yasallık kazanıyor, başka halklara karşı savaşmak için haklı gerekçeler bulabiliyorlardı. Avrasya'daki kabile ve oba toplumları daha çok kuzey kutup Ren geyiği sığırtmaçlarıyla, Sibirya avcı/yiyecek toplayıcılarıyla, Hindistan'daki ve tropik Güneydoğu Asya'daki avcı/yiyecek toplayıcılarıyla sınırlıydı.

Amerika'da iki imparatorluk vardı, Aztek ve İnka imparatorlukları, bunlar büyüklükleri, nüfusları, çokdillilikleri, resmî dinleri, küçük devletlerin ele geçirilmesiyle kurulmuş olmaları bakımından Avrasya'daki imparatorluklara benziyorlardı. Amerika kıtalarında kamu işleri ya da savaşlar için, pek çok Avrasya devleti ölçeğinde kaynaklarını harekete geçirebilecek olan yalnızca bu iki siyasal birim vardı ama yedi Avrupa devleti (İspanya, Portekiz, İngiltere, Fransa, Hollanda, İsveç, Danimarka) 1492 ile 1666 arasında Amerikan kolonilerini ele geçirecek kaynaklara sahipti. Amerika kıtalarında tropik Güney Amerika'da, Aztek yönetimi dışında kalan Mezoamerika'da, Amerika Birleşik Devletleri'nin güneydoğusunda pek çok (bazıları gerçekte küçük devletler olan) şeflikler de vardı. Amerika kıtalarının bunların dışında kalan bölümü kabile ya da oba düzeyinde örgütlenmişti.

Tartışılması gereken yakın nedenlerden sonuncusu yazıdır. Avrasya devletlerinin çoğunda okuryazar bir bürokrasi vardı, bazılarında ise bürokratlar dışında kalan halkın önemli bir bölümü de okuma yazma biliyordu. Yazı Avrupa toplumlarına güç katmış, siyasal yönetimi ve ekonomik değiş tokuşu kolaylaştırmış, keşif ve istilaları başlatıp yönlendirmiş, uzak yerlere ve uzak geçmişe dayanan bilgi ve deneyim alanını yakına getirmişti. Oysa Amerika kıtalarında yazı Mezoamerika'nın küçük bir bölgesinde seçkinler tarafından kullanılıyordu. İnka İmparatorluğu'nda bir hesaplama sistemi ile (*quipu* adı verilen) düğüm esasına dayanan bir bellek aleti vardı ama yazıya ayrıntılı bilginin aktarım aracı olarak yaklaşılmamıştı.

Dolayısıyla, Kolomb zamanında Avrasya toplumları yiyecek üretimi, mikroplar, (silahlar da içinde olmak üzere) teknoloji, siyasal örgütlenme ve yazı bakımından yerli Amerikan toplumlarına göre çok üstündü. Kolomb sonrası meydana gelen çatışmanın sonucunu belirleyen nedenler işte bunlardı. Ama 1492'deki farklar, Amerika kıtalarında 13.000 yıl geriye uzanan, Avrasya'daysa bundan daha uzun bir süredir izlenen tarihsel yörüngelerin ancak tek bir resminde yer alan farklardır. Özellikle Amerika kıtaları için bu 1492 fotoğrafı Amerika yerlilerinin bağımsız tarihsel yörüngelerinin sonunun fotoğrafıdır. Şimdi isterseniz bu yörüngelerin daha önceki evrelerine dönelim.

Tablo 18.1'de her bir yarıkürenin belli başlı "anayurtlarında" (yani Avrasya'da Bereketli Hilal ile Çin'de, Amerika kıtalarında Andlar, Amazon Bölgesi ve Mezoamerika'da) kilit önemdeki gelişmelerin yaklaşık ortaya çıkış tarihleri özetleniyor. Bu tabloda ayrıca Yeni Dünya'da önemsiz bir anayurt olan Doğu Amerika Birleşik Devletleri'nin tarihsel yörüngesi ile İngiltere'ninki de var, aslında İngiltere bir anayurt sayılmaz ama Bereketli Hilal'deki gelişmelerin ne kadar çabuk yayıldığını göstermek için listeye alındı.

Tablo 18.1. Avrasya'nın ve Amerika Kıtalarının Tarihsel Yörüngeleri

Yaklaşık Benimsenme Tarihleri	*Avrasya*		
	Bereketli Hilal	*Çin*	*İngiltere*
Bitkilerin evcilleştirilmesi	MÖ 8500	en geç MÖ 7500	MÖ 3500
Hayvanların evcilleştirilmesi	MÖ 8000	en geç MÖ 7500	MÖ 3500
Çömlekçilik	MÖ 7000	en geç MÖ 7500	MÖ 3500
Köyler	MÖ 9000	en geç MÖ 7500	MÖ 3000
Şeflikler	MÖ 5500	MÖ 4000	MÖ 2500
Yaygınlaşmış metal aletler ya da el yapımı nesneler (bakır ve/veya bronz	MÖ 4000	MÖ 2000	MÖ 2000
Devletler	MÖ 3700	MÖ 2000	MS 500
Yazı	MÖ 3200	en geç MÖ 1300	MS 43
Yaygınlaşmış demir aletler	MÖ 900	MÖ 500	MÖ 650

Bu tablo önemli gelişmelerin Avrasya'da üç, Yerli Amerika'da dört bölgede yaygın olarak benimseniş tarihlerini veriyor. Hayvanların evcilleştirilmesi konusunda köpekler dikkate alınmıyor, köpekler hem Avrasya'da hem de Amerika kıtalarında besin kaynağı olarak kullanılan hayvanlardan daha önce

Bu tablonun bilgili araştırmacıların hepsinin tüylerini diken diken edeceğine kuşku yok çünkü son derece karmaşık tarihsel olayları kesin gibi görünen birkaç tarihe indirgiyor. Aslında bütün bu tarihler bir sürekliliğin içinde rasgele bazı noktaları etiketleme çabasından öte bir şey değil. Örneğin, herhangi bir arkeoloğun bulduğu ilk metal aletin tarihinden daha önemli olan şey aletlerin önemli bir bölümünün metalden yapılmaya başladığı tarihtir, ama "yaygın" sayılabilmek için metal aletlerin ne yaygınlıkta kullanılması gerekir? Bir gelişmenin aynı anayurt içinde farklı bölgelerde ortaya çıkma tarihleri farklı olabilir. Sözgelimi, And bölgesi içinde çömlekçilik Ekvador'da (MÖ 3100) Peru'ya göre (MÖ 1800) 1300 yıl daha önce başlamıştır.

Yerli Amerika			
Andlar	*Amazon Bölgesi*	*Mezoamerika*	*Doğu ABD*
en geç MÖ 3000	MÖ 3000	en geç MÖ 3000	MÖ 2500
MÖ 3500	?	MÖ 500	-
MÖ 3100-1800	MÖ 6000	MÖ 1500	MÖ 2500
MÖ 3100-1800	MÖ 6000	MÖ 1500	MÖ 500
en geç MÖ 1500	MS 1	MÖ 1500	MÖ 200
MS 1000	-		-
MS 1	-	MÖ 300	-
-	-	MÖ 600	-
-	-	-	-

evcilleştirilmişti. Gömülme biçimlerine yansıyan sınıf farklılıkları, mimari, yerleşim modelleri gibi arkeolojik kanıtlara bakarak şeflikler saptanabiliyor. Tablo karmaşık bir tarihsel olgular yumağını oldukça basite indirgiyor: Pek çok önemli uyarıdan bazıları için metne bakınız.

Bazı tarihlerin, örneğin şefliklerin ortaya çıkış tarihlerinin, bazı tarihlere, örneğin çanak çömlek gibi ya da metal aletler gibi el yapımı ürünlerin tarihlerine göre arkeolojik kayıtlardan saptanması daha güçtür. Tablo 18.1'deki tarihlerin bazıları çok kuşkuludur, özellikle Amerika'da yiyecek üretiminin başlamasıyla ilgili olanlar. Bununla birlikte bir tablonun basitleştirici bir şey olduğunu unutmadığımız sürece tablodan kıtaların tarihlerini karşılaştırmakta yararlanabiliriz.

Bu tabloya göre yiyecek üretimi insanların besin gereksiniminin büyük bir bölümünü sağlamaya, Amerika kıtalarındakine göre Avrasya'daki anayurtlarda 5000 yıl daha önce başladı. Hemen bir uyarıda bulunmak gerekiyor: Avrasya'da yiyecek üretiminin eskiliği konusunda hiç kuşku yok ama Amerika kıtalarında başlama tarihleri konusunda tartışmalar var. Arkeologlar özellikle Meksika'daki Coxcatlán Mağarası'nda, Peru'da Guitarreo Mağarası'nda, Amerika'daki başka yerleşim yerlerinde bulunmuş evcil bitkiler için genellikle bu tabloda verilenden daha eski olduğu ileri sürülen tarihler veriyorlar. Bu tarihler şimdi çeşitli nedenler yüzünden yeniden değerlendiriliyor: Bitki kalıntıları üzerinde yakın geçmişte doğrudan doğruya yapılan radyokarbon deneyleri sonucunda bazen daha yakın tarihler elde ediliyor; daha önce rapor edilmiş daha eski tarihler, bitki kalıntılarıyla yaşıt olduğu düşünülen ama belki de öyle olmayan kömüre dayanıyordu; tarım bitkisi olarak ya da yalnızca toplanmış yabani bitkiler olarak bazı eski bitki kalıntılarının durumu kuşkulu. Ama Amerika kıtalarında bitkiler Tablo 18.1'de gösterilen tarihlerden daha erken bir tarihte evcilleştirildiyse bile, şurası muhakkak ki tarım, insanların almaları gereken kalori miktarının büyük bölümünü sağlayacak, Avrasya'daki anayurtlara göre Amerikan kıtalarında çok daha geç bir tarihe kadar yerleşik hayatın temelini oluşturacak durumda değildi.

Daha önce V. ve X. bölümlerde gördüğümüz gibi, her bir yarıkürede ilk yiyecek üretimine "anayurt"luk etmiş ve yiyecek üretiminin yayılma merkezi olmuş, göreli olarak küçük topu topu birkaç bölge var. Bu anayurtlar Avrasya'da Bereketli Hilal ile Çin'den, Amerika kıtalarında da Andlar, Amazon Bölgesi, Mezoamerika ve Doğu Amerika Birleşik Devletleri'nden oluşuyordu. Kilit önemdeki gelişmelerin yayılma hızları Avrupa söz konusu olduğunda, arkeologların oradaki çalışmaları sayesinde özellikle iyi bilinmektedir. Tablo 18.1'de İngiltere için verilen özette görüldüğü gibi, yiyecek üretimi ile köy hayatı (5000 yıllık) uzun bir gecikmeden sonra bir kez Bereketli Hilal'den ulaşınca, ondan sonra İngiltere'nin şefliklerinin, devletlerinin, yazıyı ve özellikle de bakır ve bronz aletleri benimseme konusunda gösterdiği gecikme süresi daha azaldı: Bu gecikme, bakırdan ve bronzdan yapılma metal aletlerin ilk yayılışı için 2000 yıl, demir aletlerin yayılışı için yalnızca 250 yıldı. Zaten yerleşik çiftçilerden oluşan bir toplumun aynı tür bir başka toplumdan metal işlemeyi "ödünç alma"sı besbelli ki göçebe avcı/yiyecek toplayıcı toplumların yerleşik çiftçilerden yiyecek üretimini "ödünç alma"sına (ya da yerlerini çiftçilere bırakmasına) göre çok daha kolaydı.

Kilit önemdeki bütün gelişmelerin yörüngeleri Amerika kıtalarında Avrasya'dakine göre niçin daha geç bir tarihe kaymıştı? Bunun nedenleri dört öbekte toplanabilir: geç başlama, evcilleştirmeye elverişli mevcut bitki ve hayvan türü takımlarının daha sınırlı olması, yayılmanın önünü tıkayan engellerin daha büyük olması, Avrasya'ya göre Amerika kıtalarında yoğun nüfuslu toplumların belki de daha küçük ya da daha yalıtılmış bölgelerde toplanmış olması.

Avrasya'nın başlangıcı yapmasına gelince, insanlar Avrasya'da aşağı yukarı bir milyon yıldır yaşıyorlardı, bu Amerika kıtalarındakine göre çok daha uzun bir süreydi. I. Bölüm'de tartışılan arkeolojik kanıtlara göre insanlar Amerika kıtalarına MÖ yaklaşık 12.000 yılında ayak basmışlar, Clovis avcıları olarak MÖ 11.000'den birkaç yüzyıl önce Kanada buz tabakasının güneyine yayılmışlar, MÖ 10.000 yılına gelindiğinde Güney Amerika'nın en güney ucuna ulaşmışlardı. Amerika kıtalarına insanların yerleşme tarihlerinin daha eski olduğu yolundaki tartışmalı iddia doğru olsa bile bu varsayılan Clovis öncesi dönemin insanları, nedendir bilinmez, çok seyrek olarak dağılmışlardı ve Eski Dünya'da olduğu gibi avcı/yiyecek toplayıcı toplumlar artan nüfusları, teknolojileri ve sanatlarıyla bir Pleyistosen Bölüm patlaması gösteremedi. Clovis kökenli avcı/yiyecek toplayıcılarının Güney Amerika'nın güney ucuna ulaştıkları zamandan yalnızca 1500 yıl sonra Bereketli Hilal'de yiyecek üretimi boy göstermeye başlamıştı bile.

Avrasya'daki bu ilk adımın çeşitli olası sonuçları dikkate alınmayı hak ediyor. Birincisi, Amerika kıtalarının insanla dolması MÖ 11.000'den sonra uzun zaman alabilir miydi? Olası sayıları hesaplarsanız, insanla dolma sürecinin Amerika kıtalarında yiyecek üreten köylerin 5000 yıl geç ortaya çıkmasına katkısının çok önemsiz olduğunu anlarsınız. I. Bölüm'de yapılmış olan hesaplara göre, 100 tane öncü Amerikan yerlisi Kanada sınırını geçip Amerika Birleşik Devletleri'nin aşağılarına inseydi ve yılda % 1 oranında çoğalsaydı

1000 yıl içinde Amerika kıtaları avcı/yiyecek toplayıcılarıyla dolardı. Kanada sınırını geçtikten sonra güneye doğru ayda topu topu 1,5 kilometre ilerleselerdi 700 yıl sonra Güney Amerika'nın en güney ucuna varırlardı. Bu yayılma ve nüfus artışı hızları, daha önce insanların bulunmadığı ya da pek az insanın yaşadığı yerlere yerleşen insanların gerçek, bilinen oranlarıyla karşılaştırıldığında çok düşük kalır. Bundan dolayı ilk insanlar geldikten sonra birkaç yüzyıl içinde belki de Amerika kıtaları tamamıyla avcı/yiyecek toplayıcılarla dolmuştu.

İkincisi, acaba o 5000 yıllık gecikme süresinin büyük bir bölümü, ilk Amerikalıların yeni karşılaştıkları yerel bitki türlerini, hayvan türlerini, kaya kaynaklarını tanımaları için gerekli zamanı mı temsil ediyordu? Yine bir karşılaştırma yaparsak, daha önce tanımadıkları bir çevreye yerleşen –Yeni Zelanda'ya yerleşen Maoriler, Yeni Gine'nin Karimui havzasına yerleşen Tudawheler gibi– Yeni Gineli ve Polinezyalı avcı/yiyecek toplayıcılar, çiftçiler bir yüzyıldan çok daha az bir sürede belki de en iyi kaya kaynaklarını keşfettiler, yararlı bitki ve hayvanları zararlılardan ayırmayı öğrendiler.

Üçüncüsü, peki Avrasyalıların yöreye uygun teknolojiler geliştirme konusunda başı çekmelerine ne diyelim? Bereketli Hilal ve Çin çiftçileri, davranış bakımından çağdaş *Homo sapiens*'in yerel kaynakları kendi bölgelerinde kullanmak üzere on binlerce yıl boyunca geliştirdiği teknolojilerin mirasçısıydılar. Örneğin, Bereketli Hilal'in avcı/yiyecek toplayıcılarının yaban tahıllardan yararlanmak için geliştirdikleri taştan yapılma orakları, yer altı depolarını, başka teknolojileri Bereketli Hilal'in ilk tahıl yetiştiren çiftçileri hazır buldular. Oysa Amerika kıtalarına ilk yerleşenler Sibirya'nın Kuzey Kutup bölgesi tundralarına uygun araç gereçlerle Alaska'ya geldiler. Yeni karşılaştıkları her doğal çevreye uygun araç gereçleri kendileri icat etmek zorunda kaldılar. Bu teknolojik gecikmenin Amerikan yerlilerinin geride kalmalarına önemli ölçüde etkisi olmuş olabilir.

Bu gecikmenin gerisinde yatan daha da açık bir neden evcilleştirilmeye elverişli yabani hayvan ve bitkilerdi. Daha önce VI. Bölüm'de tartıştığım gibi, avcı/yiyecek toplayıcılar yiyecek üretimini benimsedilerse, çok uzak bir gelecekte torunlarını bekleyen yararlarını önceden gördükleri için benimsemediler, yeni başlayan yiyecek üretiminin avcılık ve yiyecek toplayıcılığıyla geçinmeye göre daha yararlı olduğunu gördükleri için benimsediler. Amerika kıtalarında mevcut evcilleştirilmeye elverişli yabani hayvanların kısmen eksikliği yüzünden ilk dönemlerde yiyecek üretimi avcılık ve yiyecek toplayıcılığıyla pek yarışacak durumda değildi. Bu yüzden ilk Amerika çiftçileri hayvansal protein gereksinimleri için yaban hayvanlara bağımlı kaldılar ve ister istemez avcılık ve yiyecek toplayıcılığını yarı zamanlı olarak sürdürdüler, oysa hem Bereketli Hilal'de hem de Çin'de bitkilerin evcilleştirilmesinin ardından sıra hemen hayvanların evcilleştirilmesine geldi ve böylece avcılık ve yiyecek toplayıcılığını hemen geride bırakan bir yiyecek üretimi paketi tam zamanında oluşturulmuş oldu. Ayrıca Avrasya'daki evcil hayvanlar gübre sağlayarak, daha sonra da sabanları çekerek Avrasya tarımının kendisini daha fazla rekabet edebilir hale getirdiler.

Amerika kıtalarındaki yiyecek üretiminin rekabet gücünün fazla olmamasına yaban bitkilerin özelliklerinin de katkısı oldu. Bu sonucun en açık şekilde görüldüğü yer Doğu Amerika Birleşik Devletleri'dir, orada yarım düzineden az bitki türü evcilleştirilmişti, bunların arasında küçük tohumlu tahıllar vardı ama büyük tohumlu tahıllar, baklagiller, lifli bitkiler veya yetiştirilen meyveler ya da küçük kabuklu yemişler yoktu. Mezoamerika'nın başlıca besin kaynağı olan, Amerika kıtalarında başka yerlere de yayılarak en baş ürün haline gelen mısır da bunu açıkça gösteriyor. Bereketli Hilal'in yabani buğdayı ve arpası pek az değişiklik geçirerek ve birkaç yüzyıl içinde evrimleşerek tarım bitkisi haline gelirken, yaban *Euchlaena mexicana*'nın evrimleşip mısır haline gelebilmesi için binlerce yıl geçmesi, üreme biyolojisi ve tohum yapmaya ayrılan enerji bakımından büyük değişiklikler geçirmesi, tohumların kaya gibi sert kabuklarını kaybetmesi, koçan büyüklüğünün dev boyutlara ulaşması gerekiyordu.

Sonuç olarak son zamanlarda, Amerika'da yerli bitkilerin evcilleştirilmeye başlandığı tarih olarak öne sürülen daha yakın tarihler kabul edilse bile, Mezoamerika'da, Andlar'ın iç bölgelerinde, Doğu Amerika Birleşik Devletleri'nde (MÖ yaklaşık 3000-2500'deki) bu başlangıç ile (MÖ 1800-500'de) yıl boyu oturulan köylerin yaygınlaşması arasında aşağı yukarı 1500 ya da 2000 yıl geçmesi gerekiyordu. Amerika yerlileri için uzun bir süre çiftçilik ancak avcılık ve yiyecek toplayıcılığıyla elde edilen yiyeceklere küçük bir katkı sağlamaya yaradı ve ancak yoğunluksuz nüfusları besleyebildi. Amerika'da bitkilerin evcilleştirilmeye başlandığı tarih olarak daha erken, geleneksel tarihleri kabul ederseniz, o zaman yiyecek üretiminin köyleri ayakta tutacak hale gelmesi için aradan 1500 ya da 2000 değil 5000 yıl geçmesi gerekir. Oysa Avrasya'nın pek çok yerinde köyler ile yiyecek üretiminin ortaya çıkışı arasında zamansal bir ilişki vardır (Avcılık ve yiyecek toplayıcılığı işi, Eski Dünya'da Bereketli Hilal ve Çin, Yeni Dünya'da Ekvador kıyıları ve Amazon Bölgesi gibi, her iki yarıkürenin bazı bölgelerinde tarım benimsenmeden önce de köyleri geçindirecek kadar verimliydi). Yeni Dünya'da yöresel olarak mevcut evcillerin getirdiği sınırlamaları en iyi gösteren şey, Amerika kıtalarına başka yerlerden örneğin Avrasya'dan başka tarım ürünleri ya da hayvanlar geldiği zaman yerli Amerikan toplumlarının geçirdiği dönüşümlerdir. Bu örneklerin arasında Doğu Amerika Birleşik Devletleri'ne ve Amazon bölgesine mısırın gelişinin, lamanın güneyde evcilleştirildikten sonra Kuzey Andlar'da benimsenişinin, Kuzey ve Güney Amerika'nın pek çok bölgesinde atların ortaya çıkışının etkileri vardır.

Avrasya'nın öncülüğüne, yabani bitki ve hayvan türlerine ek olarak, çeşitli coğrafi ve çevresel nedenlerden dolayı hayvanların, bitkilerin, düşüncelerin, teknolojinin ve insanların Avrasya'da Amerika kıtalarındakine göre daha kolay yayılması da Avrasya'daki gelişmelere ivme kazandırdı. Amerika kıtalarının tersine Avrasya'nın doğu-batı yönündeki ana ekseni enlem değişikliği, enlemle birlikte çevre değişikliği olmadan yayılmaya izin veriyordu. Avrasya'nın doğu-batı doğrultusundaki genişliğine karşılık Yeni Dünya bütün Orta Amerika bölgesinde boydan boya dardı ve hele Panama'da iyice daralıyordu. Amerika kıtalarının yiyecek üretimine ya da yoğun nüfuslu toplumların yaşamasına elverişli olmayan bölgelerle daha fazla bölünmüş olması da azımsanacak bir şey değildi. Çevresel engeller arasında Mezoamerika toplumlarını And ve Amazon toplumlarından ayıran Panama Kıstağı vardı; Mezoamerika'yı Amerika Birleşik Devletleri'nin güneybatı ve güneydoğu toplumlarından ayıran Kuzey Meksika çölleri vardı; Amerika Birleşik Devletleri'nin Büyük Okyanus'a bakan, yiyecek üretimine elverişli olabilecek kıyı bölgelerinin önünde aşılmaz bir duvar gibi yüksek dağlar ve çöller vardı. Sonuç olarak evcil hayvanlar, yazı ya da siyasal birimler hiç yayılamamıştı, Yeni Dünya merkezleri Mezoamerika ve Doğu Amerika Birleşik Devletleri ile Andlar ve Amazonya arasında tarım ürünleri ve teknoloji yavaş ya da sınırlı bir şekilde yayılmıştı.

Amerika kıtalarındaki bazı engellerin belli sonuçlarının üzerinde durulması gerekiyor. Yiyecek üretimi Amerika Birleşik Devletleri'nin güneybatısından ve Mississippi Vadisi'nden bugünkü Amerika'nın ekmek teknesi olan California'ya ve Oregon'a asla yayılmadı, oradaki yerli Amerikan toplumları sırf uygun evcillere sahip olmadıkları için avcı/yiyecek toplayıcı olarak kaldılar. Andlar'ın yüksek ovalarındaki lama, kobay, patates asla Meksika'nın yüksek ovalarına ulaşmadı, böylece Mezoamerika ile Kuzey Amerika köpek dışında evcil memeli hayvansız kaldılar. Öte yandan Doğu Amerika Birleşik Devletleri'nin evcil ayçiçeği de asla Mezoamerika'ya ulaşamadı, Mezoamerika'nın evcil hindisi ise Güney Amerika'ya ya da Doğu Amerika Birleşik Devletleri'ne asla gelemedi. Mezoamerika'nın mısırının Meksika'daki çiftlik arazilerinden yola çıkıp Doğu Amerika Birleşik Devletleri'ne ulaşmak için aradaki 1000 kilometreyi aşması 3000 yıl, fasulyeninki 4000 yıl sürdü. Mısır, Doğu Amerika Birleşik Devletleri'ne ulaştıktan sonra, Kuzey Amerika ikliminde verimli olacak bir mısır türünün Mississippi cinsini tetiklemesi için aradan yedi yüzyıl daha geçti. Mısırın, fasulyenin, balkabağının Mezoamerika'dan Amerika Birleşik Devletleri'nin güneybatısına yayılması birkaç binyılı almış olabilir. Bereketli Hilal'deki tarım bitkileri yeterince hızlı bir biçimde doğuya ve batıya yayılıp, aynı türlerin ya da çok yakın türlerin bağımsız bir biçimde evcilleştirilmesini önlerken, Amerika kıtalarındaki bitkiler engeller yüzünden pek çok kez böyle paralel şekilde evcilleştirildiler.

Bitki ve hayvan varlığının yayılması üzerindeki engellerin, insan toplumlarının diğer özellikleri üzerindeki etkileri de çarpıcıdır. Eninde sonunda Doğu Akdeniz kaynaklı olan alfabeler, Çince yazı sisteminin türevlerinin egemen olduğu Doğu Asya dışında, Avrasya'da İngiltere'den tutun da Endonezya'ya kadar bütün karmaşık toplumlara yayıldı. Bunun tam tersine Yeni Dünya'da bir tek Mezoamerika'da görülen yazı sistemleri bu sistemleri benimseyebilecek olan Andlar'ın ve Doğu Amerika Birleşik Devletleri'nin karmaşık toplumlarına yayılamadı. Mezoamerika'da çocuk oyuncaklarının bir parçası olarak icat edilen tekerlek Andlar'da evcilleştirilmiş olan lamayla buluşup da Yeni Dünya'ya tekerlekli bir taşıt aracı kazandıramadı. Eski Dünya'da hem Makedonya İmparatorluğu'nun hem de Roma İmparatorluğu'nun doğu-batı yönündeki genişliği 4500 kilometreden fazlaydı, Moğol İmparatorluğu'nunkiyse 9500 kilometreden fazla. Ama Mezoamerika'daki imparatorluklarla devletlerinin, 1000 kilometre kuzeylerinde Doğu Amerika Birleşik Devletleri'ndeki şefliklerle, 2000 kilometre güneyde Andlar'daki devletler ve imparatorluklarla ne siyasal bir ilişkileri vardı ne de anlaşılan varlıklarından haberdarlardı.

Avrasya'yla karşılaştırıldığı zaman Amerika kıtalarının coğrafi bölünmüşlüğü dillerin dağılımlarına da yansımıştır. Dilciler, birkaç Avrasya dili dışındaki bütün dilleri on kadar dil ailesi içinde toplamak konusunda birleşmektedirler, bu ailelerin her biri sayıları birkaç yüzü bulan akraba dillerden oluşmaktadır. Örneğin, İngilizce, Fransızca, Rusça, Yunanca, Hindu gibi dilleri içine alan Hint-Avrupa dil ailesi kapsamında 144 dil bulunmaktadır. Bu ailelerin içinde büyük sınırdaş bölgelere yayılmış olanları hayli azdır – Hint-Avrupa ailesini ele alırsak, Avrupa'nın büyük bir bölümünü kapsadıktan sonra, doğuda Batı Asya'nın çoğunu sınırları içine alır ve Hindistan'a ulaşır. Dilsel, tarihsel, arkeolojik ipuçları bütün bu geniş, sınırdaş bölgelere yayılmış dillerin gerisinde tarihte bir zamanlar buralara yayılmış bir ata dilin bulunduğunu ve arkasından yerel dilsel faklılaşmaların oluşmasıyla akraba dil ailelerinin meydana geldiğini göstermekte birleşir (Tablo 18.2). Bu tür yayılmaların çoğu, bu ata dili konuşan ve yiyecek üreticisi toplumlara ait olan insanların avcı/yiyecek üreticileri karşısındaki üstünlüklerine bağlanabilir görünüyor. Bu tür tarihsel yayılmaları Çin-Tibet, Avustronezya ve başka Doğu Asya dil aileleri için XVI. ve XVII. Bölüm'de daha önce ele almıştık. Son binyıl içinde yayılmış belli başlı diller arasında Avrupa'dan Amerika kıtalarına ve Avustralya'ya yayılmış olan Hint-Avrupa dilleri, Doğu Avrupa'dan bütün Sibirya'ya yayılmış olan Rus dili, Orta Asya'dan batıya Türkiye'ye yayılmış olan (Altay dil ailesinden) Türkçe bulunmaktadır.

Amerika'nın kuzey kutup bölgesindeki Eskimo-Aleut dil ailesi ile Alaska, Kuzeybatı Kanada ve Güneybatı Amerika Birleşik Devletleri dil ailesi Na-Dene dışında Amerika kıtalarında dilcilerin genellikle kabul ettiği büyük yayılmaların olduğunu gösteren örnekler yoktur. Amerika'daki yerli dilleri üzerinde uzmanlaşmış dilcilerin çoğu Eskimo-Aleut ve Na-Dene dışında açık seçik büyük gruplar görmüyorlar. En fazla öteki (sayıları kimilerine göre 600, kimilerine göre 1200 olan) Amerika'nın yerli dillerini yüz ya da daha fazla ya da tek tek diller halinde gruplamaya yetecek ipuçlarını dikkate alıyorlar. Azınlıkta kalan tartışmalı bir görüş, Eskimo-Aleut ve Na-Dene dışındaki yerli Amerikan dillerini Amerind denen ve on kadar alt-ailesi olan tek bir büyük dil ailesi içinde toplayan dilci Joseph Greenberg'ün görüşüdür.

Greenberg'ün alt-ailelerinin bazılarının ve daha geleneksel dilcilerce benimsenen bazı gruplamaların, kısmen yiyecek üretiminin zorlamasıyla Yeni Dünya'da meydana gelen nüfus yayılmalarının mirası olduğu ortaya çıkabilir. Bu mirasın içinde Mezoamerika ve Batı Amerika Birleşik Devletleri'nin Uto-Aztek dilleri, Mezoamerika'nın Oto-Manguen dilleri, Güneydoğu Amerika Birleşik Devletleri'nin Natchez-Muskogean dilleri, Batı Hint Adaları'nın Arawak dilleri bulunabilir. Ama dilcilerin yerli Amerikan dillerini gruplarken görüş birliğine varmalarını engelleyen güçlükler karmaşık yerli Amerikan toplumlarının kendilerinin Yeni Dünya'da yayılmalarını engelleyen güçlükleri yansıtıyor. Yiyecek üreten yerli Amerikan halklarından biri tarım bitkileriyle, hayvan varlıklarıyla birlikte geniş bir alana yayılmayı ve avcı/yiyecek toplayıcıların yerini almayı başarsaydı, bu halk Avrasya'daki gibi kolayca tanınan dil ailelerini miras olarak bırakmış olacaktı ve yerli Amerikan dilleri arasındaki ilişkiler bu kadar tartışmalı olmayacaktı.

Böylece Amerika kıtalarını istila eden Avrupalıları üstün duruma getiren üç grup neden saptamış olduk: Avrasya'da insan varlığının çok daha eskiye dayanması; evcilleştirmeye elverişli mevcut yabani bitkiler, özellikle hayvanlar Avrasya'da daha fazla bulunduğu için yiyecek üretiminin de daha etkili olması; kıta içi yayılmaları güçleştirici coğrafi ve çevresel engellerin o kadar korkunç olmaması. Amerika kıtalarında şaşırtıcı bir biçimde bazı icatların bulunmadığını –geçmişleri aşağı yukarı yazıyı ve tekerleği icat etmiş olan karmaşık Mezoamerikan toplumlarınınki kadar derine inen karmaşık And toplumlarının bu icatları yapmamış olduğunu, Mezoamerika'da tekerleğin yalnızca oyuncaklarda kullanıldığını, Çin'de olduğu gibi kas gücüyle çalışan tekerlekli el arabalarından yararlanılabilecekken yararlanılmadığını– düşününce insanın aklına daha varsayımsal dördüncü bir temel neden geliyor. Bu bilmeceler insana aynı derecede şaşırtıcı başka bilmeceleri hatırlatıyor, aralarında en eski Tazmanya, en eski Avustralya, Japonya, Polinezya adaları ve Amerika'nın kuzey kutup bölgesi halklarının bulunduğu küçük yalıtılmış toplumlarda bazı icatların yapılmadığını ya da icatların ortadan yok olduğunu hatırlatıyor. Kuşkusuz Amerika kıtaları toplam olarak hiç de küçük değildir: ikisinin birlikte yüzölçümü Avrasya'nınkinin % 76'sıdır; MS 1492'yi esas alırsak insan nüfusu herhalde Avrasya nüfusunun büyük bir yüzdesine denkti. Ama daha önce gördüğümüz gibi, Amerika kıtaları birbiriyle ilişkileri gevşek olan toplum "adacıkları"na bölünmüştü. Belki de yerli Amerika'da tekerleğin ve yazının tarihleri, gerçek ada toplumlarında daha aşırı bir biçimiyle somutlanan ilkeleri örneklemektedir.

Tablo 18.2 Eski Dünya'da Dillerin Yayılışı

Çıkarsanan Tarihler	*Dil Ailesi ya da Dil*	*Yayıldığı Yerler*	*En temel İtici Güç*
MÖ 6000 ya da 4000	Hint-Avrupa	Ukrayna ya da Anadolu→Avrupa, Orta Asya, Hindistan	yiyecek üretimi ya da ata dayanan kır hayatı
MÖ 6000-MÖ 2000	Elamo-Dravid	İran→Hindistan	yiyecek üretimi
MÖ 4000-günümüz	Çin-Tibet	Tibet Platosu, K. Çin→ G. Çin, tropik G.D. Asya	yiyecek üretimi
MÖ 3000-MÖ 1000	Avustronezya	G. Çin→ Endonezya, B. Okyanus adaları	yiyecek üretimi
MÖ 3000-MS 1000	Bantu	Nijerya ve Kamerun→ G. Afrika	yiyecek üretimi
MÖ 3000-MS 1	Avustro-Asya	G. Çin→tropik G.D. Asya, Hindistan	yiyecek üretimi
MÖ 1000-MS 1500	Tay-Kaday, Miao-Yao	G. Çin→tropik G.D. Asya,	yiyecek üretimi
MS 892	Macarca	Ural Dağları→ Macaristan	Ata dayanan kır hayatı
MS 1000-MS 1300	Altay (Moğolca, Türkçe)	Asya stepleri→ Avrupa, Türkiye, Çin, Hindistan	Ata dayanan kır hayatı
MS 1480-MS 1638	Rusça	Avrupa Rusyası→Asya Sibiryası	yiyecek üretimi

İleri Amerikan ve Avrasya toplumları en azından 13.000 yıl ayrı ayrı kendi başlarına geliştikten sonra son bin yıl içinde karşı karşıya gelip çatıştılar. O zamana kadar Eski Dünya ile Yeni Dünya insan toplulukları arasındaki ilişkiler yalnızca Bering Boğazı'nın iki kıyısındaki avcı/yiyecek toplayıcılarla sınırlıydı.

Bering Boğazı'ndaki Alaska kökenli küçük bir İnuit (Eskimo) topluluğunun boğazın karşı, Sibirya kıyısına gidip yerleşmesini saymazsak, Amerikan yerlilerinin Avrasya'da koloni kurmak gibi hiçbir girişimleri olmadı. Belgelere göre Amerika'da ilk kez koloni kurma girişiminde bulunan Avrasyalılar kuzey kutup ve kutup altı enleminde yaşayan İskandinavlardı (Şekil 18.1). Norveçli İskandinavlar MS 874'te İzlanda'yı istila ettiler, daha sonra İzlandalı İskandinavlar MS 986'da Grönland'ı istila etti, en sonunda da Grönlandlı İskandinavlar MS 1000 ile 1350 yılları arasında Kuzey Amerika'nın kuzeydoğu kıyılarını pek çok kez ziyaret ettiler. Amerika kıtalarında tek İskandinav yerleşim yeri Newfoundland'de bulundu, belki de İskandinav destanlarında Vinland olarak anlatılan bölge burasıydı ama bu destanlarda daha kuzeyde, besbelli Baffin Adası ve Labrador kıyılarında karaya çıkanlardan da söz ediliyor.

İzlanda'nın iklimi hayvancılığa ve son derece sınırlı bir tarıma elverişliydi, yüzölçümü günümüze kadar gelmiş olan İskandinav kaynaklı bir nüfusu beslemeye yetiyordu. Ama Grönland'ın büyük bir bölümü buzla kaplıydı en gözde iki kıyı fiyordu da İskandinav yiyecek üretimine pek elverişli değildi. Grönland'daki İskandinav nüfusu asla birkaç bini geçemedi. Norveç'ten gelecek yiyecek ve demire, Labrador kıyılarından gelecek keresteye bağımlı kaldılar. Paskalya Adası'nın ve öteki Polinezya adalarının tersine Grönland kendi kendine yeterli yiyecek üreticisi bir toplumu besleyemezdi, oysa İskandinav istilasından önce, sırasında ve sonra avcı/yiyecek toplayıcı İnuit nüfuslarını beslemişti. İzlanda'nın, Norveç'in nüfusları Grönland İskandinav nüfusunu beslemeye devam edemeyecek kadar küçük ve yoksuldu.

13. yüzyılda başlayan Küçük Buzul Çağı'nda Kuzey Denizi'nin soğumasıyla Norveç'ten ya da İzlanda'dan Grönland'a giden İskandinavlar için Grönland'da yiyecek üretimi eskisinden daha güçleşti. Grönlandlıların Avrupalılarla bilinen son ilişkileri 1410'da bir İzlanda gemisinin rüzgârla sürüklenmesiyle oldu. Avrupalılar sonunda 1577'de yeniden Grönland'ı ziyarete başladıkları zaman oradaki İskandinav

kolonisi artık yoktu, anlaşılan 15. yüzyılda hiçbir kayıt bırakmadan silinip gitmişti.

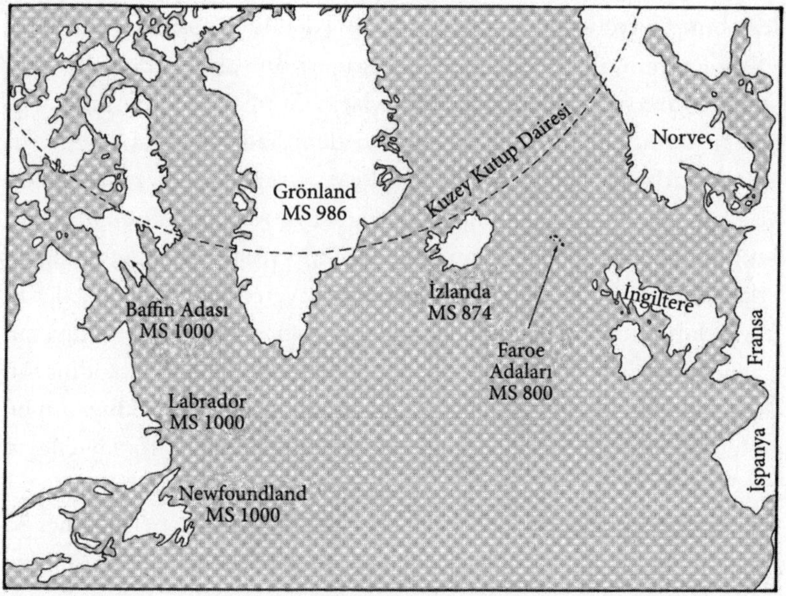

Şekil 18.1. Norveç'ten yola çıkan İskandinavların Kuzey Atlas Okyanusu'nu geçerek yayılışları ve bölgelere göre yaklaşık ulaşma tarihleri.

Ama Kuzey Amerika kıyıları doğrudan doğruya Norveç'ten yola çıkan gemilerin, MS 986-1410 arası Norveç gemi teknolojisini düşünürsek, ulaşamayacağı kadar uzaktı. Bunun yerine İskandinavlar Kuzey Amerika kıyılarına, bu kıyılardan yalnızca 320 kilometre genişliğindeki Davis Boğazı'yla ayrılmış olan Grönland'dan gittiler. Ama bu küçük, önemsiz topluluğun Amerika'da uzun boylu keşifler yapma, istilalarda bulunma, yerleşme olasılığı sıfırdı. Newfounland'deki tek İskandinav yerleşim yeri bile anlaşılan 20-30 kişinin birkaç yıl oturduğu bir kış kampından öte bir şey değildi. İskandinav destanlarında Skræling denen, besbelli Newfoundland yerlileri ya da Dorset Eskimoları olması gereken insanların Vinland kampına saldırıları anlatılıyor.

Orta Çağ Avrupa'sının en uzak ileri karakolu olan Grönland toplumunun yazgısı arkeolojinin romantik gizemlerinden biri olmayı sürdürüyor. Son Grönland İskandinavları açlıktan mı öldüler, gemilere binip gittiler mi, Eskimolarla mı evlendiler yoksa hastalıklara ya da Eskimo oklarına mı yenik düştüler? Bu yakın nedenlerle ilgili sorular yanıtsız kalırken, İskandinavların Grönland'da ve Amerika'da koloni kuramamalarının en temel nedeni haddinden fazla açıktır. Kuramadılar çünkü çıkış noktası (Norveç), varış noktaları (Grönland ve Newfoundland), zaman (MS 984-1410), Avrupa'nın gizil üstünlüklerinin, yiyecek üretiminin, teknolojinin ve siyasal örgütlenmenin etkili bir biçimde kullanılamaması için yeter de artar engellerdi. Yiyecek üretimi yapılamayacak kadar yüksek enlemlerde, Avrupa'nın daha yoksul ülkelerinden birinin zayıf desteğiyle birkaç İskandinav'ın demir aletleri, Kuzey Kutbu'nda yaşamak konusunda dünyanın en becerikli insanları olan Eskimo ve yerli avcı/yiyecek toplayıcıların taş, kemik, tahta aletleriyle boy ölçüşemezdi.

Avrasyalıların Amerika kıtalarına yerleşmeye yönelik ikinci girişimleri başarılı oldu çünkü Avrupa'nın gizil üstünlüklerinin fiilen kullanılmasına izin veren bir çıkış noktası, varış noktası, enlem, zaman söz konusuydu. İspanya Norveç gibi değildi, keşifleri destekleyebilecek ve kolonilerine para yardımı yapabilecek kadar zengindi, kalabalık nüfusluydu. İspanyolların Amerika kıtalarında ayak bastıkları topraklar tropik altı enlemlerinde, önceleri daha çok yerli Amerikan bitkilerine ama aynı zamanda Avrasya evcil hayvanlarına, özellikle sığır ve ata dayanan yiyecek üretimine son derce elverişli topraklardı. İspanya'nın okyanus aşırı sömürge kurma girişimi 1492'de, yani Avrupa'da okyanus gemileri teknolojisinin hızlı bir gelişim gösterdiği ve o tarihe kadar Eski Dünya toplumlarında (İslam âleminde, Hindistan'da, Çin'de ve Endonezya'da) gemi yolculuğu yöntemleri, yelkenler, gemi tasarımları konusunda ortaya çıkan yenilikleri kendi teknolojilerine ekledikleri bir zamanda başladı. Bunun bir sonucu olarak İspanya'da inşa edilen ve adamla donatılan gemiler Batı Hint Adaları'na kadar gidebiliyordu; İskandinavların koloni kurma çabalarının önünü tıkayan Grönland gibi bir şey yoktu. İspanya'nın Yeni

Dünya'daki kolonilerine kısa zamanda yarım düzine kadar Avrupa devletinin kolonisi katıldı.

Avrupalıların 1492'de Kolomb'un kurduğu yerleşim yerinden sonra Amerika'da kurdukları ilk yerleşim yerleri Batı Hint Adaları'ndaydı. Bu adalarda "keşfedildikleri" sırada tahmini nüfusları bir milyonu aşan yerlilerin çoğu hastalıklar yüzünden, malını mülkünü kaybetmek, esir düşmek, savaş, rasgele cinayetler yüzünden kısa zamanda yok olmuştu. Amerika kıtasında ilk koloni 1508 dolaylarında, Panama Kıstağı'nda kuruldu. Anakaradaki iki büyük imparatorluktan Aztek İmparatorluğu 1519-1520 yıllarında, İnka İmparatorluğu 1532-1533 yıllarında ele geçirildi. Ele geçirenlerin başarısında Avrupa kökenli hastalıkların (muhtemelen çiçek hastalığının) büyük payı oldu, nüfusun büyük bir bölümü gibi imparatorların kendileri de bu hastalıklardan öldü. İşin geri kalanını da çok az sayıdaki atlı İspanyolların ezici askeri üstünlüğüyle birlikte yerli nüfusun içindeki ayrı grupları kullanma konusundaki siyasal becerileri halletti. Bunu izleyen 16. ve 17. yüzyıllarda Avrupalılar Orta Amerika'daki ve Güney Amerika'nın kuzeyindeki geri kalan yerli devletleri yenilgiye uğrattılar.

Kuzey Amerika'nın en gelişmiş yerli toplumlarına, Amerika Birleşik Devletleri'nin güneydoğusunda ve Mississippi Irmak sisteminde yaşayanlara gelince, onlar daha çok ilk Avrupalı kâşiflerin ve öncülerinin getirdiği mikroplarla temizlendiler. Avrupalılar Amerika kıtalarında yayılırken Great Plains bölgesindeki Mandanlar, Kuzey Kutup bölgesindeki Sadlermiut Eskimoları gibi daha pek çok yerli toplum da hiçbir askerî müdahaleye gerek olmadan hastalıktan kırıldı. Bu şekilde bir kırımla yok olmayan kalabalık yerli toplumlar da Aztek ve İnkalar gibi yok edildiler – uzman Avrupalı askerlerin ve yerli işbirlikçilerinin açtığı kıran kırana savaşlarla. Bu askerleri ilkin Avrupa'daki anavatan ülkelerin, daha sonra Yeni Dünya'daki Avrupa koloni yönetimlerin, son olarak da koloni yönetimlerini izleyen bağımsız yeni Avrupa devletlerinin siyasal kurumları destekliyordu.

Daha küçük yerli toplumlar tek tek kişilerin küçük çaplı saldırıları ve cinayetleriyle daha rasgele bir biçimde yok edildi. Örneğin, California'daki avcı/yiyecek toplayıcıların sayısı başlangıçta toplam iki yüz bini buluyordu ama yüz küçük kabileciğe bölünmüşlerdi, bunları yenilgiye uğratmak için savaşmak bile gerekmiyordu. Bu kabileciklerin çoğu 1848-52 arasında California eyaletine göçmenlerin akın akın gelmesine yol açan altına hücum sırasında ya da ondan az sonra kıyıma uğramış ya da mülksüzleşmişti. Bir örnek vermek gerekirse, California'nın kuzeyinde, sayıları aşağı yukarı iki bini bulan, ateşli silahları olmayan Yahi kabileciği beyaz göçmenlerin dört saldırısıyla yok olmuştu: 6 Ağustos 1865'te bir Yahi köyüne on yedi kişinin yaptığı ani baskın, 1866'da bir koyakta habersiz yakalanan Yahilerin katledilmesi, 1867 dolaylarında bir mağaraya kadar izlenen otuz üç Yahi'nin öldürülmesi, son olarak 1868 dolaylarında dört kovboyun bir başka mağarada kıstırdıkları otuz kadar Yahi'yi katletmesi. 19. yüzyıl sonlarında ve 20. yüzyıl başlarında kauçuk patlaması sırasında pek çok Amazon yerli toplumu aynı şekilde sivil kişilerce yok edildi. İstilanın son perdeleri günümüzde oynanıyor, bağımsız olarak kalmış Yanomamo ve başka Amazon yerli toplumları hastalıklara yenik düşüyor, madenciler tarafından öldürülüyor ya da misyonerler, hükümet görevlilerince denetim altına alınıyorlar.

Sonuçta Avrupalıların yiyecek üretimine ve fizyolojisine en uygun olan ılıman bölgelerin çoğundaki kalabalık nüfuslu yerli Amerikan toplumları elenmiş durumda. Kuzey Amerika'da bozulmamış büyücek toplumlar halinde ayakta kalmış olanlar bugün çoğunlukla koruma bölgelerinde ya da Amerika Birleşik Devletleri'nin batısındaki kurak topraklar ya da kutup bölgeleri gibi Avrupalıların kendi yiyecek üretimlerine ve madenciliğe uygun olmadığını düşündükleri yerlerde yaşıyorlar. Tropik bölgelerin çoğundaki Amerikan yerlilerinin yerini Eski Dünya'nın tropik bölgelerinden gelen göçmenler (özellikle Asya Hintlilerinin ve Surinam'daki Cavalıların yanı sıra siyah Afrikalılar) aldı.

Orta Amerika'nın ve Andlar'ın bazı bölgelerinde Amerikan yerlilerinin nüfusları başlangıçta öylesine kalabalıktı ki onca hastalıktan ve savaştan sonra bile bugün nüfusun büyük bir bölümü Amerika yerlisidir ya da karışıktır. Andlar'ın yüksek yerleri için bu özellikle doğrudur çünkü oralarda genetik bakımdan Avrupalı olan kadınlar üremekte bile fizyolojik güçlükler çekerler, Andlar'ın yerli tarım bitkileri hâlâ yiyecek üretimi için en uygun tabanı oluştururlar. Ama yine de Amerikan yerlilerinin hâlâ yaşadıkları yerlerde bile onların kültürlerinin ve dillerinin yerini yaygın olarak Eski Dünya'nınkiler almıştır. Eskiden Kuzey Amerika'da konuşulan yüzlerce dilin yüz seksen yedisi dışında hiçbiri konuşulmamaktadır, bu yüz seksen yedinin yüz kırk dokuzu da can çekişiyor sayılır çünkü o dilleri yalnızca yaşlılar konuşuyor, çocuklar artık öğrenmiyor. Yeni Dünya uluslarından yaklaşık kırk tanesinde bugün resmî dil bir Hint-Avrupa dili ya da melez dildir. En büyük Amerikan yerli nüfusuna sahip, Peru, Bolivya, Meksika, Guatemala gibi ülkelerde bile siyasal liderlerin ve iş adamlarının fotoğraflarına şöyle bir göz attığınızda çoğunlukla Avrupalı olduklarını görürsünüz ama çeşitli Karayip ülkelerinin siyah Afrikalı liderleri var, Guyana'nın da Hintli liderleri oldu.

En eski Amerikan yerlilerinin nüfusunun tartışmalara yol açan azalma yüzdesi hayli yüksek: Kuzey Amerika'da hesaplar bunun % 95'i bulduğunu gösteriyor. Ama Amerika kıtalarının bugünkü toplam nüfusu, Eski Dünya'dan gelen (Avrupalı, Afrikalı, Asyalı) insanlar yüzünden 1492'dekinin yaklaşık on katı. Amerika kıtalarının bugünkü nüfusu Avustralya dışında bütün kıtalardan gelmiş insanların bir karışımı. Son 500 yılda meydana gelmiş olan –Avustralya dışında hiçbir kıtada görülmemiş büyüklükteki– bu nüfus hareketinin kökeninde MÖ 11.000 ile MS 1 arasında meydana gelmiş gelişmeler yatmaktadır.

XIX. Bölüm

Afrika Nasıl Kara Afrika Oldu?

İnsan Afrika'yla ilgili daha önce ne kadar çok şey okumuş olursa olsun, oraya gittiği zamanki ilk izlenimi çok şaşırtıcı oluyor. Bağımsızlığını yeni kazanmış olan Namibya'nın başkenti Windhoek'un sokaklarında siyah Hereroları gördüm, siyah Ovamboları gördüm, beyazları gördüm, hem siyahlardan hem beyazlardan farklı olan Namaları gördüm. Bunlar artık bir ders kitabındaki resimler değil, karşımda yaşayan insanlardı. Eskiden geniş bir alana yayılmış olan Kalahari Buşmanlarının Windhoek'un dışındaki son kalıntıları hayatta kalma savaşı veriyordu. Ama Namibya'da beni en çok şaşırtan şey bir sokak tabelasıydı: Windhoek'un merkezindeki ana caddelerden birine Göring Caddesi adı verilmişti!

Kuşkusuz, hiçbir ülke bir caddeye Luftwaffe'nin (Alman Hava Kuvvetleri'nin) kurucusu o ünlü Nazi *Reichskommisar*'ı Hermann Göring'in adını verecek kadar nedamet nedir bilmeyen Naziler tarafından yönetiliyor olamaz, diye düşündüm! Hayır, meğer sokağa bu ad Hermann'ın babası Heinrich Göring'in anısına verilmiş; Heinrich bugün Namibya olarak bildiğimiz, Almanların eski Güneybatı Afrika kolonisinin kurucu *Reichskommisar*'ı. Ama Heinrich de sorunlu bir kişi çünkü onun mirası arasında Avrupalı sömürgecilerin Afrika'ya yaptıkları en korkunç saldırı, Almanların 1904'te Hereroların soyunu tüketme savaşı var. Bugün komşu Güney Afrika'daki olaylar dünyanın dikkatini daha çok çekiyor ama Namibya da kendi sömürge dönemi geçmişiyle başa çıkmak ve çok kültürlü bir toplum oluşturmak için savaş veriyor. Namibya bana Afrika'nın geçmişinin bugününden nasıl ayrılamayacağını somut olarak gösteriyor.

Amerikalıların ve Avrupalıların çoğu için Afrika yerlisi demek "karaderililer" demektir; beyaz Afrikalılar son zamanlarda dışarıdan gelen insanlardır, Afrika'nın ırk tarihi demek Avrupa sömürgeciliği ve esir ticareti hikâyesi demektir. Dikkatimizin bu belli olgular üzerinde toplanmasının çok açık bir nedeni vardır: Amerikalıların çoğu, Afrika yerlisi olarak yalnızca siyahları tanır çünkü Amerika Birleşik Devletleri'ne köle olarak pek çok siyah getirilmişti. Ama birkaç binyıl öncesine kadar bugünkü kara Afrika'nın çoğu bölgesinde çok farklı halklar yaşamış olabilir ve kara Afrikalı denen insanların kendileri de ayrışıktır. Beyaz sömürgeciler gelmeden önce bile Afrika'da yalnızca siyahlar değil (daha sonra göreceğimiz gibi) dünyadaki belli başlı altı grup insandan beşi yaşıyordu ve bunların üçü Afrika'dan başka yerde bulunmayan Afrika yerlileriydi. Yalnızca Afrika'da dünyadaki dillerin dörtte biri konuşulmaktadır. Yeryüzünde bu kadar insan çeşitliliğine sahip bir başka kıta daha yoktur.

Afrika'daki insan çeşitliliği, coğrafyasının çeşitliliğinden ve tarihöncesinin uzunluğundan geliyor. Afrika kuzey ılıman iklim kuşağından güney ılıman iklim kuşağına kadar uzanan tek kıtadır, bu arada dünyanın en kurak bazı çölleri, en büyük tropik yağmur ormanları, Ekvator bölgesinin en yüksek dağları orada bulunur. İnsanlar Afrika'da dünyanın bütün öteki yerlerine göre çok daha uzun zamandır yaşıyor: En eski atalarımız yedi milyon yıl önce orada yaşadılar, anatomik olarak çağdaş *Homo sapiens*'ler de o tarihten sonra orada ortaya çıkmış olabilir. Afrika'nın o büyüleyici tarihöncesi pek çok Afrika halkı arasındaki karşılıklı etkileşimden doğdu, bunun içinde son 5000 yılın en büyük iki nüfus hareketi de var – Bantuların yayılması ve Endonezya'nın Madagaskar'da koloni kurması. Geçmişteki bütün bu etkileşimler önemli sonuçlar doğurmaya devam ediyor çünkü kimin nereye kimden önce gelmiş olduğu konusundaki ayrıntılar bugünkü Afrika'yı biçimlendiriyor.

Bu beş grup insan bugün Afrika'da bulundukları yerlere nasıl geldiler? Neden, Amerikalıların varlıklarını unutma eğilimi taşıdıkları diğer dört grup değil de siyahlar bu kadar yaygınlaştı? Bize Roma İmparatorluğu'nun bile nasıl yayıldığını anlatan yazılı belgeleri olmayan Afrika'nın yazı öncesi geçmişinden bu soruların yanıtlarını bulup çıkarmayı nasıl umabiliriz? Afrika tarihöncesi büyük oranda bir bilmecedir, hâlâ da tam çözülememiştir. Öyle anlaşılıyor ki bu öyküyle, bundan önceki bölümde gördüğümüz Amerika'nın tarihöncesi arasında pek fark edilmemiş ama çarpıcı koşutluklar var.

Afrika MS 1000 yılında bile belli başlı beş grup insanın yurduydu, konunun uzmanı olmayan insanlar bu beş gruptan kabaca siyahlar, beyazlar, Afrikalı Pigmeler, Koisanlar ve Asyalılar olarak söz ederler. Şekil 19.1 bu insanların dağılımlarını gösteriyor, 340. sayfayı izleyen sayfalardaki insan fotoğrafları da size deri renkleri, saç biçimleri ve renkleri, yüz çizgileri bakımından aralarındaki çarpıcı farkları hatırlatacaktır. Siyahlar eskiden yalnızca Afrika'da yaşıyordu, Pigmeler ile Koisanlar bugün de hâlâ yalnızca orada yaşıyor ama Afrika'da yaşayan beyazlardan ve Asyalılardan daha çoğu dışarıda yaşıyor. Bu beş grup insan Avustralya yerlileri ve onların akrabaları dışında dünyadaki beş grup insanın beşini de kapsıyor ya da temsil ediyor.

Pek çok okurun, insanları rasgele "ırklara" bölerek kalıplara sokmayın, diye itiraz ettiğini duyar gibiyim. Evet, bu belli başlı grupların her birinin kendi içinde pek çok çeşitlilik gösterdiğini kabul ediyorum. Zulular, Somalililer, İbolar gibi birbirinden onca farklı insanları "siyahlar" olarak tek bir başlık altında toplamak aralarındaki farkları görmezden gelmek olur. Aynı şekilde Afrika'nın Mısırlıları ile Berberilerini yanyana getirip bunları Avrupa'nın İsveçlileriyle birlikte "beyazlar" olarak tek bir başlık altında toplamak da yine aralarındaki büyük farklılıkları görmezden gelmek olur. Üstelik beyazlar, siyahlar ve öteki büyük gruplar arasındaki sınır çizgileri de rasgeledir çünkü bu grupların aralarında örtüşmeler vardır: Yeryüzünde bütün gruplardan insanlar karşılarına çıkan bütün öteki gruplardan insanlarla çiftleşmiştir. Gelgelelim, daha ilerde göreceğimiz gibi, bu büyük grupların varlığını kabul etmek insanlık tarihini anlamamıza çok yardımcı olduğu için ben grupların adlarını kullanacağım ve her kullandığımda da yukarıda sözü geçen sakıncaları tekrar etmeyeceğim.

Afrika Halkları (MS 1400)

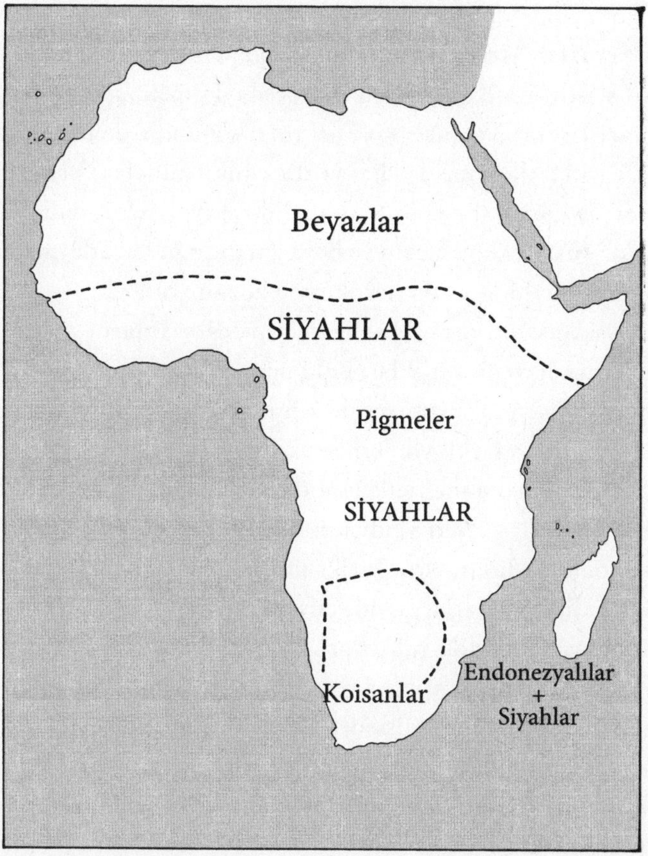

Şekil 19.1. Afrika halklarının bu tanıdık ama sorunlu gruplandırmalarla dağılımlarını anlatma konusundaki uyarılar için metne bakınız.

Afrika'daki beş grup arasında, siyah ve beyaz nüfusların pek çoğunun temsilcilerini Avrupalılar ve Amerikalılar tanıdıkları için onların fiziksel özelliklerini tanımlamaya gerek yok. MS 1400'de bile siyahlar Afrika'nın, Güney Sahra ile Sahra altı bölgesinin büyük bir bölümüne yayılmışlardı (bkz. Şekil 19.1). Amerika'daki Afrika kökenli siyahlar esas olarak Afrika'nın batı kıyısından gelenlerin torunlarıydı ama onların benzeri halklar geleneksel olarak Afrika'nın doğusunda, Sudan'ın kuzeyi ile Güney Afrika'nın güneydoğu kıyısının güneyinde de yaşıyordu. Mısırlılardan Libyalılara, Faslılara kadar beyazlar Afrika'nın kuzey kıyı bölgesi ile Sahra'nın kuzeyine dağılmışlardı. Bu Kuzey Afrikalıları mavi gözlü, sarı saçlı İsveçlilerle karıştırmaya olanak yoktur ama konunun uzmanı olmayan insanlar için onlar yine de "beyaz"dır çünkü güneyin "siyah" denen insanlarına göre daha açık renk tenlidirler ve saçları daha düzdür. Afrika'da yaşayan siyahların ve beyazların çoğu hayatlarını çiftçilik ya da hayvancılıkla ya da her ikisiyle kazanıyorlardı.

Oysa öteki iki gruptaki Pigmeler ve Koisanların arasında, tarım bitkileri, hayvan varlıkları bulunmayan avcı/yiyecek toplayıcılar vardır. Siyahlar gibi Pigmeler de kara tenli ve sık kıvırcık saçlıdır. Ama siyahlardan farklı yönleri de vardır: Çok daha ufak tefektirler, daha kızılımsı ve daha açık tenlidirler, yüzleri ve gövdeleri daha kıllıdır, alınları, gözleri ve dişleri daha çıkıktır. Çoğunlukla avcı/yiyecek toplayıcıdırlar, Orta Afrika'nın yağmur ormanlarına dağılmış gruplar halinde yaşarlar, siyah çiftçi komşularıyla ticaret yaparlar (ya da onların yanında çalışırlar).

Koisanlar Amerikalıların pek tanımadıkları, hatta adlarını bile duymadıkları bir gruptur. Eskiden Güney Afrika'nın büyük bölümüne dağılmış olan bu insanlar San olarak bilinen avcı/yiyecek toplayıcı küçük topluluklar ile Koi olarak bilinen ve hayvancılık yapan daha büyük toplulukları içeriyordu. (Daha iyi bilinen Hotanto ve Buşman sözcüklerinin yerine şimdi bu sözcükler kullanılıyor.) Hem Koiler hem de Sanlar Afrikalı siyahlara benzerler (ya da benziyorlardı): Ten renkleri sarımsıdır, saçları çok sık kıvırcıktır, genelikle kadınlarının kalçalarında ("steatopygia" denen) hürmetlice bir yağ birikimi vardır. Ayrı bir grup olarak Koilerin sayısı çok azalmıştır çünkü pek çoğu Avrupalı sömürgecilerin kurşunlarına hedef oldu, yerlerinden kovuldular ya da Avrupalılardan hastalık kaptılar; hayatta kalanların çoğu ise Avrupalılarla karıştılar ve Güney Afrika'da Renkliler ya da Teyelliler diye bilinen nüfuslar ortaya çıktı. Sanlar da aynı şekilde Avrupalıların kurşunlarına hedef oldu, yerlerinden kovuldular, hastalık kaptılar ama tarıma elverişli olmayan Namibya'nın çöllük bölgesinde sayıları durmadan azalan küçük bir topluluk kendi özelliklerini korumayı başardı. Birkaç yıl önce çok fazla seyirci çekmiş olan *Tanrılar Çıldırmış Olmalı* adlı filmi görmüş olanlarınız bunu hatırlayacaktır.

Afrika'nın beyazlarının kuzeye yayılmış olması hiç şaşırtıcı değildir, çünkü dış görünüşleri onlara benzeyen halklar Yakındoğu'nun ve Avrupa'nın Kuzey Afrika'ya yakın bölgelerinde yaşamaktadır. Kayıtlı tarih boyunca insanlar Avrupa, Yakındoğu ve Kuzey Afrika arasında mekik dokumuşlardır. O yüzden ben bu bölümde Afrika'nın beyazlarıyla ilgili az şey söyleyeceğim çünkü onların kökenlerinin gizemli bir yanı yok. Oysa siyahların, Pigmelerin, Koisanların var, onların dağılımı geçmişte nüfus çalkantıları olduğuna işaret ediyor. Örneğin, yüz yirmi milyon siyahın arasına parçalı olarak dağılmış iki yüz bin Pigme'nin varlığı bize Pigme avcı/yiyecek toplayıcıların eskiden ekvator ormanlarına dağılmış halde yaşadıklarını, daha sonra siyah çiftçilerin gelmesi üzerine yerlerinden kovulduklarını ve yalıtıldıklarını düşündürüyor. Güney Afrika'nın Koisan bölgesi, hem anatomi hem dil bakımından böylesine farklı bir halk için şaşırtıcı derecede küçük bir bölgedir. Acaba Koisanlar da eskiden daha geniş bir bölgeye mi yayılmışlardı, daha kuzeydeki nüfuslar yok mu oldu?

Tuhaflıkların en büyüğünü en sona sakladım. Büyük bir ada olan Madagaskar, Doğu Afrika'ya topu topu dört yüz kilometre uzaklıktadır, en yakın olduğu kıta Afrika'dır, Asya ve Avustralya ile arasında koca bir Hint Okyanusu vardır. Madagaskar halkı iki unsurun bir karışımıdır. Bunlardan birinin Afrikalı siyahlar olması şaşırtıcı değildir ama öteki unsuru, görünüşlerinden tropik Güneydoğu Asyalı oldukları hemen anlaşılan insanlar oluşturur. Özellikle –Asyalı, siyah ve karışık– bütün Madagaskar halkının konuştuğu dil Avustronezya dilidir, bu dil Hint Okyanusu'nun ta öteki ucunda, Madagaskar'dan 6500 kilometre uzaktaki Endonezya adası Borneo'da konuşulan Ma'anyan diline çok benzer. Madagaskar'ın çevresindeki binlerce kilometrelik bir bölgede Borneolulara benzer herhangi bir halk yoktur.

Avustronezya dili konuşan ve değişiklik geçirmiş bir Avustronezya kültürüne sahip bu Avustronezyalılar, 1500 yılında Avrupalılar Madagaskar'a geldiklerinde orada zaten yaşamaktaydılar. Dünya üzerinde benim için bundan daha şaşırtıcı bir coğrafi gerçek yoktur. Bu, Kolomb'un Küba'ya vardığında, az ötedeki Kuzey Amerika'da Amerikan yerlileri yaşar ve Amerikan yerli dili konuşurken Küba'da İsveççeye yakın bir dil konuşan mavi gözlü sarı saçlı İskandinavyalılarla karşılaşması gibi bir şey. Tarihöncesi çağda, haritasız ve pusulasız teknelerle yolculuk etmesi gereken Borneo halkı Madagaskar'a nasıl gelmiş olabilir?

Bu Madagaskar örneği halkların dış görünüşleri kadar dillerinin de bize kökenleriyle ilgili önemli ipuçları verebileceğini gösteriyor. Madagaskar halkına şöyle bir baktığımızda bazılarının tropik Güneydoğu Asya'dan gelmiş olduğunu anlarız ama tropik Güneydoğu Asya'nın hangi bölgesinden geldiğini bilemeyiz, Borneo ise aklımızın ucundan bile geçmez. Afrikalıların yüzlerinden öğrenemediğimiz başka ne gibi şeyleri Afrikalıların dillerinden öğrenebiliriz?

Afrika'daki 1500 dilin kafa karıştırıcı karmaşıklığını büyük bir dilci olan, Stanford Üniversitesi'nden Joseph Greenberg çözdü, bu dillerin yalnızca beş dil ailesinde toplanabileceğini ortaya koydu (dağılımları için bkz. Şekil 19.2). Dilbilimin sıkıcı ve teknik bir şey olduğunu düşünmeye alışmış okurlar, Afrika tarihini anlamamıza Şekil 19.2'nin ne inanılmaz katkılarda bulunduğunu öğrenince şaşırabilirler.

Şekil 19.2'yi Şekil 19.1 ile karşılaştırarak işe başlarsak, dil aileleriyle, anatomik olarak tanımlanan insan grupları arasında kabaca bir çakışma olduğunu göreceğiz: Belli bir dil ailesine bağlı diller genellikle belli insanlar tarafından konuşuluyor. Afro-Asya dillerini konuşanların çoğunlukla beyazlar ya da siyahlar olarak sınıflandırılabilecek insanlar olduğu görülüyor, Nilo-Sahra ve Nijer-Kongo dillerini konuşanlar siyah, Koisan dili konuşanlar Koisan, Avustronezya dili konuşanlar Endonezyalı. Buradan anladığımıza göre diller genellikle o dilleri konuşan insanlarla birlikte evrimleştiler.

Şekil 19.2'nin yukarı kısmında bizi, Batı uygarlığı denen şeyin üstünlüğüne inanan Avrupa merkezli insanları, bekleyen çok şaşırtıcı bir şey var. Bize öğretilenlere göre Batı uygarlığı Yakındoğu'da filizlendi, Avrupa'da Yunanlar ve Romalılar sayesinde en parlak çağını yaşadı ve dünyanın en büyük üç dini olan Hıristiyanlık, Yahudilik ve İslam bu uygarlığın ürünüydü. Bu dinler birbiriyle yakın akraba olan dilleri konuşan insanlar arasında çıkmıştı, bunlara Sami dilleri deniyordu: Sırasıyla Aramca (İsa'nın ve Havarilerinin dili), İbranice ve Arapça. Bizler içgüdüsel olarak Sami halklarını Yakındoğu'yla birleştiririz.

Oysa Greenberg, Sami dillerinin, çok daha büyük bir ailenin altı ya da daha fazla dalından yalnızca biri olduğunu saptadı; Afro-Asya denen bu ailenin bütün öteki dalları (ve yaşayan 222 başka dil) yalnızca Afrika'da konuşulan dillerdir. Hatta Sami alt-ailesinin kendisi bile temelde bir Afrika dilidir, yaşayan 19 Sami dilinden 12'si yalnızca Etiyopya'da konuşulur. Demek ki Afro-Asya dilleri Afrika'da doğmuştur, bunların bir kolu Yakındoğu'ya yayılmıştır. Bu da demektir ki Batı uygarlığının ahlaksal temeli olan Eski Ahit'in, Yeni Ahit'in ve Kur'an'ın yazarlarının konuştukları dillerin doğum yeri Afrika'dır.

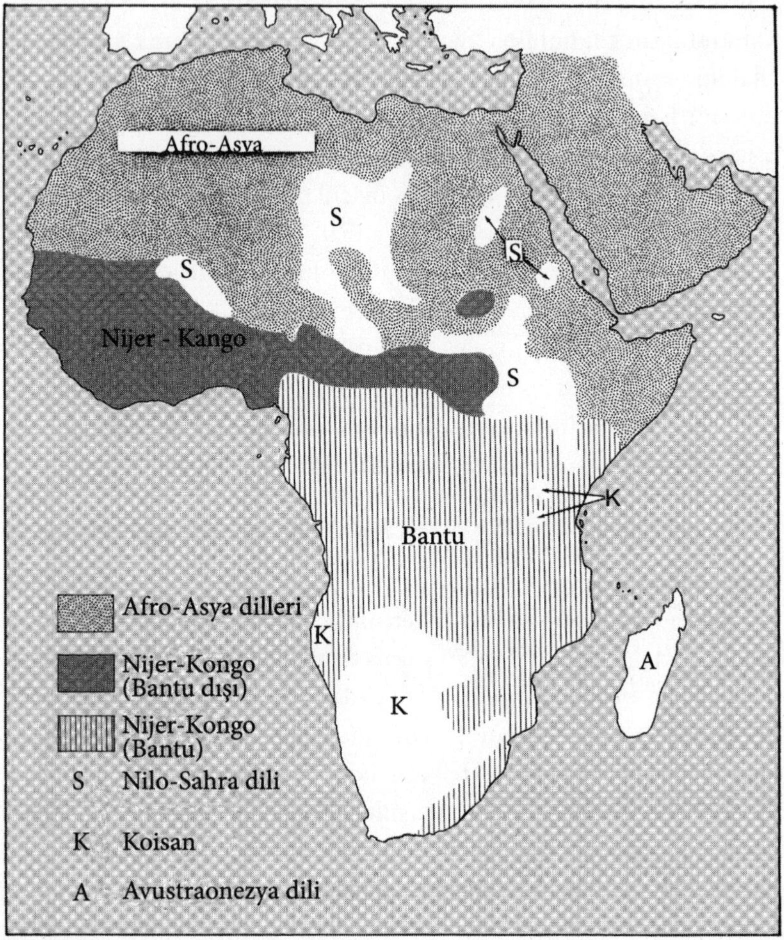

Şekil 19.2. Afrika'daki dil aileleri.

Şekil 19.2'de bizi şaşırtacak bir başka şey daha var, size genellikle belli halkların belli dilleri konuştuğunu söylerken üzerinde durmadığım, ayrıntı gibi görünen bir şey. Afrika'da –siyahlar, beyazlar, Pigmeler, Koisanlar ve Endonezyalılardan oluşan– beş grup insan arasında yalnızca Pigmelerin belli bir dili yok: Her Pigme obasında komşu siyah çiftçi grubun dili konuşuluyor. Bununla birlikte belli bir dilin Pigmelerce konuşulan halini aynı dilin siyahlar tarafından konuşulan haliyle karşılaştırırsanız Pigme dilinde farklı sesleri olan benzersiz bazı sözcükler olduğunu görürsünüz.

Kuşkusuz başlangıçta Afrika'nın ekvator bölgesindeki yağmur ormanları gibi farklı bir yerde yaşayan Pigmeler gibi farklı bir halk kendi dil ailesini geliştirecek kadar yalıtılmış halde yaşıyordu. Yine de bugün bu diller yok oldu, Şekil 19.1'de Pigmelerin günümüzdeki dağılımının hayli parçalı olduğunu görmüştük. Böylece dilsel ipuçlarıyla dağılımlarına ilişkin ipuçlarını birleştirdiğimizde, Pigmelerin anayurtlarının istilacı siyah çiftçilerin baskınına uğradığı, hayatta kalan Pigmelerin bu istilacıların dilini benimsedikleri, kendi özgün dillerinin izlerinin bazı seslerde ve sözcüklerde kaldığı sonucunu çıkarabilriz. Daha önce görmüştük, aynı şey Malezya Negritoları (Semanglar) ile Filipin Negritolarının da başına gelmişti, çevrelerini kuşatan siyah çiftçilerden birinciler Avustro-Asya dilini, ikinciler Avustronezya dilini ödünç almışlardı.

Nilo-Sahra dillerinin Şekil 19.2'deki parçalı dağılımı da bu dilleri konuşanların çoğunun Afro-Asya ya da Nijer-Kongo dillerini konuşan insanların girdabında boğulduğu anlamına gelir. Ama Koisan dillerinin dağılımıı daha büyük boyutlarda yaşanmış bir olaya tanıklık eder. Bu diller dünyada dil şaklatma sesini sessiz harf olarak kullanmakla ünlüdürler (! Khung Buşman adı nedir diye şaşırdıysanız, o baştaki ünlem işareti öne konmuş bir hayret ifadesi değildir; dilciler dil şaklatma sesini böyle gösteriyorlar). Bugün var olan bütün Koisan dilleri yalnızca Güney Afrika'da konuşuluyor, bunun dışında kalan iki dil var. Bunlar Hadza ve Sandave denen ve dil şaklatma sesleriyle dolu çok farklı iki dil, Tanzanya'nın göbeğinde, Güney Afrika'daki en yakın Koisan dilinden 1600 kilometre uzakta konuşulan diller.

Bunlara ek olarak Güney Afrika'nın birkaç Nijer-Kongo dili ile Xhosa dili de dil şaklatma sesleriyle dolu. Daha da şaşırtıcı olan şey, şaklatma seslerinin ya da Koisan sözcüklerinin Kenya'daki siyahların konuştuğu iki Afro-Asya dilinde de görülmesi; bu diller bugünkü Koisan halklarının bulundukları yerlere Tanzanya'daki Hadza ve

Sandave dillerinden de uzak yerlerde konuşuluyor. Bütün bunların bize gösterdiğine göre bugün Güney Afrika'ya dağılmış olan Koisan halkları ve dilleri eskiden çok daha kuzeylere taşıyordu, Pigmeler gibi onlar da çevrelerini kuşatan siyahların girdabında boğuldular, eski varlıklarının dilsel mirasını bıraktılar. İşte dilsel ipuçlarının önemli katkısı budur, yaşayan insanları fiziksel olarak inceleyerek bunları tahmin etmemize olanak yoktu.

Dilbilimin en önemli katkısını en sona sakladım. Şekil 19.2'ye bir kez daha bakarsanız Nijer-Kongo dil ailesinin bütün Batı Afrika'ya, Ekvator altı bölgesinin büyük bir bölümüne yayılmış olduğunu, bu koca yayılım alanı içinde asıl çıkış noktasının neresi olduğuyla ilgili hiçbir ipucu bulunmadığını görürsünüz. Oysa Greenberg, Afrika'da Ekvator altı bölgesindeki bütün Nijer-Kongo dillerinin Bantu denen tek bir alt-ailede toplanabileceğini saptadı. İşte 1032 Nijer-Kongo dilinin yarısının ve Nijer-Kongo dili konuşanların yarıdan fazlasının (yaklaşık iki yüz milyon kişinin) varlığını bu alt-aileyle açıklayabiliriz. Ama bütün o beş yüz Bantu dili öylesine birbirlerine benzer ki bunlar sanki şaka eder gibi tek bir dilin beş yüz farklı lehçesi olarak tanımlanmıştır.

Bantu dilleri, hepsi bir arada Nijer-Kongo dil ailesinin aşağı sıralarda, tek bir alt-ailesini oluşturur. Öteki 176 alt-ailenin çoğu, Nijer-Kongo yayılım alanının küçük bir bölümünü oluşturan Batı Afrika'ya sığışmıştır. Hele hele önde gelen Bantu dilleri ile Bantu dillerinin en yakın akrabası olan ve Bantu olmayan Nijer-Kongo dilleri Kamerun ile Kamerun'un hemen yanı başındaki Doğu Nijerya gibi küçücük bir bölgeye sıkışıp kalmıştır.

Anlaşıldığına göre Nijer-Kongo dil ailesi Batı Afrika'da ortaya çıkmıştır; bu ailenin Bantu kolu bu yayılım alanının doğu ucunda, Kamerun'da ve Nijerya'da varlık bulmuştur; daha sonra Bantu bu anayurdundan dışarıya taşmış, Afrika'nın Ekvator altı bölgesinin çoğu kesimine yayılmıştır. Bu yayılma Bantu dillerinin atası olan Bantu'nun beş yüz kardeş dile bölünmesine yetecek kadar eski bir tarihte olmuş olsa gerekir ama bu tarih bu kardeş dillerin hâlâ birbirine benzemesine yetecek kadar da yakın bir tarih anlaşılan. Bantu dillerini ve Nijer-Kongo dillerini konuşanların hepsi siyah olduğuna göre, kimin nereye göç ettiğini insanların fiziksel görünümlerine bakarak tahmin edemeyiz.

Böyle dilsel ipuçlarına bakarak akıl yürütmeyi daha açık bir şekilde anlatmak için size tanıdık bir örnek vermek istiyorum: İngilizcenin coğrafi kökenleri. Bugün anadili İngilizce olanların büyük bir çoğunluğu Kuzey Amerika'da yaşamaktadır, geri kalanı da dünyanın başka yerlerine, Britanya, Avustralya ve başka ülkelere dağılmış durumdadır. Bu ülkelerin her birinde İngilizcenin o ülkeye ait lehçeleri konuşulur. Dillerin dağılımıyla ve tarihle ilgili hiçbir bilgimiz olmasaydı, İngilizcenin Kuzey Amerika'da ortaya çıktığını ve sömürgeciler aracılığıyla Britanya ile Avustralya'ya taşındığını düşünebilirdik.

Oysa İngilizcenin bütün bu lehçeleri Germen dil ailesinin yalnızca aşağı sıralardaki alt grubunu oluşturur. Bütün öteki alt gruplar –çeşitli İskandinav, Germen, Hollanda dilleri– Kuzeybatı Avrupa'ya sıkışmış durumdadır. Hele hele İngilizcenin en yakın akrabası olan Kuzey Felemenk dili, Frizce, Hollanda'nın ve Batı Almanya'nın kıyı bölgesinde minicik bir köşeye şıkışıp kalmıştır. Buna bakarak bir dilci, doğru bir mantıkla, İngilizcenin Kuzeybatı Avrupa'nın kıyı bölgesinde ortaya çıktığı ve oradan dünyaya yayıldığı sonucunu hemen çıkarır. Gerçekten de kayıtlı tarihten bildiğimize göre İngilizce MS beşinci ve altıncı yüzyıllarda istilacı Anglo-Saksonlar aracılığıyla oradan İngiltere'ye taşınmıştır.

Temelde aynı mantıktan hareketle, bugün Afrika haritasının çoğu bölgesine serpilmiş olan hemen hemen iki yüz milyon Bantu'nun Kamerun ve Nijerya kökenli olduğu sonucunu çıkarabiliriz. Dilsel ipuçları olmadan Samilerin ve Madagaskar'daki Asyalıların kökenlerinin Kuzey Afrika'ya dayandığını nasıl bilemezdiysek bunu da bilemezdik.

Koisan dilinin yayılımına ve ayrı bir Pigme dilinin olmayışına bakarak Pigmelerin ve Koisan halklarının eskiden daha geniş bir alana yayılmış oldukları, daha sonra çevrelerini kuşatan siyahların girdabında boğuldukları çıkarımını zaten yapmıştık ("Girdabında boğulmak" sözünü ben yansız ve kapsayıcı, genel bir sözcük olarak kullanıyorum, bu sürecin istila, yurdundan kovma, karşılıklı evlilikler, öldürme ya da hastalık içerip içermediğine bakmıyorum). Nijer-Kongo dilinin dağılımına bakarak girdabı yaratan siyahların artık Bantular olduğunu anlamış bulunuyoruz. Şimdiye kadar dikkate aldığımız fiziksel ve dilsel ipuçları bize tarihöncesi döneme ait bu girdapları tahmin etme olanağını sağladı ama bunların gizemini çözmemize henüz yetmiyor. Ancak bundan sonra size sunacağım ipuçları iki soruyu daha yanıtlamamıza yardımcı olacak: Pigmelerin ve Koisanların yerini alan Bantuların bu işi başarmalarını sağlayan ne gibi üstünlükleri vardı? Bantular eskiden Pigmelerin ve Koisanların anayurdu olan topraklara ne zaman geldiler?

Bantuların üstünlükleri sorununa yaklaşmak için gelin önce içinde yaşadığımız zamana ait öteki ipucuna bakalım – evcilleştirilmiş bitki ve hayvanlardan elde edeceğimiz ipucuna. Daha önceki bölümlerde gördüğümüz gibi, söz konusu ipucu önemlidir çünkü yüksek yoğunluklu nüfusların, mikropların, teknolojinin, başka güç oluşturucularının kökeninde yatan şey yiyecek üretimidir. Coğrafi konumları dolayısıyla bir rastlantı sonucu kendilerine yiyecek üretiminin miras kaldığı halklar ya da bunu kendileri geliştirmiş olan halklar coğrafi bakımdan daha az şanslı halkları yutmayı başardılar.

Avrupalılar 1400'lerde Afrika'nın Sahra altı bölgesine geldiklerinde Afrikalılar beş bölük tarım bitkisi yetiştiriyorlardı (bkz. Şekil 19.3), bunların her biri Afrika tarihi açısından çok önemliydi. Birinci bölüktekiler yalnızca Kuzey Afrika'da, Etiyopya'nın yüksek ovalarına kadar uzanan bölgede yetiştiriliyordu. Kuzey Afrika, Akdeniz iklimine sahip bir bölgedir, yağmurlar kış aylarında yağar (Güney California da Akdeniz iklimine sahiptir, benim ve milyonlarca başka Güney Californialının kışları bodrumlarını sık sık sel basmasının ve yazın bodrumların kurumasının nedeni budur). Tarımın başladığı Bereketli Hilal'de de Akdeniz'e özgü kış yağmurları düzeni aynen görülür.

Bu yüzden Kuzey Afrika'nın kendi özgün tarım bitkilerinin hepsi kış yağmurlarıyla birlikte filizlenip büyümeye uyum sağlamış bitkilerdir ve bunların yaklaşık 10.000 yıl önce Bereketli Hilal'de evcilleştirilmiş olduğu arkeolojik ipuçlarından bilinmektedir. Bereketli Hilal'in bu bitkileri Kuzey Afrika'nın iklim bakımından birbirine benzeyen komşu bölgelerine yayıldı, Eski Mısır uygarlığının ortaya çıkışına kaynaklık etti. Bu bitkiler arasında buğday, arpa, bezelye, fasulye, üzüm gibi tanıdık bitkiler vardır. Bunları tanıyoruz çünkü bunlar Avrupa'da da benzer iklimlere sahip komşu bölgelere yayılmıştı, daha sonra da Amerika ile Avustralya'ya yayılmış ve dünyada ılıman iklim kuşağı tarımının belli başlı besin maddeleri haline gelmişti.

Afrika'da Sahra Çölü'nü geçerek güneye doğru yol alır ve Sahra'nın hemen güneyindeki Sahel kuşağında yeniden yağmurla karşılaşırsanız, Sahel yağmurlarının kışın değil yazın yağdığını fark edersiniz. Kış yağmurlarına uyum sağlamış olan Bereketli Hilal bitkileri Sahra'yı bir şekilde aşmış olsalar bile, Sahel kuşağının yaz yağmurlarında bunların yetişmeleri güç olurdu. Oysa biz yaban ataları Sahra'nın hemen güneyinde bulunan, yaz yağmurlarına ve mevsimlerle birlikte pek değişmeyen gün uzunluklarına uyum sağlamış yalnızca iki bölük Afrika bitkisi biliyoruz. Birincisi ataları Sahel kuşağının doğusundan batısına kadar yayılmış ve belki de orada evcilleştirilmiş olan bitkilerdir. Bunların en önemlileri süpürgedarısı ve cindarıdır, bunlar daha sonra Afrika'nın genellikle Sahra altı bölgesinin başlıca besin maddeleri haline gelmiştir. Süpürgedarısı öylesine değerlenmiştir ki bugün Amerika Birleşik Devletleri de içinde olmak üzere bütün kıtalarda, iklimi sıcak ve kurak bölgelerde yetiştirilmektedir.

Afrika Tarım Bitkilerinin Kökenleri

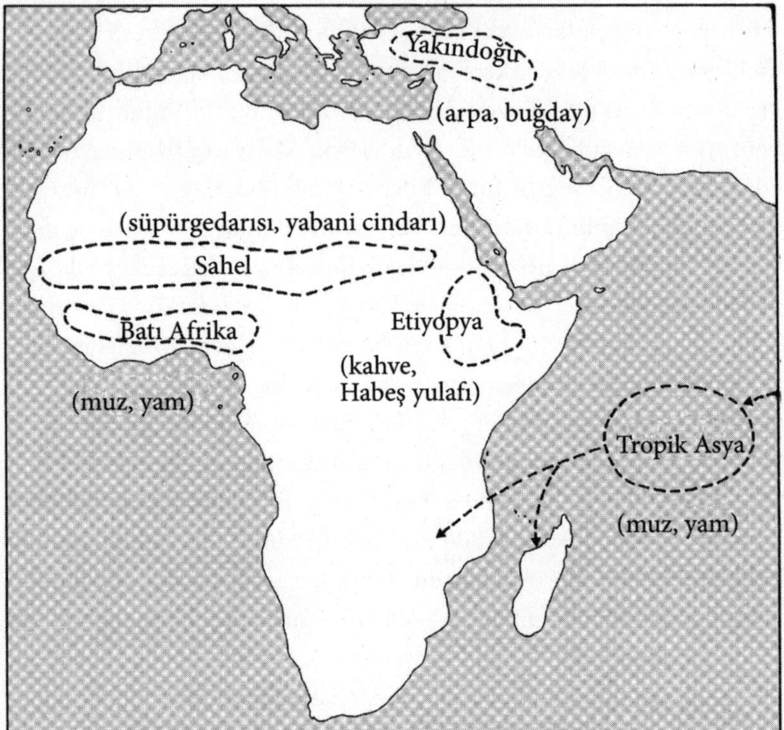

Şekil 19.3. Afrika'da geleneksel olarak (yani Avrupalı sömürgeciler gelmeden önce) yetiştirilen tarım bitkilerinin ilk görüldükleri bölgeler ve her bölge için iki bitki örneği.

İkinci grupta yabani ataları Etiyopya'da bulunan, büyük bir olasılıkla Etiyopya'nın yaylalarında evcilleştirilmiş bitkiler bulunmaktadır. Bunların çoğu hâlâ genel olarak Etiyopya'da yetişir, bunları Amerikalılar tanımazlar –örneğin, Etiyopya'nın narkotik özelliği olan göknar kozalağını, Etiyopya muzunu, yağlı bitkisini, ulusal biralarını yapmakta kullandıkları Afrika dansını, ulusal ekmeklerini yapmakta kullandıkları ve küçük tohumlu bir tahıl olan çayırgüzelini bilmezler. Ama kahve tiryakisi olan bütün okurlar kahve bitkisini evcilleştirdikleri için eski Etiyopyalılara teşekkür borçludur. Önceleri kahve yalnızca Etiyopya'da yetişiyordu, sonra Arabistan'a sıçradı, daha sonra da dünyaya yayıldı ve bugün Brezilya ve Papua Yeni Gine gibi uzak ülkelerin ekonomilerini ayakta tutuyor.

Afrika'da sondan bir önceki bitki grubu, yaban ataları Batı Afrika'nın yağışlı ikliminde yetişen bitkilerden türedi. Afrika pirinci de içinde olmak üzere bazıları fiilen yalnızca o bölgenin sınırları içinde kaldılar; yam gibi bazılarıysa Afrika'nın Sahra alt bölgesinin başka yerlerine yayıldılar; iki tanesi, yağ palmiyesi ile kolaağacı başka kıtalara ulaştı. Afrikalılar kolaağacının kafein içeren meyvelerini eskiden uyuşturucu olarak çiğnerlerdi; Coca-Cola şirketi Amerikalıları ve bütün dünyayı ayartıp onlara başlangıçta bu meyvenin özünü içeren meşrubatı içirmeyi başarmadan çok önce.

Son gruptaki bitkiler de yağışlı iklimlere alışkın bitkilerdir ama Şekil 19.3'te bizi en çok şaşırtan da bunlardır. Muz, Asya yamı ve taro Afrika'nın Sahra altı bölgesine 1400'lerde zaten yayılmış durumdaydı ve Asya pirinci de Doğu Afrika kıyılarına yerleşmişti. Ama bu tarım bitkileri tropik Güneydoğu Asya kökenli bitkilerdi. Madagaskar'da Endonezyalıların varlığı Afrika'nın tarihöncesi çağlardaki Asya bağlantısı konusunda daha önce bizi uyarmasaydı bunların varlığına şaşabilirdik. Acaba Borneo'dan gemilerle gelen Avustronezyalılar Doğu Afrika kıyılarında karaya çıktılar, kendi tarım ürünlerini, bu ürünleri şükranla karşılayan Afrikalı çiftçilere armağan ettiler, Afrikalı balıkçıları oradan gemilerine aldılar, Afrika'da Avustronezyalılar ait hiçbir iz bırakmadan, Madagaskar'a yerleşmek üzere güneş doğarken çekip gittiler mi?

Bir başka şaşırtıcı şey de Afrika'nın yerli tarım bitkilerinin –Sahel bölgesindeki, Etiyopya'daki, Batı Afrika'daki bitkilerin-hepsinin anayurdunun ekvatorun kuzeyinde olmasıdır. Ekvator'un güneyinden çıkmış tek bir Afrika tarım bitkisi yoktur. Bu olgu, Ekvator'un kuzeyinden gelen ve Nijer-Kongo dillerini konuşan insanların Afrika'nın Ekvator bölgesi Pigmeleriyle ekvator altı bölgesi Koisanlarının yerini nasıl kolayca aldığı konusunda bir ipucu veriyor. Pigmelerin ve Koisanların tarıma geçememelerinin nedeni çiftçilik yeteneklerinin olmaması değildi, bunun tek nedeni Güney Afrika'daki yabani bitkilerin genellikle evcilleştirilmeye elverişli olmamasıydı. Binlerce yıllık çiftçilik deneyiminin mirasına sahip Bantular da beyaz çiftçiler de Güney Afrika'nın yerel bitkilerini tarım bitkisine dönüştürmeyi başaramadı.

Afrika'nın evcilleştirilmiş hayvan türleri, bitkilerine göre, daha çabuk özetlenebilir çünkü sayıları o kadar azdır ki. Yabani atası yalnızca Afrika'da yaşadığı için Afrika'da evcilleştirildiğinden emin olduğumuz tek hayvan hindi benzeri beçtavuğu denen bir kuş türüdür. Evcil sığırın, eşeğin, domuzun, köpeğin, ev kedisinin yabani ataları Kuzey Afrika'nın yerli hayvanlarıydı ama aynı zamanda Güneybatı Asya'nın da yerli hayvanlarıydı, bu bakımdan ilkin nerede evcilleştirildiğinden henüz emin olamıyoruz ama evcil eşekler ve ev kedileri için şu anda bilinen en eski tarihler Mısır'ı işaret ediyor. En son ipuçları sığırların Kuzey Afrika'da, Güneybatı Asya'da ve Hindistan'da bağımsız olarak evcilleştirilmiş olabileceğini, bu üç hayvan varlığının hepsinin bugünkü Afrika'nın sığır soylarına katkısının olduğunu gösteriyor. Bunun dışında Afrika'da geri kalan bütün evcil memeliler başka yerlerde evcilleştirilmiş ve evcil olarak Afrika'ya oralardan gelmiş olmalılar çünkü onların yaban ataları yalnızca Avrasya'da bulunuyor. Afrika'nın koyunları ve keçileri Güneybatı Asya'da evcilleştirilmişti, tavukları Güneydoğu Asya'da, atları Güney Rusya'da, develeri belki Arabistan'da.

Afrika'nın bu evcil hayvanlar listesinin en beklenmedik özelliği yine olumsuz bir özellik. Bu listede Afrika'nın o ünlü ve çok sayıdaki büyük yaban memeli hayvan türlerinden tek bir tane yok – zebralar, öküz başlı antiloplar, gergedanlar, suaygırları, zürafalar, mandalar. Daha sonra göreceğimiz gibi, Ekvator altı bölgesinde yerli evcil bitkilerin olmamasının Afrika tarihi bakımından ne gibi sonuçları olduysa bu gerçekliğin de benzer sonuçları oldu.

Afrika'nın yiyecek maddelerine şöyle hızla göz atmak, bazılarının hem Afrika içinde hem dışında, asıl kaynaklarından çok uzaklara yolculuk ettiklerini görmeye yeter. Dünyanın başka yerlerinde olduğu gibi Afrika'da da bazı halklar, yaşadıkları çevreden kendilerine miras kalan evcilleştirilebilir yaban bitki ve hayvan türü takımları bakımından başkalarına göre daha "şanslı"ydı. Avustralya'nın yerli avcı/yiyecek toplayıcılarının buğday ve sığırla beslenen İngiliz sömürgeciler tarafından yutuluşu örneğinden hareket edersek, bazı "şanslı" Afrikalıların bu üstünlüklerini Afrikalı komşularını yutmaya yatırmış olabileceklerinden kuşkulanmamız gerekir. Şimdi artık kimin kimi ne zaman yuttuğunu bulmak için arkeolojik kayıtlara dönebiliriz.

Afrika'da çiftçiliğin ve hayvancılığın ortaya çıktığı gerçek tarihler ve yerler konusunda arkeoloji bize neler söyleyebilir? Afrika'da yiyecek üretiminin firavunların ve piramitlerin ülkesi olan Eski Mısır'ın Nil Vadisi'nde başladığını sanan, boğazına kadar Batı uygarlığı tarihine gömülmüş okurları bağışlamak gerekir. Ne de olsa Mısır MÖ 3000 yılında hiç kuşku yok ki Afrika'nın en karmaşık toplumunun yaşadığı yerdi ve dünyada yazının en eski merkezlerinden biriydi. Gelgelelim Afrika'da, büyük olasılıkla yiyecek üretiminin en eski arkeolojik kanıtlarını Sahra'da buluyoruz.

Bugün elbette Sahra'nın büyük bir bölümü çok kurak, orada ot bile yetişmiyor. Ama MÖ 9000 ile 4000 arasında Sahra daha nemliydi, çeşitli göllere sahipti, av hayvanı doluydu. Sahra halkı o dönemde sığır beslemeye, çanak çömlek yapmaya, daha sonra koyun ve keçi yetiştirmeye başlamıştı, ayrıca süpürgedarısını ve darıyı da evcilleştirmeye başlamış olabilirler. Sahra'daki çobanlık, Mısır'a yiyecek paketinin Güneydoğu Asya kış bitkilerinden ve hayvan varlığından oluşan tam bir paket halinde ilk geldiği tarih olarak bilinen en eski tarihten (MÖ 5200'den) daha eskiye dayanır. Yiyecek üretimi aynı zamanda Batı Afrika'da ve Etiyopya'da da başlamıştı, MÖ aşağı yukarı 2500'de sığır çobanları Etiyopya'nın bugünkü sınırını geçip Kuzey Kenya'ya yönelmişlerdi.

Bu sonuçlar arkeolojik kanıtlara dayandırılırken, evcil bitki ve hayvanların geliş tarihini saptamanın bağımsız bir yöntemi daha vardır: Bugünkü dillerde o şeylerin karşılığı olan sözcükleri karşılaştırmak. Nijer-Kongo dil ailesine bağlı Güney Nijerya dillerinde bitkiler için kullanılan sözcükler karşılaştırıldığında sözcüklerin üç grupta toplanabileceği görülür. Birinci gruptakilerin özelliği, bütün bu Güney Nijerya dillerinde belli bir tarım bitkisi için kullanılan sözcüklerin birbirine çok benzemesidir. Söz konusu bitkilerin Batı Afrika'nın yamı, yağpalmiyesi, kolaağacı gibi bitkiler olduğu görülür – botanik ipuçlarına ve başka kanıtlara göre Batı Afrika'nın yerli bitkileri olduğuna ve orada evcilleştirildiğine inanılan bitkiler. Bunlar en eski Batı Afrika tarım bitkileri olduğuna göre, bugünkü bütün Güney Nijerya dilleri bu ürünlere ait sözcük takımının mirasçısı oldular.

İkinci grupta, adları yalnızca bu Güney Nijerya dillerinin küçük bir alt grubu içine giren dillerde tutarlılık gösteren bitkiler bulunur. Bu bitkilerinse muz gibi, Asya yamı gibi Endonezya kaynaklı olduğuna inanılan bitkiler olduğu ortaya çıkmıştır. Anlaşılan bu bitkiler Güney Nijerya'ya, ancak diller alt gruplara bölünmeye başladıktan sonra geldiler, böylece her alt grup yeni bitkiler için farklı bir sözcük uydurdu ya da aldı ve bu sözcükler yalnızca o belli alt gruba giren çağdaş dillere miras kaldı. Son gruba ise dil grupları içinde hiçbir tutarlılık göstermeyen, ticaret yollarını izleyen bitki adları giriyor. Bunlar da mısır ve yerfıstığı gibi Yeni Dünya ürünleri; bunların Afrika'ya okyanusaşırı gemi trafiği başladıktan (MS 1492) sonra girdiğini, o zamandan beri ticaret yollarını izleyerek yayıldığını, çoğu kez Portekizce ya da başka yabancı adlar taşıdığını biliyoruz.

Dolayısıyla elimizde hiç bitkibilimsel ya da arkeolojik kanıt olmasaydı bile yalnızca dilsel ipuçlarına bakarak ilkin yerli Batı Afrika bitkilerinin evcilleştirildiğini, daha sonra Endonezya bitkilerinin geldiğini, Avrupa'dan gelenlerin en sona kaldığını kestirebilirdik. California Üniversitesi'nde tarihçi Christopher Ehret, evcil bitki ve hayvanları her bir Afrika dil ailesine mensup insanların hangi tarih sırasıyla kullanmaya başladığını saptamak için bu dil yaklaşımını uyguladı. Sözcüklerin genellikle hangi hızla değiştiğini ortaya çıkaran hesaplamalara dayalı, dil tarihlendirmesi denen bir yöntemle karşılaştırmalı dilbilim, evcilleştirme ya da bitkilerin geliş tarihlerini ortaya çıkarmamıza yardımcı olabilir.

Bitkilerin doğrudan doğruya arkeolojik kanıtlarıyla, daha dolaylı dilsel kanıtları üst üste koyduğumuzda, Sahra'da binlerce yıl önce süpürgedarısını ve darıyı evcilleştiren insanların bugünkü Nilo-Sahra dillerinin ataları olan dilleri konuştukları sonucuna varabiliyoruz. Aynı şekilde Batı Afrika'nın yağışlı kuşak bitkilerini ilk evcilleştiren insanlar bugünkü Nijer-Kongo dillerinin ataları olan dilleri konuşuyorlardı. Son olarak, Afro-Asya dillerinin ataları olan dilleri konuşan insanların Etiyopya'nın yerli bitkilerini evcilleştirmekle ilişkileri olabilir, Bereketli Hilal tarım bitkilerini Kuzey Afrika'ya tanıtanlar kesinlikle onlardı.

Böylece bugünkü Afrika dillerinde bulunan bitki adlarından elde edilen ipuçları bizim binlerce yıl önce Afrika'da konuşulan üç dil olduğunu görmemizi sağlıyor: en eski Nilo-Sahra dilleri, en eski Nijer-Kongo, en eski Afro-Asya dilleri. Ayrıca (Koisan halkı hiçbir bitki evcilleştirmediği için) bitki adlarından olmasa da başka dilsel ipuçlarından en eski Koisan dilinin varlığını da görebiliyoruz. Afrika'da bugün 1500 dil bulunuyor ama Afrika elbette binlerce yıl önce dört kaynak dilden fazlasını barındıracak kadar büyük. Ama bütün öteki diller yok olmuş olsa gerek – ya o dilleri konuşanlar hayatta ama Pigmeler gibi kaynak dillerini kaybettiler, ya da insanların kendileri yok oldu.

Bugünkü Afrika'da dört yerli dil ailesinin (yani en son gelmiş olan Madagaskar'daki Avustronezya dili dışındaki dört dil ailesinin) yaşamış olmasının, bu dillerin iletişim aracı olarak doğalarında mevcut olan bir üstünlükle ilgisi yok. Bunun tarihsel bir rastlantıyla ilgisi var: En eski Nilo-Sahra, Nijer-Kongo, Afro-Asya dillerini konuşanlar şans eseri evcil bitkileri ve hayvanları sahiplenebilecekleri uygun bir yerde ve zamanda yaşıyordu, bu da onlara çoğalma, ya başka insanların yerini alma ya da onlara kendi dillerini kabul ettirme fırsatını verdi. Bugün Koisan dili konuşan pek az insan, Bantu çiftçileri için uygun olmayan Güney Afrika bölgelerinde yalıtılmış halde yaşadıkları için hayatta kalabildiler.

Bantu dalgasından sonra Koisanların nasıl hayatta kaldıklarına bakmadan önce gelin arkeoloji bize tarihöncesi Afrikası'ndaki öteki büyük nüfus hareketi için ne söylüyor ona bakalım – Madagaskar'ın Avustronezyalıların eline geçişine. Madagaskar'da araştırma yapan arkeologlar Avustronezyalıların buraya MS 800'den önce, belki de daha erken, MS 300'de geldiklerini bugün kanıtlamış durumdalar. Avustronezyalılar orada tuhaf bir canlı hayvan dünyasıyla karşılaştılar (ve hemen onları yok etmeye koyuldular), bu hayvanlar uzun bir yalıtılmışlık dönemi içinde Madagaskar'da evrimleştikleri için sanki başka bir gezegenden gelmiş gibi öteki hayvanlardan farklıydılar. Aralarında dev fil kuşları, goril büyüklüğünde lemur denen ilkel primatlar, cüce suaygırları vardı. Madagaskar'da ilk yerleşim yerlerinde yapılan kazılarda demir alet, hayvan ve bitki varlığı kalıntıları bulundu, demek ki buraya gelenler rüzgâra kapılmış küçük bir kano dolusu balıkçı değildi; tam anlamıyla bir keşif heyeti gelmişti. Tarihöncesi dönemde bu 6500 kilometrelik keşif gezisi nasıl yapılabildi?

MS 100 dolaylarında Mısır'da yaşamış adsız bir tacirin yazdığı *Kızıl Deniz Seyahatnamesi* adlı, gemicilere yol gösteren eski bir kitapta bir ipucu var. Tacir Hindistan'ı Mısır'la ve Doğu Afrika'yla birleştiren ve büyümekte olan bir deniz ticaretini anlatıyor. MS 800'den itibaren İslam'ın yayılmasıyla birlikte Hint Okyanusu ticareti, Doğu Afrika kıyı bölgesindeki yerleşim yerlerinde bol miktarda bulunan çanak çömlek, cam ve porselen gibi Ortadoğu (hatta bazen Çin!) ürünleriyle, arkeolojik olarak çok iyi bir şekilde belgelenmiş durumdadır. Tacirler Doğu Afrika ile Hindistan arasındaki Hint Okyanusu'nu doğrudan doğruya geçebilmek için elverişli rüzgârları beklemek zorundaydılar. Portekizli gemici Vasco da Gama, Afrika'nın en güneyindeki burnun etrafından dolaşan ilk Avrupalı olarak 1498'de Kenya kıyılarına vardığı zaman orada Svahili ticaret merkezleriyle karşılaştı, oradan kendisine Hindistan'a doğrudan giden yolu gösterecek bir kılavuz aldı.

Ama Hindistan'ın doğusunda, Hindistan ile Endonezya arasında da aynı derecede canlı bir deniz ticareti sürdürülmekteydi. Belki de Madagaskar'a gelen Avustronezyalılar doğu ticaret yolunu izleyerek önce Hindistan'a geldiler, daha sonra batı ticaret yoluna geçip Doğu Afrika'ya ulaştılar, orada Afrikalılarla birleşip Madagaskar'ı keşfettiler. Bu Avustronezyalılarla Doğu Afrikalıların birliği bugün Madagaskar'ın temelde Avustronezya dili olan dillerinde yaşamaya devam ediyor, bu dilde Kenya kıyılarındaki Bantu dillerinden ödünç alınmış sözcükler var. Ama Kenya dillerinde aynı şekilde Avustronezya dillerinden alınmış ödünç sözcükler yok; Doğu Afrika toprağında Avustronezyalılara ait öteki izler de çok zayıf: Afrika'ya Endonezya'dan miras kalmış yalnızca müzik aletleri (ksilofon ile zither) ve tabii bir de Afrika tarımı için büyük önemi olan Avustronezya tarım bitkileri var. Bu yüzden insan merak ediyor, acaba Avustronezyalılar Madagaskar'a kolay yoldan, yani Hindistan ve Doğu Afrika üzerinden gelmek yerine doğrudan doğruya Hint Okyanusu'nu aşarak mı geldiler ve Madagaskar'ı keşfettiler, ancak daha sonra Doğu Afrika ticaret yollarını kullandılar diye. Yani Afrika'nın en şaşırtıcı olgusu olan insan coğrafyası konusundaki bir gizem varlığını koruyor.

Afrika'nın en son tarihöncesi dönemine ait öteki büyük nüfus hareketleri –Bantuların yayılması– konusunda arkeoloji bize ne söyleyebilir? Bugünkü insanların ve dillerinin bize sağladığı çifte kanıta bakarak Afrika'nın Sahra altı bölgesinin bugün sandığımız gibi her zaman siyah bir kıta olmadığını gördük. Tam tersine bu ipuçları bize Pigmelerin Orta Afrika'nın yağmur ormanlarına dağılmış halde, Koisanlarınsa Afrika'nın daha kurak Ekvator altı bölgesine yayılmış halde yaşadıklarını göstermişti. Bu varsayımların doğruluğu arkeolojiyle sınanabilir mi?

Pigmeler söz konusu olduğunda bu sorunun yanıtı "henüz, hayır"dır, bunun tek nedeni de arkeologların Orta Afrika ormanlarında henüz eski insan iskeletleri bulmamış olmasıdır. Koisanlar için yanıt "evet"tir. Zambiya'da, bugünkü Koisanların yayılma alanının kuzeyinde arkeologlar belki de bugünkü Koisanlara benzeyen insanlara ait kafatasları, aynı zamanda Avrupalılar geldiği zaman Koisanların Güney Afrika'da hâlâ yapmakta oldukları taş aletlere benzer aletler buldular.

Kuzeydeki Koisanların yerini Bantuların nasıl aldığına gelince, arkeolojik ve dilsel ipuçları bize en eski Bantu çiftçilerinin Batı Afrika'nın iç bölgelerindeki savanlardan güneye, daha yağışlı kıyı ormanlarına doğru MÖ 3000 yılında yayılmaya başlamış olabileceğini gösteriyor (Şekil 19.4). Bütün Bantu dillerinde hâlâ yaygın olan sözcüklerden anladığımıza göre o zamanlar bile Bantuların sığırları, yağışlı iklim bitkileri, örneğin yamları vardı ama metalleri yoktu, daha çok balıkçılık, avcılık ve yiyecek toplayıcılığıyla uğraşıyorlardı hâlâ. Sığırlarını bile ormanda çeçe sineklerinin taşıdığı hastalık yüzünden kaybetmişlerdi. Kongo havzasının Ekvator bölgesindeki orman kuşağına, bahçeler açarak ve sayıca çoğalarak yayılırken Pigme avcı/yiyecek toplayıcıları yutmaya ve onları ormanın içlerine sıkıştırmaya başladılar.

MÖ 1000'den hemen sonra Bantular ormanın doğu ucundan daha açık bir yurda, Doğu Afrika'nın Yarık Vadisi'ne ve Büyük Göller'e çıktılar. Burada Koisan avcı/yiyecek toplayıcıların yanı sıra daha kurak bölgelerde darı ve süpürgedarısı yetiştiren, hayvan besleyen Afro-Asya ve Nilo-Sahra çiftçileriyle hayvancılarını içinde eritmiş bir potayla karşılaştılar. Batı Afrika'daki anayurtlarından onlara miras kalan yağışlı iklim bitkileri sayesinde Bantular Doğu Afrika'nın daha önceki bütün öteki sakinleri için uygun olmayan yağışlı bölgelerinde tarım yapabildiler. Milattan önceki son yüzyıllara gelindiğinde ilerleyen Bantular Doğu Afrika kıyılarına ulaşmışlardı.

Bantuların Yayılışı: MÖ 3000-MS 500

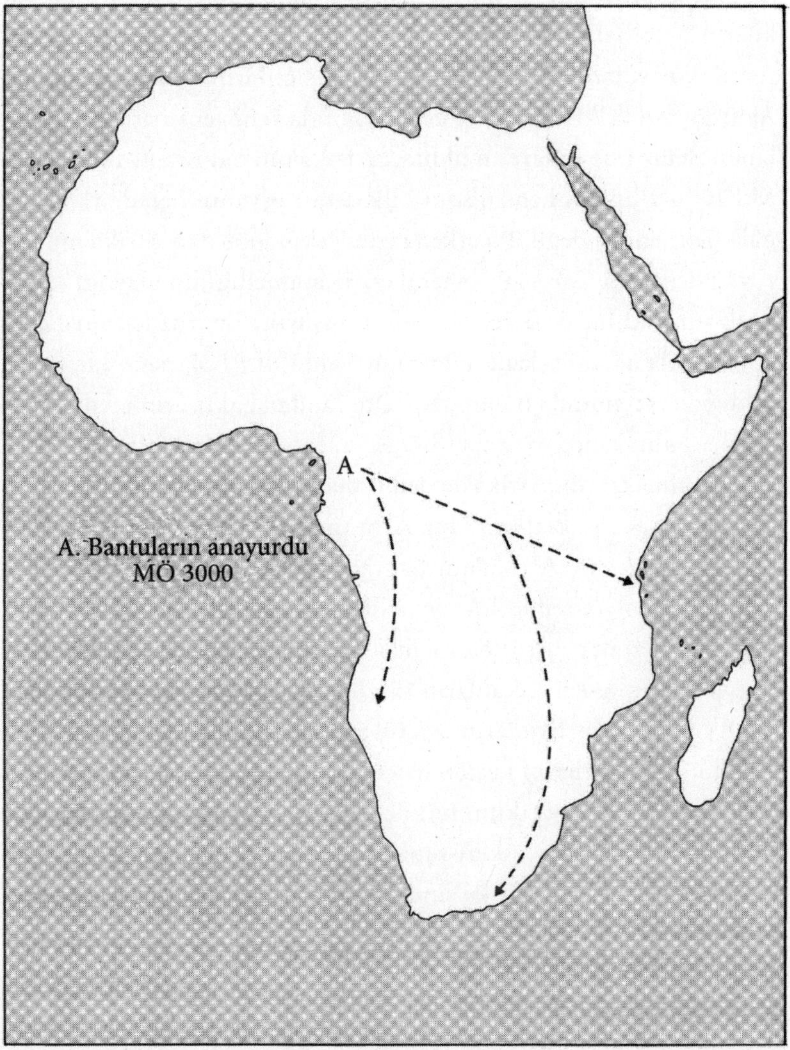

Şekil 19.4. Bugünkü Bantu bölgesinin kuzeybatı köşesindeki (A olarak gösterilen) anayurtlarından kalkarak MÖ 3000 ile MS 500 yılları arasında

Afrika'nın doğusuna ve güneyine yayılan ve Bantu dillerini konuşan insanların yol haritası.

Bantular Doğu Afrika'dan darı ve süpürgedarısı (ayrıca bu bitkilerin Nilo-Sahra dilindeki adlarını) aldılar, Nilo-Sahralı ve Afro-Asyalı komşuları sayesinde kaybettikleri sığırlarını yeniden buldular. Aynı zamanda Afrika'nın Sahel kuşağında yeni yeni arıtılmaya başlanan demiri de onlardan aldılar. Afrika'nın Sahra altı bölgesinde MS 1000 yılından hemen sonra ilk demir eşyanın nerede yapıldığı hâlâ belirlenmiş değil. Bu erken tarih Yakındoğu'dan Afrika'nın kuzey kıyısındaki Kartaca'ya metal eşya yapımcılığının ulaştığı tarihe kuşku uyandıracak derecede yakın düşüyor. Bu yüzden tarihçiler çoğunlukla metal işleme bilgisinin Sahra altı bölgesine kuzeyden geldiği varsayımında bulunurlar. Öte yandan bakır arıtmacılığı Batı Afrika Sahra'sında ve Sahel bölgesinde en azından MÖ 2000'den beri yapılmaktaydı. Afrika'da demir madenciliğinin bağımsız olarak keşfinin habercisi olabilirdi bu. Aynı varsayımı güçlendirecek başka bir şey daha var, Afrika'nın Sahra altı bölgesindeki demircilerin demir arıtma yöntemleri Akdenizlilerinkinden öylesine farklıydı ki bağımsız olarak geliştirildiğini düşündürüyordu: Afrikalı demirciler Avrupalıların ve Amerikalıların 19. yüzyıldaki Bessemer fırınlarından 2000 yıl önce, köy fırınlarında nasıl yüksek sıcaklık elde edeceklerini ve çelik üreteceklerini keşfetmişlerdi.

Bantular yağışlı iklim bitkilerine demir aletlerin eklenmesiyle birlikte sonunda bir askerî-sanayi paketine sahip olmuşlardı, zamanın Ekvator altı Afrika'sında bunu durduracak bir şey yoktu. Doğu Afrika'da hâlâ çok sayıdaki Nilo-Sahra, Afro-Asya Demir Çağı çiftçileriyle rekabet etmek zorundaydılar. Ama güneyde, demir ve bakırları olmayan seyrek bir Koisan avcı/yiyecek toplayıcı nüfusa sahip 3500 kilometrelik bir ülke uzanıyordu. Bantu çiftçileri birkaç yüzyıl içinde, tarihöncesi dönemin yakın çağlarında, en hızlı sömürgecilik hareketini başlatarak bugün Güney Afrika olarak bilinen bölgenin doğu kıyısındaki Natal'a kadar sel gibi aktılar.

Kuşkusuz çok hızlı ve büyük çaplı bir yayılmayı fazlaca basitleştirmek ve sel gibi akan Bantu kalabalıklarının yollarının üzerine çıkan bütün Koisanları çiğneyip geçtiğini düşünmek kolaydır. Aslında işler daha karmaşıktı. Güney Afrika'daki Koisan halkları Bantular gelmeden birkaç yüzyıl önce zaten koyun ve sığır sahibi olmuşlardı. İlk gelen Bantu öncüleri belki sayıca azdı, kendi yam tarımları için uygun olan yağışlı bölgeleri seçtiler, kuru bölgeleri atladılar, oralar da Koisan çobanlarına ve avcı/yiyecek toplayıcılarına kaldı. Tıpkı bugün hâlâ Afrika'nın Ekvator bölgesinde yan yana ama farklı yaşama çevrelerinde hayatlarını sürdüren Pigme avcı/yiyecek toplayıcıları ve Bantu çiftçileri gibi, yan yana ama farklı çevrelerde yaşayan Koisanlar ile Bantu çiftçileri arasında ticaret ve evlilik ilişkileri kurulmadı değil. Ancak zamanla Bantuların nüfusları arttıkça ve kuru iklim tahıllarıyla sığırları ekonomilerine kattıkça daha önce atladıkları bölgeleri doldurmaya başladılar. Ama sonuç değişmemişti: Eskiden Koisanlara ait olan yerlerin çoğunu Bantu çiftçileri ellerine geçirmişti; daha önceki Koisanların mirası olarak, dağınık halde bulunan Koisan dışı dillerdeki şaklatma sesleri ile arkeologların keşfetmesini bekleyen toprak altındaki kafataslarından ve taş aletlerden başka bir şey kalmadı; Güney Afrika'nın Bantu halkları görünüş bakımından Koisanlara benziyordu.

Bütün o yok olan Koisan topluluklarına gerçekten ne oldu? Bilmiyoruz. Kesin olarak söyleyebileceğimiz tek şey, on binlerce yıldır Koisanların yaşadıkları yerlerde bugün Bantuların yaşıyor olduğudur. Yakın çağlarda taş aletler kullanan avcı/yiyecek toplayıcı Avustralya yerlileri ve Kanada yerlileriyle çelik kullanan beyaz çiftçiler çatıştığı zaman tanık olunan olaylara bakıp örnekseme yoluyla bir tahminde bulunabiliriz. O olayda avcı/yiyecek toplayıcıların çeşitli yollarla hemen elendiklerini biliyoruz: Topraklarından kovuldular, erkekler öldürüldü ya da tutsak alındı, çiftçiler kadınları kendilerine eş olarak aldılar, kadınlar da erkekler de çiftçilerin salgın hastalıklarına yakalandılar. Afrika'da bu tür hastalıklara bir örnek sıtmadır, bu hastalığı çiftçilerin köylerinin çevresinde üreyen sivrisinekler taşır.

İstilacı Bantular bu hastalığa karşı genetik bir bağışıklık geliştirmiştir ama Koisan avcı/yiyecek toplayıcılarının böyle bir bağışıklığı muhtemelen yoktu.

Yine de Afrika'da insan nüfuslarının en son dağılımlarını gösteren Şekil 19.1 bize Bantuların Güney Afrika'da Bantu tarımına elverişli olmayan bölgelerde hayatta kalmış olan bütün Koisanları ezmediklerini hatırlatıyor. En güneydeki Bantular, yani Zosalar Güney Afrika'nın güney kıyısında, Cape Town'ın 800 kilometre doğusundaki Fish Irmağı'na gelince durdular. Ümit Burnu tarıma elverişli olmayacak kadar kurak olduğundan değil, orası ne de olsa bugünkü Güney Afrika'nın ekmek teknesi. Asıl sorun Ümit Burnu'nun kışları yağışlı bir Akdeniz iklimine sahip olması, Bantuların yaz yağmurlarına alışık bitkilerinin orada yetişmemesiydi. 1625'te Hollandalılar Cape Town'a Ortadoğu kaynaklı kış yağmuru bitkileriyle birlikte geldikleri zaman Zosalar hâlâ Fish Irmağı'nın ötesine yayılmamış durumdaydılar.

Bitki coğrafyasına ait bu küçük ayrıntının bugünkü siyaset açısından çok önemli etkileri var. Bunun önemli sonuçlarından biri, Güney Afrikalı beyazlar bir kez Cape Town'daki Koisan nüfusunu hızla yok ettikten, onlara hastalık bulaştırdıktan ya da onları topraklarından kovduktan sonra beyazların haklı olarak Cape Town'a Bantulardan önce yerleştiklerini ve öncelik hakkının kendilerinde olduğunu iddia edebilmeleriydi. Bu iddianın ciddiye alınacak bir yanı yoktur çünkü Cape Townlı Koisanların öncelik hakkı olması beyazların onları topraksız bırakmalarını engellememişti. Daha da ağır olan sonuç Hollandalı yerleşmecilerin 1652'de çelik donanımlı Bantulu çiftçilerle değil de seyrek nüfuslu Koisan çobanlarıyla çarpışmak zorunda kalmasıydı. Beyazlar sonunda doğuya doğru yayılıp 1702'de Fish Irmağı'nda Zosalarla karşılaştıkları zaman delice bir kavga dönemi başlamış oldu. Avrupalılar Cape Town'daki güvenli üslerinden o tarihlerde birlikler sağlayabiliyorlardı ama yılda ortalama iki kilometreden az ilerleyen orduları Zosalara boyun eğdirinceye kadar dokuz savaş yapılması ve 175 yıl geçmesi gerekti. İlk gelen

Hollanda gemileri böylesine sert bir dirençle karşılaştıysa beyazlar Cape Town'da tutunmayı nasıl başardılar?

Böylece Güney Afrika'nın bugünkü sorunlarının hiç değilse kısmen coğrafi bir rastlantıdan kaynaklandığı görülüyor. Cape Town Koisanlarının anayurdunda rastlantı sonucu evcilleştirilmeye elverişli az yabani bitki vardı; Bantulara atalarından bir rastlantı sonucu 5000 yıl önce yaz yağmurlarına alışkın bitkiler miras kalmıştı; Avrupalılara yaklaşık 10.000 yıl önce atalarından bir rastlantı sonucu kış yağmurlarına alışkın bitkiler miras kalmıştı. Tıpkı bağımsızlığını yeni kazanmış Namibya'nın başkentindeki "Göring Caddesi" tabelasında olduğu gibi Afrika'nın bugünü geçmişinin damgasını taşımaktadır.

İşte Koisanların Bantuları değil Bantuların Koisanları yutması böyle oldu. Şimdi gelin Afrika'nın tarihöncesiyle ilgili bilmecede geriye kalan soruya dönelim: Niçin Afrika'nın Sahra altı bölgesinde Avrupalılar sömürge kurdular? Bunun tersinin olmamış olması özellikle şaşırtıcı çünkü Afrika milyonlarca yıl, belki de anatomik olarak çağdaş *Homo sapiens*'in anayurdu olduğu gibi insanların evrimine de beşiklik etmiş tek yerdi. Afrika'nın yarışa böyle önden başlamış olmaktan kaynaklanan üstünlüklerine bir de son derecede farklı iklimlere, yaşam çevrelerine ve dünyada eşi görülmemiş bir insan çeşitliğine sahip olmanın üstünlüğü ekleniyordu. Dünyayı 10.000 yıl önce ziyaret eden başka bir gezegenden gelmiş biri, Avrupa'nın en sonunda Afrika'nın Sahra altı bölgesindeki imparatorluğun uyruğu olmuş devletlerden oluşacağı öngörüsünde bulunsaydı, anlayışla karşılanabilirdi.

Afrika ile Avrupa'nın çarpışmasından doğan sonuçların gerisinde yatan nedenler apaçık ortada. Avrupalılar tıpkı Amerika yerlileriyle karşılaştıkları zamanki gibi Afrika'ya girdiklerinde de üç üstünlüğü ellerinde bulunduruyorlardı: Silahlar ve başka teknolojiler, tabana yayılmış okuryazarlık, pahalı keşif ve istila programlarını sürdürebilmek için gerekli siyasal örgütlenme. Bu üstünlükler neredeyse çatışma başlar başlamaz kendilerini gösterdi: Vasco da Gama, Doğu Afrika kıyısına ulaştıktan topu topu 4 yıl sonra 1498'de namluları havaya dikilmiş toplarla dolu bir filoyla geri geldi ve Zimbabwe'nin altın ticaretinin denetimini elinde tutan Doğu Afrika'nın en önemli limanı Kilwa'yı teslim olmaya zorladı. Peki ama niçin Avrupalılar Afrika'nın Sahra altı halkından önce bu üç üstünlüğe sahip oldular?

Daha önce tartıştığımız gibi bunların üçü de tarihsel olarak yiyecek üretiminden çıktı. Ama Afrika'da evcilleştirilmeye elverişli yerli bitki ve hayvan türlerinin azlığı, yerli yiyecek üretimine elverişli bölgenin küçüklüğü, yiyecek üretiminin ve icatların yayılmasını engelleyen kuzey-güney doğrultusundaki ekseni yüzünden Afrika'nın Sahra altı bölgesinde yiyecek üretimi (Avrasya'dakine göre) geç kaldı. Şimdi gelin bu etmenlerin ne yönde etkili olduğuna bakalım.

Birincisi, Sahra altı bölgesindeki evcil hayvanların, Kuzey Afrika'dan gelmiş olabilecek birkaçı dışında Avrasya'dan geldiğini görmüştük. Bunun sonucu olarak evcil hayvanlar yeni yeni ortaya çıkan Avrasya uygarlıkları tarafından kullanılmaya başlandıktan yıllarca sonra Sahra altı bölgesine geldi. Öncelikle bu şaşırtıcı bir şey çünkü biz Afrika'yı büyük yabani memeli hayvanların anayurdu olan bir kıta olarak düşünürüz. Ama IX. Bölüm'de görmüştük, yabani bir hayvanın evcilleştirilebilmesi için yeterince uysal olması, insanlara boyun eğmesi, beslenmesinin ucuza gelmesi, hastalıklara bağışık olması, hızlı büyümesi ve kapalı tutulurken çoğalabilmesi gerekiyordu. Avrasya'nın yerel inekleri, koyunları, keçileri, atları, domuzları dünyada bütün bu sınavları geçebilecek pek az büyük yabani hayvan türü arasındaydı. Bunların Afrika'daki eşitleri –örneğin Afrika mandası, zebra, çalı domuzu, gergedan, suaygırı– hiçbir zaman, hatta çağımızda bile evcilleştirilemedi.

Elbette bazı büyük Afrika hayvanlarının ara sıra eğitildikleri doğrudur. Hannibal eğitilmiş filleri Romalılara karşı savaşta kullanmıştı, Eski Mısırlılar zürafaları, başka hayvan türlerini eğitmiş olabilirler. Ama bu eğitilmiş hayvanların hiçbiri gerçek anlamda evcilleştirilmiş değildi – yani kapalı tutuldukları yerlerde seçilerek üretilmiş ve insanlara daha yararlı olacak şekilde genetik değişiklik geçirmiş değildi. Afrika'nın gergedanları ve suaygırları evcilleştirilebilseydi ve onların sırtlarına binilebilseydi onlar yalnızca orduların karnını doyurmaya değil, Avrupalı atlıların saflarını yarabilecek, durdurulması olanaksız süvari birlikleri oluşturmaya da yarayacaktı. Gergedanların sırtlarına binmiş Bantu saldırı taburları Roma İmparatorluğunu yıkabilirdi. Böyle bir şey asla olmadı.

İkinci bir neden, hayvanlarla aynı boyutta olmasa da, evcilleştirilebilir bitkiler bakımından Sahra altı bölgesi ile Avrasya arasındaki farktı. Sahel'de, Etiyopya'da, Batı Afrika'da yerli bitkiler yok değildi ama Avrasya'da yetişenler kadar çeşitlilik göstermiyorlardı. Evcilleştirmeye elverişli yabani başlangıç malzemesinin çeşit bakımından yoksulluğu yüzünden Afrika'daki en erken tarım bile Bereketli Hilal'dekinden yıllarca sonra başlamış olabilir.

Böylece bitki ve hayvanların evcilleştirilmesi yarışına önde başlamak ve büyük çeşitliliğe sahip olmak Afrika'ya değil Avrasya'ya düştü. Üçüncü bir etken Afrika'nın yüzölçümünün Avrasya'nınkinin ancak aşağı yukarı yarısı olmasıdır. Üstelik MÖ 1000 yılından önce çiftçilerin ve çobanların yaşadığı Ekvator'un kuzeyindeki Sahra altı kuşağı yüzölçümünün ancak aşağı yukarı üçte birini oluşturur. Bugün 4 milyarlık Avrasya nüfusuyla karşılaştırıldığında Afrika'nın toplam nüfusu 700 milyondur. Ama bütün öteki her şey eşit olsa bile, daha çok toprak ve daha çok insan demek, birbiriyle yarışan toplumların ve icatların da daha çok olması, bunun sonucunda da gelişme hızının artması demektir.

Afrika'nın Pleyistosen Bölüm sonrası Avrasya ile karşılaştırıldığında daha yavaş gelişmesinin gerisinde yatan sonuncu neden, bu kıtaların ana eksenleri arasındaki farktır. Amerika kıtalarınınki gibi Afrika kıtasının ana ekseni de kuzey-güney doğrultusundadır, oysa Avrasya'nınki doğu-batı (Şekil 10.1). Kuzey-güney ekseni boyunca ilerlerken insan iklim, yaşama çevresi, yağış, gün uzunluğu, bitki ve hayvan varlığı hastalıkları bakımından değişiklik gösteren kuşaklardan geçer. Bu yüzden de Afrika'nın bir bölgesinde evcilleştirilmiş ya da edinilmiş olan bitkiler ve hayvanlar öteki bölgelerine geçmekte güçlük çektiler. Oysa birbirinden binlerce kilometre uzakta ama aynı enlem üzerinde bulunan ve benzer iklimlere, gün uzunluklarına sahip olan Avrasya toplumları arasında bitkiler ve hayvanlar kolayca hareket ediyordu.

Bitkilerin ve hayvan varlığının Afrika'nın kuzey-güney ekseni boyunca yavaş hareket etmesinin ya da hiç edememesinin önemli sonuçları oldu. Örneğin, Mısır'ın başlıca tarım ürünleri haline gelen Akdeniz tarım bitkilerinin filizlenebilmesi için kış yağmurlarına ve mevsimsel olarak değişen gün uzunluklarına gerek vardır. Bu bitkiler Sudan'ın güneyine yayılamazdı çünkü orada yaz yağmurları egemendi ve gün uzunlukları mevsimlere göre az değişiyor ya da hiç değişmiyordu. Mısır'ın buğdayıyla arpası Akdeniz iklimine sahip olan Ümit Burnu bölgesine, Avrupalı sömürgeciler bunları 1652'de getirinceye kadar asla ulaşamadı ve Koisanlar asla tarıma geçemedi. Aynı şekilde yaz yağmurlarına ve gün uzunluklarının mevsimsel olarak az değişmesine ya da hiç değişmemesine uyum sağlamış Sahel bitkilerini Bantular Güney Afrika'ya getirdiler ama bunları Cape Town bölgesinde yetiştiremediler, bu yüzden de Bantu tarımının gelişmesi sekteye uğradı. Afrika'nın iklimi muz ile öteki tropik Asya tarım bitkilerine fazlasıyla uygundu ve bugün bunlar tropik Afrika tarımının en verimli ürünleri arasında yer alır ama onların kara yoluyla Afrika'ya ulaşması olanaksızdı. MS birinci binyıla, Asya'da evcilleştirildikten çok sonrasına kadar ulaşmadıkları da ortada, çünkü Hint Okyanusu'nda gemi trafiğinin yoğunlaşmasını beklemek zorundaydılar.

Afrika'nın kuzey-güney doğrultusundaki ekseni hayvan varlığının yayılmasını da ciddi biçimde engelledi. Afrika'nın ekvator bölgesinin tripanozomiyaz taşıyan çeçe sineklerine karşı Afrika'nın yerli yabani memeli hayvanlarının direnci vardı ama bu sinekler yeni gelen Avrasya ve Kuzey Afrika hayvan varlığı türlerinin felaketi oldu. Çeçe sineklerinin bulunmadığı Sahel kuşağından Bantuların getirdiği inekler, yayılmaya devam eden Bantularla birlikte Ekvator ormanlarını aşmayı başaramadılar. MÖ yaklaşık 1800 yılında atların Mısır'a ulaşmasına ve o günden hemen sonra Kuzey Afrika savaşlarının şekil değiştirmesine karşın atlar MS birinci binyıla kadar Sahra'yı geçemedi, böylece atlı Batı Afrika krallıkları ortaya çıkamadı, çeçe sineği kuşağını geçip güneye asla yayılamadılar. MÖ üçüncü binyılda sığırlar, koyunlar, keçiler Serengeti'nin kuzey ucuna ulaşmıştı bile ama hayvan varlığının bu noktanın ötesine geçip Serengeti'yi aşarak Güney Afrika'ya ulaşması 2000 yıl aldı.

Aynı şekilde Afrika'nın kuzey-güney ekseni doğrultusunda yavaş yayılan bir başka şey de teknolojiydi. Sudan ve Sahra'daki kayıtlara göre MÖ yaklaşık 8000 yılındaki çömlekçilik yaklaşık MS 1'e kadar Cape Town'a ulaşamadı. Yazı Mısır'da MÖ 3000'de geliştirildi, alfabeleştirilmiş biçimde Meroe'deki Nubia krallığına atladı, alfabeli yazı Etiyopya'ya da (belki de Arabistan'dan) geldi ama Afrika'nın geri kalan yerlerinde bağımsız olarak icat edilmedi, oralara yazıyı Araplar ya da Avrupalılar dışarıdan getirdiler.

Kısacası Avrupalılar Afrika'yı sömürgeleştirdiyse bunun, beyaz ırkçıların sandığı gibi, Avrupalı halkların Afrikalı halklardan farklı olmasıyla bir ilgisi yok. Daha çok coğrafi ve biyocoğrafi rastlantılarla ilgisi var – özellikle de kıtaların yüzölçümleri, eksenleri, yaban bitki ve hayvan türü takımları arasındaki farklılıklarla. Yani, Afrika ile Avrupa'nın tarihsel yörüngeleri arasındaki fark taşınmaz mal varlıkları arasındaki farktan kaynaklanıyor.

XX. Bölüm
Japonlar Kimdir?

Günümüz dünyasını etkileyen halklar arasında kültürü ve çevre koşulları bakımından en farklı olanı Japonlardır. Dillerinin kökeni dilbilimin en tartışmalı konularından biridir: çünkü dünyanın belli başlı dilleri arasında, öteki dillerle arasındaki akrabalık ilişkisi hâlâ bir soru işareti olan başka tek bir dil yoktur. Japonlar kimdir, Japonya'ya ne zaman ve nereden gelmişlerdir, benzersiz dillerini nasıl geliştirmişlerdir? Bu sorular hem Japonların kendi kendilerini, hem de başka halkların Japonları algılayış biçimi bakımından çok önemli sorulardır. Japonya'nın dünya üzerinde artan etkisi ve komşularıyla bazen ters giden ilişkileri, hâlâ yaşayan efsanelerin üzerindeki örtünün kaldırılmasını ve soruların yanıtının bulunmasını daha da önemli hale getirmektedir.

*Tüfek, Mikrop ve Çelik'i*n daha önceki baskılarında Japonya'ya pek küçük bir yer ayırmam kitabımdaki en önemli coğrafi boşluğu oluşturuyordu. Japonların genetik özellikleriyle ve dillerinin kökeniyle ilgili, kitabımın ilk baskısından bu yana biriken bilgiler, beni çizdiğim genel çerçeveye Japonya'nın ne oranda uyacağını sınamak için yüreklendirdi.

Yanıtların bulunması kolay değil çünkü ipuçları çok çelişkili. Bir yandan Japonlar biyolojik olarak hiç farklı değiller, dış görünüşleri ve genleri bakımından öteki Doğu Asyalılara, özellikle Korelilere benziyorlar. Japonların vurgulamayı pek sevdikleri gibi, onlar kültürel ve biyolojik açıdan daha bağdaşıklar: Japonya'nın farklı bölgelerindeki insanlar arasında çok az fark var ancak Japonya'nın en kuzeyindeki Hokkaido adasında yaşayan, Ainu denen çok farklı bir halk bunun dışında kalıyor. Bütün bu gerçekler bize Japonların Japonya'ya Doğu Asya anakarasından geldiklerini ve adanın asıl sahipleri olan Ainuların yerlerini aldıklarını düşündürüyor. Ama bu doğruysa, o zaman Japon diliyle Doğu Asya anakara dillerinden biri arasında açıkça bir akrabalık ilişkisi olduğunu görmemiz gerekir; tıpkı anakaradan gelen Anglo-Saksonların MS 6. yüzyılda İngiltere'yi ele geçirmesinin bir sonucu olarak İngilizceyle öteki Germen dilleri arasında yakın bir ilişki olması gibi. Peki Japonya'nın olası eski diliyle, daha yakın geçmişteki kökenlerine ilişkin bütün öteki kanıtlar arasındaki çelişkileri nasıl çözeceğiz?

Birbiriyle çelişkili dört varsayım öne sürülmüş durumda, bunların her biri bazı ülkelerde kabul görüyor, bazılarında görmüyor. Japonya'daki en yaygın inanışa göre Japonlar, MÖ 20.000 yılından çok önce Japonya'yı istila etmiş olan Buzul Çağı insanlarının giderek evrimleşmesiyle ortaya çıkmıştır. Yine Japonya'daki yaygın bir inanışa göre Japonlar, MS 4. yüzyılda Japonya'yı işgal etmiş, Kore üzerinden gelen ama Koreli olmadıkları vurgulanan Orta Asyalı, ata binen göçebelerin torunlarıdır. Pek çok Batılı arkeoloğun ve Korelinin tercih ettiği ama Japonya'daki bazı çevrelerce hiç desteklenmeyen bir varsayıma göre Japonlar, MÖ yaklaşık 400 yılında pirinç tarımıyla birlikte Kore'den gelen göçmenlerin torunlarıdır. Sonuncu varsayıma göreyse öteki üç varsayımda adları geçen halklar birbirine karışıp bugünkü Japonları meydana getirmişlerdi.

Başka halkların kökeni konusunda benzer sorular söz konusu olduğunda, bunlar soğukkanlı bir biçimde tartışılabilir. Japonların kökenleriyle ilgili sorular için aynı şeyi söyleyemeyiz. Japonya'nın, Avrupalı olmayan pek çok ülkenin tersine, yalıtılmışlıktan kurtulup 19. yüzyıl sonlarında sanayileşmiş bir toplum yaratırken siyasal bağımsızlığını ve kültürünü korumuş olması önemli bir başarıydı. Bugün Japonya'daki insanların Batı'nın güçlü kültürel etkisi karşısında geleneklerini korumak istemesi anlaşılabilir bir şeydir. Onlar kendi dillerinin ve kültürlerinin benzersizliğine, dünyanın başka yerlerinde geçerli olmuş gelişim süreçlerine benzemeyen karmaşık gelişim süreçleri gerektirmiş olduğuna inanmak istiyorlar. Japon dilinin başka herhangi bir dille akrabalığını kabul etmek onlara kültürel kimliklerinden taviz vermek gibi geliyor.

1946 yılına kadar Japon okullarında Japon tarihi olarak MS 712 ve 720 yıllarına ait ilk tarihsel Japon kayıtlarına dayanan bir Japon efsanesi okutuluyordu. Bu tarihsel kayıtlarda, her şeyin yaratıcısı olan tanrı Izanagi'nin sol gözünden doğmuş olan Japon güneş tanrısı Amaterasu'nun torunu Ninigi'yi yeryüzüne, bir yeryüzü tanrısıyla evlenmek üzere Japon adası Kyushu'ya gönderdiği anlatılır. Ninigi'nin torununun torunu Jimmu, düşmanlarını etkisiz hale getiren göz kamaştırıcı kutsal bir kuşun yardımıyla MÖ 660 yılında Japonya'nın ilk imparatoru olur. MÖ 660 ile, tarihsel belgelerde geçen ilk Japon hükümdarları arasındaki boşluğu doldurmak için tarihçiler aynı derecede uydurma 13 imparator daha icat etmiştir.

İkinci Dünya Savaşı sona ermeden önce, İmparator Hirohito, Japonlara kendisinin tanrılar soyundan gelmediğini sonunda açıkladığında, Japon arkeologları ve tarihçileri yorumlarını bu açıklamaya uyacak şekilde yapmak zorunda kaldılar. Bugün yorumlarını daha özgürce yapma olanağına sahip olmalarına karşın bazı kısıtlamalar hâlâ sürüyor. Japonya'nın en önemli arkeolojik anıtları olan, MS 300 ile 686 yılları arasında inşa edilmiş, geçmişteki imparatorlardan ve onların ailelerinden kalan emanetleri barındırdıkları düşünülen dev büyüklükte 158 *kofun* (tümülüs) mezar bugün hâlâ imparatorluk ailesinin mülküdür. Mezarlarda kazı yapmak yasaktır çünkü bu, kutsal olana saygısızlık anlamına gelir – ayrıca belki de hiç istenmeyen bir gerçek, Japon imparatorluk ailesinin asıl nereden (yani belki de Kore'den?) geldiği ortaya çıkacaktır.

Amerika Birleşik Devletleri'nde Amerikan yerlileri tarafından bırakılan arkeolojik emanetler, bugünkü çağdaş Amerikalıların çoğuyla ilgisi olmayan şeylerdir ama Japonya'da bunların, ne kadar eski olurlarsa olsunlar, bugünkü Japonların ataları tarafından bırakılmış emanetler olduğuna inanılır. Bu yüzden Japonya'da arkeolojiye astronomik bütçeler ayrılır ve halk arkeolojiye dünyanın hiçbir yerinde olmadığı kadar ilgi gösterir. Her yıl Japon arkeologlar 10 binden fazla noktada kazı yaparlar ve çalıştırdıkları kazı işçilerinin sayısı 50 bini bulur. Japonya'da keşfedilen Cilalı Taş Çağı yerleşim yeri sayısı Çin'dekinin yirmi katıdır. Kazı haberleri televizyonlarda ve büyük gazetelerin birinci sayfalarında her gün yer alır. Bugünkü çağdaş Japonların Japonya'ya çok eski dönemlerde geldiğini kanıtlamaya kararlı görünen arkeologlar, kazı raporlarında Japonya'nın çok eski sakinlerinin dünyanın başka yerlerindeki bugünkü halklardan ne kadar farklı olduğunu ama bugünkü Japonlara ne kadar benzediklerini vurgularlar. Örneğin, 2000 yaşındaki bir yerleşim yeri konusunda konuşma yapan bir arkeolog, söz konusu yerde yaşayan insanların çöplerini çöp çukurlarına attıklarını, bunun da o dönemde yaşayan Japonların, bugün onların torunları oldukları varsayılan insanların övündükleri temizliğe daha o zamanlar dikkat ettiklerini gösterdiğini söyleyebilir.

Japon arkeolojisini soğukkanlı bir biçimde tartışmayı özellikle güçleştiren şey, Japonların geçmişleriyle ilgili yorumlarının bugünkü davranışlarını etkilemesidir. Doğu Asya halkları arasında hangi halk hangi halka kültürü taşımıştır, hangisi kültürel açıdan üstündür, hangisi barbardır, hangisi hangi topraklar üzerinde tarihsel olarak hak iddia edebilir? Örneğin, Japonya ile Kore arasında MS 300-700 yılları arasında insan ve malzeme değiş tokuşu yapıldığını gösteren pek çok arkeolojik ipucu var. Japonların yorumuna göre bu, Japonya'nın o dönemde Kore'yi fethettiği, Koreli köleleri, zanaatçıları Japonya'ya getirdiği anlamına gelir; Korelilerin yorumu ise bunun tam tersi: Onlara göre Japon imparatorluk ailesinin kurucuları Korelidir.

İşte bu yüzden 1910 yılında Japonya, Kore'ye asker gönderdiği ve Kore'yi kendi topraklarına kattığı zaman, Japonların askerî önderleri bu birleşmeyi "hak yerini buldu" diye kutladılar.

Bundan sonraki 35 yıl süresince Japon işgal güçleri Kore kültürünü silip yok etmek için, okullarda Korecenin yerine Japoncanın öğretilmesi için ellerinden geleni yaptılar. Birkaç kuşaktır Japonya'da yaşayan Koreli aileler Japon vatandaşı olmayı hâlâ içlerine sindiremiyorlar. Japonya'daki "Burun mezarları"nda bugün hâlâ 16. yüzyılda Kore'de Japon işgali sırasında 20 bin Korelinin savaş ganimeti olarak kesilen ve Japonya'ya getirilen burunları bulunmaktadır. Kore'de Japonların sevilmemesi, Japonya'daysa Korelileri küçümsemenin yaygın olması hiç de şaşırtıcı değildir.

Sözüm ona gizemli arkeolojik anlaşmazlıkların nasıl hırslar yaratabildiğine bir örnek olarak en iyi bilinen tarihöncesi arkeolojik emaneti ele alalım: ulusal bir hazine sayılan ve Tokyo Ulusal Müzesi'nde saklanan MS 5. yüzyıldan kalma Eta-Funayama kılıcı. Demir kılıcın üzerinde gümüş kakma olarak Çin alfabesiyle yazılmış bir yazıt vardır, Japonya'da bulunan ve günümüze ulaşan en eski yazı örneklerinden biridir; bu yazıtta büyük bir kraldan, ona hizmet eden bir resmî görevliden ve Çoan adlı Koreli bir yazıcıdan söz edilir. Çin harflerinin bazıları yarımdır, küflenmiştir ya da eksiktir, bunların tahmin edilerek okunması gerekmektedir. Japon araştırmacılar eksik harfleri geleneğe uyarak öyle bir tamamladılar ki söz konusu hükümdarın, sekizinci yüzyıl Japon tarih kayıtlarında Güzel Dişler olarak geçen Japon İmparatoru Mizuhawake olduğu ortaya çıktı. Bununla birlikte 1966 yılında Koreli tarihçi Kim Sokhyong, Japon araştırmacıları neye uğradıklarını şaşırtan bir şey yaparak, eksik adın aslında Koreli olan Kral Kaero'nun adı olduğunu ileri sürdü, adı geçen resmî görevli ise o tarihlerde Kore'nin işgal altındaki bölgelerinin vasallarından birinin adıydı. Pekl "hak yerini buldu" mu gerçekten de?

Bugün Japonya ile Kore ekonomik birer güç merkezidir; Tsuşima Boğazı'nın iki yakasından karşılıklı birbirilerine bakıyorlar, birbirlerini yalancı efsanelerin ve geçmişin gerçek haksızlıklarının ağulu gözlükleriyle görüyorlar. Bu iki büyük halk ortak bir noktada buluşamazlarsa bu Doğu Asya'nın geleceği için hiç iyi olmaz. Ortak bir buluşma noktası bulunması için de her şeyden önce Japonların gerçekte kim olduklarını, yakın akrabaları olan Korelilerden nasıl farklılaştıklarını doğru anlamak gerekiyor.

Japonya'nın benzersiz kültürünü anlamak için Japonya'nın benzersiz coğrafyası ile çevre koşullarından başlamak gerekir. Öncelikle Japonya coğrafi açıdan İngiltere'ye çok benziyor gibi görünebilir; her ikisi de, Avrasya anakarasının sırasıyla biri doğu, biri batı kanadında olmak üzere büyük adalar topluluğundan oluşurlar. Ama ayrıntıda önemli olduğu anlaşılan farklar var: Japonya biraz daha büyük ve daha uzak. Japonya'nın 378.000 kilometrekare olan yüzölçümü İngiltere'ninkinden yarı yarıya fazladır, neredeyse California'nınki kadardır. İngiltere'nin Fransa kıyılarına uzaklığı yalnızca 35 kilometre iken, Japonya'nın Asya anakarasının en yakın (Güney Kore) kıyısına uzaklığı 177 kilometredir; Rusya'ya uzaklığı 290, anakara Çin'ine uzaklığı 740 kilometredir.

Belki de bu yüzden İngiltere ile anakara Avrupası arasındaki ilişkiler, Japonya ile anakara Asya'sı arasındaki ilişkilere göre çok daha yakın olmuştur. Örneğin, İsa'nın zamanından bu yana İngiltere anakaradan gelenlerce dört kez istila edilmiştir ama Japonya'ya böyle bir şey olmamıştır (tarihöncesi zamanlarda Japonya'yı Kore'nin gerçekten istilası dışında). Öte yandan, MS 1066 yılındaki Norman istilasından sonra İngiliz orduları her yüzyılda anakarada savaş yapmışlardır, oysa anakara Asya'sında 19. yüzyıl sonlarına kadar Japon ordusu diye bir şey görülmemiştir; bir tek Kore'ye tarihöncesi zamanlarda ve 16. yüzyılın son on yılında Japon orduları girmiştir. Yani coğrafi ayrıntılar yüzünden İngiltere'ye göre Japonya daha çok yalıtılmış ve bu yüzden de kültürel açıdan daha benzersiz bir hale gelmiştir.

Japonya'nın iklimine gelirsek, yıllık ortalaması 4000 milimetreyi bulan yağış miktarıyla dünyanın en yağışlı ılıman ülkesidir. Dahası, Avrupa'nın çoğu bölgesinde yağışlar kış aylarında görülürken, Japonya'da tam tersine yağmurlar bitkilerin büyüme mevsimi olan yazın yağar. Fazla yağış alan ve hele yaz aylarında yağış alan bir ülke olarak Japonya ılıman ülkeler arasında bitki verimliliği en yüksek ülkedir. Tarım arazilerinin yarısı yoğun emek isteyen, yüksek verimli ve sulamalı pirinç tarımına ayrılmıştır; yağışlı dağlardan eğimli ovalara akan çok sayıda ırmak bu tarımı kolaylaştırır. Japonya'nın topraklarının yüzde sekseninin tarıma elverişli olmayan dağlık araziden oluşmasına ve yalnızca yüzde on dördünde tarım yapılabilmesine karşın, Japonya'nın bu tarım arazisiyle kilometrekare başına beslediği insan nüfusu İngiltere'dekinin sekiz katıdır. Aslına bakarsanız kullanılabilir tarım arazisine oranla Japonya dünyanın en yoğun nüfuslu toplumunu barındıran ülkedir.

Yağış miktarının yüksek olması sayesinde ormanlar ağaç kesimlerinden sonra kendilerini hızla yenilerler. Binlerce yıldır yoğun insan kalabalıklarının yaşadığı bir yer olmasına karşın, Japonya'yı ilk gören herkesi şaşırtan şey yeşilliğidir çünkü topraklarının yüzde yetmişi hâlâ ormanlarla kaplıdır (İngiltere'de bu oran yüzde ondur). Öte yandan bu kadar ormanın var olması, doğal otlak ve meraların olmadığı anlamına gelir. Geleneksel anlamda Japonya'da yiyecek olarak büyük ölçekte yetiştirilen tek hayvan domuz olagelmiştir; koyun ve keçi yetiştiriciliği hiçbir zaman önemli yer tutmaz, sığır yalnızca arabalara ve kara sabanlara koşmak için yetiştirilir ama asla yemek için değil. Japon bifteği ancak mutlu azınlığın yiyebildiği lüks bir maddedir, bir kilosunun satış fiyatı yüz doları bulur.

Japon ormanlarının bireşimi enleme ve boylama göre değişir: güneyde, alçak enlemlerde yaprağını dökmeyen ağaçlardan oluşan ormanlar, orta Japonya'da belli zamanlarda yaprağını döken ağaçlardan oluşan ormanlar, kuzeyde ve yüksek enlemlerde kozalaklı ağaçlardan oluşan ormanlar. İlkçağ insanları için en verimli ormanlar yaprağını döken ormanlardı çünkü onlar ceviz, kestane, atkestanesi, meşe palamutu, akgürgen fıstığı gibi yenebilir meyveler bakımından zengindi. Japonya'nın suları da önemli derecede verimlidir. Göller, ırmaklar, iç deniz, batıdaki Japon Denizi, doğudaki Büyük Okyanus, somon, alabalık, ton, sardalya, uskumru, ringa, morina gibi balıklarla doludur. Bugün Japonya dünyada en çok balık avlanan, ithal edilen ve tüketilen ülkedir. Japon suları midye, istiridye, öteki kabuklu deniz hayvanları, yengeç, karides, kerevit ve yenebilir deniz yosunları bakımından da zengindir. Daha sonra göreceğimiz gibi, toprağın, tatlı suların ve denizlerin bu verimliliği Japonya'nın tarihöncesi döneminin anahtarıdır.

Arkeolojinin bize sağladığı kanıtlara bakmadan önce, gelin biz Japonların kökenleriyle ilgili olarak biyolojinin, dilbilimin, ilk portrelerin ve tarih kayıtlarının bize sağladığı kanıtlara bakalım. Japonların kökenleri konusunu bu kadar tartışmalı hale getiren şey bu bilinen dört kanıt türü arasındaki uyuşmazlıklardır.

Güneybatıdan kuzeybatıya kadar dört ana Japon adası vardır, bunlar Küşü, Şikoku, Honşu (en büyük ada), Hokkaido'dur. 19. yüzyıl sonlarında Japonların Hokkaido'ya büyük çapta göçlerine kadar bu adada (kuzeydeki Honşu ile birlikte) tarihsel zamanlarda esas olarak Ainular yaşıyordu. Japonlar öteki üç adaya yerleşirken Ainular Hokkaido'da avcı/yiyecek toplayıcı olarak yaşıyor, çok sınırlı olarak tarım yapıyorlardı. Genleri, iskeletleri ve dış görünüşleri bakımından Japonlar, aralarında Kuzey Çinliler, Doğu Sibiryalılar, özellikle Koreliler olmak üzere öteki Doğu Asyalılara çok benzerler. Hatta benim Japon ve Koreli arkadaşlarım bile bir kadının ya da erkeğin yüzüne bakarak Japon mu yoksa Koreli mi olduğunu anlamakta bazen güçlük çektiklerini söylerler.

Ainulara gelince, onların görünüşleri açıkça farklı olduğu için, kökenleri ve ilişkileri üzerine öyle çok yazı yazılmıştır ki dünyada bu kadar çok yazıya konu olmuş başka tek bir halk yoktur. Ainu erkeklerinin gür sakalları vardır ve gövdeleri son derece kıllıdır. Bu olgu, parmak izi şekilleri, kulak kiri türleri gibi onlara atalarından miras kalan başka özellikleriyle birleştiği zaman, Ainuların genelde, bir biçimde Avrasya üzerinden doğuya göç etmiş ve kendilerini Japonya'da bulmuş olan beyaz ırktan insanlar olarak sınıflandırılmalarına yol açmıştır. Genel genetik yapıları açısından yine de

Ainular ile –aralarında Japonlar, Koreliler, Okinavalılar da olmak üzere– Doğu Asyalılar arasında akrabalık ilişkisi vardır. Belki de bu farklı dış görünüşleri, anakara Asya'sından göç ettikten ve Japon takımadalarında yalıtılmış olarak yaşamaya başladıktan sonra cinsel seçilim yoluyla ortaya çıkan nispeten az sayıda gene dayanıyordur. Ainuların ayırt edici dış görünüşleri, avcılık ve yiyecek toplayıcılığına dayanan hayat tarzlarına karşılık Japonların ayırt edici olmayan dış görünüşleri ve yoğunluklu tarıma dayanan hayat tarzları, çoğu kez, Ainuların Japonya'nın ilk sakinleri olan avcı/yiyecek toplayıcıların soyundan geldikleri, Japonlarınsa anakara Asya'sından daha yakın bir geçmişte gelmiş istilacılar oldukları gibi kestirme bir yoruma yol açmıştır.

Ama bu görüşü Japon dilinin, herkesin kabul ettiği gibi dünyanın hiçbir diliyle arasında (Fransızcanın İspanyolca ile arasındaki yakın ilişki gibi) yakın ilişkisinin bulunmaması, apayrı bir dil olması gerçeğiyle uzlaştırmak güçtür. Japon dilinin ilişkileri konusunda söylenebilecek tek şey, pek çok araştırmacının bu dili Asya'nın, Türk dilleri, Moğol dilleri, Doğu Sibirya Tungus dillerinden oluşan Altay dil ailesinin yalıtılmış bir üyesi saydığıdır. Korece de çoğu kez bu ailenin yalıtılmış bir üyesi sayılmaktadır ve bu aile içinde Japonca ile Korece, öteki Altay dillerine göre birbirlerine daha yakındırlar. Ama Japonca ile Korece arasındaki benzerlikler genel dilbilgisel özelliklerle ve sözvarlığının % 15'i ile sınırlıdır; Fransızca ile İspanyolca gibi, birbirlerine ayrıntılı ortak dilbilgisi ve sözvarlığı özellikleriyle bağlı değildirler. Japonca ile Korecenin uzaktan da olsa birbirleriyle akraba olduklarını kabul ederseniz, sözvarlıklarının % 15'inin ortak olması, bu dillerin 5000 yıl önce birbirlerinden ayrılmaya başladıkları anlamına gelir, yani Fransızca ile İspanyolca arasındaki gibi, yalnızca 2000 yıldır ya da daha az bir süredir devam eden bir farklılaşma olamaz bu. Ainu diline gelirsek, onun ilişkileri tamamıyla kuşkuludur; Japonca ile hiçbir ilişkisi olmayabilir.

Biyoloji ve dilden sonra, Japonların kökenleriyle ilgili üçüncü tür kanıtları eski portrelerde buluyoruz. Japonya'da yaşayan insanların neye benzediğini gösteren, günümüze ulaşmış en eski kanıtlar, yaklaşık 1500 yıl önce gömütlerin önüne dikilmiş *haniva* denen heykellerdir. Özellikle göz biçimleri bakımından bu heykeller, kuşkuya yer bırakmayacak şekilde bugünkü Japonlar ya da Koreliler gibi Doğu Asyalıların betimlemeleridir. Gür sakallı Ainulara benzemezler. Japonlar Hokkaido'nun güneyinde Japonya'daki Ainuların yerini aldıysalar, bu MS 500 yılından önce olmuş olmalı. Japonlar 1615 yılında Hokkaido'da ticaret merkezleri kurduktan sonra, Hokkaidolu Ainulara, beyaz Amerikalılar Amerikan yerlilerine nasıl davranıyorsa ona çok benzer şekilde davrandılar. Ainuları yakaladılar, belli yerlerde topladılar, ticaret merkezlerinde zorla çalıştırdılar, Japon çiftçilerin göz koydukları topraklardan dışarı sürdüler, başkaldırdıkları zaman öldürdüler. Japonya 1869'da Hokkaido'yu kendi topraklarına kattığı zaman okullarda Japon öğretmenler Ainu kültürünün ve dilinin kökünü kazımak için ellerinden geleni yaptı. Bugün dilleri fiilen yok olmuş durumda, belki de tek bir safkan Ainu yaşamıyor.

Japonya'yla ilgili en eski yazılı bilgileri Çin kayıtlarından elde ediyoruz çünkü okur-yazarlık Çin'den Kore'ye ya da Japonya'ya yayılmadan çok önce Çin'de gelişmişti. MÖ 108 yılından MS 313 yılına kadar Çin, Kuzey Kore'de bir yerleşim yerine sahipti ve Japonya'yla birbirlerine elçiler gönderiyorladı. Bunun sonuncunda Çin kayıtlarında çeşitli halklardan "Doğulu barbarlar" olarak söz edilirken, Japonya'dan Va adıyla söz ediliyordu; halkı, birbirleriyle sürekli kavga eden yüzden fazla küçük devlet arasında bölünmüştü. MS 700 yılı öncesine ait ancak birkaç Japonca ya da Korece yazı korunabilmiştir ama Japonya'da ve daha sonra Kore'de MS 712 ve 720 yıllarında geniş kapsamlı tarihçeler yazılmıştır. Bu Japon ve Kore tarihçeleri eski dönemlerin tarihlerini anlatma iddiasında bulunurlar ama yönetici aileleri yüceltecek ve haklı gösterecek şekilde düzenlenmiş uydurmalarla doludurlar – Japonların imparatorlarının güneş tanrısı Amaterasu'nun soyundan geldiği yolundaki öyküleri gibi. Bununla birlikte, bu kayıtlardan apaçık anlaşıldığına göre, Japonya üzerinde Kore'nin, Kore aracılığıyla da Çin'in büyük etkisi olmuştu; Budizm, yazı, madencilik, öteki el sanatları, bürokratik yöntemler Japonya'ya onların aracılığıyla girmişti. Bu kayıtlarda Japonya'daki Korelilerden, Kore'deki Japonlardan bol bol söz edilir – Japon tarihçiler bunu Japonların Kore'yi istila ettiklerini gösteren bir kanıt olarak yorumlarlar, Koreliler de tam tersini gösteren bir kanıt.

Böylece Japonların atalarının Japonya'ya geldiklerinde yazılarının olmadığını, biyolojilerinin bize onların daha yakın geçmişte gelmiş olmaları gerektiğini, dillerininse en az 5000 yıl önce gelmiş olmaları gerektiğini düşündürdüğünü gördük. Gelin şimdi bu bilmeceyi çözmek için arkeolojik kanıtlara bakalım. Eski Japon toplumlarının dünyanın en dikkate değer toplumları arasında yer aldığını göreceğiz.

Bugün Japonya'nın ve Doğu Asya kıyılarının büyük bir bölümü sığ denizlerle çevrilidir. İşte bu yüzden Buzul Çağı sırasında bu denizler kuru topraklara dönüştü, okyanus sularının çoğu buzulların içinde donup kaldığı için deniz düzeyi şimdiki düzeyinin 150 metre altına düştü. O günlerde Japonya'nın en kuzeydeki Hokkaido Adası ile bugünkü Sahalin Adası üzerinden anakara Rusya'sıyla arasında kara bağlantısı vardı; Japonya'nın en güneydeki Küşü Adası'yla da bugünkü Tsuşima Boğazı üzerinden Güney Kore arasında başka bir kara bağlantısı bulunmaktaydı; belli başlı Japon adalarının hepsi birbirlerine bağlıydılar; bugün Sarı Deniz ve Doğu Çin Denizi olan geniş alanın büyük bölümü, anakara Çin'inin toprak uzantılarından oluşuyordu. Bu yüzden, tekneler icat edilmeden çok önce, kara bağlantısının bulunduğu günlerde yürüyerek Japonya'ya gelen memeliler arasında yalnızca Japon ayılarının ve maymunlarının atalarının değil, eski insanların da bulunması hiç şaşırtıcı değildir. Taş aletler insanların buraya beş yüz bin yıl önce geldiklerine işaret ediyor. Kuzey Japonya'daki taş aletler Sibirya'dakilere ve Kuzey Çin'dekilere çok benziyor ama Güney Japonya'dakiler de Kore'dekilere ve güney Çin'dekilere benziyorlar; bu da bize hem kuzeydeki hem de güneydeki kara bağlantısının kullanıldığını gösteriyor.

Buzul Çağı Japonya'sı pek de yaşanacak bir yer değildi. Japonya'nın büyük bir bölümü İngiltere'yi ve Kanada'yı yorgan gibi kaplayan buzullardan kurtulmuştu ama Japonya yine soğuk ve kurak bir yerdi; insanlara yiyecek bitki olarak pek az şey sunan büyük, kozalaklı ağaç ya da huş ağacı ormanlarıyla kaplıydı. Bu engeller Buzul Çağı Japonlarının erken gelişmişliğini daha da etkileyici hale getiriyor: yaklaşık 30.000 yıl önce, basit yontulmuş aletler yerine keskin ağızlı taş aletler yapan dünyanın en eski halkları arasında yer alıyorlardı. İngiltere arkeolojisinde keskin ağızlı aletlere büyük bir kültürel ilerleme gözüyle bakılır, bu aletler Cilalı Taş dönemini Yontma Taş döneminden ayıran aletlerdir ama bunlar 7000 yıldan daha az bir zaman önce tarımın gelişine kadar İngiltere'de görülmez.

Yaklaşık 13.000 yıl önce, bütün dünyada buzullar hızla eridiği için Japonya'daki koşullar, insanlar açısından, olağanüstü derecede iyileşti. Sıcaklık, yağış, nem, hepsi arttı, bitki verimliliği, ılıman kuşak ülkeleri arasında bitki verimliliğinde başı çeken Japonya'nın bugünkü düzeylerine ulaştı. Buzul Çağı'nda yalnızca Güney Japonya'da görülen, yapraklarını döken meyveli ağaçlardan oluşan ormanlar kuzeye doğru genişledi, kozalaklı ağaç ormanlarının yerlerini aldılar; böylece insanlar için verimsiz olan orman türünün yerini çok daha verimli bir orman türü aldı. Deniz seviyesinin yükselmesiyle birlikte anakarayla bağlantılar koptu, Japonya anakaranın parçası olmaktan çıkıp büyük bir ada topluluğu haline geldi, eskiden ova olan yerler sığ denizlere dönüştü, hepsi de deniz ürünleriyle kaynaşan, sayısız ada, koy, gelgit kumsalı ve yarımadayla birlikte binlerce kilometrelik yeni bir verimli kıyı oluştu.

Buzul Çağı'nın sona erişine, Japon tarihinde çok önemli iki değişikliğin biri eşlik etti: çömlekçiliğin icadı. İnsanlar hayatlarında ilk kez su geçirmeyen, istenilen her biçimde kaplara sahip oldular. Yiyecekleri kaynatma, pişirme ya da buğulama gibi yeni bir olanağa kavuşunca, daha önce yararlanmaları güç olan pek çok besin kaynağından yararlanmaya başladılar: Bir ateşin üzerinde pişirildiğinde yanan ya da suyunu kaybeden yapraklı sebzelerden, artık kolayca kabukları açılabilen kabuklu deniz hayvanlarından, şimdi artık suya yatırılarak acısı çıkarılan meşe palamudu ve atkestanesi gibi zehirli ya da acı ama besleyici yiyeceklerden yararlanıyorlardı. Kaynatılmış yumuşak yiyeceklerle küçük çocuklar beslenebilirdi, bu da çocukların daha erken sütten kesilmesine ve annelerinin daha kısa aralıklarla çocuk doğurmasına olanak veriyordu. Okuma yazması olmayan toplumlarda bilgi deposu olan, dişsiz yaşlıların beslenmesi ve daha uzun yaşaması mümkündü. Çömlekçiliğin bütün bu önemli sonuçları bir nüfus patlamasını tetikledi, Japonya'nın nüfusu birkaç binden çeyrek milyona çıktı.

Doğal olarak çömlekçiliği bilen tek eski halk Japonlar değildi: Eski çağlarda pek çok farklı zamanda ve yerde bağımsız olarak çömlekçilik icat edilmişti. Ama dünyanın bilinen en eski çömlekleri Japonya'da 12.700 yıl önce yapılmıştı. Radyokarbon yöntemiyle saptanan bu tarih 1960'ta açıklandığı zaman Japon bilim insanları bile başlangıçta buna inanamadılar. Arkeologların alışılmış deneyimlerine göre, icatların akış yönü sözüm ona anakaralardan adalara doğrudur, önemsiz küçük toplumlar dünyanın geri kalan toplumlarına devrim niteliğindeki ilerlemelerle katkıda bulunmazlar. Özellikle Japon arkeologların deneyimlerine göre Çin, Doğu Asya'da kültürel gelişmelerin, örneğin tarımın, yazının, metal işçiliğinin ve önemli başka her şeyin merkezi olarak görülür. Bugün Japonya'daki en eski çömleklerin tarihi saptandıktan neredeyse kırk yıl sonra arkeologlar, karbon 14 şoku olarak adlandırılan şaşkınlıktan hâlâ kurtulmaya çalışıyorlar. Çin'de ve Doğu Rusya'da (Vladivostok yakınlarında) da çok eski başka çömlekler bulundu. Asyalı arkeologlar Japonların rekorunu ellerinden almak için yarışıyorlar. (Aslında Çinlilerin ve Rusların bu işi becermek üzere olduklarına dair söylentiler duydum.) Ama Japonlar, Bereketli Hilal'de ya da Avrupa'da bulunan çömleklerden bin yıl daha eski çömlekleriyle hâlâ dünya rekorunu ellerinde bulunduruyorlar.

Rekor kıran Japon çömleklerinin böyle bir şaşkınlık yaratmasının tek nedeni adalıların her şeyi kendilerinden üstün olan anakaralılardan öğrenmesi gerektiği yolundaki önyargı değildi. Ayrıca o ilk Japon çömlekçileri avcı/yiyecek toplayıcı insanlardı, bu da yerleşik görüşlere aykırı bir şeydi. Çömlekçilik çoğunlukla yerleşik toplumların işidir: Hangi göçebe, ister kadın olsun ister erkek, her yer değiştirdiğinde çocuğunun ve silahlarının yanı sıra birtakım ağır çömlekler taşımak ister? Bu nedenle avcı/yiyecek toplayıcıların genellikle çömlekleri olmaz çünkü dünyanın başka yerlerinde yerleşik toplumlar yalnızca tarıma geçildiği zaman ortaya çıkmıştır. Ama Japonya öylesine üretime elverişli çevre koşullarına sahiptir ki insanların avcı/yiyecek toplayıcı olarak yaşarken yerleşip çömlek yapmalarına olanak veren ender birkaç yerden biridir. Yoğun tarım Japonya'ya ulaşıncaya kadar çömlekçilik sayesinde bu Japon avcı/yiyecek toplayıcılar çevrelerindeki zengin yiyecek kaynaklarını 10.000 yıldan fazla kullanma olanağını buldular. Buna karşılık, çömlekçilik Bereketli Hilal'de, tarıma geçildikten yaklaşık bin yıl sonrasına kadar ortaya çıkmadı.

Bugünün ölçütlerine göre eski Japon çömlekçiliğinin teknolojik açıdan basit olması bize hiç de şaşırtıcı gelmemeli. Çömlekler sırlı değildi, çömlekçi çarkında değil elle yapılıyor, fırınlarda değil açıkta yakılan ateşlerde ve nispeten düşük sıcaklıklarda pişiriliyordu. Ama zamanla, hangi dönemin ölçütlerine göre olursa olsun, büyük sanat sınıfına girebilecek inanılmaz çeşitlilikte çömlek yapılmaya başlandı. Çömleklerin çoğu, daha henüz yaşken kilin üzerinde bir ip yuvarlayarak ya da ipi kile bastırarak yapılan süslemelerle bezelidir. Japoncada "iple iz yapmak" anlamına gelen sözcük *Comon* olduğu için bu *Comon* sözcüğü hem çömleklerin kendisi için hem çömlek yapan kişiler için hem de Japonya'nın tarihöncesinde çömlekçiliğin icadıyla başlayıp yalnızca 10.000 yıl sonra sona eren bütün bir dönem için kullanıldı.

12.700 yıl öncesine ait en eski Comon çömleklerinin çıkış noktası en güneydeki Japon adası Küşü'dür. Daha sonra çömlekçilik buradan kuzeye yayılmış, yaklaşık 9500 yıl önce bugünkü Tokyo dolaylarına, 7000 yıl önce de en kuzeydeki Hokkaido Adası'na ulaşmıştır. Çömlekçiliğin kuzeye doğru yayılışı, her yıl yaprağını döken, sert kabuklu yemiş bakımından zengin ağaçlardan oluşan ormanların kuzeye doğru yayılışından sonra olmuştur, bu da bize yerleşik hayata ve çömlekçiliğin patlamasına izin veren şeyin yiyecek patlaması olduğunu gösteriyor. Çömlekçiliğin güneyde tek bir merkezde icat edildiği ve o tek merkezden yayıldığı yorumunu güçlendiren bir gerçek de en eski Comon çömleklerinin bütün Japonya'da hayli benzer üslupta yapılmış olmasıdır. Zamanla, 2400 kilometrelik Japon takımadaları şeridi içinde birkaç düzine farklı üslup gelişmiştir.

Comon dönemi insanları geçimlerini nasıl sağlıyorlardı? Bu konuda geride bıraktıkları yüz binlerce arkeolojik yerleşim yerinde yapılan kazılarda bulunan çöplerden ve Japonya'nın her yerine yayılmış koca koca deniz kabuğu tepelerinden elde ettiğimiz bol sayıda ipucu var. Anladığımıza göre bu insanlar avcılık, yiyecek toplayıcılığı, balıkçılık yapıyor, günümüz beslenme uzmanlarının alkışlayacağı şekilde son derece çeşitli ve dengeli besinlerle besleniyorlardı.

Belli başlı yiyecek türlerinden birini sert kabuklu yemişler oluşturuyordu, özellikle kestane, ceviz, bunlara ek olarak atkestanesi, acı zehiri çıkarılmış meşe palamutu. Bu yemişler güzün bol miktarlarda toplanıp kış için toprak altında, 180 santimetre derinliğinde, 180 santimetre genişliğindeki çukurlarda saklanabiliyordu. Öteki bitkisel yiyecekler arasında küçük ve büyük meyveler, tohumlar, yapraklar, filizler, soğanlar, kökler vardı. Comon çöplerini dikkatle inceleyen arkeologlar toplam 64 çeşit yenebilir bitki saptadılar.

Şimdi olduğu gibi o zaman da Japonya'da yaşayanlar deniz ürünü tüketiminde başı çekiyordu. Ton balıkları açık okyanuslarda zıpkınla avlanır, yunus balıkları sığlık sulara sürülür, orada tıpkı bugün Japonya'da yapıldığı gibi sopayla dövülür ya da mızrakla vurulurdu; ayıbalıkları kumsalda öldürülürdü; mevsimlik somon balığı sürüleri ırmaklarda tüketilir; pek çok balık türü ağla, çit dalyanlarıyla, geyik boynuzlarından yontularak yapılmış olta iğneleriyle yakalanır; kabuklu deniz hayvanları, yengeçler, deniz yosunları gelgitlerarası kuşaktan toplanır ya da dalgıçlar dalıp bunları sudan çıkarırlardı. Comon insanlarının iskeletlerinde, bugün patalogların kulak egzostosisi dedikleri, günümüz dalgıçlarında sıklıkla görülen, kulakta anormal kemik büyümesi olayı yüksek oranda gözleniyor.

Avlanan kara hayvanları arasında yabani domuz ile geyik başta geliyordu, ikinci sıradaysa dağ keçisi ile ayı vardı. Bu av hayvanları kazılan çukurlarda tuzağa düşürülüyor, okla vuruluyor, köpeklerle kovalanıp yakalanıyordu. Comon döneminde doğal olarak domuz bulunmayan, kıyıdan uzak adalarda görülen domuz kemiklerine bakınca insan acaba Comon insanları domuzu evcilleştirme denemeleri mi yapıyordu, diye merak ediyor.

Comon dönemi insanlarının besin kaynaklarıyla ilgili en tartışmalı soru, tarımdan ne kadar yararlandıkları sorusudur. Comon yerleşim yerlerinde, yaban türler olarak, Japonya'nın yerli ürünü olan ama aynı zamanda *adzuki* fasulyesi, *mung* fasulyesi, akdarı gibi bugün de tarım ürünü olarak yetiştirilen yenebilir bitkilerin kalıntıları bol bol bulunmuştur. Comon döneminden kalan artıklarda, tarım ürünlerinin, bu ürünleri yabani atalarından ayıran biçimbilgisel özelliklerini açıkça göremiyoruz, bu yüzden biz de acaba bu bitkiler yabani olarak mı toplanıyordu yoksa bilerek mi yetiştiriliyordu, bilmiyoruz. Bu yerlerde ayrıca Japonya'da doğal olarak yetişmeyen, karabuğday, kavun, şişe biçimli sukabağı, kendir, (baharat olarak kullanılan) *şisoya* da etli bitkiler gibi anakara Asya'sından değerli oldukları için getirilmiş olması gereken yenebilir bitki türlerinin kalıntıları da var.

MÖ 1200 dolaylarında, Comon döneminin sonlarına doğru, pirinç, arpa, tilkikuyruğu dansı, süpürgedarısı gibi Doğu Asya'nın başlıca yiyecek maddesi olan tahıllar görülmeye başlandı. Bütün bu şaşırtıcı ipuçlarına bakınca Comon dönemi insanlarının yavaş yavaş, ormanları kesip yakarak tarım alanı açmaya ve tarım yapmaya başlamış olabileceklerini düşünmek mümkün ama bunun onların beslenmelerine ancak küçük bir katkıda bulunan düzensiz bir tarım olduğu açık.

Bu adını andığım yiyeceklerin Comon dönemi Japonya'sının her tarafında yendiği izlenimini bırakmak istemem. Japonya'nın sert kabuklu yemişler bakımından zengin kuzey ormanlarında, ayıbalığı avının ve deniz balıkçılığının yanı sıra, kuruyemiş depolanan çukurlar özellikle önemliydi. Kuruyemiş bakımından yoksul güneybatıda, kabuklu deniz hayvanları daha önemli bir rol oynuyordu. Ama yerel Comon beslenme rejimlerinin, hatta tek tek Comon öğünlerinin ayırıcı özelliği hâlâ çeşitlilikti. Örneğin, bize ulaşan yiyecek artıklarının gösterdiği gibi, Comon dönemi insanları kestane ve ceviz ununu, domuz ve geyik eti ile kanını, kuş yumurtalarını çeşitli oranlarda karıştırıyor, ya yüksek karbonhidratlı Comon Ana'nın kurabiyeleri ya da yüksek proteinli McComonburger yapıyorlardı. Yakın zamanların Ainu avcı/yiyecek toplayıcıları ateşin üzerinde ağır ağır kaynayan seramik bir güveci eksik etmezler, içine her türlü yiyeceği atarlardı; onlarla aynı yerleşim yerlerinde yaşamış, aynı yiyecekleri yemiş Comon ataları da aynı şeyi yapıyorlardı belki de.

Daha önce, (yüz santimetre boyundaki ağır parçalar da içinde olmak üzere) çömleklerine bakınca Comon avcı/yiyecek toplayıcıların göçebe olmaktan çok yerleşik bir hayat yaşadıklarını düşündüğümüzü söylemiştim. Sabit yerlerde yaşadıklarını gösteren daha başka ipuçları da var, bunların arasında ağır taş aletleri, biçim değişikliği yapıldığına dair işaretler taşıyan yarı yeraltı evlerinin kalıntılarını, yüz ya da daha fazla barınak ile mezarlıkları bulunan büyük köy yerleşim yerlerini sayabiliriz. Bütün bu özellikler her birkaç haftada bir yer değiştiren, yalnızca korunaklar inşa eden, az sayıda ve kolay taşınan eşyalara sahip olan bugünkü gözlemlenen avcı/yiyecek toplayıcılardan Comon dönemi insanlarını ayıran özelliklerdir. Bu yerleşik hayat tarzını mümkün kılan şey, merkezi bir yerleşim yerine çok yakın mesafede, Comon dönemi insanlarının kolayca ulaşabileceği, kaynak zenginliğine sahip doğal çevrelerin çeşitliliğidir: denizden uzak ormanlar, ırmaklar, deniz kıyıları, koylar, açık okyanuslar.

Kuru yemiş bakımından zengin ormanları, somon sürüleri, verimli denizleriyle özellikle orta ve kuzey Japonya'da Comon dönemi insanlarının nüfusu, avcı/yiyecek toplayıcılar için şimdiye kadar hesaplanmış en yüksek düzeylere ulaşmıştı. Comon dönemi Japonya'sının toplam nüfusu hesaplanmış, bulunan en yüksek sayı 250.000 olarak belirlenmiştir – bugünkü Japonya'nın nüfusuyla karşılaştırıldığında bu sayı solda sıfır kalır ama avcı/yiyecek toplayıcılar için önemli bir yoğunluk. Günümüzde onların en yakın rakibi, Büyük Okyanus'un kuzeybatı kıyısı ile California'daki Amerikan yerlileri olabilir, onlar da aynı şekilde kuru yemiş bakımından zengin ormanlardan, somon sürülerinden, verimli denizlerden yiyeceklerini sağlarlar – insan toplumlarının evriminin kesişmesinin çarpıcı bir örneğidir bu.

Comon dönemi insanlarının sahip oldukları şeyleri bu kadar vurguladıktan sonra, nelere sahip olmadıklarını da ortaya koymamız gerekiyor. Yoğun tarım diye bir şey yoktu, vardıysa bile kuşku götürürdü. Köpek (belki de domuz) dışında evcil hayvanları yoktu. Metal aletleri, yazıları, dokumacılıkları yoktu. Comon köyleri ve mezarlıklarında çok sayıda basit ev ve mezarla tezat oluşturan süslü ev ve mezarlar bulunmaz, evlerle mezarların hepsi tek biçimdir – bu da bize şefler ve basit halk biçiminde bir toplumsal katmanlaşmanın pek olmadığını gösterir. Çömlekçilik üsluplarındaki yöresel farklılıklar siyasal merkezileşme ve birleşme yönünde çok az bir yol katedildiğine işaret eder. Bütün bu olumsuz özellikler, Comon Japonya'sından yalnızca üç beş yüz kilometre ötede, anakara Çin'inde ve Kore'sinde onların çağdaşları olan toplumların özellikleriyle –ve MÖ 400 yılından sonra bütün Japonya'ya yayılmış değişikliklerle– karşıtlık oluşturur.

Comon Japonya'sı o zamanlarda Doğu Asya'da bile, farklılığına karşın bütünüyle yalıtılmış bir evren değildi. Taş aletlerin yapımında tercih edilen çok sert bir volkanik kaya olan obsidiyenin ve çömlekçiliğin dağılımına bakarsak, Comon denizciliği, Tokyo'nun 290 kilometre güneyine kadar inen İzu adaları zincirinin halkaları arasında bağlantı kurulmasını sağlamıştı. Çömlekçilik, obsidiyen, olta çengelleri aynı şekilde Comonların Kore, Rusya ve Okinava'lılarla ticaret yaptıklarına tanıklık ediyor – daha önce sözünü ettiğim anakara Asya'sından gelen yarım düzine tarım ürününün tanıklık ettiği gibi. Ama Comon Japonya'sını inceleyen arkeologlar, Japonya'nın daha sonraki tarihinde Çin'in çok büyük etkisinin olmasına karşılık, doğrudan doğruya Çin'den ithalat yapıldığını gösteren pek az ipucu buldular. Daha sonraki dönemlerle karşılaştırıldığında, Comon Japonya'sında bizi en çok etkileyen şey, dış dünyayla bazı ilişkilerin olmuş olması değil, bunların Comon Japonya'sı üzerinde çok az etkisinin görülmesidir. Comon Japonya'sı yalıtılmışlığını korumuş, 10.000 yıl içinde şaşırtıcı derecede az değişmiş tutucu, minyatür bir evrendi – kendi çağında dayanıksız, hızla değişen bir dünyada bir istikrar adası.

Comon Japonya'sının farklılığını kendi çağının perspektifi açısından görebilmek için, MÖ 400 yılında, Comon hayat tarzı sona ermek üzereyken, Japonya'nın üç beş yüz kilometre batısında, anakara Asya'sında insan toplumlarının ne durumda olduğunu hatırlamalıyız. O dönemde Çin zengin seçkinler ile yoksul halk tabakalarından oluşan krallıklara bölünmüştü, bunlar surlarla çevrili kentlerde yaşıyordu, dünyanın en büyük imparatorluğunu oluşturmak üzere birleşmenin sınırına gelmişlerdi. MÖ yaklaşık 7500 yılından başlayarak Çin kuzeyde darıya, güneyde pirince dayalı olarak yoğun şekilde tarım yapılan, evcil domuz, tavuk, yaban sığırı beslenen bir ülkeydi. Çin'de en az 900 yıldır yazı, en az 1500 yıldır metal aletler vardı, dünyanın ilk dökme demir üretimi icat edilmişti. Çin'deki bu gelişmeler aynı zamanda (MÖ 2200 yılından beri pirinç de içinde olmak üzere) üç beş binyıldır tarım yapan ve MÖ 1000 yılından beri metal aletleri olan Kore'ye de yayıldı.

Tsuşima Boğazı'nın ve Doğu Çin Denizi'nin Japonya'ya göre tam karşısında binlerce yıldır bu gelişmeler olurken, Japonya'nın Kore'yle ticaret yapmasına karşın okuryazarlık öncesi, taş alet kullanan avcı/yiyecek toplayıcı bir toplum olarak kalması ilk bakışta insana şaşırtıcı görünüyor. İnsanlık tarihi boyunca, metal aletleri ve yoğun tarım nüfusuyla desteklenen orduları olan merkezileşmiş toplumlar taş alet kullanan avcı/yiyecek toplayıcı, seyrek nüfuslu toplumları ortadan kaldırdılar. Nasıl oldu da Comon Japonya'sı bunca uzun zaman yaşadı?

Bu tuhaf durumun yanıtını anlayabilmek için, MÖ 400 yılına kadar Tsuşima Boğazı sınırının yalnızca zengin çiftçileri yoksul avcı/ yiyecek toplayıcılardan ayırmakla kalmayıp yoksul çiftçileri zengin avcı/yiyecek toplayıcılardan da ayırdığını unutmamak zorundayız. Çin'in kendisiyle Comon Japonya'sı doğrudan doğruya birbirleriyle ilişki içinde değildiler. Oysa Japonya'nın ticaret ilişkileri her nasılsa Kore'yi içeriyordu. Ama pirinç ılık olan güney Çin'de evcilleştirilmiş, kuzeye, çok daha soğuk olan Kore'ye ancak yavaş yavaş yayılmıştır çünkü soğuğa dayanıklı yeni pirinç türünün geliştirilmesi uzun sürdü. Kore'de pirinç tarımı ilk başladığında, sulu çeltik tarımı yerine kuru tarla yöntemleri kullanıldı ve bu pek o kadar verimli bir tarım değildi. Bu yüzden de en eski Kore tarımı, Comon avcılığı ve yiyecek toplayıcılığıyla yarışamazdı. Comon dönemi insanlarının kendileri, Kore tarımının varlığının farkında olsalar bile, Kore tarımını benimsemelerini haklı gösterecek hiçbir üstün yanını görmezlerdi, zavallı Koreli çiftçilerin de Japonları kendileri gibi yapmaya zorlayacak hiçbir üstün yanları yoktu. Daha sonra göreceğimiz gibi, üstünlükler birden ve tırmanarak tersine döndü.

Küşü'de 12.700 yılı dolaylarında çömlekçiliğin icadının ve bu icat sonucunda Comon nüfusunda meydana gelen patlamanın Japon tarihinde iki belirleyici değişiklikten biri olduğunu daha önce söylemiştim. İkinci bir nüfus patlamasını tetikleyen ikinci önemli değişiklik MÖ 400 yılı dolaylarında Güney Kore'den gelen yeni bir hayat tarzıyla (belki de insanlarla?) birlikte ortaya çıktı. Bu ikinci değişiklik üzerine Japonların kim olduğuyla ilgili sorumuzu en vahim şekliyle sormak zorunda kalıyoruz. Bu değişiklik, Comon insanlarının yerini, bugünkü Japonların ataları olan ve Kore'den gelen göçmenlerin aldığı anlamına mı geliyor? Yoksa Japonya'nın ilk Comon sakinlerinin birtakım yeni değerli numaralar öğrenirken Japonya'da oturmaya devam ettikleri anlamına mı?

Yeni yaşama tarzı önce Japonya'nın en güneybatıdaki adası olan ve Tsuşima Boğazı'nda Güney Kore'ye göre tam karşıda yer alan Küşü'nün kuzey kıyısında görüldü. En önemli yeni ögeler demirden yapılan metal aletler ile tartışılmaz şekilde başlamış olan tam ölçekli tarımdır. Bu tarım sulanan pirinç tarlaları biçiminde geldi, hem de arkeolojik kazılarla kalıntıları ortaya çıkarılmış olan kanalları, barajları, setleri, sulu tarlaları ve pirinçleriyle tam takım halde. Arkeologlar bu yeni yaşama tarzına, Tokyo'nun bir bölgesinin, ilk kez 1884'te kendine özgü çömlekçiliğinin saptandığı yerin adını vererek "Yayoi" dediler. Comon çömleklerinin tersine Yayoi çömlekleri bugünkü Güney Kore çömleklerine benzer. Yeni Yayoi kültürünün, Kore kaynaklı olduğu kuşku götürmeyen ama Japonya'da bilinmeyen başka pek çok ögesi arasında bronz nesneler, dokumacılık, cam boncuklar, yeraltı pirinç depolama çukurları, ölülerin küllerini kavanozlar içinde gömme adeti, Kore tarzı aletler ve evler vardır.

En önemli Yayoi tarım ürünü pirinç olsa da Japonya'da yeni olan yirmi yedi başka tarım ürünü daha yetiştiriliyordu ve hiç şüphesiz domuzlar da evcilleştirilmişti. Yayoi çiftçileri belki de çift ürün uygulaması yapıyor, yazın pirinç üretimi için tarlaları suluyor, daha sonra kışın darı, arpa, buğday kurutarımı için aynı tarlaların sularını akıtıyorlardı. Kaçınılmaz olarak bu son derece verimli yoğun tarım sistemi hemen nüfus patlamasını tetikledi, arkeologların bulduğu Yayoi dönemine ait yerleşim yeri kalıntılarının sayısı Comon döneminınkilerden çok daha fazla oysa Comon dönemi Yayoi dönemine göre on dört kat uzundu.

Hemen hemen hiç zaman geçirmeden Yayoi tarımı bitişikteki ana adalara, Şikoku ile Honşu'ya atladı, iki yüz yıl içinde Tokyo'ya, bir başka yüz yıl içinde de (Küşü'deki ilk Yayoi yerleşim yerlerinden bin altı yüz kilometre uzaktaki) Honşu'nun en kuzey ucuna ulaştı. Küşü'deki en eski Yayoi yerleşim yerlerinde hem yeni Yayoi üslubuyla hem de eski Comon üslubuyla yapılmış çömlekler görülüyor ama Yayoi kültürü ve çömlekçiliği Honşu aracılığıyla kuzeye doğru yayıldıkça eski üslup terk edilmiş. Yine de Comon kültürüne ait bütün ögeler tamamıyla yok olmamış. Yayoi çiftçileri, Kore ve Çin'de yerlerini tümüyle metal aletlere bırakmış olan yontma taş aletleri kullanmaya devam etmişler. Bazı Yayoi evleri Kore tarzı, bazıları Comon. Yayoi kültürü özellikle kuzeye, pirinç tarımının daha az verimli olduğu, Comon avcı/yiyecek toplayıcıların en yüksek nüfus yoğunluğuna ulaştığı daha soğuk bölgelere, Tokyo'nun kuzeyine yayılınca, metalden ama Comon tarzı yapılmış olta iğneleriyle, biçimleri değişikliğe uğramış Yayoi tarzı ama Comon işi sicim izi süslemeli çömlekleriyle Yayoi/Comon karışımı bir kültür ortaya çıktı. Çok kısa bir süre için Honşu'nun soğuk kuzey ucunu işgal eden Yayoi çiftçileri, herhalde orada pirinç tarımının Comon avcı/yiyecek toplayıcıların yaşama tarzlarıyla yarışamayacağını gördükleri için o bölgeyi terk ettiler. Bunun ardından 2000 yıl Kuzey Honşu bir sınır bölgesi olarak kaldı, bu sınırın ötesindeki Japonya'nın en kuzey adası Hokkaido ile bu adadaki avcı/yiyecek toplayıcılar, adayı 19. yüzyılda Japonlar kendi topraklarına katıncaya kadar Japonya'nın parçası olarak sayılmadı bile.

Birkaç yüzyıl sonra Japonlar kendileri demir eritmeye ve üretmeye başlayana dek, Yayoilerin demir aletleri başlangıçta çok büyük miktarlarda Kore'den ithal edildi. Yayoi Japonlarının, özellikle mezarlıklarda görülen, toplumsal katmanlaşmanın ilk belirtilerini göstermeleri de birkaç yüzyıl sürdü. MÖ yaklaşık 100 yılında mezarlıklarda, yeni yeni ortaya çıkan ve Çin'den ithal edilmiş yeşim taşından yapılma güzel nesneler, bronz aynalar gibi lüks eşyalarla kendini belli eden seçkinler sınıfının mezarları için yer ayrılmaya başlandı. Yayoi nüfus patlaması devam ederken, iyi bataklıkların ya da sulu çeltik tarımına elverişli sulanabilir ovaların hepsi işlenmeye başlanırken, savaşlarla ilgili arkeolojik kanıtlara gittikçe daha sık rastlanır oldu: ok başlarının toplu üretimi, köylerin çevresini kuşatan savunma hendekleri, fırlatılan sivri uçlu şeylerle parçalanmış, toprağa gömülü iskeletler. Yayoi Japonya'sındaki savaşın bu izleri, Va ülkesinin ve bu ülkede birbiriyle savaşan yüz küçük siyasal birimin betimlendiği Çin tarih kayıtlarında anlatılan Japonya'nın en eski öyküleriyle uyuşuyor.

Hem arkeolojik kazılardan hem de daha yakın zamana ait son derece muğlak tarih kayıtlarından, Japonya'nın MS 300 ile 700 yılları arasında siyasi açıdan birleşmeye başladığını belli belirsiz de olsa anlayabiliyoruz. MS 300 yılından önceki seçkinlerin mezarları küçüktü ve bölgesel üslup farklılıklarını yansıtıyordu. MS yaklaşık 300 yılından başlayarak *kofun* denen, anahtar deliği biçimindeki mezarlar, kocaman toprak tepecikleri halinde ve gittikçe daha büyük olarak Honşu'nun Kinai bölgesinde inşa edildi, daha sonra Küşü'den Kuzey Honşu'ya kadar, eski Yayoi kültür bölgesinde görüldü. Niçin Kinai bölgesi? Bunun nedeni belki de oranın Japonya'nın en iyi tarım arazisi olmasıdır, bugün aşırı pahalı Kobe sığırı orada yetiştirilir, ayrıca 1868'de Tokyo başkent yapılıncaya kadar Japonya'nın başkenti Kyoto'ydu.

Kofun mezarlarının uzunluğu beş yüz metreyi bulur, yükseklikleri otuz beş metreyi aşar, eski dünyanın toprak tepecik halindeki mezarları içinde en büyükleri bunlardır. İnşaları için gerekli emeğin fazlalığı ve Japonya çapındaki üslup birliği, ellerinin altında büyük bir emek gücü bulunduran ve Japonya'da siyasal birleşmeyi sağlama sürecini başlatmış olan güçlü yöneticilerin varlığına işaret etmektedir. Kazılan kofunlarda çok sayıda mezar eşyası bulunmuştur ama kofunların en büyüklerinin kazılması hâlâ yasaktır çünkü onlarda Japon imparatorluk soyunun atalarının bulunduğuna inanılmaktadır. Kofunlardan siyasal merkezileşme ile ilgili elde ettiğimiz bu görünür kanıtlar, çok daha sonraları Japonya'da ve Kore'de tutulmuş tarihsel kayıtlarda aktarılan Kofun dönemi Japon imparatorlarının hikâyelerini desteklemektedir. Kofun döneminde –ister (Korelilere göre) Korelilerin Japonya'yı istilası sonucunda, ister (Japonlara göre) Japonların Kore'yi istilası sonucunda olsun– Japonya üzerindeki yoğun Kore etkilerinin bir sonucu olarak anakara Asya'sından Japonya'ya Budizm, yazı, at biniciliği, yeni seramik ve metal işleme yöntemleri gelmiştir.

En sonunda, MS 712 yılında Japonya'nın, kısmen uydurma, kısmen gerçek olayların yazıya dökülmesi demek olan ilk tarihsel kayıtlarının tamamlanışıyla birlikte, Japonya tarih sahnesine tam olarak çıkar. 712 yılında Japonya'da oturan insanlar nihayet hiç kuşku götürmez şekilde Japon'du, (eski Japonca denen) dilleri hiç kuşku yok ki şimdiki Japonların atalarına aitti. Japonların bugün hâlâ hüküm süren imparatorları Akihito, MS 712 yılında, ilk kayıt defteri yazılırken hüküm sürmekte olan imparatorun doğrudan doğruya 82.

kuşaktan torunudur. Güneş tanrısı Amaterasu'nun torununun torunu olan o efsanevi ilk imparator Jimmu'nun da doğrudan doğruya 125. kuşaktan torunu olduğuna inanılır.

Yedi yüz yıllık Yayoi döneminde Japon kültürü, on bin yıllık Comon döneminde değişmediği kadar değişti. Comon dönemindeki durağanlık (bir başka deyimle tutuculuk) ile Yayoi dönemindeki kökten değişiklikler arasındaki karşıtlık Japon tarihinin en çarpıcı özelliğidir. Besbelli ki MÖ 400 yılında önemli bir şey oldu. Neydi bu? Bugünkü Japonların ataları Comonlar mıydı Yayoiler mi yoksa ikisinin karışımı mı? Japonya'nın nüfusu Yayoi döneminde şaşırtıcı bir şekilde yetmiş kat artmıştı: Bu değişikliğin nedeni neydi? Üç farklı yorum çevresinde tutkulu bir tartışma fırtınası kopmuş durumda.

Bir varsayıma göre Comon avcı/yiyecek toplayıcıların kendileri evrimleşerek bugünkü Japonları meydana getirmişlerdir. Çünkü onlar zaten binlerce yıldır köylerde yerleşik bir hayat yaşıyorlardı, tarımı benimsemeye önceden hazır olmuş olabilirler. Yayoi dönemine geçildiğinde belki de Comon toplumunun tek yaptığı şey, kendi halkının daha fazla üretim yapmasını ve nüfuslarını artırmasını sağlayacak, soğuğa dayanıklı pirinç tohumu ile sulu çeltik tarımına ilişkin bilgileri Kore'den almak oldu. Bu varsayım bugünkü Japonların hoşuna gidiyor çünkü böylece Japon gen havuzuna Korelilerin istenmeyen katkısı en aza inmiş, ayrıca Japonlar hiç değilse en azından 12.000 yıldır benzersiz bir şekilde Japon olarak tanımlanmış oluyor.

Birinci varsayımı tercih edenlerin hoşuna gitmeyen ikinci varsayıma göre, Yayoi dönemine geçişte Kore'den kitle halinde göçlerin olduğu, gelenlerin yanlarında Kore'nin çiftçilik uygulamalarını, kültürünü ve genlerini getirdikleri ileri sürülüyor. Koreli pirinç tarımcılarına Küşü bir cennet gibi görünmüş olsa gerek çünkü bu ada Kore'den daha ılık, daha bataklık, bu yüzden de pirinç yetiştirmek için daha iyi bir yerdi. Bir hesaba göre, Yayoi Japonya'sı Kore'den birkaç milyon kişilik bir göç aldı, yani bu göç seliyle (Yayoi'ye geçişten hemen önce sayıları yetmiş beş bin olduğu düşünülen) Comon insanlarının genetik katkısı suların altında kaldı. Böyle olduysa, bugünkü Japonlar

Koreli göçmenlerin torunlarıdır, son iki bin yıl içinde kendilerine özgü bir kültür geliştirmişlerdir.

Son varsayım Kore'den göç alındığını gösteren kanıtı kabul eder ama bu göçün kitle halinde olduğunu kabul etmez. Bu düşüncede olanlara göre, az sayıda pirinç çiftçisi göçmen son derece yüksek verimli tarım sayesinde, Comon avcı/yiyecek toplayıcılara göre daha hızlı üremiş, sonunda sayıları ötekileri geçmiştir. Örneğin, varsayalım ki Küşü'ye topu topu beş bin Koreli geldi ama pirinç tarımı onların bebeklerini beslemelerine ve yılda yüzde bir oranında çoğalmalarına olanak verdi. Bu oran avcı/yiyecek toplayıcı nüfuslarda gözlemlenene göre çok daha yüksektir ama çiftçiler bu oranı kolayca yakalayabilirler: Bugün Kenya'nın nüfusu yüzde 4,5 artmaktadır. Yedi yüz yıl içinde o beş bin göçmenin çocuklarının sayısı beş milyonu bulur, yine Comon nüfusunu silip süpürürlerdi. İkinci varsayım gibi bu varsayım da bugünkü Japonların hafifçe değişikliğe uğramış Koreliler olduklarını kabul eder ama büyük çaplı bir göç yaşanması gerekliliğini ortadan kaldırır.

Dünyada başka benzer geçiş hareketleriyle karşılaştırıldığında ikinci ve üçüncü varsayım birinciye göre daha olabilir görünmektedir. Son on iki binyıl içinde tarım yeryüzünün ancak dokuz farklı noktasında görüldü: Çin, Bereketli Hilal, birkaç başka yer daha. On iki bin yıl önce yeryüzündeki bütün insanlar avcı/yiyecek toplayıcıydı; bugünse hepimiz çiftçiyiz ya da bizi çiftçiler besliyor. Tarımın başladığı o ilk birkaç noktadan yayılışı, başka yerlerdeki avcı/yiyecek toplayıcıların çiftçiliği benimsemesi sonucunda olmadı; avcı/yiyecek toplayıcılar tıpkı MÖ 10.700 yılından 400 yılına kadar Comon dönemi insanlarında açıkça gördüğümüz gibi tutucu olma eğilimindedirler. Çiftçilik çiftçilerin avcı/yiyecek toplayıcılardan daha fazla üremesi, daha etkili teknolojiler geliştirmesi, daha sonra da avcıları öldürmeleri ya da tarıma elverişli bütün topraklardan kovmaları sonucunda yayıldı. Çağımızda Avrupalı çiftçiler bu şekilde batılı Kuzey Amerikan yerli avcıların, Avustralya yerlilerinin, Güney Afrika'nın San insanlarının yerlerini aldılar. Taş alet kullanan çiftçiler benzer biçimde tarihöncesi bütün Avrupa'da, Güneydoğu Asya ve Endonezya'daki avcıların yerlerini aldılar. O tarihöncesi yayılma döneminde çiftçilerin avcılar karşısında sahip oldukları tek basit üstünlükle karşılaştırıldığında, MÖ 400 yılının Koreli çiftçileri Comon avcılar karşısında büyük bir üstünlüğe sahipti çünkü Korelilerin zaten demir aletleri vardı ve çok gelişmiş biçimde yoğun tarım yapıyorlardı.

Japonya için üç varsayımdan hangisi doğru? Bu soruya doğrudan yanıt vermenin tek yolu Comon ve Yayoi iskeletlerini ve genlerini, bugünkü Japonların ve Ainu'larınkiyle karşılaştırmaktır. Pek çok iskeletin ölçümleri yapıldı. Ayrıca, son yıllarda moleküler genetikçiler eski insan iskeletlerinin DNA'sını çıkarıp Japonya'nın eski ve yeni nüfusunun genlerini karşılaştırmaya başladılar. Ortaya çıkan şey şu: Comon ve Yayoi iskeletleri birbirinden kolayca ayırt edilebilir. Comon dönemi insanları genellikle daha kısa boylu, önkolları nispeten daha uzun, bacakları daha kısa, daha ayrık gözlü, basık ve geniş yüzlü, çarpıcı biçimde çıkık alın kabartısı, burun, burun kemeriyle yüzlerinin "topografyası" daha engebeli insanlardır. Yayoi dönemi insanlarının bazılarının iskeletleri dış görünüş olarak Comon dönemi insanlarınınkine benziyordu ama Comon döneminden Yayoi'ye geçişle ilgili hemen hemen bütün varsayımlarda hesaba katılması gereken bir şeydir bu. Kofun dönemine gelindiğinde Ainuların iskeletleri dışında bütün Japonların iskeletleri, bugünkü Japonların ve Korelilerin iskeletlerine benzeyen bağdaşık bir grup oluşturur.

Bütün bu bakımlardan Comonların kafatasları bugünkü Japonlarınkinden farklıdır, bugünkü Ainularınkine çok benzer, öte yandan Yayoilerin kafatasları da bugünkü Japonlarınkine benzer. Bugünkü Japon halkının, Korelilere benzeyen Yayoi nüfusuyla Ainulara benzeyen Comon nüfusunun karışımından doğduğu varsayımı üzerine genetikçiler her iki gen havuzunun göreli katkılarını hesaplama girişiminde bulundu. Bu hesaplardan çıkan sonuca göre, Kore/Yayoi katkısı genel olarak egemendi. Ainu/Comon katkısı Kore'den gelen pek çok göçmenin ilk uğrağı olabilecek ve Comon nüfusunun seyrek olduğu güneydoğu Japonya'da en düşük düzeydeydi; ormanların sert kabuklu yemiş bakımından zengin olduğu, Comon nüfus yoğunluğunun en yüksek düzeyine ulaştığı, Yayoi pirinç üretiminin en az başarılı olduğu Kuzey Japonya'daysa nispeten daha yüksekti.

Böylelikle Kore'den gelen göçmenler gerçekten de bugünkü Japonlara büyük katkılarda bulundular ama bu, kitle halinde göçler yüzünden mi böyle oldu yoksa o kadar fazla göçmen gelmediği halde nüfus artışı oranının yüksek olması dolayısıyla mı böyle oldu, bunu henüz bilemiyoruz. Ainular Japonya'nın eski Comon sakinlerinin torunları olmaya daha yakındırlar, genlerine Yayoi sömürgecilerinin ve bugünkü Japonların Koreli genleri karışmıştır.

Pirinç tarımının Comon avcılar karşısında Koreli çiftçilere sonunda ezici bir üstünlük sağladığı gerçeğini göz önüne alırsak, çiftçiliğin Kore'ye ulaşmasının ardından, çiftçilerin binlerce yıl Japonya'da pek az ilerleme gösterdikten sonra neden birden başarı kazandıklarını insanın düşünmesi gerekir. Daha önce Kore tarımının ilk başlarda göreli olarak pek verimli olmadığını, tarımla uğraşan çiftçilerin yoksul olduklarını ve zengin avcıların onları fersah fersah geçtiğini söylemiştim. İbrenin çiftçilerin lehine dönmesine yol açan ve Yayoi dönemine geçişin tetiğini çeken şey belki de dört etmenin yan yana gelmesiydi: Daha az verimli olan kuru tarla pirinç tarımı yerine sulu pirinç tarımının geliştirilmesi, daha soğuk bir iklime uyarlanmış pirinç türünün geliştirilmesi, Kore'nin çiftçi nüfusunun artışının Korelileri göçe zorlaması tahta küreklerin, çapaların, sulu pirinç tarımı için gerekli öteki aletlerin toplu üretimi için demir aletlerin geliştirilmesi. Yoğun tarımın ve demirin Japonya'ya eşzamanlı olarak gelmiş olmasının rastlantı olma olasılığı yoktur.

Bu kısıma başlarken, görünüşleri ayırt edici olan Ainu'larla ayırt edici olmayan görünüşlere sahip Japonların nasıl olup da Japonya'yı bölüşür hale geldikleri konusunda kolay anlaşılır bir yorumdan söz etmiştim. Görünüşe bakılırsa bu gerçekler bize Ainu'ların Japonya'nın ilk sakinlerinin soyundan geldiklerine, Japonların daha sonra gelenlerin torunları olduklarına işaret eder gibidir. Artık arkeolojik, fiziksel antropolojik, genetik ipuçlarının hep birlikte bu görüşü desteklediğini görüyoruz.

Ama ben başlangıçta pek çok kişiyi (özellikle de Japonları) başka yorumlar aramaya iten güçlü bir itirazdan da söz etmiştim. Japonlar gerçekten de yakın bir geçmişte Kore'den geldilerse, o zaman Japon diliyle Kore dilinin birbirine çok benzemesini beklersiniz. Daha genel olarak, Japon halkı yakın geçmişte Küşü Adası'nda Ainu benzeri ilk Comon sakinlerin Kore'den gelen Yayoilerle karışımından çıktıysa, Japon dilinin hem Kore hem Ainu diline çok benzeyeceğini umabiliriz. Oysa Japonca ile Ainu dili arasında gösterilebilir hiçbir ilişki yok, Japonca ile Korece arasında da uzak bir ilişki var. Bu karışım bundan yalnızca 2400 yıl önce olduysa bu nasıl mümkün olabilir? Ben bu çelişkiye şu çözümü öneriyorum: Küşü'nün Comon sakinlerinin dilinin bugünkü Ainu diline, Yayoi istilacılarının dillerininse bugünkü Koreceye çok benzemesi pek olası değildir.

Önce Ainu dilini ele alalım, bu dil bildiğimiz gibi Kuzey Japon adası Hokkaido'da, yakın geçmişte, Ainuların konuştuğu dildi. Bu yüzden Hokkaido'nun Comon sakinleri de belki Ainu dili benzeri bir dil konuşuyorlardı ama Küşü'nün Comon sakinleri kuşkusuz bu dili konuşmuyordu. Küşü'nün en güney ucundan Hokkaido'nun en kuzey ucuna kadar Japon takımadalarının uzunluğu 2400 kilometredir. Bu takımadaların Comon döneminde çok farklı bölgesel geçim yöntemleri, çömlekçilik üslupları barındırdığını ve siyasal açıdan hiçbir zaman birlik oluşturmadığını biliyoruz. Comon istilasından sonraki 10.000 yıl içinde Comon halkı aynı şekilde çok büyük dil farklılıkları da geliştirecekti. Kuzey ve güney Comon halkı anakarayı adalara bağlayan toprak köprüleri kullanarak Rusya ve Kore'den geldiyse, arkeolojik ipuçlarının işaret eder göründüğü gibi, dilleri daha 12.000 yıl öncesinde farklı olabilir.

Gerçekten de Hokkaido'da, kuzey Honşu'da pek çok Japonca yer adında, "ırmak" (*nai* ya da *betsu*) ya da "burun" (*şiri*) örneklerinde olduğu gibi Ainu sözcükleri kullanılır ama Japonya'nın daha güneyinde Ainu sözcüklerine benzer sözcükler kullanılmaz. Bu bize Yayoi ve Japon öncülerin pek çok yerel Comon yer adını benimsediklerini gösteriyor, tıpkı beyaz Amerikalıların Amerikan yerlilerinin yer adlarını benimsedikleri gibi ("Massachusetts", "Mississippi", vb.

sözcükleri düşünün) ama bu Ainu dili yalnızca en Kuzey Japonya'daki Comonların diliydi. Küşü'nün Comon dili oysa Avustronezya dil ailesiyle ortak bir atadan geliyordu, bu dil ailesinin içinde Polinezya, Endonezya ve Tayvan yerlilerinin dili vardı. Pek çok dilcinin belirttiği gibi, Japon dili (Hi-ro-hi-to sözcüğünde olduğu gibi bir sessiz harften sonra sesli harfin gelmesi şeklindeki) açık hece olarak adlandırılan tercih bakımından Avustronezya dillerinin etkisini yansıtmaktadır. Eski Tayvanlıların denizcilikte üstlerine yoktu, onların soyundan gelen insanlar güneyin, doğunun, batının uzak köşelerine kadar yayıldılar; bazıları kuzeye, Küşü'ye de gitmiş olabilir.

Yani, Hokkaido'daki bugünkü Ainu dili, Küşü'nün eski Comon dili için bir model olamaz. Aynı şekilde bugünkü Kore dili, MÖ 400 yılında gelen Koreli göçmenlerin eski Yayoi dili için de bir model olamaz. MS 676 yılında Kore'de siyasal birlik kurulmadan önceki yüzyıllarda Kore üç krallıktan oluşuyordu. Bugünkü Kore dilinin atası Silla krallığının dilidir; krallıklar arası savaşta galip gelen ve Kore'yi birleştiren krallıktır bu ama Silla daha önceki yüzyıllarda Japonya ile yakın ilişkisi olan bir krallık değildi. Kore'deki ilk tarihsel kayıtlardan farklı krallıkların farklı dilleri olduğunu öğreniyoruz. Silla krallığının yenilgiye uğrattığı krallıkların dilleri pek az biliniyor ama bu krallıklardan birinin (Koguryo Krallığı'nın) dilinin günümüze kadar yaşamış birkaç sözcüğü eski Japoncadaki karşılıklarına, bugünkü Korecedeki karşılıklarının benzemediği kadar benziyor. Kore dilleri belki de siyasal birlik üç krallık aşamasına ulaşmadan önce, MÖ 400 yılında, daha da fazla çeşitlilik gösteriyordu. Ben MÖ 400 yılında Japonya'ya taşınan ve evrimleşerek bugünkü Japon dilini oluşturan Kore dilinin, evrimleşerek bugünkü Kore dilini oluşturan Silla dilinden hayli farklı olduğu kuşkusunu taşıyorum. Bu yüzden de Japonlar ile Korelilerin dış görünüşleri ve genleri bakımından birbirlerine bu kadar benzerken dilleri bakımından benzememesi bizi şaşırtmamalı.

Büyük olasılıkla bu sonuç, Japonya'da ve Kore'de, iki halk arasında bugün de devam eden karşılıklı nefret yüzünden, eşit derecede tepki görecek. Tarih onlara birbirlerinden nefret etmeleri için iyi nedenler sunuyor: özellikle, Korelilerin Japonlardan nefret etmesi için. Araplar ile Yahudiler gibi, Koreliler ile Japonlar da aralarında kan bağı olan ama buna karşılık geleneksel bir düşmanlığa kilitlenip kalmış halklardır. Fakat düşmanlık hem Doğu Asya'da hem de Orta Doğu'da iki taraf için de yıkımdır. Japonlar ve Koreliler istemeseler de oluşum yıllarını paylaşmış ikiz kardeşler olduklarını kabul etmek zorundadırlar. Doğu Asya'nın siyasal geleceği büyük oranda onların aralarındaki bu eski bağları yeniden keşfetme başarılarına bağlıdır.

Sondeyiş

İnsanlık Tarihinin Bir Bilim Olarak Geleceği

Yali'nin sorusu şu anki insanlık durumunun ve Pleyistosen Bölüm sonrası insanlık tarihinin özüne dair bir soruydu. Kıtalar arasında bu kısa gezintimizi tamamladığımıza göre şimdi Yali'ye ne yanıt vereceğiz?

Ben Yali'ye şu yanıtı verirdim: Farklı kıtalardaki halkların uzun dönemli tarihleri arasındaki farklar, söz konusu halkların insanları arasında doğuştan gelen farklardan kaynaklanmaz, yaşadıkları çevrelerin koşulları arasındaki farklardan kaynaklanır. Geç Pleyistosen Bölüm'de Avustralya'nın yerli nüfuslarıyla Avrasya nüfuslarının yerlerini değiştirmek mümkün olsaydı, bana kalırsa bugün Avrasya'nın da Amerika kıtalarının ve Avustralya'nın da büyük bir bölümünde eski Avustralya yerlileri yaşıyor olurdu, eski Avrasya yerlileriyse bugün Avustralya'da yaşayan o mazlum küçük toplulukların insanları haline gelirdi.

İlk bakışta bu iddiayı anlamsız bulabilirsiniz, çünkü bu varsayımsal bir deney ve bunun sonuçlarıyla ilgili iddiamın doğrulanması olanaksız. Ama tarihçiler yine de ilişkili varsayımları geriye dönük sınamalarla değerlendirebilirler. Örneğin, Avrupalı çiftçiler kendi topraklarından ayrılıp Grönland'a ya da Amerika Birleşik Devletleri'nde Great Plains'e gittikleri zaman, en eski kökleri Çin'e dayanan çiftçiler Chatham Adaları'na, Borneo'nun yağmur ormanlarına ya da Cava'nın, Hawaii'nin volkanik topraklarına göç ettikleri zaman ne olduğunu inceleyebiliriz. Bu incelemeler söz konusu en eski halkların ya yok olduklarını ya da avcılığa ve yiyecek toplayıcılığına döndüklerini ya da yaşadıkları çevreye bağlı olarak karmaşık devletler kurma aşamasına geçtiklerini gösteriyor. Aynı şekilde Avustralya'nın yerli avcı/yiyecek toplayıcıları kendi topraklarından ayrılıp Flinders Adaları'na, Tazmanya'ya ya da Güneydoğu Avustralya'ya gittiklerinde yok oldular ya da çağdaş dünyanın en basit teknolojilerine sahip avcı/yiyecek toplayıcılar olarak kaldılar veya yaşadıkları çevreye bağlı olarak kanallar açıp son derece verimli bir şekilde balıkçılık yapmayı başardılar.

Kuşkusuz kıtalar insanlık tarihinin yörüngelerini etkileyen sayısız çevre özelliği bakımından farklılık gösterirler. Ama olası bütün farklılıkların ayrıntılı bir listesi tek başına Yali'nin sorusunun yanıtını oluşturmaz. Benim önemli olarak gördüğüm dört grup fark var.

Birincisi, evcilleştirmenin başlangıç malzemesi olarak mevcut yabani hayvan ve bitki türleri arasındaki farklardır. Çünkü yiyecek üretimi, yiyecek üretimiyle uğraşmayan uzmanları besleyebilecek yiyecek fazlasının yaratılabilmesi için çok önemliydi, sonra toplumların teknolojik ve siyasal üstünlük kazanmadan önce bile sırf sayıca çokluk yüzünden askerî üstünlük kazanmalarını sağlayacak kalabalık nüfusların oluşması için de çok önemliydi. Bu iki nedenden dolayı, ekonomik olarak karmaşık, toplumsal olarak katmanlı, siyasal olarak merkezileşmiş toplumların, küçük olgunlaşmamış şefliklerin düzeyini aşan bütün gelişmeleri gösterebilmeleri yiyecek üretimine bağlıydı.

Ama yabani bitki ve hayvan türlerinin çoğunun evcilleştirmeye elverişli olmadığı anlaşıldı: Yiyecek üretimi oransal olarak az sayıda bitki ve hayvan varlığı türüne dayanmaktadır. Anladığımıza göre evcilleştirilmeye aday yabani türlerin sayısı, kıtaların yüzölçümlerine göre ve aynı zamanda (büyük memeli hayvanlar bağlamında) Geç Pleyistosen Bölüm'de soyları tükenen türlerin durumuna göre kıtalar arasında büyük farklılık gösteriyor. Avustralya'da ve Amerika kıtalarında soylar Avrasya ya da Afrika'dakine göre çok daha ciddi boyutlarda tükendi. Bunun sonucu olarak Afrika kendisinden çok daha büyük olan Avrasya'ya göre biyolojik donanım bakımından daha kötü durumdaydı, Amerika kıtaları daha da kötü, Yali'nin (Avrasya'nın yedide biri büyüklüğünde olan, Geç Pleyistosen Bölüm'de en eski bütün büyük memeli türlerini kaybetmiş olan) Yeni Ginesi ve Avustralya ise daha bile kötü.

Her kıtada bitki ve hayvan evcilleştirmeleri kıtanın toplam yüzölçümünün ancak küçük bir kısmını oluşturan özellikle elverişli birkaç ana merkezle sınırlıydı. Çoğu toplumlar kendi icat ettikleri şeylerden daha çoğunu, teknolojik yenilikleri, hatta siyasal kurumları başka toplumlardan alırlar. Böylece bir kıta içindeki yayılma ve göç, toplumların gelişmesine önemli oranda katkıda bulunur. Maori Yeni Zelanda'sındaki Tüfek Savaşları'nın bunca basit bir biçimde gösterdiği süreçler sonucunda toplumlar uzun vadede (çevreleri izin verdiği oranda) genellikle gelişmeleri birbirleriyle paylaşırlar. Yani, başlangıçta bir üstünlükten yoksun toplumlar ya bu üstünlüğe sahip toplumlara bakarak o üstünlüğü kendileri de edinirler ya da (edinemezlerse) yerlerini öteki toplumlara bırakırlar.

Bu yüzden ikinci grupta, kıtalar arasında büyük farklılık gösteren yayılma ve göç hızını etkileyen nedenler vardır. Avrasya'nın ana ekseni doğu-batı doğrultusunda olduğu, çevresel ve coğrafi engeller göreli olarak pek abartılı olmadığı için Avrasya'da yayılma da göç de hızlı oldu. İklime ve bunun sonucu olarak da coğrafi enleme çok bağlı olan bitki ve hayvan varlığının hareketi söz konusu olduğunda daha dolaysız bir açıklama yapılabilir. Ama aynı açıklama teknolojik yenilikler için de, değişiklik geçirmeden belli çevrelere çok iyi uydukları sürece geçerlidir. Yayılma Afrika'da ve özellikle Amerika'da, bu kıtaların ana eksenlerinin kuzey-güney doğrultusunda olması, çevresel ve coğrafi engellerin bulunması yüzünden daha yavaş oldu. Bu iş geleneksel Yeni Gine'de de kolay olmamıştı, engebeli arazi, uzun bir omurga oluşturan yüksek dağlar, siyasal ve dilsel birliğe doğru atılacak önemli adımları engellemişti.

Kıtalar içinde yayılmayı etkileyen bu nedenlerle bağlantılı üçüncü bir grup neden vardır, bunlar evcillerden ve teknolojiden oluşan yerel bir havuzun meydana gelmesine yardımcı olabilecek olan kıtalar arası yayılmayı etkileyen nedenlerdir. Kıtalararası yayılma kolaylık bakımından farklılıklar gösteriyordu çünkü bazı kıtalar ötekilere göre daha yalıtılmış durumdadır.

Son 6000 yıl içinde Avrasya'dan Afrika'nın Sahra altı bölgesine yayılmaktan daha kolay bir şey yoktu, Afrika'daki canlı türlerin çoğu böyle gelmişti. Ama yarıküreler arası yayılmanın, Amerikan yerlilerinin yaşadığı aşağı enlemlerde büyük okyanuslarla, yukarı enlemlerde yalnızca avcılığa ve yiyecek toplayıcılığına elverişli bir iklim ve coğrafyayla Avrasya'dan ayrılmış karmaşık toplumlarına hiçbir katkısı olmadı. Avrasya'nın, Avrasya'dan Endonezya Takımadaları'nın su engelleriyle ayrılmış Avustralya yerlilerine biricik katkısı dingo oldu.

Dördüncü ve son grup neden yüzölçümleri ya da toplam nüfus hacimleri bakımından kıtalar arasındaki farklardan oluşur. Geniş yüzölçümü ya da kalabalık nüfus demek olası mucitlerin, birbiriyle yarışan toplumların, benimsenecek mevcut yeniliklerin sayısının daha fazla olması demektir – ayrıca yenilikleri benimseme ve muhafaza etme baskısı da artar, çünkü bunu yapamayan toplumlar genellikle kendileriyle yarışan öteki toplumlar tarafından elenirler. Afrika Pigmelerinin ve daha başka pek çok avcı/yiyecek toplayıcının başına gelen buydu, yerlerini çiftçilere bıraktılar. Bunun tersi de oldu, inatçı ve tutucu Grönland çiftçilerinin yerini, geçim yöntemleri Grönland şartlarında İzlandalılarınkinden çok daha üstün olan Eskimo avcı/yiyecek toplayıcıları aldı. Dünyadaki kara kitleleri arasında, yüzölçümü ve yarışan toplumlarının sayısı en yüksek olan Avrasya'ydı, en düşük olan da Avustralya, Yeni Gine ve özellikle Tazmanya'ydı. Amerika kıtaları toplam yüzölçümlerinin büyüklüğüne karşın coğrafya ve çevre yüzünden parçalanmış haldeydi ve gerçekte sanki birbiriyle pek ilişkisi olmayan küçük kıtacıklar şeklindeydi.

Bu dört grup neden, nesnel olarak tartışmaya yer bırakmayan ölçülebilir büyük çevresel değişikliklerle ilgilidir. Yeni Ginelilerin ortalama olarak daha zeki oldukları yolundaki benim öznel izlenimime karşı çıkabilirsiniz ama Yeni Gine'nin yüzölçümünün Avrasya'dan çok daha küçük, büyük memeli hayvan türlerinin çok daha az olduğunu yadsıyamazsınız. Gelgelelim bu çevresel farklardan söz edince de tarihçilerin insanı çileden çıkaran "coğrafi gerekircilik" etiketine davetiye çıkarmış oluyorsunuz. Bu etiketin, insanın yaratıcılığının hiçbir öneminin olmadığı ya da insanların iklim, bitki örtüsü ve hayvan varlığı tarafından programlanmış edilgin robotlar olduğu yolunda sevimsiz yan anlamları varmış gibi görünüyor. Kuşkusuz bu kaygılar yersiz. İnsanın yaratıcılığı olmasaydı biz bugün hepimiz hâlâ yiyeceğimiz eti taş aletlerle kesiyor ve çiğ yiyor olacaktık, tıpkı bir milyon yıl önceki atalarımız gibi. Bütün insan toplumlarında yaratıcı insanlar vardır. Ancak bazı yaşam çevreleri başka yaşam çevrelerine göre bize daha fazla başlangıç malzemesi ve icatları kullanmak için daha olumlu koşullar sunar, hepsi bu.

Yali'nin sorusuna karşılık olarak verdiğim bu yanıtlar Yali'nin kendisinin isteyebileceğinden daha uzun ve karmaşık oldu. Yine de tarihçiler bunları çok kısa ve basit bulabilirler. Bütün kıtaların 13.000 yıllık tarihini altı yüz sayfalık bir kitaba sığdırmak demek her kıtaya her yüz elli yıl için ortalama bir sayfa ayırmak demektir, bu da kısalığı ve basitliği kaçınılmaz kılar. Ama sıkıştırmanın dengeleyici bir yararı da vardır: Bölgeleri uzun dönemli olarak karşılaştırdığınız zaman, tek bir toplumu kısa dönemli olarak incelediğinizde kavrayamayacağınız şeyleri kavrarsınız.

Kuşkusuz Yali'nin sorusunun içindeki pek çok sorun çözülmeden kalıyor. Şu anda biz tam olarak geliştirilmiş bir kuram ortaya koymuyoruz ancak ilerisi için bir araştırma gündemi ile genel olmayan bazı yanıtlar ileri sürebiliyoruz. Artık yapılması gereken şey astronomi, jeoloji, evrimsel biyoloji gibi kabul edilmiş tarihsel bilimlerle eşit değerde bir bilim olarak insanlık tarihini ortaya koymak. O yüzden bu kitabı tarih disiplininin geleceğine bakarak ve çözülmemiş bazı sorunları ana hatlarıyla belirterek bitirmek uygun olur gibime geliyor.

Bu kitabın en dolaysız uzantısı, en önemli gibi görünen dört grup nedenin kıtalar arasında gösterdiği farkların niceliğini belirlemek ve böylece bunların oynadığı rolü daha inandırıcı bir biçimde saptamak olacaktır. Evcilleştirme işinde başlangıç malzemesi konusundaki farklılıkları göstermek üzere ben her kıta için büyük yabani etobur ve otobur kara memeli hayvanlarının sayılarını (Tablo 9.2), büyük tohumlu tahılların sayılarını (Tablo 8.1) verdim. Fasulye, bezelye, burçak gibi iri tohumlu sebzelerle (baklagillerle) ilgili sayıları bir tabloda toplamak da yararlı olabilir. Ayrıca ben evcilleştirilme adayı büyük memeli hayvanların elenmesine yol açan nedenlerden söz ettim ama her bir nedene bağlı olarak her bir kıtada kaç adayın elendiğini gösteren bir tablo yapmadım. Bunu yapmak da ilginç olabilir, özellikle Avrasya'dakine göre elenen adayların yüzdesinin daha yüksek olduğu Afrika için: Afrika'daki adaylar en çok hangi nedenden dolayı elendi ve Afrika memelileri arasında bunların daha çok olmasının nedeni nedir? Avrasya'nın, Afrika'nın ve Amerika kıtalarının ana eksenleri doğrultusunda yayılma hızlarının farklılığına işaret eden benim ilk hesaplarımı sınamak için niceliksel veriler toplanmalı.

Bu kitabın bir ikinci uzantısında yapılacak şey bu kitaptakilerden daha küçük coğrafi ölçekler ve daha kısa zaman dilimleri kullanmak olacaktır. Örneğin, belki de şu aşağıdaki apaçık soru okurun aklına gelmiştir bile: Niçin Avrasya sınırları içinde Bereketli Hilal, Çin ya da Hindistan toplumları değil de Avrupa toplumları Amerika'yı ve Avustralya'yı sömürgeleri haline getirdiler, teknolojik üstünlüğü ele geçirdiler, siyasal ve ekonomik açıdan dünyaya egemen oldular? MÖ 8500 ile MS 1450 arasında herhangi bir zamanda yaşayan ve o zaman gelecekteki tarihsel yörüngeleri tahmin etmeye çalışan bir tarihçi hiç kuşkusuz Avrupa'nın egemenliğini en az olası sonuç olarak görürdü çünkü o 10.000 yılın büyük bir bölümünde Avrupa söz konusu üç Eski Dünya bölgesi arasında en geri kalmış olanıydı. MÖ 8500'den Yunanistan'ın ve İtalya'nın doğuşuna, yani MÖ 500'e kadar –hayvanların evcilleştirilmesi, bitkilerin evcilleştirilmesi, yazı, metal işleme teknolojisi, tekerlek, devlet, vb.– ne kadar yenilik varsa hepsi ya Bereketli Hilal'de ya da yakın çevresinde ortaya çıktı. MS yaklaşık 900'den sonra su değirmenleri gelişip serpilinceye kadar Batı Avrupa ya da Alplerin kuzeyi, Eski Dünya teknolojisine ya da uygarlığına hiçbir katkıda bulunmadı; tam tersine gelişmeleri Doğu Akdeniz'den, Bereketli Hilal'den ve Çin'den ithal eder konumdaydı. MS 1000'den 1450'ye kadar bile bilim ve teknolojinin akış yönü daha çok, Hindistan'dan Kuzey Afrika'ya kadar yayılmış İslam toplumlarından Avrupa'ya doğruydu, bunun tersine değil. Bu yüzyıllar sırasında, Çin yiyecek üretimine neredeyse Bereketli Hilal kadar erken bir tarihte başlamış olduğu için dünyaya teknolojide önderlik ediyordu.

Peki öyleyse Bereketli Hilal ve Çin binlerce yıllık önderliği niçin yarışa daha geç başlamış olan Avrupa'ya kaptırdılar? Hiç kuşkusuz Avrupa'nın yükselişinin gerisindeki en yakın nedenlere işaret edebilirsiniz: Bir tüccar sınıfının, kapitalizmin gelişmiş olmasını, icatların patent haklarının korunmasını, mutlak despotların üretilmemiş, ezici vergilerin konmamış olmasını, Yunan-Yahudi-Hıristiyan geleneği olarak eleştirel deneysel araştırma mirasına sahip olmasını neden olarak sayabilirsiniz. Ama yine de bütün bu yakın nedenlere karşın en geride yatan nedenin ne olduğu sorusunu sormanız gerekiyor: Bu yakın nedenler niçin Çin'de ya da Bereketli Hilal'de değil de Avrupa'da ortaya çıktı?

Bereketli Hilal için yanıt açıktır. Evcilleştirilebilir mevcut hayvan ve bitki türlerinin toplanmış olduğu bir bölge olduğu için bir zamanlar en öne geçen Bereketli Hilal'in daha başka zorlayıcı coğrafi üstünlükleri yoktu. Bu öncülüğün yitirilişi güçlü imparatorlukların batıya doğru kayışı olarak ayrıntılarıyla incelenebilir. MÖ dördüncü binyılda Bereketli Hilal devletlerinin ortaya çıkışından sonra, güç merkezi önceleri Bereketli Hilal'de kaldı, Babil, Hitit, Asur, Pers gibi imparatorluklar arasında el değiştirdi. MÖ dördüncü yüzyıl sonunda Büyük İskender'in Yunanistan'dan Hindistan'a kadar bütün gelişmiş toplumları Yunan egemenliği altına almasıyla birlikte güç artık bir daha geri döndürülemez biçimde batıya kayış yönünde ilk adımını atmıştı. MÖ ikinci yüzyılda Roma'nın Yunanistan'ı ele geçirmesiyle birlikte daha da batıya kaydı ve Roma İmparatorluğu yıkıldıktan sonra bir kez daha Batı ve Kuzey Avrupa'ya kaydı.

Bu kaymaların gerisinde yatan başlıca etmenler bugünkü Bereketli Hilal'i eski haliyle karşılaştırırsanız apaçık ortaya çıkar. Bugün "Bereket Hilal" ve "yiyecek üretiminde dünya birincisi" gibi sözler saçmadır. Eski Bereketli Hilal'in büyük bir bölümü bugün çöldür, yarı çöl, step ya da tarıma elverişli olmayan, toprak kayması geçirmiş ya da tuzlanmış arazilerdir. Bugün petrol gibi yenilenemeyecek tek bir kaynağa bağlı olarak bölgenin bazı uluslarının zenginliği, bölgede çoktan beridir devam etmekte olan esas yoksulluğu ve kendi kendini besleme zorluğunu gözlerden saklamaktadır.

Oysa eskiçağlarda Bereketli Hilal'in ve Yunanistan da dâhil olmak üzere Doğu Akdeniz'in büyük bir bölümü ormanla kaplıydı. Bölgenin verimli ormanlık arazilerinin, toprakları aşınmış makiliklere ya da çöle dönüşmesinin nedenlerini eski bitkileri inceleyen botanikçiler ve arkeologlar açıklığa kavuşturdular. Ormanlık bölgelerde tarım arazileri açılmış, kereste elde etmek, odun olarak yakmak ya da alçı elde etmek için ağaçlar kesilmişti. Yağış az olduğu, bu yüzden de (yağışla orantılı olarak) birincil üretkenlik düşük olduğu için, bitki örtüsünün yenilenme hızı özellikle çok sayıda keçinin fazlaca otladığı yerlerde yok edilme hızıyla yarışamadı. Ağaç ve ot örtüsü gidince toprak kayması arttı, vadiler alüvyonla doldu, öte yandan yağışın az olduğu yerlerde sulama tarımı yüzünden toprak tuzlandı. Cilalı Taş Çağı'nda başlayan bu süreçler çağımıza kadar sürdü. Örneğin, bugünkü Ürdün'de eski Nebatilerin başkenti olan Petra yakınlarındaki son ormanlar Birinci Dünya Savaşı'ndan hemen önce Hicaz demiryolu yapılırken Osmanlı Türkleri tarafından yok edildi.

Sonuç olarak, Bereketli Hilal ile Doğu Akdeniz toplumları ekolojik açıdan kırılgan çevre koşulları içinde var olma bahtsızlığına uğradılar. Ekolojik olarak kendi kaynaklarının tabanını yok ederek kendi kuyularını kazdılar. En eski toplumlardan, doğudaki (Bereketli Hilal'deki) toplumlardan başlayarak her bir Akdeniz toplumu kendi kuyusunu kazarken güç batıya kaydı. Kuzey ve Batı Avrupa bu akıbete uğramaktan kurtuldu ama orada yaşayan insanlar daha akıllı olduğu için değil, daha fazla yağış alan, bitki örtüsünün çabucak yeniden büyüdüğü daha dayanıklı bir çevrede yaşamak gibi bir şansa sahip oldukları için böyle oldu. Kuzey ve Batı Avrupa'nın büyük bir bölümü, yiyecek üretimi buralara ulaştıktan 7000 yıl sonra hâlâ verimli durumda ve yoğun tarıma elveriyor. Aslında Avrupa, tarım ürünlerini, hayvan varlığını, teknolojisini, yazı sistemini Bereketli Hilal'den almıştı, Bereketli Hilal o zamanlar önemli bir güç ve yenilik merkezi olarak kendi kendisini yavaş yavaş baltalar durumdaydı.

Bereketli Hilal Avrupa karşısındaki o çok ileri konumunu işte böyle kaybetti. Peki Çin niçin kaybetti? Onun geri kalması öncelikle şaşırtıcıdır çünkü Çin tartışmasız üstünlüklere sahipti: Yiyecek üretimi neredeyse Bereketli Hilal'deki kadar erken bir tarihte başlamıştı; Kuzey Çin'den Güney Çin'e, kıyılardan Tibet platosunun yüksek dağlarına kadar çeşitlilik gösteren çevre koşulları çeşitli tarım bitkisi ve hayvan takımlarının yetişmesine, çeşitli teknolojilerin ortaya çıkmasına izin veriyordu; dünyada en kalabalık bölgesel nüfusu besleyen geniş ve verimli topraklara sahipti; Bereketli Hilal'inkinden daha az kurak ya da ekolojik olarak daha az kırılgan çevre koşullarına sahipti, neredeyse 10.000 yıl sonra Çin, çevre koşullarıyla ilgili sorunları artmasına ve Batı Avrupa'nınkilerden daha ciddi olmasına karşın hâlâ verimli ve yoğun tarıma elverişliydi.

Bu üstünlüklerin yanı sıra yarışa önde başlamış olmak Orta Çağ Çin'in dünya teknolojisinde başı çekmesini sağladı. Belli başlı teknolojik ilklerin uzun listesinde dökme demir var, pusula, barut, kâğıt, matbaa var, daha önce sözü edilmiş daha pek çok başka şey var. Siyasal güç, denizcilik, denizlerin denetimi bakımından da dünyada en öndeydi. Kolomb'un üç çelimsiz gemisi dar Atlas Okyanusu'nu aşıp Amerika'nın doğu kıyısına ulaşmadan yıllar önce, 15. yüzyıl başlarında Çin, Hint Okyanusu'nun ta öteki ucundaki Afrika'nın doğu kıyılarına, her biri yüz yirmi metre uzunluğunda yüzlerce gemiden oluşan, toplam yirmi sekiz bin tayfası olan donanmalar göndermişti. Niçin Vasco da Gama'nın üç çelimsiz gemisi Afrika'nın en güneyindeki Ümit Burnu'ndan dolaşıp doğuya giderek Avrupa'nın Doğu Asya sömürgeciliğini başlatmadan önce Çin gemileri Afrika'nın en güney ucundan geçerek batıya gidip Avrupa'yı sömürgeleri haline getirmediler? Çin gemileri niçin Büyük Okyanus'u geçip Amerika'nın batı kıyılarını Çin sömürgesi haline getirmedi? Kısacası niçin Çin teknolojik üstünlüğünü daha önce o kadar geri olan Avrupa'ya kaptırdı?

Çin donanmalarının sonu bize bu konuda ipucu veriyor. Bu donanmaların yedi tanesi MS 1405 ile 1433 arasında Çin'den yelken açmıştı. Daha sonra dünyanın her yerinde olabilecek tipik bir yerel siyaset sapması yüzünden, Çin sarayında iki hizip (hadımlar ile karşıtları) arasındaki kavga sonucu bu donanmaların gönderilmesine son verildi. Donanmaları gönderenler ve onlara kaptanlık edenler birinci hiziptendi. Bu yüzden iktidar savaşını ikinci hizip kazandığı zaman donanma göndermeyi bıraktı; sonunda tersaneleri kapattılar, okyanus aşırı gemiciliği yasakladılar. Bu olay insana 1880'lerde Londra'da sokakların elektrikle aydınlatılmasını engelleyen yasayı, Birinci ve İkinci Dünya Savaşları arasında Amerika Birleşik Devletleri'nin yalnızlaşmasını, pek çok ülkede atılan, hepsi yerel siyasal sorunlardan kaynaklanan pek çok geri adımı hatırlatıyor. Ama Çin'in farklı bir yanı vardı, çünkü bütün o bölgede siyasal birliğini kurmuş bir ülkeydi. Tek bir geçici karar geriye dönüşü olmayan sonuçlar doğurmuştu çünkü o geçici kararın saçmalığını kanıtlayacak, yeniden başka tersanelerin kurulmasına odaklık edecek hiçbir tersane kalmamıştı.

Şimdi siyasal olarak parçalanmış bir Avrupa'nın limanlarından keşif gemileri yelken açmaya başladığında olan olayları Çin'deki bu olaylarla karşılaştıralım. İtalya doğumlu Kristof Kolomb önce Fransa'da Anjou Dükü'nün hizmetindeydi, daha sonra Portekiz kralının hizmetine girdi. Dük, Kolomb'un batıyı keşfetmek için istediği gemileri vermeyi kabul etmeyince Kolomb, Medina-Sedonia düküne başvurdu, o da kabul etmeyince Medina-Celi kontuna gitti, o da reddedince İspanya kral ve kraliçesine başvurdu; Kolomb'un ilk başvurusunu geri çeviren kral ve kraliçe ikinci başvurusunu kabul ettiler. Avrupa ilk üç hükümdardan birinin buyruğu altında birleşmiş olsaydı Amerika kıtalarını sömürgeleştirememiş olabilirdi.

Aslında Avrupa bölünmüş olduğu için, işte kesinlikle bu nedenden dolayı Kolomb Avrupa'daki yüzlerce prensten birini kendisini desteklemeye razı etmeyi beşinci denemesinde başarabildi. İspanya Amerika kıtalarında Avrupa sömürgeleri kurmaya başlayınca öteki Avrupa devletleri İspanya'ya akan serveti gördüler ve altı tanesi daha Amerika'da sömürge kurma girişimine katıldı. Avrupa'da elektrikle aydınlanma, top, matbaa, küçük ateşli silahlar, sayısız başka yenilik konusunda da hep böyle oldu: Her biri önce ilgisizlikle karşılandı ya da özel nedenler yüzünden Avrupa'nın bir yerinde ona karşı çıkıldı ama bir yerde benimsendikten sonra Avrupa'nın geri kalan yerlerine yayıldı.

Avrupa'nın birleşmemiş olmasının sonuçları Çin'in birleşmişliğinin sonuçlarıyla tam bir karşıtlık oluşturuyor. Çin sarayı zaman zaman okyanusaşırı gemiciliğin yanı sıra başka işleri de durdurma kararları aldı: Suyla işleyen ileri teknoloji ürünü bir iplik eğirme makinesi geliştirmeyi bıraktı, 14. yüzyılda bir sanayi devriminin eşiğinden döndü, saat yapımında bütün dünyaya öncülük ettikten sonra mekanik saatleri bıraktı ya da fiilen yok etti, 15. yüzyıl sonlarından itibaren mekanik aletlerden ve genel olarak teknolojiden geri adım attı. Birlik kurmuş olmanın ilerisi için bu zararlı etkileri günümüz Çin'inde de, özellikle 1960'ların, 1970'lerin Kültür Devrimi çılgınlığı sırasında yeniden alevlendi, bir ya da birkaç önderin aldığı bir kararla bütün ülkenin okulları beş yıl kapalı kaldı.

Çin'de sık sık kurulan birliklerin ve Avrupa'nın sürekli bölünmüşlüğünün uzun bir tarihi var. Bugünkü Çin'in en verimli bölgeleri ilk kez MÖ 221 yılında birlik kurmuşlardı ve o zamandan beri çoğunlukla birliklerini korudular. Okuryazarlık başladığı günden beri Çin'in tek bir yazı sistemi oldu, uzun süredir tek bir egemen dili ve iki bin yıldır dayanıklı bir kültür birliği var. Oysa Avrupa'nın siyasal birlik kurmakla uzaktan yakından bir ilgisi olmadı: 14. yüzyılda hâlâ bin tane bağımsız devletçik vardı, MS 1500'de beş yüz devletçiğe bölünmüş haldeydi, 1980'lerde devletlerin sayısı yirmi beşe indi, şimdi şu anda ben bunları yazarken devletlerin sayısı aşağı yukarı kırkı buluyor. Avrupa'da hâlâ kırk beş dil konuşuluyor, her birinin kendine göre değişiklik geçirmiş alfabesi var, kültür farklılıklarıysa daha da fazla. Avrupa Ekonomik Topluluğu (AET) aracılığıyla bir Avrupa birliği oluşturmak konusundaki ılımlı girişimleri bile geri püskürtecek anlaşmazlıkların bugün de sürmesi, Avrupa'da kök salmış olan bölünmüşlüğe bağlılığın bir belirtisi olsa gerekir.

O yüzden Çin'in siyasal ve teknolojik üstünlüğünü Avrupa'ya kaptırışını anlamaktaki asıl sorun, Çin'deki müzmin birlik ile Avrupa'daki müzmin bölünmüşlüğü anlamak sorunudur. Bunun yanıtı da yine haritalarda gizlidir (arka sayfadaki haritaya bakın). Avrupa kıyıları çok girintili çıkıntılıdır, yalıtılmışlık bakımından adalardan pek geri kalmayan beş tane büyük yarımada görülüyor, hepsinin de bağımsız dilleri, etnik grupları, yönetimleri var: Yunanistan, İtalya, İberya, Danimarka, İsveç/Norveç. Çin'in kıyıları çok daha düz, yalnızca Çin'e yakın Kore yarımadası ayrı bir önem kazanmış durumda. Avrupa'nın, siyasal bağımsızlığını kabul ettirecek, kendi dillerini, etnik varlıklarını sürdürecek kadar büyük iki adası var (Britanya ve İrlanda), bunlardan biri (Britanya) büyük ve bağımsız bir Avrupa gücü haline gelecek kadar Avrupa'ya yakın. Ama Çin'in en büyük iki adasının, Tayvan ve Hainan'ın her birinin yüzölçümü İrlanda'nınkinin yarısı kadar; son yirmi otuz yılda Tayvan ortaya çıkana kadar ikisi de büyük ve bağımsız bir güç değildi; Japonya coğrafi yalıtılmışlığı yüzünden siyasal olarak da Asya anakarasından yalıtılmıştı ama Britanya Avrupa anakarasından o kadar yalıtılmış değildi. Avrupa yüksek dağlarla (Alpler, Pireneler, Karpatlar, Norveç sınırını oluşturan dağlarla) bağımsız dilsel, etnik, siyasal birimlere bölünmüştür, oysa Çin'de, Tibet platosunun doğusundaki dağlar o kadar aşılmaz duvarlar oluşturmuyor. Çin'in doğusuyla batısı, üzerinde yolculuk edilebilir, zengin alüvyonlu vadilerden geçen iki ırmakla (Yangtze ve Sarı Irmak) tam ortadan birbirine bağlanmıştır; (son dönemde kanallarla birbirine bağlanmış olan) bu iki ırmak arasındaki nispeten kolay bağlantılar kuzeyle güneyi birleştirmektedir. Bunun sonucu olarak Çin'e çok erken bir tarihte birbirlerinden kesin çizgilerle ayrılmamış ve sonunda tek bir çekirdek halinde birleşmiş olan iki büyük, son derece verimli coğrafi çekirdek bölge egemen olmuştur. Avrupa'nın en büyük iki ırmağı, Ren ile Tuna daha küçüktür ve Avrupa'nın çok daha az bölgesini birbirine bağlar. Çin'dekinin tersine Avrupa'da çok daha fazla sayıda ve dağınık durumda küçük çekirdek bölgeler bulunur, bunların hiçbiri ötekilere uzun süre egemen olabilecek kadar büyük değildir, her biri de müzmin bağımsız devletlerin merkezidir.

Çin MÖ 221'de bir kez birleştikten sonra Çin'de bağımsız olarak ortaya çıkma ve uzun süre yaşama şansına sahip olan başka bir devlet olmadı. MÖ 221'den sonra birliğin bozulduğu dönemler yine oldu ama sonunda birlik yine kuruldu. Oysa Avrupa Şarlman, Napolyon, Hitler gibi kararlı fatihlerin birlik kurma girişimlerinin hepsine direndi, hatta Roma İmparatorluğu gücünün zirvesindeyken bile Avrupa'nın yarısından fazlasını asla denetleyemedi.

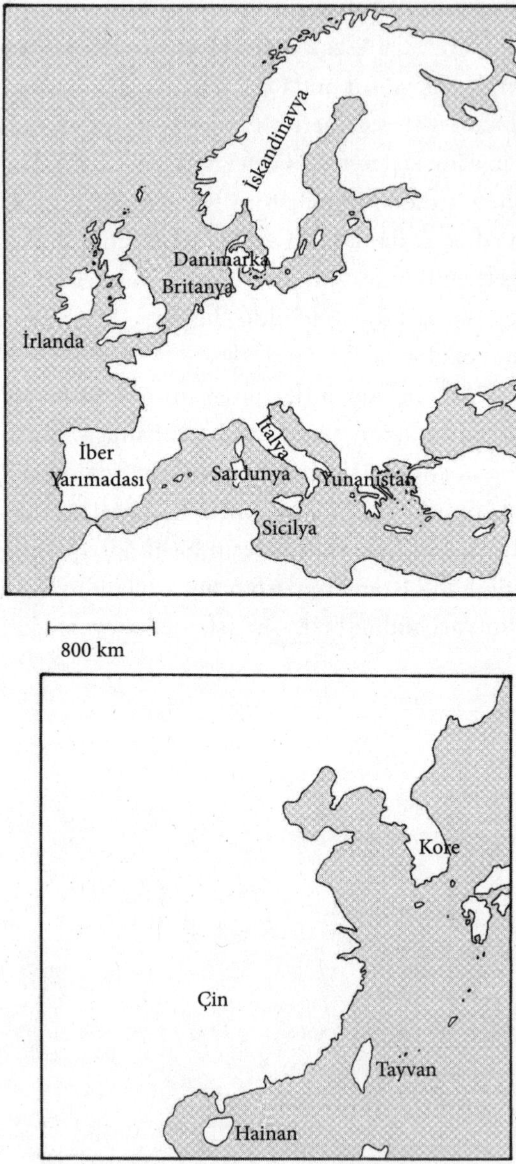

Avrupa'nın ve Çin'in aynı ölçekte çizilmiş olan kıyıları. Dikkat ederseniz Avrupa kıyılan çok daha girintili çıkıntılı, Avrupa çok daha büyük yarımadalara ve iki büyük adaya sahip.

Dolayısıyla coğrafi bağlantıların iyi olması, iç engellerin çok olmaması başlangıçta Çin'e bir üstünlük sağlamıştı. Kuzey Çin, Güney Çin, kıyılar, iç bölgeler farklı tarım bitkileriyle, hayvan varlığıyla, teknolojileriyle, kültürel özellikleriyle sonunda birleşen Çin'e katkıda bulundular. Örneğin, darı ekimi, bronz teknolojisi, yazı Kuzey Çin'de ortaya çıktı, pirinç ekimi ve dökme demir teknolojisi Güney Çin'de. Bu kitabın pek çok yerinde teknolojinin aşılmaz engellerin olmadığı yerlerde yayıldığının altını çizdim. Ama Çin'in bağlantılılığı daha sonra bir sakıncaya dönüştü, çünkü bir diktatörün aldığı bir karar yenilikleri engelleyebiliyordu ve pek çok kez engelledi de. Bunun tam tersine Avrupa'nın coğrafi "Balkanlaşmışlığı" birbiriyle yarışan ve birer yenilik merkezi haline gelen onlarca ya da yüzlerce küçük bağımsız devletçiğin ortaya çıkmasına yol açmıştı. Devletlerden biri bir yeniliğe yüz vermiyorsa öteki veriyordu ve böylece komşu devletleri de aynı şeyi yapmaya zorluyordu, yapmayanlar yenik düşerler ya da geri kalırlardı. Avrupa'daki coğrafi engeller siyasal birleşmeyi önlemeye yetecek nitelikteydi ama teknolojinin ve düşüncelerin yayılmasını durduracak nitelikte değildi. Çin'deki gibi Avrupa'da bütün yeniliklerin musluğunu kapatacak tek bir despot olmadı.

Bu karşılaştırmalar bize teknolojinin gelişimini coğrafi bağlantılılığın hem olumlu hem de olumsuz yönde etkilediğini gösteriyor. Sonuçta çok uzun dönemli olarak teknoloji, coğrafi açıdan ne çok yüksek ne de düşük derecede bağlantılı olan, orta derecede bağlantılı bir yerde hızlı gelişmiş olabilir. Teknolojinin son bin yıl içinde Çin'deki, Avrupa'daki ve belki de Hindistan'daki gelişimi sırasıyla yüksek, orta ve düşük derecede bağlantılılığın kesin etkisini göstermektedir.

Kuşkusuz Avrasya'nın farklı bölgelerinde tarihin farklı rotalar izlemesinde başka etkenlerin de rolü oldu. Örneğin, Orta Asya'nın hayvancılık yapan atlı göçebelerinin sürekli olarak barbarca istilalarına uğrama tehditi Bereketli Hilal, Çin ve Avrupa için aynı derecede değildi. Bu göçebe topluluklardan biri (Moğollar) sonunda İran'ın ve Irak'ın eski sulama sistemlerini tahrip etti ama Asya göçebelerinin hiçbiri Macar ovalarının ötesine geçip Batı Avrupa ormanlarına yerleşmeyi başaramadı. Çevresel etmenler arasında Bereketli Hilal'in coğrafi olarak ortada, Çin ile Hindistan'ı Avrupa'ya bağlayan ticaret yollarının denetimini elinde tutabilecek bir yerde bulunması, Çin'inse Avrasya'nın öteki ileri uygarlıklarından çok uzakta bulunmaktan dolayı bir kıtanın içinde fiilen dev bir adaya dönüşmesi de var. Çin'in göreli yalıtılmışlığı, teknolojileri önce benimseyip sonra terk etmesiyle özellikle ilişkilidir; bu Tazmanya'daki ve öteki adalardaki terk edişleri çok hatırlatıyor (XIII. ve XIV. bölümler). Ama bu kısa tartışma bile hiç değilse çevresel etmenlerin tarihin genel seyriyle ilişkili olduğu kadar daha küçük boyutlu ve daha kısa dönemli seyriyle de ilişkili olduğunu gösterebilir.

Bereketli Hilal'in ve Çin'in tarihinden çağdaş dünya için çıkarılacak yararlı bir ders var: Koşullar değişir, geçmişteki üstünlük gelecekteki üstünlüğün güvencesi değildir. Acaba bu kitapta kullanılan coğrafyaya dayalı mantık, düşüncelerin internet aracılığıyla hemen her yere yayıldığı, kargoların uçaklarla kıtalar arasında düzenli olarak bir gecede taşındığı çağımızda tamamıyla geçersiz hale gelmedi mi, sorusu da gelebilir aklınıza. Dünyadaki halklar arasındaki yarışmada yepyeni kurallar geçerliymiş, bunun sonucu olarak da –Tayvan, Kore, Malezya ve özellikle Japonya gibi– yeni güçler ortaya çıkıyormuş gibi görünebilir.

Yine de düşünülürse sözüm ona yeni kuralların eskilerinin değişik biçimleri olduğu görülür. Evet, Doğu Amerika Birleşik Devletleri'nde Bell Laboratuvarları'nda 1947'de icat edilen transistör 10.000 kilometre uzağa sıçrayıp Japonya'da elektronik endüstrisini başlattı – ama daha yakın bir yere atlayıp Zaire ve Paraguay'da yeni endüstrilerin kurulmasına yol açamadı. Yeni birer güç haline gelen ülkeler, yine binlerce yıl önce yiyecek üretimine dayanan eski üstünlük merkezlerinin parçası olmuş ya da o merkezlerden gelen insanlarla nüfusu yenilenmiş ülkelerdir. Zaire ve Paraguay'ın tersine Japonya ile öteki yeni güçler transistörü hemen çabucak kullanabildiler çünkü onların uzun bir okuryazarlık, metal makine ve merkezi yönetim geçmişi vardı. Dünyanın en eski iki yiyecek üretimi merkezi Bereketli Hilal ile Çin bugünkü dünyada da hâlâ egemenliklerini sürdürüyorlar, ya hemen onların yerini almış olan bugünkü devletler (bugünkü Çin) aracılığıyla ya bu iki merkezden eskiden etkilenmiş komşu bölgelerde bulunan devletler (Japonya, Kore, Malezya, Avrupa) aracılığıyla ya da denizaşırı ülkelerden gelen göçmenlerin yerleştiği ya da yönettiği ülkeler (Amerika Birleşik Devletleri, Avustralya, Brezilya) aracılığıyla. Sahra altı bölgesi Afrikalılarının, Avustralya yerlilerinin, Amerikan yerlilerinin dünya egemenliği olasılıkları belirsiz. Tarihin MÖ 8000'deki seyrinin baskısı hâlâ üzerimizde.

Yali'nin sorusuna verilecek yanıt bağlamında, öteki etmenlerin arasında kültürel etmenler ile tek tek insanların etkisi büyük yer tutuyor. Birincisinden başlarsak, insan kültürlerinin özellikleri büyük farklılık gösteriyor. Bu kültürel farklılıkların bazıları hiç kuşkusuz çevresel farklılıkların ürünü, elinizdeki kitapta ben bunun pek çok örneğini ele aldım. Ama çevreyle ilişkisi olmayan yerel kültürel özelliklerin olası etkisi önemli bir soru. Önemsiz, geçici yerel nedenlerden dolayı küçük kültürel bir özellik oluşabilir, kökleşir ve bilimin öteki alanlarına kaos kuramının uygulanmasıyla ileri sürüldüğü gibi, toplumu çok daha önemli kültürel seçimlere önceden hazırlar. Tarihin gelişigüzel etkenleri arasında, tarihle ilgili bir öngörüde bulunmayı olanaksızlaştıran böyle kültürel süreçler vardır.

Bunlara bir örnek olarak XIII. Bölüm'de daktiloların QWERTY klavyelerinden söz etmiştim. Birçok rakip klavye tasarımı arasından belli bazı entipüften nedenlerden dolayı başlangıçta bu seçilmişti. Bu seçimin yapılmasında Amerika'da 1860'larda ilk daktilonun yapısının, daktilo satıcılığının, 1882'de Cincinnati'de Steno ve Daktilo Enstitüsü'nü kuran Longley soyadlı bir kadının aldığı bir kararın, 1888'de çok fazla reklamı yapılmış olan daktiloyla yazma yarışmasında Bayan Longley'in yıldız öğrencisi Frank McGurrin'in, Bayan Longley'in QWERTY klavyesi kullanmayan diğer yarışmacısı Louis Taub'u fena halde yenilgiye uğratmasının payı oldu. 1860 ile 1880 arasındaki bu çeşitli evrelerin birinden birinde başka bir klavye lehine karar verilebilirdi; Amerikan çevre koşullarında QWERTY klavyelerinin rakiplerine yeğlenmesini gerektirecek bir şey yoktu. Yine de bu karar bir kez alındıktan sonra QWERTY klavyeleri öylesine yerleşti ki bir yüzyıl sonra bilgisayar klavyesi tasarımında da bu kullanıldı. Mezoamerikalıların çok yaygın kullanılan ve yirmi sayısına dayanan (adlandırılmış 260 günden ve 365 günlük bir yıldan oluşan iki paralel döngülü takvimlerine kaynaklık eden) sayı sisteminin yerine, Sümerlerin ona değil on ikiye dayanan (bugün bizim altmış dakikalık bir saatimize, yirmi dört saatlik bir günümüze, on iki aylık bir yılımıza, üç yüz altmış dereceli bir dairemize kaynaklık eden) sayı sisteminin kabul edilmesinin gerisinde kim bilir geçmişte kalıp unutulmuş ne entipüften bir neden yatıyordur.

Daktilo, duvar saati, takvim tasarımlarının bu ayrıntıları, bunları benimsemiş olan toplumların birbirleriyle yarışta başarısını etkilemedi. Ama nasıl etkileyebileceğini düşünmek güç değil. Örneğin, Amerika Birleşik Devletleri'nin QWERTY klavyesi dünyanın başka yerlerinde de kabul edilmeseydi –sözgelimi Japonya ya da Avrupa çok daha kullanışlı olan Dvorak klavyesini kabul etselerdi– 19. yüzyılda alınmış bu önemsiz karar 20. yüzyıl Amerikan teknolojisi için, yarışma gücü bakımından, önemli sonuçlar doğurabilirdi.

Aynı şekilde Çinli çocuklar üzerinde yapılan bir araştırma Çince sesler (Pinyin adı verilen) alfabetik çevriyazıyla öğretildiği zaman çocukların yazıyı daha kolay öğrendiklerini, binlerce göstergeyle geleneksel Çin yazısını o kadar kolay öğrenemediklerini ortaya koydu. İleri sürüldüğüne göre bunun nedeni, göstergelerin farklı anlamları olan pek çok Çince sözcüğü ayırt etmeye uygun olması ama aynı seslere sahip olanları (eşseslileri) ayırt etmeye uygun olmamasıdır. Bu doğruysa, Çincede eşseslilerin çok bol olmasının Çin toplumunda okuryazarlığın rolü üzerinde büyük bir etkisi olmuş olabilir ama Çin'in çevre koşullarında eşsesliler bakımından zengin bir dilin varlığını gerektiren bir şeyin olması olasılığı yok görünüyor. Karmaşık And uygarlıklarının bir yazı sistemi geliştirmekteki şaşırtıcı başarısızlıklarını açıklayan dilsel ya da kültürel bir etmen var mıydı? Hindistan'ın çevre koşullarında, Hindistan'da teknolojinin gelişimi açısından ciddi sonuçlar doğurmuş olan katı sosyoekonomik kastlara zemin hazırlayan bir şey var mıydı? Çin'in çevre koşullarında, yine tarihi çok derinden etkilemiş olabilecek Konfüçyüs felsefesine ve kültürel tutuculuğa zemin hazırlayan bir şey var mıydı? Başkalarını kendi dinine çevirmek dini olan Hıristiyanlık ve Müslümanlık niçin Çinliler arasında değil de Avrupalılar ve Batı Asyalılar arasında sömürgeciliğin ve fetihlerin itici gücü oldu?

Bu örnekler çevre koşullarıyla ilgisi olmayan, başlangıçta çok önemsiz olup daha sonra etkili ve uzun ömürlü kültürel özelliklere dönüşen özel kültürel tuhaflıklarla ilgili soruların nasıl böyle uzayıp gidebileceğini gösteriyor. Bu kültürel tuhaflıkların önemi yanıtlanmamış önemli bir soru olarak duruyor. En iyisi, belli başlı çevresel nedenler dikkate alındıktan sonra bütün dikkatimizi bir bilmece olarak kalan tarihsel seyirlere vererek bu konuya yaklaşmaktır.

Peki kendine has özellikleri olan tek tek bireylerin etkisi ne olacak? Yakın tarihimizden bildiğimiz bir örnek 20 Temmuz 1944'te Hitler'in bir suikast girişiminden kıl payı kurtulması ve aynı anda Berlin'de yapılan ayaklanmadır. Bunların her ikisi de Alman ordularıyla Rus orduları arasındaki cephenin yine de çoğunlukla Rusya sınırları içinde oluştuğu bir zamanda, savaşın kazanılamayacağına inanan ve barış özlemi çeken Almanlar tarafından planlanmıştı. Hitler konferans masasının altına yerleştirilen bir evrak çantasının içindeki saatli bir bombayla yaralanmıştı; çanta onun oturduğu sandalyenin biraz daha yakınına konmuş olsaydı ölebilirdi. Hitler gerçekten de ölmüş olsaydı ve İkinci Dünya Savaşı o zaman sona erseydi Doğu Avrupa'nın bugünkü haritası ve Soğuk Savaş'ın seyri farklı olabilirdi.

Daha az bilinen ama tarihî önemi daha büyük olan bir trafik kazası vardı, 1930 yazında, yani Hitler'in Almanya'da iktidarı ele geçirmesinden iki yıl önce, "Azrail koltuğunda" (yani sağ ön koltuğunda) oturduğu bir otomobil kocaman bir treylerle çarpıştı. Treyler Hitler'in otomobilini çiğneyip ezmemek için tam zamanında fren yaptı. Nazi politikasını Hitler'in ruh hastalığının derecesi belirlediğine göre, kamyonun sürücüsü bir saniye sonra fren yapmış olsaydı İkinci Dünya Savaşı bambaşka bir şekil alırdı.

Hitler gibi özel tepkileriyle tarihi etkilemiş başka kişiler de geliyor insanın aklına: Büyük İskender, Augustus, Buda, Hz. İsa, Lenin, Martin Luther, İnka İmparatoru Pachacuti, Hz. Muhammed, I. William, Zulu Kralı Shaka, bunlardan birkaçı. Bunların her biri olayları "yalnızca" en uygun zamanda, en uygun yerde en uygun kişi olmak dışında nasıl etkiledi acaba? Bir aşırı görüş, tarihçi Thomas Carlyle'ın görüşü: "Evrensel tarih, insanın [aynen alınmıştır] bu dünyada neler başardığının tarihi, temelde dünyada başarılı olmuş büyük adamların tarihidir." Tam ters uçta, Carlyle'ın tersine, siyasetin iç işleyişleri konusunda ilk elden deneyimleri olan Prusyalı devlet adamı Otto von Bismarck'ın görüşü yer alıyor: "Devlet adamının görevi tarihin koridorlarında yürüyen Tanrı'nın ayak seslerini duymak ve O geçip giderken paltosunun kuyruğuna yapışmaya çalışmaktır." Tıpkı kültürlere özgü tuhaflıklar gibi bireylere özgü tuhaflıkların da tarihin seyrini değiştirme olasılığı vardır. Onlar tarihin çevresel güçler açısından ya da aslında genelleştirilebilecek herhangi bir neden çerçevesinde açıklanmasını olanaksızlaştırırlar. Yine de bu kitabın amaçları açısından onların konuyla pek ilgisi yok çünkü büyük adam kuramının en ateşli savunucuları bile tarihin genel seyrini birkaç büyük adam ile açıklamakta zorlanacaktır. Belki Büyük İskender, Batı Avrasya'nın zaten okuryazar, zaten yiyecek üreticisi, zaten demir donanımlı devletlerinin seyrine bir dirsek atmış olabilir ama Avustralya'da hâlâ metal aletleri, okuryazarlıkları olmayan yalnızca avcı/yiyecek toplayıcı kabileler yaşarken, Batı Avrasya'nın zaten okuryazar, zaten yiyecek üreticisi, zaten demir donanımlı devletleri barındırmasıyla İskender'in bir ilişkisi yoktur. Yine de bireylerin özelliklerinin tarih üzerindeki etkilerinin ne boyutta ve ne kadar kalıcı olduğu sorusu yanıtlanmamış bir soru olarak kalıyor.

Tarih disiplini genellikle bir bilim olarak görülmez, insan bilimlerine yakın bir şey olarak görülür. En iyi olasılıkla tarih toplumsal bilimler sınıfına sokulur, onların arasında da en az bilimsel olandır. Çalışma alanı yönetim olduğu zaman buna "siyaset bilimi" denir, ekonomi alanındaki Nobel Ödülü'nde "ekonomi bilimi"nden söz edilir ama tarih bölümleri kendileri için "Tarih-bilim Bölümü" etiketini pek ender kullanırlar. Tarihçilerin çoğu kendilerini bilim insanı olarak görmezler, bilim olarak kabul edilen bilimler ve onların yöntembilimleri konusunda pek az eğitim almışlardır. Tarihin ayrıntı yumağından başka bir şey olmadığı çeşitli vecizelere konu olmuştur: "Tarih birbiri arkasına gelen Tanrı'nın cezası olgulardan başka bir şey değildir," "Tarih aşağı yukarı boş laftır", "Tarihin yasası varsa çiçek dürbününün yasası kadardır," vb.

Tarihi inceleyerek bu incelemelerden genel ilkeler çıkarmanın, gezegenlerin yörüngelerini inceleyerek çıkarmaktan daha güç olduğunu kimse yadsıyamaz. Yine de bana bu güçlükler aşılmazmış gibi gelmiyor. Doğa bilimleri arasında yerleri güvencede olan astronomi, iklimbilim, çevrebilim, evrimsel biyoloji, jeoloji, paleontoloji (eskivarlıkbilim) gibi öteki tarihsel konular için de aynı güçlükler söz konusudur. Ne yazık ki insanların kafasındaki bilim imgesi fiziğe ve aynı yöntembilimleri kullanan birkaç başka çalışma alanına dayanmaktadır. Bu alanlardaki bilim insanları genellikle bu yöntembilimlerin uygun düşmediği ve bu yüzden başka yöntembilimlerin bulunmaya çalışılması gereken başka çalışma alanlarını bilmeden küçümserler – örneğin benim araştırma alanlarım olan çevrebilim ile evrimsel biyolojiyi. Ama unutmayın, İngilizcedeki "science" (bilim) sözcüğü "bilgi" anlamına gelir (Latincede "bilmek" anlamına gelen *scire* sözcüğünden türemiş *scientia,* "bilgi"), yani söz konusu çalışma alanı için en uygun yöntem hangisi olursa olsun, toplanan bilgi. Bu yüzden insan tarihi öğrencilerinin karşılaştıkları güçlükleri çok iyi anlıyorum.

Geniş anlamda (astronomi ve benzerleri de içinde olmak üzere) tarihsel bilimler, fizik, kimya, moleküler biyoloji gibi tarihsel olmayan bilimlerden kendilerini ayıran pek çok özelliği paylaşırlar. Bunların arasından dört tanesini seçip ayırıyorum: Yöntembilim, sebep/sonuç, tahmin, karmaşıklık.

Fizikte bilgi edinmenin en önemli yöntemi laboratuvar deneyidir, hangi parametrenin etkisi söz konusuysa laboratuvarda o parametrenin üzerinde oynanır, o parametre sabit tutularak paralel sınama deneyleri yapılır, başka parametreler sabit tutulur, hem parametreyle oynama deneyleri hem sınama deneyleri tekrarlanır ve niceliksel veriler elde edilir. Kimya ve moleküler biyoloji için de çok iyi sonuç veren bu strateji pek çok insanın kafasında bilimle öylesine özdeşleşmiştir ki deney yapmak genellikle bilimsel yöntemin esası olarak kabul edilir. Gelgelelim laboratuvar deneyinin pek tabii ki tarihsel bilimlerde pek az rolü vardır ya da hiç yoktur. Galaksi oluşumlarını durduramazsınız, kasırgaları ve buzul çağlarını başlatıp durduramazsınız, deneysel olarak birkaç ulusal parktaki boz ayıları yok edemezsiniz ya da dinozorların evriminin seyrini tekrarlayamazsınız. Bunun yerine bu tarihsel bilimlerde başka yollardan, örneğin gözlem, karşılaştırma, doğal deney adı verilen deneyler (biraz sonra bu konuya döneceğim) yaparak bilgi edinmeniz gerekir.

Tarihsel bilimler en yakın ve en uzak nedenlerle ilgilenir. Fizikte ve kimyada çoğunlukla "en geride yatan neden", "amaç", "işlev" kavramları anlamsızdır ama genel olarak yaşayan sistemleri, özel olarak insan etkinliklerini anlamada bunlar çok temel kavramlardır. Örneğin kürklerinin rengi kışın kahverengi olan ve yazın beyazlaşan Kuzey Kutup yabani tavşanlarını inceleyen bir evrim biyoloğu, kürk pigmentlerinin moleküler yapısı ve biyosentetik patikaları bağlamında kürk renginin görünür en yakın nedenlerini saptamakla yetinemez. Daha önemli sorular, işlevle (yırtıcılara karşı kamuflaj mı?) ve en gerideki nedenle (mevsimsel olarak kürk renkleri değişen bir yabani tavşan topluluğuyla başlayan doğal seçilim mi?) ilgili olanlardır. Aynı şekilde bir Avrupa tarihçisi Avrupa'nın hem 1815'teki hem 1918'deki durumunu, bütün Avrupa'yı içine alan ve çok pahalıya patlamış bir savaştan sonra barışın sağlandığı bir dönem olarak tanımlamakla yetinemez. İki barış anlaşmasıyla son bulan birbirinden farklı zincirleme olayları anlamak, niçin 1815' ten sonra değil de 1918'den yirmi yıl sonra çok daha pahalıya mal olan bir topyekûn Avrupa savaşının başladığını anlamak için gereklidir. Ama kimyacılar iki gaz molekülünün çarpışmasına bir amaç ya da işlev yüklemezler, bu çarpışmanın en gerisindeki nedeni de aramazlar.

Tarihsel bilimlerle tarihsel olmayan bilimler arasındaki bir başka fark da tahminle ilgilidir. Kimyada ve fizikte insanın bir sistemi anlayıp anlayamadığı o sistemin gelecekteki davranışını başarılı bir biçimde tahmin edip edemediğiyle ölçülür. Fizikçiler genellikle evrimsel biyolojiyi ve tarihi küçümserler çünkü bu alanlar tahmin işinde sınıfta kalırmış gibi görünürler. Tarihsel bilimlerde geçmişe dayalı açıklamalar yapılabilir (örneğin, 66 milyon yıl önce dünyaya çarpan bir göktaşı niçin dinozorların soyunun tükenmesine yol açtı da başka pek çok türünkine yol açmadı) ama önsel tahminler yapmak daha zordur (geçmişte gerçekten olmuş bir olay önümüzde olmasaydı hangi türlerin soylarının tükeneceğini kesin olarak bilemezdik). Ama tarihçilerin yine de gelecekte keşfedilecek verilerin bize geçmiş olaylarla ilgili neler göstereceği konusunda tahminde bulunmadıkları ve bu tahminleri sınamadıkları söylenemez.

Tarihsel sistemlerin, tahmin girişimlerini karmaşıklaştıran özellikleri çeşitli farklı şekillerde tanımlanabilir. İnsan topluluklarının ve dinozorların son derece karmaşık olduklarını, birbiriyle beslenen akıl almaz sayıda bağımsız değişkene sahip bulunduklarını söyleyebilirsiniz. Sonuçta alt örgütlenme düzeyinde küçük bir değişiklik daha üst düzeylerde bir değişiklik olarak ortaya çıkabilir. Bunun tipik bir örneği Hitler'in 1930'da neredeyse ölümüne neden olabilecek bir trafik kazasında kamyon sürücüsünün fren yapma tepkisinin İkinci Dünya Savaşı sırasında ölen ya da yaralanan yüz milyon kişinin hayatları üzerindeki etkisidir. Biyologların çoğu biyolojik sistemlerin sonunda tamamıyla fiziksel özellikleri tarafından belirlendiğini ve kuantum mekaniğinin kurallarına uyduğunu kabul etseler de sistemlerin karmaşıklığı, gerçekte, o belirleyici sebep/sonuç ilişkisinin tahmin edilebilirliğe dönüştürülemeyeceği anlamına gelir. Kuantum mekaniği bilgisi Avustralya'ya dışarıdan getirilen plasentalı yırtıcıların Avustralya'da niçin onca keseli türün soyunun tükenmesine yol açtığını ya da Birinci Dünya Savaşı'nı niçin Müttefik güçlerin kazandığını, Merkez güçlerin kazanamadığını anlamamıza yardım etmez.

Her bir buzul, nebula, kasırga, insan toplumu, biyolojik tür, hatta cinsel ilişkiyle çoğalan her bir türün her bir bireyi ve hücresi benzersizdir, çünkü onları etkileyen o kadar çok değişken vardır ve kendileri o kadar farklı parçalardan oluşmuşlardır ki.

Oysa fizikçinin her temel parçacığı ve izotopu için, kimyacının her molekülü için o varlığın bütün tekleri birbirine özdeştir. Bu yüzden fizikçiler ve kimyacılar mikroskobik düzeyde evrensel belirlenimci yasalar formüllendirebilirler ama biyologlar ve tarihçiler yalnızca istatistiksel eğilimleri formüllendirebilirler. Doğruluk payı çok yüksek olacak şekilde bir tahminde bulunup benim çalıştığım California Üniversitesi Tıp Merkezi'nde bundan sonra doğacak 1000 bebeğin 480'den az, 520'den çok olmamak üzere erkek olacağını söyleyebilirim. Ama kendi iki çocuğumun ikisinin de erkek olacağını önceden bilmeme olanak yoktu. Aynı şekilde tarihçiler, bir yörenin nüfusu yeterince kalabalık ve yoğunsa, yiyecek üretimi fazlası yaratma gücü varsa kabile toplumlarının şefliklere dönüşme olasılığının bu koşulların bulunmadığı toplumlara göre daha yüksek olduğunu belirtiyorlar. Gelgelelim böyle her yöresel nüfusun kendine göre benzersiz özellikleri vardır; evet, Meksika'nın, Guatemala'nın, Peru'nun, Madagaskar'ın yüksek bölgelerinde şeflikler ortaya çıktı, ama Yeni Gine ya da Guadalcanal'ın yüksek bölgelerinde çıkmadı.

Tarihsel sistemlerin temelde belirleyici olmalarına karşın önceden tahmin edilemez ve karmaşık olduklarını anlatmanın bir başka yolu, uzun sebep/sonuç zinciri dolayısıyla, nihai sonuçlarla o bilimin çalışma alanının sınırları dışında kalan en gerideki nedenlerin arasında kopukluk olduğuna dikkat çekmektir. Örneğin, yörüngesi tamamıyla klasik mekaniğin kurallarıyla belirlenen bir göktaşının çarpması sonucu dinozorların soyu tükenmiş olabilir. Ama 67 milyon yıl önce yaşayan paleontologlar olsaydı, dinozorları yok olma tehlikesinin beklediğini önceden bilemezlerdi çünkü göktaşları dinozorların biyolojisine çok uzak bir bilim alanına girer. Aynı şekilde MS 1300-1500 arası Küçük Buzul Çağı Grönland'daki İzlandalıların yok olmasına yol açtı ama hiçbir tarihçi ve belki de hiçbir çağdaş iklimbilimci Küçük Buzul Çağı'nı öngöremezdi.

Dolayısıyla, tarihçilerin insan toplumlarının tarihlerindeki sebep/sonuç ilişkilerini saptarken karşılaştıkları güçlükler genelde astronomların, iklimbilimcilerin, çevrebilimcilerin, evrimsel biyologların, jeologların, paleontologların karşılaştıkları güçlüklerden farklı değildir. Tekrarlanabilir, denetimli deneysel müdahaleler yapmanın olanaksızlığı, değişkenlerin sayısının fazlalığından doğan karmaşıklık, bu yüzden de her bir sistemin benzersizliği, sonuçta evrensel yasalar oluşturmanın olanaksızlığı, sonradan ortaya çıkacak özellikleri ve ilerdeki davranışları tahmin etmenin güçlüğü gibi sıkıntılar bu alanların her birinde farklı derecelerde olmak üzere yaşanır. Öteki tarihsel bilimlerdeki gibi tarihte tahmin en çok büyük mekânlar ve uzun dönemler ölçeğinde yapılabilir, o zaman küçük ölçekli, kısa dönemli milyonlarca olayın benzersiz özellikleri ortalamanın dışında kalır. Ben nasıl yeni doğacak 1000 bebeğin cinsiyetlerinin oranını tahmin edebilir ama kendi iki çocuğumunkini edemezsem, tarihçi de 13.000 yıl birbirlerinden ayrı olarak gelişmiş Amerikan ve Avrupa toplumlarının 13.000 yıl sonra çatışmasının genel sonuçlarını kaçınılmazlaştıran nedenleri görebilir ama 1960'ta Amerika'da başkanlık seçimlerinin sonuçlarını göremez. 1960 Ekim'inde televizyondan verilen tek bir tartışma programında adayların söylediği şeylerin ayrıntıları yüzünden seçim zaferini Kennedy değil Nixon kazanmış olabilir ama Avrupalıların yerli Amerika'yı fethi kim ne söylerse söylesin engellenemezdi.

İnsanlık tarihi öğrencileri öteki tarihsel bilimlerin bilim adamlarının deneyimlerinden nasıl yararlanabilir? Yararlı olduğu görülmüş olan bir yöntembilim, karşılaştırma yöntemini ve doğal deney adı verilen deneyleri kapsar. Ne galaksi oluşumlarını inceleyen gökbilimciler ne de insan toplumlarını inceleyen tarihçiler denetimli laboratuvar deneylerinde sistemler üzerinde oynayabilirler ama herhangi nedensel bir etmenin varlığı ya da yokluğu (güçlü ya da zayıf etkisinin varlığı) durumunda sistemdeki değişiklikleri karşılaştırarak doğal deneyden yararlanabilirler. Örneğin, deney yapmak için insanlara fazla tuz yedirmeleri yasak olan epidemiologlar yine de fazla tuz yemenin etkilerini zaten çok değişik miktarlarda tuz almakta olan insan gruplarını karşılaştırarak öğrenebilirler; insan gruplarına yüzlerce yıl farklı farklı birtakım kaynakları bol miktarda sağlayarak deney yapamayan kültür antropologları, yine de doğal olarak kaynak bolluğu bakımından farklılık gösteren adalarda yaşayan şimdiki Polinezya topluluklarını karşılaştırarak insan toplumları üzerinde kaynak bolluğunun yarattığı etkileri inceleyebilir. İnsanlık tarihi öğrencisi yalnızca yerleşik beş kıta arasında karşılaştırma yapmak dışında daha pek çok doğal deneyden yararlanabilir. Karşılaştırmalarda (Japonya, Madagaskar, Hispaniola, Yeni Gine, Hawaii ve daha pek çoğu gibi) azımsanmayacak derecede bir yalıtılmıştık içinde karmaşık toplumların geliştiği büyük adalar, ayrıca yüzlerce küçük adadaki ve her bir kıta içindeki bölgesel toplumlar kullanılabilir.

İster çevrebilimde ister insan tarihinde olsun, bütün çalışma alanlarında doğal deneyler yöntembilimsel eleştirilere açıktır. Bu eleştirilerin arasında değişken nicelikler arasında gözlemlenen bağlantılara bakarak sebep/sonuç zincirini çıkarsamanın güç olması kadar, söz konusu değişken nicelik dışındaki ek değişken niceliklerde doğal çeşitlemenin etkilerini birbirine karıştırmak da vardır. Bu tür yöntembilimsel sorunlar bazı tarihsel bilimler için çok ayrıntılı bir şekilde tartışılmıştır. Hele epidemioloji, insan topluluklarını (genellikle geriye dönük tarihsel incelemelerle) karşılaştırarak insanların hastalıklarıyla ilgili çıkarsamalarda bulunan hastalık bilimi, insan topluluklarını inceleyen tarihçilerin karşı karşıya oldukları sorunlara benzer sorunlarla başa çıkmak için resmileşmiş işlemleri uzun süredir başarıyla kullanıyor. Çevrebilimciler de doğal deney sorunlarına çok kafa yordular, pek çok durumda bu yönteme başvurmak zorunda kalıyorlar çünkü bazen ilişkili ekolojik değişken üzerinde oynamak için deney amacıyla doğrudan doğruya müdahalede bulunmak ahlâka aykırı, yasaya aykırı ya da olanaksız olabilir. Evrim biyologları son zamanlarda bilinen evrim tarihlerine ait farklı bitkilerin ve hayvanların karşılaştırılmasından sonuç çıkarmakta kullanılacak daha ileri yöntemler geliştiriyorlar.

Kısacası insan tarihini anlamanın daha güç olduğunu kabul ediyorum, tarihin önemsiz olduğu, az sayıda tek tek değişken niceliğin etkili olduğu bilim alanlarındaki sorunları anlamaya benzemiyor. Yine de tarihsel sorunları çözümlemek için çeşitli alanlarda başarılı yöntembilimler ortaya kondu. Sonuç olarak dinozorların, nebulaların, buzulların tarihlerinin insan bilimlerine değil fen bilimin çalışma alanlarına ait olduğu genellikle kabul edildi. Ama geriye bakmak dinozorların davranış tarzlarından çok başka insanların davranış tarzlarıyla ilgili pek çok şeyi kavramamızı sağlıyor, insan toplumlarıyla ilgili tarihsel incelemelerin dinozorlarla ilgili incelemeler kadar bilimsel olabileceği konusunda ben iyimserim – bugünkü toplumlarımıza da yararlı olacaktır bu, günümüz dünyasını nelerin biçimlendirdiğini, geleceğimizi nelerin biçimlendirebileceğini bize öğreterek...

Sonsöz 2017

Ekonominin temel sorunlarından biri ülkelerin zenginliği ve yoksulluğu sorunudur. Bazı ülkeler başka bazı ülkelerden çok daha zengindir. Birleşik Amerika ve Norveç gibi en zengin ülkelerde kişi başına düşen ortalama yıllık gelir, Tanzanya ve Yemen gibi en yoksul ülkelerdekinin dört yüz katını bulabilir. Niçin bazı ülkeler zenginken bazı ülkeler yoksuldur?

Ulusal gelirdeki bu farklılıklar konusundaki sorular ilginç, akademik bir tartışmanın malzemesi değildir yalnızca. Bunun büyük siyasal anlamlar taşıyan bir konuyla da ilişkisi vardır. Bu sorunun yanıtlarını saptayabilirsek belki yoksul ülkeler bu yanıtları zenginleşmek için kullanabilir, bu arada zengin ülkeler de daha etkili yardım programları tasarlamakta bunlardan yararlanabilirler (ya da en azından yardım adıyla yürütülen programların kasıtlı olmayan zararlarını en aza indirgeyebilirler).

Bu soğuk görünen hayat gerçeğinin önüne bir insan yüzü yerleştirebilmek için şimdi size ulusal gelir farklılıklarıyla ilgili, beni çok etkileyen bir öykü anlatacağım. On iki yıl kadar önce, bir Afrika ülkesi olan Zambiya'ya uçmadan, o uzun yolculuğu yapmadan önce Hollanda'da birkaç gün geçirdim. Uzaydan Hollanda'ya bir ziyaretçi gelseydi, o uzaylı, "Ne kadar şanssız bir ülke burası! Olumsuzluklardan başka hiçbir şeyi yok!" derdi. Uzaylı yaratık Hollanda'da kışların uzun, yazların kısa geçtiğini görür, bu yüzden Hollandalı çiftçilerin yılda ancak tek bir ürün yetiştirebildiklerine tanık olurdu. Hollanda'nın değerli yer altı madenleri yok. Düz ve düzlük bir ülke olduğu için hidroelektrik santralleri de yok: İhtiyacı olan enerjinin çoğunu üretmek için benzin ve kömür ithal etmek zorunda. Hollanda'nın

Almanya'yla, Almanya gibi güçlü ordusu olan, 1940'ta Hollanda'yı işgal etmiş, Hollanda'ya büyük maddi ve ekonomik zararlara mal olmuş büyük bir ülkeyle sınırdaş olmak gibi bir şansızlığı da var. Hollanda'nın topraklarının üçte biri deniz seviyesinin altında, okyanus sularının altında kalma riskiyle karşı karşıya. Sonuçta bizim o uzaylı yaratık Hollanda'nın çok yoksul bir ülke olduğu tahmininde bulunsaydı onu bağışlayabilirdik.

Daha sonra, Afrika'nın güneyinde yer alan Zambiya'ya uçtum. Bizim ouzaylı vardı ya, işte o yaratık dünyaya gelmeden önce Afrika ülkelerinin genelde yoksul olduğunu duymuş olabilirdi. Ama Zambiya'nın öteki Afrika ülkeleriyle, hatta Hollanda'yla karşılaştırıldığında sahip olduğu üstünlükleri görünce şaşıracaktı. Hollanda'nın tersine Zambiya enerji üretimi için dışarıdan petrol ve kömür ithal etmek zorunda değildir. Bütün hidroelektrik enerjisini Zambezi Irmağı üzerine kurulmuş dev barajlardan elde eder. Bu barajlar öyle çok elektrik üretir ki Zambiya'nın öteki komşu ülkelere satacak elektrik fazlası vardır. Hollanda'nın tersine, zengin maden kaynaklarına, özellikle bakır madenlerine sahiptir. Zambiya'nın iklimi ılımandır, o yüzden çiftçiler, Hollanda'dakilerin tersine topraktan yılda bir kez değil birkaç kez ürün alırlar. Öteki Afrika ülkelerinin tersine Zambiya barış ve istikrarın egemen olduğu demokratik bir ülkedir. Kabile savaşları yoktur orada. Orada hiçbir zaman bir iç savaş yaşanmamıştır, ne de onlar komşularıyla savaşmışlardır. Hollanda'nın tersine komşu ülkelerin istilası diye bir şey bilmezler. Özgür seçimler yapılır. Zambiyalılar çok çalışırlar ve eğitime önem verirler.

Bu durumda şimdi Zambiya'daki kişi başı geliri tahmin etmeye çalışın bakalım. Orada kişi başı ortalama gelir Hollanda'dakinden az mıdır, çok mudur yoksa oradakine eşit midir? Peki, Hollanda'daki kişi başı ortalama gelir daha fazladır diye düşünüyorsanız, Zambiya'dakinden iki kat mı fazladır, beş kat mı yoksa on kat mı?

Yanıtı şu: Hollanda'da kişi başına düşen ortalama gelir Zambiya'dakinin tam otuz üç katıdır. Hollanda'da kişi başına düşen yıllık gelir ortalama 48.940 dolarken, Zambiya'da 1500 dolardır. Bizim uzaydan gelen ziyaretçimiz bu farka inanamayacaktır. Hollanda'nın sahip olduğu bunca olumsuz koşula karşılık Zambiya bunca üstünlüğe sahipken nasıl olur da Hollanda, Zambiya'dan zengin olur? Aradaki farkın elbette Hollanda'da ve Zambiya'da yaşayan insanların hayatları üzerinde etkili olan sonuçları bulunmaktadır. Örneğin Hollandalıların çoğu çok daha rahat yaşar, iyi eğitim ve tıbbi bakım olanaklarından yararlanır, Zambiyalıların çoğu yararlanamaz. Zambiyalıların ortalama yaşam süresi (41 yıl) Hollandalılarınkinin (78 yıl) ancak yarısı kadardır.

E, peki, doğal kaynaklar ve insanların sahip olduğu güdüler bir ülkeyi zengin etmeye yetmiyorsa ne yetiyordur?

Bazı ekonomistler ulusal zenginliği, insanlara ait kurumlar olarak adlandırdıkları şeylere bağlıyorlar: Yasalar, davranış kuralları, toplumlarımızda geçerli olan ilkeler, yönetimler ve ekonomiler giriyor bunların arasına. Vatandaşları üretime teşvik etmede, onların ulusal zenginliğin yaratılmasına katkıda bulunmaya yönlendirmekte insanlara ait bazı kurumlar özellikle etkilidir. Bazı başka kurumlar da insanları üretmekten caydırmakta özellikle etkili olur ve sonuçta ulusal yoksulluğu arttırmaya katkıda bulunurlar.

Kurumların önemini göstermede en inandırıcı örnekler, benzer doğal çevre koşullarına sahip olan, daha önce tek bir ülke sınırları içinde yer alırken daha sonra bölünmüş iki ayrı devlet haline gelmiş, farklı kurumlara ve zenginlik düzeylerine sahip, birbirinin sınır komşusu olan iki ülkedir. Sık sık anılan üç örnek vardır: Şu anda Kuzey Kore'nin aşırı derecede geri kalmışlığıyla karşılaştırıldığında hayat düzeyi bakımından Birinci Dünya ayarında olan Güney Kore'nin zenginliği; Berlin Duvarı'nın yıkılmasından sonra, aradan 25 yıldan fazla zaman geçmesine karşın Eski Doğu Almanya'nın ekonomisinin düşük düzeyiyle karşılaştırıldığında eski Batı Almanya'nın zenginliği; Bir Karayip adası olan Haiti'yle, yani batıda, batı yarımküresinin en yoksul ülkesiyle, hiçbir şekilde zengin bir ülke olmayan ama buna karşın ekonomik durumu Haiti'ninkinden altı kat daha iyi olan, doğudaki Dominik Cumhuriyeti karşılaştırıldığı zaman görülen fark.

Bu karşılaştırmalar bize gerçekten de neredeyse hiçbir coğrafi farka sahip olmamakla birlikte kurumları arasında farklar bulunan ülkelerde bu farkların ulusal zenginlikte büyük farklara yol açabileceğini kuşkuya yer bırakmayacak şekilde gösteriyor. Bazı ekonomistler bazı ülkelerin niçin zengin, bazılarının niçin yoksul olduğunu kurumlarla açıklayabileceğimizi söylüyor, kurumların *en* önemli etken olduğu yolunda bir genellemede bulunuyorlar (onların genellemelerinin abartılı olduğunu aşağıda göstereceğim).

Ekonomistler özellikle, kendi deyişleriyle "iyi kurumlar"dan söz ettikleri zaman, insanları birer birey olarak ulusal zenginliğin yaratılmasına katkıda bulunacak şekilde çalışmaya yönlendiren ekonomik, toplumsal ve siyasal kurumlardan söz ediyorlar. Bu türden en az yarım düzine kurum saptamış durumdalar. Önem sırasına göre dizmeden alfabetik sırayla verdikleri listede şunlar var: Enflasyonun denetim altında tutulması, eğitim fırsatları, etkili yönetim, sözleşme zorunluluğu, ticari engellerin bulunmaması, kapital yatırımlarını özendiricilik, yatırıma uygun olmak, yolsuzlukların olmaması, suikasta uğrama riskinin düşük olması, serbest kambiyo, özel mülkiyet haklarının korunması, hukuk devleti, engelsiz sermaye akışı.

Hiç kuşku yok ki bazı ekonomistlerin vurguladığı bu iyi kurumlar, zenginlik bakımından ülkeler arasındaki farklarla ilgili açıklamaların önemli bir bölümünü oluşturur. Norveç gibi, iyi kurumlara sahip ülkeler genelde zengin olur. Nijerya gibi kötü kurumlara sahip ülkeler de genelde yoksuldur.

Ama ekonomistlerin çoğu daha da ileriye gidip herhangi karmaşık bir sistemi açıklamaya çalışan kişileri bekleyen bir tuzağa düşüyorlar: Sonuçların ancak bir kısmının açıklaması olan tek bir etmeni bütün sonuçların açıklaması olarak ele alıyorlar. Bu ekonomistler ulusların zenginliğinin ve yoksulluğunun temelde bu kurumlarla açıklanabileceğini öylesine güçlü bir şekilde savunmuşlardır ki pek çok hükümet ve sivil toplum örgütü politikalarını, borçlanmalarını, hibelerini bu yoruma dayandırmaları gerektiğine inanmak zorunda kalmıştır.

İyi kurumları temel alarak yapılan açıklamaların eksik olduğu görüşü, ekonomistlerin kendilerinin arasında da giderek daha fazla kabul görüyor. Bu yanlış bir şey değil: Doğru yanları çok fazla. İki açıdan eksik bir açıklama o. Birincisi, iyi kurumlarla birlikte ulusların zenginliğini etkileyen başka etkenler var – özellikle coğrafi etmenler. Bu etmenlerden iki tanesini kendi kendinize keşfetme mutluluğunu yaşamak istiyorsanız, bir Afrika haritasına bakın, anakarada kırk sekiz ülkenin bulunduğu haritaya. Ülkeleri iki gruba ayırın, ılıman iklim kuşağındaki on Afrika ülkesini birinci gruba koyun, yani kuzeyde, Akdeniz kıyısında, ılıman iklim kuşağında yer alan beş ülkeyi (Cezayir, Mısır, Libya, Fas, Tunus), Afrika'nın en güney ucundaki ılıman iklim kuşağında yer alan öteki beş ülkeyi de buraya koyun (Botswana, Lesotho, Namibia, Güney Afrika, Swaziland). Geri kalan otuz sekiz ülkeyi, Afrika'nın tropik orta kuşağındaki ülkeleri ikinci gruba koyun. Bu gruplarda (ya denize kıyısı olmadığı ya da bir ırmak aracılığıyla denizden ulaşılamadığı için) denize çıkışı olmayan on altı ülkeyi birer yıldız koyarak işaretleyin. Bu yıldızlı ülkelerin üçü güneydeki ılıman kuşakta bulunuyor (Botswana, Lesotho, Swaziland) on üç tanesi tropik bölge ülkeleridir (Burkina, Faso, Burundi, Orta Afrika Cumhuriyeti, Çad, Etiyopya, Malawi, Mali, Nijerya, Ruanda, Güney Sudan, Uganda, Zambiya, Zimbabwe). Şimdi internette bulabileceğiniz zenginlik oranları tablosuna -örneğin, satınalma gücündeki farklara göre ister düzeltilmiş olsun, ister olmasın, kişi başına düşen yıllık gelir ya da Gayrisafi Yurtiçi Hasıla'ya- bakın, oluşturduğunuz grupları tablodaki sonuçlar bakımından karşılaştırın. Ne görüyorsunuz?

Sonuçları görünce suratınıza bir şamar yemiş gibi olacaksınız. Tropikal bölgedeki otuz sekiz ülkenin otuz yedisi ılıman kuşaktaki on ülkenin hepsinden daha yoksul; aralarında yalnızca Gabon, orta karar bir ılıman ülkeninkine eşit zenginliğe sahip. Hem tropikal bölge hem de ılıman iklim kuşağı ülkeleri arasında denize kıyısı olan ülkeler, olmayan ülkelerden yüzde elli daha zengin. Ulusal zenginlik üzerinde coğrafya niçin bu kadar etkili?

Tropik bölgelerin ekonomi üzerinde kötü etkileri olan iki özelliği vardır. Bu özelliklerden birini tropik bölgelerde yaşayan ya da o bölgelere tatil için gitmiş herkes bilir. Tropik bölgelerde, malarya ya da dang humması gibi hastalıklara yakalanma ya da tropik parazitlerden hastalık kapma olasılığınız, ılıman kuşak ülkelerinde olmadığı kadar yüksektir. Bu yüzden tropik bölge insanları, ılıman bölge insanlarına göre daha çok hastalanır ve çalışamaz duruma gelirler. Hatta ortalama olarak daha genç ölürler. İnsanların ölmesi üzücüdür elbette ama ülke ekonomisi için daha da üzücüdür. Tropik bir bölgede olmanın ekonomik açıdan bir başka olumsuz yanı da, toprakların verimsizliği, bitki ve hayvan hastalıklarnın fazlalığı yüzünden tarımsal verimin düşük olmasıdır.

Bir başka deyişle, Afrika'nın ekonomik haritası bir hamburgere benziyor, alttaki ve üstteki ekmek kısmı ince, ortası şişkin bir hamburger, ortadaki şişkin kısımda bütün o tropik bölge ülkeleri var, ince ekmek kısımları o on "zengince" (ya da daha az yoksul diyelim) ılıman bölge ülkelerinden oluşuyor. Denize çıkışı olmayan ülkelerin karşı karşıya kaldıkları olumsuzluklara gelirsek, onları da anlamak hiç zor değil: Bir kıyı limanına ya da gemilerin geçmesine elverişli bir ırmağa kara yoluyla ulaşmak, deniz yoluyla ulaşmaktan yedi kat pahalıdır. Sonuçta denize çıkışı olmayan ülkeler, deniz kıyısında olan ülkelere göre ulaşıma ya da nakliyeye çok daha fazla para harcarlar. Ürünleri uzak bölgelerde çok rağbet gören ve ithalatının çoğunu uzak ülkelerden yapan -Zambiya gibi- ülkeler için bu özellikle dikkate alınması gereken bir konudur.

Sizi yeterince meraklandırabildimse, şimdi de siz kendiniz başka kıtalardaki ülkeler arasında, gemilerin geçmesine elverişli ırmakları hatırlayarak, karşılaştırmalar yapabilirsiniz (Örneğin, haritaya baktığınızda, ilk bakışta denize çıkışı yokmuş gibi görünen İsviçre ve Paraguay öyle değildir: Gemilerin geçmesine elverişli ırmaklar aracılığıyla, birincisi Ren, ikincisi Parana Irmağı yoluyla Atlantik Okyanusu'na açılabilmektedir). Güney Amerika'da güney ılıman iklim kuşağındaki üç ülke (Arjantin, Şili, Uruguay) tropik bölge kuşağında yer alan dokuz ülkenin dokuzundan da zengindir. Güney Amerika'da denize çıkışı olmayan biricik ülke kıtanın en yoksul ülkesi Bolivya'dır. Bu tür coğrafi etkiler genelde iyi ya da kötü kurumların etkisinden daha önemlidir. Örneğin, Afrika'da ve Güney Amerika'da, içinde yer aldıkları kıtaların en zengin ülkeleri olarak bilinen ülkeler iyi kurumlara sahip olmamakla ünlüdür (Arjantin, Mısır, Libya, Cezayir'i düşünün). Ülkeniz, Arjantin'in buğday ve büyükbaş hayvan yetiştirmeye elverişli geniş, ılıman kuşak pampalarına sahipse, ülkenizi, herkesin bildiği gibi Arjantin'in kötü hükümetleri bile yönetse yoksullaştıramaz. İyi hükümetlerle yönetilse Arjantin elbette çok daha zengin olurdu ama Güney Amerika'da hâlâ en yüksek ortalama gelire sahip ülkedir.

Bir ülkenin zenginlik ve yoksulluğunu iyi kurumlarla açıklamaktan yana olanların önemli eksiklerinden biri de bu kurumların kökenine dair hiçbir şey söylememeleridir. Neden bazı ülkelerin iyi kurumları varken başka ülkelerin yok? Örneğin, niçin Hollanda sonuçta ulusal gelişmeyi daha etkili biçimde destekleyen kurumlara sahip oldu da Zambiya olamadı? Bu önceden tahmin edilemeyecek bir rastlantı mıydı? İyi kurumlar rastlantısal olarak herhangi bir yerde mantar gibi yerden bitiyorsa, bu kurumları, bu tür kurumlara sahip olmayan ülkelere taşımak neden o kadar güç. En zengin ve en yoksul ülkeler niçin gelişigüzel bir şekilde kıtaya yayılmış durumda değil de tam tersine en zengin ülkeler Batı Avrupa'da ve Kuzey Amerika'da, en yoksulları da Afrika'da ve Güney Amerika'da toplanmış durumda?

Bir başka deyişle, yalnızca iyi kurumları öne çıkaran görüşü benimsemiş olan arkadaşlar en yakın nedenleri ya da bağımlı değişkenleri, asli nedenler ya da bağımsız değişkenlerle karıştırıyorlar. Bu farkla ne demek istediğimi daha iyi anlatabilmek için izin verirseniz size evlilikleri bozulmak üzere olan bir çiftin öyküsünü anlatayım.

Karım Marie, klinik psikologdur. Evliliklerinin tehlikede olduğunu gören çiftler ara sıra ona başvururlar. Marie eşlerden birine, örneğin kocaya, evliliklerinin zorda olmasının nedenini ne olarak gördüğünü anlatmasını isteyerek başlıyordur belki. Adam o zaman şöyle der: "Karım suratıma tokat attı! Evlilikte bu korkunç bir davranıştır! Suratıma tokat atan bir kadınla evli kalmak istemiyorum!" Bunun üzerine Marie kadına döner ve sorar: "Onun suratına tokat attığınız doğru mu?" Kadın, "Doğru," diye yanıtlar. Marie bu kez de, "Yani evliliğinizin bozulmasının nedeni sizin kocanızın suratına tokat atmanız mı?" Kadın, "Hayır, ilişkimizin bozulmasının gerçek nedeni o değil. Suratına tokat atmamın çok geçerli nedenleri var: Sürekli başka kadınlarla düşüp kalkıyor. Beni aldatan bir kocayla evli kalmak istemiyorum," der. O kadın daha az öfkeli olsaydı ya da bir mantıkçı gibi konuşsaydı, "Benim attığım tokat yalnızca ayrılmamızın yakın nedeniydi, temel nedeni onun başka kadınlarla ilişkisiydi," diye açıklayacaktı.

Ama Marie nasıl bütün kadınların kocalarının suratına tokat atmadıklarını biliyorsa bütün kocaların da başka kadınlarla ilişkisinin olmadığını biliyordu. Bu kocanın başka kadınlarla düşüp kalkmasının nedeni neydi?

Bunun üzerine Marie dönüp kocaya sorar: "Başka kadınlarla ilişkiniz olduğu doğru mu?" Koca, "Doğru," der. Marie devam eder: "Ama niçin başka kadınlarla ilişkileriniz oldu?" Koca yanıt verir: "Karım bana soğuk davranmaya, sevgi ve yakınlık göstermemeye, beni dinlememeye başladığı için. Ben sevgi, yakınlık ve ilgi görmek isteyen normal bir erkeğim. İşte bu yüzden başka kadınlarla ilişki kurdum: Her normal erkeğin ya da kadının isteyeceği ve hak edeceği sevgi, yakınlık ve ilgiyi görmek için." Bu koca biraz daha az öfkeli olsaydı ya da bir mantıkçı gibi konuşsaydı şöyle yanıt verebilirdi: "Karımın suratıma tokat atması evliliğimizin kopmasının yalnızca yakın nedeniydi. Benim başka kadınlarla ilişkilerim nedenler zinciri içinde yalnızca bir başka yakın nedendi, asıl neden değildi. Asıl neden karımın soğukluğuydu."

Bir başka terapi oturumunda Marie kadının soğukluğunun gerisinde yatan başka temel nedenler keşfedebilirdi, o temel nedenler de kocanın başka davranışlarıyla ya da hatta kadının anne ve babasının kadına çocukluğundaki davranışlarıyla ilgili olabilirdi. Bu örneğe daha fazla devam etmeme gerek yok, ne demek istediğimi anlatabildiğim kanısındayım. En yakın nedenleri saptamakla yetinemeyiz, temel nedenleri de sorgulamalıyız. Bir evlilik terapisti evli bir çiftin evlilik krizini, surata atılan bir tokatı o krizin nedeni olarak etiketleyerek çözemedi. O kadın kocasının suratına tokat atmayı bıraksa bile, o evlilikle, o kadınla ve o kocayla ilgili her şey değişmediği sürece o evlilik sorunlu bir evlilik olmaya devam edecektir. Tıpkı bunun gibi ekonomistler, Norveç zengin çünkü Norveçli politikacılar genelde dürüst, Nijerya yoksul çünkü Nijeryalı politikacıların çoğu yolsuzluk yapıyor demekle yetinemezler. Gidip Nijeryalı politikacılara yolsuzluk yapmayın diyerek Nijerya'da yolsuzluğu bitirmeyi başaracağınızı ve ülkenin zenginleşmesini sağlayacağınızı umamazsınız. Suikastlar, yolsuzluk, özel mülkiyete saygısızlık, sözleşme zorunluluğu eksikliği, başka kötü kurumlar Nijerya'da yaygınken bunların Norveç'te yaygın olmamasının asli nedenlerini anlamanız gerekir.

Bir başka deyişle iyi kurumların kaynağında nelerin yattığını sorgulamanız gerekir. Bu kurumların bazı ülkelere gökten zembille düştüğünü, bazılarına düşmediğini kabul edemezsiniz. *İyi* kurumların hangi temellere dayandığını anlamak için, insan topluluklarında ister iyi ister kötü olsun, *karmaşık* kurumların derin, tarihsel temellerini sorgulamak zorundasınız.

Kökenlerle ilgili soruyu yanıtlayabilmek için gelin insanlık tarihinde 13 000 yıl öncesine, son Buzul Çağı'nın sonuna gidelim. O tarihte dünyadaki bütün insanlar avcı/toplayıcı olarak yaşıyordu, henüz çiftçilik ve hayvan yetiştiriciliği başlamamıştı. Avcı/toplayıcıların, Birleşik Amerika gibi kalabalık nüfuslu, devletleşmiş toplumlarının kurumlarıyla karşılaştırıldığında, görece olarak basit siyasal, ekonomik ve toplumsal kurumları vardı. Avcı/toplayıcılar görece olarak düşük nüfus yoğunluklu toplumlar halinde yaşarlar: Kilometrekare başına düşen insan sayısı, çağdaş tarım toplumlarınınkinden çok daha azdır. Avcı/toplayıcılar gelecekte kullanılmak üzere depolanacak pek az ya da hiç artıdeğer yaratamazlar. Çoğu kez her gün, o gün içinde tüketecekleri kadar av yapar, yiyecek toplarlar. Çağdaş tarım toplumları tam tersine, kendilerine haftalarca ya da yıllarca yetecek miktarda yiyecek depolarlar. Avcı-toplayıcıların çoğu göçebedir: Sürekli olarak yaşadıkları evler ve kasabalar yoktur, yiyecek mevcudundaki mevsimsel değişikliklere göre her gün ya da her birkaç haftada bir, yer değiştirirler. Bu yüzden avcı-toplayıcı toplumların hiçbir zaman para gibi, krallık yönetimleri, hisse piyasası gibi, gelir vergisi gibi ya da bu kurumların ürünleri olarak bakır ya da çelik aletler, otomobiller, atom bombası gibi şeyleri olmamıştır. Bütün bu şeyler karmaşık kurumların ve o kurumlara ait ürünlerin örneklerdir. Bazen karmaşık kurumlar iyidir, bazen kötüdür. Ama bir toplumun hiçbir karmaşık kurumu yoksa, zenginleşmesine yardımcı olacak iyi kurumlara da sahip olamaz. Son 13.000 yılda bu karmaşık kurumlar nasıl ortaya çıktı? Tarih, arkeoloji ve başka bilim alanlarında yapılan çalışmalar bize şunu gösteriyor: Bu kurumların gelişebilmesi için, tarım sayesinde olanaklı hale gelen (buğday, peynir, patates gibi) depolanabilir yiyecek fazlasına sahip yoğun nüfuslu, yerleşik toplumların ortaya çıkması gerekiyordu. Yani karmaşık kurumların ortaya çıkışının en temel nedeni tarımdır, ikinci temel neden yoğun nüfuslu yerleşik toplumlardır, yine tarım sayesinde olanaklı hale gelen, depolanabilir yiyecek fazlasıdır. Yiyecek fazlası, kral, bankacı, kitap yazarı, profesör gibi yiyecek üreticisi olmayanları beslemek için kullanılabilir. Sonuçta yiyecek üretimi çağdaş toplumların karmaşık kurumlarının, yani ileri şeflikler ve devletlerin, bürokrasinin, merkezî yönetimin, eğitimli okuryazar vatandaşların, mucitlerin, kralların, pazar ekonomisinin, tüccarların, madenî aletlerin, klana sadakat yerine ulusa sadakatin, hukuk devleti yönetiminin, üniversitelerin ve yazılı eserlerin var olabilmesinin önkoşuluydu. Avcı/toplayıcı toplulukların hiç birinde, bugün doğal kabul ettiğimiz etmenler var olmadı.

Ama karmaşık kurumların gelişmesine yol açan temel etmen tarımsa, o zaman soru şudur: Peki tarım niçin dünyanın her yerinde yapılmadı ve dünyanın her yerinde karmaşık kurumlar gelişmedi? Nijerya'da niçin Norveç'teki kadar verimli tarım yapılmadı ve kurumlar gelişmedi?

Tüfek, Mikrop ve Çelik'te IV. Bölüm'den başlayarak X. Bölüm sonuna kadar bu konuyu işledim. Bunun nedeni dünyada evcilleştirilebilir yaban bitki ve hayvan türlerinin eşit olarak dağılmış olmaması, dünyanın dokuz bölgesinde toplanması ve bu dokuz bölgenin bağımsız tarım kökenlerinin anayurdunu oluşturmasıdır. Tarım dünyanın başka bölgelerine bu anayurtlardan yayıldı, doğu-batı ekseni doğrultusunda hızlı yayılırken, kuzey-güney ekseni doğrultusunda o kadar hızlı yayılamadı. Tarımın tarihinin bir sonucu olarak da dünyanın farklı bölgelerindeki insan toplumları, karmaşık kurum deneyimlerine sahip devletleşmiş toplumlar gibi uzun süre bu deneyime sahip olmadı. Yunanistan'da ve Çin'de devlet yönetimi ve aygıtları dört bin yıldır vardı ama aynı şeyler Yeni Gine'nin bir bölümünde ancak otuz yıldır var.

Binlerce yıllık gelişmenin sonuçlarını alıp, sırf dış yardım yoluyla tek bir kuşağın yararlanmasına açık hale getirmek zordur. Hollanda'da yedi bin beş yüz yıldır tarım yapılıyordu, Zambiya'da iki bin yıldır yapılıyor. Hollanda'da iki bin yıldır yazılı eser var, Zambiya'da yüz otuz yıldır. Hollanda'da beş yüz yıldır bağımsız devlet yönetimi var; Zambiya'da ancak kırk yıldır var. Hollanda'nın bugün Zambiya'dan çok daha zengin olmasının bir nedenini, tarımın ve tarım sonucunda gelişmiş karmaşık kurumların tarihinde buluruz. Bir başka nedeni de Hollanda deniz kıyısında, ılıman iklim kuşağında yer alırken Zambiya'nın denize çıkışı olmayan tropik bir bölgede yer almasıdır.

Bugün uzun bir tarım geçmişine ve devletleşme tarihine sahip olan ülkeler, ekonomistler başka değişkelere göz attıktan sonra bile, daha kısa tarım ve devletleşme tarihi olan ülkelere göre kişi başına düşen ortalama geliri daha yüksek olan ülkelerdir. Tarım tarihinin etkisi önemli bir etkidir. Ülkeler arasındaki ortalama gelir farklarındaki değişikliklerin yarısının açıklaması orada gizlidir. Son yıllara kadar gelirleri hala düşük olan ülkeleri karşılaştırsanız bile şunu görürsünüz: Japonya, Çin, Malezya gibi uzun bir devletleşme tarihine sahip olan ülkeler, Zambiya ve Yeni Gine gibi devletleşme tarihi kısa olan ülkelere göre son yıllarda daha büyük ekonomik atılımlar yapmışlardır. Uzun bir devletleşme tarihine sahip ülkelerin, zengin doğal kaynaklara sahip olmalarına karşın devletleşme tarihleri kısa olan ülkelere göre daha hızlı büyüdükleri gerçeği bugün de doğrudur.

Bu genel eğilimi en iyi örnekleyecek şey Amerikan diplomatlarının yaptıkları bir takım yanlış öngörülerdir. 1960'larda, Güney Kore, Gana ve Filipinler yoksul ülkelerdi. Amerikalı diplomatlar bu üç ülkeden hangisinin zenginleşeceği, hangilerinin yoksulluk batağından kurtulamayacağı konusunda bahse girerlerdi. Diplomatların çoğu Gana ekonomisiyle Filipinler ekonomisinin kanatlanacağı kanısındaydı. Bu tahminlerini de hem Gana'nın hem de Filipinler'in ılık tropik bölgede yer aldığı, oralarda ürün yetiştirmenin kolay olduğu ve bu ülkelerin doğal kaynaklarının bolluğu gerçeğiyle açıklıyorlardı. Güney Kore tam tersine kaynak bakımından yoksul, soğuk bir ülkeydi, ülke lehine olacak hiçbir şeye sahip değilmiş gibi görünüyordu.

Altmış yıl sonra, bugünün gerçeği tam tersini gösteriyor, Güney Kore, Birinci Dünya'nın zenginlik düzeyine ulaşmışken Gana ve Filipinler yoksul kaldı. Çünkü Güney Kore ılıman kuşakta yer alıyordu ve Çin'in, yani dünyadaki en eski tarım merkezi olan, yazılı eserlere, madenî aletlere sahip, devlet kurmuş bir ülkenin hemen bitişik komşusuydu. Kore, Çin'deki bütün bu gelişmeleri çok erken bir tarihte sahiplenmişti, Miladi 700 yılında tek bir devletin şemsiyesi altında birleşmişti. Böylece Kore, karmaşık kurum deneyimi eskilere dayanan bir ülkeydi. Kuzey Kore'nin şu anki baskıcı hükümeti bu tarihsel üstünlüğü boşa harcarken, Güney Kore elli yıllık Japon işgali dolayısıyla 50'lerde yoksul bir ülke olarak ortaya çıkmasına karşın zenginlik için gerekli kurumsal önkoşullara zaten sahipti. Tek gereksinimi bağımsızlık, askerî güvenlik, kendi üstünlüklerini geliştirebilmek için gerekli dış yardım, Amerikan yardımıydı. Oysa Filipinler, Çin'den çok sonra bile hâlâ tarıma geçememişti; Gana yalnızca orta verimlilikte bir tarıma sahipti, neredeyse hiç evcil hayvan yoktu; ikisi de yakın geçmişte Avrupa sömürgesi oluncaya kadar, ne yerel yazılı eserler yaratabilmiş ne de devlet kurmuştu. İkisi de tropik ülkelerde yaşanan olumsuzlukları paylaşmaya devam etmekte. Böylece, ne gibi doğal olumsuzluklara sahip olurlarsa olsunlar, Filipinler ile Gana karmaşık kurum deneyiminin uzun tarihinden de yoksundu, insan sermayesinden de, Güney Kore'nin zengin bir ülke haline gelmesine katkıda bulunan kültürel önkoşullardan da yoksundu.

Kısacası bazı ülkeler ötekilerden çok daha zengindir. Bunun nedenleri çoktur ve karmaşıktır. Bu önemli soruya basit yanıtlar bulmaya çalışıyorsanız, siz en iyisi kendinize başka bir gezegen bulun, hayatın gerçekten de karmaşık olduğu bu gezegenden başka bir gezegen.

En önemli nedenler, burada tartıştığım gibi, kurumlarla ve coğrafyayla ilgili olanlardır. Öteki nedenler arasında doğal kaynaklar gibi sözüm ona çelişkili bir bela var, sömürgeleşmeyle ilgili olarak talihin ters dönmesi var, çevresel bozulma var. Ama o iki önemli neden birbirinden tamamıyla bağımsız değildir. İyi kurumlar, coğrafyadan bağımsız şekilde, bir rastlantı sonucu şanslı olan bazı ülkelere gökten zembille inmiyor. Tam tersine iyi kurumların kendilerinin bir tarihi var, bu tarih kısmen tarıma ve tarımın sonuçlarına bağlı olagelmiştir- tarımın devlet teşkilatı, pazarlar gibi karmaşık kurumlarını içeren sonuçlarına. Elbette karmaşık kurumlar iyi de olabilir kötü de: Bugün Kuzey Kore'deki kurumlara bakın, birkaç on yıl önce Nazi Almanya'sındaki kurumları hatırlayın. Ama belli bir bölgede hiç karmaşık kurum yoksa o bölgedeki toplulukların, ekonomistlerin çok övdükleri o kurumların iyilerini geliştirmesi de olanaksızdır.

Kurumların kökeniyle ilgili bu tartışmayı, İngiltere'nin o şanlı 1688 Devrimi örneğiyle sonlandırmak istiyorum, yoksulluk ve zenginliği kurumlarla açıklamaya meraklı ekonomistlerin çağrıştırdığı tipik bir örnekle. Britanya (İngiltere de içinde olmak üzere) son zamanlara kadar dünyanın en zengin ülkesiydi, endüstri devrimini yapan ilk ülke. Şanlı devrimciler Kral James'i tahttan indirip yerine William'ı getirdiler, kralın yetkilerini kırptılar, parlamentonunkini artırdılar, böylece ekonomik gelişmeye daha elverişli kurumların ortaya çıkmasına destek verdiler. Çağdaş Britanya'nın zenginleşmesine, özellikle o şanlı devrim sonucu ortaya çıkan kurumlar "yol açmıştır" anlamına mı gelir bu? Böyle olduysa, o zaman Britanya o şanlı devrimi ve zenginliği bir şans eseri olarak mı kucağında buldu? O şanlı devrim Britanya'da değil de Zambiya'da olsaydı, şu anda Zambiya zengin, Britanya yoksul mu olacaktı?

Elbette hayır. Britanya'nın Yeni Çağ'daki zenginliğinin nedeni olarak şanlı devrimi vurgulamak, temel nedenleri göz ardı edip yakın nedenler üzerinde durma tuzağına düşmek demektir – tıpkı öfkeli bir karı kocaya akıl verirken kocasını kadının nasıl tokatladığı gibi renkli ayrıntılar üzerinde duran bir evlilik doktoru gibi. Zambiya 1688'de çok açık nedenlerden dolayı şanlı bir devrim yaşayamazdı çünkü tahtından indirilecek bir kralı, yetkileri arttırılacak bir parlamentosu yoktu. Çünkü İngiltere'de tarım beş bin beş yüz yıl önce başlamıştı, Zambiya'daysa iki bin yıl önce. Çağdaş Britanya idari bölgesinin büyük bölümü miladi yaklaşık 80 yılında Roma İmparatorluğu yönetimi altında birleşmişti; çağdaş Zambiya idari bölgesi Britanya İmparatorluğu yönetimi altında 1890'lara kadar birleşemedi. Britanya'nın miladi yaklaşık 600 yılında kendi kralları, 1300 yılında kendi parlamentosu vardı; Zambiya bunların ikisine kendi başına sahip olamamıştı. Britanya bereketli, buzullaşmış toprakları, ılıman iklimi sayesinde yüksek verimlilikli tarım yapılan bir ülkedir; Zambiya verimsiz toprakları ve tropik iklimi yüzünden düşük verimlilikli tarım sorunu yaşamaktadır. Britanya'nın coğrafyasını ve tarihsel üstünlüklerini paylaşan başka Avrupa ülkeleriyle karşılaştırıldığında Britanya, bir ada olmak, Avrupa ülkelerine oranla çok daha az askeri işgal tehlikesine açık olmak (bu yüzden de kendini korumak için devamlı, büyük bir ordu gereksinimi duymamak) gibi bazı ek üstünlüklerden yararlanmıştır – ayrıca başka ülkeleri sömürgeleştirmeye en elverişli konum olarak Atlantik'te yer almaktadır. Zambiya tam tersine denize çıkışı olmayan bir ülkedir, hiçbir zaman deniz ticareti gibi bir şeyi ya da kolonileri olmamıştır. Britanya, tarımsal verimlilik, Yeni Dünya'dan gelen ürünler ve siyasal birlik sayesinde dünyada süreğen açlık tehlikesini ortadan kaldıran ilk ülkedir. Bütün bu temel coğrafi ve tarihsel nedenler Britanya'nın zenginleşmesinin gerisinde yatan gerçeklerdir, şanlı devrim geç döneme ait önemli bir yakın neden olmaktan öte bir anlam taşımaz. Bu bize, haritaya şöyle bir göz atmanın, tarih üzerinde, bugünkü dünyada ulusal zenginlik ve yoksulluğun asli nedenleri üzerinde coğrafyanın ne büyük bir etkisi olduğunu anlamamıza yardımcı olacak uzun bir yolculuğu başlatabileceğini gösteriyor.

Dikkatli önerileri için Louis Putterman'a teşekkür ediyorum. Bu tartışmanın bileşenleri benim *New York Review of Books*'ta yayımlanan bir makalemdeki tartışmalardan ve *Da Te Solo a Tutto il Mondo: un Ornitologo Osserva le Società*'nın (Torino: Einaudi, 2014) iki bölümünden alınmıştır.

Teşekkür

Bu kitaba katkısı bulunmuş pek çok kişiye burada teşekkür etmekten mutluluk duyuyorum. Roxbury Latin Okulu'ndaki öğretmenlerim beni tarihin büyüsüyle tanıştırdılar. Pek çok Yeni Gineli dostuma ne çok şey borçlu olduğum, onların deneyimlerini sık sık anmamdan apaçık bellidir. Müsveddelerimi okuyan, kendi çalışma alanlarının inceliklerini bana sabırla anlatan pek çok bilim adamı dostuma ve çalışma arkadaşıma aynı derecede büyük bir teşekkür borçluyum; tüm hataların sorumluluğu benimdir, Peter Bellwood, Kent Flannery, Patrick Kirch ve karım Marie Cohen kitabın bütün müsveddesini okudular; Charles Heiser, Jr., David Keightley, Bruce Smith, Richard Yarnell ve Daniel Zohary, her biri çeşitli bölümleri okudu. Çeşitli bölümler daha önceki halleriyle *Discover* ve *Natural History* dergilerinde makale olarak yayımlandı. Büyük Okyanus adalarındaki alan çalışmalarımı National Geographic Derneği, World Wildlife Fonu, Los Angeles California Üniversitesi destekledi. Ajans olarak John Brockman ve Katinka Matson ile, araştırma asistanı ve sekreter olarak Lori Iversen ve Lori Rosen ile, illüstratör olarak Ellen Modecki'yle ve editör olarak W. W. Norton'da Donald Lamm, Jonathan Cape'te Neil Belton ve Will Sulkin ile, Fischer'da Willi Köhler ile, *Discover*'da Marc Zabludoff, Mark Wheeler ve Polly Shulman ile, *Natural History*'de Ellen Goldensohn ve Alan Ternes'le çalıştığım için kendimi çok şanslı sayıyorum.

Ek Okumalar

Bu önerilerim daha fazla okumak isteyenler içindir. Bu nedenle önemli kitaplara ve makalelere ek olarak daha eski kaynakların kapsamlı listelerini sunan kaynakçaları da belirttim. İtalikle yazılmış bir dergi adından sonra cilt numarası, onun arkasından iki nokta üst üste, sonra ilk ve son sayfa numaraları, daha sonra da parantez içinde yayımlandığı yıl var.

Öndeyiş

Bu kitaptaki pek çok bölümle ilişkili başvuru kaynakları arasında L. Luca Cavalli-Sforza, Paolo Menozzi, Alberto Piazza tarafından yazılmış, insan genlerinin sıklığıyla ilgili harika bir özet olan *The History and Geography of Human Genes* (Princeton University Press, 1994) adlı kitap bulunuyor. Bu olağanüstü kitap yaklaşık herkesle ilgili her şeyin bir tarihi çünkü yazarlar tek tek kıtalarla, kıtaların coğrafyalarının, ekolojilerinin, çevre koşullarının uygun bir özetiyle başlıyorlar, daha sonra halkların tarihöncesine, tarihine, dillerine, fiziksel antropolojilerine ve kültürlerine geçiyorlar. L. Luca Cavalli-Sforza ve Francesco Cavalli-Sforza'nın, *The Great Human Diasporas* (Reading Mass.: Addison-Wesley, 1995) adlı yapıtı aynı konuları kapsıyor ama uzmanlar için yazılmamış, genel okur için yazılmış.

Başka yararlı bir kaynak da beş ciltlik bir dizi: *The Illustrated History of Humankind*, yay. haz. Göran Burenhult (San Francisco: HarperCollins, 1993-94). Bu dizideki beş cildin tek tek başlıkları sırasıyla şöyle: *The First Humans, People of the Stone Age, Old World Civilizations, New World and Pacific Civilizations, Traditional Peoples Today.*

Cambridge University Press tarafından (Cambridge, İngiltere, çeşitli tarihlerde) yayımlanmış çeşitli diziler halindeki ciltlerde belli bölgelerin ya da dönemlerin tarihleri anlatılıyor. Bu dizilerden biri *The Cambridge History* of [X] başlığını taşıyor, burada [X] Afrika, Çin, Japonya, Latin Amerika ve Karayipler, Rusya ve Eski Sovyetler Birliği, Ortadoğu ve Kuzey Afrika, Hindistan, Pakistan ve komşu ülkeler olarak değişiyor. Yine bir başka dizi de *The Cambridge Ancient History, The Cambridge Medieval History*, The *Cambridge Modern History, The Cambridge Economic History of Europe, The Cambridge Economic History of India* ciltlerinden oluşuyor.

Dünyadaki dillerle ilgili ansiklopedik bilgiler veren üç kitap: Barbara Grimes, *Ethnologue: Languages of The World*, 13. basım. (Dallas: Summer Institute of Linguistics, 1996), Merritt Ruhlen, *A Guide to the World's Languages*, (Stanford: Stanford University Press, 1987), C. F. Voegelin ve F. M. Voegelin, *Classification and Index of the World's Languages* (New York: Elsevier, 1977). Büyük ölçekli karşılaştırmalı tarihler arasında Arnold Toynbee'nin kitapları *A Study of History*, 12 cilt (Londra: Oxford University Press, 1934-54) başta geliyor.

William McNeill'in kitabı *The Rise of the West* (Chicago: University of Chicago Press, 1991) Avrasya uygarlığının, özellikle Batı Avrasya uygarlığının olağanüstü güzel bir tarihi. Aynı yazarın *A World History* (New York: Oxford University Press, 1979) adlı kitabı da başlığına karşın Batı Avrasya uygarlığı üzerinde yoğunlaşıyor, V. Gordon Childe'ın *What Happened in History*, gözden geçirilmiş basım. (Baltimore: Penguin Books, 1954) adlı kitabı da öyle. Yine Batı Avrasya üzerinde yoğunlaşan bir başka karşılaştırmalı tarih kitabı, C. D. Darlington'ın, *The Evolution of Man and Society* (New York: Simon and Schuster, 1969) adlı kitabı kıtaların tarihleriyle evcilleştirmeler arasında benim tartıştığım gibi ilişkiler gören bir biyolog tarafından yazılmış. Avrupa'nın denizaşırı diyarlara yayılışı ve özellikle bu arada bitkilerin, hayvanların ve mikropların yayılışı konusunda Alfred Crosby'nin seçkin incelemelerini içeren iki kitap:

The Columbian Exchange: Biological and Cultural Consequences of 1492 (Westport, Conn.: Greenwood, 1972); *Ecological Imperialism: The Biological Expansion of Europe, 900-1900* (Cambridge: Cambridge University Press, 1986). Marvin Harris'in kitabı *Cannibals and Kings: The Origins of Cultures* (New York: Vintage Books, 1978) ile Marshall Sahlins ve Elman Service'in yayına hazırladığı *Evolution and Culture* (Ann Arbor: University of Michigan Press, 1960) kültür antropologları açısından karşılaştırmalı birer tarih. Ellen Semple'ın *Influences of Geographic Environment* (New York: Holt, 1911) adlı kitabı insan toplumları üzerinde coğrafyanın etkilerini inceleme girişimlerinin daha eski bir örneği. Daha başka önemli tarihsel çalışmalar Sondeyiş bölümünde verilen ek okuma listesinde bulunuyor. Benim kendi kitabım *Üçüncü Şempaze*'nin (Alfa Yayınları, 2016), özellikle Avrasya tarihi ile Amerika kıtaları tarihinin karşılaştırılmasına ayrılmış olan 14. Bölüm'ü bu kitabı düşünmem için gerekli çıkış noktasını bana verdi.

Grupların zekâ farklılıkları konusundaki tartışmaya en son katılan en tanınmış ya da adları kötüye çıkmış kişiler Richard Herrnstein ile Charles Murray ve onların kitabı: *The Bell Curve: Intelligence and Class Structure in American Life* (New York: Free Press, 1994).

I. Bölüm

İnsanların ilk dönemdeki evrimleri konusunda yazılmış çok iyi kitaplar arasında şunlar bulunuyor: Richard Klein, *The Human Career* (Chicago: University of Chicago Press, 1989), Roger Lewin, *Bones of Contention* (New York: Simon and Schuster, 1989), Paul Mellars ve Chris Stringer'ın yayıma hazırladığı *The Human Revolution: Behavioural and Biological Perspectives on the Origins of Modern Humans* (Edinburgh: Edinburgh University Press, 1989), Richard Leakey ve Roger Lewin, *Origins Reconsidered* (New York: Doubleday, 1992), D. Tab Rasmussen'in yayıma hazırladığı *The Origin and Evolution of Humans and Humanness* (Boston: Jones and Bartlett,

1993), Matthew Nitecki ve Doris Nitecki'nin yayıma hazırladığı *Origins of Anatomically Modern Humans* (New York: Plenum, 1994), Chris Stringer ve Robin McKie, *African Exodus* (Londra: Jonathan Cape, 1996) adlı kitabı. Özellikle Neanderthal insanını ele alan çok tanınmış üç kitap: Christopher Stringer ve Clive Gamble, *In Search of the Neanderthals* (New York: Thames and Hudson, 1993), Erik Trinkaus ve Pat Shipman, *The Neanderthals* (New York: Knopf, 1993), Ian Tattersall, *The Last Neanderthal* (New York: Macmillan, 1995).

Öndeyiş bölümünde ve benim *Üçüncü Şempanze* adlı kitabımın 1. Bölüm'ünde daha önce anılmış olan L. Luca Cavalli-Sforza ve arkadaşlarının kitabının konusu insanın kökenlerinin genetik ipuçlarıdır. Genetik ipuçlarındaki son gelişmeleri konu alan iki tane teknik makale adı vereceğim: J. L. Mountain ve L. L. Cavalli-Sforza, "Inference of Human Evolution Through Cladistic Analysis of Nuclear DNA Restriction Polymorphism," *Proceedings of the National Academy of Sciences* 91:6515-19 (1994), D. B. Goldstein ve arkadaşları, "*Genetic Absolute Dating Based On Microsatellites And The Origin Of Modern Humans*," 92: 6723-27 (1995).

Avustralya'ya, Yeni Gine'ye, Bismarck ve Solomon Takımadaları'na insan topluluklarının yerleşmesi, oralardaki büyük hayvanların soylarının tükenişi olaylarının kaynakçaları XV. Bölüm için verilen ek okuma listesinde bulunuyor, özellikle Tim Flannery, *The Future Eaters* (New York: Braziller, 1995) adlı kitabında Avustralya'da soyu tükenmiş sanılan büyük memeli hayvanlarının çok yakın bir geçmişe kadar yaşadıkları savlarını açık ve anlaşılır biçimde inceliyor.

Geç Pleyistosen Bölüm'de ve yakın geçmişte soyları tükenen büyük hayvanlar üzerine genel kabul görmüş bir metni Paul Martin ile Richard Klein yayıma hazırlamış: *Quaternary Extinctions* (Tuscon: University of Arizona Press, 1984). Daha yakın zamanlarda güncelleştirilmiş olarak J. E. Jacobsen ve J. Firor'un *Human Impact on the Environment* (Boulder, Colo.: Westview Press, 1992) adlı kitabında Richard Klein'ın makalesi "The İmpact of Early People on the Environment: The Case Of Large Mammal Extinction," kitabın 13-34. sayfaları arasında yer alıyor, bir de Anthony Stuart'ın makalesi var: "Mammalian Extinctions in the Late Pleistocene of Northern Eurasia and North America." *Biological Reviews* 66: 453-62 (1991). David Steadman bir makalesinde Büyük Okyanus adalarına insanların yerleşmesiyle birlikte bazı canlıların soylarının tükenmeye başladığını gösteren son ipuçlarını özetliyor: "Prehistoric Extinctions of Pacific Island Birds: Biodiversity Meets Zooarcheology," *Science* 267: 1123-31 (1995).

Amerika kıtalarına yerleşenlerin, bunun ardından soyların tükenişinin, sonuç olarak ortaya çıkan anlaşmazlıkların basit öykülerini Brian Fagan'ın *The Great Journey: The Peopling of Ancient America* adlı kitabında (New York: Thames and Hudson, 1987) ve benim *Üçüncü Şempanze* adlı kitabımın 18. Bölüm'ünde bulabilirsiniz, bunların her ikisinde de daha pek çok kaynakça verilmiş durumda. Ronald Carlisle'ın yayıma hazırladığı *Americans Before Columbus: Ice-Age Origins* adlı kitapta (Pittsburgh: University of Pittsburgh, 1988) J. M. Adovasio ile arkadaşlarının Meadowcroft yerleşim yerindeki Clovis öncesi döneme ait ipuçları üzerine kaleme aldıkları bir bölüm bulunmakta. Clovis ufku ve resmen bildirilen Clovis öncesi yerleşim yerleri konusunda bir uzman olan C. Vance Haynes, Jr.'ın makaleleri arasında şunlar bulunuyor: R. E. Taylor ve R. S. Kra'nın yayıma hazırladığı *Radiocarbon After Four Decades* adlı kitapta (New York: Springer, 1992) "Contributions of Radiocarbon Dating to the Geochronology of the Peopling of the New World," s. 354-74; Olga Soffer ve N. D. Praslov'un yayıma hazırladığı *From Kostenki to Clovis: Upper Paleolithic Paleo-Indian Adaptations* adlı kitapta (New York: Ple-num, 1993) "Clovis-Folson Geochronology and Climate Change". Pedra Furada'nın Clovis öncesi bir yerleşim yeri olduğu savlarının tartışıldığı iki makale: N. Guidon ve G. Delibrias, "Carbon-14 Dates Point to Man in the Americas 32.000 Years Ago," *Nature* 321:769-71 (1986); David Meltzer ve arkadaşları, "On a Pleistocene Human Occupation at Pedra Furada, Brazil," *Antiquity* 68: 695-714 (1994). Clovis öncesi tartışmalarıyla ilgili başka yayınlar arasında şunlar bulunuyor: T. D. Dillehay ve arkadaşları, "Earliest Hunters and Gatherers of South

America," *Journal of World Prehistory* 6: 145-204 (1992), T. D. Dillehay, *Monte Verde: A Late Pleistocene Site in Chile* (Washington, D.C.: Smithsonian Institution Press, 1989), T. D. Dillehay ve D. J. Meltzer, yay. haz. *The First Americans: Search and Research* (Boca Raton: CRC Press, 1991), Thomas Lynch, "Glacial-age Man in South America?-A Critical Review," *American Antiquity* 55: 12-36 (1990), John Hoffecker ve arkadaşları, "The colonization of Beringia and the Peopling of the New World," *Science* 259:46-53 (1993), A. C. Roosevelt ve arkadaşları, "Paleoindian Cave Dwellers in the Amazon: The Peopling of the Americas," *Science* 272: 373-84 (1996).

II. Bölüm

Polinezya adaları arasındaki kültürel farklarla açıkça ilgilenen iki önemli kitap bulunuyor: Patrick Kirch'in *The Evolution of the Polynesian Chiefdoms* adlı kitabı (Cambridge: Cambridge University Press, 1984), yine aynı yazarın, *The Wet and the Dry* (Chicago: University of Chicago Press, 1994). Peter Belwood'un gözden geçirilmiş *The Polynesians* adlı kitabının (Londra: Thames and Hudson, 1987) büyük bir bölümünde bu sorun ele alınıyor. Belli Polinezya adalarını ele alan önemli kitaplar arasında şunları sayacağım: Michael King, *Moriori* (Auckland: Penguin, 1989); Chatham Adaları üzerine, Patrick Kirch, *Feathered Gods and Fishhooks* (Honolulu: University of Hawaii Press, 1985); Hawaii üzerine, Patrick Kirch ve Marshall Sahlins, *Anahulu* (Chicago: University of Chicago Press, 1992); yine Hawaii üzerine, Jo Anne Van Tılburg, *Easter Island* (Washington, D.C.: Smithsonian Institution Press, 1994); Paul Bahn ve John Flenley, *Easter Island, Earth Island* (Londra: Thames and Hudson, 1992).

III. Bölüm

Benim anlattığım Pizarro'nun Atahualpa'yı esir alış öyküsü, Francisco Pizarro'nun erkek kardeşleri olan Hernando Pizarro ile Pedro Pizarro'nun, arkadaşları Miguel de Estete, Cristobal de Mena, Ruiz de Arce, Francisco de Xerez'in görgü tanıklıklarını birleştiren bir öykü. Hernando Pizarro'nun, Miguel de Estete'nin, Francisco de Xerez'in olayla ilgili öykülerini Clements Markham çevirmiş: *Reports on the Discovery of Peru,* Hakluyt Society, seri 1, cilt 47 (New York, 1872); Pedro Pizarro'nunkini Philip Means çevirmiş: *Relation of the Discovery and Conquest of the Kingdoms of Peru* (New York: Cortes Society, 1921); Cristöbal de Mena'nınkini Joseph Sinclair çevirmiş: *The Conquest of Peru, as Recorded by a Member of the Pizarro Expedition* (New York, 1929). Ruiz de Arce'nin anlattıkları Boletin de la Real Academia de Historia'da [(Madrid) 102:327-84 (1933)] yeniden basıldı. John Hemming'in *The Conquest of lncas* adlı harika kitabında (San Diego: Harcourt Brace Jovanovich, 1970) o tutsak alınış öyküsü ve aslında bütün fetih baştan sona anlatılıyor, uzun bir kaynakça da veriliyor. William H. Prescott tarafından 19. yüzyılda yazılmış, fetih hikâyesini anlatan kitap *History of the Conquest of Peru* (New York, 1847) hâlâ gayet okunabilir bir kitap ve tarihsel metinlerin klasikleri arasında yer alıyor. İspanyolların İnka fetihleri gibi Aztek fethini anlatan çağdaş kitaplar ile 19. yüzyıla ait kitaplar sırasıyla şunlar: Hugh Thomas, *Conquest: Montezuma, Cortés, and the Fail of Old Mexico* (New York: Simon and Schuster, 1993) ve William Prescott, *History of the Conquest of Mexico* (New York, 1843). Aztek fethinin öyküsünü görgü tanığı olarak Cortes'in kendisi yazmış (yeni baskısı, Hernando Cortés, *Five Letters of Cortés to the Emperor* [New York: Norton, 1969]), ayrıca Cortés'in yol arkadaşlarından pek çoğu da aynı şeyi yapmışlar (Patricia de Fuentes'in yayıma hazırladığı *The Conquistadors*'da yeni baskıları bulunuyor [Norman: University of Oklahoma Press, 1993]).

IV-X. Bölümler

Yedi bölümün yiyecek üretimi kaynakçalarını birleştireceğim çünkü kaynakçaların çoğu birden fazla bölüm için geçerli.

Hepsi de olgularla dolu, kusursuz beş önemli kaynak, avcılık ve yiyecek toplayıcılığından yiyecek üretimine nasıl geçildiği sorununu ele alıyor: Kent Flannery, "The Origins of Agriculture," *Annual Reviews of Anthropology* 2: 271-310 (1973); Jack Harlan, *Crops and Man,* 2. bas., (Madison, Wis.: American Society of Agronomy, 1992); Richard MacNeish, *The Origins of Agriculture and Settled Life* (Norman: University of Oklahoma Press, 1992); David Rindos, *The Origins of Agriculture: An Evolutionary Perspective* (San Diego: Academic Press, 1984); Bruce Smith, *The Emergence of Agriculture* (New York: Scientific American Library, 1995). Genel olarak yiyecek üretimiyle ilgili olan daha eski önemli iki kaynak: Peter Ucko ve G. W. Dimbleby, (yay. haz.) *The Domestication and Exploitation of Plants and Animals,* (Chicago: Aidine, 1969), Charles Reed (yay. haz.) *Origins of Agriculture* (Lahey: Mouton, 1977). Cari Sauer'in *Agricultural Origins and Dispersals* adlı yapıtı (New York: American Geographical Society, 1952). Eski Dünya ile Yeni Dünya'daki yiyecek üretimlerini eski klasik bir yaklaşımla karşılaştıran, Erich Isaac'in *Geography of Domestication* (Englewood Cliffs, N. J.: Prentice, Hail, 1970) adlı yapıtı ise hayvan ve bitkilerin evcilleştirilmesiyle ilgili olarak nerede, ne zaman, kim sorularını ele alıyor.

Özellikle bitkilerin evcilleştirilmesi konusundaki kaynakçalar arasında öne çıkan bir yapıt: Daniel Zohary ve Maria Hopf, *Domestication of Plants in the Old World,* 2. bas., (Oxford: Oxford University Press, 1993). Bu yapıt bize dünyanın her neresinde olursa olsun evcilleştirildiği bilinen bitkilerin hepsi için en ayrıntılı bilgileri veriyor. Batı Avrasya'da her önemli tarım bitkisi için, bitkinin evcilleştirilişi ve yayılışıyla ilgili olarak arkeolojik ve genetik kanıtlar sunuyor.

Bitkilerin evcilleştirilmesiyle ilgili çok yazarlı önemli kitaplar arasında şunları sayabilirim: C. Wesley Cowan ve Patty Jo Watson (yay. haz.), *The Origins of Agriculture* (Washington, D. C.: Smithsonian Institution Press, 1992); David Harris ve Gordon Hillman (yay. haz.), *Foraging and Farming: The Evolution of Plant Exploitation* (Londra: Unwin Hyman, 1989), C. Barigozzi (yay. haz.), *The Origin and Domestication of Cultivated Plants* (Amsterdam: Elsevier, 1986).

Bitkilerin evcilleştirilmesini anlatan basitleştirilmiş ve ilgi çekici iki çalışma: Charles Heiser, Jr., *Seed to Civilization: The Story of Food,* 3. bas., (Cambridge: Harvard University Press, 1990); *Of Plants and People* (Norman: University of Oklahoma Press, 1985). J. Smartt ve N. W. Simmonds'un yayıma hazırladığı *Evolution of Crop Plants* (2. bas.) adlı yapıt (Londra: Longman, 1995) dünyadaki bütün belli başlı tarım bitkileriyle ve daha pek çok önemsiz tarım bitkisiyle ilgili bilgileri özetleyen, genel kabul görmüş bir başvuru kaynağı. İnsanlar tarafından yetiştirilen yabani bitkilerde kendiliğinden meydana gelen değişiklikleri anlatan olağanüstü iyi üç makale: Mark Blummer ve Roger Byrne, "The Ecological Genetics of Domestication and the Origins of Agriculture," *Current Anthropology* 32: 23-54 (1991); Charles Heiser, Jr., "Aspects of Unconscious Selection and the Evolution of Domesticated Plants," *Euphytica* 37:77-81 (1988); Daniel Zohary, "Modes of Evolution in Plants Under Domestication," W. F. Grant (yay. haz.) *Plant Biosystematics* (Montreal: Academic Press, 1984). Mark Blumler "Independent Inventionism and Recent Genetic Evidence on Plant Domestication," [*Economic Botany* 46: 98-111 (1992)] adlı makalesinde tek bir merkezde evcilleştirilip yayılan bitkilere karşılık birden fazla yerde evcilleştirilen aynı yabani bitkilerle ilgili kanıtları değerlendiriyor.

Hayvanların evcilleştirilmesiyle ilgili genel metinler arasında, dünyadaki yabani memelileri konu alan genel kabul görmüş ansiklopedik bir başvuru kaynağı, Ronald Nowak'ın yayıma hazırladığı yapıt bulunuyor: *Walker's Mammals of the World,* 5. bas., (Baltimore: Johns Hopkins University Press, 1991). Juliet Clutton-Brock'un *Domesticated Animals from Early Times* adlı yapıtı (Londra: British Museum [Natural History], 1981) evcilleştirilmiş olan bütün önemli memeli hayvanlarla ilgili eksiksiz bir özet niteliğinde. I. L. Mason'ın yayıma hazırladığı çok yazarlı *Evolution of Domesticated Animals* (Londra: Longman, 1984) adlı yapıtta evcilleştirilmiş her önemli hayvan tek tek tartışılıyor. Simon Davis, *The Archaeology of Animals*'da (New Haven: Yale University Press, 1987) arkeolojik yerleşim yerlerinde bulunan hayvan kemiklerinden neler öğrenilebileceğini kusursuz bir biçimde anlatıyor. Juliet Clutton-Brock'un yayıma hazırladığı *The Walking Larder*'da (Londra: Unwin-Hyman, 1989) dünyada insanların hayvanları nasıl evcilleştirdiğini, güttüğünü, avladığını, hayvanlar tarafından avlandığını anlatan 31 makale yer alıyor. Evcilleştirilmiş hayvanlarla ilgili kapsamlı Almanca bir kitap: Wolf Herre ve Manfred Röhrs, *Haustiere zoologisch gesehen* (Stuttgart: Fischer, 1990). Stephen Budiansky'nin *The Covenant of the Wild* (New York: William Morrow, 1992) adlı yapıtında hayvanlarla insanlar arası ilişkileri, hayvanların evcilleşme sürecinin nasıl kendiliğinden başlayıp geliştiğini basitleştirilmiş olarak anlatıyor. Evcil hayvanların nasıl saban sürmekte, ulaşımda kullanılmaya, yünlerinden ve sütlerinden yararlanılmaya başlandığını anlatan önemli bir makale var: Ian Hodder ve arkadaşlarının yayıma hazırladığı *Pattern of the Past* (Cambridge: Cambridge University Press, 1981) adlı yapıtta Andrew Sheratt'ın "Plough and Pastoralism: Aspects of the Secondary Products Revolution" adlı makalesi.

Dünyanın belli bölgelerindeki yiyecek üretimini anlatan yapıtlar arasında Romalıların tarım uygulamaları üzerine nefis ayrıntılarla dolu mini bir ansiklopedi bulunuyor: Plinius, *Natural History*, cilt 17-19 (Loeb Classical Library baskısında [Cambridge: Harvard University Press, 1961] Latince metin ile İngilizce çevirisi yan yana verilmiş); Albert Ammerman ve L. L. Cavalli-Sforza, *The Neolithic Transition and the Genetics of Populations in Europe* (Princeton: Princeton University Press, 1984), yiyecek üretiminin Bereketli Hilal'den batıya doğru, Avrupa'ya yayılışı inceleniyor; Avrupa için: Graeme Barker, *Prehistoric Farming in Europe* (Cambridge: Cambridge University Press, 1985) ve Alasdair Whittle, *Neolithic Europe: A Survey* (Cambridge: Cambridge University Press, 1985); Akdeniz'in doğu kıyılarını sınırlayan topraklar için: Donald Henry, *From Foraging to Agriculture: The Levant at the End of Ice Age* (Philadelphia: University of Pennsylvania Press, 1989); Yeni Gine için: D. E. Yen, "Domestication: Lessons from New Guinea," s. 558-69,

Andrew Pawley (yay. haz.) *Man and a Half* (Auckland: Polynesian Society, 1991). T'ang hanedanlığı zamanında Çin'e dışarıdan ithal edilen hayvanları, bitkileri ve başka şeyleri anlatan bir kitap, Edward Schafer, *The Golden Peaches of Samarkand* (Berkeley: University of California Press, 1963).

Dünyanın belli bölgelerinde bitkilerin ve hayvanların evcilleştirilmesini anlatan yapıtlar şunlar: Avrupa ve Bereketli Hilal için: Willem van Zeist ve arkadaşları (yay. haz.), *Progress in Old World Paleoethnobotany* (Rotterdam: Balkema, 1991) ve Jane Renfrew, *Paleoethnobotany* (Londra: Methuen, 1973). İndus Vadisi'ndeki Harappan uygarlığı ve genel olarak Hindistan için: Steven Weber, *Plants and Harappan Subsistence* (New Delhi: American Institute of Indian Studies, 1991). Yeni Dünya tarım bitkileri için: Charles Heiser, Jr., "New Perspectives on the Origin and Evolution of New World Domesticated Plants: Summary," *Economic Botany AA* (3 ek): 111-16 (1990) ve aynı yazarın "Origins of Some Cultivated New World Plants," *Annual Reviews of Ecology and Systematics* 10: 309-26 (1979). Mezoamerika'da avcılık ve yiyecek toplayıcılığından tarıma geçişi belgeleyebilecek bir Meksika yerleşim yeri için: Kent Flannery (yay. haz.), *Guilá Naquitz* (New York: Academic Press, 1986). İnkalar zamanında Andlar'da yetiştirilen bitkiler ve onların bugünkü olası kullanım şekilleri için: National Research Council, *Lost Crops of the Incas* (Washington, D. C.: National Academy Press, 1989). Doğu ve/veya Güneybatı Amerika Birleşik Devletleri'nde evcilleştirilen bitkiler için: Bruce Smith "Origins of Agriculture in Eastern North America," *Science* 246: 1566-71; William Keegan (yay. haz.), *Emergent Horticultural Economies of the Eastern Woodlands* (Carbondale: Southern Illinois University, 1987); Richard Ford (yay. haz.), *Prehistoric Food Production in North America* (Ann Arbor: University of Michigan Museum of Anthropology, 1985); R. G. Matson, *The Origins of Southwestern Agriculture* (Tucson: University of Arizona Press, 1991). Bruce Smith, "The Origins of Agriculture in Americas," *Evolutionary Anthropology* 3: 174-84

(1995), Amerika'da tarımın, daha önce inanıldığının tersine, çok daha yakın bir geçmişte başladığı yolundaki yeni bir görüş, küçük bitki örneklerinin tarihlerini, kütle hızlandırıcı spektrometre ölçümüyle saptamaya dayanarak tartışılıyor.

Şu aşağıdaki kaynaklarda dünyanın belli bölgelerinde evcilleştirilmiş hayvanlar ve hayvan varlıkları anlatılıyor: Orta ve Doğu Avrupa için: S. Bökönyi, *History of Domestic Mammals in Central and Eastern Europe* (Budapeşte: Akadémiai Kiadó, 1974). Afrika için: Andrew Smith, *Pastoralism in Africa* (Londra: Hurst, 1992). Andlar için: Elizabeth Wing, "Domestication of Andean Mammals," s. 246-64, F. Vuilleumier ve M. Monasterio (yay. haz.), *High Altitude Tropical Biogeography* (Oxford: Oxford University Press, 1986).

Bazı önemli tarım bitkileriyle ilgili başvuru kaynakları arasında şunlar bulunuyor: Thomas Sodestrom ve arkadaşları (yay. haz.), *Grass Systematics and Evolution* (Washington, D. C.: Smithsonian Institution Press, 1987) Bu kitapta bugün dünyadaki en önemli tarım bitkileri olan ve bizim tahıllarımıza kaynaklık etmiş bitki grubu, otlar anlatılıyor. Hugh Iltis, "From Teosinte to Maize: The Catastrophic Sexual Transmutation," *Science* 222: 886-94 (1983), mısır bitkisinin yabani atası olan rayana darısından başlayarak mısırın evrimiyle ilgili olarak üreme biyolojisinde meydana gelen büyük değişikliklerin tarihi. Yan Wenming, "China's Earliest Rice Agricultural Remains," *Indo-Pacific Prehistory Association Bulletin* 10:118-26 (1991), Güney Çin'de pirincin evcilleştirilişi.

Belli tarım bitkilerinin tarihlerini anlatan basitleştirilmiş iki kitap: Charles Heiser, Jr., *The Sunflower* (Norman: University of Oklahoma Press, 1976) ve yine aynı yazarın *The Gourd Book* (Norman: University of Oklahoma Press, 1979). Evcilleştirilmiş bazı hayvan türlerini ele alan pek çok makale ve kitap bulunuyor. R. T. Loftus ve arkadaşları, "Evidence for Two Independent Domestications of Cattle," *Proceedings of the National Academy of Sciences U. S. A.* 91: 2757-61 (1994), sığırların Batı Avrasya'da ve Hindistan'da birbirlerinden bağımsız olarak evcilleştirildiklerini göstermek için mitokondria DNA'sından yararlanıyor. Atlar için: Juliet Clutton-

Brock, *Horse Power* (Cambridge: Harvard University Press, 1992), Richard Meadow ve Hans-Peter Uerpmann (yay. haz.), *Equids in the Ancient World* (Wicsbaden: Reichert, 1986), Matt-hew J. Kust, *Alan and Horse in History* (Alexandria, Va.: Plutarch Press, 1983), Robin Law, *The Horse in West African History* (Oxford: Oxford University Press, 1980). Domuzlar için: Colin Groves, *Ancestors for the Pigs: Taxonomy and Phylogeny of the Genus Sus* (Technical Bulletin no. 3, Department of Prehistory, Research School of Pacific Studies, Australian National University [1981]). Lamalar için: Kent Flannery, Joyce Marcus, Robert Reynolds, *The Flocks of the Wamani* (San Diego: Academic Press, 1989). Köpekler için: Stanley Olsen, *Origins of the Domcstic Dog* (Tucson: University of Arizona Press, 1985). John Varner ve Jeannette Varner, *Dogs of the Conquest* (Norman: University of Oklahoma Press, 1983), İspanyolların Amerika'yı istilaları sırasında yerlileri öldürmek için köpekleri nasıl askerî silah olarak kullandıkları anlatılıyor. Clive Spinnage, *The Natural History of Antelopes* (New York: Facts on File, 1986), antilopların biyolojisi anlatılıyor, bu bakımdan da evcilleştirilmeye apaçık adaymış gibi görünmelerine karşın neden evcilleştirilemediklerini anlamaya çalışmak için bir başlangıç noktası niteliğinde. Derek Goodwin, *Domestic Birds* (Londra: Museum Press, 1965), evcilleştirilmiş kuşların özeti, R. A. Donkin, *Muscovy Duck* Cairina moschata domestica (Rotterdam: Balkema, 1989), Yeni dünyada evcilleştirilmiş yalnızca iki kuş türü.

Son olarak, radyokarbon tarihlerini düzeltmenin karmaşıklığı, G. W. Pearson, "How to Cope with Calibration," *Antiquity* 61: 98-103 (1987), R. E. Taylor (yay. haz.), *Radiocarbon after Four Decades: An Interdisciplinaıy Perspective* (New York: Springer, 1992), M. Stuiver ve arkadaşları, "Calibration," *Radiocarbon* 35: 1-244 (1993, S. Bowman "Using Radiocarbon: An Update," *Antiquity* 68: 838-43 (1994), R. E. Taylor ve M. Stuiver ve C. Vance Haynes, Jr., "Calibration of the Late Pleistocene Radiocarbon Time Scale: Clovis and Folsom Age Estimates," *Antiquity* cilt: 70 (1996).

XI. Bölüm

Thukydides'in Peloponnesoslularla Atmalıların Savaşı (pek çok çevirisi mevcut) adlı yapıtının 2. kitabında Atina'daki veba salgınını anlattığı gibi hiç kimse hastalığın insan topluluğu üzerindeki etkisini, öylesine derin bir kavrayışla anlatamaz.

Tarihte hastalıkları anlatan üç klasik kitap: Hans Zinsser, *Rats, Lice, and History* (Boston: Little, Brown, 1935), Geddes Smith, *A Plague on Us* (New York: Commonwealth Fund, 1941), William McNeill, *Plagues and Peoples* (Garden City, N. Y.: Doubleday, 1976). Bir hekim tarafından değil tanınmış bir tarihçi tarafından yazılmış olan sonuncu kitap, Alfred Crosby'nin Öndeyiş'in ek okumalar listesinde verilen iki kitabı gibi, hastalıkların yarattıkları etkilerin tarihçiler tarafından kabul edilmesinde etkili oldu.

Friedrich Vogel ve Arno Motulsky, *Human Genetics,* 2. baskı, (Berlin: Springer, 1986), insan genetiği üzerine temel bir kitap, insan topluluklarında hastalıklar aracılığıyla doğal seçilimin nasıl işlediği ve bazı hastalıklara karşı nasıl genetik direnç geliştirildiği konularında uygun bir başvuru kaynağı. Roy Anderson ve Robert May, *Infectious Diseases of Humans* (Oxford: Oxford University Press, 1992), hastalık dinamiğini, hastalıkların yayılmasını, epidemiolojiyi matematiksel olarak ele alan bir yapıt. AlacFarlane Burnet, *Natural History of Infectious Disease* (Cambridge: Cambridge University Press, 1953), tanınmış bir tıp araştırmacısının yazdığı bir klasik; Arno Karlen, *Alan and Microbes* (New York: Putnam, 1995), yakın geçmişte yayımlanmış herkesin okuyabileceği bir kitap.

Özellikle insanlarda görülen bulaşıcı hastalıkların evrimiyle ilgili kitap ve makaleler: Aidan Cockburn, *Infectious Diseases: Their Evolution and Eradication* (Springfield, Ill.: Thomas, 1967); aynı yazarın "Where did our Infectious Diseases Come From?", s. 103-13, *Health and Disease in Tribal Societies,* CIBA Foundation Symposium, no. 49 (Amsterdam: Elsevier, 1977); George Williams ve Randolph Nesse, "The Dawn of Darwinian Medicine," *Quarterly Reviews of*

Biology 66: 1-62 (1991); Paul Ewald, *Evolution of Infectious Disease* (New York: Oxford University Press, 1994).

Francis Black, "Infectious Diseases in Primitive Societies," *Science* 187: 515-18 (1975), küçük yalıtılmış toplumlarda etkileri ve varlıklarını sürdürmeleri açısından yöresel hastalıklarla ağır hastalıklar arasındaki farklar. Frank Fenner, "Myxoma Virus and Oryctolagus Cuniculus: Two Colonizing Species," s. 485-501, H. G. Baker ve G. L. Stebbins (yay. haz.), *Genetics of Colonizing Species* (New York: Academic Press, 1965), Avustralya'da tavşanlar arasında Myxoma virüsünün yayılışını ve evrimini anlatıyor. Peter Panum, *Observations Made During the Epidemic of Measles on the Faroe Islands in the Year 1846* (New York: American Public Health Association, 1940), yalıtılmış durumda, bağışıklığı olmayan bir topluma şiddetli salgın bir hastalık geldiği zaman bu hastalığın insanları nasıl kısa zamanda öldürdüğü ya da onlara bağışıklık kazandırdığı sergileniyor. Francis Black, "Measles Endemicity in Insular Populations: Critical Community Size and Its Evolutionary Implication," adlı makalesinde, *Journal of Theoretical Biology* 11: 207-11 (1966), kızamık hastalığının varlığını sürdürebilmesi için gerekli en az nüfus hacmini hesaplamak amacıyla böyle kızamık salgınlarını kullanıyor. Andrew Dobson, "The Population Biology of Parasite-Induced Changes in Host Behavior," adlı makalesinde, *Quarterly Reviews of Biology* 63: 139-65 (1988), parazitlerin, paraziti taşıyan kişinin davranışlarını değiştirerek nasıl kendi yayılmalarını hızlandırdıklarını ele alıyor. Aidan Cockburn ve Eve Cockburn (yay. haz.), *Mummies, Diseases, and Ancient Cultures* (Cambridge: Cambridge University Press, 1983), adlı kitapta hastalıkların geçmişte yarattıkları etkiler konusunda mumyalardan neler öğrenebileceğimizi anlatıyorlar.

Daha önce maruz kalmadıkları bir hastalığa yakalanan toplumların durumu: Henry Dobyns, *Their Number Became Thinned* (Knoxville: University of Tennessee Press, 1983). Avrupalıların getirdiği mikroplarla Amerika yerlilerinin neredeyse % 95'inin öldüğü görüşünün kanıtları bir araya getiriliyor. Bu tartışmalı savı ileri süren daha sonraki kitaplar ya da makaleler: John Verano ve Douglas Ubelaker (yay. haz.), *Disease and Demography in the Americas* (Washington, D. C., Smithsonian Institution Press, 1992); Ann Ramenofsky, *Vectors of Death* (Albuquerque: University of New Mexico Press, 1987); Russell Thornton, *American Indian Holocaust and Survival* (Norman: University of Oklahoma Press, 1987); Dean Snow, "Microchronology and Demographic Evidence Relating to the Size of the Pre-Columbian North American Indian Population," *Science* 268: 1601-4 (1995). Avrupalıların taşıdıkları hastalıkların Hawaii'nin Polinezya topluluğu arasında yol açtığı nüfus azalmasıyla ilgili iki kitap: David Stannard, *Before the Horror: The Population of Hawaii on the Eve of Western Contact* (Honolulu: University of Hawaii Press, 1989); O. A. Bushnell, *The Gifts of Civilization: Germs and Genocide in Hawaii* (Honolulu: University of Hawaii Press, 1993). Susan Rowley 1902-3 kışında dizanteri salgınından neredeyse yok olma sınırına gelen Sadlermiut Eskimolarını anlatıyor: "The Sadlermiut: Mysterious or Misunderstood?" s. 361-84, David Morrison ve Jean-Luc Pilon (yay. haz.), *Threads of Arctic Prehistory* (Hull: Canadian Museum of Civilization, 1994). Bunun tam tersine, denizaşırı ülkelerden gelen hastalıklarla Avrupalıların nasıl kırıldıklarını anlatan bir kitap: Philip Curtin, *Death by Migration: Europe's Encounter with the Tropical World in the 19 th Century* (Cambridge: Cambridge University Press, 1989).

Belirli hastalıkları anlatan kitaplar arasında Stephen Morse'un yayıma hazırladığı *Emerging Viruses*'ta (New York: Oxford University Press, 1993) insanlarda görülen virütik "yeni" hastalıklar üzerine pek çok önemli bölüm var; Mary Wilson'ın yayıma hazırladığı *Disease in Evolution*'da da öyle [Annals of the New York Academy of Sciences, cilt 740 (New York, 1995)]. Başka hastalıklar için kaynaklar: Hıyarcıklı veba için: Colin McEvedy, "Bubonic Plague," *Scientific American* 258(2): 118-23 (1988). Kolera için: Norman Longmate, *King Cholera* (Londra: Hamish Hamilton, 1966). Grip için: Edwin

Kilbourne, *Influenza* (New York: Plenum, 1987), Robert Webster ve arkadaşları, "Evolution and ecology of A Viruses," *Microbiological Reviews* 56: 152-79 (1992). Lyme hastalığı için: Alan Barbour ve Durland Fish, "The Biological and Social Phenomenon of Lyme Disease," *Science* 260: 1610-16 (1993), ve Allan Steere, "Lyme Disease: A Growing Threat to Urban Populations," *Proceedings of the National Academy of Sciences* 91: 2378-83 (1994).

İnsanlarda görülen sıtmalı parazitlerin evrimsel ilişkileri üzerine: Thomas McCutchan ve arkadaşları, "Evolutionary Relatedness of Plasmodium Species as Determined by the Structure of DNA," *Science* 225: 808-11 (1984), A. P. Waters ve arkadaşları, "Plasmodium falciparum Appears to have Arisen as a Result of Lateral Transfer Between Avian and Human Hosts," *Proceedings of the National Academy of Sciences* 88: 3140-44 (1991). Kızamık virüsünün evrimsel ilişkileri üzerine: E. Norrby ve arkadaşları, "Is Rinderpest Virus the Archevirus of the Morbillivirus genus?" *Intervirology* 23:228-32 (1985), Keith Murray ve arkadaşları, "A Morbillivirus that Caused Fatal Disease in Horses and Humans," *Science* 268: 94-97 (1995). Boğmaca olarak da bilinen pertussis üzerine: R. Gross ve arkadaşları, "Genetics of Pertussis Toxin," *Molecular Microbiology* 3: 119-24 (1989). Çiçek üzerine: Donald Hopkins, *Princes and Peasants: Smallpox in History* (Chicago: University of Chicago Press, 1983); F. Vogel ve M. R. Chakravartti, "ABO Blood Groups and Smallpox in a Rural Population of West Bengal and Bihar (India)," *Human Genetics* 3: 166-80 (1966); benim makalem "A Pox Upon Our Genes" *Natural History* 99(2): 26-30 (1990). Çiçeğe benzer bir hastalık, maymun frengisi üzerine: Zdeněk Ježek ve Frank Fenner, *Human Monkeypox* (Basel: Karger, 1988). Frengi üzerine: Claude Quétel, *History of Syphilis* (Baltimore: Johns Hopkins University Press, 1990). Tüberküloz üzerine: Guy Youmans, *Tuberculosis* (Philadelphia: Saunders, 1979). Kolomb'dan önce Amerika'da tüberküloz olduğu savı üzerine: Lehte, Wilmar Salo ve arkadaşları, "Identification of *Mycobacterium Tuberculosis* DNA in a Pre-Columbian Peruvian Mummy," *Proceedings of the National*

Academy of Sciences 91: 2091-94 (1994); aleyhte, William Stead ve arkadaşları, "When did Mycobacterium Tuberculosis Infection First Occur in the New World?" *American Journal of Respiratory Critical Care Medicine* 151: 1267-68 (1995).

XII. Bölüm

Yazının ve belli bazı yazı sistemlerinin genel tarihi: David Diringer, *Writing* (Londra: Thames and Hudson, 1982), I. J. Gelb, *A Study of Writing*, 2. bas., (Chicago: University of Chicago Press, 1963), Geoffrey Sampson, *Writing Systems* (Stanford: Stanford University Press, 1985), John DeFrancis, *Visible Speech* (Honolulu: University of Hawaii Press, 1989), Wayne Senner (yay. haz.), *The Origins of Writing* (Lincoln: University of Nebraska Press, 1991), J. T. Hooker, yay. haz. *Reading the Past* (Londra: British Museum Press, 1990). Önemli yazı sistemlerini anlatan ve her sistem için metin fotoğrafları veren yapıt: David Diringer, *The Alphabet*, 3. bas., 2 cilt, (Londra: Hutchinson, 1986). Genel olarak okuryazarlığın, özel olarak alfabenin etkisini tartışan iki yapıt: Jack Goody, *The Domestication of the Savage Mind* (Cambridge: Cambridge University Press, *1977)* ve Robert Logan, *The Alphabet Effect* (New York: Morrow, 1986). İlk yazının nerelerde kullanıldığı Nicholas Postgate ve arkadaşlarının yazdığı makalede tartışılıyor: "The Evidence for Early Writing: Utilitarian or Ceremonial?" *Antiquity* 69: 459-80 (1995).

Daha önce okunamamış olan yazıların şifresinin çözülüşünün heyecan verici öyküleri: Maurice Pope, *The Story of Decipherment* (Londra: Thames and Hudson, 1975), Michael Coe, *Breaking the Maya Code* (New York: Thames and Hudson, 1992). John Chadwick, *The Decipherment of Linear B* (Cambridge: Cambridge University Press, 1992), Yves Duhoux, Thomas Palaima, John Bennet, (yay. haz.), *Problems in Decipherment* (Louvain-la-Neuve: Peeters, 1989), John Justeson ve Terrence Kaufman, "A Decipherment of Epi-Olmec Hieroglyphic Writing," *Science* 259: 1703-11 (1993).

Denis Schmandt-Besserat iki ciltlik *Before Writing* (Austin: University of Texas Press, 1992) kitabında aşağı yukarı 5000 yıllık bir süreyi kapsayan kil tabletlerden Sümer yazısının kaynaklarını yeniden bir araya getirişinin tartışmalı öyküsünü anlatıyor.

Hans Nissen ve arkadaşları, (yay. haz.), *Archaic Bookkeeping* (Chicago: University of Chicago Press, 1994) çiviyazısının ilk evrelerini yansıtan tabletleri betimliyorlar. Joseph Naveh, *Early History of the Alphabet* (Leiden: Brill, 1982) Doğu Akdeniz Bölgesi'nde alfabelerin ortaya çıkışını ayrıntılarıyla anlatıyor. Gernot Windfuhr o olağanüstü Ugarit alfabesini konu alıyor: "The Cuneiform Signs of Ugarit," *Journal of Near Eastern Studies* 29: 48-51 (1970). Joyce Marcus, *Mesoamerican Writing Systems: Propaganda, Myth, and History in Four Ancient Civilizations* (Princeton: Princeton University Press, 1992), Elizabeth Boone ve Walter Mignolo, *Writing without Words* (Durham: Duke University Press, 1994) – bu iki kitapta Mezoamerika yazı sisteminin gelişimi ve kullanılış biçimi anlatılıyor. William Boltz'un, *The Origin and Early Development of the Chinese Writing System* (New Haven: American Oriental Society, 1994) kitabı ve yine aynı yazarın "Early Chinese writing," makalesi *World Archeology* 17:420-36 (1986) aynı şeyi Çin için yapıyor. Son olarak, Janet Klausner, *Sequoyah's Gift* (New York: Harper-Collins, 1993), Sequoyah'nın Çeroki hece yazımını geliştirmesinin öyküsü, çocukların okuyabileceği, aynı zamanda büyüklerin de zevk alabileceği bir kitap.

XIII. Bölüm

Teknoloji tarihini ayrıntılı bir biçimde anlatan sekiz ciltlik temel bir yapıt: Charles Singer ve arkadaşları, *A History of Technology* (Oxford: Clarendon Press, 1954-84). Tek ciltlik tarihler: Donald Cardwell, *The Fontana History of Technology* (Londra: Fontana Press, 1994), Arnold Pacey, *Technology in World Civilization* (Cambridge: MIT Press, 1990), Trevor Williams, *The History of Invention* (New

York: Facts on File, 1987). MS 1700'den bu yana geçen yüzyıllar üzerinde yoğunlaşan kısa bir teknoloji tarihi: R. A. Buchanan, *The Power of the Machine* (Londra: Penguin Books, 1994). Teknolojinin gelişim hızının zamana ve mekâna bağlı olarak niçin bu kadar farklılık gösterdiğini tartışan bir kitap: Joel Mokyr, *The Lever of Riches* (New York: Oxford University Press, 1990). George Basalla, *The Evolution of Technology*'de (Cambridge: Cambridge University Press, 1988 – *Teknolojinin Evrimi*, TÜBİTAK Popüler Bilim Kitapları, 2000) teknolojik değişimin evrimini ele alıyor. Everett Rogers, *Diffusion of Innovations*'ın 3. baskısında (New York: Free Press, 1983) QWERTY klavyesi de içinde olmak üzere yeniliklerin başka yerlere aktarımı konusunda yapılan çağdaş araştırmaları özetliyor. David Holloway, *Stalin and the Bomb*'da (New Haven: Yale University Press, 1994) kopya etme, düşünceyi ödünç alma, bağımsız olarak icat etme yöntemlerinin Sovyetler'in yaptığı atom bombasına göreli katkılarını ayrıntılarıyla inceliyor.

Bölgesel teknolojilerle ilgili bilgi kaynaklarının en başında Joseph Needham'ın *Science and Civilization in China* adlı dizisi geliyor, 1954 ten bu yana 5 cilt ve 16 bölüm yayımlandı, daha onlarcası yolda. Ahmad al-Hassan ve Donald Hill'in *Islamic Technology* (Cambridge: Cambridge University Press, 1992) adlı yapıtı ile K. D. White'ın *Greek and Roman Technology* (Londra: Thames and Hudson, 1984) adlı kitabı söz konusu kültürlerde teknoloji tarihini özetliyor.

Az çok yalıtılmış toplumların başka toplumlarla yarışta kendilerine yararlı olabilecek teknolojileri ilkin benimseyip daha sonra bırakışlarına örnek olarak, Japonların ateşli silahları MS 1543'te benimsedikten sonra terk edişleri ile Çinlilerin okyanuslara açılabilen büyük gemilerini MS 1433'ten sonra kullanmamaları gösterilebilir. Birinci olayı Noel Perrin *Giving Up the Gun* (Boston: Hail, 1979) adlı kitabında anlatıyor, ikincisini Louise Levathes, *When China Ruled the Seas* (New York: Simon and Schuster, 1994) adlı kitabında. W. H. B. Rivers'ın *Psychology and Ethnology* (New York: Harcourt, Brace, 1926) adlı yapıtında yer alan "The Disappearance of Useful

Arts," (s. 190-210) Büyük Okyanus adaları halkları arasından da benzer örnekler veriyor.

Society for the History of Technology tarafından 1959'dan bu yana üç ayda bir yayımlanan *Technology and Culture* dergisinde teknoloji tarihiyle ilgili makaleler bulabilirsiniz. John Staudenmaier'ın *Technology's Storytellers* (Cambridge: MIT Press, 1985) adlı yapıtı 59-79 yılları arasında bu dergide yayımlanmış makaleleri inceliyor.

Teknoloji tarihiyle ilgilenenler için malzeme sağlayan özel alanlar arasında elektrik gücü, tekstil ve metal işleme teknolojisi bulunuyor. Thomas Hughes, *Networks of Power*'da (Baltimore: Johns Hopkins University Press, 1983) Batı toplumunun 1880'den 1930'a kadar süren elektrikleşme sürecindeki toplumsal, ekonomik, siyasal, teknik etmenleri tartışıyor. Dava Sobel, *Longitude*'da (New York: Walker, 1995 – *Boylam,* TÜBİTAK Popüler Bilim Kitapları, 2004), denizde coğrafi enlemi saptama sorununu çözen John Harrison'ın kronometrelerindeki gelişmeyi anlatıyor. E. J. W. Barber, *Prehistoric Textiles*'da (Princeton: Princeton University Press, 1991) Avrasya'da kumaşın tarihini 9000 yıl öncesinden yola çıkarak özetliyor. Geniş bölgeler bağlamında ya da hatta dünyada metal işleme teknolojisinin tarihi üzerine: Robert Maddin, *The Beginning of the Use of Metals and Alloys* (Cambridge: MIT Press, 1988), Theodore Wertime ve James Muhly (yay. haz.), *The Coming of the Age of Iron* (New Haven: Yale University Press, 1980), R. D. Penhallurick, *Tin in Antiquity* (Londra: Institute of Metals, 1986), James Muhly, "Copper and Tin," *Transactions of the Connecticut Academy of Arts and Sciences* 43: 155-535 (1973), Alan Franklin, Jacqueline Olin, Theodore Wertime, *The Search for Ancient Tin* (Washington, D. C.: Smithsonian Institution Press, 1978). Yöresel bölgelerin metal işleme teknolojisini anlatan kitaplar: R. F. Tylecote, *The Early History of Metallurgy in Europe* (Londra: Longman, 1987), Donald Wagner, *Iron and Steel in Ancient China* (Leiden: Brill, 1993).

XIV. Bölüm

İnsan toplumlarını obalar, kabileler, şeflikler ve devletler olarak dört sınıfa ayırma konusunda Elman Service'in şu iki kitabından çok yararlandım: *Primitive Social Organization* (New York: Random House, 1962) ve *Origins of the State and Civilization* (New York: Norton, 1975). Başka terimlerle benzer bir sınıflama: Morton Fried, *The Evolution of Political Society* (New York: Random House, 1967). Devletlerin ve toplumların evrimi üzerine üç önemli dergi makalesi: Kent Flannery, "The Cultural Evolution of Civilizations," Annual Review of Ecology and Systematics 3:399-426 (1972), aynı yazarın, "Prehistoric Social Evolution," s. 1-26, Carol ve Melvin Ember (yay. haz.), *Research Frontiers in Anthropology* (Englewood Cliffs: Prentice-Hall, 1995), Henry Wright, "Recent Research on the Origin of the State," *Annual Review of Anthropology* 3: 379-97 (1977). Robert Carneiro, "A Theory of the Origin of the State," adlı makalesinde, (*Science* 169:733-38 /1970), toprağın ekolojik koşullar bakımından sınırlı olduğu durumlarda savaşlar yoluyla devletlerin ortaya çıktığı savında bulunuyor. Karl Wittfogel, *Oriental Despotism*'de (New Haven: Yale University Press, 1957) devletin kökenlerini büyük boyutlu sulamayla ve su yönetimiyle ilişkilendiriyor. *On the Evolution of Complex Societies*'de William Sanders, Henry Wright ve Robert Adams'ın (Malibu: Undena, 1984) üç makalesi devletin kökenleriyle ilgili farklı görüşler ileri sürüyor, Robert Adams *The Evolution of Urban Society*'de (Chicago: Aidine, 1966) Mezopotamya'daki devletlerin kökenleriyle Mezoamerika'dakilerin kökenlerinin karşıtlığını ortaya koyuyor.

Dünyanın belli bazı bölgelerindeki toplumların evrimiyle ilgili incelemeler: Mezopotamya üzerine, Robert Adams, *Heartland of Cities* (Chicago: University of Chicago Press, 1981), J. N. Postgate, *Early Mesopotamia* (Londra: Routledge, 1992); Mezoamerika üzerine, Richard Blanton ve arkadaşları, *Ancient Mesoamerica* (Cambridge: Cambridge University Press, 1981), Joyce Marcus ve Kent Flannery, *Zapotec Civilization* (Londra: Thames and Hudson, 1996); Andlar üzerine, Richard Burger, *Chavin and the Origins of Andean Civilization* (New York: Thames and Hudson, 1992), Jonathan Haas ve arkadaşları (yay. haz.), *The Origins and Development of the Andean State* (Cambridge: Cambridge University Press, 1987); Amerikan şeflikleri üzerine, Robert Drennan ve Carlos Uribe (yay. haz.), *Chiefdoms in the Americas* (Lanham, Md.: University Press of America, 1987); Polinezya toplumları üzerine, II. Bölüm'de adları anılan kitaplar; Zulu devleti üzerine, Donald Morris, *The Washing of the Spears* (Londra: Jonathan Cape, 1966).

XV. Bölüm

Hem Avustralya'nın hem Yeni Gine'nin tarihöncesini kapsayan kitaplar: Alan Thorne ve Robert Raymond, *Alan on the Rim: The Peopling of the Pacific* (North Ryde: Angus and Robertson, 1989), J. Peter White ve James O'Connell, *A Prehistory of Australia, New Guinea, and Sahul* (Sidney: Academic Press, 1982), Jim Ailen ve arkadaşları (yay. haz.), *Sunda and Sahul* (Londra: Academic Press, 1977), M. A. Smith ve arkadaşları (yay. haz.), *Sahul in Review* (Canberra: Australian National University, 1993), Tim Flannery, *The Future Eaters* (New York: Braziller, 1995). Bu kitapların birincisinde ve üçüncüsünde Asya'nın güneydoğusundaki adaların tarihöncesi de tartışılıyor. Avustralya'nın kendisinin tarihini anlatan son çıkan kitaplardan biri: Josephine Flood, *Archeology of the Dreamtime,* (gözden geçirilmiş) bas. (Sidney: Collins, 1989). Avustralya'nın tarihöncesiyle ilgili önemli bazı makaleler: Rhys Jones, "The Fifth Continent: Problems Concerning the Human Colonization of Australia," *Annual Reviews of Anthropology* 8: 445-66 (1979), Richard Roberts ve arkadaşları, "Thermoluminescence Dating of a 50.000-year-old Human Occupation Site in Northern Australia," *Nature* 345: 153-56 (1990), Jim Allen ve Simon Holdaway, "The Contamination of Pleistocene Radiocarbon Determinations in Australia," *Antiquity* 69: 101-12 (1995). Robert Attenborough ve Michael Alpers'ın yayıma hazırladığı *Human Biology in Papua New Guinea* (Oxford: Clarendon Press, 1992) Yeni Gine arkeolojisini, dillerini ve genetiğini özetliyor.

Kuzey Melanezya'nın (Bismarck ve Solomon Takımadaları, Yeni Gine'nin kuzeydoğusu ve doğusu) tarihöncesi için Thorne ve Raymond, Flannery, Allen ve arkadaşlarının yukarıda adı geçen kitapları okunabilir. Kuzey Melanezya'da ilk yerleşimin tarihini daha geriye atan makaleler: Stephen Wickler ve Matthew Spriggs, "Pleistocene Human Occupation of the Solomon Islands, Melanesia", *Antiquity* 62: 703-6 (1988), Jim Allen ve arkadaşları, "Pleistocene Dates for the Human Occupation of New Ireland, Northern Melanesia", *Nature* 331:707-9 (1988), Jim Allen ve arkadaşları, "Human Pleistocene Adaptations in the Tropical Island Pacific: Recent Evidence from New Ireland, a Greater Australian Outlier," *Antiquity* 63: 548-61 (1989) ve Christina Pavlides-Chris Gosden, "35.000 year-old Sites in the Rainforests of West New Britain, Papua New Guinea," *Antiquity* 68: 604-10 (1994). Yeni Gine'nin kıyı bölgelerindeki Avustronezya yayılmasıyla ilgili kaynaklar için XVII. Bölüm'ün ek okuma listesine bakabilirsiniz.

Avrupa kolonilerinin kurulmasından sonraki Avustralya tarihiyle ilgili iki kitap: Robert Hughes, *The Fatal Shore* (New York: Knopf, 1987) ve Micheal Cannon, *The Exploration of Australia* (Sidney: Reader's Digest, 1987). Avustralya yerlileriyle ilgili olarak: Richard Broome, *Aboriginal Australians* (Sidney: Allen and Unwin, 1982) ve Henry Reynolds, *Frontier* (Sidney: Allen and Unwin). Yeni Gine'nin, en eski yazılı kaynaklardan 1902'ye dek müthiş ayrıntılı tarihini, Arthur Wichmann'ın üç ciltlik yapıtında bulabilirsiniz: *Entdeckungsgeschichte von Neu-Guinea* (Leiden: Brill, 1909-12).

Daha kısa ve daha kolay okunabilir bir kaynak: *New Guinea: The Last Unknown* (Sidney: Angus and Robertson, 1964). Bob Connolly ve Robin Anderson yüksek bölgelerde yaşayan Yeni Ginelilerin Avrupalılarla ilk karşılaşmalarını canlı bir biçimde anlatıyor: *First Contact* (New York: Viking, 1987).

Papua Yeni Gine dillerinin (Avustronezyaca olmayan diller) ayrıntılı anlatımı için: Stephen Wurm, *Papuan Languages of Oceans* (Tübingen: Gunter Narr, 1982) ve William Foley, *The Papuan Languages of New Guinea* (Cambridge: Cambridge University Press, 1986). Avustralya dilleri için: Stephen Wurm, *Languages of Australia and Tasmania* (Lahey: Mouton, 1972), ve R. M. W. Dixon, *The Languages of Australia* (Cambridge: Cambridge University Press, 1980).

Yeni Gine'de bitkilerin evcilleştirilmesi ve yiyecek üretiminin kökenleriyle ilgili yazılı kaynaklara bir giriş olarak bakınız: Jack Golson, "Bulmer Phase II: Early Agriculture in the New Guinea Highlands," s. 484-91, Andrew Pawley (yay. haz.), *Alan and a Half* (Auckland: Polynesian Society, 1991) ve D. E. Yen, "Polynesian Cultigens and Cultivars: The Question of Origin," s. 67-95, Paul Cox ve Sandra Banack (yay. haz.), *Islands, Plants, and Polynesians* (Portland: Dioscorides Press, 1991).

Endonezyalıların ve Torres Boğazı adalarında yaşayan insanların ticaret amacıyla Avustralya'ya yaptıkları ziyaretlerin niçin ancak sınırlı bir kültürel değişikliğe yol açtığı yolundaki ilginç soruyu ele alan sayısız makale ve kitap var. C. C. Macknight, "Macassans and Aborigines," adlı makalesinde [*Oceania* 42:283-321 (1972)] Macassanların ziyaretlerini ele alıyor, D. Walker (yay. haz.), *Bridge and Barrier: The Natural and Cultural History of Torres Strait* (Canberra: Australian National University, 1972) adlı kitabında Torres Boğazı'ndaki ilişkileri tartışıyor. Yukarıda adları anılan Flood'ın, White ve O'Connell'ın, Allen ve arkadaşlarının kitaplarında her ikisi de konu ediliyor.

Tazmanyalıların yeniden basılmış olan görgü tanıklığı öyküleri: N. J. B. Plomley, *The Baudin Expedition and the Tasmanian Aborigines 1802* (Hobart: Blubber Head Press, 1983), N. J. B. Plomley, *Friendly Alission: The Tasmanian Journals and Papers of George Augustus Robinson 1829-1834* (Hobart: Tasmanian Historical Research Association, 1966), Edward Duyker, *The Discovery of Tasmania: Journal Extracts from the Expeditions of Abel Janszoon Tasman and Marc-Joseph Marion Dufresne, 1642 and 1772* (Hobart: St. David's Park Publishing, 1992). Yalıtılmışlığın Tazmanya toplumu üzerindeki etkilerini tartışan makaleler: Rhys Jones, "The Tasmanian Paradox," s.189-284 [R. V. S. Wright (yay. haz.), *Stone Tools as Cultural Markers* (Canberra: Australian Institute of Aboriginal Studies, 1977)]; Rhys Jones, "Why Did the Tasmanians Stop Eating Fish?" s. 11-48 [R. Gould (yay. haz.), *Explorations in Ethnoarcheology* (Al-buquerque: University of New Mexico Press, 1978)]; D. R. Horton, "Tasmanian Adaptation," *Mankind* 12: 28-34 (1979); I. Walters, "Why did the Tasmanians Stop Eating Fish?: A Theoretical Consideration," *Artefact* 6: 71-77 (1981); Rhys Jones, "Tasmanian Archeology," *Annual Reviews of Anthropology* 24: 423-46 (1995). Flinders Adası'nda yaptığı kazıların sonuçlarını Robin Sim şu makalesinde aktarıyor. "Prehistoric Human Occupation on the King and Furneaux Island Regions, Bass Strait," s. 358-74 [Marjorie Sullivan ve arkadaşları (yay. haz.), *Archeology in the North* (Darwin: North Australia Research Unit, 1994)].

XVI. ve XVII. Bölümler

Daha önceki bölümlerde verilmiş, bu bölümlerle de ilişkili okuma listelerinde, Doğu Asya yiyecek üretimi üzerine (IV –X. Bölümlerde), Çin yazısı üzerine (XII. Bölüm'de), Çin teknolojisi üzerine (XIII. Bölüm'de), genel olarak Yeni Gine, Bismarck ve Solomon Adaları üzerine (XV. Bölüm'de) kaynaklar bulunuyor. James Matisoff'un "Sino-Tibetan Linguistics: Present State and Future Prospects," *Annual Reviews of Anthropology* 20: 469-504 (1991), adlı makalesinde, Çin-Tibet dilleri ve bu dillerin daha geniş ilişkileri gözden geçiriliyor. Takeru Akazawa ve Emoke Szathmáry'nin yayıma hazırladığı *Prehistoric Mongoloid Dispersals* (Oxford: Oxford University Press, 1996) adlı kitapta ve Dennis Etler'in "Recent Developments in the Study of Human Biology in China: A Review," Human Biology 64: 567-85 (1992), adlı makalesinde, Çin ya da Doğu Asya ilişkilerinin ve dağılma olgusunun ipuçları tartışılıyor. Alan Thorne ve Robert Raymond, *Man on the Rim*'de (North Ryde: Angus and Robertson, 1989), Doğu Asyalılar ile Büyük Okyanus'taki ada halkları da içinde olmak üzere Büyük Okyanus halklarının arkeolojisini, tarihini, kültürünü anlatıyor. Adrian Hill ve Susan Serjeantson, yayıma hazırladıkları *The Colonization of the Pacific: A Genetic Trail* adlı kitapta (Oxford: Clarendon Press, 1989), Büyük Okyanus'taki ada halklarının, Avustralya yerlilerinin, Yeni Ginelilerin genetiğini, onların tahmin edilen yeni yerleşim yerlerinin güzergâhları ve tarihleri açısından yorumluyorlar. Diş yapılarına dayanan ipuçlarını Christy Turner III yorumluyor: "Late Pleistocene and Holocene Population History of East Asia Based on Dental Variation," *American Journal of Physical Anthropology* 73: 305-21 (1987), ve "Teeth and Prehistory in Asia," *Scientific American* 260(2): 88-96 (1989).

Bölgesel arkeoloji yorumları arasında Çin'i konu alanlar: Kwang-chih Chang, *The Archaeology of Ancient China,* 4. bas., (New Haven: Yale University Press, 1987), David Keightley (yay. haz.), *The Origins of Chinese Civilizations* (Berkeley: University of California Press, 1983), David Keightley, "Archeology and Mentality: The Making of China," *Representations* 18: 91-128 (1987). Mark Elvin, *The Pattern of Chinese Past* adlı kitabında (Stanford: Stanford University Press, 1973), siyasal birliğin kurulduğu zamandan bu yana Çin tarihini inceliyor. Güneydoğu Asya'nın yararlanılabilir arkeolojik tarihleri arasında Charles Higham'ın *The Archeology of Mainland Southeast Asia*'sı (Cambridge: Cambridge University Press, 1989) var; Kore konusunda bir kaynak: Sarah Nelson, *The Archaeology of Korea* (Cambridge: Cambridge University Press, 1993); Endonezya, Filipinler, tropik Güneydoğu Asya konusunda bir kaynak: Peter Bellwood, *Prehistory of the Indo-Malaysian Archipelago* (Sidney: Academic Press, 1985); Malezya Yarımadası konusunda bir kaynak: Peter Bellwood, "Cultural and Biological Differentiation in Peninsular Malaysia: The Last 10.000 years," *Asian Perspectives* 32: 37-60 (1993); Hindistan konusunda: Bridget ve Raymon Allchin, *The Rise of Civilization in*

India and Pakistan (Cambridge: Cambridge University Press, 1982); adalar bağlamında Güneydoğu Asya ve Büyük Okyanus, özellikle Lapita Adası konusunda *Antiquity*'de [63: 547-626 (1989)] beş makale, Patrick Kirch, *The Lapita Peoples: Ancestors of the Oceanic World* (Londra: Basil Blackwell, 1996); genel olarak Avustronezya'nın genişlemesi konusunda Andrew Pawley ve Malcolm Ross, "Austronesian Historical Linguistics and Culture History," *Annual Reviews of Anthropology* 22: 425-59 (1993), Peter Bellwood ve arkadaşları, *The Austronesians: Comparative and Historical Perspectives* (Canberra: Australian National University, 1995).

Geoffrey Irwin, *The Prehistoric Exploration and Colonization of the Pacific* (Cambridge: Cambridge University Press, 1992) kitabında Polinezyalıların deniz yolculuklarını, gemicilik becerilerini, koloniler kuruşlarını anlatıyor. Yeni Zelanda'ya ve Doğu Polinezya'ya gelip yerleşen insanların tarihlerini tartışan çalışmalar: Atholl Anderson, "The Chronology of Colonization in New Zealand," *Antiquity 65: 767-95* (1991) ve "Current Approaches in East Polynesian Colonization Research," *Journal of the Polynesian Society* 104: 110-32 (1995), Patrick Kirch ve Joanna Ellison, "Paleoenvironmental Evidence for Human Colonization of Remote Oceanic Islands," *Antiquity* 68: 310-21 (1994).

XVIII. Bölüm

Bu bölümle ilgili pek çok ek kaynak başka bölümler için verilen ek okuma listelerinde var: İnkaların ve Azteklerin yenilgileriyle ilgili olarak III. Bölüm'deki, hayvanların ve bitkilerin evcilleştirilmesiyle ilgili olarak IV.-X. bölümlerdeki, bulaşıcı hastalıklarla ilgili olarak XI. Bölüm'deki, yazıyla ilgili olarak XII, teknolojiyle ilgili olarak XIII, siyasal kurumlarla ilgili olarak XIV, Çin ile ilgili olarak XVI. Bölüm'deki ek okuma listelerine bakınız. Yiyecek üretiminin başlangıç tarihleriyle ilgili yararlanılabilir, dünya ölçeğindeki karşılaştırmaları

Bruce Smith'in *The Emergence of Agriculture* (New York: Scientific American Library, 1995) adlı kitabında bulabilirsiniz.

Daha önceki bölümlerde verilmiş kaynakçalar dışında, Tablo 18.1'de özetlenen tarihsel yörüngelerle ilgili bazı tartışmalar için kaynaklar: İngiltere için: Timothy Darvill, *Prehistoric Britain* (Londra: Batsford, 1987) Andlar için: Jonathan Haas ve arkadaşları, *The Origins and Development of the Andean State* (Cambridge: Cambridge University Press, 1987); Michael Moseley, *The Incas and Their Ancestors* (New York: Thames and Hudson, 1992); Richard Burger, *Chavin and the Origins of Andean Civilization* (New York: Thames and Hudson, 1992). Amazonya için: Anna Roosevelt, *Parmana* (New York: Academic Press, 1980), Anna Roosevelt ve arkadaşları, "Eighth Millennium Pottery from a Prehistoric Shell Midden in the Brazilian Amazon," *Science* 254: 1621-24 (1991). Mezoamerika için: Michael Coe, *Mexico,* 3. bas., (New York: Thames and Hudson, 1984), Michael Coe, *The Maya* 3. bas., (New York: Thames and Hudson, 1984). Doğu Amerika Birleşik Devletleri için: Vincas Steponaitis, "Prehistoric Archeology in the Southeastern United States, 1970-1985" *Annual Reviews of Anthropology* 15: 363-404 (1986); Bruce Smith, "The Archeology of Southeastern United States: From Dalton to de Soto, 10,500-500 B. P.," *Advances in World Archeology* 5: 1-92 (1986); Willliam Keegan (yay. haz.), *Emergent Horticultural Economies of the Eastern Woodlands* (Carbondale: Southern Illinois University, 1987); Bruce Smith, "Origins of Agriculture in Eastern North America," *Science* 246: 1566-71 (1989); Bruce Smith, *The Mississippian Emergence* (Washington, D.C.: Smithsonian Institution Press, 1990); Judith Bense, *Archeology of Southeastern United States* (San Diego: Academic Press, 1994). Kuzey Amerika yerlileri üzerine özlü bir kaynak: Philip Kopper, *The Smithsonian Book of North American Indians Before the Coming of the Europeans* (Washington, D.C.: Smithsonian Institution Press, 1986). Bruce Smith, "The Origins of Agriculture in Americas," adlı makalesinde *[Evolutionary Anthro-*

pology 3: 174-84 (1995)], Yeni Dünya'da yiyecek üretiminin erken mi geç mi başladığı konusundaki anlaşmazlığı tartışıyor.

Yeni Dünya'da yiyecek üretiminin ve toplumların, evcilleştirilecek mevcut yaban türlerle sınırlı olmadığına, Amerikan yerlilerinin kültürleri ya da psikolojileriyle sınırlı olduğuna inanma eğiliminde olanlara Great Plains yerli toplumlarının atın gelişiyle nasıl bir dönüşüm geçirdiklerini anlatan üç başvuru kaynağı öneriyorum: Frank Row, *The Indian and the Horse* (Norman: University of Oklahoma Press, 1955), John Ewers, *The Blackfeet: Raiders on the Northwestern Plains* (Norman: University of Oklahoma Press, 1958), Ernest Wallace ve E. Adamson Hoebel, *The Comanches: Lords of the South Plains* (Norman: University of Oklahoma Press, 1986).

Yiyecek üretimiyle bağlantılı olarak dil ailelerinin yayılışı üzerine yapılan tartışmalar arasında Albert Ammerman ve L. L. Cavalli-Sforza'nın *The Neolithic Transition and the Genetics of Populations in Europe* (Princeton: Princeton University Press, 1984) kitabı Avrupa için klasik bir tarihsel anlatı niteliğinde, Peter Bellwood'un "The Austronesian Dispersal and the Origin of Languages makalesi de, [*Scientific American* 265(l): 88-93 (1991)], Avustronezya bölgesi için o niteliği taşıyor. Dünyadan örnekler sunan incelemeler arasında, öndeyiş bölümünün ek okuma listesinde yer alan L. L. Cavalli-Sforza ve arkadaşlarının iki kitabı ile Merritt Ruhlen'in kitabı bulunuyor. Hint-Avrupa dillerinin yayılışı üzerine birbirinin yüz seksen derece tersi görüşler sunan iki kitap, bu konudaki tartışmalı kaynaklara bir giriş niteliğindedir: Colin Renfrew, *Archeology and Language: The Puzzle of Indo-European Origins* (Cambridge: Cambridge University Press, 1987), J. P. Mallory, *In Search of the Indo-Europeans* (Londra: kaynaklar: Georg Lantzeff ve Richard Pierce, *Eastward to Empire* (Montreal: McGill-Queens University Press, 1973) ve W. Bruce Lincoln, *The Conquest of a Continent* (New York: Random House, 1994).

Yerli Amerikan dillerine gelince, ayrı ayrı pek çok dil ailesinin varlığını kabul eden çoğunluk görüşünün bir örneği: Lyle Campbell ve Marianne Mithun, *The Languages of Native America* (Austin: University of Texas, 1979). Eskimo-Aluet ve Na-Dene dilleri dışında kalan bütün yerli Amerikan dillerini bir tek Amerind ailesinde toplayan karşı görüş için: Joseph Greenberg, *Language in the Americas* (Stanford: Stanford University Press, 1987) ve Merritt Ruhlen, *A Guide to the World's Languages,* cilt 1, (Stanford: Stanford University Press, 1987).

Avrupa'da ulaşım amacıyla kullanılmak üzere tekerleğin yayılışını anlatan genel kabul görmüş kaynaklar: M. A. Littauer ve J. H. Crouwel, *Wheeled Vehicles and Ridden Animals in the Ancient Near East* (Leiden: Brill, 1979) ve Stuart Piggott, *The Earliest Wheeled Transport* (Londra: Thames and Hudson, 1983).

Grönland ve Amerika'da İskandinav kolonilerinin ortaya çıkışı ve yok oluşu üzerine kitaplar: Finn Gad, *The History of Greenland,* cilt 1, (Montreal: McGill-Queens University Press, 1971), G. J. Marcus, *The Conquest of the North Atlantic* (New York Oxford University Press, 1981), Gwyn Jones, *The Norse Atlantic Saga,* 2. bas., (Nov York: Oxford University Press, 1986), Christopher Morris ve D. James Rackham (yay. haz.), *Norse and Later Settlement and Subsistance in the North Atlantic* (Glas gow: University of Glasgow, 1992). Samuel Eliot Morison'ın Avrupalıların Yeni Dünya'ya ilk yolculuklarını ustaca anlatan iki kitabı: *The European Discovery of America The Northern Voyages, A.D. 500-1600* (New York: Oxford University Press, 1971) ve *European Discovery of America: The Southern Voyages, A. D. 1492-1616* (New York Oxford University Press, 1974). Avrupa'nın denizaşırı diyarlara yayılışının başlangıçlarını ele alan bir kitap: Felipe Fernândez-Armesto, *Before Columbus: Exploration and Colonization from the Mediterranean to the Atlantic, 1229-1492* (Londra: Macmillain Education, 1987). Kaçırılmaması gereken bir şey de Kolomb'un kendisinin, tarihin o en ünlü deniz yolculuğuyla ilgili günü gününe tuttuğu notlardır, Oliver Dunn ve James Kelley, Jr. tarafından *The Diario of Christopher Columbus's First Voyage to America: 1492-1493* olarak yeniden basıldı (Norman: University of Oklahoma University Press 1989).

Halkların başka halkları nasıl tutsak ettiklerini ya da boğazladıklarını çoğunluklu serinkanlılıkla anlatan bu kitabın bir panzehiri olarak Kuzey California'da Yahi kabileciğinin yok edilişinin ve bu olaydan sağ olarak kurtulan Ishi'nin ortaya çıkışının klasik öyküsünü okuyun: Theodora Kroeber, *Ishi in Two Worlds* (Berkeley: University ol California Press, 1961). Amerika kıtalarında ve başka yerlerde Amerika'nın yerli dillerinin yok oluşu konusunda: Robert Robins ve Eugenius Uhlenbeck, *Endangered Languages* (Providence: Berg, 1991), Joshua Fishman, *Reversing Language Shift* (Clevedon: Multilingual Matters, 1991) ve Michael Krauss, "The World's Languages in Crisis,' *Language* 68: 4-10 (1992).

XIX. Bölüm

Afrika'nın arkeolojisi, tarihöncesi ve tarihiyle ilgili kitaplar: Roland Oliver ve Brian Fagan, *Africa in the Iron Age* (Cambridge: Cambridge University Press, 1975), Roland Oliver ve J. D. Fage, *A Short History of Africa,* 5. bas., (Harmondsworth: Penguin 1975) J. D. Fage, *A History of Africa* (Londra: Hutchinson, 1978), Roland Oliver, *The African Experience* (Londra: Weidenfeld and Nicolson, 1991), Thurstan Shaw ve arkadaşları (yay. haz.), *The Archaeology of Africa: Food, Metals, and Towns* (New York Routledge, 1993) ve David Phillipson, *African Archaeology,* 2. bas., (Cambridge: Cambridge University Press, 1993). Afrika'nın geçmişindeki dilsel ve arkeolojik ipuçlar arasındaki karşılıklı ilişkileri özetleyen bir kitap: Christopher Ehret ve Merrick Posnansky (yay. haz.), *The Archaeological and Linguistic Reconstruction of African History (Berkeley:* University of California Press, 1982). Hastalığın rolü, Gerald Hartwig ve K. David Patterson'ın yayıma hazırladıkları *Disease in African History*'de (Durham: Duke University Press, 1978) tartışılıyor.

Yiyecek üretimine gelince, IV.-X. Bölümler için verilen ek okuma listeleri bu konuyla ilgili pek çok kaynak içeriyor. Ayrıca: Christopher Ehret, "On the Antiquity of Agriculture in Ethiopia," *Journal of African History* 20: 161-77 (1979); J. Desmond Clark ve Steven Brandt (yay. haz.), *From Hunters to Farmers: The Causes and Consequences of Food Production in Africa* (Berkeley: University of California Press, 1984); Art Hansen ve Della McMillan (yay. haz.), *Food in Sub-Saharan Africa* (Boulder, Colo.: Rienner, 1986); Fred Wendorf ve arkadaşları, "Saharan Exploitation of Plants 8000 years B. R," *Nature* 359: 721-24 (1992); Andrew Smith, *Pastoralism in Africa* (Londra: Hurst, 1992); Andrew Smith, "Origin and Spread of Pastoralism in Africa," *Annual Reviews of Anthropology* 21: 125-41 (1992).

Madagaskar konusunda bilgi almak için başlangıç niteliğinde iki kaynak: Robert Dewar ve Henry Wright, "The Culture History of Madagascar," *Journal of World Prehistory* 7: 417-66 (1993), ve Pierre Verin, *The History of Civilization in North Madagascar* (Rotterdam: Balkema, 1986). Madagaskar istilasının kaynağıyla ilgili dilsel ipuçları konusunda ayrıntılı bir inceleme: Otto Dahl, *Migration from Kalimantan to Madagascar* (Oslo: Norwegian University Press, 1991). Endonezya ile Doğu Afrika arasında ilişkiler olabileceğini gösteren müziksel ipuçlarını A. M. Jones anlatıyor: *Africa and Indonesia: The Evidence of the Xylophone and Other Musical and Cultural Factors* (Leiden: Brill, 1971). Robert Dewar, bugün soyu tükenmiş olan hayvanların tarihlenmiş kemiklerinden elde edilen, Madagaskar'da ilk yerleşimlerle ilgili ipuçlarını özetliyor: "Extinctions in Madagascar: The Loss of the Subfossil Fauna," s. 574-93 [Paul Martin ve Richard Klein (yay. haz.), *Quaternary Extinctions* (Tucson: University of Arizona Press, 1984)]. R. D. E. MacPhee ve David Burney, yeni bulunan ve hayal kırıklığı yaratan fosillerle ilgili bilgi veriyorlar: "Dating of Modified Femora of Extinct Dwarf Hippopotamus from Southern Madagascar," *Journal of Archaeological Science* 18: 695-706 (1991). David Burney, paleobotanik ipuçlarıyla insanların yerleşmeye başlamasını değerlendiriyor: "Late Holocene Vegetational Change in Central Madagascar," *Quaternary Research* 28: 130-43 (1987).

Japonlar Kimdir?

Japonların kökenlerinin öyküsünü anlatan yeni bir kitap: Mark Hudson, *Ruins of Identity: Ethnogenesis in the Japanese Islands* (Honolulu: University of Hawaii Press, 1999). Daha önceki kitaplar arasında C. Melvin Aikens ve Takayasu Higuchi'nin, *Prehistory of Japan* (New York: Academic Press, 1982), Keiji Immamura'nin, *Prehistoric Japan: New Perspectives on Insular East Asia* (Honolulu: University of Hawaii Press, 1996) sayılabilir. Kore'nin paralel öyküsü için bkz., Sarah Milledge Nelson, *The Archeology of Korea* (Cambridge: Cambridge University Press, 1993).

Hudson'ın kitabı Japon devletinin başlangıcına kadar geçen dönemi ele alırken, Edwin Resichauer'in kitabı *Japan: The Story of a Nation*, 3. Bas. (Tokyo: Tuttle, 1981) devlet oluşumundan çağımıza kadar geçen dönemi ele alır. Conrad Totman, *Early Modern Japan* (Berkeley: University of California Press, 1993) 1568-1868 arasındaki yıllara değinir. Wontack Hong, *Paekche of Korea and the Origin of Yamato Japan* (Seoul: Kudara International, 1994) Japon devletinin doğuşuna Kore'nin katkısını anlatmaktadır.

Tarımın yayılışı konusunda, benim *TMÇ*'deki anlatımıma ek olarak ve o anlatımı güncelleştiren, dünya çapında yapılmış en son taramalara ilgi duyan okurlar için iki kitap öneriyorum: Peter Bellwood ve Colin Renfrew, (yay. haz.), *Examining the Farming/Language Dispersal Hypothesis* (Cambridge: McDonald Institute of Archeological Research, 2003) ve Peter Bellwood, *First Farmers: The Origins of Agricultural Studies* (Oxford: Blackwell, 2005). Bu alanda benim yazdığım iki kısa değerlendirme makalesi, "Evolution, consequences and future of plant and animal domestication", *Nature*

418:34-41 (2002), Jared Diamond ve Peter Bellvvood, "Farmers and Their Languages: The First Expansions", *Science* 300: 597-603 (2003).

Sondeyiş

Çevre koşullarının kötüleşmesiyle birlikte uygarlığın çöküşü arasındaki bağları Tje-erd van Andel ve arkadaşları irdeliyorlar: "Five Thousand Years of Land Use and Abuse in the Southern Argolid," *Hesperia* 55: 103-28 (1986), Tjeerd van Andel ve Curtis Runnels, *Beyond the Acropolis: A Rural Greek Past* (Stanford: Stanford University Press, 1987), Curtis Runnels, "Environmental Degradation in Ancient Greece," *Scientific American* 272(3): 72-75 (1995). Petra'nın çöküşünü Patricia Fall ve arkadaşları anlatıyor: "Fossil Hyrax Middens from the Middle East: A Record of Paleovegetation and Human Disturbance," s. 408-27 [Julio Betancourt ve arkadaşları (yay. haz.), *Packrat Middens* (Tucson: University of Arizona Press, 1990)], Robert Adams aynı şeyi Mezopotamya için yapıyor, *Heartland of Cities* (Chicago: University of Chicago Press, 1981).

E. L. Jones, *The European Miracle*'ın 2. baskısında (Cambridge: Cambridge University Press, 1987), Çin, Hindistan, İslam ve Avrupa tarihleri arasındaki farkları uyarıcı bir şekilde yorumluyor. Louise Levathes, *When China Ruled the Seas* kitabında (New York: Simon and Schuster, 1994) Çin'in gemilerinin rafa kaldırılmasına yol açan iktidar kavgalarını anlatıyor. XVI. ve XVII. bölümler için verilmiş ek okuma listelerinde Çin tarihinin ilk dönemleriyle ilgili kaynaklar bulunmaktadır.

Bennett Bronson, Avrasya'nın karmaşık uygarlıkları üzerinde Orta Asya'nın göçebe çobanlarının etkisini tartışıyor: "The Role of Barbarians in the Fall of States," s. 196-218 [Norman Yoffee ve George Cowgill (yay. haz.), *The Collapse of Ancient States and Civilizations* (Tucson: University of Arizona Press, 1988)].

Kaos kuramıyla tarih arasındaki olası ilişkiyi Michael Shermer bir makalesinde tartışıyor: "Exorcising Laplace's Demon: Chaos and Antichaos, History and Metahistory," *History and Theory* 34: 59-83

(1995). Everett Rogers'ın *Diffusion of Innovations* kitabının 3. baskısındaki (New York: Free Press, 1983) gibi Shermer'in makalesinde de QWERTY klavyesinin zaferiyle ilgili kaynakça veriliyor.

1930'da neredeyse Hitler'in ölümüne yol açan trafik kazasının öyküsünü, Hitler'in otomobilinde bulunan bir görgü tanıdığının, Otto Wagener'in anılarında bulabilirsiniz: Bu anılar Henry Turner, Jr. tarafından bir kitap halinde yayıma hazırlanmış: *Hitler: Memoirs of a Confidant* (New Haven: Yale University Press, 1978). Turner, David Wetzel'in yayıma hazırladığı *German History: Ideas, Institutions, and Individuals* adlı kitapta (New York: Praeger, 1996) kendi yazdığı bölümde Hitler 1930'da ölmüş olsaydı neler olabilirdi, bunları tartışmaya devam ediyor.

Uzun dönemli tarihin sorunlarıyla ilgilenen tarihçilerin yazdıkları pek çok seçkin kitap arasında şunlar bulunuyor: Sidney Hook, *The Hero in History* (Boston: Beacon Press, 1943), Patrick Gardiner (yay. haz.), *Theories of Histoy* (New York: Free Press, 1959), Fernand Braudel, *Civilization and Capitalism* (New York: Harper and Row, 1979), Fernand Braudel, *On History* (Chicago: University of Chicago Press, 1980), Peter Novick, *That Noble Dream* (Cambridge: Cambridge University Press, 1988), Henry Hobhouse, *Forces of Change* (Londra: Sedgewick and Jackson, 1989). Biyolog Ernst Mayr çeşitli yazılarında tarihsel bilimlerle tarihsel olmayan bilimlerin arasındaki farkları tartışıyor, özellikle fizik ile biyoloji arasındaki karşıtlıklardan söz ediyor, ama söylediği şeylerin çoğu insan tarihi için de geçerli. Onun görüşlerini *Evolution and the Diversity of Life* kitabının 25. Bölüm'ünde (Cambridge: Harvard University Press, 1976) ve *Towards a New Philosophy of Biology*'nin (Cambridge: Harvard University Press, 1988) 1-2. Bölümlerinde bulabilirsiniz.

Epidemiologların laboratuvarlarda insanlar üzerinde deney yapmaksızın insanlarda görülen hastalıklar konusunda sebep/sonuç ilişkisinden sonuç çıkarma yöntemleri, A.M. Lilienfeld ve D. E. Lilienfeld'in *Foundations of Epidemiology*, 3. bas., (New York: Oxford University Press, 1994) gibi genel kabul görmüş metinlerde tartışılıyor. Doğal deneylerin yararları, Jared Diamond ve Ted Case'in yayıma hazırladıkları *Community Ecology*'nin (New York: Harper and Row, 1986) bana ayrılan bölümünde "Overview: Laboratory Experiments, Field Experiments, and Natural Experiments," s. 3-22'de bir çevrebilimcinin bakış açısından ele alınıyor. Paul Harvey ve Mark Pagel, *The Comparative Method in Evolutionay Biology* (Oxford: Oxford University Press, 1991) kitabında türlerin karşılaştırılmasından nasıl sonuç çıkarılacağını irdeliyor.

Fotoğraflar

259. sayfa: J. Beckett/K. Perkins, Amerikan Doğal Tarih Müzesi, Negatif 2A17202.
269. sayfa: VIP Publishing'in izniyle.
272. sayfa: Myoung Soon Kim ve Christie Kim'in izniyle.
261, 274, 276. sayfalar: Metropolitan Sanat Müzesi'nin izniyle.
282. sayfa: Yunanistan Kültür Bakanlığı, Heracleion Müzesi.

Fotoğraf 1 ve 8. Irven DeVore, Anthro-Photo.
Fotoğraf 2-5. Yazarın izniyle.
Fotoğraf 6. P. McLanahan, Amerikan Doğal Tarih Müzesi. Negatif 337549.
Fotoğraf 7. Richard Gould, Amerikan Doğal Tarih Müzesi. Negatif 332911.
Fotoğraf 9. J. W. Beattie, Amerikan Doğal Tarih Müzesi. Negatif 12.
Fotoğraf 10. Bogoras, Amerikan Doğal Tarih Müzesi. Negatif 2975.
Fotoğraf 11. AP/Wide World Photos.
Fotoğraf 12. Judith Ferster, Anthro-Photo.
Fotoğraf 13. R. H. Beck, Amerikan Doğal Tarih Müzesi. Negatif 107814.
Fotoğraf 14. Dan Hrdy, Anthro-Photo.
Fotoğraf 15. Rodman Wanamaker, Amerikan Doğal Tarih Müzesi. Negatif 316824.
Fotoğraf 16. Marjorie Shostak, Anthro-Photo.
Fotoğraf 17. Boris Malkin, Anthro-Photo.
Fotoğraf 18. Napoleon Chagnon, Anthro-Photo.

Fotoğraf 19. Kirschner, Amerikan Doğal Tarih Müzesi. Negatif 235230.
Fotoğraf 20, 22, 24, 30, 32. APAVide World Photos.
Fotoğraf 21. Gladstone, Anthro-Photo.
Fotoğraf 23. Üstteki, AP/Wide World Photos. Alttaki, W. B., Amerikan Doğal Tarih Müzesi. Negatif 2A13829.
Fotoğraf 25. Marjorie Shostak, Anthro-Photo.
Fotoğraf 26. Irven DeVore, Anthro-Photo.
Fotoğraf 27. Steve Winn, Anthro-Photo.
Fotoğraf 28. J. B. Thorpe, Amerikan Doğal Tarih Müzesi. Negatif 336181.
Fotoğraf 29, 31. J. F. E. Bloss, Anthro-Photo.

Dizin

C

Ç

Ş

T

U

Ü

V

W

X

Y

Z